作者简介

罗梅，男，58岁，湖南省湘乡市人，成都理工大学（原成都地质学院）教授、四川省特聘矿业专家、国家自然科学基金委员会铀矿专业评委。1968年长沙地校毕业分配到核工业西北地勘局工作，1972年到成都地质学院三系铀矿地质普查与勘探专业学习，1975年毕业留校在铀矿地质教研室任教（历任教研室主任、地矿部地学核技术重点实验室地浸与堆浸研究室主任等职）。40年来主要从事铀、金、铜、铁等矿产的勘查与开发及矿床地质教学与科研工作，其间于1983—1988年支援西藏地矿局参加完成日土幅1/100万区域地质调查，近年参与缅甸、蒙古等周边国家金、铜、铅锌等矿产的勘查与开发。

作为项目负责人承担并完成了国防科工委、国土资源部等系统的科研项目10多项，在国内外地质类核心刊物共发表论文40余篇，出版黄金选冶与首饰加工、宝石与观赏石概论专著两部。科研成果获国土资源部科技成果奖二等奖一项，三、四等奖多项。

作为项目负责人承担并完成的国防科工委、大庆石油管理局等单位的科研项目有：内蒙古测老庙盆地、松辽盆地、二连盆地、大庆油田浅部等地区地浸砂岩型铀矿形成条件、分布规律与找矿方向的研究课题；国土资源部系统的川甘陕三角成矿区金矿床、四川若尔盖巴西金矿床、云南老寨湾金矿床、勐满金矿床等成矿规律与找矿方向的研究课题。承担完成了四川马房窝金矿床、若尔盖巴西金矿床、西藏娘古处金矿床等6处金矿的地质特征、物质组成及金赋存状态研究，对马房窝金矿床进行了炭浆法工艺开发，对巴西金矿床和娘古处金矿床进行了堆浸开发，开发中进行了系统的提金工艺流程试验、建厂设计及技术经济评价，建成炭浆法提金水冶厂一个和堆浸矿山两个。

在校教学工作方面，给本科生、研究生等讲授地质学基础、地球科学概论、元素地球化学、铀矿床学、铀矿找矿勘探地质学、黄金选冶与首饰加工、宝石与观赏石概论、矿产资源勘查与开发概论、地浸与堆浸湿法冶金工艺学等专业基础课和专业课10余门。

马代光，男，1966年10月24日出生，籍贯：湖南。

1985年9月至1989年7月：成都地质学院（现成都理工大学），应用地球物理专业学习。

2000年至2003年，美国城市大学工商管理专业在职研究生学习，获MBA学位。

1989年7月至1993年1月，地质矿产部石油地质海洋地质局（部机关）物探处工作。

1993年，辞职创建北京洁净煤炭有限责任公司。2000年，组建北京荷马集团公司，任集团董事长兼总经理。集团主要从事地质矿产资源的勘探与开发，重点是煤炭的生产，加工以及贸易工作。是北京市重点扶持的民营企业集团。

1997年至今，担任北京市煤炭行业协会副会长；2002年度被评为"中华管理杰出英才"人物；2003年被劳动人事部聘为全国职业经理人专家委员会专家委员；2004年担任"中国能源战略国际高层论坛"组委会秘书长。被国际名人交流中心编入《创造世界的人》。

矿产资源勘查与开发

罗　梅　马代光　编著

地质出版社

·北　京·

内 容 简 介

　　本书包括矿产资源勘查与开发两部分，第一部分从矿产成矿规律与成矿预测、矿产勘查依据与勘查信息、矿产勘查技术方法等方面系统地论述了现代矿产勘查技术体系；从矿产勘查阶段划分、勘查工程的矿产取样、原始地质编录与综合编录及矿产资源/储量估算等方面全面地论述了矿产勘查的方法学体系。第二部分包括矿产资源的采、选、冶三方面，论述了矿产资源的露天开采和地下开采，论述了重、浮、磁、电四种主要选矿方法及金铜铀矿堆浸与地浸等湿法冶金工艺技术方法。同时还阐述了矿产资源分类及其分布特征、矿床技术经济评价与矿业资产评估及矿权转让、我国境内外勘查开发矿产资源状况及防范风险措施、金矿混汞法、渗滤氰化法与炭浆树脂法等湿法冶金工艺方法。

　　本书既突出强调基本概念、基本理论和基本技能，又注重表现综合分析、创新思维和前沿成果。全书资料丰富、体系新颖、详略得当、图件清晰、文图并茂。

　　本书是为从事矿产资源勘查与开发的工程技术人员编写的，可作为一般地质院校地质矿产勘查专业、地质及地球化学专业学生的专业教材，以及地质勘查单位技术人员培训教材，也可供从事矿产资源勘查与开发的教学人员、研究人员及矿业开发的相关人士参考。

图书在版编目（CIP）数据

矿产资源勘查与开发 / 罗梅等编著. —北京：地质出版社，
2009.7
　　ISBN 978-7-116-06126-2

　　Ⅰ.矿…　Ⅱ.罗…　Ⅲ.①矿产资源—地质勘探②矿产资源—资源开发　Ⅳ.P624　F407.1

　　中国版本图书馆 CIP 数据核字（2009）第 095949 号

责任编辑：陈　磊
责任校对：王素荣
出版发行：地质出版社
社址邮编：北京海淀区学院路 31 号，100083
电　　话：(010) 82324508（邮购部）；(010) 82324565（编辑室）
网　　址：http://www.gph.com.cn
电子邮箱：zbs@gph.com.cn
传　　真：(010) 82310759
印　　刷：北京地大彩印刷厂
开　　本：889 mm × 1194 mm　1/16
印　　张：24.25
字　　数：700 千字
印　　数：1—1000 册
版　　次：2009 年 7 月北京第 1 版·第 1 次印刷
定　　价：116.00 元
书　　号：ISBN 978-7-116-06126-2
审图号：GS (2009) 355 号

（如对本书有建议或意见，敬请致电本社；如本书有印装问题，本社负责调换）

序

罗梅教授在近40年的地质工作中，长期从事金属矿产资源勘查与开发，并作为项目负责人承担并完成了国家及部省级科研项目10余项，在藏北参加完成过百万分之一区域地质调查。在矿产资源勘查方面，对四川若尔盖巴西金矿床、云南老寨湾金矿床和勐满金矿床等进行过金成矿分布规律及找矿方向研究；对内蒙古测老庙盆地及松辽盆地等进行过地浸砂岩型铀矿形成条件、分布规律及找矿方向研究。同时承担完成了对巴西金矿等的堆浸建厂开发和对马房窝金矿进行了炭浆法工艺建厂开发。在大学教学工作中，为地质专业的研究生、本科生讲授过地质学基础、铀矿找矿勘探地质学、矿产资源勘查与开发等10多门专业课。科技成果显著，曾获部级科技成果奖多项，在矿床地质、矿物学报及铀矿地质等期刊共计发表论文40余篇。

矿产资源勘查的主要目的是开发矿业，作者在其多年地质矿产勘查与开发科研和教学工作基础上，及以前编著的矿产资源开发教材的基础上，按我国新发布的《固体矿产地质勘查规范总则》，重新编著了《矿产资源勘查与开发》一书，作者在新的专著中反映了国内外新的研究成果。

新的矿产资源勘查规范强调矿产勘查与开发的结合，因此对地质院校地质矿产勘查专业的学生提出了更高的要求，不仅要学找矿勘探地质学，还要学采矿方法、选矿方法和选矿流程等。

本书强调矿产找矿勘探与矿产资源开发相结合。全书包括矿产资源勘查与开发两部分，第一部分从矿产成矿规律与成矿预测，矿产勘查依据与勘查信息及矿产勘查技术方法等方面，系统论述了矿产地质调查、物化探等现代矿产勘查技术体系；从矿产勘查阶段划分和各阶段基本工作内容、勘查工程的取样、地质编录及矿产资源/储量估算等方面全面地论述了矿产勘查的方法学体系。第二部分包括矿产资源的采、选、冶三方面，论述了矿产资源的露天开采和地下开采两种主要的矿产资源开采方式，论述了重、浮、磁、电四种主要选矿方法，金铀铜矿堆浸与地浸等湿法冶金工艺技术方法。本书还从矿产资源的经济意义及我国当前两种资源两个市场的资源战略出发，论述了矿床技术经济评价、矿业资产评估与矿业权转让、我国境内外合作合资勘查开发矿产资源状况等矿业经济中的热门课题。

　　本书的编写像其内容简介中阐述的那样，既突出强调基本概念、基本理论和基本技能，又注重表现综合分析、创新思维和前沿成果。本书最大的特点是顺应新的矿产资源勘查规范强调矿产勘查与开发相结合这一形势，把矿产资源勘查与开发结合在一本书中阐述。全书资料丰富、体系新颖、详略得当、图件清晰、文图并茂。本书正文之后附有矿产资源储量规模划分标准及常见矿产一般工业指标等，在当前，对地质矿产勘查与矿产资源开发行业的工作者是一本值得一读的有价值的参考书。

中国科学院院士

刘宝珺

2008 年 6 月 16 日于成都

前　言

　　矿产资源勘查的主要内容是找矿，我国以前的教材称为找矿勘探地质学，本书按我国新发布的《固体矿产地质勘查规范总则》（GB/T13908—2002）改称为矿产资源勘查。随着地质工作的发展与国际接轨，我国地矿行业近10余年来先后发布了一系列矿产资源勘查规范和标准，把许多国际惯例的作法纳入规范中。较重要的变化有：矿产勘查工作分为预查、普查、详查和勘探4个阶段，比1987年三委暂行规定中划分为普查、详查和勘探3个阶段多了一个阶段；矿产资源储量分类采用EFG三维编码，E，F，G分别代表经济轴、可行性轴、地质轴，将国际上惯用的可行性评价作为主要内容，将经济效益的观点植于资源勘查阶段的始终；在矿产地质勘查报告编写提纲中，有"矿床开发经济意义概括性研究"一节，要求说明预计的开采方式、开拓方式、采矿方法、选矿方法、选矿流程等。可见，新的矿产资源勘查规范强调矿产勘查与开发的结合，我国许多省原来的地质局亦多改称为地质矿产开发局。本书正是顺应这一形势，编写书名为"矿产资源勘查与开发"。

　　关于矿产资源/储量，过去的教材以及生产实践中都称为"矿产储量计算"，根据国家标准《固体矿产地质勘查规范总则》，本书改为"矿产资源/储量估算"。估算与计算相比，虽然估算方法、参数选取、运算过程等没有差别，但估算一词更多地体现了资源储量的统计性、不确定性，以及风险性等含义。

　　我国矿产资源形势不容乐观，尽管矿产资源总量很大，但由于我国人口基数大，矿产资源的人均占有量很低，仅为世界人均占有量的58%（世界53位）。遵照我国两种资源两个市场的资源战略决策，我国有实力的企业已在国外投资进行风险勘探或收购矿山，同时国外一些跨国公司也来我国进行投资风险勘探。这是矿产资源与国际接轨和我国矿业开发适应市场经济的必然趋势。为此，本书编写了矿床技术经济评价、矿产资源评估与矿业权转让、我国境内外勘查开发矿产资源状况及防范风险措施等章节内容。

　　金属矿产资源的形成是全球地质构造演化的结果，它的形成与分布有一定规律性，这些全球性的成矿带是：环太平洋成矿带、特提斯喜马拉雅成矿带和中亚-蒙古成矿带（3个成矿带），它们均与造山构造活动带相一致。还有8个稳定地块的矿化集中区：北美地块、巴西地块、澳大利亚地块、南部非洲地块、西伯利亚地块、印度地块、塔里木-华北地块和扬子地块。

　　矿产综合利用既是矿产开发的一项重要政策，也是合理开发资源、保护人类环境的一种有效手段；而且综合利用共生、伴生矿产资源中的有用组分，可使一矿变为多矿、小矿变成大矿，这样就扩大了资源并增加了产值，还增加了产品品种和降低生产成本等。因此，本书在矿产资源开发中强调矿产资源的综合利用原则。

本书内容包括矿产资源勘查与开发两部分，第一部分从矿产成矿规律与成矿预测、矿产勘查依据与勘查信息、及矿产勘查技术方法等方面系统地论述了地质矿产资源调查的多种现代矿产勘查理论与技术；从矿产勘查阶段划分和各阶段基本工作内容、勘查工程的矿产取样与编录及矿产资源/储量估算等方面全面地论述了矿产勘查的基本方法。第二部分论述了矿产资源的露天开采和地下开采，阐述了重、浮、磁、电四种主要选矿方法及金铜铀矿堆浸与地浸等湿法冶金工艺技术方法。同时还阐述了矿产资源分类及其分布特征、矿床技术经济评价与矿业资产评估及转让、金矿混汞法、渗滤氰化法与炭浆树脂法等湿法冶金工艺方法。为满足矿产资源勘查与开发的需要，在书后特意编入了矿产地质勘查报告编写提纲、矿产资源储量规模划分标准、部分矿产一般工业指标、试验筛筛孔尺寸现行标准和部分矿石（岩石）质量参考指标5个附录。

本书编写共分13章，罗梅编写了绪论、第1章至第7章和第10章至第12章，马代光编写了第8、9和第13章，徐争启参加了附录的编写。本书承蒙中国科学院刘宝珺院士作序，中国科学院院士中国地质大学翟裕生教授、中国矿业协会常务副会长曾绍金研究员、中国核工业总公司地质局黄世杰教授对本书进行了评审及提出宝贵意见。本书编写过程中参阅了国家质量技术监督局发布的《固体矿产地质勘查规范总则》等政策性法令法规、赵鹏大主编的《矿产勘查理论与方法》、翟裕生等编著的《区域成矿学》、阳正熙编写的《矿产资源勘查学》、徐增亮和隆盛银主编的《铀矿找矿勘探地质学》、卢作祥和范永香等编著的《成矿规律及成矿预测学》、张应红等编著的《矿床技术经济评价》等著作。国土资源部康战、中国地质科学院毛景文研究员与王海平研究员、成都理工大学倪师军教授、阳正熙教授及中国地质科学院矿产资源研究所、核工业北京地质研究院、中国地质大学、东华理工大学、四川省地矿局、云南省地矿局、广东省地矿局、湖南省地矿局、四川核工业地质局、湖南核工业地质局、广东核工业地质局、江西核工业地质局以及核工业203所、230所、280所等单位对本书编写提供了资料和帮助，在此对他们表示诚挚的谢意。

作　者
2009 年 3 月

目　　次

序

前　言

绪　论 ……………………………………………………………………………………………（ 1 ）

  1　矿产资源勘查与开发的概念、性质和任务 …………………………………………………（ 1 ）

  2　矿产资源勘查与开发同其他学科的关系 ……………………………………………………（ 2 ）

  3　矿产资源勘查与开发工作的研究方法 ………………………………………………………（ 3 ）

  4　资源勘查新技术的使用与工作者应具备的素质 ……………………………………………（ 3 ）

1　矿产成矿规律与成矿预测 ……………………………………………………………………（ 5 ）

  1.1　矿产成矿规律研究 …………………………………………………………………………（ 5 ）

  1.2　矿产成矿预测方法 …………………………………………………………………………（12）

  1.3　成矿规律与成矿预测图的编制 ……………………………………………………………（18）

2　矿产勘查依据与勘查方法 ……………………………………………………………………（23）

  2.1　矿产勘查依据 ………………………………………………………………………………（23）

  2.2　矿产勘查信息 ………………………………………………………………………………（43）

  2.3　矿产资源勘查方法 …………………………………………………………………………（52）

3　矿产勘查阶段划分与各阶段内容 ……………………………………………………………（61）

  3.1　矿产勘查标准化与勘查阶段划分 …………………………………………………………（61）

  3.2　矿产预查阶段 ………………………………………………………………………………（63）

  3.3　矿产普查阶段 ………………………………………………………………………………（66）

  3.4　矿产详查阶段 ………………………………………………………………………………（70）

  3.5　矿产勘探阶段 ………………………………………………………………………………（77）

4　勘探工作要求与资源/储量分类 ……………………………………………………………（81）

  4.1　矿床勘探程度要求 …………………………………………………………………………（81）

  4.2　矿床勘探类型划分与勘查工程间距的确定 ………………………………………………（82）

  4.3　勘探技术手段的选择与勘查工程的布置 …………………………………………………（84）

  4.4　固体矿产资源/储量分类系统 ……………………………………………………………（92）

5　编　录 …………………………………………………………………………………………（99）

  5.1　编录工作的种类及基本要求 ………………………………………………………………（99）

  5.2　原始地质编录 ………………………………………………………………………………（100）

  5.3　地质综合编录 ………………………………………………………………………………（109）

6　取　样 …………………………………………………………………………………………（118）

  6.1　矿产勘查取样的任务种类及送样要求 ……………………………………………………（118）

  6.2　岩矿鉴定取样 ………………………………………………………………………………（120）

  6.3　化学分析取样 ………………………………………………………………………………（121）

  6.4　矿石物理参数取样 …………………………………………………………………………（131）

  6.5　矿石选冶加工技术取样 ……………………………………………………………………（133）

7 矿产资源/储量估算 ·· (136)
7.1 资源/储量估算的一般过程 ···························· (136)
7.2 矿产工业指标及矿体的圈定与块段划分 ··············· (137)
7.3 储量估算参数的确定 ································· (143)
7.4 一般固体矿产资源/储量估算方法 ···················· (148)
7.5 可地浸砂岩型铀矿资源/储量估算 ···················· (153)
7.6 石油天然气（含煤层气）矿产资源/储量估算 ·········· (159)

8 矿床技术经济评价与矿业资产评估 ······················ (165)
8.1 矿床技术经济评价概述 ······························ (165)
8.2 矿床技术经济评价方法 ······························ (169)
8.3 矿业资产评估与矿业权转让 ·························· (192)
8.4 我国境内外勘查开发矿产资源状况及防范风险措施 ····· (196)

9 矿产资源分布与矿产资源开发 ·························· (200)
9.1 矿产资源类型划分与资源范围的扩展 ·················· (200)
9.2 矿产资源的分布 ···································· (203)
9.3 矿产资源开发的原则与矿产资源开发前景展望 ·········· (226)

10 矿产资源的开采 ···································· (229)
10.1 固体矿产资源露天开采 ····························· (229)
10.2 固体矿产资源地下开采 ····························· (249)
10.3 石油开发采油工艺简介 ····························· (264)

11 选矿方法及其工艺技术 ······························ (269)
11.1 根据矿石性质确定选矿方法 ························· (269)
11.2 重选法 ·· (276)
11.3 浮选法 ·· (286)
11.4 磁选法 ·· (294)
11.5 电选法 ·· (299)
11.6 其他选矿方法简介 ································· (301)
11.7 矿石选矿试验方案示例 ····························· (302)

12 湿法冶金方法及其工艺技术 ·························· (309)
12.1 混汞法 ·· (309)
12.2 渗滤氰化法与炭浆法 ······························· (312)
12.3 堆浸法 ·· (318)
12.4 地浸法 ·· (325)

13 矿产资源勘查与开发的管理 ·························· (332)
13.1 矿产资源法及其实施细则概述 ······················· (332)
13.2 矿业权与矿产资源所有权概念及矿业权价值 ·········· (340)
13.3 矿业权的法律制度 ································· (342)
13.4 矿业权的申请、转让与注销 ························· (345)

主要参考文献 ·· (351)
附录1 矿产地质勘查报告编写提纲 ······················ (354)
附录2 矿区矿产资源储量规模划分标准 ················· (360)
附录3 部分矿产一般工业指标 ························· (364)
附录4 试验筛筛孔尺寸（泰勒筛制）现行标准 ··········· (377)
附录5 部分矿石、岩石、矿物密度参考值 ··············· (377)

绪　　论

1　矿产资源勘查与开发的概念、性质和任务

1.1　矿产资源勘查的基本概念

所谓"矿产资源勘查"是指对矿产资源的普查与勘探的总称。按我国新颁布的地质矿产行业标准（GB/T17766—1999），矿产勘查分为预查、普查、详查和勘探四个阶段。

矿床普查包括预查、普查、详查，是在一定地区范围内以不同的精度要求进行找矿或发现矿床的工作。矿床普查可与不同比例尺的地质制图工作同时进行，也可以从已知矿点的检查入手进行专门性的找矿。找矿一般都是综合性的，即通过多种方法和技术手段寻找地区内可能存在的一切矿产资源，并对它们的质和量及可能的经济意义作出初步判断或评价；对这些矿产资源的成因和分布规律进行分析，并对今后进一步工作提出建议和设计。由于矿床的形成，尤其是大型特大型矿床的形成是一个地区地质演化过程中的稀有、特定的事件，必须具备各种有利成矿的地质条件或因素的组合才可能形成矿床。因此，发现矿床是一件十分困难的事，找矿有时犹如大海捞针。但是，矿床的形成与一定的地质异常有关，矿床的分布也有一定的规律可循，找矿就是研究可能成矿的地质异常和矿床可能的分布规律。为了提高找矿效果，通常要根据科学准则首先进行成矿预测，圈出有利成矿远景区，缩小找矿靶区范围，提高找矿成功率。

勘探是在发现矿床之后，对被认为具有进一步工作价值的矿床加密工程做进一步的地表和地下的揭露工作，查明矿床的规模、形态、产状、矿石质量和类型，估算矿石或有用组分资源/储量，查明开采技术条件和进行选冶试验，对经济条件等作出评价，为矿山开采设计提供必要的资料。随后，开始矿山设计和建设，矿山投产后，开采矿石、选冶加工直至采尽所有能采出之矿石，然后闭坑，最后是复垦。

1.2　《矿产资源勘查与开发》书名的由来及其性质和任务

1.2.1　《矿产资源勘查与开发》书名的由来

过去我国地质勘探队的矿产勘查，只是为国家找矿和查明矿床的规模、矿石质量和提交有用组分储量等内容。改革开放以来，全国许多地质勘探队和地调院除了为国家或矿权人完成矿产勘查任务外，为了取得更大的经济效益，都成立了矿业公司，对找到和查明的矿床进行开发。当前我国各地，凡投资矿产资源勘查的矿权人，最终目的多是开发矿床，即通过探矿权人转变为采矿权人。因此，矿产资源的勘查与开发成了一个整体。按我国新颁布的地质矿产行业标准（规范），矿产地质报告编写提纲中的"矿床开发经济意义概括性研究"一节，就要求说明预计的开采方式、开拓方式、采矿方法、选矿方法、选矿流程等。可见，新的矿产资源勘查规范强调矿产勘查与开发的结合。我国许多省区原来的地质局亦多改称为地质矿产开发局。本书正是顺应这一形势，把矿产资源的勘查与开发结合起来，编写书名定为《矿产资源勘查与开发》。

《矿产资源勘查与开发》是为矿产资源勘查与开发的工程技术人员编写的，也可作为一般地质

院校地质、矿产勘查类专业学生的专业课教材，或野外生产单位的技术人员培训教材。书中主要内容含有矿产资源勘查、矿山开采、选矿、矿石湿法冶金等，这些内容在资源勘查与开发的统一体系中关系非常密切。因为不了解矿床采、选、冶的要求，就不可能在矿产勘查时对矿床作出正确评价，也就不可能全面正确地完成矿产勘查工作。在当今强调矿床"勘查开发一体化"的情况下，特别是对一些中小型矿床进行勘查时，重视矿床采、选、冶问题已成为矿产勘查不可分割的任务。正因为如此，某些学者将矿床的采、选、冶问题作为重要章节列入"矿产普查勘探学"之中，由此也可见它们之间的密切关系。

作者认为把矿床的采、选、冶问题置于"矿产普查勘探学"中，仅从书名不易分辨，甚至觉得名不副实，因此还是用《矿产资源勘查与开发》书名更为合适。

1.2.2 矿产资源勘查与开发的性质和任务

矿产资源勘查与开发是从生产实践中总结和发展起来的，又为生产实践服务的应用型科学，它包括资源勘查、开发两部分。资源勘查部分主要研究矿床成矿规律、矿床赋存条件、找矿地质依据、矿体分布和变化规律以及如何有效地应用各种技术手段找寻、探明和评价矿床的理论与方法；开发部分则是对已查明的矿床进行系统的开采，采出后的矿石按其特征和有用矿物组成情况，采用不同选矿方法（重力法、浮选法、磁法等）进行分选，以获得品位较高的有用元素精矿，然后再按其特征采用不同冶炼方法（火法和湿法等）对此精矿（或原生富矿）进行冶炼获得有用元素金属产品的全过程。

2 矿产资源勘查与开发同其他学科的关系

矿产资源勘查的主要对象是矿床，因此，与其关系最密切的学科是矿床学。矿床是在一定条件下各种地质因素综合作用的产物，其形成和分布无不受构造变动、岩浆活动、沉积环境等地质条件的影响和控制。要了解矿床的形成、富集和分布规律，指导找矿方向，查明矿床的变化规律，评述矿床的工业价值，就必须以矿物学、岩石学、地史学、古生物学、构造地质学、地球化学和矿床学等基础理论和专业知识为指导，进行综合研究和分析判断。因此，以上学科的理论知识是矿产资源勘查的基础和理论依据。反过来，矿产资源勘查的实践成果又可使这些学科的理论得到验证、补充和发展。矿产资源勘查与其他各门地质基础课和专业课之间是相辅相成、互相促进的关系。

1977 年前苏联学者帕格列比茨基提出了矿床普查勘探的三大基础：地质基础、经济基础及数学基础。他认为："矿床普查勘探对象的本质可以由三门科学的方法加以揭示和说明：经济学、地质学和数学。以上所有这些便成了矿床普查勘探学的理论基础，而解决普查勘探任务则要求综合应用上述三门科学的方法"。矿产勘查的地质基础上面已述，经济基础也是比较明显的，数学基础则作以下论述。在早期，应用于矿产勘查的数学学科是概率论与数理统计，这是因为无论是矿床的形成或矿床的普查勘探工作都受"概率法则"支配，都是在不确定条件下进行决策与评价，都是研究受多种因素制约的对象或结果，因而"多元统计分析"也就成为矿产勘查应用较多的数学学科。近代勘查理论要求研究最优勘查方案和勘查过程最优化问题，矿产勘查过程实际上也是研究如何以最少的投入获取有关地区地质及矿床的最多及最正确的信息问题。这些，都与现代数学的各种新进展分不开，如近年来兴起的"分形理论"、"混沌理论"等。矿产勘查工作与大量数据打交道，而且经常是与间接的、隐蔽的、不完整的、模糊的或微弱的信息打交道，如何提取、分析、处理及显示这些数据和信息并作出正确评价，没有一定的数学基础是不可能的。不言而喻，"计算机技术与应用"已成为与矿产资源勘查十分密切的学科。

矿产资源勘查与开发必须借助各种技术手段与方法去实现发现、揭露、查明和开发矿床的目的，因此，勘查地球物理、勘查地球化学、遥感地质学、地理信息系统、全球定位系统、钻探技术与钻井工程、坑探技术与掘进工程、不同采矿方法（露天开采、地下开采、地浸开采）、不同选矿方法（重力法、浮选法、磁法）等都与矿产资源勘查与开发学科密切相关。

当今，环境问题已成为影响矿业开发的重要问题。从矿产资源综合利用和可持续发展角度出发，矿产勘查与开发必须考虑生态环境保护问题和矿业活动可能造成的环境效应问题。因此，矿产资源勘查与开发与环境地质学、生态环境学关系密切。

3　矿产资源勘查与开发工作的研究方法

任何成矿作用都是一个长期而复杂的地质过程。要认识这个过程，除了应用正确思想方法外，还必须有一套行之有效的具体研究方法。通过无数次的矿产资源勘查与开发实践，已形成了一套比较完整的研究方法，概括起来有以下几方面。

3.1　野外观察法

矿产资源勘查所研究的对象是广阔无垠的地壳及分布在地壳中的各种矿产，地质人员首先必须深入大自然，把野外作为自己调查研究、获取资料的主要场所。通过野外调查，从宏观掌握地质矿化现象的基本特点和变化规律，并且为室内分析研究取得丰富的第一手材料。因此，野外观察是矿产资源勘查最基本的研究方法。地质填图、矿产普查以及各种探矿工程的地质编录等，均贯穿着野外观察这一基本方法。

3.2　试验研究法

矿产资源勘查与开发过程中，野外观察虽然必不可少，但它毕竟只限于宏观的研究，还有许多问题得不到解决。如矿产质量、矿石物质成分及某些结构构造特征、矿石选冶加工技术性能等，还需要借助于实验室的试验手段对其进行研究。故试验研究也是矿产资源勘查与开发学科的重要研究方法。

3.3　综合分析法

矿产资源勘查与开发工作是一项综合性很强的工作，所涉及的资料量多面广，不但有丰富的地质资料，还有许多技术、经济资料。在地质资料中又可区分为地质、水文、物探、化学分析等不同种类和不同地区的资料。这些资料从不同的角度反映了矿床的局部性特点。然而，要掌握矿床的整体特征并且上升到理性认识的高度，则必须对这些资料进行综合整理，综合研究，去粗取精，去伪存真。所以，综合分析法也是矿产资源勘查与开发学科不可缺少的方法。

3.4　类比法

类比法也是矿产资源勘查与开发中常用的方法。它是长期矿产资源勘查与开发实践和研究的结晶。矿产资源勘查学的理论依据是，在某些相近的地质作用下，可形成矿种相同和类型相似的矿床，换句话说，在地质条件相似的地区，可能找到相似类型的矿床。对于类型相似的矿床，可以应用相似的矿产勘查方法。类比法的实质是应用已知地区或已知矿床的成功经验来指导地质条件相似的新地区或新矿床的矿产勘查工作。但相似不等于相同，相似程度也各有不同，在应用时，还必须紧密结合本地区或本矿床的实际情况，切忌不加分析、盲目照搬别地区或别的矿床的经验。

4　资源勘查新技术的使用与工作者应具备的素质

当今矿产资源勘查，由于寻找隐伏矿床比例增大，单纯用传统方法发现矿床越来越难。为提高找矿效率，找矿新技术、新方法的研究和应用日益加强。新技术、新方法的大量使用，导致地质、物化探、遥感和其他勘查信息数量大大增加。电子计算机的普遍应用不仅大大提高了数据处理的能力和效果，而且开辟了勘查方法研究的一项极为重要的技术——地理信息系统（GIS）技术的应用。

许多国家还把进一步提高地质矿产勘查效率的新技术和新仪器（加大探测深度、精度和可靠性），以及在相邻学科新成就基础上研究出的全新测试设备和直接找矿的仪器与方法，作为整个地质学研究领域中最重要的任务之一提了出来。由此可见，矿产资源勘查是一个极具挑战性的行业。

矿产资源勘查工作要取得重大突破，除了上述采用先进仪器设备和先进技术手段、改进勘查理论和技术方法外，提高矿产勘查人员的素质也是一个十分重要的问题。

朱训（2003）认为，矿产勘查地质人员需要智力方面和非智力方面的素养。智力方面的素养包括：①合理的知识结构；②丰富的经验储备；③正确的理性思维；④高超的管理才能。非智力方面的素养包括：①强烈的找矿意识；②无私的奉献精神；③良好的协作道德；④强健的身体素质。

毫无疑问，高级知识技术人才的能力将决定未来矿产勘查公司的生存和发展。就矿产勘查而言，所要求的高素质地质人才既是精通矿产勘查理论和技术的行家，也是具有项目管理才能的专家，能够强有力地领导自己的团队同心协力地完成所承担项目的高级人才。这类人不墨守成规，具有很强的开拓创新精神、善于听取他人意见、懂得扬长避短、能够发挥高超管理水平的人才。

为了维持我国国民经济与人类文明对矿产资源的需要，必须培养和造就大批有潜在能力的、优秀的矿产资源勘查地质工作者，他们肩负着为国民经济建设提供足够能源和矿物原料的光荣而又艰巨的任务，让我们共同为之奋斗。

1 矿产成矿规律与成矿预测

1.1 矿产成矿规律研究

成矿规律是指矿床形成和分布的时间、空间、物质来源及共生关系诸方面的高度概括和总结。成矿规律是进行成矿分析的基础，对预测找矿工作具有重要的指导作用。自从1892年法国著名学者德洛内提出成矿规律的概念以后，许多地学工作者从不同的方面进行了卓有成效的研究，形成了全球成矿规律、区域成矿规律、矿区成矿规律及单矿种为主的专门性成矿规律等不同的分支。

1.1.1 矿床时间分布规律

矿床在时间上的分布是不均匀的，某些矿种或矿床常在某一地区的某一地质时代内集中出现。如世界上内生（含变质）矿床中，60%以上的铁、镍和钴矿形成于前寒武纪；80%的钨、钼矿形成于中生代；40%以上的铜矿形成于新生代等。外生矿床中，世界的煤主要形成于石炭纪—二叠纪；石油主要形成于新生代。矿产在某一地质时期、某一地区内集中出现的原因比较复杂，既与地球在历史上不同时期的演化和地壳厚度有关，又与不同时期和地域的成矿条件的差异与变化有关。

1.1.1.1 我国矿床主要成矿期

一定类型的矿床及其组合在地史中的出现往往和一定的大地构造发展阶段有关。据我国地壳发展的主要构造运动及成矿特征，将我国的成矿期划分如下。

1）前寒武纪成矿期

该成矿期是我国一个重要的成矿期，持续时间最长，可进一步细分为如下三期：

（1）太古宙成矿期：这时地壳开始形成，薄而不稳固，故有大量来自上地幔的超基性、基性岩浆活动，形成重要的绿岩带及有关矿床。本期末发生阜平运动，有广泛的火山和火山沉积作用、花岗岩化和混合岩化作用，并伴随着一系列矿床的形成，重要者有铁、金、铜、磷、滑石、菱镁矿、石墨、云母等。

（2）古元古代—中元古代成矿期：本期地壳已经形成并相对稳定下来，火山作用、花岗岩化、混合岩化仍较普遍和强烈。火山和火山沉积建造，各种碎屑沉积建造及化学沉积建造大量出现，生物沉积建造开始出现。在这种地质环境中形成的矿产有铬、镍、铂、铁、钛、金刚石、铜铅锌硫化物、稀土、硼、滑石、菱镁矿、云母等。

（3）中-新元古代成矿期：本期属晋宁、澄江、扬子构造旋回成矿期。这时稳定区与活动带区别明显，大气中CO_2占优势，海水中CO_2逐渐减少而变成硫酸盐型，主要矿产有铁、铜、磷、石棉、石墨等，在北方产于长城、蓟县、青白口纪地层中。在南方则产于板溪群、会理群、昆阳群、神农架群、南沱砂岩层及相应地层中。

2）加里东成矿期

此时我国地壳进入了一个新的发展阶段，华南、西南进入相对稳定的地台时期，矿产以产在浅海地带和古陆边缘海进层序底部的铁、锰、磷、铀等外生矿床为主，如宣龙式铁矿、瓦房子锰矿、湘潭式锰矿、昆阳式和襄阳式磷矿等。中期海侵范围扩大，普遍出现大量钙质沉积，形成灰岩白云岩矿床。晚期在海退环境下形成潟湖相石膏和盐类矿床。祁连山、龙门山、南岭以地槽演化为特点，矿产为内生的铬、镍、铁、铜、石棉，如镜铁山铁矿床、白银厂黄铁矿型铜矿床等。

3）海西成矿期

与加里东期相似。我国东部处在地台阶段，以稳定的浅海相、海陆交互相、潟湖相及陆相沉积为主，相应形成一系列重要的外生矿产，如南方泥盆纪的宁乡式铁矿、二叠纪的潟湖相锰、铁、煤等矿床，北方石炭纪、二叠纪的铁、铝、煤、粘土矿等矿产；我国西北部地区仍处于地槽发展阶段，以内生金属矿产为主，有秦岭和内蒙古的铬、镍矿床；内蒙古白云鄂博式稀土-铁矿床；阿尔泰、天山地区的稀有金属伟晶岩矿产；与花岗岩有关的钨、锡、铅、锌，南祁连的有色金属，川滇等地的铜、铅、锌及力马河铜-镍硫化物矿床。

4）印支成矿期

印支运动结束了我国大部分地区的海侵状态，使之上升为陆地，出现一系列内陆盆地，形成许多重要的外生矿床。有铜、石膏、盐类、石油、油页岩等。西部地区尚有三江地槽褶皱系、松潘-甘孜地槽褶皱系、秦岭地槽褶皱系及海南岛地槽褶皱系，其中形成众多的内生矿床，如铁、铜、铬、镍、稀有金属、云母、石棉等。

5）燕山成矿期

燕山运动是我国最重要的内生成矿期。此时我国西部地区大都结束了地槽阶段，进入地台发展阶段。东部地台区进入地洼阶段，构造活动、岩浆活动和火山活动相当强烈，出现多期岩浆活动和火山喷溢，造成丰富多样的内生矿床。岩浆活动以酸性、中酸性岩浆侵入和喷溢为特征，早期以广泛分布的大规模岩浆活动为代表，形成一系列钨、锡、钼、铋、铁、铜、铅、锌矿床，晚期以广泛分布的小规模岩浆活动为代表，形成一系列重要的铁、铅、锌、汞、锑、金、稀有金属、萤石、胆矾石等矿床。喜马拉雅山地区及台湾地区仍处在地槽发展时期，有超基性、基性岩浆活动，伴随有铬、镍、铜、铅、银等矿床。本期外生矿床不及内生矿床重要，在小型内陆盆地中有铁、铜、铀、煤、盐类、油页岩等矿床产出。

6）喜马拉雅成矿期

此期我国东部各个地洼区的发展均进入了余动期，构造活动较弱。但台湾地槽和喜马拉雅地槽仍在强烈活动，产出有伴随基性-超基性岩浆活动的铬-铂矿床（西藏）、铜-镍矿床及火山岩中的铜、金矿床（台湾地区）等，以及铅、锌、硫矿床（新疆西南部）。本期内生矿产虽较局限，但外生矿产比较发育，以风化淋滤和沉积矿床为主，主要的有：塔里木盆地和柴达木盆地边缘地带的层状铜矿床；各地的砂金、砂锡矿床；风化淋滤型镍矿；风化壳型铝土矿；西北许多地区的硼矿和盐类矿床；西南地区的钾盐和岩盐及古近纪和新近纪的煤炭和石油等。

由上可知，我国各类矿床在时间上分布很不均匀，其中铁、金等矿早期比较富集，汞、锑、砷、稀有金属等矿晚期相对集中。我国地壳演化早期，成矿作用比较简单；随着时间的推移，地壳加厚，岩浆活动、火山作用、沉积变质作用多次重演，大气中游离氧增多，生物出现和大量繁殖，成矿作用愈来愈复杂，到中、新生代达到最高峰。

1.1.1.2 全球矿床主要成矿期

根据构造作用、岩浆作用、沉积作用和成矿作用的一系列特征，特瓦尔奇列利哲将全球分为7个最主要的成矿期（表1-1）。从表1-1中可以看出，该表归纳了世界上最主要的矿产，但对比我国及世界上一些地区的矿产发育情况看，尚存在以下值得进一步探讨的问题。如特瓦尔奇列利哲把所有的矿产仅归因于地槽和地台型，忽视了地洼区的出现及其成矿的意义。对太平洋周边地区及中、新生代成矿期的强度估计不够充分。在全球成矿期中，前寒武纪的金矿的矿化强度较大，矿化类型也较多。但对比我国前寒武纪成矿期，则金矿化强度较小，矿化类型也较少，其原因有待进一步探讨。

表1-1　全球主要的成矿期及有关矿产

最主要的成矿期	主要褶皱作用的地台形成期	出现金属矿化作用的强度	最主要的矿石建造	
			地槽型	地台型
中-新生代成矿期（<150Ma）	阿尔卑斯期（50Ma）	中等	含铜黄铁矿，黄铁矿-多金属，铬铁矿，矽卡岩-磁铁矿，硫化物锡矿，石英-锡石-黑钨矿，Cu-Mo，脉状金-碲，青磐岩Au-Ag，Hg-Sb	碳酸盐岩中的铅、锌，含铜砂岩，五元素（Au、Ag、Co、Se、Te）碳酸盐岩，金伯利岩，Cu-Ni
古生代成矿期（500~150Ma）	海西期（200Ma）	强	含铜黄铁矿，黄铁矿-多金属，铬铁矿，钛磁铁矿，铂，矽卡岩-磁铁矿，云英岩，Sn-W，矽卡岩的Pb-Zn，锑-汞	碳酸盐岩的Pb-Zn，含铜砂岩，五元素（Au、Ag、Co、Se、Te）碳酸盐岩
晚里菲成矿期（900~500Ma）	贝加尔期（700~500Ma）	很强	含铜黄铁矿，磁铁矿-钛铁矿，铬铁矿，脉状石英金矿，伟晶岩	碳酸盐岩中的Pb-Zn，含铜砂岩和页岩（常伴生钴和铀），伴生铀的伟晶岩，云英岩的Sn-W，金伯利岩
早里菲成矿期（1650~900Ma）	哥达期（1000~900Ma）	弱	碧玉铁质岩，伴生铀的铁-硫化物，脉状石英-稀有金属（W、Sn、Au、Ta-Nb），伟晶岩，Fe-Mn，Fe-Ti	Cu-Ni，Cu-Ni-Ag-Co（肖德贝里-德卢思型）
中元古代成矿期（1800~1650Ma）	赫德森期（1700~1650Ma）	中等	黄铁矿-多金属，碧玉铁质岩，伟晶岩，铬铁矿	金铀砾岩，热液铀矿
古元古代成矿期（2500~1800Ma）	白海期（2000~1800Ma）	很强	碧玉铁质岩，铬铁矿，Fe-Mn，脉状石英-金矿，Cu（变质岩中的透镜体）	含Au和含U砾岩，含Cu砂岩，伴生Pt、V、Sn、Au的铬铁矿-Cu-Ni（布什维尔德型）
太古宙成矿期（3500~2500Ma）	南罗得西亚期（2700~2500Ma）	弱	磁铁矿-紫苏辉石，磁铁矿-角闪石，伴生Ta-Nb的伟晶岩，脉状石英-金矿	

（据特瓦尔奇列利哲，1970）

1.1.2　矿床空间分布规律

矿床在空间上主要表现为不均匀分布，具体表现为丛聚性分布、带状分布等，但在特殊的地质条件下，也可表现出均匀分布特征，即在空间上的等距性分布。研究和总结矿床空间分布的样式及其形成原因，可以在一定地质条件下的地区内有的放矢地进行找矿工作。

1.1.2.1　矿床的丛聚性分布

矿床的丛聚性分布是指矿床在平面的分布上往往在一定范围内集中出现，构成矿化集中区或特定的成矿区域。

1）矿化集中区

矿化集中区是指在一个不太大的范围内，某些矿产或矿产组合特别丰富，形成具有一套固定的标型矿产或矿床组合的地区，有人称之为"大型矿集区"。这种矿化集中区国内外实例很多，如我国南岭地区是钨、锡、稀有、稀土的矿化集中区，川南、滇北是铁铜的矿化集中区，湘黔交界地区是汞锑的矿化集中区，长江中下游地区是铜铁矿化集中区，鞍本、冀东是铁的矿化集中区，辽西、冀北是钼和铅锌的矿化集中区，胶东半岛是金的矿化集中区，东秦岭是钼和金的矿化集中区等。

矿化集中区内的矿床特点：①矿床数量多、规模大，特别是有大型、超大型矿床的存在，如我国鞍本地区在100 km×10 km范围内发育有700余个铁矿床，总储量达$5×10^9$ t以上；②矿种可以是单矿种，也可以是多矿种，矿床成因可以是同期多成因，也可以是多期多成因；③矿化集中区的形成原因推测与地壳和上地幔中元素分布不均匀性有关，与地质经历复杂、保存条件良好及矿源层的存在有关。对矿化集中区的认识及研究意义在于指导"就矿找矿"工作的开展。

2）成矿区域

成矿区域是指某种或某些矿床类型特别发育、地质发展历史相近，成矿作用上具有一定的共性的地区。成矿区域的范围常与一定的大地构造单元、一定的构造-岩浆带或一定的构造-岩相带相符合。在一定的构造-岩浆带中常产出某些内生矿床，在一定的构造-岩相带中常赋存某些外生矿床或变质矿床。成矿区域还和区域地球化学场有着密切的联系，地壳中矿产的不均匀分布主要是由于元素的不均匀分布造成的。因此，一定的成矿区域也都有着自己的区域地球化学场特征。成矿区域是人们为了研究矿产空间分布规律而进行成矿区划的。从有关矿产的区域性分布特征入手，结合区域内构造、地球化学场特征而划分、总结的。不同的大地构造成矿分析学派都按照各自的观点对世界及我国成矿区进行了划分，如地质力学成矿分析学派把我国的主要成矿区域划分为：①纬向构造体系控制的成矿带；②新华夏系控制的矿带；③河西系控制的矿带；④"歹"字型构造体系控制的矿带等。

成矿区域虽然也是矿床在空间上丛聚性的一个具体表现，但它和矿化集中区的区别在于除了考虑矿床的集中产出特征外，还综合考虑到了控制矿床发育及分布的构造和地球化学场特征，并且在此基础上所划分出的成矿区域本身就具有较强的预测找矿功能，即成矿区域可作为找寻同类型矿产的找矿远景区。

1.1.2.2 矿床的带状分布

矿床的带状分布是指不同的矿种、矿床类型或矿床的矿石物质组成、结构构造、矿物组合等在一定的空间范围内呈现出的有规律的交替变化。矿床带状分布现象普遍存在，大至全球，小至矿床、矿体甚至微观领域。根据规模级别，矿床的带状分布可分为全球成矿带、区域分带、矿区分带和矿体分带等。

1）全球成矿带

全球成矿带是受全球性构造系统控制的成矿带，如全球性的裂谷或板块缝合带，贯通性深大断裂带等。最著名的有环太平洋成矿带、特提斯-喜马拉雅成矿带、中亚-蒙古成矿带等。全球最大的环太平洋成矿带，即环绕太平洋的中、新生代构造-岩浆成矿带，在构造上属于岛弧型或安第斯型板块俯冲带。它自南美洲南端起，沿美洲西海岸，经白令海峡转亚洲东部及东南部，延长 4 万多千米，规模十分巨大。整个成矿带又可分为内、外两带：内带属新生代成矿带，主要发育与古近纪及新近纪的火山岩有关的块状硫化物（铜、锌等）及金、银矿床；沿断裂带有基性、超基性岩及有关的铬、镍、铂矿床；外带位于大陆部分，属中生代成矿带，主要产钨、锡、钼、铋、铅、锌、锑、汞、铜、银、铁等矿产。在我国环太平洋成矿带还可进一步分出三个亚带：钨锡亚带（从赣南-粤北-滇东）有东钨西锡的特点、汞锑亚带（湘、黔交界）、铅锌亚带（与钨锡亚带交叉及部分重叠）。

2）区域分带

区域性矿床分带一般以矿种、矿种组合或矿床类型作为分带标志。如赣南钨锡矿床的区域性带状分布：诸广山锡、钨、稀土成矿带，于山钽、铍、钨成矿带，武夷山铌、钽、钨成矿带。实际上，上述全球成矿带中的亚带，如太平洋成矿带中的钨锡亚带、铅锌亚带、锑汞亚带，均属于区域性矿产分带。

3）矿区分带

矿区内不同类型矿床在空间上呈规律性的分布。其分带标志除了矿种和矿床类型外，也可用有用矿物组合作为分带标志。这类矿产分带，以热液型内生矿床的原生分带表现最多。例如南岭构造成矿带上的香花岭矿区和柿竹园矿区，显示了两种类型的矿区分带。香花岭矿区围绕癞子岭花岗岩体向外，出现花岗岩型钽铌矿床→云英岩型钨锡矿床、矽卡岩和汽成热液型锂铍硼矿床→似层状锡铅锌矿床→脉状铅锌矿床的分带。柿竹园式矿床与花岗岩凹部有关，自岩体顶凹部矿化中心向上，依次出现细网脉云英岩、矽卡岩钨铝铋矿床→矽卡岩钨铋矿床→大理岩型锡铋矿床、铍锡矿床等。

4）矿体分带

指矿体内沿矿体走向或倾向，矿石物质成分、结构构造等方面呈规律地变化，这种变化构成的分带又可分：矿化形态和结构构造分带、内生矿床矿石类型分带、外生矿床矿石类型相变分带、矿物及元素分带几种类型。

　　矿化形态和结构构造分带：在我国赣南—粤北一带黑钨-石英脉矿床中十分明显，形成著名的
"五层楼"式，即矿化从隐伏岩浆岩穹窿向上直至地表可分为大脉带、薄脉带、细脉-薄脉带、细
脉带、线脉带等5个带。每一带有一定的深度范围，称为一层楼，工业矿化主要产于前3~4带中。

　　内生矿床矿石类型分带：主要特征是最下部多为温度较高、较还原性质的矿石类型，上部多为
温度较低的偏氧化性质的矿石类型。

　　外生矿床矿石类型相变分带：表现为从岸向海方向上的岩相变化引起某些成矿元素的变化。如
盐类矿床的相变分带是从岸向湖心方向，由石膏→岩盐→钾盐。

　　矿物及元素分带：在中酸性岩体与碳酸岩围岩接触带所形成的矿床中表现明显，如河南某热液
交代多金属矿床的矿物及元素分带（由内向外）为：花岗岩体内辉钼矿化（铜、钼）→内接触带
矽卡岩铁铜矿化（铁、铜）→外接触带白云岩铅锌银矿化（铅、锌、银）等。

1.1.3　成矿物质来源规律

　　成矿物质来源问题是成矿规律研究的基本问题。在进行预测找矿工作时，只有把握了欲找寻矿
产的来龙去脉，才能较好地指导相似地区、相同类型矿床的找寻工作。

　　对成矿物质来源的认识，经历了一个从过去的"水"、"火"之争到现在的多来源的变化过程。迄今
为止，在对一些具体矿床的矿质来源的认识上仍常存在不同的认识及争论，争论的重点主要集中在对内
生成矿物质来源的认识方面。目前国内外普遍公认，内生成矿物质主要有三大来源，即上地幔源、地壳
同化源、地表渗滤源；此外，少部分矿床可能属于宇宙源。大量矿床的成矿物质并非是单一来源，而是
混合的多来源。据刘石年（1993）等研究，不同来源的矿床类型与分布如表1-2所列。

表1-2　内生成矿物质来源及其矿床类型与分布一览表

成矿物质来源	搬运介质	主要矿床类型	时空分布
宇宙源	"岩浆"	肖德贝里型 Cu-Ni 硫化物矿床	
上地幔源	原始岩浆	含 Cr-Pt 矿床的镁质基性、超基性岩建造 含 Cu-Ni 矿床的铁质基性、超基性岩建造 含 V-Ti 磁铁矿床的辉长岩建造 含矽卡岩型 Fe-Cu 矿床的斜长花岗岩建造 含黄铁矿型铜矿的细碧角斑岩建造	地槽阶段 地槽早期
		含 Fe-Cu 矿床的玄武岩建造 含钛铁矿床的基性、超基性杂岩建造	地台阶段
		含金刚石的金伯利岩建造 含 Nb, Th, TR 矿床的火成碳酸岩建造 含岩浆型 Cu-Ni 硫化物矿床的暗色岩建造	地洼阶段
地壳同化源	重熔岩浆 岩浆热液	含 W, Sn, Mo, Be 的花岗岩-花岗闪长岩建造	地槽中期
		含矽卡岩和热液型 Cu, Pb, Zn 的花岗岩建造 含金石英脉的中酸性斑岩建造 斑岩型 Cu-Mo 矿床建造 玢岩型 Fe-Cu 矿床的陆相火山岩建造 含 W, Sn, Mo, Bi, 萤石矿床的花岗岩建造	地槽晚期 地洼阶段
地表渗滤源	地表水	灰岩白云岩中的铅锌矿床 层状铜矿 碳酸盐岩中的微细粒浸染金矿床 砂岩钒铀矿床 热液似层状及脉状汞、锑矿床	地台阶段 地洼阶段
多来源	多介质	多成因复成矿床	地洼阶段

（据刘石年，1993）

斯米尔诺夫认为内生成矿物质有三种主要类型来源，即地壳下初生玄武型、地壳中同生花岗岩型、非岩浆淋滤型，并从地壳历史发展演化过程探讨了内生成矿物质三种来源的比例（图1-1）。由表1-2和图1-1说明，内生成矿物质在地壳历史演化过程中具有如下的演变趋势：

（1）地壳发展早期（太古宙—元古宙）：壳下玄武岩浆分异较弱，区域变质作用及混合岩化、花岗岩化作用强烈，所成矿床以变质渗滤源及变质同化源为主，并主要分布于古元古代结晶基底中。

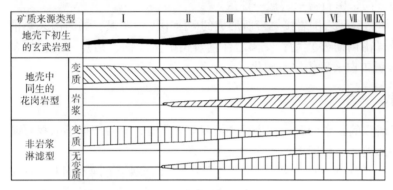

图1-1 地壳历史发展演化过程中内生成矿物质

三种来源的比例

（据斯米尔诺夫，1976）

（2）新元古代以后壳下源（上地幔源）比例逐渐增大：特别是加里东期和海西期地槽发育，与壳下玄武岩浆来源有关的矿床迅速增多；但到海西期以后又逐渐减少，所形成的矿床主要分布于地槽及褶皱带区。

（3）来自地壳深部与重熔岩浆有关的矿源：从古元古代开始逐渐增加，有关的成矿活动在我国燕山期（基米里期）及喜马拉雅期（阿尔卑斯期）特别强烈，其原因与世界范围的中新生代构造岩浆活化有关，所成矿床主要分布于地洼区（或活化区）。

（4）渗滤源及非岩浆淋滤型：地史发展的早期阶段以变质渗滤源为主，晚期阶段则以非变质渗滤源为主，表现为地下热卤水渗滤经过各种岩石并从中淬取成矿物质，形成了大量层控矿床。

（5）随着地壳由早期到晚期的演化成矿物质来源渐趋复杂：成矿物质来源渐趋复杂引起多成因复成矿床比例增加。由于矿产的继承性、叠加和改造作用，以及愈晚的构造单元构造层次愈多，因而这类矿床多分布于地洼区，并且具多成矿阶段、多物质来源、多成因类型的特点。

1.1.4 矿床共生规律

矿床共生是指不同矿种或不同类型的矿床在空间上集中在一起产出的自然现象。大量的勘查实践揭示，矿床共生是一种普遍现象。研究和总结矿床共生规律对于综合找矿、综合评价和综合利用矿产资源都具有重要指导意义。

对矿床共生规律的认识经历了一个较长的过程。如我国一些矿区，铅锌矿与萤石矿共生、铅锌矿与菱铁矿共生、铜矿与金矿共生等都是地质工作深入以后才认识的。国外钾盐矿床20%是从石油深井中偶然发现的，这些发现反映了油盐共生的规律性和油盐兼探的重要性。当人们没有认识这种共生规律时，难免单打一找矿，就不可能自觉地运用矿床共生规律更有效地找寻共生的综合矿种，从而推迟了某些共生矿床的发现。

矿床共生基础在矿物共生和元素共生。关于造成矿床共生的原因，大体上是由于：①元素的地球化学性质相近或相似；②一定的物理化学平衡因素起重要作用，促使相近的元素同时晶出或类质同像置换，也可以形成固溶体；③矿质来源、围岩岩性及成矿作用的综合影响；④叠加矿化作用，包括同生作用和后生作用的重叠矿化。后两者对区域矿床共生而言比较重要。

矿床共生规律的研究，包括矿床共生组合、成矿系列、成矿模式三方面。

1.1.4.1 矿床共生组合

孟宪民（1963）据矿床形成环境的不同，把矿床组合分为下列5类：

（1）大洋组合：多为玄武岩组成，其中以矿化镍、铬等为主。处于热带、亚热带大洋中的岛屿，一般可能有铝土矿的富集，并有锰矿或其他残积矿床产生。

（2）大陆组合：碎屑岩、蒸发岩、白云岩、火山岩等均有发育。矿产主要有钨、锡、铌、钽砂矿、金-铀砾岩、宁乡式铁矿、宣龙式铁矿、红层铜矿、密西西比式铅锌矿和膏盐矿等。

（3）陆缘组合：主要为三角洲沉积物、礁灰岩或大陆冰川冰碛所组成，以三角洲和礁灰岩岩相为重要。矿产主要为油气、锰、钴、铜、镍、铅、锌等，在陆棚的沉积物中呈结核状聚积。

（4）岛弧组合：产出岩石以安山岩为主，其次为杂砂岩与玄武岩，沿深断裂常有超基性岩体呈线状排列。矿产主要是：铅、锌、铜、金、石膏、重晶石、油气及一些风化残余矿床（如铝土矿）。

（5）原生山脉组合：主要岩石为花岗岩、花岗闪长岩、酸性与较基性的片麻岩互层。矿床有条带状铁矿、布鲁肯式铅锌矿、兰德式金铀矿等。

此外，李春昱（1990）把与板块构造有关的矿床分为与蛇绿岩、钙碱性-中酸性岩浆岩、酸性岩浆岩及与碱性和偏碱性岩浆有关的矿床组合等。

1.1.4.2　成矿系列

所谓成矿系列，是指具有统一成矿过程、时空上有密切联系、成因上有成生联系的矿床组合。成矿系列是矿床共生组合研究的进一步深入和发展，因矿床共生组合分类主要是侧重总结矿床共生组合的自然现象，对矿床共生组合的深层次及相互之间的时、空关系重视不够，而成矿系列可以说是针对上述问题而提出的。程裕淇（1980）将内生成矿系列初步划分为 14 类、沉积矿床分为 6 类（表 1-3）。

表 1-3　与沉积作用有关的成矿系列简表

系列类别	常见的（或可能的）矿种（或元素）	矿床实例
1. 海相陆源碎屑岩、近岸硅质岩、碳酸盐岩组合的成矿系列 ①正常沉积的 Fe，Mn 亚系列 ②沉积磷块岩亚系列 ③沉积磷块岩亚系列 ④黄铜矿-黄铁矿亚系列	Fe，Mn 矿 磷灰石矿或磷灰石-细晶磷灰石矿（或含 F，Cl 等） 镜铁矿-方铅矿，闪锌矿（或含 Sb，Hg，Ag 等） 菱铁矿（或含 Pb，Zn，Cu，Sb，Au，U，Mn 等） 东川铜矿	云南鱼子甸，广东乐昌，四川什邡，贵州 陕西大西沟
2. 海相黑色页岩、石煤、硅质岩组合的 P，V，Mo，Ni 等元素的成矿系列	黑色页岩（或含 U，V，Mo，Ni，Co，Cu）-磷结核 石煤（或含 V，Mo，Ni 等），硅质岩（或含 U，V），黑色页岩-黄铁矿	湖南牛蹄塘组 华南孤峰组
3. 海陆过渡相或陆相碎屑岩组合含 Fe、Al、煤、石油的成矿系列 ①Fe、Al、煤亚系列 ②石油、天然气、油页岩（自然硫）亚系列	褐铁矿（或相变为黄铁矿），铝土矿（或相变为耐火粘土），煤层（常包含 Ge，Ga 等元素） 石油、天然气矿藏（油田水常伴生 K，Na，Li，B，I 元素）及（或）油页岩矿（常伴生 U，V，Cu 等元素）及（或）自然硫矿（伴生石膏、硬石膏矿）	华北（C）褐铁矿，黔桂（C—P）的铝土矿，华北（C—P，T—J，E）的煤田松辽（K）油田，茂名（E）油页岩，山东（E）自然硫
4. 海相碳酸盐岩、蒸发岩组合的成矿系列	石膏矿（石盐），石盐矿（钾石盐），石盐矿（光卤石）	山西（O）石膏矿，四川（T）石膏矿，前苏联（E）喀尔巴阡钾盐矿床
5. 陆相碎屑岩、蒸发岩组合的成矿系列 ①夹海相层的亚系列 ②单纯陆相亚系列	石膏矿-石盐矿、石盐矿-杂卤石矿、石膏矿-钾芒硝矿芒硝、天然碱矿-石膏、石盐矿、硼砂矿、石盐矿-杂卤石矿 含铜砂岩、含铜砂砾岩矿（或含 U，V 等）	大汶口（E）石盐、杂卤石矿床，江汉（E）石盐、钾芒硝矿床 桐柏（E）天然碱矿，察尔汗光卤石矿，班戈错硼砂矿滇粤（K—E）含铜砂岩矿
6. 陆相表生风化残积带的成矿系列中、酸性火成岩表生风化带亚系列	高岭土、（红土型）铝土矿、富稀土元素粘土矿	苏州高岭土矿床，海南岛红土型铝土矿，赣南含稀土元素的风化壳矿床

（据程裕淇，1980）

　　成矿系列概念的提出，改变了矿床研究中分门别类、彼此孤立割裂的倾向。成矿系列以成矿演化、联系发展观点作指导，既重视成矿演化谱系、成矿作用过程的共同特征，又注意地质条件局部变化对成矿的影响。在一个成矿区内掌握了成矿系列特征，可以由此及彼地指导预测矿产工作，提高矿产勘查工作的成效。

1.1.4.3　成矿模式

　　成矿模式是以简明的图表、文字或数学公式对矿床组（或某一类矿床）的成矿地质特征、控矿因素及矿化标志进行的高度综合和理论概括。成矿模式从形式上可分为概念模式、图表模式和数学模式，从性质上可分为矿床成因模式、矿体产状模式、矿床数量模式（吨-品位模型）等。

　　矿床成矿模式，特别是图模式可以形象、直观地表述矿床组相互之间的内在成因联系及矿床形成、分布的时、空特征，从此角度来说，其比成矿系列更前进了一步。但成矿模式绝不是仅反映矿床共生组合方面，它可以是对成矿规律的高度概括。成矿模式指导预测找矿实践表明，在世界范围内已取得良好效果的成矿模式有：斑岩铜矿热液蚀变模式、密西西比河流域古含水层模式、沉积型铜矿萨布哈模式及日本的块状硫化物火山成因模式等。

1.2　矿产成矿预测方法

　　成矿预测是在科学预测理论的指导下，应用地质成矿理论和科学方法综合研究地质、地球物理、地球化学和遥感地质等方面的地质找矿信息，剖析成矿地质条件，总结成矿规律，建立成矿模式，圈定不同级别的预测区或三维空间内的找矿靶区，正确指导不同层次、种类找矿工作的布局，提出勘查工作的重点区段或布置具体的勘查工程，达到提高找矿工作的科学性、有效性和提高成矿地质研究程度的一项综合性工作。在矿产勘查系统中，成矿预测可视为一个动态的子系统，在矿产勘查初期即可开展。因此，成矿预测必须随地质研究程度的提高及勘查工作的深入而不断地验证、修正已有的认识和结论，不断地提高预测的精度和可靠性，以满足不同的勘查阶段和勘查工作种类的要求。

　　成矿预测可以说是一项贯穿矿产勘查全过程的工作，即从普查前期开始，直到勘探、矿山开采，都应开展与工作阶段相应的不同要求和不同比例尺的成矿预测工作。原地质矿产部在1990年曾专门发文将成矿预测列为普查的前期工作，其成果纳入普查设计的内容，并要求在全国普遍推广中大比例尺的成矿预测，为普查找矿提供最佳方案，再次说明了开展成矿预测工作的必要性和普遍性。

1.2.1　成矿预测工作分类及一般程序

　　1）成矿预测工作分类

　　按原地质矿产部20世纪90年代下发的有关成矿预测工作的指导性文件，将成矿预测工作分为小比例尺、中比例尺和大比例尺成矿预测三类（表1-4）。随着成矿预测工作的不断深入及勘查工作的实际需要，特别是当前在资源危机矿山内所开展的成矿预测工作中盛行立体预测或定位预测，这实质上是大比例尺成矿预测工作的深化和发展。

　　2）成矿预测工作的一般程序

　　成矿预测工作的一般程序可以大致归纳如下：

　　（1）确定预测目的任务及要求：确定预测的目的任务、预测区范围、预测的资源种类、具体的比例尺等。

　　（2）全面收集研究地区的各种地质矿产资料：全面收集研究地区的各种地质报告和图件、物化探、重砂测量等工作成果及有关专著，并尽可能进行矿产预测所必需的地层、构造、岩浆岩、矿床等各项地质资料的系统整理，使之条理化和图表化，为进一步研究成矿规律和预测打下基础。

表 1-4　不同比例尺成矿预测任务要求简表

比例	小比例尺成矿预测 1:50万~1:100万	中比例尺成矿预测 1:20万~1:10万	大比例尺成矿预测	
			1:5万	1:2.5万~1:1万
主要工作任务	分析区域成矿地质条件和含矿建造；总结区域矿产分布规律或成矿规律；划分次级成矿区、带至Ⅲ、Ⅳ级；有条件时建立区域成矿模式或矿床成矿系列；圈出不同类别的预测区；预测潜在的(334)?矿产资源量	以Ⅳ级成矿区、带和小比例尺预测圈出A类预测区为工作区；对区内四、五级构造单元进行成矿分析，总结成矿规律和矿产分布规律；有条件时建立区域成矿模式或矿床成矿亚系列；圈出不同类别的预测区（面积约100 km²）；预测潜在的(334)?矿产资源量	在中比例尺预测划出的A类预测区中圈定矿田边界（面积数十平方千米）；研究矿田控矿因素，确定矿田内含矿构造类型；圈出隐伏矿床可能产出的预测区；预测潜在的(334)?矿产资源量	择取1:5万预测较好的A类预测区为工作区，确定工作区中含矿构造带；在带内实测数条地质、物探、化探综合性剖面；建立地质-物探-化探综合找矿模型；圈出预测矿体的靶区；定量评价隐伏矿的位置、规模、类型；一般情况下只作平面预测，有条件时可进行立体预测
应提交的主要图件	研究程度图，地质矿产图，成矿规律图，成矿预测图及预测资源量分布图，地质工作部署建议图	研究程度图，地质矿产图，成矿规律图，成矿预测图及预测资源量分布图，地质工作部署建议图	研究程度图，地质矿产图，物探、化探异常综合成果图，矿田成矿规律及成矿预测图，预测资源量分布图（必要时与上图合并），找矿工作部署建议图	研究基岩地质图，构造岩浆岩图（构造岩相图），物探、化探异常综合成果图，成矿预测图及预测资源量分布图，找矿工作部署建议图
立项要求	单独立项	单独立项	单独立项 承担任务以地勘单位为主	单独立项 承担任务以地勘单位为主
预测区说明	不同比例尺的预测所圈定的预测区、靶区要求的精度（图件比例尺）和面积，一般针对内生有色金属矿产而言；涉及沉积矿产预测所圈定的相应预测地区要求的精度，可根据具体矿种在满足预测要求前提下适当放宽。小、中比例尺成矿预测工作区内原有工作和研究程度很好的地区，对圈出预测区的范围应有依据地缩小			

（3）研究成矿规律和建立矿床成矿模式：在深入研究区域地质背景的基础上，通过一系列典型矿床的控矿因素和成矿机制及对区域控矿条件的分析，找出在时、空和物质来源方面直接控制矿床形成和分布的规律。根据不同比例尺成矿预测工作的需要，建立区域成矿模式、矿床成因模式、找矿模型。

（4）编制成矿预测图：以成矿规律图为底图，突出各种控矿地质因素和矿化信息，在综合分析控矿因素和矿化信息的基础上，确定预测评价的准则，圈出矿产预测区，划分远景区级别以反映预测的可靠程度，并进行相应的预测储量估算。

（5）重点工程验证：对复杂地质体的评价预测，必然有个实践—认识—再实践—再认识的不断深化过程。地质现象常常具有多解性，相互干扰很大，造成分辨"矿"与"非矿"的重重困难。因此必须用信息论的观点，把预测找矿过程看成是一个多因素影响的不断修正不断调整的动态过程。要使这样一个过程科学化，信息反馈是不可缺少的。信息反馈能使在预测方案的验证过程中产生的各种信息及时送回到我们的手中，帮助适时地改进和调整决策，以达到"有效最佳"预测的目的。因此，在预测方案拟订以后，应当选择典型地段，布置少量工作（一般以钻探为主）予以揭露，及时验证预测矿产的可靠性。

（6）编写报告：成矿预测报告应根据不同比例尺预测的主要任务，以能说明情况、问题和预测成果为原则进行编写。其内容一般应包括概况、工作和研究程度、地质背景、成矿规律与成矿预测、对地质工作部署建议等部分。概况部分应简要说明任务、工作范围及其划定的依据、地质工作简史、研究程度、已取得的成果，对边远交通不便的地区应说明自然经济地理情况。成矿规律与预测部分是报告的重点，应说明区域地质、地质建造、地球物理和地球化学等特征；对已知典型矿床的控矿因素、成矿规律、成矿模式及进一步找矿的可能性进行分析，划分成矿区（带）及预测地区，说明资源量预测方法选择及预测结果。

1.2.2 成矿预测基本理论与成矿预测准则

1）成矿预测的基本理论

赵鹏大（1990）认为成矿预测的基本理论可以概括为以下三个方面。

（1）相似类比理论：相似类比理论赖以提出的假设前提是在相似地质环境下，应该有相似的成矿系列和矿床产出；相同的（足够大）地区范围内应该有相似的矿产资源量。根据这一理论，建立矿床模型以指导预测就成为首要的工作。这也是进行地质类比的基本工具。矿床模型是对矿床所处三维地质环境的描述。对大比例尺成矿预测来说，尤其是要加强深部地质环境的描述和地球物理特征的概括，因此，有人提出建立矿床的"物理-地质模型"的概念。矿床模型法实质上是成矿地质环境相似类比法。用于矿床统计预测的聚类分析法也是依据预测区与已知矿床地质特征的相似程度来判断预测区成矿远景大小的。

（2）求异理论：物探、化探异常作为矿床预测的重要依据是人们所熟知的，但"地质异常"的概念和意义却较少论及。应指出，地质异常是一种与周围地质环境迥然不同的地质结构。地质异常是可能产生特殊类型矿床或产出前所未有的新类型或新规模矿床的必要条件。根据目前已知矿床所建立的模型，只能预测与之类型相同和规模相似或更小的矿床，而不可能预测出尚未发现过的新类型矿床或迄今未曾发现过的规模巨大的矿床。因此，不能只注意与已知类型的成矿环境类比，还要注意"求异"。当我们对一个地区进行地质环境分类时，可能有个别地段或单元不能归入任何一类。这种地质异常地段是不应轻易放过的，要对其进行成矿可能性分析并认真进行野外实地检验。

（3）定量组合控矿理论：成矿不是靠单一因素，也不是靠任意因素的组合，而是靠"必要和充分"因素的组合。我们现在尚不能对其充分认识和查明。这样，成矿和找矿就成了非确定性事件。我们的任务是，最大限度地提高找矿概率。这就要求我们必须最大限度地查明"控矿因素定量组合"，这也是矿床预测必须以提取、优化各种成矿信息，并加以综合定量处理的依据。此外，还必须研究各种因素在成矿中所起作用的大小、性质和方向；研究各种成矿因素在成矿中的参与程度或合理"剂量"。也就是说，必须尽可能定量地研究成矿因素组合，而不仅限于定性分析和判断。往往在地质条件相似情况下，一些地区有矿，而另一些地区无矿，这是因为"相似的地质条件"并不一定是成矿的"充分条件"。一般地说，一个地区成矿概率的大小与有利因素组合程度有关，也与关键因素是否存在相关。

2）成矿预测理论的作用及相互关系

上述三理论中，相似类比理论是矿床预测的基础，它要求我们详细了解和大量拥有国内外已知各类矿床的成矿条件、矿床特征和找矿标志；求异理论是成矿预测的核心，它要求在相似类比的基础上注意发现不同层次或不同尺度水平、不同类型的异常；定量组合控矿理论是成矿预测的依据，它要求我们把握一切与矿床有成因联系的地质、化学、物理和生物作用，掌握一切与成矿有关的因素及其特征。

相似类比理论指导我们进行成矿环境的对比，从而使有可能在广泛的地壳范围内选择所要寻找和预测的最可能成矿环境，或者在指定的地段内，根据其地质环境判断可能寻找和预测的矿产。求异理论指导我们进行成矿背景场和地质、物探、化探及遥感等异常的分析，从而使有可能在确定的有利成矿环境或地段内进行预测靶区选择；定量组合控矿理论指导我们进行成矿概率大小和成矿优劣程度的分析，从而使有可能在圈定的成矿远景区中评价和优选最可能成矿地段。三理论的作用及相互关系如图 1-2 所示。

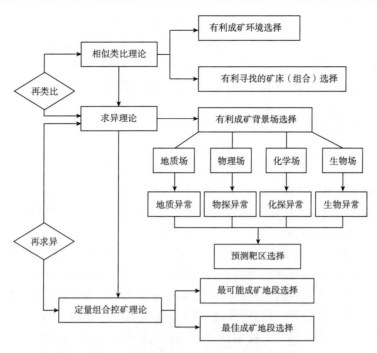

图 1-2 成矿预测三理论的作用及相互关系图

（据赵鹏大，1990）

3）成矿预测准则

赵鹏大（1990）和朱裕生（1997）等人都曾对成矿预测的准则进行过较深入的总结，具体可概括为：最小风险最大含矿率准则、优化评价准则、综合预测评价准则、尺度对等准则、定量预测准则 5 个方面。

（1）最小风险最大含矿率准则：该准则对提交的预测成果要求在最小漏失隐伏矿床可能性的前提下，以最小的面积圈定找矿靶区的空间位置。成矿预测常称是风险评价，提交的预测成果要包含最小的风险、最大的可靠性。实际上，圈定的找矿靶区会出现两类常见的错误：①漏圈有矿地段；②将无矿地段误圈为找矿靶区。此准则是避免此两类错误产生的基本原则。凡遵循此准则提交的预测成果都可避免过于冒险和过于保守的两种极端错误的倾向。不同比例尺成矿预测提交的成果不同。一般成矿预测成果用成矿远景区及相应的 A，B，C 三类表达，以表明该区、该类成矿作用的优劣，或者在该区、该类属性范围内有可能发现当前尚未发现的矿床的总概率。其中的 A 类远景区段常称为"找矿靶区"，其能否见矿的风险问题成为能否发现矿床的核心问题。在大比例尺预测圈定的找矿靶区中，人们常常不是以一个面积来验证找矿靶区中包含的风险，而是用一个点（钻孔位置）或一个工程（地表槽探、坑探或钻探）来检验成果的可靠程度。这一准则在不同比例尺的成矿预测工作中的要求相差悬殊。因此，在实际工作中，应视预测比例尺的不同，将其原则性和使用的灵活性结合起来，提交可靠性较高的预测成果。

（2）优化评价准则：由于地质、物探、化探、遥感资料中包含的成矿信息具有一定的随机性和模糊性，其预测成果是在不确定条件下作出的带有某种风险的决策，但地质找矿工作则要求提交确定性的成果。为使两者统一，对圈定的成矿远景区需作可靠性评价，通常称"优化评价"。优化评价是指预测人员根据成矿规律和成矿控制因素的认识，有意识地突出找矿标志，逐步逼近潜在矿床，最后提出重中之重的普查区和最优找矿靶区。优化是一项预测原则，尤其在大比例尺预测中是一项重要的原则。实施时，需要应用一些方法，它可以是地质的，也可以是数学的，选准优化的方法是优化准则实施的关键。

（3）综合预测评价准则：该准则包括两方面内容：①对潜在矿床自身作综合评价；②在预测和

找矿中，要使用综合技术方法。潜在矿床自身的综合评价内容包括共生矿床的共生同体和共生异体的预测评价、伴生元素的预测评价、预测区范围内除导向矿种以外矿产的预测评价。预测、找矿使用的综合方法内容包括：预测工作中（或找矿过程中）使用地质、物探、化探、遥感的综合信息，预测潜在矿床（或发现矿床），并要指明使用的方法种类、方法配置和方法作用时的先后次序。

（4）尺度对等准则：成矿预测成果一般要求采用不同层次比例尺的成果表达，据此准则，其原始资料都应与不同层次的比例尺相对应，若用大于该层次比例尺的原始资料是允许的，相反则不符合此准则。据此，在成矿预测工作中尺度对等准则包括以下内容：

a. 成矿预测成果比例尺与使用的地质、物探、化探、航卫资料的比例尺一致；

b. 在已知区建立预测模型使用的地质、物探、化探、航卫变量在预测区上均可获取；

c. 提交统一规定的预测成果，且其比例尺要一致；

d. 数据处理需使用统一规定的程序，在提交的成果中，凡涉及计算机数据处理、绘图等工作所使用的软件都是正式鉴定通过（或验收）的程序，否则将是无效的。

（5）定量预测准则：定量预测是成矿预测的重要内容之一，也是成矿预测现代化标志之一。成矿预测要计算机化、人工智能化，都必须以预测工作的定量化为基础。同时，定量化也是现代成矿预测所追求的目标，即预测成果形式应包括"四定"：定成矿远景区空间位置、定矿产资源种类、定矿产质量、定矿产资源量。当然，定量预测要求比较高的数据水平，这一般在大比例尺成矿预测中是可以得到满足的。此外，利用遥感数据也使定量预测不仅具有充足的数据源，而且数据水平一致性和数据的客观性能增加定量预测的可靠性。定量预测具有双重不确定性，即在预测的远景区中矿床是否存在，如存在，资源量是否为所预测的那么多。显然，随着预测比例尺的增大，这两种不确定性都将逐步减少。成矿预测中的误差演化本身就需进行定量研究。

1.2.3　成矿预测方法的分类

1）成矿预测方法的理论基础

成矿预测是对发生在过去成矿事件的未知特征进行的估计或推断。预测的过程实质上是一种严密的科学逻辑思维过程，包括观察、分析、归纳、演绎及推理等认识环节。成矿预测方法是在一定的理论基础上，结合成矿预测的具体特点而发展起来的。赵鹏大（2006）认为这种理论基础就是在客观事物的发展变化过程中所具有的普遍规律：惯性原理、相关原理和相似原理。

（1）惯性原理：指客观事物在发展变化过程中常常表现出的延续性，通常称其为惯性现象。成矿事件及其产物矿床的惯性现象表现为在时间、空间上具有稳定的变化趋势。这种变化趋势越稳定，即惯性越强，则越不易受外界因素的干扰而改变本身的变化趋势。如一些大的成矿带和脉状矿体的规模及延伸方向在空间上一般都比较稳定。成矿预测中常用的行之有效的各种趋势外推法就是依据地质体的有关特征在时空上的惯性现象而发展起来的。

（2）相关原理：指任何成矿事件的发生、变化都不是孤立的，而是在与其他地质作用的相互影响下发展的，并且这种相互影响常常表现为一种因果关系。如成矿预测的研究对象——工业矿床通常和各种岩石及构造有着密切的联系，一定类型的矿床是特定的地质作用的特殊产物。相关原理有助于预测者深入、全面地分析与成矿有关的各种地质因素，从而正确地认识矿床的有关特征及总结成矿规律，进而进行正确的预测。

（3）相似原理：指特性相近的客观事物的变化常有相似之处。在成矿预测研究中可以将其理解为在相似的地质环境中应该有相似的矿床产出（如矿床的种类、类型、规模、储量等）。依据客观事物发展、变化的相似性，由已知事物的变化特征可以类推具有相似特征的预测对象的未知状态。即由已知区类推地质环境相似的未知区的成矿特性，由已知矿床类推未知矿床的有关特征。成矿预测的类比法就是依据相似原理而提出并迅速得到普及与推广的。

2）成矿预测方法的分类

具体的成矿预测方法目前已达数十种，国内外众多的学者和有关单位曾从不同侧面对预测方法进行过一定的分类探讨。曹新志（1993）根据各种方法所依据的基本原理，将成矿预测方法分为4 类基本方法、20 个方法组（表1－5）。每个方法组据所研究的与成矿有关参数的不同又可包括数个具体的方法。以下对所划分的 4 类基本方法作一简要说明。

表1－5　成矿预测方法分类表

方法原理	基本方法	具体方法组举例
惯性原理	趋势外推法	①矿体外部特征变化趋势外推法；②矿体内部特征变化趋势外推法；③成矿物化条件变化趋势外推法；④控矿因素变化趋势外推法；⑤预测标志变化趋势外推法；⑥成矿规律趋势外推法等
相关原理	归纳法	①地质归纳法；②系统分析法；③预测-普查组合方法；④建造分析法；⑤求异法；⑥统计分析法等
相似原理	类比法	①矿床类型类比法；②矿化信息类比法；③控矿因素类比法；④地质模型法；⑤数学模型法
上列三原理的组合或全部	综合方法	①地质-物、化探信息综合法；②地质-物、化探、遥感-数学地质信息综合法；③专家系统评估法等

（据曹新志，1993）

（1）趋势外推法：是成矿预测工作中应用最早的一类较成熟的方法。本类方法立足于矿床（体）的已知特征，据矿床（体）有关特征的自然变化趋势从已知地段外推相邻未知地段内的有关特征。在一般情况下，所得结论是可信的。该类方法既使用简便、直观，效果又较好，目前在矿区深部及外围的成矿预测工作中取得了较广泛的应用。在具体应用中，根据所依据的外推参数的不同，可进一步划分（表1－5）。因此，该方法选择的自由度较大。使用本类方法须注意的事项是：①必须是在起点真实的基础上，严格地按照变化趋势进行有限的外推；②外推时应考虑到后期地质作用改造的影响，如后期断裂活动对先成矿体的错失、岩浆活动对先成矿体的熔蚀等。

（2）归纳法：是建立在相关原理基础上，预测工作中经常自觉不自觉要用到的一类方法。它立足于对具体对象作深入细致、具体的分析，并且往往必须从最基础的工作做起，通过对本地区成矿地质条件的深入研究，总结成矿规律，进而对成矿前景作出科学的评价。在工作全面深入、细致、分析合理的前提下，所得结论往往比较正确并可导致提出新的成矿理论及发现新的矿床类型。本类方法无论是在地质研究程度较高的老区或研究程度较低的新区都有其广泛的使用前景，是应用类比法的基础，类比中所用的各种模式都是通过对已知区成矿特征的归纳、总结才建立起来的。归纳法进一步分为6 种方法组（表1－5）。应用归纳法时必须重视已有成矿理论的指导作用，并注意总结新的成矿理论及建立相应的预测模式以指导相似地区的预测工作。

（3）类比法：是各类预测基本方法中使用简便、易行、见效快的一种方法，目前在成矿预测领域中得到较高的重视及较广泛的应用。我国有学者认为："类比法是成矿预测首要的或主要的方法，其他成矿预测方法都是建立在这一方法的基础之上。"这种看法虽然值得商榷，但从一个侧面反映了类比法在成矿预测领域内的重要性。类比法实质上是一种经验性的方法，其主要是利用通过对已知区的深入解剖研究所取得的有关认识，从而类比成矿地质条件相似的未知区的成矿前景。本类方法特别适用于地质研究程度较低的地区及受技术条件限制而研究难度较大的深部的成矿预测。在具体应用中，类比的内容可以是多方面的，如成矿地质特征、物理化学环境、矿床类型、矿化信息等，但为了提高类比的可靠性，应尽可能采用综合的类比，即用模式类比。需要指出的是目前运用成矿模式进行类比较为盛行，而直接运用预测模式进行类比则比较薄弱，这是类比法研究中，亟待解决的问题之一。

（4）综合方法：是前述 3 类基本方法中的有关具体方法的不同最佳组合。由于运用该类方法时分析问题是从多方位出发，对同一地区强调运用不同的方法进行互相验证对比，因而得出的结论可信度较高。综合方法是针对成矿预测工作不断深入和难度不断加大的局面而提出的，其也是成矿预测方法今后相当长一段时间内重点发展的方向。

1.3 成矿规律与成矿预测图的编制

1.3.1 编制成矿预测图的一般程序和原则要求

1）编制成矿预测图的一般程序

在正式开展预测工作之前，必须首先明确预测的目的、任务，并拟订详细的工作计划，确定编图的种类和内容要求。

无论是区域远景预测或矿区局部预测，编制成矿预测图的程序一般为：系统收集资料，核对资料和辅助性图件，编制成矿规律图和成矿预测图，综合归纳成矿规律，提交完整的成矿预测报告。

收集资料，原则上应做到全面、系统，凡前人在预测地区的工作成果，都应设法无一遗漏地收集到。资料的完整程度对预测成果将会产生直接的影响。资料内容应包括：区内各种比例尺的地质图、地质调查报告、矿床或矿点的评价、勘探和开采资料、各种物化探资料、岩矿鉴定和各种样品的分析化验资料、区内的航测遥感资料等。对这些资料进行分门别类的归纳、整理和分析研究。整理的首要任务是编出详尽的资料目录。

以区域成矿预测为例，预测工作的具体作法是：根据已有的地质、物化探资料以及航测地质资料进行室内判读，初步总结出该区的成矿规律，划出成矿远景地区，然后作进一步的筛选，反复论证，编制成矿预测图，最后进行工程验证。

区域成矿预测一般按地质工作循序渐进的原则，将它分为三个工作阶段：第一阶段，综合已有的地质、物化探资料及航空卫星资料，进行室内判读，编制预测草图；第二阶段，选择有远景的关键地段，重点进行野外调查，对室内判读时所划分的地质体进行补充研究和专题研究，根据野外所收集的资料，对判读结果进行反复解释，使图件更加详细、准确；第三阶段，编制成矿规律图和预测图，对整个地区进行综合预测评价，并反复筛选远景区。

由以上成矿预测的一般程序和具体作法可以看出，系统收集资料是预测工作的基础，深入进行成矿分析是预测的关键。

2）编制成矿预测图的几项原则要求

（1）完整性：全面收集已有的各种实际资料，建立各种登记表格、卡片，使各种资料系统化，并对这些资料进行检查核对，剔除无出处、无依据的资料。同时，要注意所编制图件的系统性和完整性。

（2）客观性：在充分收集和认识前人工作成果的基础上，必须到现场认真调查，充分收集第一性资料，力求做到认识符合客观规律，资料成果成为客观规律的真实反映。

（3）综合性：对所有资料进行综合整理、综合研究。对各种控矿因素必须分别主次，查明它们在成矿中的作用，从各种因素的综合作用中去探索矿床形成和分布的客观规律，避免在分析判断上的主观片面性。

（4）创造性：在综合研究中，不能因循守旧，要使认识发展和深化，力争有突破性的新见解。预测工作要有所创新、有所前进。

1.3.2 成矿预测基础图件的内容和要求

成矿理论和成矿规律研究是成矿预测的基础。为了研究预测区的成矿规律，必须首先编制一系列基础图件来说明矿产形成和分布与各种地质因素的关系。编制基础图件的种类取决于成矿预测的目的任务和预测区的地质构造情况，以及可能发育的矿化类型。区域成矿预测需要编制的基础图件一般包括：研究程度图、地质图、构造图、岩相-古地理图、矿产图以及各种物化探成果图等。矿区预测的基础图件主要有：矿床综合地质、构造纲要图，岩体岩性岩相分布图、工程分布图、物化探异常分布图、矿化及围岩蚀变分布图、品位等值线图，以及勘探线剖面图、矿体纵投影图等。

编图前，应确定编图种类和图件内容，制订统一的图例和技术要求。

编制以上图件需要选择适当的地形图作为统一底图。要求地形图上平面位置准确，标有坐标网格、水系、主要城镇、铁路、公路和重要的地形制高点，以便标定和转绘各种资料。

区域成矿预测的几种主要基础图的内容和要求：

（1）区域研究程度图：该图是反映区内已开展的地质研究和普查勘探工作的历史及详细程度的图件。在图上用不同颜色、不同符号的线条圈出已往地质调查，物化探工作的范围，注明工作比例尺、面积、时间和工作单位，并说明资料的来源和依据。

（2）地质图：地质图是全面反映区域地质构造特征的图件，也是编制其他图件的基础，所以应尽早收集和编制。地质图的内容应当符合相应比例尺的区域地质调查规范的要求。如果编图所依据的资料来源不一，比例尺不相同，则应注意不同图幅之间地层的统一划分，使各幅图中地层的划分标准一致。在覆盖地区，还必须参考物探资料对地质界线进行修正和补充。

（3）构造图：构造图是以地质图为基础，应用地质力学分析法或地质历史分析法研究编制的。有时结合岩性或岩相编制成构造岩性图或构造岩相图。一般把构造图作为成矿规律图的底图。应用地质力学分析法编图时，要突出构造形迹的力学性质及构造体系的归属，要反映出构造体系对岩浆岩和矿产分布的控制作用。应用地质历史分析法编图时，则要突出构造发展阶段，按区域不整合面或区域沉积旋回将地层划分成不同发展阶段的构造层，并对各构造层的沉积岩相、构造产状、变质程度、含矿性等进行研究。在图上，不同时代的构造层应以不同的颜色分别表示，褶皱、断裂构造要根据其性质、规模，形成时期等进行分类，并以不同形式或不同颜色的线条表示褶皱轴线和断裂构造线，用不同颜色和符号表示岩浆岩的成因类型、侵入时代、岩性岩相及蚀变特征等。

（4）岩相-古地理图：该图是研究外生矿床和层控矿床成矿规律最主要的图件之一，是研究岩相-古地理对成矿影响的基本途径。通常是按沉积成矿的不同地质时期进行编制，如按纪、世或按某个成矿有利层位编制。岩相-古地理图的内容一般包括：沉积区和剥蚀区的分布范围、古海岸线的位置及海水进退方向、沉积层（包括火山沉积）的岩相及其分布特征、沉积层和含矿层的等厚线等。在小比例尺岩相-古地理图上还应画出气候区域分带界线。编制岩相-古地理图所依据的资料是区内不同地点的地层实测剖面，并要求实测剖面的数量较多，分布广而均匀。在实测剖面的基础上，编制各实测点的地层柱状图，然后根据岩相分析的结果编制岩相-古地理图。

（5）矿产图：矿产图也是以地质图为底图进行编制的。在编制矿产图之前，应首先编制矿床、矿点卡片，对区内的所有矿床、矿点应统一编号，然后按编号顺序，把每个矿床或矿点的资料编到一张卡片上。卡片内容应包括矿种类别、地理坐标、地质特征、规模大小、形态产状、成因类型等，并附有矿床或矿点的地质平面图和剖面示意图。图中重点突出其控矿因素、矿体的产状特征等。矿床和矿点卡片不仅是编制矿产图的依据，而且也是编制成矿规律图的基础。在矿产图上，一般用不同的图例和符号表示各个矿床、矿点的矿种类别、成因类型、规模等级、矿体形态产状、围岩蚀变特征等内容。从矿产图上可以一目了然地看到已知矿产的空间分布特征、规模、类型、生成时代及其与地质构造之间的关系。当区内矿床、矿点的种类和数量较多时，可以按矿种分别编制矿产图，以反映不同矿种的空间分布规律，例如铀矿分布图等。

（6）物探和化探成果图：该类图件主要反映各种异常点、带分布特征，一般以地质图或构造图为底图进行编制。底图上应标有已知矿床、矿点的位置。编图前，亦应对各种异常点、带进行统一编号和登记，编制异常卡片。以铀异常为例，异常卡片的内容包括异常位置、种类（γ异常、射气异常等）、分布范围（异常带的长度、宽度、延伸方向等）、射线照射量率或元素含量、检查验证结果及远景意义等。根据异常登记卡片编制异常点带分布图。此外，对于一定区域的物化探结果，应编制反映该区域地球物理和地球化学变化特征的物化探成果图，如 γ 异常、射气等值线图、成矿元素的等值线图及各种比值图等。物化探成果图一般先按异常的不同种类单独编制。经过评价以后，可将各种被认为有意义的异常和高场汇编成异常综合图。异常综合图是综合研究、综合评价的重要依据之一，综合反映了多种找矿方法的找矿成果。综合分析各种异常的分布规律、重叠情况以及它们与地质构造、地形地貌条件的关系。

1.3.3 成矿规律图的编制

成矿规律图是一种说明矿产形成和分布规律的专门图件，编制成矿规律图和进行成矿规律研究是成矿预测的中心环节。只有通过深入研究，掌握矿产的时空分布规律，成矿预测和远景评价才有坚实的基础和充分的说服力。所以，加强成矿条件分析，编好成矿规律图对成矿预测有着重要的意义。

1）成矿规律图的内容和要求

成矿规律图上应绘有各种主要的地质控矿因素，已知矿床、矿点以及主要物化探异常、晕圈。各个矿床、矿点的矿种、类型、规模应以不同的符号表示，划分成矿单元的范围及其编号。各种符号和界线必须有明显区别，做到清晰醒目。

2）成矿规律图的编制程序

（1）选择底图：成矿规律图的底图因矿床类型而异。内生矿床主要受岩浆，断裂和岩性控制，应以构造岩性图或构造岩浆图作为底图。沉积矿床一般受层位、岩相-古地理环境控制，因而常用岩相-古地理图作为底图。变质矿床也可用构造岩性图为底图。

（2）投绘已知矿床、矿点及重要的物化探异常：将已知矿床、矿点及重要的物化探异常的中心位置投绘到底图上，并用不同的颜色、线条、符号表示矿种、矿床类型和规模大小。

（3）综合分析：根据所有基础图件、辅助性图表和资料，深入分析本区的地质发展历史，分析不同历史阶段中沉积作用、岩浆活动以及构造运动等与成矿的关系，总结各历史阶段成矿作用的特征，掌握主要控矿因素在不同地段的变化特征，并选出一些典型矿床或矿点进行重点解剖，以点带面、点面结合的深入分析，从而掌握各种矿产的形成规律和成矿特征。综合分析应注意以下几点：

A. 控矿因素的分析：一般从矿床、矿点及各种异常、晕圈的空间分布入手，首先查明它们与岩体、构造、地层等不同地质因素的空间关系，然后进一步研究它们与各主要控矿因素的本质联系。例如分析铀矿化与岩体的空间关系，可采用统计分析方法，分别查明矿床、矿点、异常在各时代岩体及岩体不同部位的分布量（或矿产储量）。而它们的本质联系则可从岩体的含铀性及铀的存在形式、岩石的物质成分、岩体形成过程、演化特征及后期蚀变等方面进行分析研究。

B. 金属矿床矿化与构造的关系：可借助于数理统计的方法加以分析研究，在此基础上应进一步分析不同级别的构造对矿化的控制作用，查明哪些是控制成矿区、矿田、矿床和矿体的主要构造。在时间上应分出哪些是成矿前、成矿期和成矿后的构造。构造与矿化的本质联系则应从构造的力学性质、形态产状及其变化、空间组合形式、构造发育历史和围岩物理化学性质等方面进行综合分析。

C. 金属矿床矿化与围岩关系的分析：应着重分析矿化与不同时代地层的空间关系，与不同岩性及岩石组合的关系，与岩相-古地理环境的关系。如铀矿化与岩性、岩相-古地理环境的关系往往体现了它们之间的本质联系，岩石的物理、化学性质和物质成分特征常常也对成矿有着直接的影响。

D. 热液矿床金属矿化与热液活动及围岩蚀变的关系：要详细研究成矿过程中热液活动的发展历史、期次划分、围岩蚀变的种类及发育特征，阐明金属矿化与它们在时间和空间上的关系。分析热液活动必须与分析区内构造活动历史结合起来。

E. 金属矿床形成深度和剥蚀状况及氧化带的发育特征：金属矿床形成深度及矿化特征，矿床剥蚀状况及空间变化特点，矿床氧化带的发育特征（氧化带类型、发育程度、分布特点）等研究。

F. 本区主金属矿床与其他矿床的相互关系：进行综合分析时，还应注意本区主金属矿床特征及与区内不同成因类型或矿化类型的其他矿床相互关系的研究。

在分析各种物化探异常、晕圈的分布规律时，要与研究金属矿化的分布紧密结合。在综合分析中，还应将本区的成矿规律与邻区的资料进行对比，以便从中得到启发。

（4）成矿单元划分的依据：成矿单元系指在成因和类型上具有共同特征和一定内在联系的矿床集中分布的地区。成矿单元的划分是在矿床矿化特征和成矿控制因素综合研究基础上进行的，主要的依据有以下几个方面：

A. 地区的地质特征和地质发展史：同一成矿单元应同属一个构造单元，并具有相同或似的地质发展史。

B. 地区的成矿作用特征：同一成矿单元内，各矿区或矿化地段在成矿作用、控矿因素、矿化特征及元素组合等方面应基本相似。在成矿作用上，或以内生成矿作用为主，或以外生成矿作用为主；在控矿因素上，或都受同一构造-岩浆带的控制、或受同一时代、同一岩性的地层或岩体控制；在矿化特征上，或主要是内生热液型、或主要是外生沉积型等。

C. 地区的地球物理特征或地球化学场特征：主要系指物、化探异常的种类和分布，应特别注意它们分布的集中程度。

（5）划分成矿单元：划分成矿单元又称成矿区划。成矿单元有大有小，具体命名可参考以下名称，线形分布的称"带"，面形分布的称"区"。成矿单元分为以下几级：①构造成矿带（区），其规模级别大致与一级构造单元相应；②成矿带（区），大致与二级构造单元相应；③含矿带（区）或成矿亚带（区），大致与三级构造单元相应；④矿带（区），大致与四级构造单元相应；⑤在矿带（区）中，可进一步划出矿田、矿床。在1∶100万或更小比例尺的成矿规律图上，一般可以划分出成矿带（区）或含矿带（区）；在1∶50万～1∶10万的成矿规律图上，可划分出矿带（区）和矿田。

成矿规律图有综合多矿种的成矿规律图和单矿种的成矿规律图两种，编制哪一种根据工作目的而定。图件编制完毕后应编写相应的说明书，简单阐述成矿单元的划分依据，区域成矿规律，各成矿单元的地质构造特征和成矿特征以及典型的矿床实例。

1.3.4　成矿预测图的编制

在成矿规律图的基础上，通过对控矿因素、各种找矿信息的综合分析，即可划分不同级别的成矿远景区，编制成成矿预测图。成矿预测图通常以成矿规律图为底图，若图面较复杂，也可将透明纸覆在成矿规律图上圈定远景区。

1）成矿预测图的内容

成矿预测图应反映的内容如下：

（1）与矿化有关的地质构造特征，包括含矿岩系或地层，对成矿有利的岩体和构造等。

（2）已知矿床、矿点的成矿特征和各种矿化信息。

（3）成矿单元的编号和范围。

（4）预测区的范围、编号和远景级别。

（5）水系、交通线和重要的居民点。

2）圈定预测区的依据

圈定预测区的依据主要有：

（1）已知矿床、矿点的分布情况。矿床、矿点集中分布的地区，无疑是成矿地质条件有利的地区，尤其是重要工业矿床的密集分布，更可作为圈定预测区的依据。

（2）与矿化有关侵入体的分布及其特征。除考虑岩体的成矿专属性外，还应考虑岩体的形态、产状、规模及岩相等特征。

（3）构造层的含矿性。即应注意不同构造层含矿可能性的大小及对成矿的有利程度。

（4）控矿构造的分布和组合特征。

（5）物、化探异常的分布密集程度和相互间的吻合性。放射性物探和有关化探资料是圈定铀矿成矿远景区必不可少的资料。

（6）成矿有利地层或岩性的分布情况。

（7）有利的沉积相带的发育和相带分异的完善情况。

（8）围岩蚀变种类和发育情况。

（9）矿床共生组合和矿化分带性特征等。

在具体分析各地段的成矿远景时，应综合考虑各种因素，分清主次、优劣，进行深入的分析对比，避免一般化和片面性。

3）远景区级别的划分

成矿远景区（预测区）可按成矿地质条件的有利程度等划分为不同级别，通常分为 A，B，C 三级。

一级远景区（A）：凡有重要工业矿床、矿点分布，成矿地质条件优越，多种矿化信息集中分布的地区均可划为一级远景区。该远景区内可考虑布置较大比例尺的综合找矿工作。

二级远景区（B）：凡成矿地质条件较好，有较明显的矿化标志和较多的物化探异常，但尚未发现工业矿床，或只有少数矿化点的地区可划为二级远景区。对该远景区应加强地质研究和物、化探综合找矿工作，力求有新的突破。

三级远景区（C）：凡根据地质类比，具有一定成矿地质条件，但依据不够充足，尚未发现直接矿化信息的地区可划为三级远景区。该远景区适于安排物、化探面积性普查找矿，并加强成矿地质条件的研究。

远景区级别的划分还应考虑交通经济条件。交通经济条件较差的地区，应相应降低级别。

4）说明书的编号

成矿预测图编制完成后，要编写成矿预测图的说明书或成矿预测报告，主要论述各预测区的圈定依据、远景评价和进一步工作的建议。成矿预测图说明书可同成矿规律说明书一起编写，合并装订。

2 矿产勘查依据与勘查方法

矿产资源勘查的主要内容是找矿，找矿系指运用矿床成矿理论及已知成矿规律，根据工作地区地质条件，采用遥感技术与地质学、地球化学、地球物理等方法寻找矿床的工作过程。矿产资源勘查按照循序渐进、逐步深入的原则划分为：预查、普查、详查和勘探四个阶段。其任务分别是对区域矿产资源作出远景评价、提交深部揭露点、提交勘探点和提交矿床。矿产勘查各阶段的工作，都应以该区域成矿地质条件的分析研究为指导，根据区内地质特征因地制宜采用综合找矿方法，才能更科学、更经济地达到目的。

2.1 矿产勘查依据

矿产勘查依据亦可称找矿依据或找矿判据，系指在某一地区内矿床形成和分布的地质依据。根据矿产勘查依据，可以判别找矿方向，预测在一定的地质条件下可能存在的矿床类型和成矿有利地区，可以合理地选择和运用找矿方法。所以，矿产勘查依据对提高找矿效果具有非常重要的意义。

矿产勘查依据有：岩浆活动依据、构造依据、地层-岩性依据、岩相-古地理依据、区域地球化学依据和表生作用依据等。

2.1.1 岩浆活动依据

岩浆岩侵入体对内生成矿作用，特别是对岩浆作用矿床、热液成矿作用形成的矿床具有重要意义，如不同成分的岩体产出不同的矿床类型，岩体侵入活动的发展演化对成矿有很大影响等。下面从岩浆岩的成矿专属性、岩浆岩对成矿的空间及时间控制、岩浆活动的物理化学条件、岩浆岩被剥蚀程度几方面论述岩浆活动依据。

2.1.1.1 岩浆岩的成矿专属性

岩浆岩的成矿专属性是指一定类型的岩浆建造形成一定类型的矿产，两者存在着专属性的内在联系。岩浆岩成矿专属性的研究包括岩浆岩类型、岩石化学特征、地球化学特征和矿物特征的研究。

1）岩浆岩类型和岩石化学特征：包括基性和超基性岩、碱性岩和中酸性岩及其岩化学特征

（1）基性和超基性岩类：基性和超基性岩类的成矿专属性最强，例如岩浆型 Cr－Pt 矿床、Cu－Ni 硫化物矿床、V－Ti 磁铁矿矿床及产于金伯利岩中的金刚石矿床等。基性、超基性岩类可进一步根据岩石化学指标划分不同的岩类和岩相带，并用岩石化学特征分析其含矿性。例如用 MgO 和 FeO 的含量及比值评价基性、超基性岩的含矿性，一般具有工业价值的铬铁矿床和铂矿床多与镁质超基性岩，特别是其中的纯橄榄岩、斜辉橄榄岩有关 $[m/f > 6.5$ 或 $MgO/(FeO + Fe_2O_3 \geqslant 3 \sim 5)]$，铜镍（钴）硫化物矿床、铂钯硫砷化物矿床则产于铁质超基性岩和基性岩中（$m/f = 2 \sim 6.5$）。

（2）碱性岩：碱性岩成矿专属性也较强，有关矿化主要是稀有和稀土元素矿床，如①铌，烧绿石、钙铌钛铈矿、铌铁矿等；②锆，锆石、异性石；③钍，钍石类、独居石；④稀土，氟碳铈矿、氟碳钙铈矿、烧绿石、磷灰石、钍石；⑤铀，铀钍石、烧绿石等。钠质火成岩类和云霞正长岩类具有不同的成矿类型。例如钠质火成岩常常伴有很富的 Ce－Th－U－Be－Nb－Zr 的岩浆和气化-热液矿床。矿化普遍见于岩体的任何部位，因而本类型矿床规模巨大。近年来在碱性煌斑岩中还发现大型金刚石矿床。

（3）中性及酸性岩：中性及酸性岩成矿专属性较复杂。中性及酸性岩成因类型多，因此有关矿产类

型也多，范围广。主要有钨、锡、锂、铍、铀、钍、铁、铜、铅、锌等有色金属矿产、稀有、稀土元素矿产和放射性矿产。如据徐克勤和涂光炽（1982）研究，花岗岩成因类型有 4 种，其成矿专属性亦各异：

陆壳改造花岗岩：相当于 S 型花岗岩，多分布于地槽褶皱带早期，原地、半原地形成。岩石含 SiO_2 高（SiO_2 的含量大于 65%），$Al/(K + Na + 2Ca) > 1.05$，$K_2O > Na_2O$，$^{87}Sr/^{86}Sr > 0.71$，占壳源型花岗岩的 70%。该类型花岗岩常见钨、锡矿化组合。

陆壳重熔型花岗岩：相当于 I 型花岗岩，形成于造山期或造山期后，多属被动侵位，少数为底辟构造主动侵位，常与 S 型花岗岩形成杂岩体，并且多处于杂岩体的中心部位，具多期、复式侵入及高侵位特点。岩石中 SiO_2 的含量大于 65% ~72%，铝过饱和，Al_2O_3 的含量大于 12%，$Al/(K + Na + 2Ca) < 1.05$，$^{87}Sr/^{86}Sr > 0.703 ~0.71$，常形成二长花岗岩、白云母花岗岩。该类花岗岩为金属矿的主要来源，早期产物有铍、锂、铌、稀土矿产组合；较晚期有矽卡岩型及脉状钨、锡、铋、钼矿产组合；更晚期则有含金组合和铜、铅、锌矿产组合。

幔源型（M 型）花岗岩：多分布于独立地块边缘或内部，受深部基底构造控制，产于稳定造山期后；空间上往往与基性、中基性岩体共生，常呈分异过渡，分布范围较小，常呈岩株、岩盆产出；岩石化学成分 SiO_2 含量为 62% ~65%，$Al/(Na + K + 2Ca) < 1.0$，$^{87}Sr/^{86}Sr < 0.703$。有关矿化主要是小而富的 Cu、Ni 等矿产。

碱质（A 型）花岗岩：形成于造山期后，产于大陆边缘断裂带，呈脉状、岩墙状产出，常呈多期次复式岩体。岩石中 SiO_2 含量为 65%，$K_2O + Na_2O$ 的含量 $>4\%$，$Al/(K + Na + 2Ca) > 1.1$，$^{87}Sr/^{86}Sr$ 约 0.703 ~0.712。矿化主要有锡、钽、铌、稀土元素等。

国内外地质学者还注意到中性及酸性岩浆岩的碱度变化，特别是 K_2O、Na_2O 的含量及其比值的变化，对指示岩体成矿专属性有重要意义，如岩浆岩富钠成铁、富钾成铜；华南与钨锡矿化有关的花岗岩往往富钾而贫钙铝铁。此外，岩浆自变质作用和晚期碱质交代作用有利于铌、钽的富集。在南北美洲和东南亚环太平洋地带，钙–碱性系列岩浆岩酸度和碱度的变化关系已成为斑岩铜矿、铜钼矿、金矿的预测准则之一。

2）岩浆岩挥发分和微量元素地球化学特征

（1）岩浆岩内挥发成分：岩浆岩内挥发成分氟、氯、硼、水、二氧化碳等对促使岩浆分异和矿化集中有重要作用，而且初步研究表明，这些挥发分的含量与有关矿产规模具有正相关关系。例如，我国个旧含锡花岗岩中氟含量与有关的锡矿储量成正相关，锡矿化好的岩体，含氟量 $>2000 \times 10^{-6}$，如矿化较好的老卡岩体含氟量达 $(2450 ~3750) \times 10^{-6}$，其次为马松岩体含氟量为 $(2040 ~2260) \times 10^{-6}$，含矿差的岩体含氟量 $<1500 \times 10^{-6}$。

（2）成矿元素及相关微量元素在岩体中的含量：一般认为，岩体中成矿元素的背景含量高是有利于成矿的，可作为岩体含矿性的标志之一。如赣南与钨矿有关的花岗岩含钨量为 $(2.2 ~212) \times 10^{-6}$，高出正常平均含量（$1.5 \times 10^{-6}$）的半倍至 140 倍。不仅我国的钨、锡矿，还有东南亚和澳大利亚的锡矿，其有关的花岗岩体均显示钨、锡背景含量大大高于正常岩体的钨、锡含量。同样，一些指示元素平均值异常亦是这类岩体重要的地球化学特征之一。例如钨锡矿化花岗岩中的锂、铷、铍等。广东、湖南等地产铀花岗岩含铀高（平均含 $U > 6 \times 10^{-6}$），平均含钾亦高（$K > 4\%$），产铀花岗岩 Th/U 比值 <3。

3）岩浆岩矿物的标型特征

岩浆岩矿物和一些矿物的标型特征的研究，对指示岩体的成矿专属性有重要意义。矿物的标型特征内容广泛，如岩浆岩造岩矿物中成矿元素和伴生元素特征可以作为岩体含矿性评价标志之一。在我国江西、湖北等地的斑岩铜矿中的黑云母富铜，云南个旧锡矿的含锡花岗岩中的黑云母、角闪石和白云母均含锡很高。广东、湖南等地的产铀花岗岩含晶质铀矿多、钍石少。岩体和造岩矿物中某些元素比值特征亦具有重要指示意义，如锡石中的 $In/(Nb + Ta)$ 比值、黄铁矿中的 Co/Ni 比值等，利用它们可以评价含矿岩体及可能的矿床类型。岩浆岩中的一些标型矿物，对指示岩体成因及成矿专属性有重要意义，如世界上 77 个含铜斑岩中，含金红石、磷灰石都较高，两者可作为标型矿物。

2.1.1.2　岩浆岩对成矿的空间控制

岩浆岩与有关矿化的空间关系十分密切。一定类型的矿床受岩浆岩条件的制约而通常产出于岩体的特定部位，具体可归纳为：

（1）产于岩浆岩体内部的矿床：这类矿床有大多数与基性、超基性岩有关，如铬、铂、铜、镍、钛、钒、铁等岩浆矿床；碱性岩中的铌、钽、锆、稀土元素等矿床；一部分中基性火山岩的铁、铜矿床等。这类矿床的含矿岩体越大，形成的矿床可能性越大。岩体形态以分离完善的岩盆及缓倾斜层状侵入体对成矿更有利。侵入体的底部、分异完善最终形成的残浆冷凝而成的相带最富集矿产。

（2）产于中酸性岩体内外接触带及围岩中的矿床：这类矿床包括各类岩浆自交代矿床、伟晶岩矿床、接触交代矿床及与岩浆有关的热液矿床。这类矿床类型及矿种繁多，主要有锡、钨、锂、铍、铁、铜、铅、锌等有色、稀有金属矿床，矿化往往与晚期小侵入体有关，并且常围绕侵入体形成矿化分带：一般在岩体内部或顶部，形成岩浆交代型钽、钽、钨、锡矿床；内部接触带形成矽卡岩型或高温热液型钨、锡、钼、铋、铍等矿床；再外则形成铜、铅、锌等中温热液矿床；远离岩体有时有锑、汞、金、铀等浅成低温热液矿床。但许多远离中酸性岩体的铜、铅、锌、锑、汞、金、铀等矿床的成矿物质大部分或部分是由围岩提供的，岩浆岩体仅提供热源或同时提供部分成矿物质。

2.1.1.3　岩浆活动对成矿的时间控制

（1）不同时代的岩浆活动成矿特点：不同时代的岩浆活动具有不同的成矿特色，从而可划分出不同的成矿期。在漫长的地质历史和地壳活动中，相应的岩浆活动具有多期次旋回的特点。总的来看：①我国前震旦纪的岩浆岩经历了多次变质改造，其主要矿化是与火山活动有关的铁、铜矿床，绿岩带金矿及部分伟晶岩矿床，这些矿床发育于长期隆起的地质老基底中，其中元古代与裂谷火山活动有关的铁、铜矿床尤其重要，在我国昆阳裂谷中的铁、铜矿床，太行-中条裂谷中的铜、金等矿床即属此例；②古生代与岩浆活动有关的矿化有铬、镍、铜、铅、锌等，主要发育于我国西北部和北部地区；③中生代及以后大量的中酸性岩浆活动，主要分布于我国东部，形成大量的有色、稀有金属矿床；④新生代仅见金、铜、锡、铀等矿化，集中分布于我国西南和东南沿海地区。

（2）同期岩浆活动的不同阶段富集的元素及矿化强度的差异：成矿往往与岩浆分异作用的最后阶段或临近晚期阶段有关。例如华南地区燕山期花岗岩，早期富钨晚期富锡，而在燕山晚期花岗岩的第Ⅱ、Ⅲ阶段岩体含锡最高。同样，与基性超基性岩有关的矿化，如前苏联堪培萨含铬深成超基性岩，富矿是在岩浆分异最后残浆侵入阶段形成的。

2.1.1.4　岩浆活动的物理化学条件

岩浆活动的物理化学条件，主要指岩浆岩体的形成深度、侵位和冷凝深度、分异程度、内部结构构造和接触带构造等。岩浆岩的形成和分布除受岩浆源成因制约外，还受周围地质环境和物理化学条件（如温度、压力、深度等）影响，形成了不同的侵入深度和冷凝深度的岩浆岩，不同岩体的空间分布规律又控制了不同类型矿产的空间分布。前苏联地质学家斯米尔诺夫（1976）总结了各类火成岩建造与矿化成因类型按深度的分布规律，按岩浆侵位深度可将其分为4个带（图2-1）。

超深成带：此带为地表下10~15 km（大洋5~8 km）。据目前所知，此带只有少数超变质矿床（蓝晶石、矽线石、刚玉等）。

深成带：此带距地表3~5 km至10~15 km。此带成分均一，有地槽早期基性超基性岩中铁、铬、铂、钛岩浆分异矿床，中酸性岩中部分云英岩和矽卡岩矿床。

浅成带：此带深度为1~1.5 km至3.5 km。此带岩浆成分复杂，各种蚀变及交代作用发育，有与基性岩有关的熔离型铜、镍、钛、铁矿床，与斜长花岗岩、正长岩伴生的矽卡岩铁-铜矿床，以及与晚期小侵入体有关的各类热液型有色、稀有、贵金属（金）和放射性矿床。

近地表带：此带深度为1~1.5 km。有碱性岩中稀有碳酸盐岩矿床；与细碧角斑岩有关的含黄铁矿矿床；与基性和酸性喷出岩有关的金、银、汞、铜等火山热液矿床，次火山斑岩型铜、钼、金矿床，以及含金刚石的金伯利岩等。

岩浆活动的物理化学条件对成矿的影响还直接表现在岩浆岩形态、大小对成矿的控制方面：一

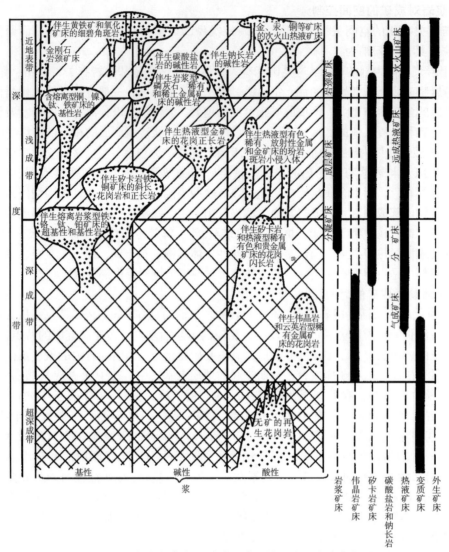

图 2-1　火成岩建造-矿床成因类型按生成深度的分布图

（据斯米尔诺夫，1976）

般说来，形态简单、规模较大的基性、超基性岩体有利于形成铬、铜-镍硫化物类的岩浆矿床，特别是岩体形态呈岩盆、岩盘等近似球状体时更易成矿，原因是球体表面积最小、容积最大、散热慢、有利于结晶分异作用的进行；形态复杂、规模较小的中酸性岩体有利于矽卡岩型矿床的形成，特别是岩体形态变化大、规模小于 $10~km^2$ 时更易成矿，原因在于岩体和围岩接触面积相对较大，有利于接触交代作用的充分进行。

2.1.1.5　岩浆岩被剥蚀程度的研究

岩浆岩被剥蚀程度影响到与其有关矿床形成后的保存条件。一般来说，岩浆岩被剥蚀程度与矿床的保存程度成反比，即岩体剥蚀程度越高，则发现矿床的可能性越小。但具体到不同类型的岩浆岩，岩体的剥蚀程度对矿床的找寻则有着不同的影响：对基性、超基性岩体，由于与其有关的岩浆矿床通常位于岩体的偏下部位，当岩体经受一定程度的剥蚀时，各种矿化显示增多，物化探异常增强，这种情况下对找矿反而有利。对于中酸性侵入体，由于与其有关的各种岩浆期后矿床分布于岩体的顶部及其附近围岩中，岩体的剥蚀程度对矿床的保存具有较大的影响：当剥蚀程度较低，未及岩体顶部时，围岩的蚀变现象及脉岩分布区可作为找寻铅、锌、汞、锑等中低温矿床的标志及有希望的地区；当剥蚀程度中等，刚刚达到岩体顶部，侵入体呈岛状出露，各种蚀变较强时，是找寻各种热液矿床和矽卡岩矿床很有希望的地区；当剥蚀程度很高、中酸性岩体大面积出露时，一般对找矿不利，因为在成因上与该岩体有关的矿床数量将大为减少，但当侵入体为多次侵入的复式岩体时，情况更为复杂，要针对具体情况进行深入的研究工作。

岩体被剥蚀深度的确定，主要根据岩体本身的产出地质特征、岩体形态、岩相变化、捕虏体分布、岩石化学、地球化学（一些特征元素的含量变化及其有关元素比例的变化，如 Nb/V，K/Na，Zn/Pb 等）、副矿物的分布、蚀变强弱及组合等特征综合分析而定。如与斑岩铜矿有关的斑岩体为例，其根部和顶部的主要标志有较大差异（赵鹏大，2006）。

以铀矿资源勘查为例，对成矿有利的花岗岩体规模大，出露面积广。花岗岩型铀矿成因的"上升说"和"下降说"都认为岩体规模大、出露面积广对成矿有利，并且认为岩体就是铀源体。"下降说"认为在较大岩体剥露面上的密集地表水，不断浸取花岗岩中的活动铀，形成含铀地表水。这种含铀地表水进入地下水循环体系，在有利的环境中铀便沉淀形成富集。因此，出露面积较大（剥蚀深度大）的花岗岩体对成矿反而有利。

2.1.2　构造依据

构造运动是地壳物质运动的驱动力，构造运动的结果形成形式各异、大小不等的各种构造形迹。这些构造形迹往往成为控制各类矿床形成、富集及空间分布的重要因素。以铀矿资源勘查为例，地槽区和地台区各自形成不同类型铀矿床，铀矿田受多种地质构造因素的联合控制，构造体系控矿具有明显的序次性。

2.1.2.1　大地构造对成矿的控制

1）地槽区与地台区成矿

在地槽的发展演化中，铀成矿作用发生在地槽期后的褶皱带。例如著名的加拿大比弗洛支-阿萨巴斯卡铀成矿区、澳北区铀成矿区、非洲纳米比亚罗辛矿区、澳大利亚玛丽凯恩林矿床，都分布于地槽褶皱带。古生代和中新生代也产有不少矿床，例如在我国秦岭地槽褶皱带中，铀矿产于硅质-火山岩建造和印支—燕山期花岗岩中。

世界上稳定的古地盾（克拉通）和地台内有不少巨型铀矿床，如加拿大地盾西南缘分布的大量铀矿（图 2-2），南非太古宙克拉通内元古宙盖层中的维特瓦特斯兰德古砾岩型金铀矿床和北美埃利奥特湖区变质砾岩型铀矿床、恰塔努加泥盆纪含铀黑色页岩、具地台性质的科罗拉多中间地块中新生代砂岩型铀矿床、南澳地盾中分布的伊利里钙结岩型铀矿床及南澳地盾与地槽过渡带的铀矿区（包括奥林匹克坝超大型矿床）等（图 2-3）。

图 2-2　加拿大地盾边缘的铀矿区
（据苏拉日斯基，1960）
1—大型热液铀矿床；2—小型热液铀矿床；3—伟晶岩铀矿床；4—沉积铀矿床；5—格伦维尔亚域；
6—太古宇；7—元古宇；8—断层

图 2-3　南澳地盾与地槽过渡带控制铀矿区

2）板块构造对成矿的控制

板块构造学说的发展及其对成矿的控制，是 20 世纪 70 年代世界上地学界最主要的成就之一，它成功地运用在斑岩铜矿等矿产资源的预测方面。板块构造理论认为，地球的壳-幔可以分为性质不同的三层，即刚性岩石圈、上地幔和软流圈；板块的次级构造单元可分为洋中脊、转换断层、岛弧、海沟、俯冲带、地缝合线等。板块与成矿的关系最主要的是大陆边缘成矿理论，即在板块不同性质的边界上，往往分布着不同类型岩石组合和有关矿床（图 2-4）。

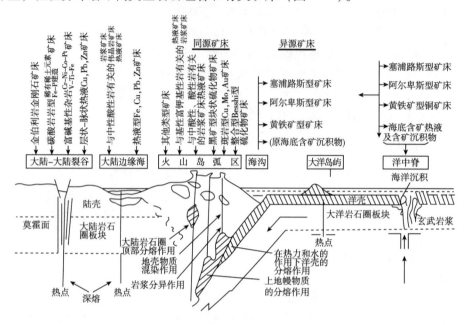

图 2-4　板块构造-内生矿床组合示意图
（王润民据西利托修改，1980）

板块构造对成矿的控制首先是通过对岩浆活动、沉积作用和变质作用的控制，从而进一步控制矿床的分布。大陆边缘成矿理论包括增长和消亡两类性质不同的边缘成矿理论，目前研究较好的是消亡边缘成矿理论，包括俯冲带消亡边缘成矿和陆壳互相碰撞消亡边缘成矿，它们的主要特征简述如下。

（1）俯冲带消亡边缘成矿：当洋壳板块从中脊分开后，一般是大洋壳板块向大陆板块俯冲，在俯冲带形成复杂的构造运动和岩浆活动，并伴随多种内生与外生成矿作用，并沿消亡（消缩）板块边缘形成各种矿带。大洋板块向大陆板块下俯冲有两种情况：

其一，直接俯冲陆壳之下，沿接触线生成一条深海沟，如南美安第斯山属之，其成矿主要与钙-碱系列岩浆活动有关，并以与深成岩浆作用有关矿床最重要。其总的分带特点为平行海岸线，从西向东依次发育为 Fe，Cu（含 Au）→Pb，Zn（含 Ag）→Sn 三大矿带（但从北美到南美有不同变化）。

其二，大洋板块与大陆板块相距一定距离俯冲，当它向下俯冲时形成岛弧链。岛弧型板块俯冲带成矿特点主要表现为与火山活动相联系的各种块状硫化物矿床，其中以日本黑矿最典型。岛弧与大陆之间常有边缘海盆地，其中产有丰富的石油和外生矿床。

（2）陆壳互相碰撞消亡边缘成矿：形成地缝合线型板块边缘，与地缝合线有关的典型矿床有超基性岩中的铬铁矿矿床，它们大多分布在阿尔卑斯造山带，如我国西藏的铬铁矿矿床。在该地缝合线型板块边缘，除铬铁矿矿床外，还发育有斑岩型铜矿床等。

我国主要铀矿类型，即花岗岩和火山岩型铀矿床的大地构造依据，总体上受大陆酸性岩浆强烈活动带的控制。我国酸性岩浆活动发育于两种大地构造环境：一是中生代以来的活动大陆边缘，如我国东部的侏罗纪-白垩纪岩浆活动带，从东北的大小兴安岭，经华北东部、华东南沿海直到广西，长达4000 km，宽数百千米，向北延伸到俄罗斯东北部，向南延伸到东南亚，是环太平洋中新生代岩浆活动带的一部分。我国花岗岩和火山岩型铀矿床大多分布在这个带内，尤以华东南地区最为集中。二是中生代以前的古地槽与古地台（或古克拉通）接合部的地台（或克拉通）边缘，这实际上是古活动大陆边缘或被古地槽包围的古陆中间地块边缘。如我国新疆准噶尔中间地块边缘的晚古生代酸性岩浆活动带和华北地台周边的酸性岩浆活动区。

陆相砂岩型铀矿（即区域上有远景的含铀盆地）分布区所处大地构造位置，主要为两大构造单元接壤地带的中新生代盆地，如塔里木地块与哈萨克斯坦板块两大构造单元接壤地带，从我国土哈盆地、伊犁盆地到中亚的卡兹库姆和南哈萨克斯坦地区（包括楚-萨雷苏盆地和锡尔河盆地），铀的总储量逾百万吨（图2-5）。

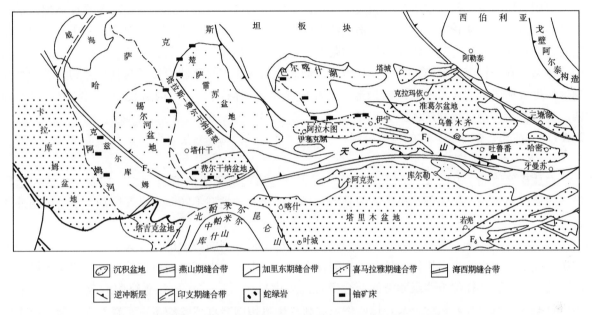

图2-5　中亚地区中新生代沉积盆地分布及大地构造背景

2.1.2.2　断裂控矿

地壳岩石圈中的断裂，我国大地构造学家张文佑等（1980）按其发育的深度分为四大类型（图2-6）。

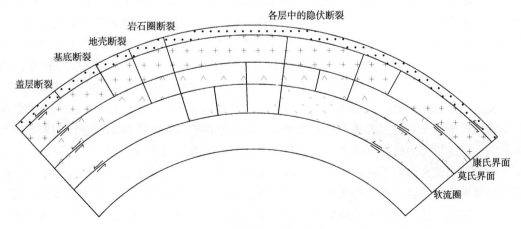

图2-6　四种类型断裂示意图

（据张文佑等，1980）

（1）岩石圈断裂：切穿整个岩石圈，到达软流圈；

（2）地壳断裂：切穿地壳，到达上地幔顶部；

（3）基底断裂：切穿整个花岗质层，到达玄武岩质层；

（4）盖层断层：切穿沉积盖层，到达结晶基底顶面。

在上述断裂中，（1）（2）两种断裂属于穿透性深断裂。这些穿透性断裂常控制铁、钒、钛、铬、镍、铂族、磷、铜和金（铀）以及金刚石等矿床的分布。地壳断裂和基底断裂控制花岗岩浆的侵入和中酸性火山岩的喷发。盖层断裂控制矿田和矿床的分布。在这些盖层断裂发育区内，双断裂夹持区控制矿田、断裂交会及其产状的变异部位控制矿床。在我国南方震旦系和古生界中，以层间破碎带形式发育的盖层断裂常赋存有热液铀矿床和淋积型铀矿床。

我国地质力学工作者根据我国濒太平洋地区的地壳构造特点将构造体系划分为多种类型，研究了这些构造体系与矿化的关系，指出构造体系的多级别、复合、形成和发展对金属矿床所起控制作用有以下规律：对矿化起一级控制作用的是新华夏系一级隆起带和几条长期活动的巨型纬向和经向构造体系。在一级隆起带内，二、三级构造，即北北东或北东向酸性岩带及与其相伴的断裂带组控制区域性成矿带。北北东或北东向构造带与相应级别东西向或南北向构造复合，控制成矿区，而四、五级构造控制矿床和矿体。

2.1.2.3　矿田、矿床和矿体的构造控制

1）矿田的构造控制

在成矿区（带）内，矿田的形成与分布受多种地质构造因素的联合控制。控制矿田的构造规模一般属区域二、三级，但矿田构造的类型及其特点，因矿类型不同而有显著区别。根据国内外资料综合，不同类型铀矿田的构造特征主要分以下几种类型。

（1）大型火山机构控制的铀矿田：大型火山机构是指大型的破火山口和火山洼地。火山岩型铀矿田往往受这类大型火山机构的控制。在酸性岩浆活动带内，大型火山机构的位置一般受区域性基底断裂的控制，往往位于两组断裂的交会部位。火山机构形成后，又有断裂构造叠加，在许多矿田，这些断裂既是控岩构造，又是控矿构造。在火山机构的邻近地区还常常发育着火山期后由于地壳拉张而形成的断陷盆地。如我国华东地区的610、65、芙蓉山等铀矿床均属受大型火山机构控制的矿田。

（2）花岗岩体控制的铀矿田：在酸性岩浆活动带的产铀花岗岩体空间位置常受不同方向断裂带复合控制（图2-7）。花岗岩体控制的铀矿田多分布于晚期补体发育地区，并受大断裂带的控制，当这些断裂带为硅质（石英）脉充填或交代时，便形成硅化断裂带。受单条大断裂控制的铀矿田，矿化主要集中分布在该断裂产状变异地段，受多条断裂控制的铀矿田，矿化则分布于两条断裂的夹持区内。例如我国诸广山岩体、贵东岩体中的铀矿田。根据夹持区的构造组合形式可分为双曲线型、井字型、似菱型、棋格型、侧列对称型、多字型、正态曲线型、梯形型和复合型等形式。岩体中晚期补体发育齐全区和大断裂集中分布区可作为寻找这类铀矿田的构造依据。

（3）陆相碎屑沉积盆地控制的铀矿田：这类盆地主要形成于晚古生代至中新生代。其规模大小不一，小者数十平方千米，大者数十万平方千米。在大地构造位置上一般出现在稳定地区与活动带的过渡带内。盆地形态为椭圆形或半圆形，封闭条件良好。盆内主要为一套河、湖相碎屑沉积岩，有时在岩系上部出现火山喷发岩或海相沉积岩。地层产状平缓，与下伏基底岩系呈不整合接触，岩系内部也经常出现不整合面或沉积间断面。盆地基底及其周围地区的岩石主要为花岗岩，火山岩和变质岩等结晶岩石。受这类盆地控制的铀矿田主要为砂岩型和含铀煤型矿床，矿田一般分布在盆地的边缘地带。如尼日尔阿加德兹盆地（图2-8），美国的科罗拉多高原和怀俄明盆地，我国3033、6710、433等铀矿田均受陆相碎屑沉积盆地控制。陆相碎屑盆地的形状、封闭条件、火山喷发作用和基底岩性（花岗岩、火山岩、变质岩）是寻找这类铀矿田的地质构造依据。

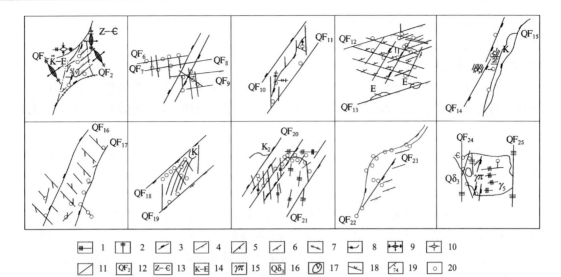

⊞ 1	⊤ 2	╱ 3	╱ 4	╱ 5	╱ 6	⌒ 7	╳ 8	⊞ 9	✛ 10
╱ 11	QF₂ 12	Z—∈ 13	K—E 14	π 15	Qδ₃ 16	⬭ 17	↘ 18	74 19	○ 20

图 2-7 矿田构造形态分类图

（据童航寿，1982）

1—东西向断裂；2—南北向断裂；3—扭动断裂；4—压扭断裂；5—张扭断裂；6—张性断裂；7—北西向断裂；8—复合构造；9—背斜；10—向斜；11—性质不明断裂；12—石英断裂带；13—震旦纪—寒武纪；14—白垩纪—古近纪；15—花岗斑岩；16—石英闪长岩；17—碱交代岩；18—中基性岩脉；19—断裂产状；20—铀矿床及矿点

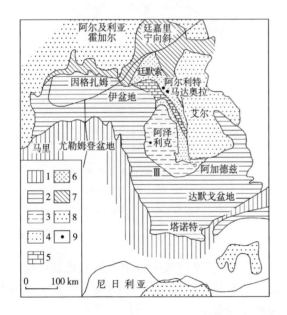

图 2-8 阿加德兹盆地地质构造图

1—白垩纪海相层；2—特加马岩层；3—伊尔哈泽粘土层；
4—阿加德兹岩系；5—伊泽高安达岩带；6—石炭系；7—塔
斯利安岩带；8—基底；9—铀矿床

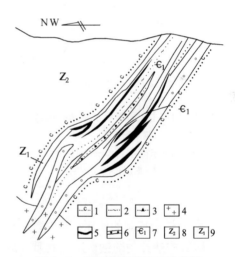

图 2-9 顺层大断裂控矿示意图

（据周维勋，1983）

1—黑云母砂岩；2—炭质板岩；3—层间破碎
带；4—花岗岩；5—矿床；6—硅化断裂带；
7—下寒武统；8—中震旦统；9—上震旦统

（4）中-古元古界不整合面控制的铀矿田：这是一种特殊的矿田构造类型，控制了世界级超大型不整合面型铀矿田。如加拿大萨斯喀彻温北部、阿萨巴斯卡盆地和澳大利亚北部阿利盖特河地区的铀矿田。古元古代岩系遭受了较强烈的变质作用，形成片岩、片麻岩以及混合岩化花岗杂岩。中元古代砂岩几乎未受变质，产状平缓，不整合覆盖于古元古代变质岩之上，并在许多地方遭受强烈风化剥蚀，使不整合面和基底变质岩直接出露地表。矿田受中、古元古界不整合面以及新太古代—古元古代花岗杂岩体的控制。矿化赋存在不整合面以下数百米范围内。寻找这类铀矿田的构造依据首先是中、古元古界的不整合面，其次是基底中的花岗混合杂岩体及断裂构造。中元古代盖层未变质，以及其中常有基性、碱性熔岩或脉岩产出也是必要的条件。

2）矿床的构造控制

控制金属矿床形成与分布的构造多属区域性三、四级构造或局部性构造。它们往往与区域性构造有密切的成因联系和空间关系。金属矿床定位构造类型很多，归纳起来主要有以下几种类型：

（1）断裂构造控制的矿床：这类断裂以线形构造为主，也包括部分弧形构造（如帚状构造的次级断裂）。它所控制的金属矿床多发育于块状岩石（花岗岩）中，其次是一些有利的沉积岩和沉积变质岩。控制金属矿床的断裂构造与控制金属矿田的主干构造在空间上常有密切关系。断裂构造中铀矿床赋存的有利部位包括：①主干断裂（包括顺层大断裂），或主干断裂上下盘的次级平行裂隙（图2-9）；②主干断裂旁侧非平行的次级断裂，包括切层大断裂旁侧的层间破碎带（图2-10）；③次级断裂与主干断裂复合部位或次级与次级断裂的交叉复合部位（图2-11）。

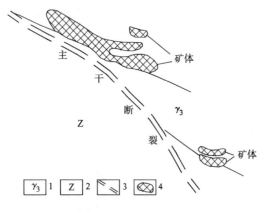

图2-10　主干断裂傍次级断裂构造控矿

（据刘德长等，1983）

1—加里东花岗岩；2—震旦纪变质岩；

3—断层；4—铀矿体

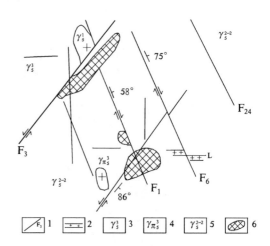

图2-11　次级断裂与主干断裂复合控矿

（据刘德长等，1983）

1—断层；2—酸性岩脉；3—燕山晚期花岗岩；4—燕山晚期花岗斑岩；5—燕山早期花岗岩；6—矿体

（2）褶皱构造控制的矿床：除少数沉积-成岩型矿床外，受褶皱构造单一因素控制的铀矿床不多见。受褶皱构造控制的铀矿床，其赋存的有利部位一般是背斜顶部和向斜槽部，背斜倾伏端和向斜翘起端的转折部，或控盆主干断裂与盆地内地层褶皱构造复合部位（图2-12）。

（3）火山构造控制的铀矿床：火山构造控制的铀矿床产于火山机构和区域断裂的联合部位，特别受环形构造、放射状构造、次火山岩体、爆发岩筒以及火山期后断裂与这些构造重叠复合部位的控制。有利于铀矿床定位的火山构造主要有：①火山洼地边部的环状构造（图2-13）与区域断裂的复合部位，环状构造包括环状断裂、环状岩墙和次火山岩体；②火山管道（火山口、火山颈）边部的环状或放射状构造；③爆发岩筒的内部及其边部的环状构造（图2-14）；④火山口外围熔岩、火山碎屑岩层间构造（图2-15）。近年来，在一些火山机构边缘发现推覆构造对铀矿床的分布起着重要的控制作用。据研究，这种推覆构造是在火山机构形成过程中，在岩浆上升、地面隆起而产生的侧向压力作用下，由基底逆断层演化而成。推覆构造往往具有多层结构，上部为火山岩和推覆体，中部为基底岩墙，下部为基底变质岩。矿体主要分布在板状岩墙的内外接触带，因此多属盲构造、盲矿体。

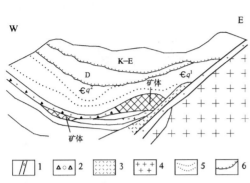

图 2-12 控盆断裂与地层褶皱复合控矿
（据刘德长等，1983）

1—断层；2—层间破碎带；3—酸性岩脉；4—花岗岩；
5—岩性分界线；6—不整合界线

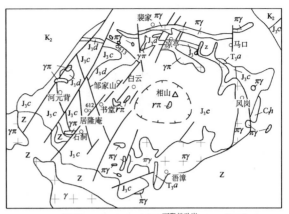

K_2 砂砾岩	J_3c 晶玻屑凝灰岩	J_3d 下段粉砂岩 上段流纹英安岩	T_3a 砂砾岩、砂岩
C_1h 砂岩、石英砂岩	Z 变质岩	$\gamma\pi$ 次花岗岩	$\pi\gamma$ 次斑状花岗岩
γ 花岗岩	推测火山颈	断层	$_{o}$612 铀矿床位置及编号

图 2-13 火山洼地边部环状构造控矿

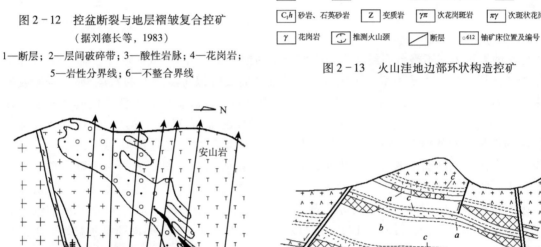

图 2-14 爆发岩筒环状构造控矿

1—中粒似斑状黑云母花岗岩；2—细粒似斑状黑
云母花岗岩；3—震碎花岗岩；4—隐爆花岗岩；
5—安山岩；6—矿体

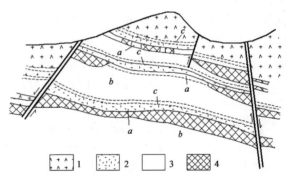

图 2-15 火山碎屑沉积层间构造控矿
（据刘德长等，1983）

1—熔结凝灰岩；2—凝灰岩；3—流纹岩；4—矿体
a—流纹岩顶板相；b—流纹岩中间相；
c—流纹岩底板相

（4）沉积不整合面控制的铀矿床：沉积不整合面的时代有老有新，老的可追索至中、古元古界之间，新的可延续到中、新生代盆地内部及其与基底间的不整合面。事实证明，许多受不整合面控制的铀矿床，导致矿化富集的原因，不仅仅是接触面构造，往往还有其他各种构造因素如断裂构造与之重叠，复合所致。例如层间破碎带与不整合面的重叠，各种断裂构造与不整合面或侵入接触面的穿切、复合等。受沉积不整合面控制的铀矿床可分以下类型：

A 受沉积盆地基底不整合面控制的铀矿床 铀矿化赋存在沉积盆地基底不整合面之上，矿体受不整合面槽状构造控制。如我国 6710 矿田内的铀矿床，含矿主岩为盆地底部含炭砂岩。砂岩厚度取决于槽状构造的深度，槽状构造越深，砂岩厚度越大矿越好。所以，不整合面上的槽状构造是成矿的主导因素（图 2-16）。

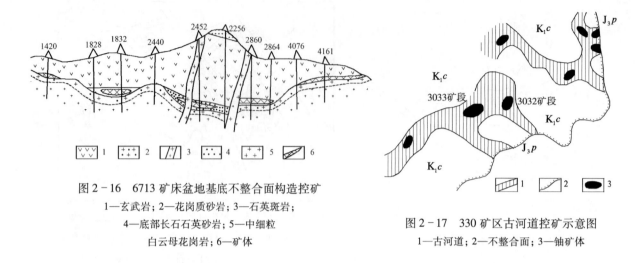

图 2-16　6713 矿床盆地基底不整合面构造控矿

1—玄武岩；2—花岗质砂岩；3—石英斑岩；

4—底部长石石英砂岩；5—中细粒

白云母花岗岩；6—矿体

图 2-17　330 矿区古河道控矿示意图

1—古河道；2—不整合面；3—铀矿体

B 受盆地岩系内部不整合面或沉积间断面控制的铀矿床　石英-卵石砾岩型铀-金矿床和部分砂岩型铀矿床属于这种构造类型。矿化赋存在不整合面或沉积间断面上的石英-卵石砾岩或砂岩中。南非维特瓦特斯兰德盆地铀-金砾岩层产于层内小间断、假整合和不整合的起伏面上。在该矿田内，每一层这种砾岩都代表一个在沉积间断后形成的铀-金矿床。据研究，含铀-金砾岩是河流作用的产物，石英卵石是由河流运移而留下的河床堆积物，是在海岸平原或冲积扇的环境下沉积而成。沉积间断面上的含矿砂岩则被认为是在古河床中沉积而成的。所以，在陆相碎屑沉积盆地中，古河道是寻找本类矿床的构造依据。受盆地岩系内部不整合面或沉积间断面控制的铀矿床实例很多，除南非、加拿大等的石英-卵石砾岩型铀矿床外，砂岩型铀矿床的例子有我国 1201、433、330 等地区（图 2-17），尼日尔阿加德兹盆地，加蓬弗朗斯维尔盆地，美国科罗拉多高原的部分铀矿床。

C 受不整合面以下基底断裂控制的铀矿床　这是元古宙不整合面型铀矿床的一种主要构造类型，矿化赋存在中、古元古界侵蚀不整合面以下的变质岩中（图 2-18），受基底断裂构造（角砾岩化断裂带、剪切带和断层塌陷构造）控制。含矿主岩为石英-绿泥石片岩、块状赤铁矿-绿泥石岩，少数为石墨片岩。矿床中含矿主岩有明显退化变质现象，如基性角闪岩变成绿泥石片岩。对于

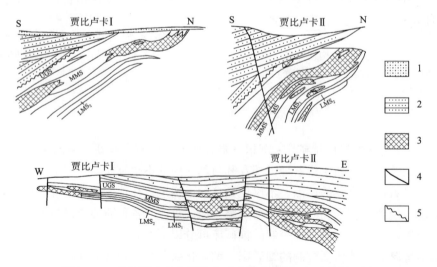

图 2-18　北澳贾比卢卡不整合面型铀矿床 I、II 矿体剖面图

1—覆盖层；2—砂岩、砾岩；3—铀矿体；4—断层；5—不整合界线；UGS—上石墨岩系；MMS—主含矿岩系；LMS$_1$—不含矿岩系 1；LMS$_2$—不含矿岩系 2

这类铀矿床的形成至今尚无定论,一般认为有三种成矿方式:①在有利主岩中的铀原为同生沉积,后经迁移、富集;②铀从块状母岩中淋滤出来,后生叠加在氧化-还原界面处而富集;③铀来源于下伏的火成岩,经热液作用富集。

D 受盆内岩系层间氧化-还原界面控制的铀矿床 这是砂岩型和碳硅泥岩型铀矿床的一种特殊构造类型,铀矿化赋存在砂岩或碳硅泥岩顺层氧化的氧化-还原界面处,形成 x 卷状或板状矿体。氧化-还原界面是一种地球化学界面,是在地壳缓慢上升过程中相对稳定阶段的产物。这类矿床最典型的例子是美国怀俄明盆地及中亚地区的卷状铀矿。含矿主岩是中新代的砂岩,其产状平缓(10°~3°),砂岩的上、下均为粉砂岩或粉砂质泥岩,形成不透水的屏蔽层。氧化带发育于砂岩层内,氧化使岩石由原始的灰黑色变成褐黄色,铀矿化聚集在氧化带下端,在弧形的氧化-还原界面处形成卷状矿体(图2-27)。我国除砂岩型铀矿中见此种构造类型外,在碳硅泥岩中形成的层间构造破碎带中也发育氧化带,在氧化-还原过渡带主要形成板状铀矿体。

(5)侵入接触带控制的矿床:岩体的侵入接触面往往是两种不同性质岩石的结合面,因此它本身就可能为成矿作用提供良好的空间条件和物理化学环境。由于接触面两边岩石机械物理性质的差异,在成矿期构造作用影响下,往往形成应力集中,断裂构造发育的地带。因此,受侵入接触带控制的矿床,其矿化分布,在大多数情况下是受接触带和断裂构造的复合控制。含矿断裂构造与岩体接触带的复合关系常见以下几种:①含矿断裂与岩体侵入接触带重接复合控制矿床(图2-19);②含矿断裂沿走向或倾向切割接触带控制矿床;③含矿裂隙与小岩体(包括岩枝、岩舌、岩瘤等)顶部接触带复合,矿床产于小岩体内部或接触带内凹、外凸部位(图2-20);④岩体侵入沉积岩或变质岩,有含矿断裂通过接触带进入围岩时,矿床即赋存在接触带附近围岩的有利层位或层间破碎带中。

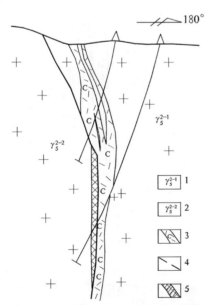

图2-19 断裂与接触带重接复合部位控矿

(据王炎庭,1982)

1—斑状黑云母花岗岩;2—中粒二云母
花岗岩;3—绿色蚀变带;4—断裂;
5—铀矿体

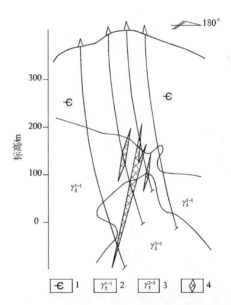

图2-20 产于小岩体构造控接触带内
凹外凸部位的铀矿床示意图

(据王炎庭,1982)

1—寒武系;2—粗粒斑状黑云母花岗岩;3—细粒
斑状黑云母花岗岩;4—铀矿体

3)矿体的构造控制

含矿构造是指那些直接接受矿质沉淀、富集成矿的构造。含矿构造的种类很多,有断裂构造、原生节理构造、侵入接触面构造、火山爆发碎裂带，层间破碎带以及不整合面等。但含矿构造中并不到处都有矿化富集，矿体往往只出现在含矿构造的某些特定部位。矿体赋存的有利部位可以是单一构造因素的变异地段，也可以是多种构造因素的复合地段，控制铀矿体赋存部位的诸构造因素中，断裂构造往往起到了主导作用。研究认为，矿化赋存的有利构造部位主要有：

（1）受断裂构造控制的铀矿体赋存的有利部位：①含矿断裂的局部膨胀或张开部位（图 2-21）；②含矿断裂产状在平面上或剖面上的变异部位（图 2-22）；③含矿断裂的分支复合部位或两组以上断裂交叉部位；④含矿断裂尖灭再现或侧现部位。

（2）受断裂构造与其他地质因素复合控制的铀矿体的产出部位：①含矿断裂与中基性岩脉交切部位（图 2-23）；②含矿断裂与碱交代岩复合部位（图 2-24）；③含矿断裂与富铀层复合部位（图 2-25）；④含矿断裂与侵入岩体接触面复合部位。

（3）受火山构造控制的矿体赋存部位：①环状岩墙原生节理发育部位；②环状构造与线性断裂构造的复合部位；③放射状构造形态变异及其与其他构造的交切复合部位；④爆发岩筒环状岩墙的顶部及边部。

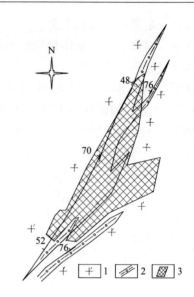

图 2-21　下庄矿田希望矿床 B_1 矿体断面图

1—细粒白云母花岗岩；2—挤压硅化破碎带；
3—铀矿体

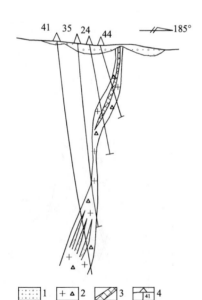

图 2-22　含矿断裂产状变异部位控矿

1—河流冲积覆盖层；2—花岗碎裂岩；3—铀矿体；
4—钻孔及编号

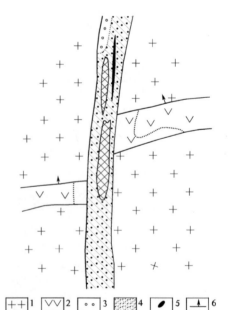

图 2-23　下庄矿田含矿断裂与基性岩脉
交切部位控制矿体示意图

（据杜乐天，1982）

1—花岗岩；2—煌斑岩墙；3—瓷白色矿前期微晶石英 Q_{4-1}；4—棕红色微晶石英 Q_{4-2} 宽 20cm，全是矿体，有大量沥青铀矿斑块及浸染体；5—纯沥青铀矿透镜体；6—地质产状（倾向）

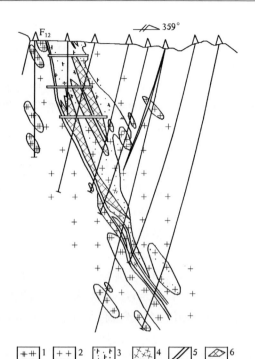

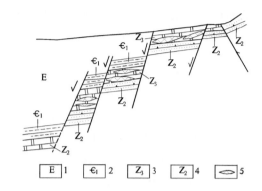

图2-25 含矿断裂与富铀地层复合部位
控制矿体示意图

（据刘德长，1983）

1—古近纪红层；2—下寒武统炭质泥岩；

3—上震旦统冰碛层；4—中震旦统砂岩；

5—铀矿体

图2-24 含矿断裂与碱交代体复合部位
控制矿体示意图

1—混杂花岗岩；2—斑点状花岗岩；3—碎裂蚀变花
岗岩（碱交代体）；4—辉绿岩；5—断层；6—铀矿体

（4）受褶皱构造控制的矿体赋存部位：①褶皱构造转折端裂隙发育部位；②褶皱构造翼部地层倾角变异部位；③褶皱构造为断裂所切，矿体在切层断裂附近的有利层位或层间破碎带中；④褶皱构造中顺层大断裂的膨胀、张开部位。

（5）受不整合面控制的矿体赋存部位：①波状不整合面的凹槽内（特别是槽中有凸，凸中有槽的部位），矿体的形态受单个槽形的制约；②阶状不整合面的阶面低洼平缓部位，陡坎部位则矿化变贫或尖灭。

2.1.3 地层岩性依据

2.1.3.1 岩性对成矿的控制

以铀矿资源勘查为例，内生铀矿床、外生铀矿床和变质铀矿床，它们的形成都受主岩岩性控制，即矿化对赋矿岩石有选择性。实际上是含矿主岩的物理性质和化学成分对铀矿成矿影响很大。

例如脆性岩石易产生破裂，微裂隙发育，这为含铀溶液的运移和矿质的沉淀提供了空间。与此相反，塑性岩石不易发生破裂，所以当脆性岩石和塑性岩石互层时，铀矿化常发育在脆性岩石的微裂隙中。通常在有效孔隙度小、微裂隙不发育的塑性岩石中，铀矿化差。但另一方面塑性岩石透水性差，对矿液起屏蔽作用，为成矿造成良好的封闭、半封闭环境，对成矿很有利。此外，花岗岩体内的不同相带界面、不同期次侵入的岩体侵入界面，如有构造通过，则在其粗粒结构的岩石中易发生破裂，因而常有矿体赋存在其中。

岩石化学性质主要是指岩石与含矿溶液发生化学反应的活泼性。化学反应是成矿作用的一种重要方式。活泼性强的岩石与矿液易发生化学反应，因而可以使矿质迅速沉淀和富集，在一定程度上对成矿起了促进作用。相反，化学活泼性较差的岩石，对成矿则缺乏此种促进作用。在化学活泼性强的岩石中易形成交代型矿床，而在活泼性差的岩石中，一般多形成充填型脉状矿床。

岩石的化学性质与岩石的矿物及化学成分有关，灰岩的化学活泼性最强，硅质岩、泥质者较弱。砂、砾岩的活泼性则取决于胶结物的种类，碳酸盐胶结物活泼性强，泥质胶结物活泼性弱。

（1）有利于铀矿富集的岩石的物理性质和岩性组合：①岩石机械性质不均一的岩石有利于矿化富集，如65号矿床的火山弹熔结凝灰岩，184矿床的泥硅质白云岩等，在构造作用下，均易产生破裂，形成矿化富集的有利空间；②脆性岩石与柔性岩石的互层有利于矿化在脆性岩石中富集。前者往往易产生构造破裂，成为矿液的聚集场所；后者不易发生破裂可对矿液起到屏蔽作用，促使矿液在与其相邻的脆性岩石中形成矿化富集；③孔隙度大、透水性好的岩石与孔隙度小、透水性差的岩石成互层，有利于矿化在孔隙大的岩石中富集。如含铀煤矿床中，矿化均富集在砂岩顶板或底板附近的煤层中，而在顶底板为泥质岩石的煤层中无矿化富集；④火山熔岩的顶部或底部相岩石对成矿有利。熔岩顶、底部相岩石冷却快，容易产生裂隙，并常含有气孔或杏仁构造，相对孔隙度大，因而有利于矿质贮存；⑤受早期围岩蚀变改造过的岩石，其物理化学性质对成矿有利。单就岩石的物理性质来说，早期围岩蚀变使原岩孔隙度增大，因而有利于矿化富集。

（2）有利于铀矿富集的岩石的化学性质和岩性组合：①含有铀的吸附剂和还原剂的岩石，如富含黄铁矿、有机质、磷质、粘土质的岩石，能吸附、还原流经该岩石的含矿溶液中的铀，并使其发生沉淀、富集；②矿物和化学成分比较复杂的岩石，如复成分岩石和岩性、岩相复杂过渡地段的岩石，当含矿溶液通过该岩石时，环境的改变促使含矿溶液中的铀沉淀；③红色氧化岩层中所夹的浅色层；④未变质或变质程度不深的泥质岩石。

具体来说，对内生铀矿床有利的岩石主要有：斑状花岗岩，花岗斑岩，流纹斑岩、凝灰岩、煌斑岩以及含铁、镁、磷、炭质较高的沉积岩和变质岩等。对外生铀矿床有利的岩石有：细粒到粗粒的碎屑岩，含黄铁矿、磷质、炭质的岩石及有机岩、碳硅泥岩以及红色碎屑层中的灰色夹层等。

2.1.3.2 地层时代对成矿的控制

1）外生矿产地层时代特征概述

众多事实表明，外生矿产往往与一定时代的地层有密切的共生关系，找到相应时代的地层，便可发现与之共生的某种矿产。例如，外生铁矿虽然几乎每个时代都有，但最有意义的是前寒武纪地层，其储量占世界铁矿总储量的60%以上；前寒武纪和古近纪及新近纪地层还集中了全世界锰矿储量的50%以上；铝土矿主要形成于石炭纪-二叠纪地层；磷主要形成于前震旦纪、震旦纪-寒武纪、二叠纪和古近纪及新近纪地层；我国煤矿主要集中在石炭纪-二叠纪、三叠纪-侏罗纪和古近纪及新近纪地层；沉积铜矿主要集中于前震旦纪、二叠纪-三叠纪和侏罗纪-白垩纪地层；世界上盐类集中于泥盆纪、二叠纪和古近纪及新近纪地层；世界上石油总储量的90%以上形成于中、新生代地层中。

2）我国沉积矿床成矿时代与成矿序列

从整个地史发展进程的角度考察外生矿产在不同时代地层中的分布特征，可发现外生矿产在时间上的这种不均匀分布也是非常明显的，可用成矿期来表述。不同种类矿产在成矿期内是有序出现的，构成了所谓的成矿序列。叶连俊（1976）认为我国沉积矿床可划分为4个成矿期，且每个成矿期中主要沉积矿床形成规律的成矿序列（图2-26）。

由图2-26看出，随地层自老而新大致以铁→锰→磷→铝→煤→铜→盐类顺序出现。有些成矿期内的成矿序列是不完整的，且各个成矿期并不完全相同，如第Ⅰ成矿期和第Ⅱ成矿期的成矿序列只有其前期的矿床形成，第Ⅳ成矿期的成矿序列则只有其后期矿床形成，唯独第Ⅲ成矿期的成矿序列才是完整的。某种矿产都集中在某一个或某几个时代，各种矿产均有自己特定的成矿期和演化方向。这种时间分布规律，有时带有全球的一致性，如前寒武纪变质铁矿的形成规律往往具有世界的一致性，而往后则区域性特征明显，这与整个地壳演化规律相一致。

上述成矿序列，明显地反映了气候条件的规律演变，大致反映了从温湿的气候条件向干燥气候条件演化，即从铁、锰、磷、铝、煤到铜、盐类沉积矿床形成而告终。另一方面，这一序列也反映了与地壳运动和海水进退的密切关系，即铁、锰、磷等形成于海侵阶段，形成海相为主的沉积矿床，而铝、煤、铜、盐类矿床则常形成于海退阶段，形成以陆相沉积为主的矿床。整个成矿序

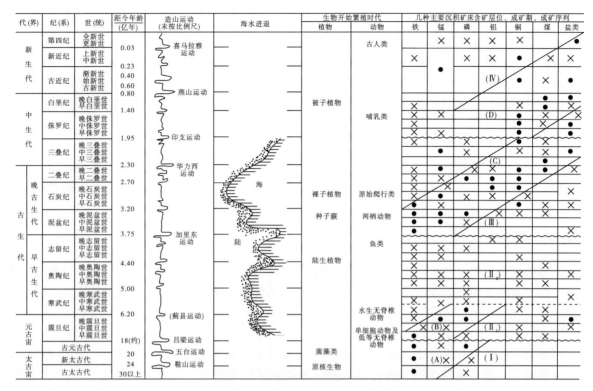

图 2-26 中国沉积矿床成矿的时代

(据叶连俊，1976)

列可分为两个大的阶段：即早期海侵阶段成矿序列，其主要矿床产于海侵岩系的底部，矿层距底部不整合一般不超过几十米，矿层稳定，分布于广阔的滨海到浅海地带。晚期海退阶段成矿序列是在造陆运动过程中形成的，地壳构造趋于不稳定，沉积物分选性差，古气候愈来愈干燥，首先形成煤及铝土矿，这时气候仍为温湿的气候条件。实际上煤和铝是处于海进海退的转折部位，处于整个成矿序列过渡位置。往后即为含铜砂页岩和膏盐矿床，它们常产于一套类磨拉石同生盆地红色建造中。

3）我国铀矿床含矿主岩的地质时代特征

我国铀矿床含矿主岩的地质时代分布也非常广泛。从前震旦纪，震旦纪到新近纪、甚至第四纪均有铀矿化出现，但主要集中在中新生代。目前只有奥陶纪地层中尚未发现工业铀矿化。我国铀矿主岩地质时代特征如下：

（1）花岗岩型与火山岩型热液铀矿床：产铀酸性岩浆岩主要为印支—燕山期（侏罗纪—白垩纪）的花岗岩和次花岗斑岩、次流纹斑岩等；其次为海西期的花岗岩。

（2）沉积岩与沉积变质岩中的铀矿床：沉积岩中的铀矿床含矿主岩主要为侏罗纪—白垩纪陆相盆地砂岩；其次为古近纪陆相盆地砂岩。沉积变质岩中的铀矿主岩分布地质时代较宽，从元古宙到古生代的各地质时代都有分布。

（3）成岩铀矿床：成岩铀矿床的含矿主岩地质时代以新元古代至早寒武世为主，个别矿床含矿主岩地质时代为中、新生代。

4）世界铀矿含矿主岩地质时代特征

从全球铀矿主岩地质时代分布特征看，砂岩型铀矿床（包括后生砂岩型铀矿床、含铀煤矿床等）的含矿主岩地质时代从元古宙至新近纪都有分布，但以中、新生代为主；热液铀矿床含矿主岩时代为古生代和中生代，但赋存有大型矿床的陆相火山岩的含矿主岩，其地质时代为中生代；变质古砾岩型铀矿床含矿主岩地质时代为古元古代；不整合面型铀矿床与奥林匹克坝矿床（赤铁矿角砾岩型铀矿床）含矿主岩地质时代为中元古代。

综上述，全球铀矿主岩地质时代总体可归纳为三个主要铀成矿期：

（1）古元古代时期（2800~2200 Ma）：这是全球大气圈缺氧的特殊地质时期，主要在古元古界底部地层中形成石英-卵石砾岩型铀矿床。

（2）中元古代时期（2000~1500 Ma）：这一时期是铀矿成矿的高峰期，主要形成与中、古元古界之间不整合面有关的不整合面型铀矿床（不整合面形成于1800~1600 Ma）、赤铁矿角砾岩型铀矿床（奥林匹克坝矿床）。

（3）晚古生代至中新生代时期（约350~100 Ma）：这一时期也是铀矿富集的重要时期，主要形成砂岩型、含铀黑色页岩型、花岗岩型、火山岩型等铀矿床。上述几种类型在不同时期可多次重复产出。

2.1.4　岩相-古地理依据

上述各类沉积矿床分布在一定的地层之中，但在同一地层中矿床富集的具体空间部位及富集程度又受到一定的岩相古地理条件所控制。岩相古地理条件对各种沉积矿床的控制具体表现在以下几方面。

1）海相过渡区对成矿的控制

岩相标志反映当时的海陆分布、海水深浅、海水进退方向等及有关沉积矿产的空间分布特征，其基本规律是：主要外生矿产均分布在沉积区和剥蚀区的中间地带（古陆的边缘、滨海、浅海、潟湖、三角洲等），如我国震旦纪下部的宣龙式沉积铁矿和瓦房子锰矿主要分布于内蒙古地轴的南缘，中南地区泥盆系的宁乡式沉积铁矿主要产于江南古陆的边缘，西南地区的铁、铜、铝等沉积矿床，主要产于康滇地轴的东缘。

主要的外生沉积矿床的形成可分海侵和海退两个序列，海侵阶段形成的矿床有铁、锰、磷等，多分布于海侵岩系的底部；海退阶段形成的矿床有铜和膏盐等，多分布于海退岩系的中上部；铝和煤等为海陆交互相和滨海沼泽相产物。

2）特定古地理环境对成矿的控制

各种外生矿床受特定的古地理环境控制，如铁、锰、磷、铝主要形成于温湿气候下的古陆边缘、滨海、浅海地带和淡水湖泊中；膏盐矿床（包括石膏、岩盐、钾盐、硼砂、天然碱等）形成于干旱气候条件下的古内陆盐湖和潟湖；煤形成于潮湿气候条件下的内陆盆地和滨海沼泽；含铜砂页岩和油气矿产则形成于三角洲和内陆大型盆地；古河谷、阶地、海滨及部分坡积和冲积层是各类砂矿形成的有利场所，重要的砂矿床有金、铂、锆英石、铌钽、钨、锡、钛铁矿、金刚石等；炎热潮湿气候及地形平缓条件，是风化淋滤矿床和风化壳矿床形成的有利环境。

3）不同相带氧化还原环境对成矿的控制

许多沉积矿床常形成特有的相变分带，如沉积铁、锰矿床的相变分带，一般由海岸→大陆斜坡，可分为三个相带：

（1）高价铁锰氧化物相：形成于古海水波动面之下，充分氧化环境，以高价铁锰氧化物和氢氧化物为主，如赤铁矿、褐铁矿、软锰矿、硬锰矿等；

（2）低价氧化物及硅酸盐相：在浅海环境及不充分氧化条件下，形成鲕绿泥石和菱铁矿，以及水锰矿和蛋白石等；

（3）碳酸盐及硫化物相：在浅海-陆棚地带，含氧不足趋向还原环境中。

沉积岩的岩相是沉积特征、生物特征和生成环境的综合反映。因此，通过沉积地层的岩相分析，可以再造生成时的古地理环境。沉积型和与沉积地层有关的矿产，由于严格地受岩相-古地理条件的控制，因此，岩相-古地理条件是与沉积地层和部分沉积变质岩层有关的矿床的重要找矿依据。

4）砂岩型铀矿床的岩相-古地理特征

陆相砂岩型铀矿床多与河流相有关，主要形成于冲积扇前缘的网状河流的环境，或形成于河谷平原的网状支流和蛇曲河流环境。其次是河湖三角洲前缘、湖湾、滨湖和泥炭沼泽环境。国外具有工业意义的砂岩型铀矿床亦多半与古河流相中的古河床亚相有关。美国把陆相盆地中古河床的分布位置作为寻找砂岩型铀矿床的主要地质判据。如科罗拉多高原和怀俄明盆地铀矿床多产于大型冲积扇（广义）的中部。含矿主岩沉积在冲积扇尾部或中部的辫状河的古河道中，而以辫状河为主。河道中沉积物为粗碎屑岩，岩石透水性好，交错层理发育，砂岩与泥岩呈互层产出。

总之，有利于铀矿富集的古地理环境一般为以下几种：①由酸性花岗岩、火山岩及前寒武纪变质岩等组成基底，并有长期风化剥蚀历史的内陆水盆地环境；②蚀源区与沉积区之间的过渡地带，如古陆边缘滨海、浅海、潟湖、三角洲等环境；③封闭或半封闭湖、海盆地边缘地形起伏、弯曲变异地段或河流下游地势平坦、主流与支流交汇地段；④陆相盆地中古河床所在部位。

5）成岩型铀矿床的岩相-古地理特征

产有成岩铀矿床的海相沉积含矿主岩，多属海盆边缘潮下低能洼地相，为滞流半封闭局限浅海还原环境的产物。含矿主岩因富含有机质和黄铁矿，大多数呈灰色、灰黑色，地层的沉积碎屑颗粒细小，水平层理发育，这反映地层沉积是处在水动力条件比较弱的平静环境，铀矿可能形成于范围比较局限的还原环境。

2.1.5 区域地球化学依据

区域地球化学依据是指在一定地区内，有利于某种矿产形成与分布的地球化学因素的总和。它们包括区域内成矿元素的丰度，元素在空间上的分布特点，元素的存在形式和共生组合规律，以及在不同地质作用（包括成矿作用）中元素的迁移、富集规律等。而与找矿选区有关的依据主要是以下三个方面。

1）元素丰度

从元素的区域克拉克值与地壳克拉克值的对比上可以看出，金属元素在地壳各部分的分布是不均匀的，往往有一种或一组金属元素在某一地区或岩体中有相对富集的现象。有人把地球化学性质相似的一组元素相对集中的地区称为地球化学区或地球化学省。元素相对集中的原因主要取决于地区的岩石类型和地质发展历史。

各种矿产形成条件的研究资料表明，许多金属矿床的区域分布与成矿元素在该区的含量有关。金属矿床往往分布于成矿元素含量比较高的地区或地质体中。例如我国华南的钨锡和稀有金属矿床，主要产于钨、锡、铌、钽等元素平均含量较高的岩浆岩分布区，尤其与这些元素含量最高的燕山期花岗岩有关。又如我国花岗岩型铀矿床，产矿岩体的铀含量一般均大于 9×10^{-6}，比正常花岗岩的铀含量（4×10^{-6}）高出一倍以上。外生铀矿床也有类似情况，其分布区（或蚀源区）铀含量一般普遍增高，增高区的范围有时可长达数十至数百千米。

根据我国各地质时代地层的含铀情况，可将其分为富铀地层、中等含铀地层和贫铀地层三种：

（1）富铀地层：是指地层中平均铀含量高于地壳铀克拉克值数倍以上者。如江南古陆两侧的震旦纪—寒武纪地层，平均铀含量高达（$26 \sim 36$）$\times 10^{-6}$；淮阳地盾北侧的寒武纪地层，南秦岭地槽区志留纪地层中的白龙江群，平均铀含量为（$18 \sim 30$）$\times 10^{-6}$。它们的共同特点是岩类复杂，富含炭质、有机质、黄铁矿等铀的吸附剂和还原剂，如炭硅泥岩、含炭与黄铁矿的炭硅泥岩、炭硅板岩和部分砂岩、砾岩等。它们一般形成于古陆边缘的浅海、海湾环境。

（2）中等含铀地层：是指铀含量为地壳铀克拉克值 $1 \sim 2$ 倍的地层。这种地层多半是一些沉积厚度大，碳酸盐建造不发育，含少量炭的浅变质细粒碎屑岩，如遍及华南的震旦纪与下古生代（$Z—Pz_2$）岩系。

（3）贫铀地层：是指铀含量低于地壳铀克拉克值的地层。主要是一些厚层纯灰岩、粗粒碎屑岩、单矿物岩、深变质岩或强氧化环境沉积的红层所组成的地层。

富铀地层可作为该区有丰富铀源的标志。中等含铀地层若厚度大分布广也是不可忽视的铀源。铀含量的增高不仅反映在这些地区的基岩中，而且也反映在土壤、植物、地表和地下水中。因此，一个地区或地质体铀含量的增高是有利的找矿地球化学依据。

2）元素的共生组合

由于某些元素在地球化学性质上的相似性，它们在同一地区，同一地球化学环境和同一地质作用的条件下，往往表现出共同的活动规律，因而在成矿过程中，它们往往成群出现，形成一些特定的元素、矿物或矿床共生组合。这便是利用元素、矿物、矿床共生组合规律进行找矿的理论依据。

在我国，已发现与铀共生或伴生的元素有钼、银、铜，镍、铅、锌，锑、汞、矾、稀土等21种。根据目前世界上铀矿床中常见的共生或伴生金属达到综合利用要求的有以下几种矿化类型：铀-铜、锌矿床、铀-银、铋、镍、钴矿床，铀-钼矿床、铀-汞矿床、铀-磷矿床、金-铀矿床、铀-钍矿床、铀-稀土矿床等。

另外，在我国还发现钨、锡、铌、钽、稀土和萤石等矿床在区域上与铀矿共存的规律。在同一地区内，钨矿一般出露的标高较高，多分布在山顶，而铀矿出露标高较低，分布在地形较低洼的地带。这可能是因为钨矿成矿在先，主要分布于岩体顶部内外接触带，铀矿成矿在后，主要分布于岩体内部所造成的。

元素共生组合依据在矿产勘查中可在多方面得到应用。它可作为找矿选区的依据，也可用于矿床综合评价。在地球化学找矿中可利用共生指示元素进行异常评价。共生元素的种类及其比值的变化特征也可用于成矿规律、矿床成因的研究。

3）元素的存在形式

岩石中成矿元素的存在形式对其在后期改造过程中的活动和迁移能力起决定性的作用。所以，元素存在形式和元素丰度是评价岩石能否成为矿源层（或矿源体）的重要标志。

铀在岩石中主要呈类质同象、独立铀矿物、分散吸附状态和矿物液态包裹体等四种存在形式产出。除了以类质同象形式存在于矿物晶格中的铀不易遭到破坏外，其余几种形式的铀在后期地质作用中均易于活化转移。通常把这种易于活化转移的铀称为活性铀。

因此，评价某个地区或地质体是否有利于成矿，不但要考虑铀的丰度，而且要考虑活性铀所占的比例。有的岩体虽然铀含量较高，但铀主要赋存于副矿物的晶格中，在后期成矿过程中不易活化转移，不能提供丰富的铀源，因此也就不利于成矿。有的岩体虽然铀含量不太高，但铀主要以活性铀形式存在，在后期成矿作用的改造下，仍然能形成工业矿体。如某岩体，铀含量接近正常花岗岩，但形成了401矿床。所以，元素的存在形式往往是区域成矿远景评价的一项重要依据。

2.1.6 表生作用依据

表生地质作用是在地壳表层或浅部，由太阳能和大气、生物及水等对地层、岩石等的改造与变化过程，包括风化作用、搬运作用、沉积作用、氧化-还原作用、淋积作用和胶结作用等。风化作用是主要的表生地质作用。

在风化作用下，岩石遭到破坏和分解，岩石中的铀易于氧化（由 U^{4+} 转化为 U^{6+}），便从其中分离出来，并大部分变成可溶性盐类溶于水中，被水流带走。在此过程中如遇合适的物理化学条件，铀又可重新沉淀富集，形成铀矿床。也有一部分铀分离出来以后仍残留在风化壳，有时也形成风化壳矿床。因此，风化作用不仅可以使原有的矿体遭到破坏，也可使分散状态的铀重新聚集形成新的矿床。

由风化作用形成或改造而成的铀矿床，在世界上分布广泛。淋积型铀矿床和部分同生沉积后生富集的铀矿床，均与风化作用有密切关系。如美国佛罗里达州的含铀磷块岩型铀矿床，就是在风化面引起的次生富集作用下形成的。该地区未经风化的岩石，其铀含量一般为 0.008%，而风化以后的岩石中，铀含量可增加到 0.12%。

表生作用依据主要表现在以下几方面：

（1）基底岩石的剥蚀程度：不整合面以下基底岩石遭受的剥蚀程度越大，说明给附近湖海盆地提供的成矿物质越多，对湖海盆地中形成铀矿床越有利。因此只要湖海盆地具备适于铀沉淀富集的环境条件，就有可能形成矿床。

（2）风化壳的厚度：有古风化壳保留的地区，有利于寻找与风化壳有关的残积和淋积铀矿床。风化壳的厚度越大，对形成上述类型铀矿床越有利。风化壳很薄或者不存在，说明在盆地内接受新的沉积以前风化壳不发育，或者已被剥蚀，这对寻找与之有关的铀矿床很不利。

（3）氧化带的发育程度：矿床或富铀层的氧化带发育越完全，深度越大，对寻找淋积型铀矿床越有利。发育完全的铀矿床氧化带，在垂直方向上由地表向深处依次出现：完全氧化带、淋滤带、不完全氧化带、次生富集带（氧化-还原过渡带）和原生带。一般含硫化物的铀矿床氧化带有以下带特征：①完全氧化带，以发育黄铁矿、蛋白石及水铝英石等矿物为特征，常可见次生铀矿物；②淋滤带，铀基本上全部淋失，不含或少含次生铀矿物；③不完全氧化带，以发育水沥青铀矿和残余铀黑为特征，硫化物处于半氧化状态；④次生富集带：发育再生铀黑和次生硫化物等。以上垂直分带并非在所有地区都发育齐全。当地壳上升过快，剥蚀速度大于氧化速度时，氧化带一般发育不全，有时甚至遭到全部剥蚀。当地壳上升缓慢，剥蚀速度小于氧化速度时，氧化带发育较完全。因此，氧化带发育特征是寻找和评价深部盲矿体行之有效的地质依据。

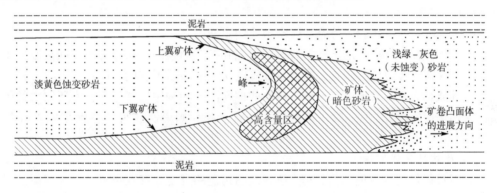

图 2-27　砂岩层间氧化带铀矿形成与分布示意图

（4）层间氧化带发育条件：我国北方和中亚卡兹库姆-南哈萨克斯坦及美国科罗拉多高原等地区发育大量砂岩型卷状铀矿床，这是在层间氧化带发育完全的情况下形成的。在渗入型盆地的可渗透砂岩中，由于含氧含铀地表-地下水不断的渗流氧化作用，可在砂岩层中发育层间氧化带并控制铀矿体的分布（图 2-27）。发育较完全的氧化带由近地表至深部有以下规律：①氧化带，红褐色至淡黄色蚀变砂岩，含赤铁矿、褐铁矿等铁的氧化物；②氧化-还原过渡带，杂灰色、浅灰色及暗色蚀变砂岩，含铀黑及水沥青铀矿等由地下水中还原沉淀出的再生铀矿物；③还原带，灰色砂岩，即含黄铁和有机质的未蚀变砂岩。由图 2-27 可见，铀矿体分布在氧化-还原过渡带，在地下水流动方向的前锋处形成厚度较大的卷状矿体。利用这一分带规律，在上述地区找到了许多新的矿体。

2.2　矿产勘查信息

矿产勘查信息是指直接或间接地指示矿床存在或可能存在的信息。矿产勘查信息亦称找矿标志或找矿信息。矿床的发现，往往是从各种矿产勘查信息，特别是重要勘查信息的认识和评价开始的。矿产勘查信息显示出了矿床（体）可能存在的大体部位，缩小了找矿范围，从而可以比较迅速而准确地找到矿体。所以，研究各种矿产勘查信息的形成特点、分布规律及找矿意义是矿产资源勘查工作的重要内容。

就一般金属矿产勘查而言，矿产勘查信息的种类按其性质和特征可分为五类：

（1）遥感地质信息：系指从卫星照片和航测资料中所得到的与成矿有关的地质信息。

（2）矿化露头信息：系指矿体在地表露头上所显示的信息，包括各种矿化露头、铁帽、近矿围岩蚀变等。

（3）地球化学信息：系指在地球化学探矿中所发现的成矿元素及其伴生指示元素的化探异常。

（4）地球物理信息：系指在地球物理探矿中所发现的各种物探异常。

（5）生物信息：主要系指在矿床（体）赋存地区，植物因吸收了成矿元素及其伴生指示元素所表现出的植物群落的发育特征，植物生态变异等情况。另外，人类采矿遗迹也是生物信息的一部分。

2.2.1 遥感地质信息

利用遥感仪器，在不直接接触地质体的情况下，从卫星或飞机上远距离探测地质体所得到的各种与成矿有关的地质信息，称为遥感地质信息。它主要包括反映地质体空间形态和分布特征的信息，反映地质体在电磁波不同波段上的光谱特征信息和地质体对电磁波的反射或辐射能力随时间变化的信息等。

1）遥感地质信息分类

遥感地质信息可分为卫星影像信息和航空地质信息两类：

（1）卫星影像信息：已广泛用于地质背景的研究和控矿因素的分析等方面，间接服务于成矿预测和找矿工作，特别在区域地质调查、构造特征等的研究上显示了它的广阔前景；

（2）航空地质信息：广义地讲包括航空摄制的地面图像和利用遥感遥测技术所取得的各种数据资料（如物探和化探资料），但一般主要是指通过航空照片判译所获得的各种与成矿有关的地质信息。

2）遥感地质信息具体用途

（1）通过卫星影像解译判明构造特征：解译判明构造的类型、存在位置、形态规模、展布特点和不同构造体系的相互关系等，并能从整体上了解和认识区域构造格架。卫星影像不仅对直接出露于地表的各种线状、环状构造和盆地有明显的反映，而且对一些隐伏、半隐伏构造能够起到一定的透视作用。

（2）通过卫星影像解译地层岩性特征：对地层岩性特征、围岩蚀变以及区域地貌特征等作出初步的判译和推断。如从卫星影像色调的深浅、产状特征区分不同岩性、岩体或沉积岩层：岩浆岩一般色调浅者多为酸性岩、碱性岩，色调深者为基性岩、超基性岩；沉积岩的砂岩、灰岩、石英岩等色调较浅，炭质泥岩、含煤地层等色调一般较深。据地貌特征对岩石和构造进行判断：坚硬的岩石一般组成山脊、陡坎，而软的岩石则组成负地形。硅化断裂带也经常表现为正地形，识别硅化断裂带对寻找与之有关的花岗岩型铀矿床十分有利。

（3）在卫星影像判译的基础上圈定成矿远景地区：对比已知矿区的矿化模型可以圈定成矿远景地区，从而指导找矿工作的部署。现在已能将已知矿区的矿化模型和未知矿区的影像特征转换成数学模型和数据，进行电子计算机处理，然后根据处理结果圈定成矿远景区。可见今后卫星影像在找矿中的应用是大有可为的。

（4）航空地质信息能较准确客观地反映一定地区成矿多种辅助信息：反映一定地区的成矿地质背景、不同地质体的空间关系和有机联系，并可以从中取得与地质、矿产相关联的多种辅助信息，如地貌、水文、土壤和植被等，从而为成矿预测提供更多依据。

（5）航空相片为勘查设计提供较理想的基础资料：航空相片上可识别地形、地貌和地质特征，因而可帮助确定重点勘查工作区，参照地形标定工作路线、设置工作场所、部署地球化学取样或地球物理测线布置。因此，航片是勘查设计较理想的基础资料。

（6）利用多种遥感信息可对一些重要地质特征的解译结果互相印证：如航空磁法测量可以指示侵入体的存在，利用航片可帮助圈定侵入体的边界。遥感地质信息不仅能对区域构造格架进行解译和辅助地质填图解译，还能对已知控矿因素进行追索圈定等。

2.2.2 矿化露头信息

矿体形成或出露地表后，可形成各种各样的矿化信息，为找矿提供直接线索。以铀矿为例，矿化露头信息包括：原生铀矿露头、铀矿氧化露头、铁帽、矿砾、矿砂、标型矿物、特殊的围岩蚀变、岩石的颜色变化和特殊地形等。

1) 铀矿露头

（1）原生铀矿露头：铀矿体出露地表后，矿石未受到氧化，基本保持其原有特点，露头上能见到沥青铀矿、晶质铀矿等，这种露头称为原生铀矿露头。根据露头的物质成分、分布范围和周围地质条件可判断矿床类型、矿体产状和矿石质量等。因此，原生铀矿露头是寻找原生矿体的直接标志。原生铀矿露头分布不普遍，一般只出现在高寒干旱地区或剥蚀速度大于氧化速度的地区。其他地区只有当矿石致密不易风化时才能局部见到原生铀矿化。

（2）铀矿氧化露头：原生铀矿经风化后形成的露头为氧化露头，其矿石矿物成分和结构构造均受到风化作用不同程度的破坏和改造。在铀矿床氧化露头上，常常生成黄绿色的次生铀矿物，色彩鲜艳，称为"铀帽"，是一种重要的找矿信息。根据露头上次生铀矿物的种类和产状特点，可对矿点的成矿远景和深部矿化特征作出初步评价。铀矿氧化露头中次生铀矿物的共生组合一般有五种类型：①铀酰氢氧化物-铀酰硅酸盐型；②铀酰硅酸盐型；③铀酰硅酸盐-铀酰磷酸盐、铀酰砷酸盐型（铀云母）；④铀酰磷酸盐、铀酰砷酸盐型；⑤铀酰磷酸盐、铀酰砷酸盐-褐铁矿型。前两种组合一般为单铀型铀矿床氧化露头的特征，后两种组合为硫化物铀矿床氧化露头的特征，第三种则为过渡类型铀矿床氧化露头的特征。

铀酰氢氧化物，如柱铀矿、板铅铀矿等，一般是原生铀矿物就地氧化而成的，均分布在原生矿体内，往往呈沥青铀矿假象。根据它们在地表的出露情况就可对矿化规模，矿石品位等作出相当可靠的评价。因此，可以作为寻找原生铀矿床的重要勘查信息。

铀酰硅酸盐类矿物，如硅铅铀矿、硅钙铀矿、β硅钙铀矿等，是弱碱性条件下原生铀矿物进一步氧化的产物。这些矿物常呈针状、纤维状集合体分布在矿体附近围岩的裂隙和空洞中，呈脉状、浸染状产出。有时也可见到保持原生矿石构造，由原生矿石就地氧化而成的硅钙铀矿。因此，铀的硅酸盐类矿物也是寻找原生铀矿床的重要勘查信息。

铀酰磷酸盐、铀酰砷酸盐类（铀云母）矿物，如铜铀云母、钙铀云母、钙砷铀云母等，是原生铀矿物氧化迁移，在有磷酸根或砷酸根离子的条件下沉淀而成的。它们是铀矿床氧化带中常见且分布最广的次生铀矿物，因此也是重要的找矿信息。但由于它们的形成位置常离矿体较远，影响其生成的因素较多，故对其找矿的意义，必须结合其他勘查信息（如近矿围岩蚀变等）进行综合评价。在花岗岩地区，经常可见到零星片状铀云母类矿物分布于岩石裂隙或风化壳中，这并非铀矿体存在的肯定标志。

在干旱地区地表氧化带，常可以见到一些铀的硫酸盐、碳酸盐矿物，如铜铀矾、水铀矾、板碳铀矿、水碳铀矿等。它们多半由蒸发浓集作用形成，其找矿意义一般不大。铀酰矾酸盐矿物，如钾矾铀矿是沉积型铀矿床的特征次生铀矿物。它在钙结岩型和部分砂岩型铀矿床中，常常是主要的工业铀矿物。

另外，在铀矿床氧化带中还经常见到一些含铀矿物，如含铀的褐铁矿、玉髓、玻璃蛋白石、水铝英石以及含铀有机物等，它们均可作为勘查信息。

2）铁帽

铁帽是硫化物金属矿床的风化产物。当含有硫化矿物的矿体出露地表后，在水和游离氧的作用下，硫化矿物遭到强烈的氧化，使矿体与围岩裂隙和孔隙中的水逐渐演化成酸性介质。在酸性介质条件下，矿床中多数金属元素形成可溶性盐类并随水溶液迁移、流失，而铁在氧化作用下则易形成难溶性氢氧化物，在原地形成褐红色或褐黑色的残留体，俗称铁帽。由于某些铀矿床常含硫化物，因此，铁帽也可作为铀矿的勘查信息。

当含硫化物的铀矿床露头遭受强烈氧化淋滤时，在铁帽中不易发现次生铀矿物，但残留的褐铁矿常吸附铀，形成含铀铁帽，称真铁帽。含铁质较多的水溶液流经岩石裂隙或孔隙，也可以使岩石变成红褐色，形成假铁帽，假铁帽的找矿意义不大。因此，研究铁帽时，首先必须鉴别真假铁帽。二者的主要区别是：真铁帽一般颜色较深，常呈黑褐色，有时有彩色，铁质骨架致密坚硬，多呈各种形状的蜂窝构造，孔洞中常有残留的硫化矿物及其假象；假铁帽一般颜色较浅，呈褐红色，多沿岩石裂隙两侧发育，铁质常呈钟乳状，葡萄状等胶状结构。

通过铁帽的颜色、元素共生组合及结构构造特征的研究，可以了解原生矿床中硫化物的组合特征。如在铜矿床铁帽中，主要的元素组合是铜、铋、钼、银、金等，其次为铅、锌、砷等；在铅锌矿床的铁帽中，主要元素组合为铅、锌、锰、银、钡、锶等，其次为砷、铜、锑等。在含硫化物的铀矿床的铁帽中必然有铀，其伽马射线照射量率一般都较高。

3）矿砾和矿砂

一般在地形陡峻的山区，矿体露头遭剥蚀后，一些比较致密坚硬的矿石碎块在重力作用下或经地表水冲刷，搬运到山坡和河谷中形成铀矿矿砾和矿砂。在矿砾上有时可见到原生或次生铀矿化。矿砾和矿砂也是铀矿床的勘查信息。

根据矿砾或矿砂的成分和特征，可以判断原生铀矿的物质成分、矿石类型、结构构造以及围岩性质等。根据矿砾、矿砂的形状、大小及磨圆程度等特征，结合地形条件可以追索原生矿体露头。在特定条件下，矿砾、矿砂还可构成有工业价值的砂矿床。

4）矿物的标型特征

为了不断扩大矿产资源勘查信息的范围，正在对各种矿床所特有的标型矿物进行研究，并逐步发展成为一门新的地质边缘科学——找矿矿物学。这门学科是在重砂找矿的基础上发展起来的。据研究，在不同类型的矿床中，常常有某些特征矿物出现，例如铝矿床中所出现的石榴子石往往都是钙铝榴石，而与铁矿有关的则是钙铁榴石。这些特征矿物称为矿床的标型矿物。

研究矿物标型特征，主要是查明在不同物理化学条件下形成的同种矿物在物理、化学方面的差异。也就是根据同种矿物的物理性质、化学组成等方面的微小差异，来研究其不同成因特点，从而为远景区的确定提供地质依据。矿物标型特征可用于判断矿化类型、分析矿化与岩体的成因关系，对比岩体等。

目前对铀矿床的矿物标型特征尚研究不够，但钾长石发红、石英变黑、萤石呈紫黑色细粒结构、方解石呈玫瑰色、黄铁矿呈胶状结构等都是这些矿物在铀矿床中的特殊反映，都具有一定的找矿意义。

5）近矿围岩蚀变

在成矿过程中，含矿热液与矿体内部及其周围的岩石发生化学反应，使原岩的矿物和化学成分发生不同程度的变化，变成与原岩物理化学性质、矿物组成有很大差别的蚀变岩，这种作用称为近矿围岩蚀变。

通过近矿围岩蚀变特征的研究，可以了解含矿溶液的成分和性质，从而分析矿床的形成过程。围岩蚀变的类型及其组合特征常是判断矿床矿化类型的依据之一。由于蚀变围岩的分布范围一般比矿体大。其颜色也比较特殊，在找矿中容易被发现，所以，它是一种良好的勘查信息。有时还可以根据围岩蚀变的垂向分带规律寻找深部隐伏矿床。

与铀矿床有关的围岩蚀变有以下几种：

（1）赤铁矿化（也称红化）：赤铁矿化是铀矿床中常见的、特有的围岩蚀变。赤铁矿以极微小的颗粒分散在铀矿脉两侧或铀矿化体周围的岩石中，将围岩染成均匀的赤红色。蚀变岩石的颜色和分布范围往往与矿化的强度、规模呈正相关关系。红化与铀矿化的关系非常密切，但对赤铁矿化的成因尚有争议。由于赤铁矿化特殊的颜色与铀矿化密切相关，可作为野外找铀矿的明显标志却是公认的。不过，并非所有的红化现象都有铀矿化。

（2）黄铁细晶岩化：黄铁细晶岩化是中酸性岩（火成岩、变质岩）特有的蚀变现象。酸性岩在中低温热液作用下，长石发生分解，形成绢云母和石英，并有黄铁矿呈浸染状分布。蚀变岩石外貌一般呈黄绿色。与铀矿化有关的黄铁细晶岩化一般呈带状分布，受断裂构造控制比较明显。蚀变带的宽度取决于构造带的宽度，一般为数米至数十米，在裂隙发育的角砾岩带中，可达数百米。黄铁细晶岩化一般是成矿前阶段的产物，经过黄铁细晶岩化的岩石，往往其孔隙度增加，因而为矿质聚集创造了良好的空间条件。分布于黄铁细晶岩化岩石中的铀矿体，其规模在一定程度上与蚀变带的范围成正比。

（3）硅化：硅化是酸性热液蚀变的一种，为花岗岩型铀矿床常见的近矿围岩蚀变，在铀-硅质脉型矿床中尤为发育。硅化经常发育在含矿硅质脉近旁，其影响宽度由数十厘米至数米不等。花岗岩中发生硅化的实质是长石的分解，石英颗粒的加大以及岩石的去碱作用，主要表现为热液沿原岩的造岩矿物粒间或解理缝进行选择性的交代。最容易被交代的是斜长石，其次为微斜长石和白云母。交代后，原岩的结构遭到不同程度的破坏，所形成的石英颜色混浊，光泽暗淡。在某些地区的硅化断裂带中，石英脉是多次充填而成的。如某铀矿床据研究（杜乐天，1982）可分出矿前期、矿期和矿后期共六期八次脉体活动，其中与铀矿化关系最密切的是矿期石英脉（微晶和隐晶石英），它们都是含有有色杂质的脉体（或称为杂色玉髓脉）。在野外如发现杂色玉髓脉，一般都能测到放射性异常。铀-微晶石英型铀矿化一般都与杂色玉髓脉共生。因此，杂色玉髓脉是寻找该类型铀矿床的直接勘查信息。

（4）水云母化：水云母化是花岗岩型和酸性火山岩型铀矿床中典型的脉旁蚀变。它是含矿热液交代长石的产物。水云母化集合体的特征是草黄绿色，颗粒极细、质软（指甲可划动）、光泽似蜡，有时可见斜长石的残留核心，往往伴生有细分散状的黄铁矿。当黄铁矿氧化后，可将水云母染成红褐色。如有绿泥石混入，则变成黑绿色、灰绿色。水云母进一步受矿后热液的浸泡，就会水解成高岭土，并由黄绿色变为灰白色至浅绿色。水云母化主要是成矿期的蚀变。但在矿前期的灰绿色蚀变中，也有部分斜长石变成水云母。水云母集合体是典型的胶体矿物，是绢云母进一步水解加氢去钾的产物，因此，水云母与绢云母实际上在成因上和矿物学上是有重大差别的。在矿物颗粒度上，绢云母片较水云母大得多，单片大小约 0. nm，而水云母细鳞片只有在高倍显微镜下才能辨认。绢云母化是有色金属热液矿脉旁的典型蚀变，而水云母化是与铀矿化有密切关系的蚀变，尤其是在有分散状黄铁矿与其共生的情况下，对铀矿的沉淀富集更为有利。与矿化有关的水云母化一般受断裂构造控制，呈带状分布。

（5）绿泥石化：绿泥石化是组成矿前期绿色蚀变带的重要成分，经常与水云母化、硅化共生。绿泥石主要由围岩中的黑云母等暗色矿物蚀变而成，其颜色一般比水云母深，多呈暗绿色。在不完全交代情况下，亦可见残留的暗色矿物核心。绿泥石化在区域变质过程中也能发生，分布范围广，但找矿意义不大。与热液蚀变有关的绿泥石化，一般受断裂构造控制，呈带状分布，有时具有明显的分带现象，由蚀变带中心向两边，一般可分为：石英-绢云母-绿混石化带——绢云母-绿泥石化带——轻微绿泥石化带——未蚀变岩石。

（6）钠长石化和钾长石化：又称碱交代，是热液铀矿床的主要蚀变类型。不仅在我国花岗岩型和火山岩型铀矿床中极为常见，在国外（如法国、前苏联、加拿大等国）一些铀矿床中分布也相当普遍。常见的碱交代基本上有三种：钠交代（即钠长石化）、钾交代（即钾长石化）和钾钠混合交代。前两种交代作用常沿区域性大断裂分布，对岩石没有选择性。钾钠混合交代主要出现在花岗岩体内部，不超出岩体。碱交代的结果，使原岩中 SiO_2 含量减少，石英颗粒消失，其空间常为碳酸盐、绿泥石、绿帘石和绢云母等矿物充填。在法国的某些矿床中，残留空间甚至为沥青铀矿充填而成铀的富矿石。在钠交代岩中，原岩去钾；在钾交代岩中，原岩少钠。钠、钾两者互不相容。钾钠混合交代实际上是钾交代和钠交代相互更替不彻底而叠加在一起的结果。碱交代岩中钾、钠含量的变化情况列于表 2-1。

表 2-1　碱交代岩中钾、钠含量的变化情况

碱交代类型	原岩中的 Na_2O	交代岩中的 Na_2O	原岩中的 K_2O	交代岩中的 K_2O
钠交代	3～4	8～9	4～5	0.2
钾交代	3～4	0.2	4～5	10～11

（据杜乐天，1982）

在碱交代过程中，Fe^{2+} 被氧化成 Fe^{3+}，因此，碱交代岩经常呈红色。实践证明，并非所有的碱交代岩都有铀矿化。铀矿化一般分布在有成矿期热液活动叠加的碱交代岩中，这种碱交代岩的特征是颜色赤红，岩石强烈破碎，碱交代比较彻底，残存石英极少或完全消失，其空间为碳酸盐、绿混石、绢云母和硫化物等矿物充填。

（7）萤石化：与铀矿化有密切关系的萤石化，其颜色呈紫黑色，萤石颗粒细小，一般为 0.1～0.01mm。色浅、粒粗的萤石与铀矿化无关。紫黑色萤石常呈细脉或网脉状分布于铀矿脉内及其两侧的破碎岩石中。它是花岗岩型铀矿床中常见的蚀变现象。在铀-萤石型矿床中，紫黑色萤石常成为矿体中的主要脉石矿物。在铀-微晶石英型矿床中，紫黑色萤石是成矿期的脉体，浅色萤石则是成矿后的产物。当铀矿露头遭受强烈淋失见不到铀矿化时，紫黑色萤石是指示矿体存在的良好标志。

（8）碳酸盐化：碳酸盐化主要是铀-碳酸盐型矿床中的围岩蚀变，在碱交代型铀矿床中也甚发育，而在花岗岩型铀矿床中，则常为成矿期后的产物。铀成矿期形成的方解石常呈玫瑰红色，或呈白色团块和斑点，主要是交代斜长石而成，有时也交代石英或早期生成的绿泥石。成矿后形成的方解石一般呈乳白色，以脉状充填为主，也发生部分交代。

以上分别介绍了与铀矿有关的几种主要的近矿围岩蚀变。但由于成矿热波的脉动式活动和多次叠加，以及热液成分随时间不断演变，因而近矿围岩蚀变的类型不是单一的，不同类型的铀矿床往往伴生有一套相应的围岩蚀变组合。例如与花岗岩型铀矿床伴生的围岩蚀变组合是硅化、水云母化、黄铁矿化、绿泥石化、高岭土化、红化和钠长石化等。

因此，在找矿中利用围岩蚀变信息，不仅要考虑不同蚀变类型与铀矿化的关系，而且要考虑围岩蚀变的组合以及它们在空间（平面和剖面）上的分带规律，这样才能更有效地指导找矿工作。

6）围岩颜色信息

从围岩蚀变信息的论述中可以看出，伴随蚀变作用，围岩的颜色均有不同程度的变化。如水云母化、绿泥石化、黄铁矿化及萤石化等，均能使岩石变成灰绿色或黄绿色，即所谓绿色蚀变，硅化、高岭土化及碳酸盐化则使岩石变成灰白色，即白色蚀变，通常将白色蚀变称为褪色。

在表生成矿作用中，岩石遭受风化淋滤，也发生颜色的变化。如含硫化物的铀矿露头变成褐红色至褐黑色的铁帽，即所谓赭色化；砂岩型铀矿床中的含矿砂岩由灰至深灰色变成黄色、褐色等，这都是其中黄铁矿等硫化物遭受氧化淋滤的结果。

在野外，岩石颜色的变化常常可为找矿提供信息。然而，岩石颜色的变化并非都与成矿作

用有关。如区域变质作用也可使岩石产生褪色，风化作用可使炭质、铁质的岩石变成灰白色或褐红色等。所以对岩石颜色的变化必须综合分析。一般与成矿有关的岩石颜色变化，其分布有局限性，即受一定构造或地层的控制。而区域变质或面状风化所引起的岩石颜色变化则呈大面积分布。此外，还应观察其他与成矿有关的伴生现象，如与矿化有关的近矿围岩蚀变、真铁帽等。

红盆中的砂岩型铀矿床，往往与地层剖面中的灰色层有密切关系，矿体赋存在灰色至深灰色的夹层中。从整个地层剖面看，这也是一种岩石颜色的变化。灰色层的成因一般有两种：一种是原生的，即在局部还原环境下沉积而成或成岩阶段还原改造而成；另一种是后生的，由热液蚀变或富含硫化氢的水沿层间流动改造而成。

7）特殊地形信息

地形特征有时也可作为一种直观的矿产勘查信息。因为矿体经常受断裂带的控制，断层上下盘的升降，断裂带与围岩抵抗风化能力的差异，都能产生不同的地形地貌特征。一般抵抗风化能力强的含矿构造，如硅化带及岩脉、岩墙等常构成正地形而呈山脊、陡壁，抵抗风化能力弱的含矿构造，如含硫化物铀矿床的断裂，则易构成负地形而呈沟谷、山鞍部、缓坡和低山等。

花岗岩体内部地形低洼区的半山坡常是我国花岗岩型铀矿床产出的一种地形地貌特征，有的铀矿田分布于高山之间的地形低洼地带。即或有的矿床出现在山顶上，但附近两侧定有更高的山峦（图 2 – 28）。

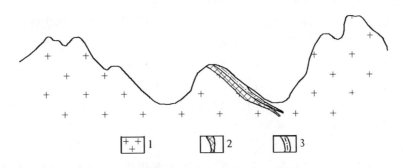

图 2 – 28　722 矿床外围高山地形断面示意图

（据杜乐天，1982）

1—花岗岩体；2—铀矿体；3—糜棱岩带

碳硅泥岩型和淋积型铀矿床一般也处于地形上的低洼地区，有的矿床处于四周环山的水流汇集区，有的产于红盆边缘或附近的低山丘陵区，有的淋积矿床发育有层间破碎带，其出露地表部分，往往形成低洼地形，这为顺层表生改造、淋积成矿创造了有利条件。

2.2.3　地球化学信息

在成矿过程中或成矿以后，各种地质作用的结果使成矿元素及其伴生元素分散到矿体周围的围岩、地表的松散堆积物、水体及植物体中，形成相对富集的高含量地带，称为地球化学晕或分散晕。

由于地球化学晕的形成与矿床有直接的空间关系，而且其分布范围一般比矿体大几倍至几百倍，因此地球化学晕是良好的矿产资源勘查信息，部分分散晕还是寻找深部隐伏矿体的重要信息。

根据成因，分散晕可分为原生分散晕和次生分散晕两类。

1）原生分散晕

在矿体形成的同时，含矿溶液向矿体周围的岩石中扩散、渗透，将一部分成矿物质带入围岩，形成成矿元素及伴生元素的高含量带，称为原生分散晕，在矿产资源勘查中又称为岩石地球化学异常。

原生晕主要发育在热液或热水溶液形成的矿床中，常常受断裂构造控制，呈带状分布。围岩的透水性越好，化学性质越活泼，原生晕越发育且分布范围越广。原生晕的分布范围通常在矿体上部比在矿体下部大，其分布上限有时可高出矿体 200～300 m。因此，原生晕常常是寻找隐伏矿体的重要矿产勘查信息。

2）次生分散晕

矿床形成以后，矿体遭受风化剥蚀，铀及伴生元素从矿石中分解出来，迁移到土壤、水流、植物及空气中形成高含量区，即构成次生分散晕。按照载体的性质不同次生分散晕可以分为土壤分散晕，水分散晕，植物分散晕和气体分散晕等四种。

（1）土壤分散晕：矿体遭受风化剥蚀后，成矿元素及伴生元素以碎屑和盐类形式散布在矿体露头之上及其周围土壤的覆盖层中而形成的高含量带称为土壤分散晕。土壤分散晕是铀矿床主要的次生分散晕。它发育于矿体的上覆残积-坡积物中。铀晕和镭晕共存，是良好的找矿标志。

（2）水分散晕：矿体的风化产物以可溶性盐类的形式分散于矿体周围的地下水或地表水中，所形成的成矿元素和伴生元素的高含量带称为水分散晕（或称水晕），在矿产勘查中也称为水文地球化学异常。在地表水和地下水发育地区，水晕的分布范围往往比土壤分散晕广。放射性水晕可分为铀晕、镭晕和氡晕三种，有时这三种晕构成混合晕。三种元素以铀在水中的迁移能力最强，晕的分布可远离矿体 1000～5000 m。镭晕的分布范围则不超过 1000 m。氡的半衰期短，一般离矿体数百米就大为减弱。放射性水晕是铀矿隐伏矿体的良好勘查信息。

（3）气体分散晕：矿体中易挥发和扩散的物质，以气体状态散布于地表疏松覆盖层或大气中所形成的高含量带称为气体分散晕或气体地球化学异常。例如氡气是铀的衰变产物，它可沿着矿体周围岩石的裂隙或孔隙，扩散到地表疏松覆盖层中形成异常。氡气的扩散能力，在残积和坡积物中可达 10 m 以上。用射气仪测量土壤或破碎岩石中的氡气异常，是寻找隐伏铀矿体的重要方法之一。近年来，随着微量测定技术的发展，利用气晕找矿的方法有了进一步扩大。例如，可通过测量汞、氦、碘和氟等元素的气晕寻找有关矿床。

3）分散流

分散流是次生分散晕进一步扩散，在冲积层或水系沉积物中形成的地球化学异常。分散流由有用矿物的机械分散物或由成矿物质可溶性盐类构成，也可由两者的混合物构成。分散流地球化学异常一般离矿体赋存部位较远，并沿河流呈狭窄的带状分布。

2.2.4 地球物理信息

由于矿体与围岩的物质成分不同，因而它们在许多物理性质上表现各异。如磁铁矿矿体比周围岩石的磁化率和密度高；硫化物金属矿体比围岩的导电性高等等。在找矿中，利用各种物探测量方法，所得矿体和围岩在物理性质上的特征和差异称为地球物理信息。

从铀矿找矿角度出发，通常将地球物理信息分为放射性异常信息和普通物探（非放射性）异常信息两类。由于铀矿有放射性，因此，放射性异常是铀矿床（点）最直接、最重要的矿化信息。普通物探异常目前虽不能用于直接找铀矿，但可借以解决与铀矿成矿有关的地质构造问题。所以普通物探异常是找铀矿的间接找矿信息。

下面着重对放射性异常信息进行阐述。

根据仪器所测量的射线种类不同，可将放射性异常分为 γ 异常、$\gamma + \beta$ 异常、射气异常和 α 径迹异常等。

1）γ 异常和 $\gamma + \beta$ 异常

铀系元素在自然衰变过程中，都自发地放出一定的射线。铀元素主要放出 β 射线，镭则放出 γ 射线。在铀镭平衡的情况下，根据 γ 射线照射量率可计算出矿石中的铀含量。一旦铀镭平衡遭到破坏，则 γ 射线照射量率就不能代表矿石中的铀含量，而需要测量 $\gamma + \beta$ 总照射量率与 γ 射线照射量率之差，即用 β 射线照射量率来换算矿石中的铀含量。因此才有 γ 异常和 $\gamma + \beta$ 异常之分。铀是一种分散元素，在各种岩石中均有分布。也就是说，各种岩石都有一定的 γ 射线照射量率，其平均值称为放射性底数。一般规定，γ 射线照射量率高于岩石放射性底数三倍时，即为 γ 异常。凡 γ 射线照射量率高于围岩底数三倍以上，且受一定岩性或构造控制，性质为铀或铀钍混合（以铀为主）的异常，称为异常点。

在矿产勘查中，除放射性异常具有找矿意义外，有时放射性偏高场也具有一定的找矿意义。偏高场是指 γ 射线照射量率未达到异常标准，但比围岩平均本底高出 $1 \sim 2$ 倍，明显受构造或岩层控制，分布有一定规模的放射性场。

当异常受一定的岩层或构造控制，沿走向分布比较连续，其长度大于 20m 者，称为异常带。

2）射气异常

铀和钍在其自发衰变过程中，都有一代子体为放射性气体，即氡射气和钍射气。氡、钍射气扩散到矿体周围的破碎岩石和地表土壤层中，均能形成气晕。当气晕中射气浓度达到围岩射气浓度底数的三倍以上，且性质为氡或氡钍混合（以氡为主）者称为射气异常。如果射气异常明显受岩层或构造控制，走向分布连续长度在 50m 以上者，称为射气异常带。射气浓度可用专门的射气仪在野外直接测定。

3）α 径迹异常

在铀的天然衰变系列中，许多子体的衰变都放出 α 射线。氡射气也以 α 衰变形式继续衰变。因此，在铀矿体周围及其上覆疏松盖层中，由于氡射气的衰变，常产生大量的 α 粒子。在实际工作中可用埋胶片等方法测量岩石和土壤中 α 粒子的径迹密度。当胶片单位面积上径迹密度达到围岩底数值的三倍以上者，称为 α 径迹密度异常。

除以上放射性异常信息外，由于物探仪器研制工作的不断发展，又出现了许多新的放射性异常信息，如 γ 能谱异常、^{210}Po，α 卡、活性炭异常信息等。物探仪器的进一步发展，将会给找矿提供更多的放射性异常信息。

2.2.5　生物信息

生物信息主要指植物信息。植物在生长过程中从土壤和岩石中吸收一定量的矿物质。如果把植物体焙烧成灰，测量灰分中金属元素的含量，往往会发现异常。另外，土壤中有某些成矿元素存在时，常常会影响植物群落或种属的发育和兴衰，甚至引起植物的生态变异。植物体内成矿元素的异常和植物群落、种属的发育特征及生态变异称为生物勘查信息。生物勘查信息可分为以下几类。

1）特殊植物信息

特殊植物也叫矿床的指示植物。某些植物对某些元素常常有特殊的富集性能。凡这些元素富集的地区，喜好性植物的生长就十分发育。因此，可将这些喜好性植物作为某些元素矿床存在的指示植物。如我国长江中下游各铜矿区常发育一种叫海洲香薷的植物，它可指示铜矿的存在。一种叫紫云英的植物喜爱吸收硒，美国科罗拉多高原的钾钒铀矿中经常有硒伴生，因而在这一地区根据紫云英的分布和发育程度，间接寻找铀矿床也取得了较好的效果。

目前发现，大部分指示植物属草本植物，包括豆科、石竹科和唇形科等。可以作为铜、钴、铀、镍、锰、锌、铁等多种金属矿床找矿的指示植物达 120 种以上。

2）植物生态变异信息

土壤中某些元素的含量过多或不足，可引起植物形态和生理的变化。如某些植物的失绿病（叶片发黄）、矮小症、庞大症、果实变形以及花色改变等，均可作为寻找某些矿床的勘查信息。如锰矿赋存地区，由于土壤中锰质增高，因而石松属和紫菀属植物的颜色加深，扁桃花的花冠颜色由白变为粉红色等。

3）植物群落特征信息

土壤中某些元素含量的增加可影响某些植物群落的兴衰。如硫化物金属矿床附近，由于地下水中酸度增高，因而植物群落枯萎，含磷层附近，植物群落往往特别茂盛。

生物信息中也包括人类采矿遗迹，与矿化有关的地名等。生物信息一般都是间接信息，可作为区域成矿预测的依据之一。但是，由于植物的生长受多方面环境条件的影响，对异常的解释、评价常常是多解的。生物信息目前在铀矿找矿中尚未得到广泛应用。

2.3　矿产资源勘查方法

矿产资源勘查方法是勘查矿产时所采用的技术手段和工作方法的总称，包括仪器设备、工作原理、野外工作方法和资料的整理、应用等。矿产勘查方法种类很多，目前用于勘查铀矿的就有40余种，按其工作原理可归纳为四大类：

（1）地质学方法：包括遥感地质法、地质填图法，砾石与碎屑找矿法等。主要从研究成矿作用发生的地质背景入手，用遥感地质学、矿物学、岩石学、构造地质学等方法，研究成矿地质条件和矿产勘查依据，借助于直接和间接的地质矿化信息寻找矿产。

（2）地球化学方法：包括岩石地球化学方法、土壤地球化学方法、生物地球化学方法、放射性水文地球化学方法等。方法的原理是以研究各种元素在地壳中的分布和在各种地质过程中迁移、富集规律入手，通过系统的取样、分析来发现各种成矿元素富集时形成的分散晕，从而达到找矿的目的。

（3）地球物理方法：包括磁法、电法、重力法、地震法和放射性物探法等。其原理是从研究矿体与围岩的物理性质入手，利用矿体与围岩在物理性质上的差异来找矿或解决找矿中的有关地质构造问题。

（4）探矿工程法：即直接用钻探和各种坑探工程来寻找和验证矿体。但探矿工程的应用必须有针对性，不能盲目施工。一般都是在成矿规律研究或发现了一定矿化信息的基础上，利用其他找矿方法很难奏效时，才应用探矿工程的手段直接探索矿体。

目前，在铀矿勘查中应用最多的找矿方法是：铀矿地质填图法、地球化学方法、放射性找矿法和探矿工程法等。

近年来，由于新技术、新方法的研究和引入，在铀矿勘查中出现了一些新仪器和新方法，进一步提高了综合找矿的效果。

2.3.1　地质填图法

地质填图是矿产勘查工作的基础，是金属矿产找矿的一种重要方法。它对认识矿床成矿地质条件和矿床赋存规律，对提高找矿工作效果起重要作用。经过填图工作所获得的各种原始资料，综合成地质、物探成果图，用它们来指导矿点、矿化点、异常点（带）、远景片、远景区的评价。地质填图成果是各种找矿工作（如物、化探及山地工程等）设计、部署的根本依据。

1）填图比例尺的选择

矿产地质填图的详细程度，取决于填图区地质的研究程度和所填地质图比例尺的大小。在选择比例尺时应考虑的因素有：任务的性质、地质构造和地形的复杂程度以及岩石的出露程度。区域地质填图比例尺一般为1:50万~1:20万（概略区调）和1:10万~1:5万（预查），铀矿普查填图比例尺为1:2.5万~1:1万（普查）和1:5千~1:1千（详查）。在构造和地形复杂的地区，比例尺要放大；在岩石出露较好地区，根据矿床研究的需要，比例尺可适当放大以提高工作精度。在岩石出露不好的地区，可适当缩小比例尺。

2）填制地质草图的基本要求

铀矿区域地质勘查一般是在1:50万～1:20万或1:10万～1:5万地质图的基础上进行修改和补充。在无地质图的地区，可填制路线地质草图。铀矿普查中一般填制1:2.5万～1:1万或1:5千～1:1千地质草图，与铀矿有关的地质体或构造要着重表示或放大表示。如发现成矿远景好的地区和成矿有利地段，要选测一、二条实测地质、物探剖面图。发现好的异常点、带（片），要作异常点素描图、异常带（片）的大比例尺地质物探草图，以及异常点卡片，同时采集系统标本样品，送交实验室进行分析鉴定。

3）填图工作阶段的划分

铀矿勘查地质填图一般分三个阶段进行。

（1）准备阶段：先搜集和分析已有的地质、物探、化探、卫星和航空遥感图像资料，提出填图工作计划。然后组织有经验的地质、物探人员进行实地踏勘。踏勘路线的安排常采用穿插法。踏勘要做路线地质物探平面草图和地质物探路线剖面示意图（图2-29，图2-30）。准备阶段地质方面的任务是根据找矿阶段的要求，分别了解区域地质构造特征及远景区的呈矿特征，检查已有矿化点及异常点、带，大致弄清找矿标志的性质和种类。物探方面的任务是了解放射性物探方法适用情况，检查放射性正常场和异常场的变化，大致弄清各种地质体的放射性地球物理特征，以及地表的放射性平衡情况。通过这些地质、物探工作，初步掌握成矿有利区、段，确定填图范围、填图精度，确定找矿方法。

（2）野外阶段：划分若干找矿填图小组，各小组在所划定的区域内填图。在路线观测时，应仔细观察各种地质现象，注意寻找接触带、破碎带、蚀变带、含矿层（体），按比例尺的要求，连续听测地质体放射性强度及其变化。遇到地层界线和各种岩体、构造界线，以及对成矿有利的地质体，应按规范要求，定好地质观测点和物探观测点。在记录本上系统描述各点的地质现象和放射性特征。若发现异常应加点加线进行追索，作详细的文字记录。除了地质图以外，还要编绘地质物探剖面图、异常点地质物探素描图以及路线地质物探平面图。

（3）总结阶段：该阶段的任务是对上述各项成果进行综合整理提出总评价，深化对成矿规律的认识。在每个测区工作结束前，应召开民主评价会议，全面评价对测区的地质条件、放射性地球物理特征、异常类型、矿化规律以及工作质量，若发现问题，应立即组织力量进行检查，把问题搞清

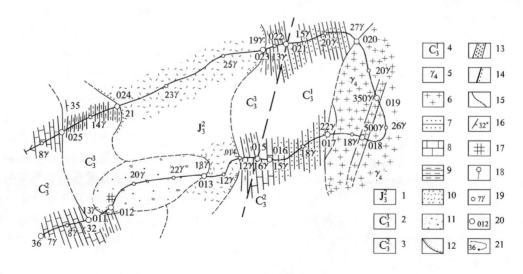

图2-29 路线地质物探平面示意图

1—上侏罗统第2段；2—上石炭统第3段；3—上石炭统第2段；4—上石炭统第1段；5—海西期花岗岩；6—花岗岩；7—砂岩；8—灰岩；9—页岩；10—凝灰岩；11—火山角砾岩；12—火山不整合线；13—破碎带；14—断层；15—实测和推测地质界线；16—产状；17—井；18—泉；19—物探点及强度；20—地质点及编号、伽马强度；21—路线及编号

楚才可以结束野外填图工作。

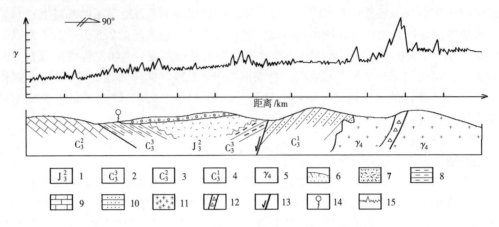

图 2-30 地质物探路线剖面示意图

1—上侏罗统第 2 段；2—上石炭统第 3 段；3—上石炭统第 2 段；4—上石炭统第 1 段；5—海面期花岗岩；6—浮土；7—凝灰岩；8—页岩；9—灰岩；10—砂岩；11—花岗岩；12—破碎带；13—断层；14—泉；15—伽马强度曲线

2.3.2 地球化学方法

地球化学方法是对天然物质进行系统采样和分析以确定派生于矿床的化学元素异常富集区。采样介质通常是岩石、土壤、河流沉积物、植被以及水体和气体等。所分析的化学元素可能是成矿金属元素（为靶元素），或其他与矿床有关且容易探测的元素（称探途元素），元素含量投在图上然后勾绘出各种间距的等值线以圈定出有利于矿床赋存的异常区。

矿床在形成过程中导致了成矿元素在矿体周围原生晕中的富集，原生晕分布的范围大于矿体本身的范围；矿床的风化作用又导致元素在风化岩石、土壤、植被以及水系中的次生扩散晕内的重新分布，因而更大地扩大了矿床目标的探测范围（图 2-31）。

铀矿地球化学勘查系指从研究铀及其他成矿元素的分散、迁移和富集规律入手，采用地球化学手段和其他手段，查明铀及其他成矿元素的分散晕，以此指导寻找原生矿体的一种找

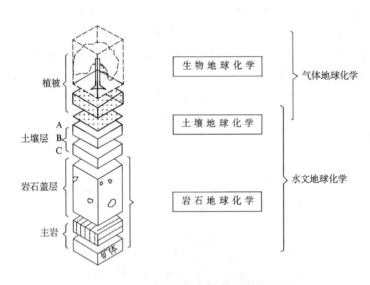

图 2-31 地球化学勘查技术探测原生晕和
次生晕时所采集的地质物质
（据 Gocht et al.，1988）

矿方法。它包括岩石地球化学法、土壤地球化学法、水系沉积物地球化学法、放射性水化学法、生物地球化学法和气晕测量法等。

1）岩石地球化学法

岩石地球化学法也称原生晕法。通过对矿体四周岩石的地球化学测量，查明成矿元素地球化学特征与地质构造特征之间的关系，以此评价地质体的含矿性，指导寻找盲矿体。该方法的任务：查明在内生成矿中形成的铀及与铀有成因联系的元素在矿体周围岩石中的地球化学异常或异常源周围岩石中的地球化学异常。岩石地球化学法多用于详查（勘探中也常用），多用来圈定成矿远景段，

了解地质体的含矿性，指导工程揭露，寻找富矿体。

原生晕测量样品的取样方法有：规则测网取样、系统剖面取样、不规则测网取样三种。规则测网取样是指在测区内按一定的测线间距和测点间距采取样品。测线的方向要垂直于矿体或控矿构造的走向。取样网密度取决于异常点、矿化点的规模、形态和工作比例尺等。岩石铀量取样密度列于表2-2。不规则测网取样是指在测区内不严格地按一定的线、点距采取样品，它以满足研究任务的需要为原则，将取样点随机地布置在测区内。系统剖面取样要求将采样点布置在一系列剖面上。剖面线间距无严格要求，以能够查明异常点、矿化体的分布为原则。各剖面线也无需相互平行，以基本垂直于矿化体或控矿构造线为原则。

表2-2 岩石地球化学测量取样网密度

比例尺	测线距（m）	测点距（m）
1:2000	20	5~2
1:1000	10	5~1

2）土壤地球化学法

在露头发育不良的地区，土壤地球化学勘查取样具有一定的优越性，成矿元素有机会从下伏基岩的小范围带内呈扇形扩散在土壤中。这里需要强调的是，土壤异常可能由于蠕动造成与其母源基岩的矿化发生位移。实际上，直接分布在矿体之上的土壤异常只存在于残积土中。因此，与岩石取样比较，土壤取样的主要缺点是具有较高的地球化学"噪声"（指混入了杂物或污染）以及必须考虑形成土壤的复杂历史过程的影响。

土壤取样要求按一定的取样间距（网度）挖坑并从同一土层中采集样品。取样土壤的主要类型包括：①残积的和经过搬运的土壤；②成熟的和尚在发育的土壤；③分带性和非分带性的土壤；④上述过渡类型的土壤。

中纬度寒-温带气候条件下的土壤典型剖面如图2-32。在温带气候并具有正常植被的条件下，在树叶腐殖层之下是一层富含腐殖质和植物根须的黑色土层，称为 A_1 层；该层底部常常发育一个淋滤亚层，颜色呈灰色至白色，称为 A_2 层，该亚层的金属元素已被淋失；A层之下是一个褐色至深棕色的土层，称为 B 层，该层趋向于富集由地下水从下部带上来以及从上部A层淋滤下来的金属离子（土壤测量通常是在B层采样）。如 B 层缺失，可以选择其他层作取样层，但须保证每个样品都是取自同一层位。B 层之下土层颜色一般为灰色，称为 C 层，该层可能直接派生于风化的基岩，向下岩石碎块越来越多直至为基岩。这类

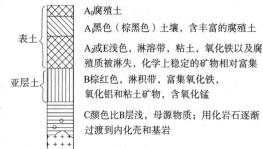

A₀腐殖土

A黑色（棕黑色）土壤，含丰富的腐殖土

A₂或E浅色，淋溶带，粘土，氧化铁以及腐殖质被淋失，化学上稳定的矿物相对富集

B棕红色，淋积带，富集氧化铁，氧化铝和粘土矿物，含氧化锰

C颜色比B层浅，母源物质；用化岩石逐渐过渡到内化壳和基岩

图2-32 中纬度寒-温带气候条件下的土壤典型剖面图

（据 Peters, 1987）

地区的土壤剖面可以反映出母岩中存在的矿化，因而土壤取样是一种很有效的勘查方法。

铀矿普查中的土壤地球化学法工作比例尺一般小于1:1万，通常在远景区及矿区外围进行，以评价其远景；详查中的土壤地球化学法工作比例尺一般大于1:5000，多在远景片、矿化段或矿化体两侧进行。正确圈定分散晕范围，能为工程揭露提供依据。

土壤地球化学取样密度，线距一般不超过已知最小工业矿体出露长度的1/4，点距不超过分散晕宽度的1/2。据前人经验，将各种比例尺土壤测量测线、测点间距列于表2-3。土壤测量取样网的布置有以下几种：工作区水系发育，可与地质观测线一致或沿山脚布置取样网，在地形起伏不大，凹坡发育的地区，可沿地形等高线布置取样网，在地形平缓、起伏很小地区，可按平行线布置取样网。

表 2-3　土壤地球化学测量取样网密度

比例尺	线距（m）	点距（m）	采样点数（点数/km²）
1:20 万	2000	200	2 ~ 4
1:5 万	500	100 ~ 50	30 ~ 60
1:2.5 万	250 ~ 200	50 ~ 25	80 ~ 250
1:1 万	100	40 ~ 20	500 ~ 1000
1:5000	50	20 ~ 10	1000 ~ 2500
1:2000	25 ~ 20	10 ~ 5	4000 ~ 10000

3）水系沉积物地球化学法

水系沉积物地球化学法也称分散流法。该法任务系指采用水系沉积物地球化学测量，了解水系沉积物中铀分散流的规律，以查明铀矿化可能存在地段。

水系沉积物测量的具体方法如下：沿地表水系系统地采集底沉积物样品，测定其中的铀含量。发现异常后，沿水系向上游追溯，寻找矿化露头。水系沉积物测量一般用于 1:20 万 ~ 1:5 万的铀矿区域地质调查。此方法较适于水系发育、地形切割剧烈的山区。

在水系底沉积物中铀常富集在有机质软泥中，镭常富集在粘土质软泥中。

不同比例尺的水系沉积物地球化学测量，线距（采取水系间距）、点距（沿水系采样间距）及采样密度列于表 2-4。

表 2-4　水系沉积物地球化学找矿测网密度

比例尺	线距（m）	点距（m）	采样点数（点数/km²）
1:20 万	2000	500 ~ 200	1 ~ 4
1:10 万	1000	400 ~ 200	2 ~ 8
1:5 万	500	250 ~ 100	8 ~ 20
1:2.5 万	250	200 ~ 50	16 ~ 32

取样位置常布置在小河、小溪中，也布置在大河流的分支处、干沟以及水流流速变缓处。采集的样品应为现代冲积层中的细砂和软泥。加工处理后的铀底沉积物样品，其最终重量为：荧光分析 5 g，光谱分析 5 ~ 10 g，辐射分析 200 g。

4）放射性水文地球化学法

放射性水文地球化学法也称水化学找矿法或水晕法，该法系指通过测定水域的化学成分、化学性质研究铀的水化学异常、水化学晕的分布规律以指导找矿。在表生作用中，由于铀源层、铀矿体及铀原生晕中铀溶于地表水和地下水，因而在其周围水中形成铀含量增高的水化学晕。水晕的成分、特点与自然地貌、水文地质条件、矿床氧化带发育程度有密切关系。在地形切割剧烈、水系发育、矿床氧化带发育及岩石渗透性较好地区，容易形成水异常晕。

水文地球化学找矿法多用于普查阶段，比例尺较大的区域地质调查和比例尺较小的详查中也用水化学找矿法。这种方法比较适用于我国南方气候比较潮湿、地下水露头较好、水文网密度较大而水量小的地区。

根据资料，放射性水晕标准如下：在南方潮湿区，铀为 $1 \times 10^{-6} ~ 5 \times 10^{-6}$ g/L，氡为 30 ~ 50 爱曼，在北方干旱区，铀为 $5 \times 10^{-6} ~ 1 \times 10^{-5}$ g/L，氡为 50 爱曼。

（1）水化学找矿法的优点是：①可以查寻几十至几百米深的盲矿体。在岩石裂隙发育、地形切割厉害的开启构造山区，流经盲矿体的地下水形成水晕而从谷地旁侧流出，根据这种从谷地旁侧流出的水晕可以查寻盲矿体。②在有一定切割深度的准平原，可借助出露于侵蚀谷地的流经被覆盖层掩埋矿体形成的水化学晕寻找覆盖层掩埋的矿体。③在承压水盆地内，通过盲矿体的地下水形成水晕而露出于承压水盆地边缘，借助这种承压水盆地边缘水晕露头，可寻找盲矿体。④在山前盆地和山间盆地中，流经矿体的层间水可以形成隐蔽水晕，普查钻可借助这种隐蔽水晕寻找盲矿体。

（2）水化学找矿法的缺点是：①水晕中各种金属元素含量通常都很低，如果分析精度较低就降低水化学法的效用。②岩石中活动铀也可大量溶于水形成假晕，此假晕造成放射性水化学解释上的困难。③水晕的范围较大，很难确切圈定矿化体，只能大体圈定矿化范围。

水样可以取自泉、井、水池、矿坑，钻孔以及地下水补给的溪流和沼泽，应避免在被人工污染的水源中采样。在不同比例尺的找矿中，取样密度有一定要求，列于表 2－5。简易分析的样品需 500～1000 mL，用于全分析的样品需 2000～3000 mL。

表 2－5　放射性水文地球化学找矿水样取样密度

比例尺	干旱区、地下水出露稀少区取样（点数/km²）	潮湿区、地下水出露多的地区取样（点数/km²）	河溪取样间距（m）	备　　注
1:5 万	2～5	3～8	300～400	河溪取样在流量少于 0.5 l/s
1:2.5 万	5～10	8～15	100～200	的小溪进行，大的河流只作
1:1 万	10～15	15～20	50～100	控制性取样
1:5000	15～20	20～30	20～50	

5）生物地球化学法

矿体及原生分散晕遭受风化后，矿体及原生分散晕中的铀及其伴生元素溶于水，并可被植物的根系吸收，在植物机体内积累。植物机体内铀及其共生的微量元素含量的增高，可作为找矿线索。生物地球化学法的最大优点是适于在植被覆盖的地区寻找盲矿体，有效深度可达 30 m。

（1）地植物法：美国科罗拉多高原地区紫云英是含铀砂岩的指示植物，它含有大量硒，硒的来源与铀矿石中与铀伴生的硒元素有关。地植物法的优点在于根据指示植物判断矿化可能部位。

（2）植物灰法：一些矿床资料表明，在普通植物灰中的铀含量为 1×10^{-6}。植物灰中铀含量达 $(50 \sim 100) \times 10^{-6}$，可作为异常值。

6）气晕测量法

气晕测量法是测量矿化体、原生晕、盐晕、水晕中铀的衰变产物氡、氦以及与铀矿化有关的汞蒸气的找矿方法。

气晕测量法包括应用较多的射气测量（氡气测量）和氦气测量及汞蒸气测量。

（1）氦气测量：氦（He）有放射性成因氦和非放射性成因氦。铀（UⅠ）系在其衰变过程中，放出一系列 α 射线，α 粒子实际上是氦的原子核，它得到两个电子，变成惰性气体氦。氦是一种较轻的惰性气体，它的运移能力比氡的运移能力大，所以在普查中通过测量土壤中的氦、水中的氦和氦同位素可以探测深部铀矿化。

（2）汞蒸气测量：硫化矿物常与铀矿化体共生。汞是亲硫元素。通过测量汞蒸气可探测在空间上以及在成因上与硫化矿物有密切关系的深部铀矿化。

2.3.3　地球物理方法

矿体和围岩物理性质的差别造成地球物理场的差别，利用这种物理场的差别来寻找矿床的方法称为地球物理学方法。目前常用的地球物理学方法有磁法、重力法、地震法、电法和放射性方法。为了与放射性物探方法区别，将前四种称为普通地球物理学方法。

1）放射性物探方法

放射性物探方法是寻找铀矿的基本方法。放射性物探方法有：

（1）伽马方法：伽马方法是目前铀矿找矿的主要方法。按其测量方式，可分为航空伽马测量和地面伽马测量。后者还可分为汽车伽马测量、步行伽马测量及孔中伽马测量（如浅孔、深孔伽马测量）。按伽马射线的记录方式又可分为伽马总量测量和伽马能谱测量。伽马总量测量是利用放射性强度来寻找放射性矿产的一种方法。这种方法在基岩出露良好、机械分散晕和盐晕发育地区，找矿效果较好。伽马能谱测量是根据铀、钍、钾放出的特征能量来分别测定岩石、土壤中的铀、钍、钾含量的方法。这种方法能在天然状态下测定岩石或矿石中铀、钍、钾的含量，对寻找放射性矿产，对地质填图，都有实际意义，它具有方法简便、代表性强、能反映大体积样品等优点。航空和汽车伽马、伽马能谱测量多用于铀矿区域地质调查，地面伽马和伽马能谱测量（便携式）多用于铀矿普查，孔中伽马和伽马能谱测量则用于揭露评价中。

（2）常规射气测量法：该方法在铀矿普查中广泛应用，它是测量土壤中氡气浓度来寻找铀矿的方法。射气测量是一种瞬时测量，取得结果及时，能区分异常的铀、钍性质，探矿深度可达数十米，是寻找掩埋矿体的有效方法。1:2.5 万～1:1 万射气测量用于露头较少的成矿有利地区。1:5 千～1:1 千射气测量用于追索和圈定控矿构造和含矿岩层。

（3）α 径迹法：氡释放的 α 粒子轰击聚碳酸酯所造成的辐射损伤，经化学处理后显现为径迹。通过测量这种径迹的密度来寻找铀矿的方法称为 α 径迹测量方法。这种方法灵敏度高，探测深度大，适用于岩石露头不发育，覆盖较厚的找矿远景区。

（4）活性炭法：活性炭法是测量活性炭吸附的氡，探测埋深较大的铀矿化。

除上述方法以外，还有^{210}Po 法、α 卡法、α 硅半导体探测器法、氡管法、大薄膜搜集氡法、氡气测量法、汞蒸气测量法、天然热释光法、包裹体测氡法等放射性物探方法。

2）普通物探方法

普通物探方法又称普通地球物理探矿方法（或称物探找矿方法），是通过研究地球物理场或某些物理现象，如地磁场、地电场、重力场等，以推测、确定欲调查地质体的物性特征及其与周围地质体之间的物性差异（即物探异常），进而推断调查对象的地质属性，结合地质资料分析，实现发现矿床（体）的目的。物探方法与地质学方法有本质的不同，它不是直接研究岩石或矿石，而是通过不同物理场的研究分析，推测地下的地质特征，其理论基础是物理学，系把物理学上的理论应用于找矿。

物探找矿方法有以下特点和工作前提：

（1）物探找矿的特点：

A. 必须实现两个转化才能完成找矿任务：先将地质问题转化为地球物理探矿的问题，才能使用物探方法去观测。在观测取得数据之后（所得异常），只能推断具有某种物理性质的地质体，然后通过综合研究，并根据地质体与物理现象间存在的特定关系，把物探结果转化为地质的语言和图表，从而去推断矿产的埋藏情况及与成矿有关的地质问题，最后通过探矿工作的验证，肯定其地质效果。

B. 物探异常具有多解性：产生物探异常的原因往往是多种多样的，这是因为不同的地质体可以有相同的物理场，故造成物探异常推断的多解性。如磁铁矿、磁黄铁矿、超基性岩，都可引起磁异常。所以单一物探方法往往不易得到较客观地质结论，一般要综合运用多种物探方法，并与地质研究紧密结合，才能得到较客观地质结论。

C. 每种物探方法都有要求严格的应用条件和使用范围：因为矿床地质、地球物理特征及自然地理条件因地而异，都影响物探方法的有效性。

（2）物探找矿的前提：

A. 物性差异：被调查的地质体与周围地质体之间有某种物理性质上的差异。

被调查的地质体有一定规模和合适的深度：规模小或深度太大的矿体，现有物探方法不能发现其异常。

B. 能区分异常：能从各种干扰因素的异常中区分所调查地质体的异常，如铬铁矿、纯橄榄岩、蛇纹石化等岩性都能引起重力异常，要求能从干扰异常中找出矿异常。

3）被用来寻找铀矿或填图的普通物探方法

物探方法是一种间接的找矿方法，应用非常广泛。根据各种物探方法的性质与特点，以及野外工作实践，它的主要用途可以归纳为如下几个方面：①通过探测铀矿物的伴生矿物，间接寻找铀矿体；②进行覆盖地区地质填图，划分不同岩层或岩体的接触界线，以及确定断裂破碎带的位置，为铀矿普查选区提供依据；③追索与围岩有物理性质差异的含矿地层及含矿构造蚀变带；④配合区域地质调查,查明区域性断裂构造带的分布以及盆地基底的起伏变化,寻找赋存铀矿体的有利地段。

用于覆盖地区地质填图及区域地质调查的普通物探方法有:航空磁测、重力法、浅层地震法及各种电剖面法;用于探测伴生矿物(如黄铁矿等)、控矿地层(如煤层)及蚀变带间接找铀矿的普通物探方法有:激发极化法、磁激发极化法及地面磁测等。

上述方法应因地制宜综合使用,方能取得良好的效果。

据侯德义等(1984),各类普通物探方法的种类、应用条件及适用对象等列于表2-6中,以供方法选择时参考。

表2-6 各类普通物探方法的种类、应用条件及适用对象表

方法种类	优缺点	应用条件	应用范围及地质效果
磁 法 (磁力测量)	效率高、效果好、成本低,航空磁测短期内能大面积测量	探测对象应略具磁性或显著的磁性差异	主要用于找磁铁矿和铜、铅、锌、铬、镍、铝土矿、金刚石、石棉、硼矿床,圈定基性、超基性岩体,进行大地构造分区、地质填图、成矿区划的研究及水文地质勘测
重力法 (重力测量)	受地形影响大,干扰因素多。但在深部构造研究上是电法、磁法不可比拟的	探测的地质体与围岩存在一定密度差才可用此法	可直接寻找富铁矿、含铜黄铁矿;配合磁法找铬铁矿、磁铁矿;研究地壳深部构造,划分大地构造单元,研究结晶基底的内部成分和构造,确定基岩顶面的构造起伏,确定断层位置及分布、规模,圈定火成岩体,以达到寻找金属矿床的目的。也用于区域地质研究,普查石油、天然气有关的局部构造。还可用于找密度小的盐矿体
地震法	优点是准确程度高,缺点是成本高	要求地震波阻抗存在差异	主要解决构造方面的问题,在石油和煤田的普查及工程地质方面应用广泛。如在大庆油田的普查勘探中发挥了重要的作用
电法1 自然电场法	装备简便,测量仪器简单,轻便快速、成本低	探测对象是能形成天然电场的硫化物矿体或低阻地质体	用于进行大面积快速普查硫化物金属矿床、石墨矿床;水文地质、工程地质调查;黄铁矿化、石墨化岩石分布区的地质填图。如辽宁省红透山铜矿、陕西小河口铜矿及寻找黄铁矿矿床方面,应用此法地质效果显著
电法2 电阻率法		探测对象应为电阻率较高的地质体	主要用于找陡立、高阻的脉状地质体。如寻找和追索陡立高阻的含矿石英脉、伟晶岩脉及铬铁矿、赤铁矿等效果良好
电法3 激发极化法	不论其电阻率与围岩差异如何均有明显反映,效果良好	在寻找硫化矿时,石墨和黄铁矿化是主要干扰因素,应尽量回避	主要用于寻找良导金属矿和浸染状金属矿床,尤其是用于那些电阻率与围岩没有明显差异的金属矿床和浸染状矿体效果良好。如某地产在石英脉中的铅锌矿床及河北省延庆某铜矿地质效果显著
电法4 电剖面法	(按装置不同分下列三种)		在普查勘探金属和非金属矿产及水文地质、工程地质调查中应用广泛,在许多地区不同地电条件下取得良好效果
电法4-1 联合剖面法	其装置不易移动,工作效率低	探测对象应为陡立较薄的良导体	主要用于详查和勘探阶段,是寻找和追索陡立较薄良导体的有效方法。如某铜镍矿床应用效果良好
电法4-2 对称四极剖面法	对金属矿床不如联合剖面法异常明显		主要用于地质填图,研究覆盖层下基岩起伏和对水文、工程地质提供有关疏松层中的电性不均匀分布特征,以及疏松层下的地质构造。如某地用它圈定古河道取得良好效果
电法4-3 偶极剖面法	一个矿体上出现两个异常使曲线变得复杂		一般在各种金属矿上的异常反映都相当明显,也能有效地用于地质填图划分岩石的分界面。在金属矿区,当围岩电阻率很低、电磁感应明显、且开展交流激电法普查找矿时往往采用。如某铜矿用此法找到了纵向叠加铜矿体

续表

方法种类	优缺点	应用条件	应用范围及地质效果
电法5 电测深法	可了解地质断面随深度的变化，求得观测点各电性层的厚度	探测对象应为产状平缓、电阻率不同的地质体，且地形起伏不大	电阻率电测深用于成层岩石地区，可解决比较平缓的不同电阻率地层的分布，探查油、气田和煤田地质构造，以及用于水文地质、工程地质调查中。它在金属矿区侧重解决覆盖层下基岩深度变化、表土厚度等，为间接找矿法。而激发极化电测深主要用于金属矿区的详查工作，借以确定矿体顶部埋深及了解矿体的空间赋存情况
电法6 充电法	能迅速追索矿体延伸，或连接矿体，节省探矿工程	要求矿体至少有一小部分出露地表或被工程揭露，以便对矿体充电；矿体必须是良导电体；矿体有一定规模，且埋深不大。找盲矿体须有地下充电探矿工程	用以确定已知矿体的潜伏部分之形状、产状、大小、平面位置及深度；确定几个已知矿体之间连接关系；在已知矿体或探矿工程附近寻找盲矿体和进行地质填图。主要用于金属矿的详查和勘探阶段。如青海某铜钴矿的发现就是应用充电法的结果。无论在解决矿体延伸、矿体连接及在充电矿体附近找盲矿，都取得了良好效果

（据侯德义等，1984）

2.3.4　找矿方法的综合应用

根据成矿区地质条件和各种自然地理条件的分析，明确找矿方向，合理选择找矿方法。实践证明，卓有成效地进行找矿，必须对成矿地质条件进行科学分析，必须根据地理、地质条件合理选择、综合应用找矿方法。在铀矿找矿中，除地质测量方法综合性稍强以外，其他方法所能解决的问题都有一定的局限性。而且矿化往往受控于多种因素，因此只有综合运用有效的找矿方法，才有可能取得较好的找矿效果，发现更多的矿床。

在综合应用多种找矿方法时要做到：

（1）必须从工作区地质条件出发，明确所选用找矿方法的具体效能，使所用找矿方法更具有针对性。所以，找矿方法的综合应用并不意味着在工作区内使用的找矿方法愈多愈好。脱离了地质条件，即使使用了很多种方法，也只能收到事倍功半的效果。

（2）找矿中选用的各种找矿方法，既要合理分工，又要紧密配合，尽可能使各种方法的测线、测点相互吻合，做到同设计、同施工、同解释评价异常、同编写地质总结，使所获得的各种资料及时得到综合和对比验证，使工作进程协调，成果接近实际。

（3）任何一种找矿方法都有局限性，既使地质条件类似，因其他影响因素（如地形、气候等）不同而方法的适应性也随即发生变化。所以必须从实际情况出发，因地制宜地选择运用找矿方法。

3 矿产勘查阶段划分与各阶段内容

3.1 矿产勘查标准化与勘查阶段划分

3.1.1 矿产资源勘查标准化

当前，我国地质矿产资源勘查与世界接轨，已制定了一系列新的国家标准（代号 GB/T）、地质矿产行业标准（代号 DZ/T）、局工作标准（代号 DD）等，使地质矿产资源勘查工作逐步执行并实现标准化管理，这是我国地质矿产行业改革的重大成果之一。

1）标准化的概念

标准化（standardization）是在经济、技术、科学及管理等社会实践中，对重复性事物和概念通过制订、发布和实施标准达到统一，以获得最佳秩序和社会效益的管理方法。标准化的目的主要有以下两点：

（1）在企业建立起最佳的生产秩序、技术秩序、安全秩序、管理秩序：企业每个方面、每个环节都建立起互相适应的成龙配套的标准体系，就使每个企业生产活动和经营管理活动井然有序，避免混乱，克服盲目。"秩序"同"高效率"一样也是标准化的机能。

（2）通过执行标准化管理获得最佳社会经济效益：一定范围的标准，是从一定范围的技术效益和经济效果的目标制定出来的。因为制定标准时，不仅要考虑标准在技术上的先进性，还要考虑经济上的合理性。也就是企业标准定在什么水平，要综合考虑企业的最佳经济效益。因此，认真执行标准，就能达到预期的目的。

由于标准化管理的科学性和先进性，一些工业发达国家把标准化作为企业经营管理、获取利润、进行竞争的"法宝"和"秘密武器"。特别是一些著名公司，往往都建立企业标准化体系，以保证他的利润和竞争目标的实现。

2）标 准

标准（standard）是对重复性事物和概念所做的统一规定。它以科学、技术和实践经验的综合成果为基础，经有关方面协商一致，由主管机构批准，以特定形式发布，作为共同遵守的准则和依据。根据中华人民共和国标准法第六条规定：标准的级别分为国家标准、行业标准、地方标准、企业标准四级。

3）规 范

规范（specification）是对勘查、设计、施工、制造、检验等技术事项所作的一系列统一规定。根据国家标准法的规定，规范是标准的一种形式。

4）地质矿产勘查标准

我国地质矿产勘查标准化工作始于 20 世纪 50 年代，按照统一和协调的原则，分别由各部门制定了一系列关于地质矿产勘查的标准和规范规程，初步统计已达上百种。这些标准和规范规程中，固体矿产勘查规范已达 45 种（涉及 84 个矿种），形成了一个独立的体系，并且已进入了国家的标准化管理体系。大部分的这些标准都可以在中国地质调查局、中国矿业网以及中国矿业联合会地质矿产勘查分会等相关网站上查阅。

3.1.2 矿产勘查阶段的基本概念

矿产勘查工作是一个由粗到细、由面到点、由表及里、由浅入深、由已知到未知，通过逐步缩小勘查靶区，最后找到矿床并对其进行工业评价的过程。

也就是说，一个矿床从发现并初步确定其工业价值直至开采完毕，都需要进行不同详细程度的勘查研究工作。为了提高勘查工作及矿山生产建设的成效，避免在地质依据不足或任务不明的情况下进行矿产勘查、矿山建设或生产所造成的损失，必须依据地质条件、对矿床的研究和控制程度，以及采用的方法和手段等，将矿产勘查分为若干阶段，这种工作阶段称为矿产勘查阶段。

每个阶段开始前都要求立项、论证、设计、施工，而且在工程施工程序上，一般也应遵循由表及里，由浅入深，由稀而密，先行铺开，而后重点控制的顺序。每个阶段结束时都要求对研究区进行评价、决策、提出下一步工作的建议。

矿产勘查过程中一般需要遵守这种循序渐进原则，但不应作为教条。在有些情况下，由于认识上的飞跃，勘查目标被迅速定位，则可以跨阶段进行勘查；反之，如果认识不足，则可能会返回到上一个工作阶段进行补充勘查。

3.1.3 矿产勘查阶段的划分

矿产勘查阶段的划分是由勘查对象的性质、特点和勘查实践需要决定的，或者说是由矿产勘查的认识规律和经济规律决定的。阶段划分的合理与否，将影响矿产勘查和矿山设计以及矿山建设的效率与效果。

1）矿产勘查阶段划分沿革

在联合国 1997 年推荐的矿产资源量/储量分类框架中，勘查阶段划分为 ①预查；②普查；③一般勘探；④详细勘探四个阶段。世界各国的矿产勘查总的说来也都相应地大致遵循这几个阶段。然而，不同的国家以及各国不同采矿（勘查）公司之间勘查阶段的划分又有一定的差异。

我国矿产勘查阶段的划分，从 1949～1986 年，全国各系统的地勘部门并未完全统一，有的部门按初步普查、详细普查、初步勘探、详细勘探 4 个阶段划分，有的分为初步普查、详细普查、勘探 3 个阶段。1988 年，原地质矿产部将矿产勘查阶段划分为普查、详查、勘探 3 个阶段。1999 年，我国首次颁布了《固体矿产资源/储量分类》国家标准（GB/T17766—1999），其中把矿产勘查阶段划分为预查、普查、详查、勘探 4 个阶段（图 3-1），与联合国 1997 年的分类框架完全一致。

2）矿产勘查阶段划分

按联合国 1997 年推荐的矿产资源量/储量分类框架中提出的勘查阶段划分：

（1）预查（reconnaissance）：是依据区域地质和（或）物化探异常研究结果、初步野外观测、极少量工程验证结果、与地质特征相似的已知矿床类比、预测，提出可供普查的矿化潜力较大地区。有足够依据时可估算出预测的资源量，属于潜在矿产资源。

（2）普查（prospecting）：是对可供普查的矿化潜力较大地区、物化探异常区，采用露头检查、地质填图、数量有限的取样工程及物化探方法，大致查明普查区内地质、构造概况；大致掌握矿体（层）的形态、产状、质量特征；大致了解矿床开采技术条件；矿产的加工选冶性能已进行了类比研究。最终应提出是否有进一步详查的价值，或圈定出详查区范围。

（3）详查（general exploration）：是对普查圈出的详查区通过大比例尺地质填图及各种勘查方法和手段，比普查阶段密的系统取样，基本查明地质、构造、主要矿体形态、产状、大小和矿石质量；基本确定矿体的连续性；基本查明矿床开采技术条件；对矿石的加工选冶性能进行类比或实验室流程试验研究，作出是否具有工业价值的评价。必要时，圈出勘探范围，并可供预可行性研究、矿山总体规划和作矿山项目建议书使用。对直接提供开发利用的矿区，其加工选冶性能试验程度，应达到可供矿山建设设计的要求。

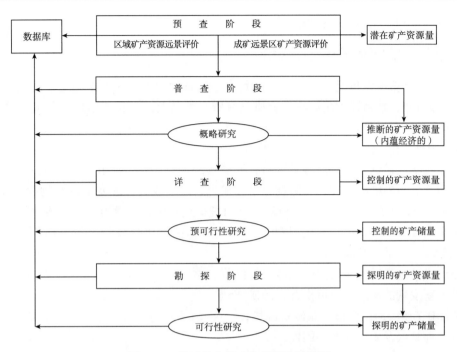

图 3-1 我国矿产勘查阶段划分示意图

（4）勘探（detailed exploration）：是对已知具有工业价值的矿床或经详查圈出的勘探区，通过加密各种采样工程，其间距足以肯定矿体（层）的连续性，详细查明矿床地质特征，确定矿体的形态、产状、大小、空间位置和矿石质量特征，详细查明矿床开采技术条件，对矿产的加工选冶性能进行实验室流程试验或实验室扩大连续试验，必要时应进行半工业试验，为可行性研究或矿山建设设计提供依据。

3.2 矿产预查阶段

矿产预查阶段相当于过去的区域成矿预测阶段。预查工作比例尺随勘查工作要求不同而不同，可以在 1:100 万～1:5 万之间变化。预查工作采用的勘查方法主要包括遥感图像的处理和解译、区域地质及地球物理与地球化学资料的处理，以及野外踏勘等。

根据中国地质调查局工作标准《固体矿产预查暂行规定》（DD 2000—01），预查阶段分为区域矿产资源远景评价和成矿远景区矿产资源评价两种类型。

3.2.1 区域矿产资源远景评价

区域矿产资源远景评价是指对工作程度较低地区，在系统收集和综合分析已有资料的基础上进行的野外踏勘、地球物理勘查、地球化学勘查、三级异常查证，圈定可供进一步工作的成矿远景区的预查工作。条件具备时，估算经济意义未定的预测资源量（334_2）。其工作内容包括：

（1）全面收集预查区内各类地质资料，编制综合性基础图件；

（2）全面开展区域地质踏勘工作，测制区域性地质构造剖面，了解成矿地质条件；

（3）全面开展区域矿产踏勘工作，实地了解矿化特征，并开展区域类比工作；

（4）择优开展物探、化探异常三级查证工作；

（5）运用 GIS 技术开展综合研究工作，对区域矿产资源远景进行预测和总体评估，圈定成矿远景区；

（6）条件具备时对矿化地段估算 334_2 资源量；

（7）编制区域和矿化地段的各类图件。

3.2.2　成矿远景区矿产资源评价

成矿远景区矿产资源评价是指对工作程度具有一定基础的地区或工作程度较高地区，运用新理论、新思路、新方法，在系统收集和综合分析已有资料基础上，对成矿远景区所进行的野外地质调查、地球物理和地球化学勘查、三级至二级异常查证、重点地段的工程揭露，圈出可供普查的矿化潜力较大地区的预查工作。条件具备时，估算经济意义未定的预测资源量（334_1）。其工作内容包括：

（1）全面收集成矿远景区内的各类资料，开展预测工作，初步提出成矿远景地段。

（2）全面开展野外踏勘工作，实际调查已知矿点、矿化线索、蚀变带以及物探、化探异常区，了解矿化特征、成矿地质背景，进行分析对比并对成矿远景区资源潜力进行总体评价。

（3）在全面开展野外踏勘工作的基础上，择优对物探、化探异常进行三级至二级查证工作，择优对矿化线索开展探矿工程揭露；

（4）提出成矿远景区资源潜力的总体评价结论；

（5）提出新发现的矿产地或可供普查的矿产地；

（6）估算矿产地 334_1 和 334_2 预测资源量；

（7）编制远景区及矿产地各类图件。

3.2.3　预查工作要求

本阶段的勘查程度要求：搜集并分析区内地质、矿产、物探、化探和遥感地质资料；对预查区内的找矿有利地段、物探和化探异常、矿点、矿化点进行野外调查工作；对有价值的异常和矿化蚀变体要选用极少量工程加以揭露；如发现矿体，应大致了解矿体长度、矿石有用矿物成分及品位、矿体厚度、产状等；大致了解矿石结构构造和自然类型，为进一步开展普查工作提供依据，并圈出矿化潜力较大的普查区范围。如有足够依据，可估算预测资源量。

1）有关资料收集与综合分析工作

（1）全面收集工作区内地质、物探、化探、遥感、矿产、专题研究等各类资料，编制研究程度图。对已往工作中存在的问题进行分析；

（2）对区域地质资料进行综合分析工作，根据不同矿产类型，编制区域岩相建造图、区域构造岩浆图、区域火山岩性岩相图等各类基础图件；

（3）对区域物探资料进行重磁场数据处理工作，推断地质构造图件及异常分布图件；

（4）对区域化探资料进行数据分析工作，编制数理统计图件以及异常分布图件，开展地球化学块体谱系分析、编制地球化学块体分析图件；

（5）对区域遥感资料进行影像数据处理，编制地质构造推断解释图件；

（6）对矿产资料进行全面分析，编制矿产卡片以及区域矿产图件；

（7）运用 GIS 技术，对上述资料进行综合归纳，编制综合地质矿产图，作为部署野外调查工作的基础图件。

2）野外调查工作

固体矿产预查工作，必须以野外调查工作为主，野外调查和室内研究相结合。野外调查工作包括：区域地质踏勘工作、区域矿产踏勘工作、地球物理与地球化学勘查、物探与化探异常查证、矿点检查工作；室内研究包括：已有地质资料分析、综合图件编制、成矿远景区圈定、预测资源量估算等工作。

（1）区域地质踏勘工作：区域地质踏勘工作是预查工作的重要基础工作，无论是否已经完成区调工作都要精心组织落实，一般情况下部署一批能全面控制区内区域地质条件的剖面进行踏勘工作，踏勘时应进行详细的路线观察编录，并绘制路线剖面图，对重要地质体布置专题路线观察。通过区域地质踏勘工作，实地了解主要地质构造特征，成矿地质背景条件。

（2）区域矿产踏勘工作：区域矿产踏勘工作是预查工作的关键基础工作，一般情况下，工作区内都有一定数量的矿化线索、矿化点、矿点、物探与化探异常区，因此必须全面开展踏勘工作，对不同类型的矿化线索，都必须进行现场踏勘。对有较多工作程度较高矿产地的地区，应经过分类，对不同类型的代表性矿产地进行全面踏勘，详细解矿化特征、成矿地质背景、工作程度、以往评价存在问题等情况，修订原有的矿产卡片。

对已有成型矿床远景区，必须开展典型矿床野外专题调查工作，通过实地观察，详细了解矿床成矿地质条件、矿化特征、找矿标志等资料，以便指导远景区总体评价工作。

（3）地球物理与地球化学勘查工作：一般情况下，区域矿产资源远景评价工作应当在已完成1∶20万～1∶50万地球物理（包括航空或地面）、地球化学勘查工作的基础上进行，如尚未开展1∶20万～1∶50万地球物理及地球化学勘查工作的地区，则应单独立项开展1∶20万～1∶50万地球物理及地球化学勘查工作。

一般情况下，成矿远景区矿产资源评价工作应当在已完成1∶5万地球化学勘查工作的基础上进行，如尚未开展1∶5万地球化学勘查工作的地区，则应单独立项开展1∶5万地球化学勘查工作，必要时应单独立项开展1∶5万地球物理勘查工作。

对重要矿化地段，重要物探、化探异常区，以及开展物探、化探异常二级查证的地区应部署大比例尺（一般为1∶2.5万～1∶1万）地球物理、地球化学勘查工作。

对部署钻探工程的地区，必须作地球物理精测剖面，地球化学加密剖面。对钻探工程在条件适宜的情况下，应开展井中物探工作。

地球物理和地球化学勘查方法应根据具体地质条件，选择有效方法。

（4）遥感地质调查工作：遥感地质调查工作应贯穿于预查工作的全过程，收集资料及综合分析工作阶段，应选用合适的遥感影像数据，进行图像处理，制作同比例尺遥感影像地质解释图件。野外踏勘阶段，必须对遥感解释进行对照修正，最大限度地通过野外踏勘，提取地层、岩石、构造、矿产等与成矿有关的信息以及确定矿产远景地段。室内综合研究阶段，应利用遥感资料提供成矿远景区，优化普查区，提供矿化蚀变地段。

（5）矿产地检查和物探与化探异常查证工作：经过收集资料、综合分析、区域地质踏勘、区域矿产踏勘、物探、化探、遥感等资料综合分析及数据处理工作，对具有成矿远景的矿产地或矿化线索以及有意义的物探、化探异常开展检查工作，主要内容包括：草测大比例尺地质矿产图件、开展大比例尺物探、化探工作、布置少量探矿工程，了解远景地段的矿化特征，提出可供普查的矿化潜力较大地区，或者提出可供普查的矿产地。

对物探、化探异常查证工作，按照异常查证有关规定执行。

（6）探矿工程：预查阶段的探矿工程布置，要求达到揭露重要地质现象和矿化体的目的。

槽井探、坑探和钻探等取样工程应布置在矿化条件好、致矿异常大、或追索重要地质界线的地段。探矿工程布置需有实测或草测剖面，用钻探手段查证异常时，孔位的确定要有实际依据。一旦物性前提存在，要用物探勘查方法的精测剖面反演成果确定孔位、孔斜和孔深；在围岩地层和矿层中的岩矿心采取率要符合有关规范、规定的要求。

（7）采样和化验工作：预查工作必须采集足够的与矿产资源潜力评价相关的各类分析样品，各类采样、化验工作技术要求参照有关规范、规定执行。

（8）工程编录工作：野外编录工作按照有关《固体矿产勘查原始地质编录规定》（DZ/T0078—1993）标准执行。

3.2.4 预测资源量（334_1、334_2）的估算

1）预测资源量（334_2）的估算条件

（1）初步研究了区内地质构造特征和成矿地质背景、各类异常的分布范围和特征、矿点、矿

化点和矿化蚀变带的分布；

（2）经过三级异常查证获得了相应的数据，判定属矿致异常特征者或通过矿（化）点及有关民采点、老硐评价证实有潜力的地区；

（3）编制了估算 334_2 资源量所需的地质图件；

（4）估算参数除预查工作实测外，部分参数可与地质特征相似的已知矿床类比，新类型矿床的估算参数要按地质调查的实际资料获取。

2）预测资源量（334_1）的估算条件

（1）初步了解了工作区内的地质构造、矿点、矿化点、矿化蚀变带、各类异常的分布范围和特征；

（2）异常、矿（化）点经过了三级至二级查证，已有见矿工程；

（3）据地表观察和物、化、遥异常推断了矿体的产状、规模、分布范围、矿石品位和自然类型；

（4）顺便了解了工作区的水文地质、工程地质、环境地质和开采技术条件。

3.2.5　预查工作提交成果

1）预查地质报告及附图、附件和附表

（1）预查地质报告：预查地质报告包括的主要内容有：①工作目的和任务；②自然地理及经济条件；③以往地质工作评述；④区域地质背景；⑤区域矿产资源远景评价；⑥成矿远景区矿产资源评价；⑦预查工作方法及质量评述；⑧预测资源量估算；⑨结论。

（2）预查地质报告一般应附的附图、附件：矿产预查地质报告中常见的附图包括：交通位置图、研究程度图、实际材料图、地质矿产图、物化探参数图、物化探推断成果图、遥感解释图、地质和工程剖面图、成矿预测图、预测资源量估算图、地质工作部署建议图、工程编录图等。

有关预查项目的批复文件应作为预查地质报告的附件。

（3）预查地质报告一般应附的表格：矿产预查报告常见的附表包括：样品登记和分析结果表；预测资源量评价数据表（各工程、各剖面、各块段的矿体平均品位、平均厚度或面积、体积计算表）；地球物理、地球化学勘查各类数据表；物化探异常登记表和异常查证结果表；探矿工程一览表；生产矿井、老硐、民采坑道等资料汇总表；质量验收资料；插图图册、照片图册；新发现矿产地和可供普查的矿产地登记表；以及重要的原始资料清单等。

2）数据光盘及其相关的数字化资料

重要勘查工作可摄制成声像资料；所有地质信息资料均应按相关要求刻录于光盘中。

预查工作成果要以纸质和电子文档的方式报相关部门审查和存档。

3.3　矿产普查阶段

矿产普查的工作比例尺一般在 1∶10 万 ~ 1∶1 万之间，主要采用的方法包括相应比例尺的地球物理、地球化学、地质填图、稀疏的勘查工程等。

3.3.1　矿产普查的目的任务与工作程序

1）矿产普查的目的

根据中国地质调查局工作标准《固体矿产普查暂行规定》（DD 2000—02），矿产普查的目的是对预查阶段提出的可供普查的矿化潜力较大地区和地球物理、地球化学异常区，通过开展面上的普查工作、已发现主要矿体（点）的稀疏工程控制、主要地球物理、地球化学异常及推断的含矿部位的工程验证，对普查区的地质特征、含矿性和矿体（点）作出评价，提出是否进一步详查的建议及依据。

2）矿产普查的任务

在综合分析、系统研究普查区内已有各种资料基础上，进行地质填图、露头检查，大致查明地质、构造概况，圈出矿化地段；对主要矿化地段采用有效的地球物理、地球化学勘查技术方法，用数量有限的取样工程揭露，大致控制矿点或矿体的规模、形态、产状，大致查明矿石质量和加工利用可能性，顺便了解开采技术条件，进行概略研究，估算推断的内蕴经济资源量（333）等。必要时圈出详查区范围。

3）矿产普查的工作程序

普查勘查遵循立项、设计编审、野外施工、野外验收、普查报告编写、评审验收、资料汇交等程序。

3.3.2 矿产普查要求的地质研究程度

普查阶段的勘查程度要求搜集区内地质、矿产、物探、化探和遥感地质资料，通过适当比例尺的地质填图和物探、化探等方法及有限的取样工程，大致查明普查区的成矿地质条件；大致查明矿体（层）的形态、分布、规模、产状和矿石质量，推断矿体的连续性；大致了解矿床开采技术条件；对矿石加工选冶性能进行类比研究，最终提出是否具有进一步详查的价值，并圈出可供进一步开展详查工作的范围。

1）地质研究程度

在预查工作和搜集区内各种比例尺区域地质调查资料的基础上，视研究程度和实际需要开展地质填图工作。对区内地层、构造和岩浆岩的产出、分布及变质作用等基本特征的查明程度，应达到相应比例尺的精度要求。

全面搜集区内各种地质资料和研究成果，注重搜集和研究区内与矿体（点）形成有内在联系的成矿地质条件资料进行分析。与沉积有关的矿产应着重搜集研究沉积环境方面的资料及含矿岩层（系）的产出、层位、层序和岩石组合等资料；与岩浆活动有关的矿产应着重搜集研究岩石类型、围岩及接触关系、蚀变特征等方面的资料；与变质作用有关的矿产应着重搜集研究变质作用及其产物的物质组成和空间展布等方面的资料；对主要（控矿）构造应大致查明其性质、规模、分布及与矿化的关系。

2）矿产研究

依据区内矿产、地球物理、地球化学和重砂矿物、遥感影像特征，结合区域成矿地质背景、已有矿产资料、矿山生产资料、矿化类型、蚀变分带、分布特点、矿体的展布特征、矿石的物质组成、矿石矿物、脉石矿物、结构构造、矿石品位、有关物理化学性质及有害组分含量；对重点解剖的主要矿体（点），充分运用区域成矿规律和新理论进行深入研究，指导区内的找矿工作。注重综合评价，应了解共、伴生矿产及其品位和质量，并研究其分布特点。

3）开采技术条件研究

顺便了解与矿山开采有关的区域和测区范围内的水文地质、工程地质、环境地质条件。矿化强度大、拟选为详查的地区，当水文地质条件复杂或地下水丰富时，应适当进行水文地质工作，了解地下水埋藏深度、水质、水量及与矿体（点）的关系、近矿岩石强度等。

4）矿石加工技术选冶性能试验

对已发现矿产应与同类型已开采矿产的矿石物质组成、结构构造、嵌布特征、粒度大小、品位、有害组分等进行类比，并就矿石加工选冶的可能性作出评述，对无可比性的矿石应进行可选（冶）性试验或加工技术性能试验。对有找矿前景的全新类型矿石，应先进行专门的矿石加工技术选冶性能试验研究，为是否需要进一步工作提供依据。

3.3.3 矿产普查的控制要求

普查工作重在找矿，要求对整个普查区的矿产潜力作出评价。通过对面上工作各种资料的全面综合分析研究和对矿体（点）进行数量有限的取样工程，大致了解矿石质量和利用可能性，有依据地估算矿产资源的数量，最终提出是否具有进一步详查的价值，圈定出详查区范围。

普查阶段一般应填制 1:5 万地质图，地质条件复杂、测区范围小、找矿前景大时可填制 1:2.5 万地质图。对矿化明显的局部地段，为满足施工工程、控制矿体（点）、估算矿产资源数量的要求，可填制 1:1 万~1:2000 地质简图。

对发现的矿体，地表用稀疏取样工程、深部有极少量控制性工程证实，大致控制其规模、产状、形态、空间位置，并分别详细记录矿体实测和有依据推测的规模、长度、厚度及可能的延伸。

3.3.4 矿产普查技术方法

（1）测量工作：必须按规定的质量要求提供测量成果。工程点、线的定位鼓励利用 GPS 技术，提高测量工作质量和效率。

（2）地质填图：地质填图尽可能使用符合质量要求的地形图，其比例尺应大于或等于地质图比例尺，无相应地形图时可使用简测地形图。地质填图方法要充分考虑区内地形、地貌、地质的综合特征及已知矿产展布特征，对成矿有利地段要有所侧重。对已有的不能满足普查工作要求的地质图，可据普查目的要求进行修测或搜集资料进行修编。

（3）遥感地质：要充分运用各种遥感资料，对区内的地层、构造、岩体、地形、地貌、矿化、蚀变等进行解释，以求获得找矿信息，提高普查工作效率和地质填图质量。

（4）重砂测量：对适宜运用重砂测量方法找矿的矿种，应开展重砂测量工作，测量比例尺要与地质填图比例尺相适应。对圈定的重砂异常，根据需要择优进行检查验证，作出评价。

（5）地球物理、地球化学勘查：应配合地质调查先行部署，用于发现找矿信息，为工程布置、资源量估算提供依据，根据普查区的具体条件，本着高效经济的原则合理确定其主要方法和辅助方法。比例尺应与地质图一致，对发现的异常区应适当加密点、线，以确定异常是否存在和大致形态。

对有找矿意义的地球物理、地球化学异常，结合地质资料进行综合研究和筛选，择优进行大比例尺的地球物理和（或）地球化学勘查工作，进行二级至一级异常的查证。当利用物探资料进行资源量估算时，应进行定量计算。验证钻孔和普查钻孔应根据具体地球物理条件，进行井中物探测量，以发现或圈定井旁盲矿。

（6）探矿工程：根据已知矿体（点）的信息和地形、地貌条件，各类异常性质、形态、地质解释特征以及技术、经济等因素合理选用。

探矿工程布设应选择矿体和含矿构造及异常的最有利部位，钻探、坑道工程应在实测综合剖面的基础上布置。

（7）样品采集、加工：样品的采集要有明确的目的和足够的代表性。

普查阶段主要采集光谱样、基本分析样、岩矿鉴定样、重砂样、化探样及物性样等，有远景的矿体（点）还应采取组合分析样、小体重样等，必要时采集少量全分析样。

样品的加工应遵循切乔特公式（$Q = Kd^2$）的要求，K 值可取经验值。样品加工损失率不大于 3%，砂矿样品应由合格的淘洗工在现场使用能回收尾砂的容器中进行。对尾矿砂要反复淘洗，所得重砂合并为一个基本样品。

基本分析样依据矿种和探矿工程的不同，选择经济合理的取样方法，坑探工程一般应采用刻槽取样的方法，刻槽断面一般为 10 cm×3 cm 或 10 cm×5 cm，不适宜刻槽取样的矿种应在设计中规定；钻探工程的矿心样应用锯片沿长轴 1/2 锯开，取其一半做样品，不得随意敲碎拣块，确保分析结果能反映客观实际。取样规格要保证测试精度的要求，样品的实际重量用理论重量衡量时应在允许误差范围内。

（8）编录：各种探矿工程都必须进行编录，探槽、浅井、钻孔、坑道要分别按规定的比例尺编制，有特殊意义的地质现象，可另外放大表示，文图要一致，并应采集有代表性的实物标本等。

地质编录必须认真细致，如实反映客观地质现象的细微变化，必须随施工进展在现场及时进行。应以有关规范、规程为依据，做到标准化、规范化。

（9）资料整理和综合研究：该工作要贯穿普查工作的全过程，对获得的第一性资料数据应利用计算机技术和 GIS 技术进行科学的处理，对获得的各类资料和取得的各种成果应及时综合分析研究，结合区内或邻区已知矿床的成矿特征，总结区内成矿地质条件和控矿因素，进行成矿预测，指导普查工作。

普查工作中使用的各种方法和手段，其质量必须符合现行规范、规定的要求，没有规范、规定的，应在设计时或施工前提出质量要求经项目委托单位同意后执行。各项工作的自检、互检、抽查、野外验收的记录、资料要齐全，检查结论要准确。为保证分析质量，普查工作中要由项目组按规定送内、外检样品到有资质的单位进行分析、检查。

3.3.5　普查阶段可行性评价工作要求

矿产普查阶段可行性评价工作要求为开展概略研究，一般由承担普查工作的勘查单位完成。概略研究，是对普查区推断的内蕴经济资源量（333）提出矿产勘查开发的可行性及经济意义的初步评价。目的是研究有无投资机会，矿床能否转人详查等，从技术经济方面提供决策依据。

概略研究采用的矿床规模、矿石质量、矿石加工选冶性能、开采技术条件等指标可以是普查阶段实测的或有依据推测的；技术经济指标也可采用同类矿山的经验数据。

矿山建设外部条件、国内及地区内对该矿产资源供求情况，以及矿山建设规模、开采方式、产品方案、产品流向等，可根据我国同类矿山企业的经验数据及调研结果确定。

概略研究可采用类比方法或扩大指标，进行静态的经济分析。其指标包括总利润、投资利润率、投资偿还期等几项。

3.3.6　普查估算资源量的要求

矿产普查阶段探求的资源量属于推断的内蕴经济资源量（333），其估算参数一般应为实测的和有依据推测的参数，部分技术经济参数可采用常规数据或同类矿床类比的参数。当有预测的资源量（334$_1$）需要估算时，其估算参数是有依据推测的参数。

矿体（矿点或矿化异常）的延展规模，应依据成矿地质背景、矿床成因特征和被验证为矿体的异常解释推断意见、矿体产状及有限工程控制的实际资料推断。

3.3.7　矿产普查工作提交成果

矿产普查工作提交的成果包括地质报告及附图、附件、附表等。

1）矿产普查地质报告

矿产普查地质报告包括以下主要内容：

（1）工作目的任务及完成情况；

（2）普查区范围、交通位置及自然经济状况；

（3）普查区以往地质工作评述；

（4）普查区地质特征，阐述其地层岩性、构造、岩浆岩、变质作用、围岩蚀变、水文地质条件等；

（5）普查区地球物理、地球化学特征及解释推断意见，阐述地球物理、地球化学场特征，物探、化探异常描述及验证结果，物探、化探推断（或圈定）矿体的意见；

（6）普查区矿产特征，矿化带（点）的分布特征、矿体产出特征、矿石质量等，新发现的矿产地、可供详查的矿产地；

（7）普查区含矿性总体评价；

（8）普查技术方法及质量评述，地形、工程测量、地质填图、遥感地质、物探、化探、探矿工程、重砂测量、取样与加工、分析测试、资料编录；

（9）推断的内蕴经济资源量（333）、预测的内蕴资源量（334$_1$）估算（参数确定、估算原则、估算方法的选择及结果）；

（10）可行性概略研究（参照 GB/17766—1999《固体矿产资源/储量分类》相关要求，必要时可另册编制）；

（11）结论。

2）矿产普查报告一般应附的文件、表格、图件

（1）矿产普查报告中主要的附件和附表为：地质勘查许可证及工作任务书等；资源量估算指标；矿石可选性试验或加工技术性能试验资料；地质工作质量验收材料；样品化学分析报告表；样品内外检结果计算表；有关岩、矿石物性测定表；水文地质调查表；推断的资源量估算表。

（2）矿产普查报告中的主要附图为：研究程度图、地形地质图、实际材料图、各种异常图、地球物理成果图、地球化学成果图、遥感推断图、矿产分布及预测图、主要矿体图件、资源量估算图以及其他必要图件。

矿产普查项目提交的地质成果（包括光盘）应反映客观实际，文字报告应简明扼要、重点突出、文理通顺，文图表吻合，图件编绘应符合有关质量要求。所提交的正式成果，应经项目承担者及技术负责人签字。

3.4　矿产详查阶段

矿产预查阶段发现的异常和矿点（或矿化区）并非都具有工业价值。经普查阶段的勘查工作后，其中大部分异常和矿点（或矿化区）由于成矿地质条件差、工业远景不大而被否定，只有少数矿点或矿化区被认为成矿远景良好，值得进一步研究。也只有通过揭露研究，肯定了所勘查的靶区具有工业远景后，才能转入勘探。因此，勘探之前针对普查中发现的少数具有成矿远景的异常、矿点或矿化区进行的比较充分的地表工程揭露及一定程度的深部揭露，并配合一定程度的可行性研究的勘查工作阶段，称为详查。

详查阶段的工作比例尺一般在 1:2 万 ~ 1:1 千之间，其目的是确认工作区内矿化的工业价值、圈定矿床范围。

3.4.1　详查工作的基本原则

详查阶段在矿床勘查过程中所处的地位决定了它在勘查工作上具有普查和勘探的双重性质，即在此阶段既要继续深入地进行普查找矿，尤其是深部找矿，又要按勘探工作的技术要求部署各项工作。在工作过程中应遵循如下原则。

1）详查区的选择

在选择详查区时，目标矿床应为高质量矿床，即要选矿石品位高、矿体埋藏浅、易开采和加工、距离主要交通线近的矿点作为详查靶区。

详查区可以是经过普查工作圈定的成矿地质条件良好的异常区或矿化区，也可以是在已知矿区外围或深部，经大比例尺成矿预测圈出的可能赋存隐伏矿体的成矿远景地段，值得进行深部揭露。具体选区和部署工程时，可参考下面两种情况：

（1）经浅部工程揭露，矿石平均品位大于边界品位，已控制矿化带连续长度 >50 m 且成矿地质条件有利、矿化带在走向上有继续延伸、倾向上有变厚和变富趋势的地段；

（2）规模大的高异常区，且根据地质、地球物理、地球化学综合分析认为成矿条件很好的地区，有必要进行深部工程验证。

2）由点到面、点面结合，由浅入深、深浅结合

这里的点是指详查揭露部位，一般范围不大，但所需揭露的部位并不是孤立的，其形成和分布与周围地质环境有着紧密的联系。因此，在详查工作中必须把点与周围的面结合起来，由点入手，利用从点上获得成矿规律的深入认识和勘查工作经验，指导面上的勘查研究工作，同时又要根据面上的研究成果，促进点上详查工作的深入发展。另一方面，详查工作应先充分进行地表和浅部揭露，然后利用地表和浅部工作所获得的认识指导深部工程的探索和研究。

采用地表与地下相结合、点上与外围相结合、宏观与微观相结合、地质与地球物理以及地球化学方法相结合的研究方式，形成一个完整的综合研究系统，各方面的研究成果互相补充、互相印证。

3.4.2 详查设计

详查设计是部署各项详查工作的依据和实施方案，也是检查各项任务完成情况的依据。因此，必须在全面收集工作区内地质、地球物理、地球化学等资料的基础上，科学合理地编制项目设计。

1）详查设计的一般程序和要求

（1）现有资料的综合研究：在全面收集资料的基础上，应对各种资料进行认真的综合整理和分析研究，深入了解详查区内的地质特征及区域地质背景，充分认识各类异常和矿化的赋存条件及分布特征；认真分析前人的工作情况、研究程度、基本认识和工作建议等，总结前人工作的经验和教训，既要充分利用好前人的资料，又需要突破和创新。

（2）现场踏勘：为了加深对详查区地质和矿化特征的认识，在室内资料综合分析研究的基础上，设计组全体人员应到野外进行实地踏勘，重点了解工作区内主要的地质构造特征、岩性分布和露头发育程度、各类异常和矿化特征，以及地形地貌、气候和交通条件等，以便科学合理地选择勘查手段和布置工程。

（3）编制设计：在资料综合分析和现场踏勘的基础上，针对某些重大问题进行学术研讨，形成工作方案，然后编制设计。详查设计由文字报告和设计附图两部分组成。文字报告的内容一般包括区域地质、详查区地质和矿化特征、勘查手段和工程部署方案的技术思路及其要求、地质研究工作要求、取样工作要求等。在文字报告中应根据已经掌握的地质特征和矿化规律，对设计依据进行充分论证，对各项工作的技术要求进行详细阐述，对预期成果应有充分的估计。

设计附图一般包括区域地质图、详查区地形地质图、勘查工程设计总体布置图、地球物理和地球化学工作设计平面图、坑道勘查设计平面图、钻孔设计剖面图等图件。图件编制要求详见有关规范。

（4）设计审批：详查项目设计应在施工前二、三个月提交上级主管部门审批。未经批准的设计不得施工；设计一经批准，不得随意更改。如遇情况变化需要更改设计时，应补报上级核准。

2）详查设计应注意的几个问题

在设计过程中，既要注意对详查工作区进行全面研究，又要重点突破，尽快查明其工业远景以及矿化赋存规律，充分体现由点到面、点面结合，由浅入深、深浅结合的战略战术思想。因而，设计过程中应注意以下几方面问题：

（1）勘查工程的布置应有针对性、系统性和灵活性：①针对性是指工程揭露的目标要具体，明确揭露对象（如矿化体、控矿构造或岩体等）和穿透部位，第一批工程要布置在最有可能见矿的地段和部位；②系统性是指工程布置要考虑勘查项目的发展情况进行总体设计，即按一定的勘查系统布置工程；③灵活性是指工程定位时，在不影响设计目的和勘查效果的情况下，其地表实际位置相对于设计位置可适当位移（但最终的成果图上所标定的位置是工程竣工后的位置而不是设计位置），施工顺序也可适当变更。

（2）工程的总体设计本着由点到面、点面结合，由浅入深、深浅结合的思想，地表和浅部的

揭露要充分，以便掌握规律，预测深部；深部工程应根据浅部工程获得的资料和线索"顺藤摸瓜"，先稀疏控制，再适当加密。

（3）设计中要把科学研究纳入项目实施的内容，确定研究专题的目的、任务和要求以及完成期限等。

3.4.3　详查工作要求

（1）通过1:1万～1:2千地质填图，基本查明成矿地质条件，描述矿床地质特征。

（2）通过系统的取样工程、有效的地球物理和地球化学勘查工作、控制矿体的总体分布范围，基本控制主矿体的矿体特征、空间分布，基本确定矿体的连续性；基本查明矿石的物质成分、矿石质量；对可供综合利用的共生和伴生矿产进行了综合评价。

（3）对矿床开采可能影响的地区（矿山疏排水位下降区、地面变形破坏区、矿山废弃物堆放场及其可能的污染区），开展详细的水文地质、工程地质、环境地质调查，基本查明矿床的开采技术条件。选择代表性地段对矿床充水的主要含水层及矿体围岩的物理力学性质进行试验研究，初步确定矿床充水的主（次）要含水层及其水文地质参数、矿体围岩岩体质量和主要不良层位，估算矿坑涌水量，指出影响矿床开采的主要水文地质、工程地质以及环境地质问题；对矿床开采技术条件的复杂性作出评价。

（4）对矿石的加工选冶性能进行试验和研究，易选的矿石可与同类矿石进行类比，一般矿石进行可选性试验或实验室流程试验，难选矿石还应作实验室扩大连续试验。饰面石材还应有代表性的试采资料。直接提供开发利用时，试验程度应达到可供设计的要求。

（5）在详查区内，依据系统工程取样资料，有效的物探、化探资料以及实测的各种参数，用一般工业指标圈定矿体，选择合适的方法估算相应类型的资源量，或经预可行性研究，分别估算相应类型的储量、基础储量、资源量。为是否进行勘探决策、矿山总体设计、矿山建设项目建议书的编制提供依据。

（6）报告编写格式和要求详见中华人民共和国地质矿产行业标准《固体矿产勘查报告格式规定》（DZ/T0131—1994），报告编写提纲参见本书附录1。

3.4.4　单项勘探工程设计

在确定了勘探工程种类、总体布置形式及工程间距之后，还应进行单项工程设计，然后才能进行施工。工程设计包括地质设计和技术设计两部分。地质人员主要承担地质设计，技术设计一般由生产部门承担。

3.4.4.1　钻孔地质设计

无论采用勘探线还是勘探网，勘探工程的总体布置都是从单个钻孔设计开始的。单个钻孔设计必须借助于矿床地形地质图，在勘探设计剖面图上进行。

设计之前，应根据地表地质矿化资料和已有的深部工程见矿资料对矿体的形态、产状、特别是矿体的倾伏和侧伏现象以及埋藏深度等进行分析研究，明确钻孔设计的必要性和目的性，以便提高工程见矿率。

单个钻孔地质设计包括编制勘探线设计剖面图、选择钻孔类型、确定钻孔截穿矿点位置、确定钻孔开孔位置和方位角、确定终孔位置和孔深、编制钻孔设计柱状图等。

1）编制勘探线设计剖面图

勘探线设计剖面图一般是在矿床地形地质图上沿勘探线切制而成。其比例尺为1:500～1:1000。图的内容包括地表地形剖面线、勘探基线、坐标网（x、y、z坐标线）、矿体露头及其产状、地层、火成岩、断裂构造等地表出露界线及其产状、剖面上已施工的钻碉探工程及其取样分析成果等。图上应尽可能根据已有资料对矿体进行圈定。在此基础上进行钻孔的设计与布置。设计钻孔轴线一般用虚线表示，以区分已施工的钻孔。

2）选择钻孔类型

钻孔类型一般根据矿体或含矿构造的产状和钻探技术水平进行选择。岩心钻的钻孔类型按其天顶角（钻孔轴线与铅垂线的夹角）大小可分为直孔、斜孔及水平钻孔等三类。

（1）直孔：沿铅垂方向钻进，天顶角等于零度的钻孔。一般用于勘探倾角小于45°的层状、似层状矿体。直孔施工方便，应用广泛。

（2）斜孔：钻孔按一定倾斜度钻进，钻孔轴线与铅垂线之间有一定夹角（天顶角）。由于设备的限制，斜孔开孔时的天顶角一般不超过20°，有时可达25°。斜孔适用于勘探陡倾斜的矿体，并布置在矿体上盘，其倾斜方向与矿体倾斜相反。设计斜孔的目的是为了使钻孔穿过矿体时的相遇角（钻孔与矿层面的夹角）不小于30°，以便减少矿体厚度换算的误差。

但是，斜孔最容易产生自然弯曲，即随着钻孔深度的加大，其天顶角越来越大。所以，钻孔深度越大，其自然弯曲越明显。为了保证与矿体相遇角不小于30°，可利用钻孔自然弯曲规律（在一定地质条件下，每钻进50～100 m，其天顶角增加的度数）设计斜孔。在钻进技术上采取一定措施（如利用定向偏斜器等）来控制钻进方位和倾斜度的钻孔，称为定向钻孔。这种钻孔的施工技术比较复杂，钻进速度慢。只有在非常必要时，才设计这种定向孔。

（3）水平钻孔：沿水平方向钻进，多用于井下坑道中圈定矿体和探索平行矿体。钻孔方位可以是任意的，一般要求其沿矿体的水平厚度方向钻进。应用水平钻，可以代替一部分井下坑探工程，节省勘探成本。

3）确定矿体截穿点的位置

在勘探线剖面图上，每个钻孔截穿矿体的位置是根据勘探工程总体布置形式或整个勘探系统的要求来决定的。当采用勘探线法布置钻孔时，一般在勘探线剖面上，沿矿体倾斜方向从地表向下，按一定间距（水平间距、倾斜间距或垂直高度）确定每个钻孔的截矿点（参见图4-15）。采用勘探网勘探时，钻孔截矿点位置根据勘探网格交点的坐标来定。采用坑钻联合勘探时，钻孔截矿标高应与坑道中段标高一致。

4）确定钻孔地表开孔位置

钻孔地表开孔位置（孔位）是根据矿体截穿点的位置（或深度）在设计剖面图上按所定钻孔类型，向上延伸钻孔设计轴线加以确定，即钻孔设计轴线与地形剖面线的交点即为该孔的地表开孔位置。当钻孔为直孔时，从所定截矿位置向上引铅垂线；当钻孔为斜孔或定向孔时，从所定截矿位置向上引斜线。在掌握了钻孔自然弯曲规律的地区，斜孔孔位可按自然弯曲度向地表引曲线确定（按每50～100 m天顶角向上减少几度反推而成）。以上是按地质设计需要确定钻孔位置。但是从生产上考虑，钻孔开孔位置要求地形比较平坦，可开辟机场，因而要求避开悬崖陡壁、河流水塘、公路及建筑物等。当所定孔位不便施工生产时，可以适当移动，但要求最终截矿点的位置不变。所以在确定孔位时，应将设计与现场调查结合起来。

5）确定钻孔方位

钻孔方位主要对斜孔而言，即斜孔的倾斜方位。设计时直孔不存在倾斜方位，而斜孔就必须考虑往何方倾斜。斜孔倾斜方位一般与勘探线方位一致，并与矿体平均倾斜方向相反。但由于地层产状及岩性的变化，钻孔在钻进过程中常常发生方位偏斜。根据实践经验，钻孔方位易沿地层走向偏斜。地层走向与勘探线方位夹角越小，钻孔方位偏斜越大，地层产状越陡，孔深越大，钻孔方位越容易偏斜。因此，设计钻孔时，应根据本矿区竣工钻孔的方位偏斜规律来设计钻孔开孔方位角，使钻孔尽可能按设计要求的位置截穿矿体。

6）确定终孔位置和孔深

勘探钻孔一般要求穿过主矿体5～10 m即可终孔。但是为了探索和控制隐伏平行矿体，在每条勘探线上应有部分钻孔适当加深，其加深深度视各矿区矿体的空间分布情况而定。

钻孔孔深，即自地表开孔到终孔位置钻孔轴线的实际长度。因此，只要终孔位置已定，则孔深即可求得。

7）编制钻孔设计书

每个钻孔在施工前均须编制专门的设计书，为钻孔施工提供地质依据，并对其施工质量提出技术要求。设计书的内容包括：钻孔编号、孔口位置及坐标、钻孔类型、对钻孔不同深度上天顶角、方位角的要求、钻孔理想地质柱状图（图中应说明钻孔将遇到的地层、岩性、岩石的厚度及硬度）、主要地质界线和矿体顶底板的深度、在不同深度和岩石中裂隙的发育程度、涌水或漏水情况估计、钻孔孔径结构、岩矿芯采取率要求、终孔位置及终孔深度要求、钻孔中应进行的地质、物探、水文地质工作内容及要求、封孔要求等。

有关钻进技术方面的要求，则由钻探工程技术人员提出，并附于设计书中。

8）钻孔工作量统计

整个矿床或地段钻探设计工作量或年度设计工作量，一般按表3-1的格式进行统计汇总。

表3-1　钻探设计一览表（格式）

钻孔编号	类　型	方位角（°）	天顶角（°）	相遇角（°）	孔深（m）	见矿深度（m）	设计目的	备　注

3.4.4.2　地下坑探工程地质设计

地下坑探工程地质设计的内容包括：坑道系统的选择、勘探中段的划分、坑口位置的确定、坑道工程的布置、设计书的编制等。设计时，必须具有充分的地质依据，对应用坑道工程勘探的必要性进行充分的论证。

1）坑道系统的选择

坑道工程系统可分为平窿勘探系统、斜井勘探系统和竖井勘探系统三种。不同的勘探系统其应用条件也不相同。因此，设计时应根据矿床的地形地质条件，如地形高差、矿体产状、围岩性质等进行合理的选择。原则上要求所选勘探系统既能保证最佳地质勘探效果，又要做到经济安全、施工方便，并尽可能为矿山开采所利用。

2）勘探中段的划分

勘探中段或勘探水平层的划分，一般是以主矿带地表露头的最高标高为起点，根据不同勘探类型所规定的中段高度或其整数倍，向下依次确定各勘探中段水平坑道腰线的标高，并在设计剖面图或矿体垂直纵投影图上画出各中段标高线，以便布置坑道工程。

在同一矿区不同地段的勘探中段标高应当一致。同一勘探中段上各水平坑道的腰线标高误差不得超过3‰~5‰。

中段的编号可按标高，也可按从上向下的顺序编为一，二，三，……中段。当矿带周围地形高差悬殊，有利于平窿勘探时，可用一系列标高不同的平窿勘探系统进行勘探。平窿间的高差应按勘探类型的中段高度来确定。

在相邻两中段间，若用上、下山工程沿倾斜方向揭露矿体时，其块段的划分应考虑将来开采块段的大小。

当采用坑钻联合勘探时，主要穿脉坑道应布置在勘探线上。水平钻孔的标高应与坑道腰线标高一致。坑道系统以外地段的勘探钻孔（直孔或斜孔），可按不同中段标高截穿矿体，或按勘探线形式布置。

3）坑口位置的选择

坑口位置的选择是否合理，对勘探地质经济效果和施工安全均有重要影响。因此，在选择坑口位置时，必须综合各方面因素慎重考虑。现将不同类型坑口位置选择的要求叙述如下：

（1）平窿口、斜井口位置选择的要求：①地形有利，距离矿体近；②为便于修路、运输，坑口不宜选在悬崖陡壁上或难通行的地方；③坑口附近要有较开阔的场地，便于修建坑口设施，堆放生产材料和井下矿渣。铀矿石堆放点应位于坑口下风方向，至少距坑口 10 m 以上；④坑口应避开冲沟谷底，其标高应在该区历史上最高洪水位以上；⑤坑口应位于坑道系统的中部，使主巷两翼的运输和通风距离大致相等。

（2）竖井井筒位置选择的要求：①竖井井筒应布置在矿体下盘，并位于开采时所形成的地表塌陷带范围以外，确保井筒安全，以便将来开采所利用，竖井井筒之所以不能布置在矿体上盘，是因为井筒在上盘，一旦向下延伸，势必穿过矿体。施工中为维护其安全，就要保留矿柱，这样就不利于充分利用矿产资源。②井筒要避开断层、流沙层、破碎带及溶洞等，为此，在竖井施工前，应在井筒位置先打一探索钻孔，了解水文地质及工程地质情况。探索孔的孔位距离井筒中心不得超过 20 m，孔深应大于井筒深度 10～20 m。③井口不得位于地形低洼的沟谷中，井口标高应高于该区历史上最高洪水位。④井口附近应有良好的地形条件，便于井场建设、排水、运输及堆放矿渣。⑤对矿体而言，井筒位置应适中，向两翼的工程量大致相同，并力求石门距离最短。

4）井下坑道的布置

井下坑道的布置是在相应的中段地质平面图上进行的。当深部有钻孔资料时，中段地质平面图可根据设计地段的勘探线地质剖面图进行编制。即在每条勘探线剖面图上，将设计中段相应标高线上的地质界线点及推断的矿体边界点，按坐标位置展绘在平面图上，然后沿走向连接地质及矿体界线，即得中段地质平面图。当深部无钻孔资料时，例如勘探初期进行平窿设计，则可先根据大比例尺矿床地质图，在设计地段切制若干条地质剖面。剖面上地质界线（包括矿体界线）及其产状按地表产状向下延伸到设计中段，然后用上述方法编制中段地质平面图。

在中段地质平面图上，坑道的布置可分为脉内沿脉系统和脉外沿脉系统两种。

（1）脉内沿脉系统：沿脉坑道沿矿体走向追索前进，当沿脉坑道的宽度小于矿体厚度时，在沿脉坑道中按一定间距（其大小视矿床勘探类型而定）向两壁开掘穿脉，以揭穿整个矿体厚度。穿脉的方向应垂直矿体平均走向。在每两个穿脉之间则按一定间距编录掌子面并配合水平探眼以圈定矿体。脉内沿脉系统一般用于走向比较稳定，矿石胶结紧密不易坍塌的脉状矿体。其优点是可沿走向连续研究矿体的变化并可节省穿脉工作量。其缺点是当矿体走向有一定变化一时坑道不能直线掘进，对运输、通风、照明等均为不利。另外，当铀矿品位很高时，坑道中射线照射量率和射气浓度较高，有害于井下工作人员身体健康。

（2）脉外沿脉系统：将沿脉坑道开掘在矿体下盘围岩中，其方向与矿体平均走向平行。然后按一定间距从沿脉中向矿体掘穿脉坑道控制矿体的厚度。穿脉方向垂直于矿体平均走向。在穿脉坑道之间则用水平探眼圈定矿体。脉外沿脉系统一般用于含矿构造强裂破碎或矿体产状变化较大的情况下，但矿体下盘围岩必须稳定。其优点是沿脉坑道可直线掘进，拐弯较少，有利于运输、通风和照明，常作为主要运输巷道，并可避免坑道内射线照射量率和射气浓度过高。其缺点是：所用穿脉坑道较长，工作量大。因此，为了减少穿脉工作量，应尽可能使沿脉坑道靠近矿体。

无论脉内还是脉外沿脉，穿脉坑道的布置必须与整个勘探系统相适应，便于资料的综合整理。天井、暗井、上山、下山等工程主要用于高级储量地段的勘探，一般将矿体分割成矩形或三角块段。布置天（暗）井、上山工程时，应考虑与其他工程构成剖面系统，并使所分块段与开采块段一致。

若布置地下坑道工程的目的是为了检查验证钻探资料，则检查坑道应布置在钻孔岩矿芯采取率较低，矿石类型和品级代表性较强以及需要求高级储量的地段。

5）坑探工程设计书的编写

凡重型坑探工程均需编写专门的设计书，对应用坑探工程的地质依据和必要性进行论证，对勘探系统的选择、中段标高及坑口位置的确定等进行评述，最后应列表统计工作量。设计书应附有各中段坑道地质平面图，有关设计剖面图以及矿床地形地质图等。具体要求见有关规范。

3.4.5 探矿工程的布置与施工顺序

1）探矿工程的布置

探矿工程（以钻孔为例）的布置及施工，是在对地面地质情况进行了一定程度的地表揭露或者是对地球物理、地球化学勘查成果进行了深入研究的基础上进行的。探矿工程是直接获取深部地质和矿产情况的最有效手段，但因投资较大，故对钻孔布置必须精心设计实施，为避免盲目和浪费。一般应严格遵循以下原则：

（1）根据不同的要求，按一定间距系统而有规律地布置，以便工程间相互联系并对比，利于编制一系列的剖面和获得矿体的各种参数；

（2）尽量垂直矿体走向或主要构造线方向布置，以保证工程沿矿体厚度方向穿过整个矿体或含矿构造带；

（3）从把握性大的地方向外推移，即由已知到未知，由地表到地下，由稀到密地布置；

（4）充分利用原有槽探、钻探和坑探的成果。

无论是零散的或成勘查线排列的钻孔，均应尽可能地与已有的勘查工程配套，相互联系构成系统，以便获得完整的地质剖面。布置的形式可以是勘查线，也可以是勘查网（如正方形的、矩形的或菱形的），这要视地质和矿床的具体情况而定。

2）探矿工程的施工顺序

为了获得适合于确定矿石品位的最精确的取样，钻孔一般都要以高角度与潜在的矿体相交。如果目标是原生矿化，钻孔要布置在预测的氧化带水平以下穿过矿体（图3-2）。如果矿化体是陡倾斜的板状，那么，钻孔应以一定角度在矿化体倾向相反的方向揭露矿体。如果矿化体的倾向还不清楚（如验证地球物理或地球化学异常时会出现这种情况），为保证能与目标相截，将需要设计至少两个相反倾向的钻孔，若第一个钻孔揭露到了目标矿化体，则不施工反向钻孔；若第一个钻孔落空了，有可能矿化体是向反方向倾斜，有必要施工反向钻孔进行证实。如果矿化体是缓倾角的层状或透镜体，则采用垂直钻孔进行验证。

下面举例说明探矿工程（钻孔）的布置与施工顺序（图3-2）。

（1）根据地球物理和（或）地球化学异常结果的解译，沿推测的隐伏矿体的倾斜方向布置

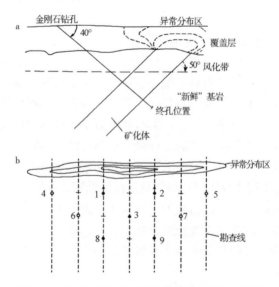

图3-2 探矿工程（钻孔）的布置及其施工顺序

（据Annels，1991）

a—钻孔设计剖面示意图，说明第一个钻孔如何布置；b—钻孔布置平面图

2 个钻孔（图 3-2b 中编号为 1 号和 2 号孔），设计时尽可能在接近氧化界面下的基岩内垂直或高角度穿透矿体，其目的是揭露矿体的氧化带（图 3-2a），这两个孔所在的勘查线间距可按 50 m 的倍数设定。如果不清楚矿化体的倾向，则可能需要在异常的两侧各设计一个孔，希望其中能有一个孔穿过矿体。矿化部位的钻孔孔径（与矿体相截处），在设计钻孔开孔孔径时应考虑到能够保证钻孔穿过破碎带部位可以加套管。

（2）确定钻孔最佳倾角时，还要考虑到钻孔与岩层层理、片理、劈理等相截的角度不是锐角，因为锐角相交可能会导致岩心破碎呈薄片状，这些岩石碎片在岩心管内互相滑动，有可能在岩心管尚未盛满之前即被堵塞。

（3）勘查线应尽可能与矿化体走向垂直，以便绘制精确的勘查线剖面图。

（4）钻孔布置应遵循一定的施工顺序。如图 3-2b 所示，如果 1 号孔和 2 号孔揭示了具有经济意义的矿化，那么，应在这两条线之间的勘查线上施工第 3 号钻孔，其目的是验证矿化沿倾斜方向上的连续性；若 3 号孔证实了矿化的延深，那么，继续施工第 4~7 号孔；然后施工 8 号和 9 号孔。从而逐步建立起一个错位控制的勘查网。

（5）一旦确立了矿化体的空间位置和产状以及地层层序，即可以转入勘探阶段，实施补充钻探（在图 3-2 中"+"的位置加密钻探）。这一钻探阶段为节省经费，可考虑采集岩屑作为化学分析样品的回转冲击钻进技术。同时，为了获得选冶半工业试验的样品，还可以考虑大直径钻孔的可能性。

一旦揭露到目标矿化体，根据勘查设计的要求，以第一个见矿钻孔位置为起点实施扩展钻探，目的是确定矿化范围。由于矿化体沿潜在水平范围通常会比其潜在的深度范围了解得更多一些，所以，在多数情况下，第一批施工的扩展钻孔都是从第一个发现孔沿走向布置（以 40 m 或 50 m 为倍数的规则网度布置），且钻孔是在与第一个发现孔近似的深度与矿化体相截。一旦在一定长度的走向范围内证实了有经济意义矿化的存在，即可以按设计实施勘查线剖面上较深矿化体的钻探。

3.5 矿产勘探阶段

勘探是对已知具有工业价值的矿床或经详查圈出的勘探区，通过加密各种采样工程（其间距足以肯定工业矿化的连续性），详细查明矿体的形态、产状、大小、空间位置和矿石质量特征；详细查明矿床开采技术条件，对矿石的加工选（冶）性能进行实验室流程试验或实验室扩大连续试验；为可行性研究和矿权转让以及矿山设计和建设提交地质勘探报告。

3.5.1 勘查工作程度要求

通过 1:5000~1:1000（必要时可采用 1:500）比例尺地质填图，加密各种取样工程及相应的工作，详细查明成矿地质条件及内在规律，建立矿床的地质模型。

详细控制主要矿体的特征、空间分布；详细查明矿石物质组成、赋存状态、矿石类型、质量及其分布规律；对破坏矿体或划分井田等有较大影响的断层、破碎带，应有工程控制其产状及断距；对首采地段主矿体上、下盘具工业价值的小矿体应一并勘探，以便同时开采；对可供综合利用的共、伴生矿产应进行综合评价，共生矿产的勘查程度应视矿种的特征而定：即异体共生的应单独圈定矿体；同体共生的需要分采分选时也应分别圈定矿体或矿石类型。

对影响矿床开采的水文地质、工程地质、环境地质问题要详细查明。通过试验获取计算参数，结合矿山工程计算首采区、煤田第一开采水平的矿坑涌水量，预测下一水平的涌水量；预测不良工程地段和问题；对矿山排水、开采区地面变形破坏、矿山废水排放与矿渣堆放可能引起的环境地质问题作出评价；未开发过的新区，应对原生地质环境作出评价；老矿区则应针对已出现的环境地质问题（如放射性、有害气体、各种不良自然地质现象的展布及危害性）进行调研，找出产生和形成条件，预测其发展趋势，提出治理措施。

在矿区范围内，针对不同的矿石类型，采集具有代表性的样品，进行加工选冶性能试验。可类比的易选矿石应进行实验室流程试验；一般矿石在实验室流程试验基础上，进行实验室扩大连续试验；难选矿石和新类型矿石应进行实验室扩大连续试验，必要时进行半工业试验。

勘探时未进行可行性研究的，可依据系统工程及加密工程的取样资料、有效的物、化探资料及各种实测的参数，用一般工业指标圈定矿体，并选择合适的方法，详细估算相应类型的资源量。进行了预可行性研究或可行性研究的，可根据当时的市场价格论证后所确定的、由地质矿产主管部门下达的正式工业指标圈定矿体，详细估算相应类型的储量、基础储量，以及资源量，为矿山初步设计和矿山建设提供依据。探明的可采储量应满足矿山返本付息的需要。

3.5.2　勘查类型划分及勘查工程布置的原则

正确划分矿床勘查类型是合理地选择勘查方法和布置工程的重要依据，应在充分研究以往矿床地质构造特征和地质勘查工作经验的基础上，根据矿体规模、矿体形态复杂程度、内部结构复杂程度、矿石有用组分分布均匀程度、构造复杂程度等主要地质因素加以确定。

勘查工程布置原则应根据矿床地质特征和矿山建设的需要具体确定。一般应在地质综合研究的基础上，并参考同类型矿床勘探工程布置的经验和典型实例，采取先行控制，由稀到密、稀密结合，由浅到深、深浅结合，典型解剖、区别对待的原则进行布置。为了便于储量计算和综合研究，勘查工程尽可能布置在勘查线上。

一般情况下，地表应以槽井探为主，浅钻工程为辅，深部应配合有效的地球物理和地球化学方法，以岩心钻探为主；在地质条件复杂，钻探不能满足地质要求时，应尽量采用部分坑道探矿，以便加深对矿体赋存规律和矿山开采技术条件的了解，坑道一般布置在矿体的浅部；当采集选矿大样时，也可动用坑探工程；对管条状和形态极复杂的矿体应以坑探为主。

加强综合研究掌握地质规律，是合理布置勘查工程、正确圈定矿体的重要依据。地质勘查程度的高低不仅取决于工程控制的多少，还取决于地质规律的综合研究程度。因此要充分发挥地质综合研究的作用，防止单纯依靠工程的倾向，努力做到正确反映矿床地质实际情况。各种金属矿床的勘查类型和勘查工程间距，应在总结过去矿床勘查经验的基础上加以研究确定。

3.5.3　矿床勘查深度的确定

矿床的勘查深度，应根据矿床特点和当前开采技术经济条件等因素考虑。对于矿体延深不大的矿床，最好一次勘探完毕。对延伸很大的矿床，其勘查深度一般为 $400 \sim 600 \mathrm{~m}$，在此深度以下，只需打少量深钻，控制矿体远景，为矿山总体规划提供资料。对于埋藏较深的盲矿体，其勘查深度可根据国家急需情况，与开采部门具体研究确定。

3.5.4　矿床勘探设计

矿床勘探设计的内容包括文字说明书和图件两部分，在有关规范中有明确的要求。文字说明书应阐明：设计的指导思想、目的任务、地质依据；探矿工程的布置；地球物理和地球化学方法的应用；设计工作量和工程施工程序；勘查质量要求和主要技术措施；所需人力、物力、财力的预算和预期的工作成果等。设计图件的种类和数量应根据工作任务和地质条件具体确定。一般应有：矿床地形地质图、勘探工程布置图、勘探线设计剖面图、钻孔设计剖面图、坑道勘查设计平面图等图件，以及其他论证地质依据的图件资料等。图件编制要求详见有关规范。

矿床勘探设计根据其性质和任务的不同可分为总体设计、年度设计，以及补充设计。总体勘探设计是在矿床转入勘探阶段时，根据工作区的地质特点、范围大小、发展远景以及人力、物力、财力等情况，对勘探工作进行统一安排和部署。特别是在勘探地段的顺序安排和勘查系统的选择上，既要考虑近期的勘探任务，又要兼顾矿床的将来发展远景。所以，总体设计必须按有关规范的要求周密地编制。

年度勘探设计一般是在年度勘探工作总结和认识的基础上编制。它主要阐述来年勘探工作的安排和工作部署，也要进行勘探费用和勘探成果的预测。

补充勘探设计主要是针对某些勘探工作已基本结束，但未达到预期的勘查程度或在勘探过程中遇到某些情况变化，需要及时进行补充工作而作的勘探设计。这种设计往往属于单项工程设计或对原设计的补充。

3.5.5　关于储量比例

储量比例反映了对一个矿区整体的勘查程度，也必然反映了工程投入和资金投入的多少。在计划经济体制下，国家是勘查开发投资者，要求勘查者按一定的储量比例进行勘查，以求将开发投资风险降至最低。过去关于储量比例的规定有一定的经验依据，而且也可以灵活应用，但在计划经济体制下，勘查和开发工作及其投资是分部门管理，有部门利益的驱使，勘查、设计各方面都不愿意突破这一界线，使灵活的规定失去了原来的意图而变得僵化（国土资源部矿产资源储量司，2003）。在市场经济条件下，各类投资者都是自己承担风险，不存在计划经济条件下分部门管理的问题，现在的《固体矿产勘查规范总则》取消了各类储量比例的规定，仅作为一般表述：要与投资者研究确定，一般详查阶段估算的控制资源储量，应达到矿山最低服务年限的要求；勘探阶段估算的探明资源储量，其中可采储量部分应满足矿山还本付息所需矿量的要求。

矿床勘探报告的编写格式及其技术要求参见《固体矿产勘查报告格式规定》（DZ/T0131—1994），报告编写提纲参见本书附录1。

3.5.6　可行性研究

1）可行性研究的条件

满足下列条件可开展可行性研究：

（1）具有投资者（业主）对项目进行可行性研究的委托（协议、合同）书；

（2）具有预可行性研究成果；

（3）拟建矿山，具有达到勘探程度的勘探地质报告，或达到勘探程度能满足可行性研究所需的各种矿产地质基础资料及相应的矿石选冶加工性能试验资料；

（4）具有研究所需的其他各种技术经济资料及相关资料。

2）可行性研究的内容和要求

（1）市场调研及预测：包括产品及主要原辅材料市场评述，要求说明该项目的必要性，确定产品的市场参数，如该矿产品的市场容量、供求状况、价格水平和走势、销售策略、销售费用等。

（2）资源条件评价：包括勘探地段矿产资源储量评述、矿石选冶加工技术性能试验及开采技术条件评述、外部建设条件评述等，这部分内容是可行性研究中最重要的部分。

（3）矿山建设方案研究：包括生产规模、厂址、产品、技术、设备、工程、原材料供应等局部方案的研究和总体方案的研究；环境影响评价、劳动安全卫生、节能节水；组织机构设置及人力资源配置；建设实施进度及投产达产进度设计；建设投资估算和生产期更新投资估算、生产流动资金估算、生产成本和费用估算。应进行多方案比较、择优而定，所形成的总体方案，需协调优化，化解瓶颈和消除功能过剩。

（4）经济评价：包括财务分析和评价指标计算（含不确定性分析）、国民经济评价和社会评价（必要时）、风险分析和风险化解措施（有概率条件时）、资金筹措方案等。经济评价是为矿床开发项目推荐技术上可行、经济上合理、环保上允许的最佳方案，为投资决策提供所有必要的资料，其中包括：矿产资源储量、政策、技术、工程、财务、经济、环保、商务等。经济评价指标计算公式和基本报表、辅助报表等，执行《建设项目经济评价方法与参数》（第二版）的要求。

（5）结论与建议：对影响项目的关键性因素的研究结果应有肯定的结论，选定的厂址、规定的生产能力、生产大纲、原辅材料的投入、工艺技术、机械设备、供水供电、建构筑物、内外部运输、组织管理机构、建设进度等都是经多方案研究后相互协调的结果，使项目的技术和经济数据都能满足投资有关各方的审查评估需要，以及银行的认可（国土资源部矿产资源储量司，2003）。

4 勘探工作要求与资源/储量分类

前已述及，勘探是对已知具有工业价值的矿床或经详查圈出的勘探区，通过加密各种采样工程详细查明矿体的形态、产状、大小、空间位置和矿石质量特征；详细查明矿床开采技术条件；对矿石的加工选（冶）性能进行实验室流程试验；为可行性研究和矿权转让以及矿山设计和建设提交地质勘探报告。下面以金属矿产（含铀矿）为例，详细论述矿床勘探程度要求、勘探类型划分、勘探技术手段的选择与勘探工程的布置。

4.1 矿床勘探程度要求

矿床勘探程度系指经过矿床勘探工作，对矿床的地质特征和技术特点的研究所要求达到的详细程度。它综合体现矿床勘探工作的地质效果和经济意义。

矿床勘探程度是用不同种类的勘探手段和不同数量的勘探工程所获得的各种实际资料。它是针对矿床的成矿条件、变化规律及其在工业上的利用价值等所进行的一系列专门研究工作的综合反映。

4.1.1 衡量矿床勘探程度的主要标志

（1）对矿床地质构造、矿体分布规律和对矿山建设有决定意义的主要矿体的形态、产状、构造及其分布边界的研究和控制程度；

（2）对矿产的物质成分、技术加工性能及各种可供综合开发利用的共生矿产和伴生有用组分的查明情况；

（3）矿产不同级别的储量所占的比例及分布情况；

（4）对矿区水文地质和开采技术条件的研究程度；

（5）被探明矿产储量的分布深度。

合理的勘探程度，决定于国家对矿产的急需程度、矿山建设和生产的要求、矿床地质构造的复杂程度、矿区的自然经济地理条件等。总的原则是既要满足矿山建设对地质资源和矿产储量的需要，又不能超越需要进行过度的勘探。

4.1.2 矿床勘探程度应达到的基本要求

为了满足矿山设计的需要，矿床勘探程度应达到下列各项基本要求。

（1）勘探并研究矿区地质构造特征：勘探期间要加强对矿床的地质研究工作，系统地、全面地分析研究矿床地质构造特征，确定矿体形态、产状和规模，以达到正确连接矿体的目的。以铀矿为例，对与铀矿化有关的岩体、层位、热液蚀变以及成矿前后的褶曲、断层、裂隙、破碎带等构造也要研究查明。对破坏矿体和划分井区范围及建设开拓井巷有影响的较大断层、破碎带，要用勘探工程实际控制其产状和断距。对较小的断层、破碎带应根据地表实测，结合地下探矿确定其分布范围。

（2）勘探并研究矿体（层）的分布范围：适于露天开采的矿床要系统控制矿体四周的边界，以正确确定剥离边界线，并控制矿体的采场底部边界。对地下开采的矿床要查明主矿体沿走向和倾向的边界，以便合理选定主要基建开拓工程的位置。对地表矿体的边界，要用槽、井探予以圈定，覆盖层之下和基岩中的隐伏矿体要控制其顶部边界。

（3）勘探并研究矿体（层）外部形态和内部结构：矿体（层）的形态、产状、空间位置和受构造影响或被构造破坏等情况，是反映矿体外部形态特征的重要因素，也是确定矿山开采、开拓方案和开采方法的重要依据。因此，在矿床勘探期间，要重视对占大部分矿量的主矿体的形态、产状及其空间分布特点的控制和研究，特别要在矿体尖灭、转折、构造破坏等处加密工程，从而才能正确圈定矿体，为开采、开拓方案的设计提供较准确的地质资料。矿体内部结构是指矿体边界范围内各种矿石自然类型、工业类型、工业品级和非矿夹石的形态、空间分布特征、种类和它们的相互关系。它是评价矿床工业利用价值的重要质量指标，所以，对它的控制和研究有重要的实际意义。

（4）放射性物探的研究及其参数的确定：在铀矿床勘探中要广泛开展放射性物探工作及其研究工作，准确测定各项参数。做好放射性物探工作不仅为矿床的评价和储量计算提供可靠的依据，同时也为寻找深部隐伏矿体和预测成矿有利地段创造条件。平衡系数和射气扩散系数关系到能否准确测定铀含量，因此必须按要求系统地代表性的取样。随着勘探工程施工的进展，必须随时对矿床放射性平衡位移规律作全面研究，了解平衡系数沿垂向、横向的变化及与铀含量变化的关系。在坑道和钻孔中做好伽马总量和伽马能谱取样，及伽马总量和伽马能谱测井工作，研究岩石的天然伽马辐射场，寻找放射性异常，直接确定矿石铀含量、矿体的厚度和空间位置。还要进行模型测量和研究对比工作。在有坑道的矿区还要开展氡气当量扩散率和放射性测定矿石体重等工作。

（5）勘探并研究矿区水文地质条件：矿床水文地质条件是影响矿床开采的一个重要因素。所以经勘探和研究应查明：矿床充水因素、地下水的补给来源、水位、径流和排泄条件；矿区含水层的性质、厚度、分布范围、渗透系数、单位涌水量；地下水和地表水之间的水力联系程度，隔水层的性质、厚度、分布和隔水性能；矿床水文地球化学条件、水质、水中放射性元素分布特征。在缺水地区，应扩大调查范围或做专门供水调查，提出供水勘探方案。矿区内有热水时，要着重查明其补给来源、分布范围、水温、水量，并评述热水对开采的影响程度。

（6）共生、伴生矿床和有益组分的综合勘探与综合评价：在勘探铀矿床的同时，对矿体以及矿体上下盘围岩中的一切共生、伴生矿床和有益组分，应根据资源条件、矿山设计要求，进行综合勘探和综合评价，研究共生、伴生有益组分的含量、赋存状态和分布规律，对有综合利用价值的组分应计算其储量。

（7）研究确定矿石物质成分：研究并查明：各种类型矿石的物质成分（矿物成分和化学成分）及其含量变化；矿石的粒度、结构、构造。研究划分矿石工业类型和矿石品级，确定它们的相互关系和空间分布。研究不同矿石类型的有益有害组分的含量及其变化规律，并分别圈定其范围。必要时可进行单矿物的研究。

（8）试验研究矿石的技术加工性能：铀矿石水冶技术加工性能的研究，涉及矿床的工业评价。勘探初期就应注意研究矿石技术加工性能，如属于难选难冶，耗酸量大，目前暂时不能利用的矿床，勘探程度可适当放低或不进行勘探。如矿石含有可综合利用的伴生组分，则应进行伴生组分的选冶试验。新类型矿石应进行实验室扩大连续试验，必要时进行半工业试验。

（9）勘探并研究矿床开采技术条件：在充分研究矿区内断层、破碎带、节理裂隙发育程度的基础上，查明矿体及其顶底板近矿围岩的稳定性、开采范围内流沙层的厚度、分布范围，测定矿石和围岩的物理机械性质、矿石的湿度、块度、硬度、体重、松散系数、矿床露天开采时的最大安息角（表示边坡稳定性）、单位当量氡气扩散量及有害气体等。

4.2 矿床勘探类型划分与勘查工程间距的确定

根据矿床勘探实践和矿山开采验证的资料，矿床勘探类型划分的条件主要有：
（1）地质构造的复杂程度；

（2）主要矿体的形态、产状、规模和分布；

（3）矿化的连续性的稳定性。

确定矿床勘探类型，对上述3个因素必须综合考虑。一般来说，规模大的矿体，形态一般比较简单，矿化比较均匀。但实际上也有规模大的矿体形态复杂、矿化不均匀而规模小的矿体却形态简单、矿化均匀的。因此，在工作中必须从实际出发，认真研究矿床地质特征，才能正确确定勘探类型，以便选用适当的勘探方法，筹划对矿床的合理勘探和研究程度。

1）矿床勘探类型划分

不同矿床勘探类型有一定差异，以铀矿床为例，其矿床勘探类型按中华人民共和国地质矿产行业标准（DZ/T0199—2002）划为三种类型（表4-1）：

（1）简单型（Ⅰ勘探类型）：一般为大型矿床，其特点是：矿床构造简单，矿化分布范围广，矿体（层）或矿带沿走向长度500 m以上至几十千米。矿化较连续、均匀。矿体形态简单，呈层状、似层状、透镜状。矿体规模较大，一般沿倾向延伸在250 m以上。品位变化系数小于60%，厚度变化系数小于50%，含矿系数大于0.8。对该类型矿床可基本采用钻探工程进行勘探，还应辅以少量坑探工程，以便对钻探成果进行必要的检查验证和了解矿化特征。

（2）中等型（Ⅱ勘探类型）：大、中型层状、似层状、透镜状、脉状矿床。该类型矿床，地质构造比较简单，矿化受构造、岩性（或层位）控制明显。矿床由许多大小不等的矿体组成，其中有数个主矿体（占总储量的60%~70%以上），其走向延伸200~500 m以上，沿倾向延伸100~250 m以上。品位变化系数60%~120%，厚度变化系数50%~180%，含矿系数0.7以上。该类型矿床的勘探一般采用钻探和坑探，以何种方法为主，视具体情况而定。

（3）复杂型（Ⅲ勘探类型）：形态不规则的似层状、透镜状、脉状、柱状矿床。该类型矿床，构造条件较复杂，矿化受构造、层位控制较明显。矿体规模一般为中、小型。矿床一般由数十个以至上百个矿体组成，其中也有几个主要矿体存在。矿体沿走向延伸小于200 m，沿倾向延伸小于100 m。品位变化系数大于120%，厚度变化系数大于180%，含矿系数0.6以上。对该类型矿床一般采用坑探与钻探联合勘探的方法。

在应用矿床勘探类型时应注意以下几点：

（1）选择最合理的勘探方案，需要认真研究矿床地质特征，将所占有的资料与已知勘探类型进行比较。切合实际地部署勘探工作，要占有足够的资料，而这种资料的取得，要经过较长时间的努力，所以在勘探初期资料不多的情况下，可按照矿床工业类型的类比原则，部署矿床勘探工作。

（2）必须注意矿床中各矿体的具体特征，因为在同一矿床中的矿体可能有几个勘探类型，这时应按多数或主要矿体的勘探类型部署工作，其他矿体可在勘探过程中附带解决。

（3）随着勘探程度的提高，掌握的材料也愈加充实。这时，有可能针对矿体三度空间的变化情况改变原来所划定的勘探类型。例如，起初划为第三勘探类型的矿床，经一段时间的勘探实践证明应划为第二勘探类型，这时应设法按第二勘探类型的要求在各勘探层上减少工程，以期达到第二勘探类型应达到的要求。

2）勘探工程间距的确定

合理的勘探工程间距，对矿体的形态、产状、构造及其分布边界的研究和确定有重要意义，是矿床控制程度的具体体现。影响勘探工程间距大小的主要因素是矿床地质条件的复杂程度，即勘探的难易程度（以勘探类型体现）以及对储量级别要求的高低。

勘探工程间距的确定方法有：

（1）类比法：根据一系列矿床的勘探成果，通过综合概括拟定为一个针对不同勘探类型不同储量级别的勘探工程间距的统一方案（或称规范）。将准备投入勘探的矿床按其勘探类型和储量级别的要求，用方案（规范）与之比较，然后确定勘探间距，这就是类比法。现将铀矿床勘查工程间距列于表4-1，铜、铁矿床勘查工程间距列于表4-2，4-3。由表可看出，不同类型矿床的勘查工程间距有一定差异，求得不同级别储量（探明的、控制的、推断的）的勘查工程间距也不一样。

表4-1　铀矿床勘查工程间距表

勘查类型	勘查工程种类	地质可靠程度控制工程间距	
		走　向	倾　向
简单型（Ⅰ型）	钻　孔	100 ~ 200 m	100 ~ 200 m
	穿　脉		
	中　段		
中等型（Ⅱ型）	钻　孔	100 m	100 m
	穿　脉	25 ~ 50 m	
	中　段		50 ~ 100 m
复杂型（Ⅲ型）	钻　孔	50 ~ 100 m	50 ~ 100 m
	穿　脉	25 m	
	中　段		50 m

（据中华人民共和国地质矿产行业标准·铀矿地质勘查规范 DZ/T0199—2002）

表4-2　铜矿床勘查工程间距表

勘探类型	勘　查　工　程　间　距（m）			
	探　明　的		控　制　的	
	沿走向	沿倾向	沿走向	沿倾向
Ⅰ	100 ~ 120	100	200 ~ 240	100 ~ 200
Ⅱ	60 ~ 80	50 ~ 60	120 ~ 160	100 ~ 120
Ⅲ	40 ~ 50	30 ~ 40	80 ~ 100	60 ~ 80

（据中华人民共和国地质矿产行业标准·铜、铅、锌、银、镍、钼矿地质勘查规范 DZ/T0214—2002）

表4-3　铁矿床勘查工程间距表

勘探类型	勘　查　工　程　间　距（m）					
	探　明　的		控　制　的		推　断　的	
	沿走向	沿倾向	沿走向	沿倾向	沿走向	沿倾向
Ⅰ	200	100 ~ 200	400	200 ~ 400	800	400 ~ 800
Ⅱ	100	50 ~ 100	200	100 ~ 200	400	200 ~ 400
Ⅲ	50	50	100	50 ~ 100	200	100 ~ 200

（据中华人民共和国地质矿产行业标准·铁、锰、铬矿地质勘查规范 DZ/T0200—2002）

　　（2）试验法：该法是在一个勘探矿区选择一个有代表性的地段进行重点解剖，从各方面分析对比进而确定满足各储量级别的合理间距。其试验程序是，先以该矿床类型中最高储量级别工程间距为标准网度间距，根据施工结果确定出矿体厚度、矿石平均体重、矿石平均品位、矿石储量、金属储量。然后，以这些数据作标准，将依次放稀工程间距所取得的结果与之进行比较，考虑储量级别允许误差限度，确定所求相应储量级别网度的间距。

4.3　勘探技术手段的选择与勘查工程的布置

4.3.1　影响勘探工程选择的因素

　　在铀矿床勘探中，影响勘探工程选择的因素有：矿床地质因素、自然地理因素和经济技术因素。

1) 矿床地质因素

（1）地质构造的复杂程度：对地质构造简单的矿床，如矿体的规模大，形态呈层状、似层状和简单脉状，矿体中有用组分分布均匀，矿化比较连续，矿体产状稳定的第一、二勘探类型矿床，一般采用以钻探为主的方法，相反，对地质构造复杂的第三勘探类型矿床，通常采用以坑探为主的方法，用钻探了解矿化范围或勘探主矿体。

（2）矿体的埋藏深度：矿体的埋藏深度影响勘探工程的选择。对埋藏浅、产状平缓的矿体，可用槽、井探或浅钻、小坑道勘探；对埋藏较深、倾斜较陡的矿体，可用钻探、坑道联合勘探；对埋藏更深的矿体宜使用钻探工程，不宜使用坑道工程。

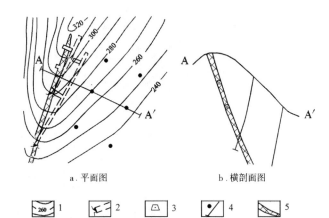

图 4-1　沿脉平窿、石门、钻孔相互配合的勘探形式

（据贺伟建，1966）

1—地形等高线；2—沿脉平窿水平投影位置；3—坑道横剖面；4—钻孔地表位置及勘探剖面线；5—矿体

（3）矿体产状与地形的关系：矿体的走向、倾向、倾角与地形的关系，直接影响勘探手段的选择。例如，若矿体呈脉状，倾角较陡，地形坡度较大，在浅部可采用沿脉坑道勘探，在深部用钻探配合进行分段勘探（图 4-1）。若矿体呈似层状，倾角陡，地形坡度较缓，在浅部用浅井，在深部用钻探勘探（图 4-2）。若矿体倾向与山坡坡向一致，用穿脉平窿勘探，遇矿后再沿脉掘进，在地形平缓处，可用钻孔勘探（图 4-3）。当矿体倾向与山坡坡向相反，一般采用穿脉平窿，遇矿后再沿脉掘进，深部则在平窿中或开暗井或用地下钻圈定矿体（图 4-4）。

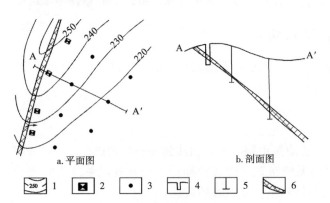

图 4-2　探井与钻孔配合的勘探形式

（据贺伟建，1966）

1—地形等高线；2—探井；3—钻孔；4—探井横剖面；5—钻孔线；6—矿体

2) 自然地理因素

自然地理因素包括地形、岩石含水性、浮土以及气候等。在多数情况下，地形对选择勘探手段的影响很大。如地形切割剧烈，矿体埋藏在山谷之上，可选用坑探，矿体埋藏在山谷之下，可选用钻探；如果是平缓的丘陵，宜多采用垂直的探矿工程，如钻孔、浅井和竖井等。

勘探地段的含水性好，地下涌水量大，采用坑探有困难，则应选用钻探。

浮土覆盖的范围大小、厚薄、物质成分、含水程度和气候的变化，在一定程度上也影响勘探手段的选择。

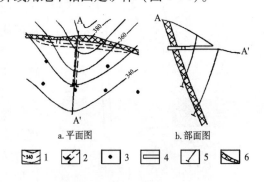

图 4-3　穿脉平窿、石门、钻孔相互配合的勘探形式

（据贺伟建，1966）

1—地形等高线；2—穿脉平窿投影位置；3—钻孔地表位置；4—坑道纵断面；5—钻孔线；6—矿体

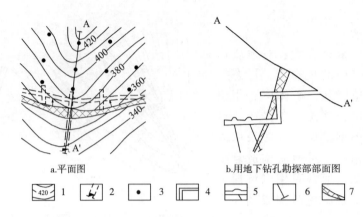

a.平面图　　　　　　　b.用地下钻孔勘探部部面图

| 420 | 1 | | 2 | • | 3 | | 4 | | 5 | | 6 | | 7 |

图4-4　穿脉平窿、石门、地下钻相互配合的勘探形式
（据贺伟建，1966）

1—地形等高线；2—穿脉平窿投影位置；3—钻孔地表位置；4—坑道纵剖面；5—地下钻；6—钻孔线；7—矿体

3）经济技术因素

动力来源、机械设备、支护材料、交通运输和供水情况等，对勘探工程的选择也有一定的影响。

综上所述，在选择勘探手段时，应深入分析影响因素，尽量采用经济、可行的勘探技术手段。

4.3.2　勘探工程布置原则与探矿工程的应用

在矿床勘探过程中，布置勘探工程应遵循的基本原则是：力求以较少的工作量、较少的经费开支、较短的时间，取得全面系统而准确的地质成果。

1）勘探工程的布置原则

布置勘探工程应遵循以下几项原则：

（1）在地质综合研究的基础上，勘探工程布置应按由稀到密，由浅到深的原则进行。

（2）各种勘探工程必须按一定的形式和间距系统布置，使各种勘探工程互有联系，从而便于编制综合图件和系统分析各项数据。

（3）各种勘探工程（沿脉坑道除外）应尽量垂直矿体或构造线走向布置，以保证勘探工程沿厚度方向穿过整个矿体或含矿带。

（4）布置重型坑探工程（竖井、斜井、大型坑道等）应尽可能考虑矿山开采时利用。

（5）在曾经进行过部分勘探工作的地段内再布置勘探工程，应尽可能充分利用原有工程，将其纳入统一系统。

2）勘探中探矿工程的应用

探矿工程包括轻型山地工程、重型山地工程和钻探工程。上一章对轻型山地工程和钻探工程已作介绍。在勘探中除继续应用轻型山地工程和钻探工程外，还使用较多的重型山地工程。

重型山地工程是指在地下深处掘进的施工比较复杂的探矿坑道，它包括平窿、石门、沿脉、穿脉、天井、竖井和斜井等工程（图4-5）。

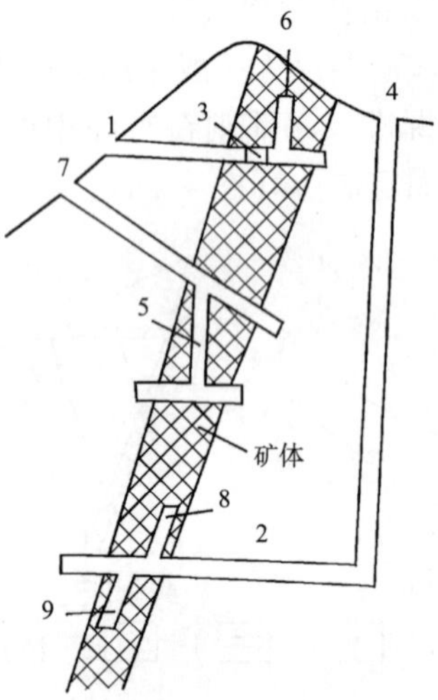

图4-5　重型山地工程类型剖面示意图
1—平窿；2—石门；3—沿脉；4—竖井；5—暗井；6—天井；7—斜井；8—上山；9—下山

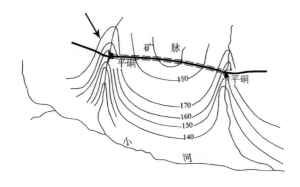

图4-6　沿脉坑道布置示意图

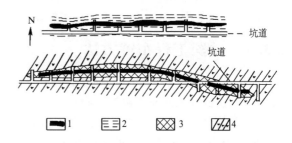

图4-7　脉外坑道布置平面示意图
1—铀矿体；2—泥质页岩；3—铁矿；4—角闪岩

（1）平窿：指一端在地表出口的水平坑道。当矿体产状较陡、地形切割较厉害时，采用平窿揭露矿体深部。平窿施工方便，比探井安全经济，因此在地形条件允许时广泛使用。平窿最好能沿矿体走向掘进（称沿脉坑道）。如图4-6所示，沿脉坑道应在矿层内进行掘进，以便对矿体取得更多的资料。只有在特殊情况下，如矿层极其松软或破碎，易于坍塌，或在矿层十分坚硬而掘进困难时，才采用矿外掘进（图4-7）。如果地形条件不好，则应采用垂直矿体走向的穿脉坑道或采用与矿体走向斜交的斜交坑道（图4-8），但这种时候应尽可能使空掘部分减少。在掘进到矿体以后，也要采取沿脉坑道，当矿体较厚时，也要隔一定间距用石门揭穿矿体。

（2）石门：是指在地表无直接出口而与矿体基本直交的水平坑道。在矿外掘进时，要隔一定间距用石门揭穿矿体（图4-7），或追索被断层所错失的矿体（图4-9）。

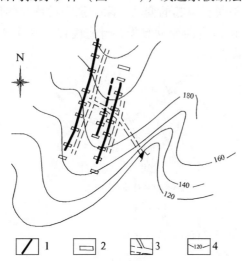

图4-8　斜交坑道布置示意图
1—矿脉；2—探槽；3—斜交平窿及沿脉坑道；4—地形等高线

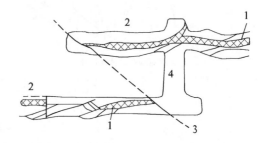

图4-9　用石门揭穿错失矿脉平面示意图
1—矿脉；2—沿脉；3—断层；4—石门

（3）斜井：斜井是在地表有出口的倾斜坑道。受地形条件限制，平窿不便施工，或地质上需要的情况下才使用斜井。斜井可平行于矿体的倾斜方向（但倾角要小于45°）掘进，有时也可用穿脉形式掘进。斜井施工较复杂，排水、运输较困难，故一般少用。

（4）竖井：竖井是断面大、深度大、在地表有出口的垂直坑道。常用于地形平坦地区勘探复杂的深部矿体。竖井位置一般布置在矿体下盘，在井内用穿脉、石门（或地下钻）揭露矿体（图4-5）。

（5）暗井和天井：它们都是地表没有直接出口的垂直坑道。向下掘进的称暗井，向上掘进的称天井。它们主要用来探索未被主坑道控制的矿体。

（6）上山和下山：在地表没有直接出口的倾斜坑道。沿矿体倾斜向上掘进的，称为上山，向下掘进的称为下山。上山和下山用来了解矿体倾斜方向上的变化或连接上下两层坑道以圈定矿体。

4.3.3　勘探工程布置方法

勘探工程一般按一定的剖面系统和按一定的间距布置。

4.3.3.1　按剖面系统布置勘探工程

勘探工程的总体布置必须便于反映地质成果，使各种工程所得资料易于综合对比，便于矿山建设和生产上应用。地质成果的表达方式以图式法为主，辅以文字说明。

勘探工程总体布置形式，主要有勘探线、勘探网和水平勘探三种：

1）勘探线

将勘探工程从地表到地下布置在一条剖面上，此剖面线称为勘探线。勘探线上的工程，可以是同种类的，也可以是不同种类的。这些工程均应力求在勘探剖面上不发生较大的偏离。

勘探线的布置原则：

（1）第一条勘探线按下列原则布置：当矿体的矿化沿走向比较连续，第一条勘探线可选在矿体的中部位置，然后逐步向两侧扩展。矿体规模较大，可按一定间距布置一系列较稀的勘探线，视情况再行加密，当矿体的矿化沿走向不够连续，第一条勘探线可选在富矿地段，然后再向两侧或某一侧矿化地段扩展。

（2）矿体走向有较大变化时，勘探线按下述原则布置：当矿体走向变化较大，但变动部位不多时，应以变动部位为界，两侧分别采用不同方向的勘探线（图4-10a），若变动拐弯部位勘探线呈展开的形式，可加布勘探线（图4-10b）；当矿体走向变化较大，而且变动部位又较多时，一般应随变动部位的走向分别采用相应勘探线方向。但若是断裂引起的变动，除个别变动特大的地段外，一般采用与矿体总走向大致垂直的平行勘探线；当矿体走向变动频繁，且密度很大（小于勘探线间距）时，采取与矿体总走向垂直的方向平行布置勘探线。

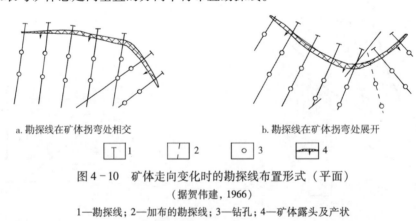

a. 勘探线在矿体拐弯处相交　　　　　b. 勘探线在矿体拐弯处展开

图4-10　矿体走向变化时的勘探线布置形式（平面）

（据贺伟建，1966）

1—勘探线；2—加布的勘探线；3—钻孔；4—矿体露头及产状

（3）矿体沿走向断续分布时，勘探线的间距按以下原则确定：当矿体由若干个断续的透镜状矿体组成，且各透镜体间距较大（勘探线间距的1倍以上）时，勘探线首先布置在有矿体的地段；若矿体由许多小透镜体组成矿带，可将其视为连续的矿带按一定间距布置勘探线，若矿体的断续由断裂引起，在其复杂地段应当加密工程。

2）勘探网

将勘探工程按一定间距布置在两组不同方位的勘探线的交点上，组成网状勘探系统以揭露矿体，这种网状系统称为勘探网。在勘探网上所布置的工程主要是钻孔、探井，有时也配合水平坑道。所布置的工程在勘探网内必须互有联系。勘探网适用于勘探矿化较连续、矿体形态较简单、产状平缓的层状、似层状、大透镜状矿体，即适用于第一、二勘探类型矿床。勘探网有三种形式：正方形网、长方形网和菱形网。其中，正方形网适用于矿体沿走向和倾斜两个方向的延伸大致相同，物质成分的变化比较稳定的矿床；长方形网适用于矿体沿走向和倾斜两个方向延伸并在走向和倾斜两个方向上物质成分变化较明显的矿床；菱形网很少单独使用，它是长方形网加密工程的一种辅助形式，用来提高研究程度，节省工程。

勘探网的布置原则如下：

（1）布网范围：一般以控制矿体边界线为原则，边界线外的工程尽量减少。

（2）网的方向：在一个矿区，勘探网的方向应尽可能协调一致，以达到系统控制矿化规律的目的。但当矿体走向变化很大时，可适当变动网的方向。

（3）网的形状：在矿化范围内，不宜过于强求一律，可根据各地段的情况适当更改网的形状。例如，某矿区西段矿体产状平缓，沿走向、倾斜方向矿化都连续，用正方形网控制，东段矿体产状较陡，且矿化沿倾斜方向变化较大，这时沿倾斜方向的工程密度就应大于走向方向的工程密度，形成长方形网（图4-11）。再如，在施工过程中，当发现某些地段地质情况与设计时掌握的资料有较大出入时，也可根据情况适当放稀或加密工程。如原设计为正方形网，施工后发现部分地段矿体沿走向比沿倾斜方向变化小，这时应在未施工部分的正方形勘探网上沿走向方向适当放稀工程；如原设计为长方形网，施工后发现部分地段矿体沿走向变化较大，则应在沿走向方向加密工程成为正方形网（图4-12）。

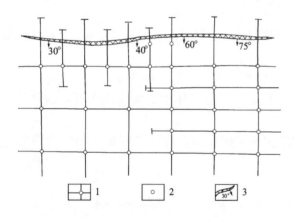

图4-11　按矿体产状及矿化情况布置
勘探网（平面）
1—勘探网；2—钻孔；3—矿体露头及产状

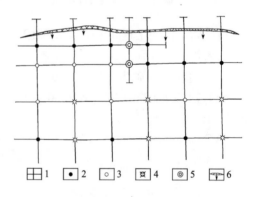

图4-12　根据施工情况放稀和加密工程改变
勘探网的形式（平面）
1—勘探网；2—已施工钻孔；3—未施工钻孔；
4—可取消；5—加密钻孔；6—矿体露头及产状

3）水平勘探

揭露矿体时，勘探工程按一定间距布置在某个标高的水平面上，此种形式称为水平勘探或称中段勘探。两个勘探水平面之间的地段称为勘探中段。水平勘探工程以平巷、石门、水平钻为主。水平勘探一般适用于倾角较陡的柱状、筒状矿体，或形态变化频繁但向深部延伸较大的脉状矿体。

这种矿体一般多属第三勘探类型矿床，少数也属第二勘探类型矿床。形状较复杂的筒状、柱状矿体一般以水平勘探为主（图4-13），矿体延伸较大时可用钻孔（如地下钻）向深部继续探查（图4-14）。

4.3.3.2　按一定间距布置勘探工程

合理确定勘探工程间距，是勘探工程布置的重要组成部分。影响工程间距大小的主要因素是矿床地质条件的复杂程度，即勘探的难易程度（以勘探类型体现）（参见表4-1）。

勘探工程间距或简称勘探间距，亦称勘探网度，是指截穿矿体的勘探工程所控制的矿体面积。通常以工程沿矿体走向的距离与沿倾斜的距离来表示。

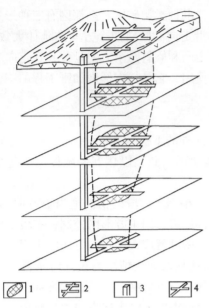

图 4 - 13　用竖井水平勘探筒状矿体

(据侯德义，1984)

1—矿体水平投影；2—地下水平巷道；3—竖井
地表井口位置；4—地表槽探

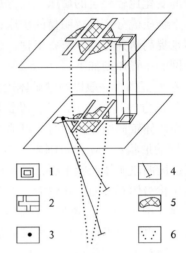

图 4 - 14　用水平勘探揭露筒状矿体立体示意图

1—竖井；2—坑道；3—地下孔位；4—地下钻孔；
5—矿体；6—矿体边界

沿矿体走向的工程间距是指水平距离，如勘探线间距，穿脉间距，天井间距等。沿矿体倾斜方向工程间距的计算则有以下三种情况：

（1）对缓倾斜矿体（倾角 <30°）：工程间距按水平距离计算（图 4 - 15a）；

（2）对中等倾斜矿体（倾角 30°~60°）：工程间距按截穿矿体中心线（或底板）的斜距计算（图 4 - 15b）；

（3）对陡倾斜矿体（倾角 >60°）：工程间距按截穿矿体中心线（或底板）的铅垂距离计算（图 4 - 15c）。

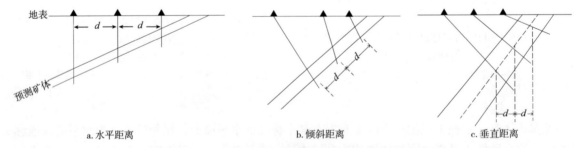

a.水平距离　　　　　　　b.倾斜距离　　　　　　　c.垂直距离

图 4 - 15　沿矿体倾斜方向确定钻孔截穿矿体间距示意图

矿床勘探程度是否合理在很大程度上取决于勘探工程间距的合理性。在矿床勘探允许的误差范围内，勘探工程的最大间距称为合理勘探工程间距。矿床勘探的允许误差范围，一般是根据勘探所求储量级别的不同而分别规定的。

勘探工程间距是否合理，将直接影响到勘探的地质、经济效果。因此，在勘探期间，确定合理的勘探工程间距具有重要的意义。

4.3.4　矿体控制程度的判定

判定矿体的控制程度，主要根据地质条件进行分析对比，可从以下几方面进行：

1) 相邻工程所见矿体空间位置和矿化特征是否对应

有些矿床通常产于一定的层位，有些矿床受一定围岩岩性、接触带或构造等条件控制。因此，研究相邻工程所见矿体空间位置、矿化特征及顶底板岩层（性）特点是否对应，对判断工程之间矿体是否连续是十分重要的。如不对应，则应分析其原因，考虑有无加密工程的必要。在对比时，首先应注意含矿部位和矿化特征，还应注意矿体空间位置的变化。

2) 控矿条件是否清楚

控矿条件是否清楚是很重要的，它直接影响对矿体分布规律和矿体连续性的掌握程度。只有控矿条件清楚了，才能正确连接矿体。在编制剖面图件时，一般根据矿床控矿条件连接矿体界线。如果仅根据见矿点连图，搞不清控矿条件，有可能造成很大差错，即使工程较密，也不能认为对矿体的控制程度已经很高。

3) 相邻工程矿体连接方案的多寡

根据对控矿规律的认识，相邻工程之间连图只有单一方案，表明矿体的控制程度较高。连图的可能方案越多，表明对矿体的控制程度越低（图 4-16）。由此可见，控矿规律不清，可能得出截然不同的剖面，尤其在不同方案所连图件差别较大时，表明对矿体控制程度严重不足。

4) 矿体空间分布的几何控制程度

确定矿体的产状及空间位置，最少必须有 3 个以上揭穿矿体的工程，并且这 3 个工程不应在同一条直线上。少于 3 个工程或工程虽不止一个，但均沿同一直线分布，则应认为控制程度较低。如图 4-17 所示，矿体的几何控制可以分为以下几种，即：①单孔控制的矿体；②单线控制的矿体；③多孔（非一条线上）控制的矿体。显然，单孔控制的矿体控制程度低，单线控制的次之（亦属控制程度较低），多孔控制的矿体精度较高。一般来说，控制矿体的钻孔越多对矿体控制的可靠程度就越高。

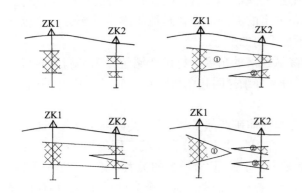

图 4-16　同一见矿情况不同的连接方案示意图

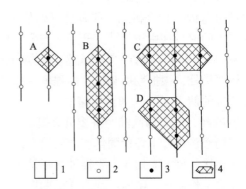

图 4-17　几何控制程度不同的矿体示意图
1—勘探线；2—未见矿钻孔；3—见矿钻孔；4—矿体
A—单孔矿体；B、C—单线矿体；D—多孔矿体

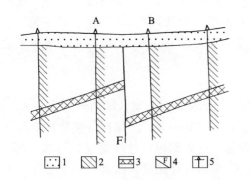

图 4-18　断裂位置控制程度示意图
1—第四系；2—砂页岩；3—矿体；4—断层；5—钻孔

5) 对矿体变化转折点的控制程度

对矿体变化的转折点或突变点，如厚度、产状、顶底板位置变化的转折点以及断裂、尖灭点等，由于事先不能准确预测其位置，故一般不能使工程正好打在转折点上，这时只能用内插法推断确定。如图 4-18，A，B 两钻孔之间矿体有明显位移，这个转折点（高角度断裂）的位置，只能按一般方法定在 A，B 之中点。这样，转折点的最大误差为 AB/2。

4.4 固体矿产资源/储量分类系统

在矿产勘查过程中，人们对矿床的研究和认识是随着勘查工程控制的程度而逐步深入的，不同类型的矿床、不同勘查阶段、工程的控制程度不同，所估算的矿产储量的可靠程度不同，其所提供资料的作用也不同。因此，有必要将矿产储量按其控制和可靠程度分为不同的级别。

储量级别是由国家有关部门或行业协会制定的，用作统一区分和衡量矿产储量精度（或可靠程度）与技术经济可利用性的标准。储量类型与级别划分的目的，是为了便于国家与矿山企业正确掌握矿产资源，统一矿产储量的估算、审批、统计和用途，更加经济合理地做好矿产地质勘查工作。因此，明确各类储量的工业用途具有重要意义。

一般来说，储量按地质控制精度分级，按技术经济可利用性分类。目前大多数国家都把这种分类标准框架称为资源/储量分类系统，把地质精度与经济可行均作为资源/储量分类的因素考虑。

4.4.1 资源/储量分类历史沿革

1) 国外资源/储量分类历史沿革

储量分类最早起源于英国。1944 年美国矿业局与地质调查局共同提出了一个储量分类方案，这个方案经过 1976 年、1980 年两次修改，形成了在北美和南美广为流行、世界其他国家均以其为参照的"矿产资源和储量分类原则"。这个原则有两个坐标：横坐标代表地质工作的程度，随着地质工作程度由高至低，所取得的储量或资源量被冠以"探明的"、"推测的"、"假定的"、"假想的"等形容词；纵坐标代表储量或资源量的经济可利用性，随着技术经济可行性的由高到低，所取得的储量或资源量被冠以"经济的"、"边际经济的"和"次经济的"等形容词。为了区别能从地下回收的矿产物质与地质固定的矿物物质，美国这一分级方案又将查明的地下储量分为"储量"和"储量基础"两个概念，前者是可以从地下真正采出的部分，后者是地质圈定的部分，它包含了可采出的储量和由于设计、开采、安全等原因不能采出的部分。

原苏联 1960 年制订的矿产储量分类规范中，除从经济的角度，将矿产储量分为平衡表内与平衡表外两类外，根据勘探和研究的程度将矿产储量分为详细探明和详细研究（A，B，C_1）的储量、初步评价的储量（C_2）和预测储量 3 类。

1996 年，联合国欧洲经济委员会提出了"联合国固体矿产储量/资源分类国际框架"。这是为了在市场经济条件下评价固体矿产而建立的一种广泛和国际通用的分类系统。同美国 1980 年的分类方案相比，该方案用 3 个坐标轴而不是 2 个坐标轴来框定储量/资源量的类型。第一个是地质轴，表明地质工作阶段，由深而浅为详细勘探、一般勘探、普查、踏勘。第二个为可行性轴，由深而浅为可行性研究/采矿报告、预可行性研究、地质研究。第三个轴为经济轴，由深而浅为经济的、潜在经济的、内蕴经济的。按照这一体系，可将储量/资源框定为 10 个类型：证实矿产储量、概略矿产储量（分为两类）、可行性矿产储量、预可行性矿产资源量（分为两类）、确定矿产资源量、推定矿产资源量、推测矿产资源量、踏勘矿产资源量。该分类体系对各国资源量/储量分类体系之间的转换与接轨有重要意义。

2) 我国储量分类历史沿革

新中国成立初期，我国暂时采用了原苏联 1953 年制定的储量分级方案，即划分为 A_1，A_2，B，C_1，C_2 级储量。1959 年，原地质部全国储量委员会制定了我国第一个矿产储量分类暂行规范（准则），该规范将矿产储量分为四类（即开采储量、设计储量、远景储量、地质储量）五级（即 A_1，A_2，B，C_1，C_2），其中开采储量一般为 A_1 级，A_2，B，C_1 级为设计储量，C_2 级为远景储量。在一段时期内，这一储量分级对我国地质工作的发展起了一定的积极作用，但也存在一些问题，已不能适应我国地质勘探和矿山生产建设的实际需要。1964 年后，有关部门曾对上述储量分级进行了多次修订。例如，冶金部在 1965 年颁发和实行了工业储量和远景储量的两级储量划分办法；煤炭部将煤矿储量分为普查、详查、精查三级；在 1968 年以后的全国矿产储量表中，统一按工业储量和远景储量两级划分方案进行储量统计等。

1977 年，原国家地质总局和原冶金部共同制定了《金属矿床地质勘探规范准则》（试行），以及由原国家地质总局、原建材总局和原石油化工部共同制定的《非金属矿床地质勘探规范准则》（试行）。在这两个规范中，根据对矿体不同部位的研究或控制程度及相应的工业用途，将固体金属及非金属矿产储量划分为 A，B，C，D 四级，并对各级储量的条件提出了相应的要求。

原地质矿产部 1990 年颁发的《固体矿产成矿预测基本要求》（试行）中，资源量划分为 E，F，G 三级，并对各级资源量的要求进行了具体的定义。原地质矿产部 1992 年颁发的《固体矿产地质勘探规范准则》中，将矿产分为能利用储量和暂不能利用储量两类，其中能利用储量又进一步划分为 A，B，C，D 四级。

为了适应市场经济的需要，更好地与国际接轨，在综合考虑经济、可行性，以及地质可靠程度的基础上，采用符合国际惯例的分类原则，国家技术监督局于 1999 年颁布了《固体矿产资源量/储量分类》（GB/T 17766—1999）国家标准。

4.4.2   固体矿产资源量/储量的概念

1）固体矿产资源/储量的概念

（1）固体矿产资源（solid mineral resources）：在地壳内或地表由地质作用形成具有经济意义的固体自然富集物，根据产出形式、数量和质量可以预期最终开采是在技术上可行、经济上合理的。其位置、数量、品位/质量、地质特征是根据特定的地质依据和地质知识计算和估算的。按照地质可靠程度，可分为查明矿产资源和潜在矿产资源。

（2）查明矿产资源（identified mineral resources）：是指经勘查工作已发现的固体矿产资源的总和。依据其地质可靠程度和可行性评价所获得的不同结果可分为：储量、基础储量和资源量三类。

（3）基础储量（basic reserve）：是指能满足现行采矿和生产所需的指标要求（包括品位、质量、厚度、开采技术条件等），是经详查、勘探所获控制的、探明的并通过可行性研究、预可行性研究认为属于经济的、边际经济的部分，用未扣除设计、采矿损失的数量表述。

（4）储量（reserve）：是指基础储量中的经济可采部分。在预可行性研究、可行性研究或编制年度采掘计划当时，经过了对经济、开采、选冶、环境、法律、市场、社会和政府等诸因素的研究及相应修改，结果表明在当时是经济可采或已经开采的部分。用扣除了设计、采矿损失的可实际开采数量表述，依据地质可靠程度和可行性评价阶段不同，又可分为可采储量和预可采储量。

过去我国固体矿产地质勘查中，"储量"一词的含义是指原地储藏量，而且在勘查各阶段、各种地质可靠程度（甚至预测资源），均只使用一个名词，这与国际上市场经济矿业大国使用的储量的含义相去甚远。现在的分类抛弃了原储量分类的储量的含义，"储量"一词严格地只用于经济可采部分，与国际通用的储量概念接轨（国土资源部矿产资源储量司，2003）。

（5）资源量（resource）：是指查明矿产资源的一部分和潜在矿产资源。包括经可行性研究或预可行性研究证实为次边际经济的矿产资源以及经过勘查而未进行可行性研究或预可行性研究的内蕴经济的矿产资源；以及经过预查后预测的矿产资源。

（6）潜在矿产资源（undiscovered resources）：是指根据地质依据和物化探异常预测而未经查证的那部分固体矿产资源。

2）地质可靠程度

地质可靠程度反映了矿产勘查阶段工作成果的不同精度。对应于前述勘查阶段，采用预测的、推断的、控制的以及探明的术语进行描述。

（1）预测的（reconnaissance）：是指对具有矿化潜力较大地区经过预查得出的结果。在有足够的数据并能与地质特征相似的已知矿床类比时，才能估算出预测的资源量。

（2）推断的（inferred）：是指对普查区按照普查的精度大致查明矿产的地质特征以及矿体（矿点）的展布特征、品位、质量，也包括那些由地质可靠程度较高的基础储量或资源量外推的部分。由于信息有限，不确定因素多，矿体（点）的连续性是推断的，矿产资源数量的估算所依据的数据有限，可信度较低（可信度约为60%）。

（3）控制的（indicated）：是指对矿区的一定范围依照详查的精度基本查明了矿床的主要地质特征、矿体的形态、产状、规模、矿石质量、品位及开采技术条件，矿体的连续性基本确定，矿产资源数量估算所依据的数据较多，可信度较高（可信度约为80%）。

（4）探明的（measured）：是指在矿区的勘探范围依照勘探的精度详细查明了矿床的地质特征、矿体的形态、产状、规模、矿石质量、品位及开采技术条件，矿体的连续性已经确定，矿产资源数量的估算所依据的数据详尽，可信度高（可信度约为90%）。

3）可行性评价

可行性评价分为概略研究、预可行性研究、可行性研究三个阶段。

（1）概略研究（geological study）：是指对矿床开发经济意义的概略评价。所采用的矿石品位、矿体厚度、埋藏深度等指标通常是我国矿山几十年来的经验数据，采矿成本是根据同类矿山生产估计的。其目的是为了由此确定投资机会。由于概略研究一般缺乏准确参数和评价所必需的详细资料，所估算的资源量只具内蕴经济意义。

如对铀矿床开发经济意义概略评价，是在收集分析国内外铀矿资源市场供求趋势和状况基础上，研究已取得的普查地质资料，类比同类型矿床，推测矿床开采或建设规模和开采利用的技术条件，结合矿区的自然经济条件、环境保护等，以我国类似铀矿山企业技术经济指标为指南，所采用的矿石品位、矿体厚度、埋藏深度和生产成本等参数指标可用矿山的经验或计算数据，并采用总利润、投资利润率、投资收益率、投资回报期等指标，进行静态的技术经济评价。为矿床开发投资机会、是否进行详查、制定长远规划等提供依据。

（2）预可行性研究（prefeasibility study）：是指对矿床开发经济意义的初步评价。其结果可为该矿床是否进行勘探或可行性研究提供决策依据。进行这类研究，通常应有详查或勘探后采用参考工业指标求得的矿产资源/储量数，实验室规模的加工选冶试验资料，以及通过价目表或类似矿山开采对比所获数据估算的成本。当投资者为选择拟建项目而进行预可行性研究时，应选择适合当时市场价格的指标及各项参数，且论证项目尽可能齐全。

如对铀矿床开发经济意义的初步评价，以详查或勘探报告为依据，有相应类型的资源/储量数据和矿石加工选冶、开采技术条件及矿区交通运输、供电、供水等资料，依据国内外铀矿资源供求、价格的现状和趋势，做出初步预测；根据矿床地质特征、规模和矿区地形地貌，借鉴类似矿山的实践经验，初步提出矿山建设规模、服务年限、产品种类、矿区总体建设轮廓和工艺技术的原则方案；参照类似矿山，选择适合当时市场价格的技术经济指标，提出主要设备品种、型号和数量，初步估算出建设总投资、主要工程量和生产成本。通过初步经济分析，圈定并估算不同类型的资源/储量。综合矿区资源条件、工艺技术、建设条件、环境保护及项目建设的经济效益等各方面因素，从总体上、宏观上对项目建设的必要性、建设条件的可行性和经济效益的合理性做出适当的评价。预可行性研究的内容与可行性研究相同，只是详细程度次之。投资计算的误差应在±25%以内。一般采用内部收益率、净现值和动态的投资回收期等经济评价指标，进行动态经济分析，为是否进行勘探以及推荐项目和编制项目建议书提供依据。

（3）可行性研究（feasibility study）：是指对矿床开发经济意义的详细评价，其结果可以详细评价拟建项目的技术经济可靠性，可作为投资决策的依据。所采用的成本数据精确度高，通常依据勘探所获的储量数及相应的加工选冶性能试验结果，其成本和设备报价所需各项参数是当时的市场价格，并充分考虑了地质、工程、环境、法律和政府的经济政策等各种因素的影响，具有很强的时效性。

如对铀矿床开发经济意义的详细评价，是依据矿床经勘探后的成果，包括：矿床地质特征概述、矿区开采技术条件、相应的加工选冶试验报告、勘探工程及取样工作质量评述、圈定估算的各种类型铀矿资源/储量以及地质勘探工作的综合评价、存在问题和建议等。进行成本投资估算所需确定的参数，如原材料、动力、燃料、辅料的价格及其他经济参数都应是当时市场价格。研究中要认真详细地对国内外铀矿资源/储量、生产和消费进行调查、统计和分析；对国内外市场需求趋势、产品品种、质量要求、价格、竞争能力进行研究和预测。还要充分考虑地质、工程、环境、法律和政府的经济政策、法规等因素的影响。在进行经济分析时，要根据矿山建设方案（采矿、选矿和其他）认真地确定评价参数，并进行动态的企业经济评价，其经济评价指标为内部收益率、净现值、动态的投资回收期等，对大型规模的矿区还应做国民经济评价。要求投资计算和初步设计概算的误差一般为 ±10%。可行性评价的内容必须满足《铀矿地质勘查规范》附录G的要求。其成果可为主管部门及其他投资主体的投资决策、编制和下达设计任务书、确定矿山建设计划等提供依据。

可行性评价作为分类的重要条件，强化了资源、储量的经济意义。

4）资源/储量经济意义的划分

对查明地质可靠程度不同的矿产资源，经过不同阶段的可行性研究，按照评价当时经济上的合理性，其经济意义可以划分为经济的、边际经济的、次边际经济的、内蕴经济的。

（1）经济的（economic）：其数量和质量是依据符合市场价格确定的生产指标估算的。在可行性研究或预可行性研究当时的市场条件下开采，技术上可行，经济上合理，环境等其他条件允许，即每年开采矿产品的平均价值能足以满足投资回报的要求。或在政府补贴和（或）其他扶持措施条件下，开发是可能的。以铀矿为例，通常把矿山企业的年平均内部收益率高于核工业基准收益率5%、净现值大于零的铀资源划为经济的。

（2）边际经济的（marginal economic）：在可行性研究或预可行性研究当时，其开采是不经济的，但接近于盈亏边界，只有在将来由于技术、经济、环境等条件的改善或政府给予其他扶持的条件下可变成经济的。以铀矿为例，通常把矿山企业年均内部收益率大于零而低于核工业行业基准内部收益率5%、净现值等于或接近于零的铀资源划为边际经济的。

（3）次边际经济的（submarginal economic）：在可行性研究或预可行性研究当时，开采是不经济的或技术上不可行，需待矿产品价格大幅上扬，或技术进步后使成本降低，方能转化为经济的。以铀矿为例，通常把矿山企业的年均内部收益率和净现值小于零的铀资源划为次边际经济的。

（4）内蕴经济的（intrinsic economic）：仅通过概略研究做了相应的投资机会评价，未做预可行性研究或可行性研究。由于不确定因素多，无法区分其是经济的、边际经济的、还是次边际经济的。

（5）经济意义未定的（economic-interest undefined）：仅指预查后预测的资源量，属于潜在矿产资源，无法确定其经济意义。

4.4.3　固体矿产资源/储量的分类依据及分类系统

经矿产勘查所获得的不同地质可靠程度和经相应的可行性评价所获得的不同经济意义，是固体矿产资源/储量分类的主要依据。据此，分为资源量、基础储量、储量三大类16种类型，分别用三维形式（图4-19）和矩阵形式（表4-4）表示。

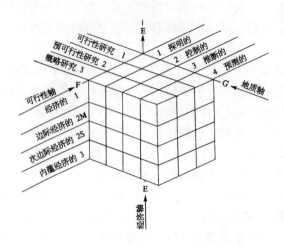

图 4-19　我国固体矿产资源/储量分类三维框架图

表 4-4　固体矿产资源/储量分类表

地质可靠程度		查明矿产资源						潜在矿产资源
		探明的（001）			控制的（002）		推断的（003）	预测的（004）
可研程度		可行性研究（010）	预可行性研究（020）	概略研究（030）	预可行性研究（020）	概略研究（030）	概略研究（030）	概略研究（030）
经济的（100）	扣除设计采矿损失	可采储量（111）	预可采储量（121）		预可采储量（122）			
	未扣除设计采矿损失（b）	基础储量（111 b）	基础储量（121 b）		基础储量（122 b）			
边际经济的（2M00）		基础储量（2M11）	基础储量（2M21）		基础储量（2M22）			
次边际经济的（2S00）		资源量（2S11）	资源量（2S21）		资源量（2S22）			
内蕴经济的（300）				资源量（331）		资源量（332）	资源量（333）	资源量（334）？
相当于原储量级别		B			C		D	E + F
探求相应储量类别的各勘查阶段		勘　探						
			详　查					
					普　查			
							预　查	

（据《固体矿产资源/储量分类》DZ/T17766—1999 修改）

4.4.4　分类编码

资源/储量分类采用（EFG）三维编码系统，E，F，G 分别代表经济轴、可行性轴以及地质轴（图 4-19）。编码的第一位数表示经济意义：1 代表经济的，2M 代表边际经济的，2S 代表次边际经济的，3 代表内蕴经济的；第二位数表示可行性评价阶段：1 代表可行性研究，2 代表预可行性研究，3 代表概略研究；第三位数表示地质可靠程度：1 代表探明的，2 代表控制的，3 代表推断的，4 代表预测的。变成可采储量的那部分基础储量，在其编码后加英文字母"b"以示区别于可采储量。

4. 4. 5 资源/储量的类型及编码

1）储量分类（3 种储量类型）

（1）可采储量（111）：探明的、可研、经济的基础储量的可采部分。是指在已按勘探阶段要求加密工程的地段，在三维空间上详细圈定了矿体，肯定了矿体的连续性，详细查明了矿床地质特征、矿石质量和开采技术条件，并有相应的矿石加工选冶试验成果，已进行了可行性研究，包括对开采、选冶、经济、市场、法律、环境、社会和政府因素的研究及相应的修改，证实其在计算的当时开采是经济的。估算的可采储量及可行性评价结果，可信度高。

（2）预可采储量（121）：探明的、预可研、经济的基础储量的可采部分。是指在已按勘探阶段要求加密工程的地段，在三维空间上详细圈定了矿体，肯定了矿体的连续性，详细查明了矿床地质特征、矿石质量和开采技术条件，并有相应的矿石加工选冶试验成果，但只进行了预可行性研究，表明当时开采是经济的。估算的可采储量可信度高，可行性评价结果的可信度一般。

（3）预可采储量（122）：控制的、预可研、经济的基础储量的可采部分。是指在已达到详查阶段工作程度要求的地段，基本上圈定了矿体的三维形态，能够较有把握地确定矿体的连续性，基本查明了矿床地质特征、矿石质量、开采技术条件，提供了矿石加工选冶性能条件试验的成果。对于工艺流程成熟的易选矿石，也可利用同类型矿产的试验结果。预可行性研究结果表明开采是经济的，估算的可采储量可信度较高，可行性评价结果的可信度一般。

2）基础储量（6 种基础储量类型）

（1）探明的、可研、经济的基础储量（111b）：它所达到的勘查阶段、地质可靠程度、可行性评价阶段及经济意义的分类与"111"描述的要求相同，其唯一的差别在于本类型是用未扣除设计、采矿损失的数量表述。

（2）探明的、预可研、经济的基础储量（121b）：它所达到的勘查阶段、地质可靠程度、可行性评价阶段及经济意义的分类与"121"描述的要求相同，其唯一的差别在于本类型是用未扣除设计、采矿损失的数量表述。

（3）控制的、预可研、经济的基础储量（122b）：它所达到的勘查阶段、地质可靠程度、可行性评价阶段及经济意义的分类与"122"描述的要求相同，其唯一的差别在于本类型是用未扣除设计、采矿损失的数量表述。

（4）探明的、可研、边际经济的基础储量（2M11）：是指在达到勘探阶段工作程度要求的地段，详细查明了矿床地质特征、矿石质量、开采技术条件，圈定了矿体的三维形态，肯定了矿体连续性，有相应的加工选冶试验成果。可行性研究结果表明，在当前的技术经济条件下，开采是不经济的，但接近盈亏边界，只有当技术、经济等条件改善后才可变成经济的。这部分基础储量可以是覆盖全勘探区的，也可以是勘探区中的一部分，分布在可采储量周围或其间。估算的基础储量和可行性评价结果的可信度高。

（5）探明的、预可研、边际经济的基础储量（2M21）：是指在达到勘探阶段工作程度要求的地段，详细查明了矿床地质特征、矿石质量、开采技术条件，圈定了矿体的三维形态，肯定了矿体连续性，有相应的矿石加工选冶性能试验成果。预可行性研究结果表明，在确定当时，开采是不经济的，但接近盈亏边界，待将来技术经济条件改善后才可变成经济的。这部分基础储量可以是覆盖全勘探区的，也可以是勘探区中的一部分，分布在可采储量周围或其间。估算的基础储量和可行性评价结果的可信度高。

（6）控制的、可研、边际经济的基础储量（2M22）：是指在达到详查阶段工作程度要求的地段，基本查明了矿床地质特征、矿石质量、开采技术条件，基本圈定了矿体的三维形态；预可行性研究结果表明，在当前的技术经济条件下，开采是不经济的，但接近盈亏边界，待将来技术经济条件改善后才可变成经济的。其分布特征类似于 2M11。估算的基础储量可信度较高，可行性评价结果的可信度一般。

3）资源量（7 种类型的资源量）

（1）探明的、可研、次边际经济的资源量（2S11）：是指在勘查工作程度已达到勘探阶段的地段，地质可靠程度为探明的，可行性研究结果表明，在确定当时，开采是不经济的，必须大幅度提高矿产品价格或大幅度降低成本后，才能变成经济的。估算的资源量和可行性评价结果的可信度高。

（2）探明的、预可研、次边际经济的资源量（2S21）：是指在勘查工作程度已达到勘探阶段的地段，地质可靠程度为探明的，预可行性研究结果表明，在确定当时，开采是不经济的，必须大幅度提高矿产品价格或大幅度降低成本后，才能变成经济的。估算的资源量可信度高，可行性评价结果的可信度一般。

（3）控制的、预可研、次边际经济的资源量（2S22）：是指在勘查工作程度已达到详查阶段的地段，地质可靠程度为控制的，预可行性研究结果表明，在确定当时，开采是不经济的，必须大幅度提高矿产品价格或大幅度降低成本后，才能变成经济的。估算的资源量可信度高，可行性评价结果的可信度一般。

（4）探明的内蕴经济资源量（331）：是指在勘查工作程度已达到勘探阶段要求的地段，地质可靠程度为探明的，可行性评价仅作了概略研究，其经济意义介于经济的-次经济的范围内，估算的资源量可信度高，可行性评价可信度低。

（5）控制的内蕴经济资源量（332）：是指在勘查工作程度已达到详查阶段要求的地段，地质可靠程度为控制的，但可行性评价仅作了概略研究，其经济意义介于经济的-次经济的范围内，估算的资源量可信度较高，可行性评价可信度低。

（6）推断的内蕴经济资源量（333）：是指在勘查工作程度只达到普查阶段要求的地段，地质可靠程度为推断的，资源量只是根据有限的数据估算出来的，其可信度低。可行性评价仅作了概略研究，经济意义介于经济的-次经济的范围内，可行性评价可信度低。

（7）预测的资源量（334）?：依据区域地质研究成果、航空、遥感、地球物理、地球化学等异常或极少量工程资料，确定为具有矿化潜力的地区，并和已知矿床类比而估计的资源量，属于潜在矿产资源，有无经济意义尚不确定。

上述分类系统提供了三方面的信息：①矿产勘查阶段；②可行性评价阶段；③经济可靠性程度。新分类包括：与设计和生产相衔接的可采储量、在勘查阶段形成的资源量、矿产资源预测中使用的预测资源量（国土资源部矿产资源储量司，2003）。在该分类系统之外，不属于资源/储量部分的即成为矿点。

5 编　　录

在矿产勘查、勘探和矿山开采阶段，将所观察或测定的各种地质现象和经过综合分析研究的各项成果，客观、系统和完整地用文字、图表记载下来，称为编录。

在整个矿产勘查、勘探过程中，编录工作是一项重要的基础工作，通过编录所获得的一系列资料，是正确进行揭露评价、勘探、储量计算和开采设计的基础，由此可见，编录工作在地质和经济技术两个方面具有十分重要的意义。所以地质人员必须十分严肃认真地对待编录工作。

5.1　编录工作的种类及基本要求

5.1.1　编录工作的种类

编录工作按其性质分为地质编录、物探编录和技术编录三类，按其工作程度分为原始编录和综合编录两类；按其工作对象分为剥土编录、探槽编录、浅井编录、坑道编录、钻孔编录和取样编录等。无论何种编录，其主要内容都包括三部分：

（1）文字资料：主要是对各种探矿工程中地质矿化现象的文字描述；

（2）图表资料：包括各种坑探工程地质素描图、钻孔岩心柱状图、取样分析成果表及工程登记表等；

（3）实物材料：包括岩石、矿石、化石标本、地球化学样品、有用组成分析样品及钻孔岩（矿）心标本等。

5.1.2　编录工作的基本要求

因为大多数铀矿床的矿化具有不均匀性和矿化现象难于用肉眼观察等特点，所以要求地质编录与放射性物探编录必须互相配合，要求它们的起始点、基准线和编录范围一致。编录工作要做到系统、统一、及时、完整、正确，否则会造成资料的混乱和影响资料的综合整理。

1）统一编录格式

（1）统一比例尺、图例和图式：工作前统一各种图的比例尺。图例和图式一般按照室内综合整理规范来做，如规范中的图例不够用，则可自行增补，但必须统一。图例一经确定，未经上级同意不得随意变更。

（2）统一记录表格：各项原始记录、登记表格，应按有关规范附表内容编制。

（3）统一岩石、矿物定名：工作初期，可凭肉眼观察对岩石、矿物做出标准描述和初步定名，以便统一使用。随着工作的进展，对岩石矿物进行鉴定分析、正确命名。对原有编录资料的岩石名称，如不便按照鉴定名称进行修改，应对其加注说明。

（4）统一地层（岩体）时代的划分：工作初期应广泛收集资料，对区内的地层（岩体）进行研究对比，初步统一划分时代。根据进一步工作所取得的化石鉴定、岩矿分析和同位素地质年龄测定资料，修改地层时代。

（5）统一矿层、矿体编号：矿层编号原则上应按由老到新或由上而下的顺序统一编定。矿体（带）可按区段、中段、矿体规模或发现先后顺序系统地连续编号。一个矿区只宜使用一种编号。

（6）统一探矿工程编号：各项探矿工程应按种类统一编号。如矿区较大时，可分区编号（分区界线应明确规定）。工程编号应力求简明，以不重复、便于查找为原则。一经确定编号，不要轻易变更。若有变更时，必须注明原编号。

（7）统一坐标系统：同一个矿区内的各项工程，各种图件都应采用统一的测量坐标（地理坐标或假定坐标）系统。对转入勘探的矿点，应尽早采用地理坐标，相邻矿区采用的坐标系统应一致。

2）编录必须及时进行

无论是原始编录还是综合编录，都要随工程进度及时进行，以便及时取得资料，提高认识，指导勘探工作。尤其是原始编录，如果不及时进行，往往就会因工程继续施工而失去编录的机会。如坑道掌子面编录，一般按一定间距进行，当坑道掘进到规定掌子面编录的位置时，如不及时编录就会漏掉掌子面的编录资料，无法弥补。探井和坑道不及时编录，也会因深度太大或支架遮掩等原因而影响观察。

3）文字记录与素描必须正确、客观如实、重点突出

文字记录与素描图必须在现场进行，不能在坑口回忆或者在现场收集些简单数据，回室内编制。素描图不能掺杂主观意见，否则会歪曲本来的地质现象。素描图应有针对性，即要求重点突出，反映素描对象的主要特征。

4）文字描述与相应的图件必须内容格式一致

编录的文字描述应与相应的图件、素描等相符，并要求格式一致，文字描述系统、简明和字迹清楚。

5.2 原始地质编录

探矿工程的原始地质编录，系指剥土、坑探（槽、井、硐探）、钻探工程的地质观察的文字记录、素描和图表等。它们是地质工作的原始资料，是地质及矿化现象的真实反映，是研究地质矿产的基础。因此，原始编录必须做到真实、全面、重点突出，对地质现象不得随意取舍。

文字描述应与地质素描紧密结合，一般按岩石、构造、围岩蚀变和矿化特征等的顺序进行描述，也可按地质现象在工程中出现的先后顺序进行描述。文字描述应包括以下内容：

（1）岩石：描述内容一般包括岩石名称、颜色、矿物成分、结构构造、与其他岩石的关系、接触面产状等。对变质岩应尽可能说明其变质程度和性质。描述的重点应放在不同岩石的铀矿化富集的影响方面。

（2）构造：在单个工程中通常只能见到一些局部性的构造现象。因为矿床构造的研究必须从这些局部构造现象入手。褶皱构造主要观察、描述地层产状的变化；断层构造则应主要描述它们形态、位移方向、断距大小、构造充填物特征、破碎带宽度、相互关系等。特别要注意研究构造对铀矿化的控制作用。

（3）围岩蚀变：围岩蚀变描述的主要内容有：围岩蚀变类型、特征、发育强度、蚀变岩石的分布规律、蚀变矿物共生组合、生成顺序、围岩蚀变与铀矿化的关系等。

（4）矿化：矿化是编录描述的主要对象。其描述内容主要包括：矿石矿物成分、结构构造、矿物共生组合、矿化分布特征和控矿因素等。在描述中应充分利用放射性物探资料，说明矿化分布特点和矿体的形态、产状特征。

为了满足矿床综合研究的需要，编录工作总的要求是，探矿工程中所能见到的地质矿化现象都应进行全面的观察描述。

5.2.1 剥土编录

1）剥土编录方法

根据剥露面的产状可分为两种编录方法：①当剥露面陡倾斜时，可在半腰上挂皮尺作为编录的

基线，类似按探槽壁的编录方法进行编录素描。②当剥露面平缓时，则可将基线皮尺布置在剥露面中部，基线皮尺不必与地层或构造线走向平行。各地质界线的出露位置可在垂直于基线尺的方向上水平量距，制成水平投影素描图。也可按剥露面坡度倾斜量距，制成倾斜面素描图。

2）剥土编录的具体操作方法

编录前，对整个剥土作概略的地质观察和物探听测，了解地质构造特征、矿化和异常分布情况，确定编录的重点地段和具体方法。开始编录时，先在剥土两端打桩、挂皮尺作为编录的基线和编录的起止点，然后沿剥土（平行底部）用罗盘测量其方位。编录应沿剥土长度方向进行，仔细观测记录各种地质矿化现象。在编录过程中测量地层、构造或岩体（脉）的产状，根据需要采集研究标本；同时进行放射性（伽马或能谱）测量，根据放射性强度确定铀矿化范围并进行系统的刻槽取样。剥土编录常用比例尺为 1:50 和 1:100。完整的编录图应有图名、图例、线条比例尺、剖面方位、简明文字描述、样品与分析结果表和图签（责任表）等。剥土工程地质素描图格式和内容示于图 5-1。

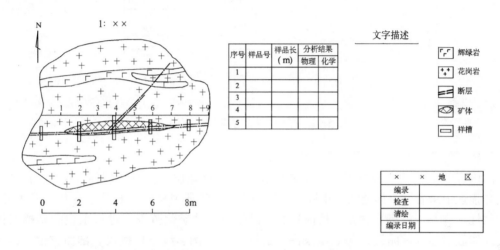

图 5-1　剥土工程地质素描示意图

5.2.2　探槽编录

1）探槽编录方法

探槽编录通常将槽壁和槽底上的地质现象绘制成平面展开图，编录常用比例尺为 1:50。地质情况简单、矿化较均匀时，探槽可只编录一壁一底；如果地质情况复杂，矿化特征变化较大，须编录两壁一底。常用制图法有两种：

（1）坡度展开法：按实际坡度画探槽壁，用投影法画探槽底，壁与底的夹角作探槽坡度角。如果探槽过长或槽底有几个不同坡度，可用分段法素描。这种方法符合实际情况，能直接反映坡度，在野外常被采用（图 5-2）。

（2）平行展开法：底与壁平行展开，坡度角用文字注明，或者在图下画一坡度变化示意图。这种方法只适用于在较陡山坡上的探槽编录。

2）探槽编录的具体操作方法

编录前，应对整个探槽作概略的地质观察和放射性物探听测，了解地质构造特征、矿化和异常分布情况，确定编录的重点地段和具体方法。开始编录时，先在探槽两端打桩、编号，作为测量的坐标点和编录的起止点，然后沿槽壁平行槽底拉测绳，并用罗盘测量其方位（方位变化大时应分段测量）和倾角，作为地质、物探编录的基线，沿基线测绘槽壁形状。编录应沿探槽长度方向进行，仔细观测各种地质矿化现象。槽底的编录，一般采用水平投影法。如槽底的地质特征有特殊地质意义，也可对

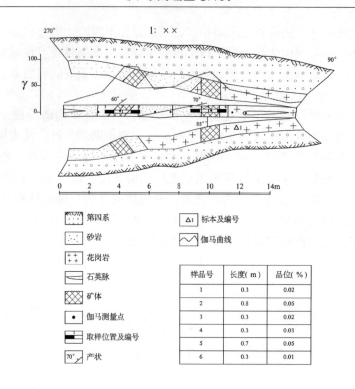

第四系　　　　　　　　△1 标本及编号

砂岩　　　　　　　　　伽马曲线

花岗岩

石英脉

矿体

伽马测量点

取样位置及编号

70° 产状

样品号	长度（m）	品位（%）
1	0.3	0.02
2	0.8	0.05
3	0.3	0.02
4	0.3	0.03
5	0.7	0.05
6	0.3	0.01

图 5 - 2　探槽工程地质素描示意图

槽底直接素描。在编录过程中根据需要采集研究标本。

编录的内容一般包括：描绘浮土与基岩的界线，测量地层、构造或岩体（脉）的产状要素；详细研究并描述记录岩性、构造及矿化特征，根据需要采集研究标本（标注取样位置及编号）；同时进行放射性（伽马或能谱）测量，根据放射性强度确定铀矿化范围并进行系统的刻槽取样（还可沿基准线作放射性测量曲线）等。编录图应有图名、图例、线条比例尺、剖面方位、简明文字描述、样品与分析结果表和图签（责任表）等，有时还要给出平面位置图。图 5 - 2 是以坡度展开法为例展示探槽工程地质素描图的格式和内容。

5.2.3　探井编录

探井按断面形状分为矩形（包括浅井、深井、竖井、天井、暗井和斜井等）和圆形井（包括圆竖井、小圆井等）两类。断面形状不同，素描图的展开方法也不同。现以浅井和小圆井为例阐述这两类探井编录的基本特点和方法。

1）浅井编录

（1）浅井编录方法：浅井有四壁一底，当地质情况简单、矿化分布较均匀时，可只编录相邻两壁；如果地质情况复杂，矿化分布不均匀或矿化特征变化较大时，则应编录四壁。井壁素描图的展开方法，是沿井筒任意两壁的交线切开，将四壁平行展绘于图纸上，称四壁平行展开法。

（2）浅井编录具体操作方法：浅井编录一般由井口任一对角线的两端向井下挂皮尺作为基线，再在井壁上画出不同深度的水平线作为观测控制线，进行素描和描述。探井探描图的格式示于图 5 - 3。文字描述内容较多时，可另起一页。以上方法对深井、竖井、天井和暗井等工程均适用。当井筒深度较大时，可用同规格的图纸进行分段编录，最后装订成册。图例放在首页。

2）小圆井编录

小圆井呈圆筒状，其编录基线的布置和井壁素描图的展开方法与浅井略有区别。

编录时，首先用罗盘定出井口东西、南北两条直径线的位置，并用木桩固定。在井口正北方位

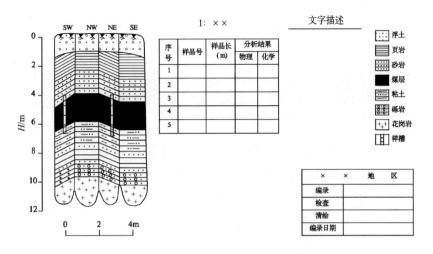

图 5-3 浅井工程地质素描示意图（展开法）

点上向井下垂直挂皮尺作为基线，其他三个方位垂挂白线绳作为辅助基线。再在井壁上画出不同深度的水平弧线与各方辅助基线相交，构成编录控制网。

井壁以正北方位的基线为中线，沿正南方位辅助基线切开展绘到图上。各条基线在图上的距离为圆井周长的四分之一。然后按基线上的深度和水平控制线，由浅入深地逐步进行地质素描和描述。小圆井展开图示于图 5-4。

小圆井的编录方法亦适用于圆形竖井。应当注意，无论哪一种探井，每一次的编录间隔不得超过 2 m，深度间隔也不宜过大，太大则不利于地质观察和素描。

5.2.4 坑道编录

1）坑道编录方法

坑道有平窿、石门、穿脉、沿脉等水平坑道和斜井、上山、下山等倾斜工程，它们的编录方法和要求基本一致，一般编录两壁一顶。当地质情况简单，又为非矿化地段时，可编一壁一顶，但编哪一壁，同一矿区应有统一规定。

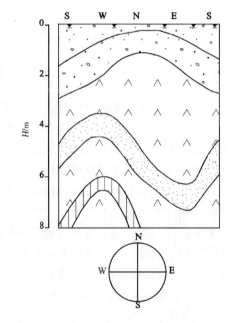

图 5-4 小圆井工程地质素描展开示意图

坑道素描图的展开方法有压平法、旋转法和两壁摊开法三种，后两种方法现已很少应用，故此不予介绍。

压平法又称压塌法，是将坑道两壁向内扣倒，顶板自然下落，形如向下把坑道压平，故称压平法（亦称透视展开法）。这种展开图的特点是两壁的下边朝外，上边朝里，顶板在两壁之间，构成坑道俯视图，示于图 5-5。

此法的优点是顶、壁上地质现象彼此衔接，利于阅读和检查，因此是坑道编录中常用的方法。但利用该资料编制地质剖面图时不太方便。

编录的基点以矿山测量为准，编录丈量与测量的距离误差不得超过 0.5%。在实际工作中，由于地质或生产上的需要，坑道方向常有改变，当坑道方位角的改变超过 10°时，应采取分段编录或开口式编录（当坑道弯曲度小于 10°时可不作修正）。

分段编录即从拐弯处将坑道断开进行素描。开口式编录是在素描图上将坑道拐弯处的中线拉直并断开，顶板图廓则在拐弯内侧构成三角形开口，开口角度与坑道方位改变的角度相等。素描图下方的线状比例尺不变，坑道方位则分段标明（图 5-5）。

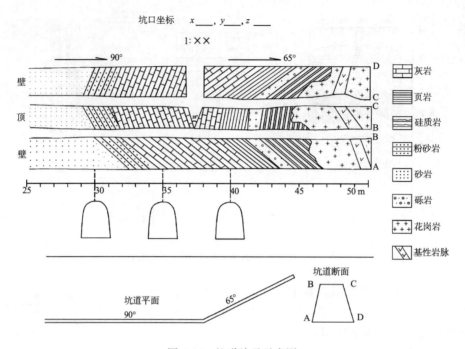

图 5-5　坑道编录示意图

沿脉坑道是沿矿体走向掘进，仅编顶、壁素描图还不能反映矿体横断面上的变化特点。因此，沿脉坑道还需编录掌子面，即在矿化地段每掘进 2 m 左右编录一次（编录地段应为取样地段）。在无矿地段掌子面的编录可适当放稀到每掘进 4~6 m 编录一次。掌子面素描图绘于顶、壁素描图下方的相应位置，并以细线或虚线标明顶、壁相应位置。

倾斜坑道如上山、下山、斜井的编录与水平坑道编录稍有差异，即倾斜工程虽编录两壁一顶，但素描图的展开方法有两种：一种和探槽相似，两壁外倒，顶板下落，按工程的坡度展开；另一种和水平坑道一样，顶、壁平行展开，但需要标明坑道的坡度角。两种展开方法各有利弊，前者编录方便，利于阅读，壁上地质界线产状不受歪曲，但顶板素描图需作水平投影，不利于放射性物探资料的整理。后者的利弊则恰恰相反。以上两种展开方法的应用可根据实际需要而定。

2）坑道编录的具体操作方法

编录前，用清水洗净坑道顶、壁，以便于观察地质现象。然后，由基点沿顶板中线和两壁腰线（1 m 高）拉直测绳，作为基线，用钢卷尺作垂直标尺测量米距绘出坑道顶、壁形状。用同样方法测量顶、壁的各种地质界线、矿化部位，并将其用花纹图例表示在图上。坑道方位、地层构造产状、取样位置、标本采集位置等，都要标绘在图上，并在相应位置作文字描述。根据需要采集研究标本（标注取样位置及编号），同时进行放射性（伽马或能谱）测量，根据放射性强度确定铀矿化范围并进行系统的刻槽取样。

掌子面的素描方法与坑道壁的素描方法类似。在掌子面顶部的中点向底画一条垂线，又在距底 1 m 高处画一条水平线，组成控制网，再用钢卷尺测量掌子面上各种地质界线，绘出素描图。

素描图的内容应包括：各种地质界线、矿体、岩石及构造的产状、取样位置及编号、标本位置及编号等。顶板素描图上还应有测量控制点及编号。图上应有图名、坑口坐标、比例尺、图例、坑道方位等，图下应有水平米距标尺，并附坑道平面示意图。沿脉坑道还应有相应位置的掌子面素描图及其编号。

5.2.5　钻孔编录

钻孔编录是对从钻井中提取的岩心、岩粉、岩泥及各种孔内测量数据（包括电测井、放射性伽马测井及孔斜测量等）所进行的编录。其内容包括钻进情况编录（由施工单位负责）、岩心编录和伽马测井三部分。

根据钻孔类型不同，编录方法分为两种，即冲击钻孔编录和岩心钻孔编录。铜、金、铀等矿产找矿勘探工作普遍使用岩心钻探，下面仅对岩心钻孔编录做简要说明。

5.2.5.1 钻孔岩心现场编录

每一钻孔开钻前必须按有关规范规定编制钻孔施工设计指示书。正常钻进后，编录人员应及时到现场进行编录，其方法如下：

1）现场钻孔编录过程及一般方法

（1）提钻后先用钢卷尺伸入钻头测量残留岩心长度，因岩心断面不平必须从岩心中心向两侧测量数次取平均值。编录前应认真检查钻进情况记录，查对岩心。主要检查累计孔深、各回次起止孔深和进尺。查对岩心编号、岩心长度是否正确、岩心有无颠倒等。

（2）全面观察所要编录的岩心，了解孔内钻进情况，分出地层、构造、岩性界线，初步了解地质特征及矿化部位，用物探仪器听测岩心正反面，以便确定编录重点段落。

（3）填写钻孔野外记录簿，在记录簿内除绘柱状草图以外，还按内容要求进行详细描述，应重点描述矿化段的地质特征及矿物成分，以及重要地质界线和地质现象。对有意义的岩心要放大素描。

（4）用量角器测量各地质界线或地质体与钻孔轴的夹角，并将其标绘在柱状草图上，记录在钻孔野外记录簿上。

（5）整个钻孔编录结束，经检查核对后才能进行岩、矿心取样（对剖取一半岩心）和钻孔综合整理。在岩、矿心取样时，将被采去的标本或样品，应在记录簿及岩心牌背面注明已取去的岩心编号、采取日期及采取人。

2）岩（矿）心的采取与存放

岩（矿）心是钻探工程研究矿床深部地质矿化现象的唯一实物依据。因此，对于岩（矿）心必须精心采取、妥善存放。如有错乱，必然直接影响编录成果的质量，严重时，还会对深部地质情况产生判断上的错误。岩（矿）心的采取与存放的基本要求如下：

（1）岩（矿）心的取出：取岩（矿）心时，首先在孔内必须把岩（矿）心卡紧，尽可能减少孔内残留岩心。提钻后放出岩心，应立即在钻头内测量残留岩心长度（等于岩心底面距钻头下端的平均距离）并记入班报表。从钻管放出岩（矿）心时，钻头离地面不得过高，以免岩（矿）心掉下时顺序颠倒。地质编录人员必须随时检查岩（矿）心的采取情况，把好采取过程的质量一关。

（2）岩（矿）心的存放：岩（矿）心取出后应立即用清水洗净，按由浅到深从左到右、由上到下的顺序放入岩心箱内。对比较破碎的岩（矿）心，必须用牛皮纸包成圆筒状放入箱内。每回次岩（矿）心的末端放一岩心牌作为标记。岩心牌可用薄木板或塑料片制成，岩心牌上应记录的内容和格式示于图5-6。

（3）岩（矿）心编号：凡整块岩（矿）心均应按回次和提取的先后顺序编号。岩（矿）心

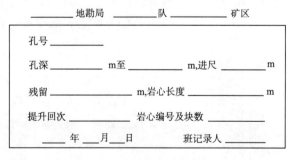

图5-6 岩心牌格式示意图

编号一般采用代分数形式，整数表示回次，分母表示该回次采取岩（矿）心的总块数，分子表示第几块。如 $25\frac{3}{15}$ 表示第25回次，总数15块岩（矿）心中的第3块。对粉碴状岩（矿）心亦应在牛皮纸筒上写明回次和采取的起讫深度。

岩心箱装满后，应在箱上用红漆标明岩心的矿区名称、钻孔编号、岩心箱顺号、本箱岩心的起

讫深度、岩心排列顺序和岩心起止编号等。岩（矿）心存放示于图 5-7。

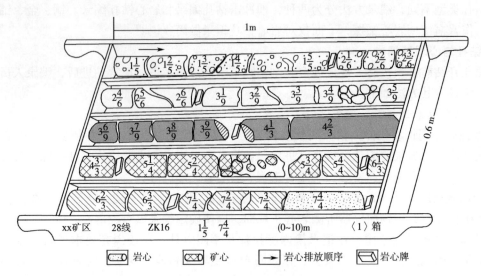

图 5-7 岩心箱中岩心排列顺序示意图

5.2.5.2 岩心编录室内整理

1）岩、矿心采取率的计算

岩、矿心采取率系指相应的进尺内获得的岩、矿心长度的百分比，它是判断钻探质量的主要标志之一，也是计算岩、矿心视厚度的重要数据。

岩心采取率一般按回次计算，以便准确确定岩心在钻孔中的空间位置及其换层深度。有以下几种情况：

（1）无残留岩心时，岩心采取率按下式计算：

$$N = \frac{l}{L} \times 100\%$$

式中：N 为岩心采取率；l 为回次岩心长度（m）；L 为回次进尺（m）。

（2）有残留岩心时，岩心采取率按下式计算：

$$N = \frac{l}{L - D_1 + D_2} \times 100\%$$

式中：D_1 为本回次残留岩心进尺（m）；D_2 为上回次残留岩心进尺（m）。

（3）矿心采取率按下式计算：

$$N' = \frac{l'}{M'} \times 100\%$$

式中：N' 为矿心采取率；l' 为矿心长度（m）；M' 为矿段视厚度（m）。

矿段视厚度一般以伽马测井解释为准，解释品位大于边界品位者均算作矿段。如果与解释矿段对应的岩心有异常强度，则该段岩心算矿心。

2）换层深度的计算

在钻孔岩心中，不同地层或岩石界面出现的深度称为换层深度。换层深度的计算分两种情况：

（1）当地层或岩石界面出现在某回次岩心的末端时，则：

$$H = H_2 - l_2$$

式中：H 为换层深度（m）；H_2 为本回次累计深度（m）；l_2 为本回次残留进尺（m）。

（2）当地层界面出现在某回次岩心的中间时（图 5-8），则：

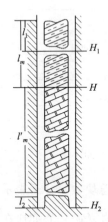

图 5-8 换层深度
计算图

$$H = H_1 + \frac{l_m}{N} - l_1$$

或

$$H = H_2 - \frac{l_m'}{N} - l_2$$

式中：H_1 为本次起始深度（m）；l_m 为界面以上岩长（m）；l_m' 为界面以下岩长（m）；l_1 为前次残留进尺（m）；N 为本次岩心（矿）采取率（%）。

　　3）岩（矿）心分层分段描述和素描

　　岩（矿）心的文字描述和素描一般都按表格进行。表格的内容包括钻进日期、班次、编录日期、钻进回次、累计孔深、岩心柱状图与钻孔结构（孔径变化）、本次进尺、岩心长度、残留岩长、本次采取率、结构面与岩心轴夹角、取样位置和文字描述等项。记录前必须检查岩（矿）心存放顺序，核对岩心牌上各项数据与生产报表是否互相吻合。

　　岩心柱状图的比例尺一般为1：200，重要地质现象可绘制更大比例尺的素描图。

　　对岩心分层分段描述时，除岩石、矿化、构造及围岩蚀变等特征要详细观察记录外，还要说明各层（段）岩石的放射性照射量率，累计各层的视厚度。

　　4）孔深误差的校正

　　钻进过程中，每钻进50 m校正孔深一次，在矿层顶底板处及终孔时也要校正孔深。当检查测量的孔深深度与机台班报表上记录的孔深不一致时，即出现正负误差时，则应按检查测量深度进行孔深校正，将误差长度按检查段的各回次钻程长度平均配分。

　　进行孔深误差校正，首先应计算校正系数，用来计算检查段每米应校正多少，校正系数用百分比表示：

$$K = \frac{H_1}{H_2} \times 100\%$$

式中：K 为校正系数；H_1 为校正后的孔深；H_2 为校正前的孔深。

　　然后将 K 代入下式，求校正后的岩层深度：

$$H = K \cdot h$$

式中：H 为校正后的岩层深度；h 为校正段的岩层深度。

　　例如，已知 $K = 99\%$，孔深校正前某岩层深度为54.65 m，校正后岩层深度为 $54.65 \times 0.99 = 54.10$ m。

　　5）钻孔弯曲校正

　　随着钻进深度的增加，因种种原因，造成钻孔的弯曲。钻孔弯曲包含：钻孔倾角变化、钻孔方位偏移。钻孔弯曲使矿体真厚度及其深度都产生误差，给储量计算带来影响。所以钻进时应经常进行测斜即测定钻孔的方位角和倾角（图5-9a）。在一般情况下，每钻进100 m测斜一次，如果地质情况复杂，每50 m测斜一次，在矿层顶、底板处及终孔时必须测斜。根据钻孔弯曲数据，通过作图，修正钻孔在平面和剖面上的位置。

　　（1）钻孔倾角（或天顶角）弯曲的校正：根据已测得的倾角，在勘探线剖面上绘一钻孔倾角校正剖面。绘制原则如下：每测点倾角（或天顶角）的影响范围为与其相邻两点间距离的一半。例如，某钻孔的倾角在孔深0 m处为0°，在孔深50 m处为10°，在孔深100 m处为15°，按上述原则绘图，孔深0~25 m钻孔倾角为0°，孔深25~75 m钻孔倾角为10°，孔深75~100 m钻孔倾角为15°，将各点连接即可得一圆滑钻孔曲线（图5-9 b）。当钻孔方位角变化小于5°时，用此方法效正钻孔倾角时，不必校正钻孔方位角的偏斜。

　　（2）钻孔方位角偏斜的校正：如果方位角变化较大，应校正钻孔方位角的偏斜。如图5-10所示，在已作好的钻孔倾角校正剖面图上，将已测各倾角控制点 a，b，c，……投影在一水平线上，得到投影长度 l_{x1}，l_{x2}，l_{x3}，……，然后在平面图上用控制点间的投影长度 l_{x1}，l_{x2}，l_{x3}，……和方位

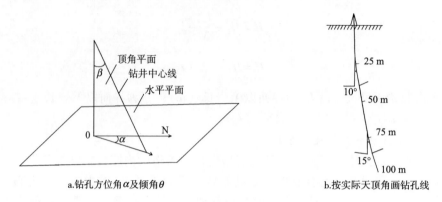

a.钻孔方位角α及倾角θ

b.按实际天顶角画钻孔线

图5-9　钻孔方位角与倾角及按实际天顶角
画钻孔线示意图

偏离角绘出方位角弯曲线，得各段折线的控制点 a′，b′，c′，……。从方位角弯曲线上的点 a′，b′，c′，……向上垂直投影，与钻孔倾角校正剖面图上各控制点 a，b，c，……的水平延长线相交，得钻孔在剖面上的真正位置 a″，b″，c″，……，将 a″，b″，c″，……圆滑地连接起来，就得校正后的钻孔在剖面上的投影。

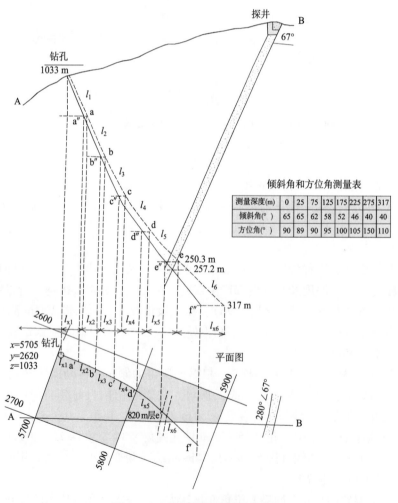

倾斜角和方位角测量表

测量深度(m)	0	25	75	125	175	225	275	317
倾斜角(°)	65	65	62	58	52	46	40	40
方位角(°)	90	89	90	95	100	105	150	110

图5-10　根据测量天顶角弯曲和
方位弯曲的资料编制的剖面图和平面图

（据张万林，1987）

6）钻孔编录的综合整理

钻孔结束后，应根据钻孔编录资料进行整理，编制综合成果表和钻孔综合柱状图。

（1）综合成果表：综合成果表的表头应写明编制单位、矿区名称（代号）、施工钻机号、勘探线号和钻孔号等。表内项目有钻孔坐标、施工日期、钻孔结构及套管规格、钻孔深度及方位、孔深检查结果、岩（矿）心采取率、测井仪类型、矿层定量解释、样品分析结果及水文地质工作主要成果等。

该表是竣工钻孔地质、物探、水文地质资料，以及钻孔质量等各方面的综合反映，是矿床综合研究和钻孔质量评价的重要依据。因此，每个钻孔施工完毕，都要组织各专业人员认真填写。

（2）钻孔综合柱状图：钻孔综合柱状图是钻孔地质、物探资料的进一步反映，它为矿床综合研究提供更为详尽的原始资料。钻孔综合柱状图比例尺一般为1：100，在矿化地段需另外编制比例尺为1：50或1：20的柱状图和素描图。钻孔综合柱状图的格式可参考表5－1。

表5－1 钻孔综合柱状图（式样）

地区：　　　　　孔号：　　　　　比例尺：　　　　　时间：

累计孔深（m）	进尺（m）	岩心长（m）	岩心采取率（%）	标本位置及编号	标本位置及编号	地质柱状图	岩层与钻孔轴心夹角（°）	放射性测量曲线		文字描述
								伽马测井	岩心测量	

综合柱状图由以下几部分组成：图的封面、钻孔综合成果（孔深、进尺、岩心长、岩心采取率、标本位置与编号等）、钻孔柱状图、测井曲线和文字描述。有的还可附岩（矿）心放大比例尺素描图、钻孔方位角偏斜与倾角弯曲校正图等。

5.3 地质综合编录

在原始地质编录的基础上，将获得的个别的、局部的地质和矿化的各种资料，进行系统地归纳、分析和综合，形成一个完整、系统的文字、曲线、图表资料。地质综合编录的目的在于编制系统综合性资料为矿山设计提供依据。

综合编制的图件包括：矿区（床）地质图、探矿工程分布图、勘探线剖面图、勘探中段地质平面图、中段取样平面图、矿体投影图和其他综合图件。下面介绍这几种图件的编制方法和内容要求。

5.3.1 矿区（床）地质图的内容和要求

矿区（床）地质图是反映矿区或矿床地质构造特征和矿化分布规律的重要图件，是合理布置勘探工程的依据和综合整理勘探成果的基础，也是矿床储量报告必附的基本图件之一。铀矿床地质图的比例尺一般为1：1000～1：2000，矿区或矿田地质图的比例尺一般为1：5000～1：25000。

在比例尺允许的条件下，图内应尽可能详细地表示出地层、岩体（包括岩脉）的形态、产状、岩性特征、形成时代及其与围岩的接触关系；各种构造的产状、规模、性质、相互关系及发展历史；矿床、矿体及围岩蚀变带的分布范围及其他与矿化有关的地质现象。在所用比例尺不能表达的情况下，对矿化及其有关的地质现象可适当夸大表示。此外，图上还应绘有主要的探矿工程，如竖井口、平窿口和钻孔位置等。矿区或矿床地质图应附有代表性的地质剖面图；矿区地质图还应附地层综合柱状图。矿床地形地质图的格式和内容示于图5-11。

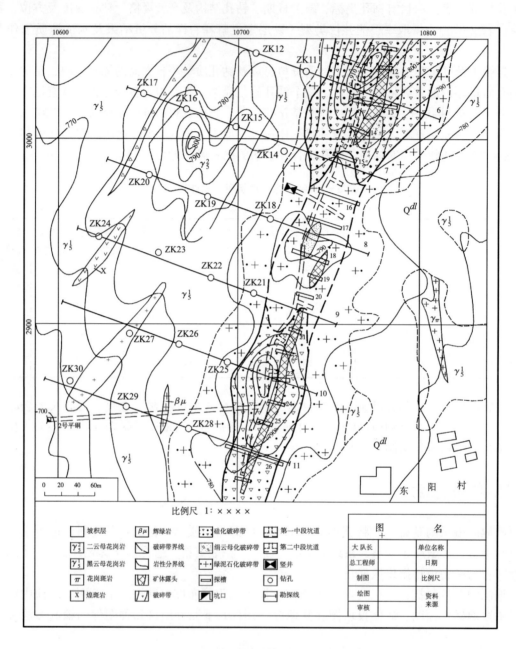

图5-11　矿床地形地质图的一般格式示意图

（据徐增亮等，1990）

　　矿区（床）地形地质图一般由本单位组织地形测量和地质人员实地测制而成。为充分发挥它在矿产勘探中的作用，地形地质填图工作应及早进行，一般在矿点详查揭露阶段就应开展此项工作。

5.3.2　探矿工程分布图的编绘

　　探矿工程分布图主要表示矿床各种探矿工程的分布位置，在一定程度上也反映了矿床的勘探方法和勘探程度。

图上应表示的内容有：勘探基线、勘探剖面线、坐标网、已竣工的各种探矿工程等。钻孔应标出钻孔编号、开孔标高、终孔深度、见矿品级，必要时还要绘钻孔轴线水平投影图，水平坑道应画腰线平面图，不同中段水平坑道系统要用不同形式的线条表示。

探矿工程分布图一般都与矿床地质图合并编制，称为矿床综合地质图。只有在矿床地质情况复杂，探矿工程密集，上下中段较多，在矿床地质图上不能清晰表示的情况下，才单独编制工程分布图。

探矿工程分布图由矿区测量人员根据工程测量资料进行编制。凡探矿工程施工完毕，都应及时进行测量，以便及时投绘到工程分布图上。工程分布图是编制勘探线剖面等综合图件的依据，也是矿床储量计算报告的基本附图之一。

5.3.3 勘探线地质剖面图的编绘

沿勘探线编制而成的垂直断面图称为勘探线剖面图。勘探线剖面图反映地质构造、矿体沿倾斜方向的变化情况，是矿床研究和垂直断面法计算储量的主要图件之一。该图可用于圈定矿体、测定矿体断面面积、划分矿体块段、分析矿床成矿规律，以及指导深部探矿工程的布置等方面。

勘探线剖面图有两种形式：垂直矿体走向，反映矿体沿倾斜方向变化情况的称横剖面图；平行矿体走向，反映矿体沿走向方向变化情况的称纵剖面图。勘探线剖面图的比例尺一般为1:500～1:1000。其大小视矿体规模和矿床地质构造的复杂程度而定。

剖面图上应绘有垂直标尺、水平标高线、勘探基线、坐标线、地形剖面线、各种探矿工程（钻孔轴线须经弯曲投影）以及各种地质界线等。剖面下方附勘探线工程平面分布图。勘探线剖面图的格式示于图5-12。

编制勘探线剖面图所依据的资料主要是：矿床综合地形地质图、钻孔原始地质、物探编录资料，伽马测井和取样分析结果、标本分析鉴定结果等。编制方法和步骤如下。

（1）作控制网：在图纸左边画一条垂直标高线，由此线向右引出一系列水平的高程控制线。然后将矿床综合地质图上勘探线与x、y坐标线和勘探基线的交点按比例尺投绘到图纸的一条高程控制线上，通过这些点画垂直线，即得剖面图上的x、y坐标线和勘探基线。高程控制线与坐标线、勘探基线纵横交织，即构成制图控制网。

应当注意，作控制网时，要使图件所表现的主体落在图纸的中央。

（2）切地形剖面：将矿床综合地形地质图上勘探线与各地形等高线的交点按其高程和距勘探基线的水平距离，依次投绘到图上，以自然曲线连接起来即得地形剖面。

（3）投探矿工程：坑、井和钻孔等工程的地表位置若在勘探线上，则按其开孔（口）标高和距勘探基线的距离，直接投绘到图上，若工程不在勘探线上，则需向勘探线作垂直投影，然后将该投影点依上法投到剖面图上。在这种情况下，如果工程开孔（口）标高与勘探线上投影点处的高程不一致，则工程在剖面图上的开孔（口）位置将落在地形剖面线的上方或下方，这都是允许的。探井井筒和坑道则按正投影法将其深度或长度投到剖面图上，并画出坑井断面形状。钻孔轴线的投影则按前述方法进行。

（4）作工程平面分布：在剖面图下方画一条水平线作为勘探线，将剖面上的坐标线和勘探基线向下延长与所绘勘探线相交，得一系列交点。根据矿床综合地质图上勘探线与x、y坐标线、勘探基线的夹角，过以上交点画出平面坐标网和勘探基线。然后将本勘探线上及其附近的探矿工程，按孔（井）口坐标投到该平面图上，并作出钻孔轴线平面投影图，即得勘探线工程平面分布图。

（5）投绘地质界线：首先投地质界线点，以勘探基线点为基点，将矿床综合地质图中勘探

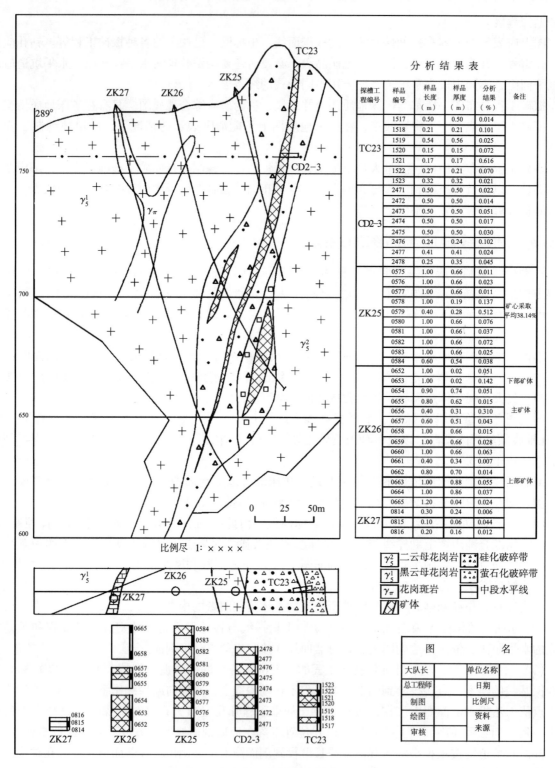

分 析 结 果 表

探槽工程编号	样品编号	样品长度（m）	样品厚度（m）	分析结果（%）	备注
TC23	1517	0.50	0.50	0.014	
	1518	0.21	0.21	0.101	
	1519	0.54	0.56	0.025	
	1520	0.15	0.15	0.072	
	1521	0.17	0.17	0.616	
	1522	0.27	0.21	0.070	
	1523	0.32	0.32	0.021	
CD2-3	2471	0.50	0.50	0.022	
	2472	0.50	0.50	0.014	
	2473	0.50	0.50	0.051	
	2474	0.50	0.50	0.017	
	2475	0.50	0.50	0.030	
	2476	0.24	0.24	0.102	
	2477	0.41	0.41	0.024	
	2478	0.25	0.35	0.045	
ZK25	0575	1.00	0.66	0.011	
	0576	1.00	0.66	0.023	
	0577	1.00	0.66	0.011	
	0578	1.00	0.19	0.137	
	0579	0.40	0.28	0.512	矿心采取平均38.14%
	0580	1.00	0.66	0.076	
	0581	1.00	0.66	0.037	
	0582	1.00	0.66	0.072	
	0583	1.00	0.66	0.025	
	0584	0.60	0.54	0.038	
ZK26	0652	1.00	0.02	0.051	
	0653	1.00	0.02	0.142	下部矿体
	0654	0.90	0.74	0.051	
	0655	0.80	0.62	0.015	主矿体
	0656	0.40	0.31	0.310	
	0657	0.60	0.51	0.043	
	0658	1.00	0.66	0.015	
	0659	1.00	0.66	0.028	
	0660	1.00	0.66	0.063	
	0661	0.40	0.34	0.007	
	0662	0.80	0.70	0.014	上部矿体
	0663	1.00	0.88	0.055	
	0664	1.00	0.86	0.037	
	0665	1.20	0.04	0.024	
ZK27	0814	0.30	0.24	0.006	
	0815	0.10	0.06	0.044	
	0816	0.20	0.16	0.012	

图例：γ_5^2 二云母花岗岩　γ_5^1 黑云母花岗岩　γ_π 花岗斑岩　矿体　硅化破碎带　萤石化破碎带　中段水平线

图 5－12　勘探线地质剖面图一般格式示意图

（据徐增亮等，1990）

线与各地质界线的交点投到剖面图的地形剖面线上，即得地质界线在剖面上的地表出露点。将各探矿工程原始地质编录中相应地质界线点，按换层深度投到工程轴线上，即得地下地质界线点。然后根据这些地质界线点的相互关系，地表和地下产状（钻孔中参考岩心夹角），将它们彼此连接起来，即成勘探线横剖面图。如果剖面内工程见有铀矿化现象，则将取样位置和矿化品级表示出来，并附取样分析结果和解释成果表。最后按规范规定的统一格式对图进行修饰和清绘。

5.3.4 中段取样平面图的编绘

中段取样平断面主要根据坑勘工程测量、原始地质编录和取样成果资料进行编制。用以表示坑道中取样位置、样品分析结果。它是用水平断面法计算储量时圈定矿体、划分矿体块段和测量矿体断面面积的必要图件，示于图5-13。

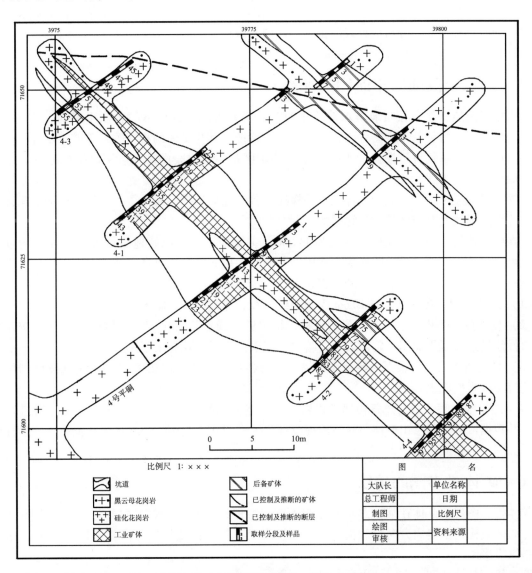

图5-13 中段取样平面图一般格式示意图

（据徐增亮等，1990）

中段取样平面图的比例尺一般为1:200。图上应有坐标网、坑道腰线平面图、矿山测量导线点、勘探线、取样位置（包括刻槽取样、辐射取样，探眼及水平钻孔辐射测量等）、主要地质界线以及样品分析（解释）成果表等。其编制方法步骤如下。

（1）打坐标网：在图纸上以10cm为间距绘出经、纬线，作为制图控制网。

（2）投绘探矿工程：根据矿山测量资料，将坑道导线点依次投到坐标网图上。然后按碎部测量资料投绘坑道腰线平面图，定出天井、暗井、探眼及水平钻孔等工程位置。

（3）投绘取样线和主要地质界线：刻槽样或辐射样的取样线一般沿取样壁用 1 mm 宽的轨道式图例表示，轨道分节长等于各样品的取样长度。当两种取样方法并存时，在图例花纹上应有所区别。取样线的起讫点根据原始地质素描图上的取样位置或矿山测量资料确定。

探眼和水平钻孔中辐射取样结果按不同品级用不同颜色的线段表示。

主要地质界线（含矿构造和主要岩石分界线）根据它们在地质素描图中的位置来进行投绘和连接。

（4）列样品分析成果表：该表的内容有取样线位置、样品编号、取样长度、分析或解释品位，取样线加权平均品位、法线厚度和米百分率等。当图面简单时，可在平面图上下空白处制表，图面复杂时，则应单独编制。分析成果表的排列顺序应与取样线的顺序一致。

（5）圈定矿体：（详见储量计算一章）

5.3.5　勘探中段地质平面图的编绘

勘探中段地质平面图又叫地质水平断面图，是研究由地表到地下的各水平断面（勘探中段）上地质与矿化分布特征的基本图件，也是研究构造特征及其与矿体的相互关系等矿床赋存规律的重要图件。该图对于采用坑道勘探（水平勘探）的矿区是主要综合图件，可用以指导勘探工程施工和进行储量计算（水平断面法）。

勘探中段地质平面图上应绘坐标网、勘探线、各种探矿工程，对地层、岩石、构造、矿体及围岩蚀变等地质界线及其产状等应有详尽的表示。

勘探中段地质平面图的比例尺一般为 1∶500。主要根据坑道原始地质编录和取样资料进行编制，也可通过坑道腰线平面填图而成。在用钻孔勘探的矿床中，还可利用若干勘探线剖面，在同一中段标高上切制而成。其编制方法和步骤如下。

（1）打坐标网：在图纸上以 10 cm 为间距绘出经、纬线，作为制图控制网。

（2）投绘探矿工程：根据矿山测量资料，将坑道导线点依次投到坐标网图上。然后按碎部测量资料投绘坑道腰线平面图，定出天井、暗井、探眼及水平钻孔等工程位置。

（3）投地质界线点：根据原始地质素描图，将各坑道腰线上出现的地质界线点按比例尺依次投到坑道腰线平面图上。

（4）连接地质界线：通过各相邻工程岩性、构造特征的分析对比，对各种地质界线进行走向连接，并根据取样资料绘出矿体。最后按规范规定统一图式、图例，使之达到规范要求。勘探中段地质平面图一般格式示于图 5-14。

5.3.6　矿体投影图的编绘

矿体投影图反映矿体在某一方向上的总体形态特征，按不同投影方向分为：纵投影图（投影面平行矿体或构造的走向方向）和横投影图（投影面平行矿体或构造的倾斜方向）两种。通常使用的是纵投影图。

按矿体倾角陡缓和形态特征不同，纵投影图又分为以下几种：当矿体倾角较缓（<45°），在平行于矿体走向的水平面上投影时，称矿体水平投影图；当矿体倾角较陡（>45°），在平行于矿体走向的垂直面上投影时，称矿体垂直纵投影图；当矿体倾角变化较大，不宜采用上述两种投影方法，而在平均斜面上投影时，称矿体斜面投影图；当矿体形态不规则，弯曲过大，不宜直接投影而视情况将矿体"拉直"后斜面展开投影时，称矿体斜面展开投影图。一般情况下，尽量使用前两种形式，以便于资料的对比。

矿体投影图的编制方法步骤如下。

1）编图依据

包括以下资料：相应的矿区地形地质图、勘探工程分布图、勘探线地质剖面图、勘探中段地质

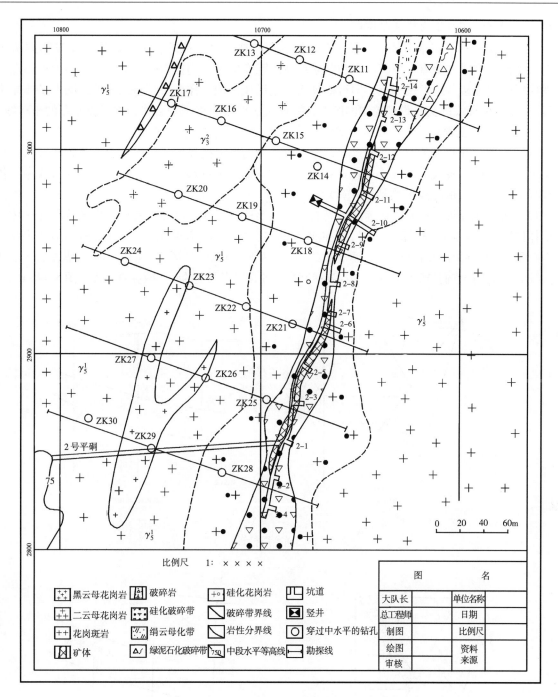

图5-14 勘探中段地质平面图（水平断面图）一般格式示意图
(据徐增亮等, 1990)

平面图、取样分析结果和勘探工程的矿山测量资料。

2) 编图基本方法

矿体垂直投影图和矿体水平投影图，除投影方向不同外，其编制方法大体相同。现以垂直纵投影图为例加以阐述。

（1）确定垂直纵投影图的方向：在矿区地形地质图上选择一条位于矿体露头附近与矿体走向大致平行的投影面方位线作为垂直纵投影图的方向。

（2）作控制网：在图纸上按一定比例尺画一组间距相等（如50m）的水平线作为标高线（有坑道工程时要绘出坑道中段标高线）。再按矿床勘探线间距画一组垂直线，即垂直纵投影面上的勘探线。这两组线相互垂直构成制图网。

（3）投绘矿体露头地形线：以任一勘探线为起点线，将矿床综合地形地质图上矿体露头中心线与各地形等高线的交点，按其高程和距起点线的距离依次投到控制网图上，即得地形投影点。用圆滑曲线顺序连接各地形投影点，即得矿体露头地形线。用同样方法，将综合地质图上矿体露头中心线与 x、y 坐标线的交点投到控制网图上，并通过这些投影点画垂直线，即得投影图的坐标线。

（4）投探矿工程见矿点：投地表矿体是将探槽或浅井中矿体下盘揭穿点（或矿体中心点）投到控制网图上，并画出各槽井断面形状；地下矿体如为坑道揭穿的，先将坑道的位置和形状垂直投到图上，然后标出各取样线位置（包括穿脉壁和掌子面上取样线），并用规定的颜色图例标示各取样线样品品级（按取样线平均品位计算）。

（5）投绘地质界线：矿体垂直投影图上一般不绘地质界线，但如果断层、岩脉等切穿矿体，造成矿体位移，影响矿体的正常圈定时，应将这些断层、岩脉如实反映出来。其方法是先在各勘探线地质剖面图上求出断层或脉岩与矿体下盘交点的高程 $h_1 h_2 h_3 h_4 h_5 h_6$。然后将它们投到垂直纵投影图的相应勘探线上。并根据它们与矿体的关系对应连接起来，即是投影图上的断层或脉岩界线（图5-15 a）。

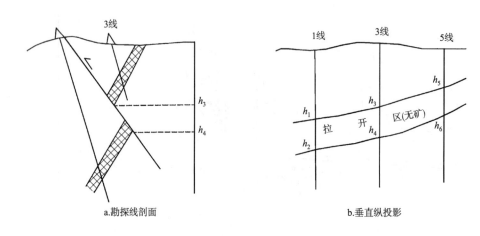

图5-15　逆断层投影示意图

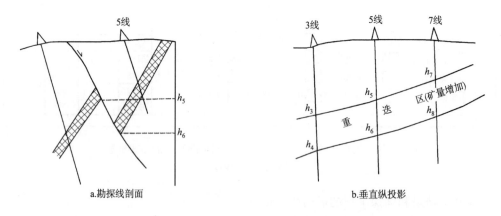

图5-16　正断层投影示意图

从图5-15可看出，由于图中为逆断层，上盘上冲，因此在投影图上矿体被拉开，造成一个无矿区段（图5-15 b）。在另一种情况下，当断层为正断层时（图5-16），则在投影图上出现矿体重叠区段，使该区段内储量增加。由此可见，将必要地质界线投到投影图上有很大的实际意义。

除上述主要图件外，为了满足矿床研究的需要，有时还要编制矿层底板等高线图、矿体垂直剖面图或水平断面对比图、矿体立体图等其他综合图件（图5-17）。

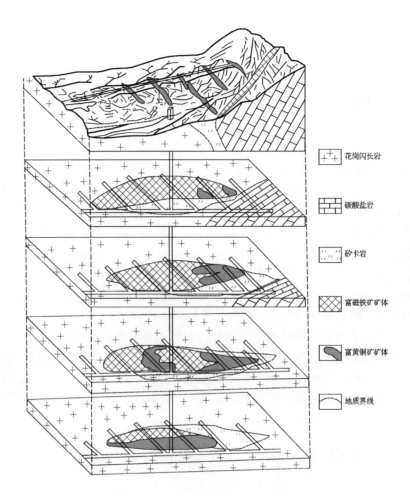

图 5-17 某铜矿床 3 号矿体立体图
（据阳正熙，2006）

6　取　　样

矿产勘查取样是在矿体（石）、近矿围岩和其他地质体中，按一定的规格和要求，采取一定容量的代表性样品（或不采样品而直接进行放射性测量），通过对样品进行加工、化学分析测试、试验或鉴定研究，以确定矿石或岩石的组成、矿石质量（有用和有害组分的含量）、物理力学性质、矿床开采技术条件以及矿石加工选冶技术性能等方面的指标而进行的一项专门性工作。根据该定义，矿产勘查取样工作包括三部分工作：

（1）采样：从矿体（石）、近矿围岩和其他地质体中采取一部分矿石或岩石作样品。

（2）样品加工：由于原始样品颗粒粗、数量多或体积大，需要进行加工，经多次破碎、拌匀、缩分使样品达到分析、测试或鉴定要求的粒度、数量或形状。

（3）样品分析鉴定：样品按相关规范进行分析、测试或鉴定研究。

矿产勘查取样工作是矿产勘查工作中一项重要的基础工作。它是研究矿床形成条件、了解矿石质量、圈定矿体、划分矿石类型及品级、确定矿石技术加工条件以及矿床开采技术条件的重要方法。因此，取样正确与否关系到对矿床的正确评价及工业利用，也关系到储量估算和地质研究成果及地质资料的准确性，所以必须认真严肃对待取样工作。

6.1　矿产勘查取样的任务种类及送样要求

6.1.1　矿产勘查各阶段取样的任务

在矿产勘查各阶段，不同矿产取样的要求不同，如铀矿取样详见《铀矿取样规程》（EJ/T983）和《铀矿样品加工管理技术规程》（EJ/T1121），主要有以下几点。

（1）勘查初期阶段：在勘查初期阶段（即预查、普查阶段），矿产勘查取样主要在地表和少量探矿工程中进行，用来圈定远景地段。样品采集、加工要有明确的目的和足够的代表性。主要采集光谱样、基本分析样、岩矿鉴定样、重砂样、化探样及物性样等。

（2）详查阶段：勘查工作进展到详查（揭露）时，从地表到一定深度都要取较多的样品，用来确定有用主元素及其伴生元素的含量，圈定矿化规模，估算资源量/储量；对矿石取样进行矿石加工选冶性能试验研究等。

（3）勘探阶段：从地表到深部对矿床进行全面系统的取样，用来确定矿床各地段及整个矿床的质量，为矿床各级资源量/储量估算做好准备；还要对矿石取样进行矿石加工选冶性能试验研究；对矿石与围岩取样进行矿体爆破、矿床开采稳定性等物性试验研究。

6.1.2　取样的种类及其目的要求

根据取样的不同目的任务，可分为岩矿鉴定取样、分析取样、矿石加工技术性能取样、矿床开采技术条件取样和放射性物探取样五类。

（1）岩矿鉴定取样：岩矿鉴定取样的目的是通过标本、样品的镜下观察和分析化验，对矿石和围岩的矿物和化学成分、矿石结构构造、矿物共生组合和生成顺序、近矿围岩蚀变特征等进行研究，对矿石矿物的物理性质（如矿物形态、粒度、硬度、脆性、磁性、电性等）进行测定，为矿床成因、氧化带特征等的研究，以及矿石自然类型的划分和加工技术条件的评价等提供必要的资料。

岩矿鉴定方法除岩石学、矿物学和矿相学等常规研究方法外，还广泛采用光谱分析、化学分析、电子扫描电镜等方法。目前电子显微镜、激光微区分析，包裹体测温等新技术，也逐步得到应用推广。

（2）分析取样：分析取样的目的主要是确定矿石中有用组分的品位及伴生有益组分、有害杂质的含量，研究这些组分的变化规律和相互关系，为矿石质量评价和品级划分、矿体圈定和矿床储量计算等提供可靠依据。

铀矿分析取样的样品，主要用物理分析法测定铀含量。化学分析法虽然比较精确，但分析速度慢、成本高，一般在铀含量基本分析中用得较少，多半用于测定矿石中有益伴生组分和有害杂质含量，或样品检查分析。

（3）矿石加工技术性能取样：矿石加工技术性能取样的目的是对矿石的选冶性能进行试验研究，对矿石工业利用的可能性作出评价。铀矿石加工技术样品通常要进行放射性选矿和水冶试验。放射性选矿是为了从原矿石中选掉部分废石，提高矿石品位，减少水冶过程中的矿石量。水冶试验是为了研究矿石有用组分的提取方法和矿石综合利用的可能性。通过试验确定矿石加工工艺流程及其经济技术指标，划分矿石加工技术类型。为矿床储量计算，工业经济评价及矿山生产设计提供可靠资料。从矿产详勘到矿山开发勘探各个阶段都要采样进行实验室、半工业或工业等不同条件下的试验研究。

（4）矿床开采技术条件取样：矿床开采技术条件取样主要是测定矿石的某些物理机械性质（如矿石密度、湿度、孔隙度、块度、松散系数、矿石和近矿围岩的抗压抗剪强度等），其目的是为矿山开采设计提供必要的技术资料。其中矿石密度、湿度也是矿床储量估算的重要参数之一。

（5）放射性物探取样：放射性物探取样是铀矿床特有的一种取样方法。它是利用辐射仪直接测定矿化露头的伽马照射量率，并通过定量解释来确定矿石铀含量，所以又称辐射取样或伽马取样。通过放射性物探取样能够确定铀矿体的边界、矿石品位和矿体厚度。由于这种方法速度快、成本低、代表性强，它在铀矿勘查和矿山开采中得到广泛的应用。

但是，当矿床镭铀平衡遭到强烈破坏，平衡系数变化无一定规律时，放射性物探取样便不能取得满意的成果。所以，必须采取一定数量的分析样品，与辐射取样资料进行对比研究，当表明辐射取样可代替分析取样时，方能推广应用。

目前矿产勘查中放射性物探取样除伽马取样外，还有伽马能谱、X射线荧光测量等取样方法。无论采取哪一种方法，最基本的要求是样品必须具有充分的代表性。为此，放射性物探取样应在不同矿体、不同深度、不同部位和不同类型的矿石中系统进行，取样点应尽可能均匀分布。

6.1.3 分析样品的送样及分析鉴定成果资料的整理

1）分析样品送样与采样原始资料的整理

样品采集后，要仔细检查和整理采样原始资料。具体工作包括：①在送样前要确认采样目的是否已达到设计和有关规定的要求；②采样原则、方法和规格符合要求，且所采样品具有代表性；③确定合理的分析、测试项目；④各项编录资料齐全准确；⑤样品的包装和运送方式符合要求。

采集样品应在原始资料上注明采集人、采集位置和编号。标本采集后，应立即填写标签和进行登记，并在标本上编号以防混乱。对于特殊岩矿标本或易磨损标本应妥善保存，对于易脱水、易潮解、易氧化的标本应密封包装。需外送试验、鉴定的标本，应按有关规定及时送出。一般的岩矿、化石鉴定最好能在现场进行。阶段地质工作结束后，选择有代表性和有意义的标本保存，其余的可精简处理。标本是实物资料，队部（公司）和矿区都应有符合规格要求的标本盒、标本架（柜）和标本陈列室。

样品要使用油漆统一编号。样品、标签、送样单三者编号应当一致，字迹要清楚。送样单上要认真填写采样地点、年代、层位、产状、野外定名和岩性描述等内容，并注明分析鉴定要求。

对需要重点研究或系统鉴定的岩矿鉴定样品，必须附有相应的采样图。委托鉴定的疑难样品，应附原始鉴定报告和其他相应资料。

2）分析鉴定成果资料的整理

收到各种分析、鉴定或其他测试结果后，先作综合核对，注意成果是否齐全，编号有无错乱，分析、鉴定、测试结果是否符合实际情况。如果发现有缺项，则应要求测试单位尽快补齐；若出现错乱或与实际情况不符，应及时补救或纠正，有时需要重采或补采样品，再作分析或鉴定。在确认资料无误后，才登入相关图表，交付使用。

对分析、鉴定的成果资料要按类别、项目进行整理。一般先进行单项的分析研究，找出其具体的特征，再进行项目的综合分析、相互关系的研究、编制相应的图件和表格。同时校正岩石和矿物的野外定名，进一步研究地层、岩石、矿化带的划分和矿体的圈定及分带，以及确定找矿标志等。必要时，对已编制图件的地质和矿化界线进行修正。

内、外检分析结果应按国家地质矿产行业标准《地质矿产实验室测试质量管理规范2——岩石矿物鉴定质量要求和检查办法》（DZ0130.2-1994）以及《地质矿产实验室测试质量管理规范3——岩矿分析质量要求和检查办法》（DZ0130.3-1994）中的规定，及时进行计算（可能时应每季度计算一次），编制误差计算对照表，以便及时了解样品加工和分析的质量，若发现偶然误差超限或存在系统误差时，应立即向相关分析或测试部门反映，同时采取必要的补救措施。

由于样品的化验、鉴定成果对于综合整理研究工作十分重要，在项目多、工种复杂、样品数量较大的分队（或工区），可设专人负责管理这项工作。

6.2 岩矿鉴定取样

采集岩石或矿石标本，通过矿物学、岩石学、矿相学的方法，研究其矿物成分、含量、粒度、结构构造及次生变化等，为确定岩石或矿石的矿物种类、分析地质构造、推断矿床生成地质条件、了解矿石加工技术性能以及划分矿石类型等方面提供资料依据。

1）岩矿鉴定取样的主要任务

（1）对所采岩石、矿物、化石，作系统鉴定，统一定名，以便正确进行编录和填图。

（2）系统研究岩石、矿石的物质成分、有用主元素的存在形式、矿石结构构造，正确确定岩石、矿物的名称，探讨成矿的地球化学条件和物理化学条件。

（3）根据矿石的鉴定和分析资料，确定矿石的分布，划分矿石工业类型。

2）岩矿鉴定取样的原则和方法

所取样品应具有充分的代表性和系统性。研究目的不同，岩矿鉴定采样的方法也有所不同。现将各类岩矿鉴定样的取样原则和方法简述如下：

（1）岩石标本的采集：从勘查初期到勘探的各个阶段，根据各阶段的研究目的系统采集岩石标本。岩石标本的采集一般沿岩石岩性变化最大的方向进行。采集岩浆岩的标本要从岩体的接触带到中心系统采取，采集中应注意岩相的变化以及岩浆分异现象。对各种脉岩、析离体或残留体、同化混染带以及围岩蚀变、代表性围岩也应采取标本；采集沉积岩、喷出岩的标本，应按层根据不同的目的要求采集，所采集的标本应代表不同相、不同层位以及不同韵律的变化。如发现化石应小心凿取；采集变质岩的标本，要在含有分带标准矿物的各变质带内采取。

（2）矿石标本的采集：根据矿石的自然类型、矿物组合、结构构造、蚀变特征进行采集。为了研究矿石的变化规律，应沿矿体的走向、厚度和倾斜三个方向，选择有代表性的若干剖面采集标本。应特别注意采集矿化变化地段的标本。在氧化带，要注意采集次生矿物以及不同部位不同氧化程度的矿石标本。

（3）单矿物标本的采集：采取单矿物标本，是为了查明有工业意义的有用主元素及其伴生稀散元素的赋存状态和分布规律，研究它们在成矿过程中的作用和工业利用性能。有用元素主矿物和伴生矿物的标本应在工业矿体内采取；用来划分成矿期、成矿阶段的单矿物标本应在各期矿脉内采取。根据采样目的，经过分选的单矿物标本分别用于：矿物鉴定、光谱分析、化学分析、电子探针分析、中子活化分析、扫描电镜分析、极谱分析、差热分析、同位素分析以及其他分析鉴定。

在上述各种取样中，都必须做好野外编号、记录和描述。

6.3 化学分析取样

化学分析取样系指用化学分析方法，分析岩石、矿石、矿物中各组分含量而采取样品的工作。它的目的在于通过化学分析，确定矿石中有用主元素含量及伴生有益有害组分的含量，以及它们的变化规律和相互间关系。根据分析结果确定矿石与围岩的界线，划分矿石品级。此外，铀矿化学分析取样还用来检验伽马及伽马能谱取样的可靠程度。

金属矿产勘查化学分析取样的方法，按探矿工程的种类不同分为坑探工程中取样和钻孔中取样两大类。

6.3.1 坑探工程中取样

在各种坑探工程中的取样称为坑探取样，取样方法有：刻槽法、剥层法、方格法、拣块法、打眼法和全巷法等，其中刻槽法应用最广。

6.3.1.1 刻槽法取样

一般沿矿体的厚度方向（铀矿则在物探编录确定的铀矿化范围），在探矿工程揭露面上刻凿一定规格的槽，从槽中凿出的全部岩石或矿石用作样品，该方法称刻槽法取样。刻槽样应按矿石类型与夹石、蚀变围岩等不同分段取样。

1）刻槽取样的布置原则

刻槽取样应遵循下列原则：

（1）刻槽取样线原则上应沿矿体的厚度方向布置，并与矿体变化最大的方向一致。

（2）每条取样线应穿过矿体厚度，以便准确确定矿体边界。工作初期为避免漏掉矿体，所取样品应控制到有用主元素含量达到边界品位的部位。如已经掌握矿化特点，在含量不足边界品位的部位，如铀矿可利用物探资料标明其品位；如取样是为了研究其他伴生组分的分布特点，样品应取到铀含量不足边界品位的部位。

（3）取样段的划分，必须符合矿化的实际分布情况，如按矿化贫富和矿石的不同类型分段取样，以便研究矿化分布规律和不同类型矿石的加工技术性能等，每个样品的长度不得大于 1 m 或小于 0.1 m。

（4）必须严格按规定断面规格采取，以保持统一。

（5）取样必须随工程的进展及时进行，为了对矿产质量作出可靠评价，对每个矿体都应按一定间距平行布置多条刻槽取样线并采取足够数量的取样点。

2）样槽形状和断面规格

样槽边界呈直线，其横断面呈矩形。样槽横断面的规格视每个矿床的具体情况而定，一般取决于以下三方面因素：

（1）矿化均匀程度：矿化均匀时，横断面规格可以小些，反之规格要大些。

（2）矿体厚度：为了满足实验室对样品原始重量的最低要求，对厚度小的矿体，取样断面要大，厚度大的矿体断面可减小。

（3）有用矿物颗粒大小：当矿石中有用矿物的颗粒较粗大时，应采用较大的刻槽断面，反之则采用较小的刻槽断面。

刻槽断面的规格越大,其代表性越强,但取样和样品加工的工作量也随之加大,工作效率降低。因此,对每个具体矿床而言,都应按有关规范要求有自己合理的刻槽断面,如铀矿刻槽取样可参见《铀矿取样规程》(EJ/T983)。

铀矿刻槽取样的刻槽断面规格(宽×深),依矿化均匀程度、所需要的样品重量、矿石的结构构造及物理性质等,一般采用5cm×3cm~10cm×5cm,样品长度一般为1m。刻槽断面的大小需及早在工作过程中通过试验确定。试验方法是在同一取样点用不同规格分别采样,对比其取样结果,在保证可靠性的前提下选择最小的断面规格。一个矿体内取样规格原则上应一致,取样时必须严格按照规定的断面采取,以便统一对比。

主要矿种一般刻槽取样长度及刻槽断面规格见表6-1和表6-2。

表6-1 主要矿种一般刻槽取样长度

矿　种	取样长度/m	矿　种	取样长度/m
铁、锰、铬、铜、铅、锌、钨、钼、锡、镍	1~2	磷	0.5~2
铜、钼细脉浸染型大型矿床	4	硫	1~2
铝土矿	0.5~2	硼、石墨、滑石、粘土	0.5~1
锑、汞	<0.5	萤石	0.25~1
脉金	<2	石膏	0.5~2
铌、钽	1~2	盐类矿床	0.5~2
铍	0.5~2	石灰岩	2~5

表6-2 金属矿床刻槽取样断面(宽cm×深cm)规格参考表

矿体厚度(m)	2.5~2	2~0.8	0.8~0.5
矿化均匀	5×2	6×2	10×2
矿化不均匀	8×2.5	10×2.5	12×2.5
矿化极不均匀	10×3	12×3	15×3

3)样槽的布置

(1)探槽取样:一般应在揭穿基岩0.5m左右时进行取样。样槽位置应根据矿体产状、厚度、地形特点和探槽位置等具体情况确定。

A. 矿化均匀可在单壁采取,如矿化不均匀,应在两壁采取。在切过矿体走向的探槽中,对陡倾斜矿体、一般在槽壁水平连续取样(图6-1a)。

B. 揭穿基岩很浅时,陡倾斜矿体可在槽底连续取样(图6-1b)。

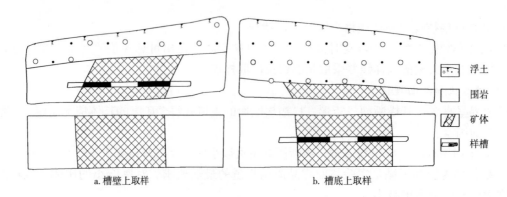

a. 槽壁上取样　　　　b. 槽底上取样

图6-1 探槽中取样位置示意图

C. 在沿矿体走向的探槽中，对陡倾斜和中等倾斜的薄矿体，在槽底按一定间距沿矿体厚度方向取样（图6-2a、6-3a）。

D. 矿体厚度大于槽底宽度，则应沿厚度方向开帮取完矿体整个厚度（图6-3b）。

E. 缓倾斜的薄矿体已被探槽全部揭穿时，在槽壁隔一定距离垂直取样（图6-2b）。

F. 在沿缓倾斜矿体走向的探槽中，矿体厚度大于探槽深度时，应沿厚度方向掘底取完矿体整个厚度（图6-4b）。

（2）探井取样：在浅井、深井、天井、暗井、竖井中取样时：

A. 一般在平行矿体倾向的相对两壁取样。

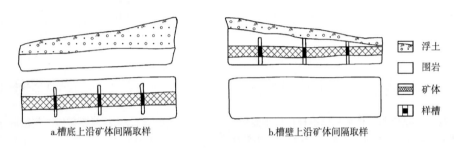

a.槽底上沿矿体间隔取样   b.槽壁上沿矿体间隔取样

	浮土
	围岩
	矿体
	样槽

图6-2 探槽中取样位置示意图

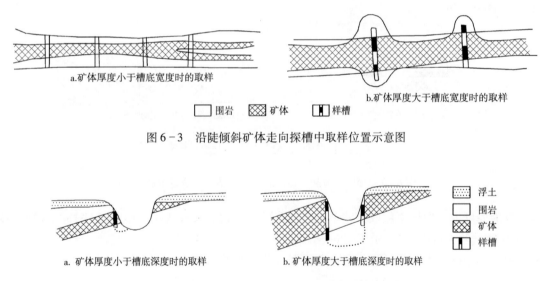

a.矿体厚度小于槽底宽度时的取样

b.矿体厚度大于槽底宽度时的取样

☐ 围岩   ▨ 矿体   ■ 样槽

图6-3 沿陡倾斜矿体走向探槽中取样位置示意图

a. 矿体厚度小于槽底深度时的取样   b. 矿体厚度大于槽底深度时的取样

	浮土
	围岩
	矿体
	样槽

图6-4 沿缓倾斜矿体走向探槽中取样位置示意图

B. 陡倾斜薄矿体，在相对的两壁上按一定间隔距离相对水平取样（图6-5a），相邻取样线间距视矿化均匀程度而定；如矿体厚度大于井壁断面宽度时，则在井下开帮刻槽或打探眼伽马测量控制整个矿体厚度（图6-5b）。

C. 缓倾斜矿体，沿相对两壁中线连续垂直刻槽取样（图6-6）。

（3）穿脉坑道取样：在穿脉坑道中，一般应在双壁取样，只有在已取得充分资料证明矿化很均匀时，才可以在单壁取样。

A. 对陡倾斜矿体（倾角在60°以上），应在两壁水平连续取样（图6-7a），样槽应在同一高度上，一般在坑道壁的腰线附近，高出底板1m左右，以方便刻槽为准。

B. 中等倾斜矿体（倾角30°~60°），应根据具体情况可以水平取样，亦可垂直取样或沿真厚度方向取样。

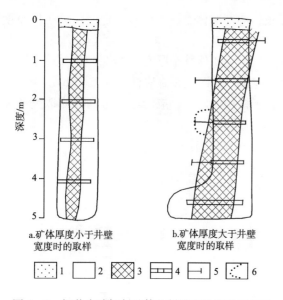

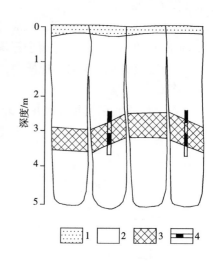

图 6-5　探井中陡倾斜矿体的刻槽取样位置示意图

1—浮土；2—围岩；3—矿体；4—样槽；5—探眼；6—小平硐

图 6-6　探井中缓倾斜矿体的刻槽取样位置示意图

1—浮土；2—围岩；3—矿体；4—样槽

C. 对缓倾斜矿体（倾角小于30°），如其厚度不大，则在两壁按一定间距（一般为 2 m）相对垂直取样（图 6-7b）。

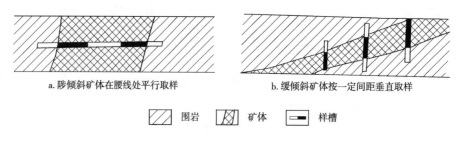

a.陡倾斜矿体在腰线处平行取样　　　　　b.缓倾斜矿体按一定距垂直取样

围岩　　　矿体　　　样槽

图 6-7　穿脉坑道陡、缓倾斜矿体刻槽取样位置示意图

D. 当沿厚度方向取样不能取完整个矿体时，可掘开顶、底板或用探眼伽马法补充取样（探眼伽马取样须经试验方可应用），示于图 6-8。

E. 当矿体厚度很大时，可按一定距离开掘天井、暗井来取样（图 6-9）。

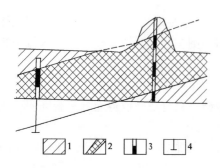

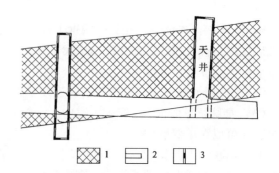

图 6-8　矿体厚度大于坑道断面时开掘顶板和在底板用探眼伽马取样位置示意图

1—围岩；2—矿体；3—样槽；4—伽马取样探眼

图 6-9　矿体厚度大于坑道断面时开掘天井和暗井取样位置示意图

1—矿体；2—穿脉坑道；3—样槽

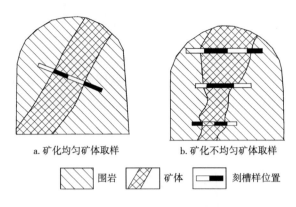

a. 矿化均匀矿体取样　　　b. 矿化不均匀矿体取样

围岩　　矿体　　刻槽样位置

图 6-10　沿脉坑道矿化不均匀与均匀矿体
刻槽取样位置示意图

（4）沿脉坑道取样：在沿脉坑道中，一般在掌子面上取样，取样间距应根据矿化均匀程度确定。对陡倾斜和中等倾斜矿体取样，有三种情况：

A. 矿体厚度小于坑道断面时，应隔一定距离在掌子面腰线附近水平刻槽取样（图 6-10），中等倾斜矿体亦可沿真厚度取样（图 6-10a）。矿化极不均匀或厚度变化很大的矿体，一条取样线不能代表时，可在掌子面上布置 2～3 条取样线取样（图 6-10b）。

B. 矿体厚度大于坑道断面时，可开帮进行水平取样（图 6-11a）、水平探眼伽马取样（图 6-11b），或垂直探眼伽马取样（图 6-11c）。

C. 矿体厚度很大时，除按一定间距在掌子面上取样外，还应隔一定距离开掘穿脉坑道取样。对缓倾斜矿体取样，如矿体厚度不大可沿两壁间隔一定距离相对垂直取样，如矿体厚度很大，还应按一定距离开掘天井、暗井取样。

6.3.1.2 其他方法取样

1）剥层法取样

在矿体揭露面上，将矿体的某一段，沿矿体的整个出露部分，连续或间隔地均匀凿下一薄层矿石作为样品的取样方法，称为剥层法取样。剥层法是适用于矿体厚度很小（如 0.1～0.3 m 以下）的矿体或矿化极不均匀的矿体，为保证样品的代表性和原始重量（0.8～1

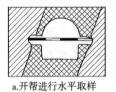 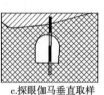

a. 开帮进行水平取样　　b. 探眼伽马水平取样　　c. 探眼伽马垂直取样

围岩　　矿体　　刻槽样位置　　伽马取样探眼

图 6-11　沿脉坑道矿体大于掌子面时
刻槽取样位置示意图

kg）而采用的一种取样方法。采集试验刻槽取样断面规格的样品和矿石加工技术性能试验研究样品，亦可用这种方法进行取样。

在掌子面、坑道顶、壁或在探槽底、壁上，根据矿化均匀程度采用：①分段间隔剥层取样（图 6-12a）；②分段连续剥层取样（图 6-12b）。剥层的长度一般为 1 m，长度最小限度以取得样品分析所需重量为准，剥层深度应与刻槽深度一致。

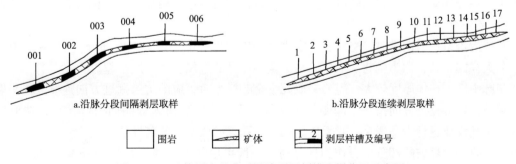

a. 沿脉分段间隔剥层取样　　　　　　b. 沿脉分段连续剥层取样

围岩　　矿体　　剥层样槽及编号

图 6-12　矿体厚度较薄时沿脉剥层刻槽取样位置示意图

剥层取样的位置应根据放射性物探测量结果，结合矿体地质特征加以确定。剥层法取样的工作量大、成本高、效率低，因而在一般情况下很少采用。

2）方格法取样

在矿体揭露面上（坑井壁、掌子面、天然露头等），按一定线距划上取样网格，在网格每个交点上采取矿石碎块然后合并成为一个样品称为方格法取样。网格的形状有正方形、长方形、菱形等（图6-13）。每个交点上所取样品的重量应大致相等，每个样应由16~20个点样组成，总重量为2~5kg。取样网的短边应与矿体变化较大的方向一致。

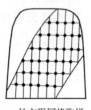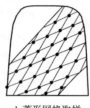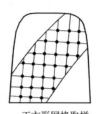

a.长方形网格取样　　　　b.菱形网格取样　　　　c.正方形网格取样

图6-13　矿体的矿化不均匀时采用网格法取样示意图

方格法取样比较简单、经济，有人认为其效果不亚于刻槽法取样。在铀矿勘查初期阶段，可用方格法取样评价矿石质量。

3）拣块法取样

拣块法又称攫取法。这种方法是在坑道掌子面前的矿渣堆、矿山的矿石堆、废石堆或装运矿石的矿车上，按一定网格（方形或菱形）拣取矿石碎块合并成为一个样品的方法。样品可在网格交点上拣取，也可在网格中心拣取。每个样品一般由12~50个点样组成，每个点样重0.05~0.20kg，合并后的重量为2~3kg至十余千克不等。当矿化均匀时密度可稀一点，矿化不均匀时点样要密一些。矿石堆拣块取样规格如表6-3。

表6-3　坑道矿石堆拣块取样规格表

矿化性质	坑道中每放一次炮，矿堆上小块份样的个数	每个小块份样的质量（kg）	样品的总质量（kg）
极均匀和均匀	12~16	0.05	0.6~0.8
不均匀	20~25	0.10	2~2.5
极不均匀	36~50	0.20	7.2~10.0

拣块取样方法简单，工作效率高，在矿山开发生产中应用较多。但是，当矿化极不均匀时不宜采用此法。在金属矿产勘查初期阶段，为了及时取得矿石质量的初步资料，也可应用此方法取样。

4）全巷法取样

在矿体内进行坑道掘进时，将坑道一定进尺长度内爆破下来的全部或部分（1/2~1/10）矿石作为一个大样的方法，称为全巷法取样。每个全巷样品的进尺长度一般不超过2m。

在穿脉中，当矿体厚度较大，需要采取几个全巷样品时，应沿坑道掘进方向连续分段采取；在脉内沿脉中，则沿掘进方向按一定间距间隔采取。为防止围岩落入样品而引起贫化，在取样爆破前，每个炮孔都要进行伽马测量，对无矿炮孔或炮孔无矿段不予装药爆破。

当只需要一次爆破的部分矿石作为样品时，一般可用井下或井（坑）口缩减的办法采取。即在井下装车或井口出车时，每隔数车（桶）抽取一车（桶）合并成一个样品。

全巷法工作过程复杂，样品量大，运输和加工成本高，主要用于矿石选冶加工技术性能取样和技术取样（如测定矿石块度、松散系数，大密度等）。一般中型以上矿床在勘探阶段后期都要用全巷法取大样进行矿石选冶加工技术性能的半工业或工业试验。

6.3.2　钻探工程中取样

从钻探获得的岩心或岩粉（岩泥、矿粉）中采集样品的工作称为钻探工程中取样（简称钻探取样），钻探取样按其钻进方法，分为岩心钻探取样和冲击钻探取样。金属矿产多采用岩心钻探取样。取样时一般沿长轴方向用劈岩机将岩（矿）心劈成两半，一半作为分析样品，另一半保存或供作其他用途。

岩（矿）心分析样亦应连续分段采取，取完见矿段整个厚度（矿体视厚度），并在两端各取围岩样一个（进尺长不超过 1 m）。取样段的划分除根据伽马测井解释品位外，还应考虑岩（矿）心放射性照射量率和矿石类型。另外要求钻孔中取样分段长度不跨回次。

钻探取样前必须先进行岩（矿）心地质、物探编录和钻孔伽马测井，并根据岩（矿）心采取率算出各样段在岩（矿）心上的实际位置和长度，然后依次劈取。劈开面应垂直岩（矿）心的主要矿化标志面（如含矿裂隙面），以免两半岩（矿）心上矿化贫富不均。

铀矿勘查中钻孔岩（矿）心分析样品应优先采取，它是查明铀矿石含铀品位、研究矿床深部放射性平衡破坏情况、取得矿石钍、钾（^{40}K）和伴生有益组分和有害杂质含量的必要手段。岩（矿）心含铀品位还是检查对比钻孔伽马测井结果的主要依据。

最后，无论用何种方法取什么样品，都应及时进行样品登记，并把取样位置标注在相应的地质素描图或钻孔综合柱状图上。此外，应及时整理样品并送实验室进行加工分析。

6.3.3　取样间距的确定

沿矿床走向或倾向，两取样线间的距离称为取样间距。矿体中取样间距越密，样品数量越多，代表性越强，但取样和样品加工工作量增大，很不经济。与此相反，取样间距越稀，虽然比较经济，但代表性差，两者都不可取。因而取样间距也存在一个合理性问题。合理取样间距必须是既有充分的代表性，又比较经济的取样间距。一般要通过不同间距的取样试验才能确定矿床的合理取样间距。

影响取样间距的因素主要是矿化分布的均匀程度和矿体厚度的变化程度。矿化分布均匀的矿体，可采用较稀的取样间距；反之，则采用较密的取样间距。厚度变化较小的矿体可用较稀的取样间距；反之，采用较密的取样间距。

确定合理取样间距的基本方法有两种：

1）类比法

即与成矿地质条件相似的已知矿床相类比，用已知矿床的取样经验来指导本矿床合理取样间距的确定。类比时，主要应充分研究它们在矿化分布、矿体厚度变化等方面的相似程度。通常可类比的取样线间距，热液铀矿床为 2 ~ 4 m，成岩铀矿床、后生铀矿床为 4 ~ 6 m。类比法主要在普查和详查阶段使用，或中小型铀矿床中使用。

根据以往经验，当铀矿化分布极不均匀时，沿脉坑道中取样间距一般为 2 m，铀矿化分布均匀时，可放稀到 4 ~ 5 m。

2）试验法

试验法有多种方法，下面介绍两种：

（1）减数法：具体做法是选择代表性地段以较密间距（一般为 1 m 或 0.5 m）作为标准间距取样，将所有样品的平均品位作为标准，然后用减数法按 2 m、4 m、……或 3 m、5 m、……间距，将样品分为几组，再将各组样品的平均品位分别与标准间距的平均品位对比，选择允许误差范围内的最大间距作为取样间距。

（2）抽出法：做法是在矿床勘探过程中，选择有代表性的矿体或块段，加密取样间距，根据分析结果算出矿体或块段的平均品位。然后将取样线间距放稀一倍、二倍、三倍等等，算出每次放稀后的平均品位及其与放稀前平均品位的相对误差。在相对误差不超过允许误差（±5% ~10%）的范围内，最大取样间距即为本矿床的合理取样间距。

6.3.4 分析样品的加工

1）样品加工的目的和理论依据

在取样过程中，为使样品具有较强的代表性，要求原始样品的重量一般都比实验室分析所需重量为大（为数千克至数十千克）。同时样品的粒度也比较粗（为数厘米至数十厘米）。样品加工的目的就是将原始样品进行破碎和缩分，在保证样品品位不发生变化的前提下，使样品达到实验室分析所需的重量和粒度。

各种分析方法所需样品重量和粒度见表6-4。

表6-4 样品分析重量和粒度要求表

分 析 方 法		重量（g）	粒度（筛目）	
物理方法	β、γ法测铀	500	80 ~ 100	
	能谱	150	80 ~ 100	
化学方法（包括放化、化学光谱）	单项	30	一般	难溶
			160	200
	多项	50	160	200
光谱（包括X光光谱）		10	160	200

样品加工的基本原则是，经过加工处理后，样品品位必须保持不变。根据这一原则，显然不能将原始样品直接进行缩减，因为原始样品粒度较粗，矿化分布不均匀，直接缩减则不能保证品位不发生变化。因此，缩减前应将样品进行破碎。但从经济观点出发。又不能将原始样品一次性破碎到分析所需的粒度，以免造成人力、物力上的浪费。轻过前人的大量实践研究，为了保证样品品位在加工过程中不发生变化必须采取多级破碎，多级缩减的办法，即把样品的破碎从大到小分成若干粒级依次进行。每碎一次，将样品缩减一次到几次，直到样品品位不发生变化的最小可靠重量为止。这就是现在普遍采用的样品加工方法。所谓最小可靠重量，即在保证品位不变的前提下，经过缩减后样品应保留的最小重量。由此可见，在样品加工过程中，关键在于正确确定每个粒级的最小可靠重量。

影响最小可靠重量大小的因素有以下几方面：

（1）金属矿物的嵌布粒度：金属矿物嵌布粒度越大，在缩分过程中越不易拌匀，因此所需最小可靠重量越大；

（2）金属矿物的颗粒数量：样品中金属矿物颗粒数量越多，因缩减而产生品位误差的可能性越小，最小可靠重量也越小；

（3）金属矿物相对密度：金属矿物相对密度越大，样品越不易拌匀，故要求最小可靠重量越大；

（4）矿石平均品位：在其他条件相同的情况下，矿石品位越高，金属颗粒在样品中的分布越均匀，则最小可靠重量越小；

（5）分析的允许误差：允许误差越小，最小可靠重量越大。

由于以上因素的影响，许多研究者对样品最小可靠重量的确定曾提出过多种不同样品加工公式。现通常采用的是俄罗斯彼得格勒矿业学院 Г.О. 切乔特教授所提出的公式

即：

$$Q = K \cdot d^2$$

式中：Q 为样品最小可靠重量（kg）；d 为样品中最大颗粒直径（mm）；K 为根据矿石特征确定的缩分系数。

该式表明，样品的最小可靠重量与样品最大颗粒直径的平方成正比。样品最大颗粒直径即样品破碎后所达到的最大粒级，可由实验室样筛系列的孔径（附录4）来确定。因此，上式中只要把缩分系数 K 值确定之后，就可算出样品碎至不同粒级所对应的最小可靠重量。

K 值的大小与金属矿物颗粒的多少、相对密度大小、矿石品位高低及分析允许误差的大小等因素有关。但主要取决于矿化分布的均匀程度。

确定 K 值的方法有三种：

（1）类比法：类比法即与矿石类型、矿化特征相似的已知矿床相比较，用已知矿床样品加工的经验来指导本矿床 K 值的确定。根据我国铀矿床样品加工的经验，K 值一般为 0.1 ~ 0.5，工作初期可采用 0.5。

（2）试验法：有不同重量法和不同粒度法两种。

不同重量法：即在 $Q = K \cdot d^2$ 公式中，使粒径 d 不变，用不同的重量 Q 进行试验确定 K 值。其原理是，当 d 一定时，随着样品重量的增加，有用矿物的颗粒数也增加，则品位误差减小。当重量增加到一定限度时，则品位误差趋近于零。这时即可根据切乔特 $Q = K \cdot d^2$ 公式算出合理 K 值。

不同粒度法：即在 $Q = K \cdot d^2$ 公式中，使重量 Q 不变，用不同的粒径 d 进行试验确定 K 值。利用刻槽样品进行 K 值试验时，每个矿床试验样品数量应不少于 10 ~ 15 个。

（3）经验数据法：据巴雷舍夫 H. B.（1996）提出的 K 值经验数据如表6-5。

表6-5　K值的经验数据表

矿 石 类 型 简 述	K 值
均匀的	0.05
不均匀的	0.10
极不均匀的	0.20 ~ 0.30
特别不均匀的	0.40 ~ 0.50
具有粗粒（>0.6 mm）金的特别不均匀的金矿石	0.80 ~ 1.0

（据巴雷舍夫 H. B.，1996）

2）样品加工过程

样品加工过程可分为破碎、过筛、拌匀和缩减四个环节。

（1）破碎：分机械破碎和人工破碎两种。机械破碎又分粗碎、中碎、细碎和粉碎几个阶段。粗碎一般是用颚式破碎机把样品碎到 30 mm 以下粒度。中碎是用轧辊机把样品碎到 3 ~ 5 mm。细碎是用对辊机把样品碎到 0.7 mm 以下。粉碎是用球（盘）磨机把样品碎到 0.15 ~ 0.07 mm。

当样品重量很少时，可直接在铁板上或铁钵中人工捣碎。

（2）过筛：样品在每次破碎的前后都需要过筛。破碎前的过筛叫辅助过筛，是将已经达到下一级粒度的样品筛下去，以免这部分样品碎得太细。破碎后的过筛称检查过筛，检查破碎以后的样品是否全部达到下一粒级要求。未达到者，须重新破碎，直到全部样品都能通过所定粒级的筛孔为止。

过筛也分机械和手工两种。重量大的样品可用机械筛，重量小的则可用手工筛。

（3）拌匀：为了得到均匀的样品，在每次缩减之前，都要把样品搅拌均匀。拌匀通常有两种方法：

铲翻法：用铁铲把样品铲到铁板上堆成圆锥形。从第二铲开始，每铲样品必须从锥顶倒下，使样品向四周均匀流散。依此法在铁板上将样品重复倒翻 3 ~ 5 次，直到拌匀为止。此法一般用于搅拌大型样品。

帆布滚动法：将样品倒在一块帆布上，依次提起各布角，使样品翻滚多次，直到拌匀为止。此法一般用于小样品（5～10 kg）和细粒样品的拌匀。

（4）缩减：样品的缩减又称为缩分，常用以下方法进行。

四分法：将拌匀后的样品堆成圆锥形，然后用金属片制成的十字架从锥顶切入，把样品均匀地分成四等分，取对角象限的两分样品合并在一起继续加工；另一对角象限两分样品抛弃或作为最终样品的副样。

若第一次缩减后，样品的重量还远超过本粒级的最小可靠重量，则可依上法重复缩减数次，直到取得最小可靠重量为止。

流槽式分样法：此法是用特制的分样器，缩分重量较小、粒度较细的样品。样品倒入分样器后，自行分成二等分。按最小可靠重量要求，亦可重复数次。

样品加工质量的好坏，对样品的代表性有很大影响，故必须严格遵守操作规程。在加工过程中，应注意保持加工设备的清洁，每个样品加工完毕必须清扫设备。如果样品湿度较大，应在低温（105～110 ℃）下烘干，并尽量减少加工过程中样品的损失。最后将样品分成两分，一分为正样送去分析，另一分作为副样保存。

6.3.5 样品的分析和检查

1）样品分析的种类

样品加工以后，应按送样者提出的项目要求进行分析。按分析目的，可将样品分析分为普通分析、多元素分析、组合分析和全分析五类。

（1）普通分析：又称基本分析或单项分析，其任务主要是测定样品中有用组分的含量（品位）。例如测定铀矿石样品中铀的品位；铜矿石样品中铜的品位；多金属矿石样品中铜、铅、锌的品位等。分析结果是矿石质量评价和矿床储量估算的根据。

铀矿石中放射性元素含量的分析方法有放射性物理分析和化学分析两种。其他金属元素的含量主要采用化学分析法。

（2）多元素分析：其任务是检查矿石中可能存在的有用伴生元素和有害杂质的含量，为元素组合分析项目的确定提供依据。分析方法可用光谱半定量全分析、极谱分析及元素化学分析等。

（3）组合分析：组合分析的任务是在多元素分析的基础上，进一步测定矿床中有用伴生元素和有害杂质前含量，为矿床综合评价提供依据。组合分析样品一般从普通分析样品的副样中采取。为保证其代表性，应按不同矿体、块段、探矿工程、矿石类型和品级分别进行组合。每个样品由 5～10 个普通分析副样组合而成。

（4）合理分析：又称物相分析。其任务是确定有用元素赋存的矿物相及其相对含量，为划分矿石自然类型和技术品级提供依据。如划分氧化矿石、混合矿石和原生矿石等。合理分析样品的采取，应在肉眼和显微镜鉴定及初步划分矿石类型和技术品级界线的基础上进行。每个类型或品级的样品数一般为数个至数十个。也可利用普通分析样品或组合分析样品的副样作合理分析。

分析方法主要是化学分析法。有时也可利用反光镜下矿物成分的研究代替化学分析，例如对铀矿石氧化程度的研究。

（5）全分析：其任务是测定矿中所有物质成分的含量，为普通分析或组合分析项目的确定提供依据。分析方法通常有光谱全分析和化学全分析。一般先进行光谱全分析，凡光谱分析测出的元素，除痕量元素外，都应列入化学全分析的项目。分析结果，各元素的总和应接近100%。

全分析样品可从普通分析样品的副样中抽取合并而成，也可另行采取。样品数目视矿床规模及复杂程度而定。一般为数个，最多20个。

2) 样品分析结果的检查和处理

在样品分析过程中，往往由于操作上的原因，分析结果可能产生误差。这种误差可以分为偶然误差和系统误差两种。偶然误差的特点是有正有负。当样品数量较大时，正负误差可以互相抵消，一般对最终结果的影响不大。系统误差的特点则是符号相同，或正或负，使分析结果普遍升高或普遍降低，对最终结果影响很大。因此，一般每分析一批样品，都应按比例从中抽出一定数量的样品对分析质量进行检查。检查的形式可分为内部检查（内检）和外部检查（外检）两种。

内检是在本实验室进行，主要检查分析中的偶然误差。检查方法一般是从普通分析的副样中抽出一部分样品编成密码进行分析，将分析结果与正样进行比较，算出相对误差。内检样品的数量一般占普通分析样的10%左右。

外检是将普通分析副样送到技术水平较高的实验室进行分析，用以检查样品分析的系统误差。外检样品的数量一般占普通分析样品的5%左右。

当内、外检查结果误差较大时，须请有权威的实验室进行仲裁分析。

6.4　矿石物理参数取样

矿石物理参数取样系指为满足储量估算和矿山开采技术条件的需要，采集矿床的岩石和矿石样品，用来测定其物理性质（提供物理参数）的一项专门性取样。

矿石物理参数包括：矿石密度、矿石湿度、矿石孔隙度、矿石（及顶底板岩石）硬度、矿石（及顶底板岩石）极限抗压强度和抗剪强度、矿（岩）石松散系数和块度等。测定矿石密度、湿度和孔隙度的样品，一般应在一个地方采取；采集测定岩石、矿石的块度和松散系数的样品，可在用全巷法采取体重、矿石加工技术样品时一同采集。

6.4.1　矿石密度的测定

1) 矿石密度的测定和矿石密度取样

矿石密度（亦称矿石体重），系指自然状态下单位体积（包括孔隙）矿石的质量，它是储量计算必需的数据之一。测定矿石密度的方法有大体重法、小体重法和辐射法三种：

(1) 大体重法（也称大块法）：该法测定矿石密度有两种方法，一种是矿柱法，即采取 $0.3 \sim 0.5 \, m^3$ 的大块矿石，将其修成一定几何形态，用来测定密度，另一种是全巷法，即在矿体上按一定的几何形态刻取、掏空矿石，用来测定密度。

矿石密度计算公式如下：

$$D = \frac{W}{V}$$

式中：D 为矿石密度（t/m^3）；W 为矿石重量（t）；V 为矿石体积（m^3）。

(2) 小体重法（也称小块法、石蜡法）：所采样品体积通常为 $5 \, cm \times 5 \, cm \times 5 \, cm$，用封蜡排水法测定密度，计算公式如下：

$$D = \frac{W_1}{V - (W_2 - W_1) / d}$$

式中：D 为矿石密度；V 为蜡封后的矿石体积（cm^3）；W_1 为蜡封前矿石重量（g）；W_2 为蜡封后矿石重量（g）；d 为石蜡的密度。

(3) 辐射法：具体的测定方法在放射性物探课程中有阐述。

目前测定铀矿床的矿石密度多数用辐射法（中型矿床不少于20组），用小块法检验。小块法检验的数量约占所用辐射法总数的 10% ~ 15%（不少于 20 块）。此外，应有不少于 3 ~ 5 个大块法测密度的数据，用来检查辐射法和小块法矿石密度测定数据的可靠程度。

根据不同的矿石类型、工业品级分别采取矿石密度样品，每一矿石类型、工业品级的样品应不少于 15 ~ 20 个，其近矿围岩样品应不少于 5 ~ 10 个，然后分别计算其平均数值（质量标准和技术要求按 EJ/T1031《放射性矿石密度测量规程》执行）。

矿石密度样品应采自具有代表性的部位。在测定矿石密度的同时，还应分析矿石的组分、品位，鉴定矿石的结构构造，以便对比各密度样品，掌握其变化规律。

2）矿石相对密度的测定

矿石相对密度（d_m）等于矿石与同体积水的重量之比。测定矿石相对密度，是将矿石破碎成细粒或粉末，排除孔隙称其重量，然后用排水法测其体积，计算矿石相对密度。该数值一般均比同一矿石的密度值为大。测定矿石相对密度的目的是为了计算矿石的孔隙度。相对密度样品可从两个石蜡法密度样品中取一个进行测定。

矿石相对密度一般用相对密度瓶法进行测定。

6.4.2　矿石湿度的测定

矿石湿度系指在自然状态下矿石中水的百分含量。在通常情况下，所获矿石有用组分的含量均为其加热烘干后的分析值。但实际上所有矿产储量均为自然状态下的湿矿石储量。干矿石和湿矿石的重量两者相差较大（>5%），湿度虽不直接参与储量计算，但必须用湿度校正矿石品位或体重，才能获得精确的矿产储量。这就是测定矿石湿度的目的。

湿度的测定方法：在样品水分几乎没有挥发的状态下及时地、精确地称其重量（P_1），然后将其破碎成 1 ~ 2 cm 直径的碎块送入烘箱烘烤（温度不宜高于 105 ℃）30 ~ 60 min，取出后再精确称其重量（P_2）。

测定矿石湿度（B）的计算公式如下：

$$B = \frac{P_1 - P_2}{P_1} \times 100\%$$

式中：B 为矿石湿度；P_1 为原始状态下矿石重量；P_2 为经烘箱烘烤后矿石重量。

矿石湿度取样，其样品重量约为 500 g。在坑探工程中可用刻槽法（或拣块法、剥层法）采取，在钻探中从矿心中采取。

用湿度将干矿石品位换算成湿矿石品位用下列公式：

$$C_s = C_g (1 - B)$$

式中：C_s 为干矿石品位；C_g 为湿矿石品位。

如果储量计算是以干矿石为标准，则应将湿矿石密度换算成干矿石密度，即：

$$d_g = d_s (1 - B)$$

式中：d_g 为干矿石密度；d_s 为湿矿石密度，即天然状态下测得的密度。

当铀矿石的湿度小于 5% 时，不作换算。

矿体的埋藏深度，影响矿石孔隙度和矿石湿度，季节性气候的变化，也影响矿石湿度。所以应在矿床不同深度、不同自然类型的矿石中，按季节分别采取样品。取样后，若不能及时称重，应将样品严加密封。

6.4.3　矿石孔隙度的测定

矿石单位体积内孔隙体积所占的百分比称为矿石孔隙度。用公式表达为：

$$K_n = \frac{V_1 - V_2}{V_1} \times 100\% = 1 - \frac{V_1 - V_2}{V_1} \times 100\%$$

式中：K_n 为矿石孔隙度；V_1 为矿石总体积（包含孔隙，cm^3）；V_2 为矿石净体积（不包含孔隙，cm^3）。

因为 $$V_1 = P_g/d_g, \qquad V_2 = P_g/d_m$$

所以 $$K_n = (1 - d_g/d_m) \times 100\%$$

式中：P_g 为干矿石重量；d_g 为干矿石密度（g/cm^3）；d_m 为矿石相对密度（g/cm^3）。

测定孔隙度的样品是在采取全巷法密度样品时一并采取。

6.4.4　矿石松散系数的测定

矿石松散系数是指矿石或岩石爆破以后的体积与爆破前原体积之比。该系数是矿山设计中确定矿车、吊车、矿仓等容量及运输量的重要依据。

矿石松散系数计算公式为：

$$K_s = \frac{V_2}{V_1}$$

式中：K_s 为松散系数；V_1 为爆破前矿石体积（m^3）；V_2 为爆破后矿石松散体积（m^3）。

矿石爆破后体积即爆破空间的松散体积，须修饰整齐，仔细丈量。矿石爆破后体积可用一定容积（$0.5 \sim 1 m^3$）的木箱来测量。矿石装入木箱后可轻轻振动，并将矿石表面铺平。

通常用测定块度的同一样品来测定矿石松散系数。

6.4.5　矿石块度的测定

矿石块度是指爆破下来的各级别矿块重量（用一定规格的筛子过筛分别称其重量）在矿石总重量中所占的百分数。矿石块度测定又称机械分析，其取样爆破条件应与矿山生产条件一致。测定块度的目的是为工厂合理选择碎矿设备和合理选矿方法提供资料。

矿石块度的计算公式为：

$$K_i = \frac{P_i}{P} \times 100\%$$

式中：K_i 为不同粒级的块度（i 为粒级代号）；P_i 为不同粒级矿石重量（kg）；P 为样品总重量（为各粒级样品重量之和）（kg）。

矿石块度测量往往在采取矿石选冶加工技术样品的同时进行。为保证其代表性，每类矿石的测定次数应不少于 5 次。

此外，为了给矿山设计提供岩石可钻性、机械强度、坑道卫生等资料，在勘探过程中，还需对矿体顶底板围岩的硬度、抗压强度、坑道粉尘及单位当量氡气扩散率等进行测定，在此不一一阐述。

6.5　矿石选冶加工技术取样

矿石选冶加工技术取样是为选矿试验和水冶试验而进行的专门性技术取样。它的目的是为了确定矿石的选冶加工技术性能，拟定工艺流程，为矿床评价、储量计算以及矿山开采设计提供资料。

从铀矿床的普查到勘探各阶段都必须取样进行不同种类和不同规模的试验。在普查阶段，为查明从矿石中提取铀的可能性，为提供初步的矿石选冶工艺评价资料，有类比条件的矿石以类比结果做出可否工业利用的评价；对组分复杂、国内尚无成熟选冶工艺的矿石，应进行可选（冶）性试验或实验室流程试验，为是否值得进一步工作提供依据。详查阶段，一般矿石应作实验室流程试验，组分或结构复杂的难选冶矿石和新类型矿石应作实验室扩大连续试验，做出工业利用方面的评价。勘探阶段，一般矿石应作实验室流程试验，难选冶或新类型矿石应作实验室扩大连续试验，必要时应做半工业试验，为确定最佳工艺流程提供依据。

铀矿石技术加工样品必须在下列各方面具有充分的代表性：矿石类型、物质成分、平均品位、物理性质、围岩蚀变与矿化特征、矿石结构构造、矿块粒度组成和粉碎程度、放射性平衡系数等。对不同类型的矿石，应分别采取样品进行试验研究。

6.5.1 矿石选冶加工技术试验的种类

根据试验的目的和规模，可将矿石选冶加工技术试验分为实验室试验、半工业试验和工业试验三类。

1）实验室试验

即采取小型选冶加工技术样品，在实验室条件下进行试验，初步确定矿石的工业利用价值，评价矿石的可选性能。铀矿实验室加工技术试验可分为探索性试验和详细试验。

（1）探索性试验：主要是查明铀矿石的物质成分和提炼有用组分的可能性，对矿床进行初步工艺评价。一般采取100 kg左右样品送实验室作小型水冶试验即可。此项工作通常在详查阶段进行。

（2）详细试验：主要是确定铀矿石的可选性能，研究从矿石中提取有用组分的方法和流程，划分矿石加工类型，从而对矿石加工技术条件作进一步评价。该项试验一般在勘探阶段进行，主要包括水冶和选矿两项。水冶试样每个重200～300 kg，选矿试样每个重约5 t。

2）半工业试验

半工业试验是在近似于工厂生产条件下所作的试验，用以检查验证实验室的试验成果，并更合理地确定选矿工艺流程和技术经济指标，为建设大型选冶厂提供设计依据。这种试样多在勘探后期，肯定矿床具有大规模开采价值时采取。试样重量一般在20 t以上。取样工作一般由矿山设计部门在勘探队协助下进行。

3）工业试验

工业试验是为了确定正式生产加工流程、技术经济和生产指标，在生产工厂条件下进行的试验。样品重量一般为数十至数百吨。由生产部门采取。

6.5.2 矿石选冶加工技术样品采取的要求与方法

1）取样一般原则和要求

矿石类型不同，往往其选冶加工技术性能也不相同。如硅酸盐、碳酸盐、磷酸盐、钒酸盐等矿石类型，应分别取样试验。对围岩蚀变和矿石结构构造有显著变化的地段和铀矿物的分布不均匀程度显著变大的地段，均应单独取样试验。因为氧化带矿石的加工性能与原生带矿石的加工性能不同，所以对具有一定储量的氧化带矿石也应取样试验。对放射性平衡系数变化很大的地段（小于90%，大于110%），也要分别取样进行试验。

对于放射性选矿样品，应按不同品级分别采取，各选矿试验样品的品位应接近矿床平均品位；对于水冶试验样品的品位也应接近矿床平均品位，不得低于边界品位。凡属强氧化带的矿石、结块性差的岩石（经爆破后小于50 mm块度矿石占75%以上者）不能选取放射性选矿样品。

因此，原则上不同类型的矿石应分开采样进行试验。每个试样应由几个或十几个采样点的样品组合而成。若矿石不同，但开采时又不便将其分开，则需采取混合样品进行试验。混合试样应按各类矿石在总储量中所占的比例进行配矿。

对含有其他有用元素的矿石或近矿围岩，应单独取样试验，以便对有用元素综合利用的可行性作出评价。例如铀矿石中伴生有用组分达到一定含量（表6-6），铜矿石中伴生有用组分达到一定含量（表6-7），则应考虑它们的综合利用问题。在采取选冶加工技术样品的同时，应采取岩矿鉴定标本和分析样品。对矿石和近矿围岩的矿物成分、结构构造等进行研究，并根据组合或配矿比例计算每个加工技术样品的平均品位。

表6-6 铀矿床伴生有用组分综合利用评价参考指标表

伴生元素	品位（10^{-6}）	伴生元素	品位（10^{-6}）	伴生元素	品位（10^{-6}）
金（Au）	1	锌（Zn）	10000	锗（Ge）	10
银（Ag）	10	汞（Hg）	300	硒（Se）	10
钴（Co）	100	钨（W）	800~1000	碲（Te）	10
镍（Ni）	200	钼（Mo）	100	铟（In）	2
铋（Bi）	10	钒（V_2O_5）	800	镓（Ga）	10
铁（Fe）	150000~200000	磷（P_2O_5）	80000	铼（Re）	0.2~10
铜（Cu）	1000	钽（Ta_2O_5）	100	铊（Tl）	30
铅（Pb）	3000	铌（Nb_2O_5）	100	镉（Cd）	20

（据铀矿地质勘查规范 DZ/T0199—2002）

表6-7 铜矿床伴生有用组分综合利用评价参考指标表

元素	Pb	Zn	Mo	Co	WO$_3$	Sn	Ni	S	Bi	Au	Ag	Cd, Se, Te, Ga, Ce, Re, In, Tl
含量（%）	0.2	0.4	0.01	0.01	0.05	0.05	0.1	1	0.05	0.1 g/t	1 g/t	>0.001

（据铜矿地质勘查规范 DZ/T0187—2002）

2）矿石选冶加工技术样品的取样方法

采取选冶加工技术样品前应编制取样设计。设计内容包括：样品类别、编号、样品的代表性、取样位置、样品个数、重量、取样方法、取样时间、劳动组织等。下面对小型水冶试验及半工业和工业试验样品的取样方法进行阐述。

（1）小型水冶试验样品的取样方法：

刻槽法取样：其布置原则与分析取样方法相同。断面规格一般为 10 cm×5 cm 或更大。取样线两端只带 10 cm 围岩。

剥层法取样：当矿体较薄，用刻槽法取样不能满足样品重量要求时，可用此法。剥层厚度为 5 cm。

全巷法取样：当坑道在矿体中掘进时，可将一次爆破下来的矿石缩减到所需重量作为样品。但要求取样点的含铀量与矿体平均品位接近。

拣块法取样：当勘探工程已经结束，无法从坑道中采取样品时，可在矿石堆上挖槽或打井，至矿堆深处进行拣块取样。但其试验数据仅供参考。

矿心取样：以钻探勘查为主的矿床，可从不同类型矿石的矿心中采取组合样。亦可用劈岩机将矿心劈取一半参加组合。

（2）半工业和工业试验样品的取样方法：

铀矿半工业和工业试验项目主要为水冶试验和放射性选矿，水冶试样重20 t 以上，放射性选矿试样重20~50 t。样品的粒度要和正式开采时一致，其采样方法主要有以下两种。

爆破法：在进入矿体的坑道中，用打眼爆破的办法采取样品。爆破面与掌子面大小一致，爆破深度0.5~1 m。将爆破下来的全部矿石作为一个样品。每个矿床应采取3~10 个样品分别试验，每个样重约5 t。取样个数多少，视矿床规模、矿石类型和勘探程度而定。取样点的布置应注意代表性。

矿车截取法：即从坑道推出的矿车中，按一定间隔截取数车矿石组合成样品。例如每隔2~3 车截取1 车。当截取的样品超过所需重量一倍以上时，可按切乔特 $Q = K \cdot d^2$ 公式进行缩减。

7 矿产资源/储量估算

估算矿产在地下的埋藏数量称为矿产资源/储量估算。在我国过去的教材及生产实践中都称为"矿产储量计算"，根据新近国家标准《固体矿产地质勘查规范总则》（GB/T13908—2002），本书改为"矿产资源/储量估算"。估算与计算相比，虽然估算方法、参数选取、运算过程等没有差别，但估算一词更多体现了资源/储量的统计性和不确定性，以及风险性等含义（国土资源部矿产资源储量司，2003）。矿产资源勘查中估算的铀资源/储量，金属铀量以吨（t）计，矿石量为千吨计。在铀矿普查、详查和勘探的各阶段中，由于各阶段任务不同，因而对资源/储量估算的具体要求也不相同。

在铀矿普查阶段，对工作地区的矿化点只通过有限的取样工程，大致查明其分布规律、规模、产状以及与成矿有关的地质条件，推断矿体的连续性，进行可行性的概略研究，估算相应类型的矿产资源/储量，提出是否有进一步工作的价值或圈出详查区。

在铀矿详查阶段，通过系统取样工程基本查明矿床内矿体的分布规律、数量、规模、产状、品位变化和连接对比条件，重点是主矿体（占矿床资源/储量70%以上）或主要矿体的数量、规模、形态、产状及赋存规律，并基本确定其连续性；通过概略研究或预可行性研究，估算相应类型的资源/储量，做出是否有工业价值的评价；圈出矿体相对集中、矿石质量和开采技术条件较好的地段作为勘探区。

在铀矿勘探阶段，在已知具工业价值的矿床或详查圈出的勘探区范围内进行加密取样工程，详细查明主矿体或主要矿体的规模、形态、产状、内部结构及厚度、品位的变化特点，确定主矿体或主要矿体的连续性。进行预可行性研究或可行性研究，估算相应类型的资源/储量，为矿山建设设计和矿床的进一步扩大提供依据。

7.1 资源/储量估算的一般过程

在矿产资源勘查过程中，利用各种方法和技术手段，获得大量的有关矿产储量估算所需要的资料和数据，如矿石品位、矿体厚度、矿体断面面积和各种矿石的密度等。这些资料和数据是储量估算的基础。资源/储量估算的一般过程如图7-1。

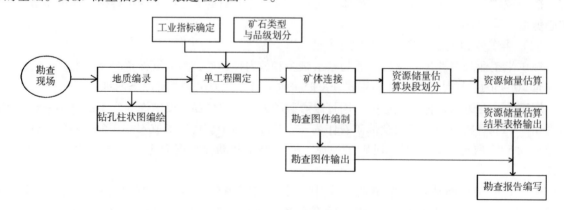

图7-1 矿产资源储量估算基本流程图

（据李裕伟等，2000）

（1）圈定工业矿体边界：矿产在资源/储量估算前，首先要合理确定矿床工业指标，并进行矿石类型与品级划分。在用来作储量估算的各种剖面图、平面图上，根据金属矿产的工业指标，圈定工业矿体的边界线。

（2）确定资源/储量估算的基本参数：在所圈定的工业矿体内，划出不同的计算块断，分别求出各块断资源/储量估算基本参数值，如矿体面积、矿体平均厚度、金属矿产平均品位、矿石平均密度等。

（3）计算矿体体积：计算矿体体积的基本公式如下：

$$V = S \cdot M \qquad\qquad (7-1)$$

式中：V 为矿体体积（m^3）；S 为矿体面积（m^2）；M 为矿体平均厚度（m）。

矿体体积的计算方法有两种：①矿体体积等于平面图上的矿体面积乘以矿体平均厚度；②利用立体几何中各种求体积的方法来计算矿体体积。

上述两种方法，前者适用于地质块断法估算储量，后者适用于地质断面法估算储量。

（4）估算矿石量：矿石量等于矿体体积乘以矿石平均密度，即：

$$Q = V \cdot D \qquad\qquad (7-2)$$

式中：Q 为矿石储量（t）；D 为矿石平均密度（t/m^3）。

（5）估算金属储量：以铀为例，金属储量等于矿石储量乘以矿石铀平均品位，即：

$$P = Q \cdot C \qquad\qquad (7-3)$$

式中：P 为铀金属储量（t）；C 为矿石铀平均品位（%）。

7.2 矿产工业指标及矿体的圈定与块段划分

在资源/储量估算图件（如平面图、剖面图、投影图）上，划出矿体的储量估算边界，即矿体的工业可采边界线，这称为矿体的圈定。矿体的圈定是资源/储量估算中的第一个环节，其目的是确定矿体估算的范围。无论何种资源/储量估算方法，都要对矿体进行圈定。在此基础上才有可能对矿体的面积、体积、平均品位、平均厚度等进行计算。矿体的圈定又必须依据一定的工业指标，所以，首先要确定矿产工业指标。

7.2.1 矿产工业指标

矿产工业指标是指在当前经济技术条件下，工业部门或矿山企业对矿床的矿产质量和开采条件所提出的要求。它是圈定矿体和估算资源/储量的标准，是指导勘探工作的基本依据，也是划分工业储量和远景储量（或资源量）与废石三者之间界线的依据。圈定矿体的工业指标有：边界品位、最低工业品位、最小可采厚度、米百分值、夹石剔除厚度等。

（1）边界品位：边界品位又称边际品位，是圈定矿体时区分矿石与围岩的分界品位，为单个样品中有用组分含量的最低标准。边界品位是参加资源/储量估算的最低极限品位，即只有样品的品位达到边界品位时才有资格圈入矿体。但最终是否圈入还要看具体情况（具体方法见矿体圈定），部分矿产资源一般工业指标参见附录3。

边界品位主要用在单个探矿工程中圈定工业矿体厚度边界，也用于多工程情况下圈定矿体可采边界。边界品位的高低，直接影响到矿体厚度、形态、规模和平均品位。

（2）块段最低工业品位：最低业品位又称工业品位或最低工业平均品位，是指工业上能够利用的矿体或块段的最低平均品位。只有矿体或块段的平均品位达到最低工业品位时，才能估算工业储量（平衡表内储量）。若矿体或块段的平均品位未达到最低工业品位，则该矿体或块段的储量称平衡表外储量（边际经济资源/储量），工业上就暂不能利用。因此，圈定矿体时，应使矿体或块段的平均品位达到工业品位，不能过多地将边界品位样品圈入矿体。

（3）最小可采厚度：最小可采厚度是指由开采的方式、方法来确定的矿体（层）应达到的最小厚度。凡达到最小可采厚度的工业品位矿层或矿体都可列入表内储量。

矿体的最小可采厚度均以真厚度为标准计算，当矿体倾角等于或大于 60°时，也可用水平厚度来衡量。

（4）矿体米百分值：矿体米百分值是指矿体可采厚度与其品位的乘积。它是综合反映矿体厚度和品位的一项重要指标。

铀矿产有时品位很高而矿体厚度较小（小于可采厚度），若按最小可采厚度的要求，则这部分矿石就不能被圈入工业矿体，因而得不到利用而造成资源的浪费。因而提出用米百分值这项综合指标来圈定薄而富的矿体。制定米百分值指标的前提是，只要开采时，出窿矿石的品位不会因为采矿空间的扩大所引起的矿石贫化而降低到最低工业品位以下即可。

矿体米百分值分为边界米百分值和工业米百分值两级：

$$边界米百分值 = 最小可采厚度（m）× 边界品位（\%）$$
$$工业米百分值 = 最小可采厚度（m）× 最低工业品位（\%）$$

利用米百分值圈定矿体的原则与利用品位的原则相同。

（5）夹石剔除厚度：夹石剔除厚度是圈定矿体时必须剔除的夹石的最小厚度。小于这个厚度的夹石，允许混入矿体一并估算资源/储量，但必须保证块段的平均品位不得低于最低工业品位。剔除的夹石，在开采时可留作"保安矿柱"。此项指标一般用于厚矿体中。

确定夹石剔除厚度时应考虑：不能因为剔除夹石而使矿体形态复杂化，影响开采；也不能因为一些夹石的保留，导致品位的显著降低而影响矿石质量。

（6）共生矿产与伴生组分：在估算金属矿产资源/储量时，对矿床中具有工业利用价值的共生矿产，应同时制定工业指标。不同金属矿产的共生与伴生元素要求不同，如《铀矿地质勘查规范》所列伴生元素（见表 6-6），其品位达到可综合利用要求的，应和铀一起制订综合工业指标，并在铀矿勘查同时查明其矿化空间分布、矿体规模、形态产状、品位及与铀矿化的关系，按规范进行各自的矿产资源/储量估算。

7.2.2 资源/储量估算边界线的种类

矿产资源/储量估算是在一定界线内的矿体中进行的，因此在估算之前，必须首先圈定矿体的各种边界线。这些边界线有：零点边界线、可采边界线、矿石品级及类型边界线、内边界线、外边界线、资源/储量等级边界线等，简述如下：

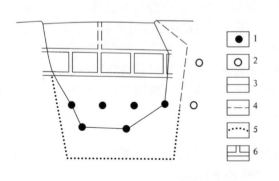

图 7-2　矿体内边界线纵投影图

1—见矿钻孔；2—未见矿钻孔；3—矿体内边界线；4—有限外推外边界线；5—无限外推外边界线；6—坑道

（1）零点边界线：矿体厚度或品位等于零点的连线，也就是矿体的尖灭线。

（2）可采边界线：根据矿体最小可采厚度、最低工业品位或最小米百分值所确定的基点的连线，用来确定平衡表内可采矿石的边界位置，在估算资源/储量时具有重要意义。

（3）矿石品级及类型边界线：在可采边界内，按矿石品级和类型的标准，划分出矿石不同品级和类型的边界。

（4）内边界线和外边界线：沿穿过矿体边缘的坑探、钻探工程所划的连线称内边界线；沿见矿的坑探、钻探工程向外推的矿体边界线称外边界线。

为了圈定各种性质的矿体边界线，内边界线作为一种作图的辅助线使用，不作资源/储量估算边界。由于内边界线是沿穿过矿体的边缘坑探、钻探工程所划出的界线，所以在多数情况下各点间的内边界线是直的，内边界线的周边是折线，坑道或钻孔与矿体的交点便是折点，示于图 7-2。

（5）资源/储量等级边界线：按不同储量级别圈出的边界线（图 7-3）。

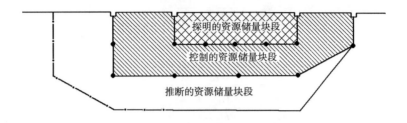

图 7-3 据勘查程度与分析结果在图上圈定矿体

7.2.3 圈定矿体的方法

根据工业指标，在资源/储量估算底图上，进行矿体边界线的圈定。

在断面图上，圈定矿体的方法较简单，一般都是根据取样分析结果，直接在底图上圈定（图 7-4）。对未控部分的矿体如其有尖灭趋势，可按自然尖灭角圈定矿体。如其没有尖灭趋势，可按已控制部分的工程间距的 1 倍、1/2 或 1/4，用向外推的方法圈定矿体。

在投影图上圈定矿体，因为不能看到矿体界线，情况比较复杂。现以确定最低工业品位为例，将下列几种方法分述如下：

1）内插法

内插法亦称有限圈定法，是指对由两个工程所控制的一段矿体的圈定，主要方法有：比例法、中点法和直接定位法等。这几种方法简介如下。

（1）比例法：该方法应用于两工程之间的矿体的品位有规律变化的条件下。比例法包括几何法、格纸法和图解法等，下面简要介绍几何法和格纸法。

几何法：当矿体的厚度不小于可采厚度，有用组分分布比较均匀，矿体可采边界的最低工业品位可用几何法圈定。假定沿矿体走向或倾斜的方向上，有 A、B 两个工程（或样品），A 为矿体品位不符合工业要求的工程位置，B 为矿体品位符合工业要求的工程位置，A 的品位为 C_A，B 的品位为 C_B，A 和 B 的距离为 L，若在 A、B 两点间求 C 点，并令其品位等于 C_E（最低工业品位），则 C 点即为可采边界的基点（图 7-5）。

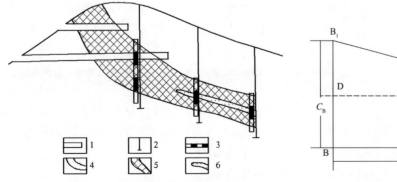

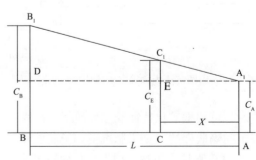

图 7-4 据取样分析结果在剖面图上圈定矿体

1—坑道；2—钻孔；3—取样线及其分段；4—矿体边界线；

5—矿体；6—夹石

图 7-5 矿体圈定计算内插法示意图

具体做法如下：以一定比例尺作一水平直线，取 AB 等于 L，再通过 A、B 两点各作垂线 AA_1，BB_1，令 $AA_1 = C_A$，$BB_1 = C_B$，通过 A_1 点作 $A_1D /\!/ AB$，设 $CC_1 = C_E$，C_E 距 AA_1 为 X，根据几何比例关系得出下列公式：

$$\frac{B_1D}{C_1E} = \frac{A_1D}{A_1E}$$

即：

$$\frac{C_B - C_A}{C_E - C_A} = \frac{L}{X};$$

$$X = \frac{C_E - C_A}{C_B - C_A} \cdot L \tag{7-4}$$

根据上式求出 X 距离后，即可在 A、B 两点间求出 C 点的位置，C 点就是可采边界线的基点。对厚度逐渐减小和有用组分的品位较稳定的矿体，可用同样方法，将已知工业米百分值代入上面公式，用内插法圈定矿体边界。

格纸法：格纸法亦称平行线移动法。假定已知钻孔 A 的品位为 0.028%，钻孔 B 的品位为 0.06%，最低工业品位为 0.05%，在 A、B 两钻孔间求 C 点（最低工业品位）的位置，方法如下：先在透明纸上画出间距相等的平行线，并使每一条直线代表一定品位（或厚度）的数值。然后将透明纸蒙在取样平面图或剖面图上，使透明纸上代表 0.028% 的平行线与 A 点（工程）重合，并用大头针钉上，A 点为轴转动透明纸，使 0.06% 的平行线与 B 点（工程）重合，联结 A、B 两点后，AB 直线必然与透明纸上代表 0.05% 数值的平行线相交于 C 点，C 点即为最低工业品位的基点（图 7-6）。

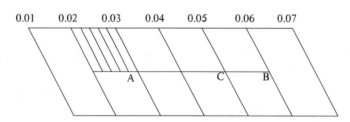

图 7-6　用平行线移动内插法确定矿体边界线（最低工业品位）基点

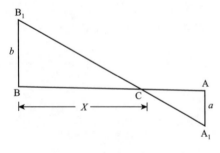

图 7-7　用图解法内插确定矿体边界示意图

图解法：线性内插法的图解法更为简单。在剖面图上，若 B 为工业矿化工程，A 为非工业矿化工程。用直线将工程 A、B 连接起来，从 A 点向 AB 线作垂线 AA_1，线段长 a 表示工程中品位、厚度或米百分值的大小。再从 B 点向 AB 作垂线 BB_1（方向与 AA_1 相反），线段长 b 表示工程占中相应指标的大小。然后连接 A_1B_1 交 AB 于 C，C 点即为符合最低工业指标边界点在 A、B 两工程间的位置（图 7-7）。

（2）中点法：当矿体中铀的分布无规律，不能用内插法时，可根据矿化特征及工程间距，在两工程间取中点来作为可采边界线的基点。中点法也适用于确定间隔取样的（如沿脉坑道掌子面取样）矿体的可采边界线。

（3）直接定位法：根据矿化地质界线直接确定矿体边界线。有三种情况：

A. 矿体与围岩界线清楚，铀矿化分布均匀，这时可直接根据坑探、钻探工程的资料，确定矿体边界线基点。

B. 矿体与围岩界线清楚，铀矿化分布不均匀，这时仍可直接根据坑探、钻探工程的资料确定矿体边界线基点，但必须分出矿体内的夹石。

C. 矿体厚度不大，而品位又符合要求，可按最小可采厚度或最低工业米百分数确定矿体边界线。

2）外推法

在见矿工程之外再无工程控制，或者未见矿工程与见矿工程的间距远远大于勘探网的控制间距时，矿体边界的圈定，较工程控制范围以内的有限圈定更为困难。其原因在于：首先，矿体是否继续延伸没有直接证据；其次，外推边界的可靠程度受许多不易预测的因素影响。但是，一个矿体经勘探控制的边界通常不是全部的，因此，外推边界仍然必不可少。外推方法，大致包括以下几种：

（1）地质法：根据地质研究了解的构造（图7-8）、岩相、岩性、蚀变条件外推矿体边界。外推法又分为有限外推和无限外推，它们控制的资源/储量级别是不一样的（图7-11）。

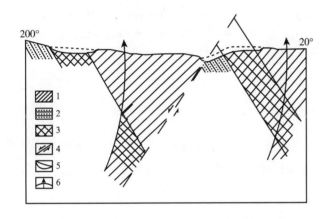

图7-8 利用构造特征推测矿体边界示意图

1—页岩；2—砂岩；3—矿体；4—断层；5—探槽；6—钻孔

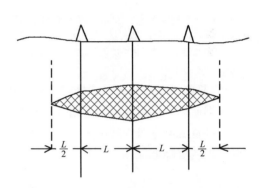

图7-9 用1/2法尖推矿体零点边界示意图

（2）几何法：根据已揭露的矿体规模、形态，以边缘见矿工程为基点，向深部或向周围按本矿床所规定的勘探间距，用1/2法向外尖推矿体边界（图7-9）。

（3）地球物理法：以地质规律为基础，应用物探成果外推矿体边界。

7.2.4 资源储量级别边界线的确定

资源储量级别的高低主要反映对矿体的控制程度，一般工程控制程度高则资源储量级别就高，工程控制程度低则资源储量级别就低。所以，在确定资源储量边界时，实质上存在分析控制程度问题。主要有以下几种情况。

1）根据勘查网度划分边界线

当勘查的网度确定后，根据勘查工程实际控制距离是否达到网度的要求来划分不同的储量级别。如图7-3即是根据钻孔的距离划分出的不同储量级别。图7-10是用坑道工程实际控制程度划分的不同级别资源储量，即探明的、控制的和推断的三种资源储量。

2）根据矿体外推性质划分边界线

矿体的外推就是在工程中间或工程外面去推断矿体的边界，前者称为有限外推，后者称为无限外推。一般有限外推可得控制的资源储量（图7-11a），而无限外推只能得推断的资源储量（图7-11b）。

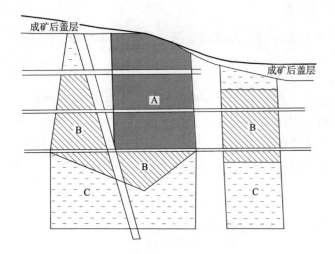

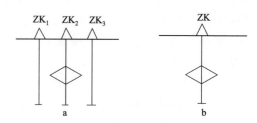

图 7 - 10　用坑道控制的不同储量级别矿体纵投影图

(据 Sinclair, 2002)

A—探明的资源储量块段（四周有坑道控制）；B—控制的资源储量
块段（其两侧或三侧有工程控制，另一侧或两侧边界为外推）；C—推
断的资源储量块段（依据矿化有较高连续性据见矿工程外推）

图 7 - 11　矿体有限和无限外推示意图

a—矿体有限外推（控制的资源储量）；b—矿体
无限外推（只能作为推断的资源储量）

3）根据矿体连接的可靠性划分边界线

根据矿体连接可靠程度可划分不同级别的资源储量。如在不同的工程中间，若矿体的连接是单方案的则资源储量级别就可高些（图 7 - 12），若不同的工程中间矿体的连接是多方案的，则资源储量级别就要降低（图 7 - 13）。

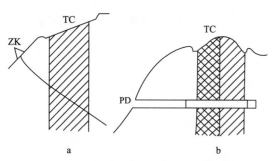

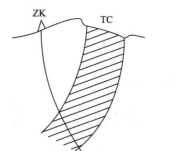

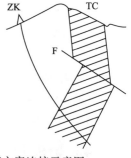

图 7 - 12　工程中矿体单方案连接示意图

a—构造单方案连图；b—矿石品级单方案连图

图 7 - 13　工程中矿体多方案连接示意图

7.2.5　块段的划分

块段是指在矿体中，在三度空间方向均有勘探工程控制的，根据矿体圈定原则和工业利用的要求划分出来的具有一定几何形态的地段。矿体块段的种类，包括资源/储量级别块段、矿石自然类型块段、矿石工业品级块段以及开采条件块段等。

资源/储量计算图上的所谓"计算块段"，是由各个块段界线交叉切割而构成的矿体块段的最小单元。

矿体块段划分依据有：勘探工程的疏密、矿石品位、矿体厚度、矿体形态变化、矿体的构造破坏、矿石自然类型、矿石技术加工条件以及开采条件等因素。矿体块段通常是由勘探剖面和勘探中段圈出的矩形块段。所划块段不宜过大，长度一般不超过 100 m，但也不宜划分得太零乱。

7.3 储量估算参数的确定

储量估算的基本公式在第一节中已介绍过（共有三个），即：

$$V = S \cdot M$$
$$Q = V \cdot D$$
$$P = Q \cdot C$$

关于上列公式中，V（体积）的确定，有以下两种情况。

（1）在断面图上求体积：

$$V = S \cdot L \tag{7-5}$$

式中：S 为控制矿体的两断面平均面积（m^2）；L 为两断面之间平均距离（m）。

（2）在投影图上求体积：

$$V = S \cdot M \tag{7-6}$$

式中：S 为矿体界面实际面积（m^2）；M 为矿体平均厚度（m）。

由此可见，在断面上估算资源/储量，有矿体断面面积（S）、断面间距（L）、矿石密度（D）和矿石品位（C）4 个参数；在投影图上估算资源/储量，有矿体界面实际面积（S）、矿体平均厚度（M）、矿石密度（D）和矿石品位（C）4 个参数。

在上述参数中，矿体断面面积与矿体界面实际面积、断面间距与矿体平均厚度的计算方法有一定差别。下面重点对矿体面积、断面间距、矿体厚度和矿体平均品位等参数的确定方法进行论述。

7.3.1 矿体面积的确定

1）面积的常规测定方法

矿体面积的常规测定方法主要有：求积仪测定法、方格纸法、几何图形法三种，下面作简要介绍。

（1）求积仪测定法：常用的求积仪是根据积分原理设计的一种补偿式定积求积仪，测定结果可按下式计算图形所代表的实际面积。

$$S = K(R_2 - R_1) \tag{7-7}$$

式中：S 为矿体块段面积（m^2）；R_1 为起点读数（可为 0）；R_2 为终点读数；K 为求积仪常数（按不同比例尺而定）。

在实际工作中，为了准确起见，应反复多测几次，最后取相对误差极小的三个数之平均值。求积仪测定法适用于边界线复杂的大块图形面积的测定，若边界线条数太多，如大图形套小图形，用的求积仪就比较麻烦，可选其他方法。

（2）方格纸测定法：用一张涨缩性极小的透明方格纸，在每个方格纸中心点上一点，然后将其蒙在所测图形之上，根据落在图形边界线以内小点的数量换算图形面积。落在边界线之上的点算半点。其换算公式为：

$$S = n(aM/1000)^2 \tag{7-8}$$

式中：S 为矿体块段面积（m^2）；n 为图形内的方格数（即小点数）；a 为方格边长（mm）；M 为图形比例尺的倒数（如 1:500 的倒数为 500）。

显然，方格的边长越小其精度越高。在实际工作中，应改变方格纸的方向数次，选其中点数误差在 35% 之内的三次结果求其平均值。方格纸法较简单，图形无论大小、边界线无论繁简均可适用。若方格纸边长用 1 mm，其精度常可超过求积仪的测量结果。

（3）几何图形测定法：若所测图形的边界是由直线构成的多边形，则可将其分成若干三角形，用求每个三角形面积的方法来计算整个图形的面积。其方法是量出每个三角形面积的底和高，然后按下式计算面积：

$$S = 1/2 (L_1 H_1 + L_2 H_2 + \cdots + L_n H_n)(M/100)^2 \qquad (7-9)$$

式中：S 为矿体块段面积（m^2）；L_1，L_2，$\cdots$，L_n 为第1，2，$\cdots$，n 个三角形底边长（cm）；H_1，H_2，$\cdots$，H_n 为第1，2，$\cdots$，n 个三角形底边高（cm）；M 为图形比例尺的倒数（如1:500的倒数为500）。

2）断面上测定面积

视断面对矿体的控制情况，求块段的平均断面面积有以下情形。

（1）两个断面控制的块段：

A. 两断面面积相差小于40%（图7-14a），按梯形公式求平均断面面积：

$$S = \frac{S_1 + S_2}{2} \qquad (7-10)$$

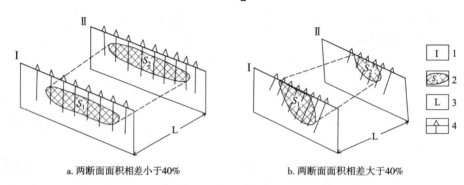

a. 两断面面积相差小于40%　　　　b. 两断面面积相差大于40%

图7-14　矿体的相邻两剖面间作一块段示意图

1—Ⅰ勘探线编号；2—矿体断面之面积；3—块断两断面之距离；4—钻孔

式中：S 为平均面积；S_1，S_2 为两断面面积。

B. 两断面面积相差大于40%（图7-14 b），按截锥体公式求平均断面面积：

$$S = \frac{S_1 + S_2 + \sqrt{S_1 \times S_2}}{3} \qquad (7-11)$$

（2）一个断面控制的块段：

A. 块段呈楔形尖灭（图7-15a），平均面积为断面面积之半：

$$S = \frac{S_1}{2} \qquad (7-12)$$

B. 地段呈圆锥形尖灭（图7-15b），平均面积为断面面积之1/3：

$$S = \frac{S_1}{3} \qquad (7-13)$$

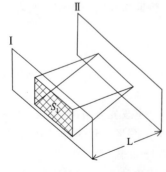
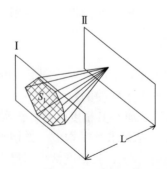

a.矿体的尖灭处呈一楔子形　　　　b.矿体的尖灭处呈一锥形

图7-15　矿体的两端尖灭处仅有一个剖面见矿示意图

3）投影图上测定面积

如图 7 – 16 所示，在投影图上测定面积，应将水平投影面积 S' 或垂直投影面积 S'' 换算为实际面积 S。

（1）水平投影面积换算为实际面积的公式：

$$S = \frac{S'}{\cos\beta} \qquad (7-14)$$

（2）垂直投影面积换算为实际面积的公式：

$$S = \frac{S''}{\sin\beta} \qquad (7-15)$$

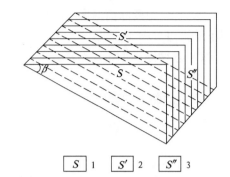

图 7 – 16 矿体投影面积的换算（立体图）
1—矿体实际面积；2—矿体水平投影面积；
3—矿体垂直投影面积；β—矿体倾角

7.3.2 断面间距的确定

如果断面相互平行，断面所控制的矿体边界线整齐，断面间距可直接测量得出。但当断面相互不平行或断面所控制的矿体边界线形态复杂，需要通过计算求断面间距。

1）矿体形态简单断面间距的计算公式

断面所控制的矿体形态简单，断面间距的计算公式，视两断面交角而定（图 7 – 17）。

（1）两断面交角小于 10° 时，

$$L = \frac{L_1 + L_2}{2} \qquad (7-16)$$

式中：L 为断面间平均距离；L_1，L_2 为由两个矿体断面中点分别向对方作垂线的距离。

（2）两断面交角大于 10° 时，

$$L = \frac{\alpha}{\sin\alpha} \cdot \frac{L_1 + L_2}{2} \qquad (7-17)$$

式中：α 为夹角的弧度值。

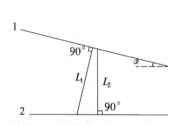

图 7 – 17 矿体简单但断面不
平行的间距计算示意图（平面）
α—断面交角；L_1—断面 1 的中点垂
线距离；L_2—断面 2 的中点垂线距离

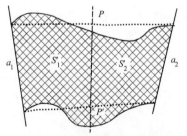

图 7 – 18 矿体形态复杂、断面不
平行的断面间距计算（平面）
S_1'，S_2'—两断面间被 P—P' 连线
分割的矿体投影面积；a_1，a_2—两
断面上的矿体长度；P，P'—两
断面上矿体边界的连线中点

2）矿体形态复杂断面间距的计算公式

断面所控制的矿体形态复杂，断面间距的计算公式（图 7 – 18）。

（1）分别求出两断面影响距离：

$$L_1 = \frac{S_1'}{a_1} \qquad (7-18)$$

$$L_2 = \frac{S_2'}{a_2} \qquad (7-19)$$

式中：L_1，L_2 为两断面的影响距离；$S_1{'}$，$S_2{'}$ 为两断面间的被 P—P' 连线分割的矿体投影面积；a_1，a_2 为两断面上的矿体长度。

（2）求两断面的平均距离：

$$L = L_1 + L_2 \tag{7-20}$$

式中：L 为两断面的平均距离。

7.3.3 矿体厚度的确定

矿体厚度是资源/储量估算及矿床工业评价的必要参数。因此，在勘探工作中对矿体厚度的研究是一项重要任务。矿体厚度分为真厚度、水平厚度和垂直厚度三种。首先是在揭穿矿体的各种探矿工程中根据取样资料确定矿体视厚度，然后根据资源/储量估算的需要换算成真厚度、水平厚度或垂直厚度。

1）坑道中矿体厚度的确定

坑道中矿体厚度的确定较直观，可在坑道中用钢尺直接测量矿体厚度，只是其测量方向应与取样线方向一致。在穿脉坑道中应在两壁测量，在沿脉坑道中，测量次数与掌子面取样次数相同，并依据取样资料确定矿体厚度。

2）钻孔中矿体厚度的确定

在钻孔中确定矿体厚度可分为以下几种情况：

（1）当钻孔垂直于矿层钻进，且矿体与围岩的界线清楚时，可用钢尺直接测量矿心长度，并用下式换算矿体真厚度：

$$M = \frac{L}{n} \tag{7-21}$$

式中：M 为矿体真厚度（m）；L 为实测矿心长度（m）；n 为矿心采取率（%）。

（2）当钻孔垂直钻进（直孔），但与矿层不垂直时，其厚度（M）按下式计算：

$$M = L \cdot \cos\beta \tag{7-22}$$

式中：L 为视厚度（m）；β 为矿体倾角。

（3）当钻孔斜穿矿体（斜孔），其倾斜方向垂直矿体走向，即无方位偏差时（图 7-19）矿体真厚度（M）换算公式如下：

$$M = L \cdot \cos(\beta - \alpha) \tag{7-23}$$

式中：L 为视厚度（m）；α 为钻孔截穿矿体时的天顶角。

以上是钻孔截穿矿体的几种特殊情况。但在实际生产中，由于地质及技术等各种因素的影响，钻孔天顶角和方位角往往同时发生偏斜，当钻孔截穿矿体时，其倾斜方向往往既不垂直矿体走向，也不垂直于矿层面的倾向，这时矿体厚度的换算就比较复杂（徐增亮等，1990）。

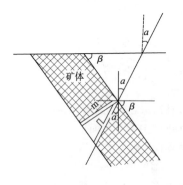

图 7-19 钻孔（斜孔）垂直矿体走向时的厚度计算图

3）投影图上矿体厚度的确定

在断面图上计算储量，因矿体断面面积已包含厚度因素，故不需另行计算厚度。但在投影图上计算储量，必须计算平均厚度，一般采用算术平均法，如下：

$$M = \frac{m_1 + m_2 + \cdots + m_n}{n} \tag{7-24}$$

式中：M 为块段平均厚度；m_1，m_2，$\cdots$，m_n 为各工程矿体厚度；n 为工程数目。

当工程分布很不均匀，而矿体厚度有规律地变化，应以工程影响距离加权计算平均厚度，公式如下：

$$M = \frac{m_1 l_1 + m_2 l_2 + \cdots + m_n l_n}{l_1 + l_2 + \cdots + l_n} \tag{7-25}$$

式中：l_1，l_2，$\cdots$，l_n 为各工程影响距离。

7.3.4 矿体平均品位的确定

平均品位是衡量矿石质量的重要指标，也是资源/储量估算的必要参数。平均品位的计算首先从单个工程（或取样线）开始，然后计算断面（垂直断面或水平断面）的平均品位，最后计算块段或整个矿体的平均品位。

铀矿床的品位资料是由分析取样和辐射取样（含伽马测井）取得的，它们都可参加平均品位的计算。但矿心取样的分析品位一般仅供参考，只有当矿心采取率很高（＞75%）时，方可参加平均品位的计算。目前矿体平均品位的确定按我国地质矿产行业标准《铀矿地质勘查规范》（DZ/T0199—2002）的要求执行。该标准规定的主要内容如下。

1）单个工程中平均品位的计算

单个工程（钻孔、穿脉，槽井等）一般是沿某一厚度方向截穿矿体，取样方法一般是分段连续刻槽或辐射取样。因此，对整个取样线须计算平均品位。常规计算方法有两种。

（1）当分析取样（或辐射法取样解释）长度相等时，可采用算术平均法计算。其计算公式如下：

$$C = \frac{C_1 + C_2 + \cdots + C_n}{n} \tag{7-26}$$

式中：C 为平均品位；C_1，C_2，$\cdots$，C_n 为各样品（或工程）矿石品位；n 为样品（或工程）数目。

（2）当分析取样（或辐射法取样解释）长度不等时，以各自的取样长度为权进行加权平均计算。计算公式如下：

$$C = \frac{C_1 X_1 + C_2 X_2 + \cdots + C_n X_n}{X_1 + X_2 + \cdots + X_n} \tag{7-27}$$

式中：X_1，X_2，$\cdots$，X_n 为加权因素。

2）断面平均品位的计算

断面平均品位的计算是在断面内各单个工程（或取样线）平均品位计算的基础上，以单个工程（或取样线）为基本单位进行的。其计算方法亦分算术平均法和加权平均法。

（1）当工程（或取样线）间距相等，或品位变化与其他地质因素（如矿体厚度，矿石密度等）无相关关系时，用算术平均法计算（式7-26）。

（2）当工程（或取样线）间距相等，且品位与矿体厚度有相关关系时，则以每个工程中（或取样线上）矿体的厚度（法线厚度）为权进行加权平均计算（式7-27）。

（3）当工程（或取样线）距离不等，品位与矿体厚度又有相关关系时，则以工程中（法线上的）矿体厚度及其影响长度为权进行加权平均计算（式7-27）。

3）矿体块段平均品位的计算

在资源/储量计算中，往往依据勘探工程的分布情况，将矿体划分成若干块段，先计算每个块段的资源/储量，再合计算出整个矿体的资源/储量。为此，要先计算矿体块段的平均品位。其方法是：

（1）当矿体块段内品位变化不大或变化无规律时，用算术平均法计算（式7-26）。

（2）当品位与某些因素（如影响面或断面面积等）有相关关系时，则以影响因素的数值为权进行加权平均计算（式7-27）。

矿床的平均品位由矿床金属总量除以矿床矿石总量求得。

4）特高品位的确定和处理

在矿床中，如果有极少数样品的品位大大超过一般样品的品位时，则称这种样品为特高样品，其品位为特高品位。特高品位的出现，可使矿体的平均品位比实际平均值偏高，从而影响储量估算的精确性。因此，特高品位须经过处理才能参加平均品位的计算。

（1）根据矿床品位变化系数确定特高品位：矿床品位变化系数与矿石组分分布均匀程度有关（表7-1、7-2），品位变化系数大时取上限值，品位变化系数小时取下限值。

表7-1 铀矿床确定特高品位下限品位变化系数表

矿床品位变化系数（%）	特高品位下限为平均品位的倍数	铀矿石组分分布均匀程度
<30	2~4	<60% 即为均匀
30~60	4~6	
60~100	6~8	60~120% 较均匀
100~150	8~12	（>120% 即为不均匀）
>150	12~15	极不均匀

（据 DZ/T0199—2002 标准）

表7-2 各类矿床确定特高品位最低界限参考表

矿床类型	品位变化系数（%）	特高品位高出一般品位的倍数
品位分布很均匀的沉积矿床	<20	2~3
品位分布均匀的沉积和变质矿床	20~40	4~5
品位分布不均匀的大部分有色金属矿床	40~100	8~10
品位分布很不均匀的有色、稀有、贵金属矿床	100~150	12~15
品位分布极不均匀的稀有、贵金属、放射性元素矿床	>150	>15

（据赵鹏大，2006）

（2）特高样品分两次参与平均品位计算：特高品位处理时，用特高样品参与其所影响的单工程（取样线）或矿体（块段）的平均品位计算，再用该平均品位取代特高样品后，进行该单工程（取样线）或矿体（块段）平均品位的计算。

（3）用特高样品圈富矿体或富矿带：如果特高品位样品反映了地质富集条件，呈有规律分布，可圈出富矿体或富矿带。

7.4 一般固体矿产资源/储量估算方法

目前固体矿产资源/储量估算方法有20余种，但常用的只有算术平均法、地质块段法和断面法等几种。现就这几种方法阐述于下。

7.4.1 算术平均法

算术平均法是一种最简单的资源/储量估算方法。它的实质是把一个复杂形状的矿体，简化为一个具有一定厚度的板状矿体，然后对其进行估算（图7-20）。

1）计算方法

首先在平面图上根据勘探工程圈出矿体的面积，然后用算术平均法算出矿体的平均厚度、平均品位、平均体重。最后用式7-1计算矿体体积，用式7-2估算矿石储量，用式7-3估算金属资源/储量。

2）应用条件

算术平均法的优点在于简单、迅速、勿须作复杂的图纸。因此，在矿产勘查初期阶段（例如

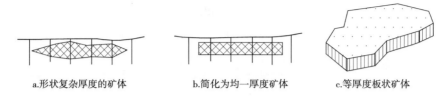

a.形状复杂厚度的矿体　　　b.简化为均一厚度矿体　　　c.等厚度板状矿体

图7-20　复杂形状矿体简化为板状矿体

普查阶段），常用这种方法估算资源/储量。

但是，用算术平均法所计算的资源/储量不能反映矿石类型、工业品级和资源/储量级别等。因此，在矿产勘查后期（勘探阶段），不采用这种方法。

7.4.2　地质块段法

地质块断法是由算术平均法发展而来的，当矿体的厚度、品位变化较大，可根据矿床的地质条件（矿石的类型和品级）、资源/储量级别、开采条件及勘探程度，把矿体划分为许多块段，分别对其估算资源/储量，整个矿体资源/储量是各块段资源/储量之和（图7-21）。

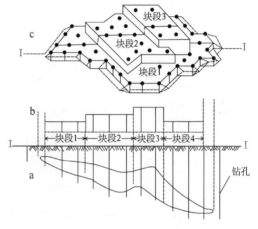

图7-21　矿体划分为厚度不等的几个块段
a—矿体地质剖面；b—各块段的矿体按平均厚度变形剖面；c—变形矿体的地质块段展视图

7.4.2.1　计算方法

首先在资源/储量估算用的投影图上，求出块段面积 S，再对每一个块段中截穿矿体的工程所获得的矿体的品位、厚度、密度资料，用算术平均法或加权平均法计算其平均品位 C、平均厚度 M 和平均密度 D。

1）块段体积的计算

计算块段体积，采用公式7-1，即 $V = S \cdot M$，式中 V 为块段体积（单位 m^3）；S 为块断真面积（单位 m^2）；M 为块段平均真厚度（单位 m）。块段法储量估算参数表格式样如表7-3。

表7-3　地质块段法储量估算参数表格（式样）

块段编号	资源储量类别	块段面积（m^2）	平均厚度（m）	块段面积（m^3）	矿石体重（t/m^3）	矿石储量（资源量）	平均品位（%）	金属储量（t）	备注
1	2	3	4	5	6	7	8	9	10

如果用来测定矿体面积的投影面与矿体的倾斜面不平行，在投影面上所得矿体面积是假面积，根据所求得的矿体厚度不同，应当采用不同方法计算块段体积：

（1）垂直纵投影图上块段体积的计算：在垂直纵投影图上（图7-22a），所见为矿体为视厚度，矿体的体积等于投影面积（S'）乘垂直于投影面的矿体的平均视厚度（m'），即：

$$V = S' \cdot m' \tag{7-28}$$

式中：S' 为块断假面积；m' 为块断平均视厚度。

证明：由勘查工程直接测得矿体投影面积是块断假面积（S'），测得矿体的厚度是平均视厚度（m'），由图上的关系可以看出矿体真面积：

$$S = \frac{S'}{\sin\beta} \qquad\qquad (7-29)$$

矿体真厚度：

$$M = m' \cdot \sin\beta \qquad\qquad (7-30)$$

块段体积：

$$V = S \cdot M = \frac{S'}{\sin\beta} \cdot m' \cdot \sin\beta = S' \cdot m' \qquad\qquad (7-31)$$

可见，矿体投影面积与投影面法线厚度之乘积等于矿体的真面积与真厚度之乘积。

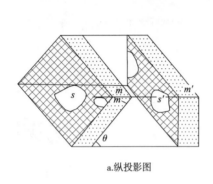 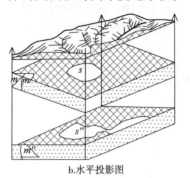

a.纵投影图　　　　　　　　　　　　　　　b.水平投影图

图 7-22　矿体的投影示意图

（示 $V = S \cdot M = S' \cdot m' = S'' \cdot m''$）

（2）水平投影图上块段体积的计算：在水平投影图上（图 7-22b），所见为矿体的视厚度，矿体的体积等于投影面积（S''）乘垂直于投影面的矿体的平均视厚度（m''），即：

$$V = S'' \cdot m'' \qquad\qquad (7-32)$$

式中：S'' 为块断假面积；m'' 为块断平均视厚度。

由此可见：

$$V = S \cdot M = S' \cdot m' = S'' \cdot m'' \qquad\qquad (7-33)$$

由上可知，垂直视厚度用于矿体作水平投影的情况下（图 7-22b），这时矿体的面积因投影而缩小（S''），但厚度（m''）增大（比真实厚度大），二者互相补偿。同理，水平视厚度用于矿体作垂直纵投影的情况下（图 7-22a），这时矿体的面积因投影而缩小（S'），但厚度（m'）增大（比真实厚度大），二者也是互相补偿的。

2）块段矿石资源/储量和金属资源/储量的估算

用式（7-2）估算矿石资源/储量，用式（7-3）估算金属资源/储量。

7.4.2.2　应用条件

地质块段法用在勘探工程较密而且分布均匀的条件下，各块段中参加计算的数据越多，则计算结果越准确，因此每个块段中必须拥有足够数量的勘探工程。

地质块段法不仅方法简单，易于计算，而且能够按照需要划分块段，因此成为目前勘探阶段资源/储量估算的主要方法之一。

7.4.3　断面法

断面法亦称剖面法，资源/储量估算是以断面（勘探剖面或中段平面）把矿体划分为若干个块段，分别估算每个块段的资源/储量，然后将各个块段资源/储量合起来即得矿床的总资源/储量。

断面法包括：垂直断面法，即用一系列垂直剖面来划分块段的方法；水平断面法，即用一系列水平断面来划分块段的方法。这两种方法的原理相同。在垂直断面法中，如果断面与断面间彼此平行，称为平行断面法，如不平行则称不平行断面法。

7.4.3.1 平行断面法

1）块段体积的计算

平行断面法的块段由相邻两个剖面组成，但在矿体的边部，也有由一个剖面组成的块段。块段体积的计算有以下几种：

（1）当相邻二断面矿体之相对面积差 $(S_1-S_2)/2<40\%$ 时（其中 $S_1>S_2$），如图 7-14a，用以下梯形公式（7-10）计算体积：

$$V=\frac{L}{2}(S_1+S_2)$$

式中：L 为相邻二断面间距离；S_1，S_2 为矿体二断面上的面积。

（2）当相邻二断面矿体之相对面积差 $(S_1-S_2)/2>40\%$ 时（其中 $S_1>S_2$），如图 7-14b，用以下截锥体公式（7-11）计算体积：

$$V=\frac{L}{3}(S_1+S_2+\sqrt{S_1\cdot S_2})$$

（3）在矿体两端尖灭处仅有一个断面见矿，根据矿体形状，矿体尖灭处成一楔子形时（图 7-15a），用以下体积计算公式（7-12）计算体积：

$$V=\frac{L}{2}\cdot S$$

（4）在矿体两端尖灭处仅有一个断面见矿，根据矿体形状，矿体尖灭处成一锥形时（图 7-15b），用以下体积计算公式（7-13）计算体积：

$$V=\frac{L}{3}\cdot S$$

2）估算相邻两断面间矿体块段的矿石资源/储量和金属资源/储量

用式（7-2）估算矿石资源/储量，用式（7-3）估算金属资源/储量。断面法估算矿产资源/储量表格式样如表 7-4。

表 7-4 断面法资源/储量估算参数表格（式样）

勘探线或中段编号	矿体号	块段号	矿石品级、类型	储量级别	断面上矿体面积（m²）	断面上平均品位（%）			面积×品位			块段平均品位（%）			断面间距（m）	块段体积（m³）	矿石体重（t/m³）	矿石储量（t）	金属储量（t）			备注
1	2	3	4	5	6	7	8	9	10	11	12	13	14	15	16	17	18	19	20	21	22	23

7.4.3.2 不平行断面法

不平行断面法估算矿产资源/储量的方法和过程与上述平行断面法估算矿产资源/储量的方法相似，只是不平行两断面的间距，需要通过不平行断面间距计算公式（7-16 和 7-17）先算出断面间的平均距离（L），然后按上面平行断面法算出体积（V），以及用式（7-2）估算矿石资源/储量，用式（7-3）估算金属资源/储量。

7.4.3.3 线储量法

线储量法是平行断面法的一种。计算中首先估算出每个勘探线剖面附近 1m 宽范围内的资源/储量（图 7-23），然后估算勘探线间块段的资源/储量，最后估算矿床总资源/储量。具体方法过程如下。

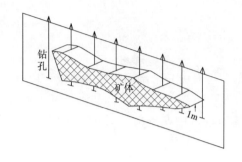

图 7-23　勘探线左右各 0.5 m 宽范围内
矿体的资源/储量示意图

1）线储量法中块段的划分方法及储量估算

（1）将两钻孔间的矿体划为一个块段，其资源/储量估算步骤如下：

块段体积：

$$V = \frac{m_1 + m_2}{2} \cdot L_{1-2} \cdot 1 \qquad (7-34)$$

式中：m_1，m_2 为相邻钻孔见矿厚度；L_{1-2} 为勘探线上钻孔的距离；1 为即 1 m 宽范围。

然后用式（7-2）估算矿石资源/储量，用式（7-3）估算金属资源/储量。

（2）以钻孔对两侧影响距离为划分块段的依据，块段体积及资源/储量估算步骤如下：

块段体积：

$$V = M \cdot 1 \cdot L \qquad (7-35)$$

式中：L 为钻孔的影响距离；M 为钻孔见矿厚度；1 为即 1 m 宽范围。

然后用式（7-2）估算矿石资源/储量，用式（7-3）估算金属资源/储量。

（3）按上述方法将所有在勘探线剖面上划出来的小块段矿石资源/储量和金属资源/储量相加，最后得该勘探线剖面上的线资源/储量，即：

$$Q = Q_1 + Q_2 + \cdots + Q_n \qquad (7-36)$$

$$P = P_1 + P_2 + \cdots + P_n \qquad (7-37)$$

2）应用线储量估算相邻两勘探线剖面间矿石资源/储量

（1）相邻两剖面间的矿石资源/储量和金属线资源/储量相差不大时（小于 40%，图 7-14a），用梯形公式估算资源/储量：

$$Q_{I-II} = \frac{Q_I + Q_{II}}{2} \cdot L_{I-II} \qquad (7-38)$$

式中：Q_{I-II} 为断面 I 及断面 II 间的矿石量；Q_I 为断面 I 的矿石线储量；Q_{II} 为断面 II 的矿石线储量；L_{I-II} 为断面 I 与断面 II 间的距离。

或：

$$Q_I{}' = Q_I \cdot L_1{}' \qquad (7-39)$$

式中：$Q_I{}'$ 为断面 I 两侧影响距离范围内的矿石量；Q_I 为断面 I 的矿石线储量；$L_I{}'$ 为断面 I 两侧的影响距离。

（2）相邻两剖面的矿石资源/储量和金属线资源/储量相差很大时（超过 40%，图 7-14b），用截锥公式估算资源/储量：

$$Q = \frac{Q_I + Q_{II} + \sqrt{Q_I \cdot Q_{II}}}{3} \cdot L_{I-II} \qquad (7-40)$$

$$P = \frac{P_I + P_{II} + \sqrt{P_I \cdot P_{II}}}{3} \cdot L_{I-II} \qquad (7-41)$$

（3）矿体两侧只有一个剖面见矿，根据矿体尖灭情况，采用不同的计算公式估算。

矿体呈楔形尖灭时（图 7-15a）计算公式：

$$Q = \frac{L_{I-II}}{2} Q_I \qquad (7-42)$$

$$P = \frac{L_{I-II}}{2} \cdot P_I \qquad (7-43)$$

矿体呈锥形尖灭时（图 7-15b）计算公式：

$$Q = \frac{L_{\text{I}-\text{II}}}{3} \cdot Q_{\text{I}} \qquad\qquad (7-44)$$

$$P = \frac{L_{\text{I}-\text{II}}}{3} \cdot P_{\text{I}} \qquad\qquad (7-45)$$

矿床的总资源/储量即各块段资源/储量之和。

7.4.3.4 断面法的应用条件

断面法的应用范围极为广泛，只需在勘探工程大致按线或网布置的条件下，可对任何产状和形状的矿体作资源/储量估算。对用勘探线或勘探网所勘探的矿体，常用垂直平行断面法估算其资源/储量，对用水平勘探方式勘探的矿体，用水平断面法估算其资源/储量。

断面法的优点：断面法保持了矿体断面的真实形状，直接反映地质构造特征，在资源/储量估算时，可直接在勘探线剖面图或中段地质图平面图上估算资源/储量，不必编制更多的计算图件，可在断面图上根据资源/储量级别、矿石类型、工业品级任意划分块段，具有相当的灵活性和准确性。

7.5 可地浸砂岩型铀矿资源/储量估算

7.5.1 可地浸开采砂岩型铀矿床的某些特点

（1）可地浸开采的砂岩型铀矿床一般为后生水成成因，铀矿化受层间氧化-还原过渡带或潜水氧化-还原过渡带控制，矿体产状平缓，一般规模较大，矿体走向长几百米至几千米或十几千米，宽几十米至几百米或上千米，矿体形态有层状、透镜状、卷状、似卷状等。其中，卷状属独特形态类型，分简单矿卷和复杂矿卷。简单卷形矿体从氧化带朝还原界面方向缓慢尖灭，前锋部位会发育富、厚的囊状矿体。其相反方向则逐渐分离成两层板状矿体，称为卷状矿的上下两翼，较少出现多层分支。复杂矿卷往往是形成双重的、多层的或反向的不规则矿卷，翼部不稳定，时有形态复杂的分叉现象。

（2）含矿岩性主要有砂岩、砂砾岩、砾岩，胶结疏软，孔隙度大，透水性能好。矿物易溶于酸或碳酸盐溶液。层位结构上，以上下为不透水的隔水层（顶底板）、中间为含矿含水层构成一个垂向的层位组合单元，上覆多砂泥互层屏蔽。地浸开采所面对的对象不只是矿体，而是含矿含水层，低品位矿石中的铀易被浸出利用，矿体与围岩（一般是氧化了的）的区分并不像在常规开采中那么重要。

（3）勘探手段一般只用钻探一种方式完成。

（4）地浸开采方式：根据地下水动力学原理，通过注液钻孔对地下含矿含水层注入溶浸剂，原地浸出矿石中某些元素，并从相近抽液钻孔中抽出浸出液，从而回收其中有用的金属。在整个过程中矿石未发生任何位移。

根据以上特点，可地浸开采砂岩型铀矿床资源/储量估算的工业指标、计算方法、矿体圈定、块段划分及有关参数的确定都与常规要求有所不同。

7.5.2 工业指标和参数

7.5.2.1 现行铀矿工业指标评述

现行铀矿地质勘查规范中资源/储量估算的工业指标是指"评价铀矿床的工业价值、圈定矿体和估算储量的标准和依据"，一般包括：边界品位、最低工业品位、最小可采厚度、边界米百分值和夹石剔除厚度等。从一般意义上讲，工业指标应是对矿石质量、数量和矿床矿山地质条件要求的总和，只要对矿床开采的经济意义有影响的因素都应有标准加以衡量，即有"指标"予以限制，而且它们应是动态的组合。

在常规情况下，根据在开采中的影响作用，现行工业指标大致分为三类：

（1）直接取决于矿石综合可变成本（包括采、运、选、冶）和铀水冶产品金属销售价格的指标（如边界品位）；

（2）结合开采方式及其技术工艺所确定的指标（如矿体最小可采厚度和夹石剔除厚度）；

（3）结合矿石处理加工工艺所确定的指标（如有害成分的含量和伴生有用组分的边界品位等）。

此外，还有把品位与厚度结合起来的综合性指标，即边界米百分值（边界品位与最小可采厚度之乘积）。它的作用是当样段厚度较小（低于最小可采厚度）而品位较高，米百分值超过所规定的指标时，可以把样段圈入表内矿体；相反，当样段厚度较大，而品位小于边界品位指标，即使米百分值大于所规定的指标时，该样段也难以圈入表内矿体。

显然，根据可地浸开采砂岩型铀矿床的特点，简单采用上述指标估算资源/储量是不合适的，必须根据其在地浸开采中的本质作用加以确定和选择。

7.5.2.2 可地浸开采砂岩型铀矿床的工业指标和参数

可地浸开采砂岩型铀矿床的工业指标和参数主要有：平米铀量、最小可采厚度和允许夹石厚度、渗透性、密度和湿度、铀镭平衡系数、有害物质允许含量、伴生有用组分的边界品位等。

1）平米铀量

每平方米矿体块段所含的铀金属量，简称平米铀量，一般用 kg/m^2 表示。可地浸开采的铀矿床估算资源/储量采用该指标，体现了以下几方面的优点：

（1）较确切地反映了矿床的质量。平米铀量实质上是一个立体参数。按计算原理，单位块体金属量由厚度、面积、密度、品位计算求得，因此，平米铀量越高，该单位块体内储量越大，避免了彼此孤立的单指标评价的片面性，如有的品位很高，但厚度很小，单位块体不见有多少储量，实际上不能真正反映矿床的质量。

（2）能与开采效益的评估更紧密地结合。对于可地浸开采的铀矿床，边界品位和矿床平均品位都不能确定矿床的经济概貌。地浸开采任何一个矿体（块段）都要建立一个新的排列很密的抽注孔网。钻孔工程几乎是唯一形式的采矿工程，并在综合可变成本中占有重要比例。因此，通过计算单位面积开采工程成本，并与单位面积铀量比较可以初见矿床（体）的可能开采效益。

（3）平米铀量指标与地浸开采对象相符。地浸采出时，溶浸剂浸滤范围大大超出所圈定的矿体，对某一含矿含水层而言（其中含有少量非渗透性的除外），其所含铀金属都是浸采的对象，所谓"边界"不成为其采出时的边界，矿体几何形态的精确性的测定和是否在该范围内分多层展布都无关紧要。因此，可以根据伽马测井仪器的灵敏度及测井资料的解释精度，较大限度地降低边界品位，也就较大可能地把含矿含水层中的铀资源算确认为现有技术经济条件下的可采资源/储量，体现充分利用铀资源的要求。

（4）平米铀量指标计方便，并较易在矿体平面图上直观反映矿体（块段）质量，利于矿山的规划和设计。平米铀量计算公式分单工程与块段两种情况。

单工程平米铀计量算公式：

$$U = c \cdot m \cdot d \tag{7-46}$$

式中：U 为单工程平米铀量（kg/m^2）；c 为单工程平均品位（%）；m 为单工程矿体厚度（m）；d 为矿石密度（t/m^3）。

块段平米铀量计算公式：

$$U' = c' \cdot m' \cdot d \tag{7-47}$$

式中：U' 为块段平米铀量（kg/m^2）；c' 为块段平均品位（%）；m' 为块段矿体厚度（m）。

2）边界品位

根据地浸采矿机理，边界品位值实际上不影响开采范围，即边界值内外的铀金属以"一锅煮"

形式采出。但这并不意味着可以取消边界品位指标。地浸开采铀矿床设置边界品位指标，其作用已不同于常规情况，主要是：

（1）边界品位是对平米铀量设置前提，即只有对边界品位以上的见矿样段才进行平米铀量计算；

（2）边界品位使铀资源确定为铀储量有了定量的经济意义的界定，因为只有通过这样的界定，估算出来的资源/储量才是矿山规划设计和服务年限的依据。

当然，如上所述，这种边界可以较大限度的降低。因此，对可地浸开采的铀矿床的边界品位的确定，不是对矿床（体）可采或不可采的空间范围的限制，而仅仅是对铀矿床资源/储量规模的一种量的限额。

3）最小可采厚度和允许夹石厚度

这与边界品位指标类似，从开采机理角度看，没有必要使用有关矿体厚度的指标，因为溶浸剂不可能在同一含矿含水层中选择某个厚度的矿体进行浸滤。据经验，矿体之间有 3 ~ 5 m 的垂向间距也都是同时采出的。但是对于"量"的计算，厚度仍然是不可回避的。比如，确定 1 kg/m² 的平米铀量指标，边界品位为 0.01%，这就意味着当品位为 0.01%，矿石密度为 2.0 t/m³ 时，厚度小于 5 m 的见矿样段不能划入可采矿体，也即该部分矿体内的铀金属虽然可能同时采出，但按圈矿法则该段影响的空间范围内的铀资源量不能确定为储量。

因此，规定允许夹石厚度指标还是必要的。不过目前国内外采用的大多还是经验指标，一般允许最大夹石厚度不超过 7 m。在实际工作中应根据卷状矿体两翼发育的连续性及其所夹渗透性砂层厚度稳定性来确定，在一定幅度内变化应是允许的，只是需要考虑对资源/储量可靠性的要求。

有关厚度的指标，另外需要考虑的还有透水层中含矿层厚度与非含矿层厚度之比，当然是比值较大的矿床有较好的效益。

4）渗透性

这是可地浸开采铀矿床不同于常规情况的一项重要指标，它在地浸开采过程中直接反映溶浸液在矿层中的渗滤速度，而渗滤速度直接影响铀的浸出速度，实质上关系到抽注孔网的排列密度和矿床中铀的提取程度及效益。因此，矿层的渗透性指标首先是确定矿床是否可地浸开采的标准，只有具备足以维持溶浸液经济流量的渗透性矿层（体），才能确定为矿床的可采储量。否则相当于边际经济基础储量或次边际经济资源量。

矿层的渗透性与粘土粉砂粒级的含量有直接关系，其最大允许含量和渗透系数都是划分储量类型和不同开采工艺要求块段的依据。一般要求渗透系数为 0.3 ~ 10 m/d。

渗透性属矿床水文地质条件的综合性特征，应从多方面衡量。含矿层有足够大的渗透系数是前提，同时，矿体应位于潜水面以下，同一矿体（块段）在横剖面上的渗透性表现较均匀，要考虑到同一含矿含水层中矿石渗透系数应高于或等于无矿岩石的渗透系数，顶底板岩层分布稳定而不透水。此外，地下水位埋深、承压水头值、矿层与其他水体水力联系状况、水化学成分及矿化度等也是需要综合考虑的重要因素。

5）矿石的密度

可地浸开采砂岩型铀矿床的矿石密度，是指在天然状态下单位体积的重量，包括湿密度和干密度两种。矿石密度是可地浸开采砂岩型铀矿床资源/储量估算中的一项主要参数。密度的测定有石蜡法和综合测井法两种方法。

（1）石蜡法：测定湿密度和干密度如下：

湿密度的测定：将钻进现场取到的天然状态样品，刮掉泥浆、称重、蜡封，用下列公式计算湿密度值：

$$d = \left[W_1/V - (W_2 - W_1)/d' \right] \tag{7-48}$$

式中：d 为矿石密度；d' 为石蜡密度（值取 $0.92\ g/cm^2$）；W_1 为封蜡前样品重量（g）；W_2 为封蜡后样品重量（g）；V 为封蜡后样品的体积（cm^3）。

干密度的测定：取到天然状态样品后，刮掉泥浆、称重、自然风干，25 d，30 d，35 d 分别称重，当样品重量相对误差小于 1% 时，蜡封，用公式 7-48 计算干密度值。

（2）综合测井法：双源距（长、短）补偿密度测井时，利用长、短源距的定向伽马射线与物质相互作用原理，通过密度补偿方程，测定岩矿石在天然状态下的密度值。

6）矿石的湿度

矿石湿度，是指矿石在天然状态下所含水的重量，它和矿石的密度有一定关系。矿石湿度有烘干法和自然干燥法两种测定方法。

（1）烘干法：取到天然湿度样品后，刮掉泥浆，立即称重（$P_湿$），之后将样品打碎成散砂状或小碎块状，放入烘箱，在 $80 \sim 100\ ℃$ 温度下烘干，烘烤时间为 $48 \sim 96\ h$，当两次称重相对误差小于 1% 时，称其稳定重量（$P_干$），用下列公式计算样品湿度值：

$$B = (P_湿 - P_干) / P_湿 \qquad (7-49)$$

（2）自然干燥法：取到天然湿度样品后，刮掉泥浆，立即称重（$P_湿$），之后将样品打碎成散砂状或小碎块状，自然风干，时间为 $25 \sim 35\ d$，分两次称重相对误差小于 1% 时，称其稳定重量（$P_干$），代入公式 7-49 算出样品湿度值。

对于疏松岩石来说，矿石的密度和湿度有一定关系，从砾岩、粗砂岩、中砂岩到细砂岩，密度值由大到小，湿度由小到大（表7-5）。由表看出，疏松岩矿石密度与粉砂岩和泥岩接近，煤密度值最小；湿度为煤最大，粉砂岩和泥岩次之，疏松岩石最小。

表7-5 密度和湿度与岩石粒度的关系

参　数	砾岩	砾质砂岩	粗砂岩	中砂岩	细砂岩	粉砂岩	泥岩	煤	备　注
密度（g/cm^3）	2.39	2.15	2.12	2.07	2.09	2.14	2.24	1.27	所列岩石为疏松岩石
湿度（%）	7.25	10.02	10.99	11.49	11.94	13.51	11.26	22.58	

（据赵希刚等，2001）

7）铀镭平衡系数与镭氡平衡系数

铀镭平衡系数与镭氡平衡系数是可地浸砂岩型铀矿床最基本的指标，对可地浸砂岩型铀矿床资源/储量估算有很大的影响。

铀镭平衡系数的测定：铀镭平衡系数计算所需样品数量依据我国核行业标准（EJ/T1094），对样品采取的要求是：①矿段样品选择要求有代表性；②矿段样品位置应与测井解释矿段位置相互对应；③矿段矿心采取率不小于 75%，矿体内矿段边缘样品的铀含量不小于 0.01%。

单样段铀镭平衡系数计算公式为：

$$K_p^i = \frac{C_{Ra}^i}{C_U^i} \qquad (7-50)$$

式中：K_p^i 为单样段铀镭平衡系数的数值；C_{Ra}^i 为单样段分析镭的平衡铀单位的数值，用百分数表示；C_U^i 为单样段分析的铀含量的数值，用百分数表示。

注：单矿段、单工程及矿床铀镭平衡系数计算方法与公式参阅我国核行业标准（EJ/T1214—2006）。对不同类型矿石、矿体或同一矿体不同部位（如卷头和翼部）铀镭平衡系数需进行修正时，其修正原则和方法参阅核行业标准（EJ/T611）。

镭氡平衡系数的测定：镭氡平衡系数的测定按我国核行业标准《地浸砂岩型铀矿资源/储量估算指南（EJ/T1214—2006）》有①钻孔实测方法确定镭氡平衡系数；②矿心分析与伽马测井解释结果计算的方法确定镭氡平衡系数；③伽马照射量率的镭氡平衡系数修正法三种镭氡平衡系数的测定方法。具体的镭氡平衡系数的测定要求及计算公式参阅《地浸砂岩型铀矿资源/储量估算指南

（EJ/T1214—2006）》。

8）有害物质允许含量

与地浸开采有关的有害物质主要有碳酸盐、有机质、磷酸盐、硫化物等。如其中碳酸盐含量太高，在用酸法浸出时会加大耗酸量，而且生成石膏沉淀，堵塞铀的浸出；如果硫化物含量太高，在用碱法浸出时会加大氧化剂和碱的消耗，而且生成氢氧化铁沉淀，同样堵塞铀的浸出。因此，有害物质成分含量关系到溶浸剂成本在整个综合可变成本中的比重（据独联体经验，该项成本占总成本的30%~40%），对于地浸开采铀矿床是一个十分敏感的指标。显然，该指标不是用于具体矿体中的金属量计算，而是用于矿床的评价，结合有害物质成分含量划分块段，划分出经济的、边际经济的、次边际经济的和内蕴经济的铀矿资源/储量。

9）伴生有用组分的边界品位

后生水成成因铀矿床赋存伴生有用组分是比较普遍的，如 Se，Mo，Re，V，Sc 等。这与常规情况一样，根据实际需要制定综合边界品位指标。其依据主要有三方面：①浸出富液的加工工艺条件以及分离提取出来的伴生组分的价值能否补偿由于提取其而增加的成本费用；②国家综合利用资源的有关法规和政策；③环境保护的要求。

综上所述，地浸开采砂岩型铀矿床的工业指标是一个复杂的指标体系，各因素往往互相影响，比如埋深条件悬殊的两个矿床，对其渗透性、平米铀量等的要求就可以有所不同。根据国外的经验和我国的实践，有以下指标值可作参照：

（1）边界平米铀量 1 kg/m²，边界品位 0.01%（实例：我国新疆 512 矿床）；

（2）赋矿透水层单层厚度不大于 20 m，允许夹石厚度 5~7 m，透水层中矿层（体）厚度与非含矿层厚度之比大于 0.2；

（3）矿层渗透系数 0.5~20 m/d（以 1~10 m/d 最为适宜），矿层中 0.05 mm 粒级含量小于 20%，透水层中水矿化度不大于 5 g/L，地下水位埋深小于 50 m，承压水头值大于 50 m；

（4）酸法浸出时碳酸盐含量不大于 3%，碱法浸出时硫化物含量不大于 2%；

（5）地层倾斜产状小于 5°，矿层埋深小于 700 m（以小于 400~500 m 最为适宜）。

7.5.3　地浸砂岩型铀矿床资源/储量估算方法

现行铀矿地质勘查规范规定的资源/储量估算常用方法有地质块段法和断面法，并要求在使用一种基本方法计算时，还应选择部分代表性的矿体或块段，采用其他方法检查计算。规范还要求积极采用计算机技术，推广地质统计学方法。这些都是成熟的经验，可用于地浸砂岩型铀矿床资源/储量估算，特别是地质块段法（以水平投影确定块段面积）有使用意义。

本书根据可地浸开采铀矿床的特点，结合许多地质工作者对可地浸开采砂岩型铀矿床资源/储量估算的研究成果，推荐张金带（2000）的"单工程影响面积法"。

1）单工程影响面积法的概念

单工程影响面积法（也称单元矿块法），是将各探矿钻孔工程在某一含矿层内各自控制的范围作为单元矿块，并以单工程揭穿含矿层内矿体的累计厚度、加权平均品位、平米铀量及该单工程样段影响的面积为资源/储量估算的基本参数来估算各单元矿块资源/储量。矿体（床）的资源/储量即为各单元矿块资源/储量的总和。单工程样段所影响的面积，通常按探求不同级别资源/储量所使用的勘探网度，以矩形面积表示。矩形边长：以工程所在勘探线相邻两侧勘探线间距的 1/2 为一边，以工程所在横剖面上相邻两侧探矿钻孔工程间距的 1/2 为另一边。

单工程影响面积法与地质块段法比较，对无论是高值（品位、厚度）样段还是低值样段的影响范围作了有效的限制，一定程度上避免了由于某个参数的特高值或特低值对整个矿体（块段）的影响所带来的资源/储量的夸大或缩小；同时计算简便，便于用计算机计算，尤其在同一含矿含水层出现多层矿体时，无论夹石厚度如何，均可"挤压"到一层计算，无矿夹石厚度指标失去意义。但是，由于它把在同一勘探网条件下的各工程的影响范围视为"等效"，与矿体在钻孔工程切穿部位的样段参数值本身无关，对于品位、厚度变化较大的矿床，相当于在单元接合线上正是它们的突变部位，无疑与客观实际会有一定偏离。这是方法本身在理论上存在的不足，只能依靠充分研究矿体发育的地质特征和规律，在不同矿体部位选用合适的勘探网度，以最大限度消除这种影响。

2）块段划分原则

根据可地浸开采铀矿床的特点，块段划分一般应遵循以下原则：

（1）空间上远离主矿层（体）孤立存在，或含矿性（平米铀量）差别较大的矿层（体）应划分为不同的资源/储量估算块段；

（2）渗透性差异较大的矿层（体）应划分为不同的资源/储量估算块段；

（3）含矿含水层中会消耗溶浸剂的成分性质不同，或含量差异较大的矿层（体）应划分为不同的资源/储量估算块段；

（4）用不同勘探网度控制的具有不同富集形态特征的矿层（体）应划分为不同的资源/储量估算块段，如卷形矿体的卷头与两翼。

值得注意的是，潜水面以上的矿层（体）和非渗透矿层（体）应单独划出。

3）矿体圈定的一般原则

（1）只圈定计算含矿含水层中可供地浸开采的砂岩型铀矿体资源/储量。矿体中及其顶底板的泥岩、粉砂岩型等非渗透铀矿体不参与资源/储量估算，但在剖面上可用含矿岩性符号和不同着色方法区别于可地浸砂岩型铀矿体。

（2）在用地质块段法圈矿时，矿体外推，在达到相应资源/储量级别勘探网度时，矿体边缘工程与低于边界平米铀量的矿化工程之间以其1/2距离平推，与无矿工程之间以其1/4距离平推；大于基本勘探网度时，按基本网度间距外推；小于基本勘探网度时，视与矿体边缘工程相邻的工程是否无矿，按实际工程间距的1/4或1/2平推。矿体无限外推，矿体边界线以基本勘探工程间距的1/4平推。

（3）卷状矿体两翼矿层之间夹石（可渗透的砂岩层）厚度在允许范围内时，两翼矿层可用压缩法累计厚度和计算平米铀量，但夹石中低于边界品位的样段不能带入计算。

（4）单个矿层内出现低于边界品位的小夹石时，应视矿床矿体平均厚度情况作出处理。一般当单工程矿体平均厚度等于或大于5m时，可把等于或小于1m的夹石合并解释计算；当单工程矿体平均厚度小于5m时，可把等于或小于0.5m的夹石合并解释计算。并且夹石与相邻一侧大于边界品位的矿层（指平均品位较低的一侧）合并后，其平均品位应等于或大于边界品位，否则，夹石不宜带入计算。通常情况下，厚度大于1m的非渗透层其上、下矿层应分开圈定。

4）特高值的处理

在常规情况下对矿床中出现的特高值（特高品位）的处理，一般规定是以矿床（块段）平均品位的某个倍数作为特高品位的下限，并以包含有特高品位样段的工程平均品位或块段平均品位代替。而可地浸开采的铀矿床一般是低品位大矿量的矿床，出现特高平米铀量值而引起储量夸大的主要因素往往是矿体中急剧膨胀的厚度，并且往往在矿卷的卷头部位，因此应"警惕"厚度的特大值。处理途径主要有两条：①对特大厚度部位给予较充分的勘探，规定在类似矿卷卷头这种膨大部位适当加密勘探网度；②用单工程影响面积法计算资源/储量。上述处理法的目的都是有效限制特高值影响面积范围，一般不宜采用传统的平均值代替的办法。

5）可地浸开采的铀矿床资源/储量估算

对可地浸开采的铀矿床资源/储量估算，传统的地质块段法，即以水平投影确定块段面积的方法仍有使用意义。可地浸开采的铀矿床资源/储量估算中，以单工程揭穿含矿层内矿体的累计厚度、加权平均品位、平米铀量及该单工程样段影响的面积为资源/储量估算的基本参数，用下面的公式来估算各单元矿块铀资源/储量及矿体（床）的铀资源/储量。

（1）单元矿块铀资源/储量估算

$$P_1 = M_1 \cdot C_1 \cdot U_1 \cdot S_1 \tag{7-51}$$

式中：P_1 为单元块段铀金属量（t）；M_1 为单工程矿体累计厚度（m）；C_1 为单工程铀平均品位（10^{-6}）；U_1 为平米铀量（kg/m^2）；S_1 为单工程矿段影响的面积范围（m^2）。

（2）矿体（床）的资源/储量估算

矿体（床）的资源/储量为各单元矿块资源/储量的总和：

$$P = P_1 + P_2 + \cdots + P_n \tag{7-52}$$

式中：P 为矿床总铀金属量（t）；P_1，P_2，$\cdots$，P_n 各单元块段铀金属量（t）。

7.6　石油天然气（含煤层气）矿产资源/储量估算

7.6.1　油气资源储量的概念及其分类与分级

1）油气储量的概念

油气资源储量是指石油和天然气在地下的蕴藏量。落实油气资源，预算油气储量是油气田勘探和开发工作中一项必不可少的工作，是关系到国民经济建设规划和确定油田勘探开发投资规模的重大问题。一个油气田从发现到开发，要经历几个不同的勘探阶段，每个阶段结束都要有反映该阶段工作成果的油气储量。

凡是具有工业油、气流井的地区都要计算油气的储量。工业油、气流的标准，既取决于一个国家的政治经济政策及现代工业技术水平，又要考虑具体油气田所处的地理位置及油气地质条件的复杂程度。

2）油气储量的分类与分级

油气的储量可分为地质储量和可采储量两类。地质储量是指在地层原始条件下，具有产油、气能力的储集层中的石油或天然气的总量。按开采价值，地质储量可分为表内储量和表外储量。表内储量是指在现有技术经济条件下有开采价值的地质储量。表外储量是指在现有条件下不具工业开采价值的地质储量。当原油价格提高或工艺技术改进后，某些表外储量可转变为表内储量。可采储量是指在现代工艺技术和经济条件下，能从储集层中采出的那一部分地质储量。可采储量与地质储量的比值称为采收率，常用百分数表示。提高油气的采收率是油气田开发工作中的核心问题，它是反映油气田开发技术水平的一项综合性指标。

为了避免盲目投资，有计划地进行油气勘探与开发，必须合理评价油气储量，并按照人们对油气田的了解程度进行储量的分类和分级。

3）储量计算单元

容积法计算储量时，应重视计算单元的选择。一般应将具有统一油水系统的单个油藏作为一个储量计算单元。为保证计算精度，对大油藏还应细分计算单元。考虑油层参数纵向上的差异及平面上的分区性，宜将物性和原油性质相近的油层作为一个计算单元，在平面上应以圈闭为计算单元。大型构造油田应以开发区、块为单元，纵向上一般以 $30 \sim 50$ m 厚的油层组或砂层组为单元；断块油田应以断块为单元，复杂的小断块油田若含油连片，可合并计算；复杂的裂缝性油藏应以裂缝系统为计算单元。

随着油田开发和地下情况的变化，除了要计算油层的总储量外，还要了解各井控制的储量及油砂体储量。计算单井单层储量，要确定单井控制面积、单井单层平均有效厚度及单储系数（单位体积油层的储量）。单井控制面积常采用以井点为中心，向外推井距之半的方法来圈定。以单井单层储量为基础，汇总某油砂体范围内各井该层储量，即为该油砂体储量。

7.6.2　石油矿产资源的某些特点与资源/储量估算

7.6.2.1　石油矿产资源的某些特点

1）石油的成因

石油是一种成分十分复杂的天然有机化合物的混合物，主要成分为液态烃，含有数量不等的非烃化合物及多种微量元素。从地下开采出来的石油，在加工提炼之前称为原油。世界石油工业已有100多年的历史，但石油究竟是怎样形成的至今还是尚未完全解决的、极其复杂的问题。就石油成因学说而言，大体上分为两派，即石油无机成因说和石油有机成因说。石油无机成因学认为石油是在地壳深处形成的，后来石油沿着深大断裂渗流到地壳上部或者在天体形成时形成。当地球冷凝时以"烃雨"的形式降落下来，并聚集形成目前所发现的油气藏。石油有机成因说认为，石油是埋藏在地下沉积岩内的生物残体（有机质）在一定温度、压力和还原等条件下转化而来的。其主要根据是目前所找到的石油99.9%分布在沉积岩内，只有极少量石油分布在岩浆岩或其他岩石内。这些岩石内的石油是从沉积岩内运移而来的；石油在沉积剖面上各地质时代的分布，与煤和有机质的分布具有一致性，表明它们有成因上的联系等。上述石油成因的两种观点，长期以来争论不休，时起时伏，延续至今，但石油有机成因学说更具有说服力，为国内外大多数专家、学者所认可。

2）石油的化学组成

（1）石油的元素组成：石油主要由碳、氢及少量氧、硫、氮等元素组成。不同地区或不同时代的石油其化学组成可有较大的差别。但是，其元素组成却局限在一定变化范围之内。从国内外一些石油的元素组成看，石油中碳的含量一般为84%～87%，氢含量为11%～14%，两者合计约占石油元素的97%～99%。氧、硫、氮及其他微量元素总含量一般只占1%～4%，在个别情况下，硫分增多，高的可达7%。除上述五种主要元素外，从石油灰分中还发现有30多种其他微量元素，如铁（Fe）、钙（Ca）、镁（Mg）、镍（Ni）、钒（V）……这些元素虽然种类繁多，但总质量仅占石油总质量的万分之几。

（2）石油的化合物组成：石油中的主要元素不是呈游离状态，而是结合成不同的化合物存在于石油中。其中以烃类化合物为主。另外还有含氧、含硫和含氮等非烃化合物。石油的组分组成分以下四部分。

油质： 石油的主要组分，它是由烃类组成的浅色粘性物质，可溶解于石油醚而不被硅胶吸附，主要是饱和烃和一部分低分子芳香烃。油质含量的高低是评价石油质量好坏的重要标志。油质含量高，石油的质量好。

胶质： 粘稠状的液体或半固体，颜色为浅黄、红褐至黑色。胶质可溶于石油醚、苯、三氯甲烷、四氯化碳等有机溶剂，可被硅胶吸附，以此可将它和油质分开。胶质的平均分子量比油质大。由于石油的蒸发和氧化，致使其中的胶质含量增加，轻质石油中胶质含量一般不超过5%，重质石油中含量可达20%以上。

沥青质： 石油中分离出来的沥青质为黑色脆性的固体粉末，它不同于胶质。高分子化合物含量增加，具有较大的分子量。在电子显微镜下，沥青质宏观结构呈胶状颗粒，为稠环芳香烃和烷基侧链组成的复杂结构。它不溶于石油醚及酒精，而溶于苯、三氯甲烷、二硫化碳等有机溶剂。

碳质： 为石油中的非烃化合物。它不溶于有机溶剂，在石油中含量很少或无。

3）石油的物理性质

石油的物理性质取决于它的化学成分。由于石油形成的原生因素和次生变化作用，所以，石油没有固定的化学成分，因而决定了它没有固定的物理常数。不同地区、不同层位、甚至同一层位的不同构造部位的石油，它们的物理性质都可能有明显的差别。但经广泛比较，还是归纳出了反映石油总体特征的物理性质。主要物理性质有颜色、密度、粘度、凝固点、导电性、溶解性、荧光性和石油的热值。

（1）石油的颜色：石油的颜色变化很大，从白色、淡黄色、黄褐色、淡红色、黑绿色至黑色都有。石油的颜色与其胶质、沥青质含量有关，其含量越高，颜色越深。

（2）石油的密度：分密度和相对密度。石油的密度是指单位体积的质量，油气藏工程中单位采用克每立方厘米（g/cm^3）或吨每立方米（t/cm^3）；石油的相对密度是在标准条件下（20℃和0.101 MPa），原油密度与4℃下纯水密度之比值。石油的相对密度一般介于0.75~1.00之间。通常相对密度大于0.90的石油称为重质石油，小于0.90的石油称为轻质石油。石油密度的大小取决于胶质和沥青质的含量及石油组分的分子量。

（3）粘度：石油属于粘滞流体。粘度是对流体流动性能的量度。流体粘度越大，越不容易流动。石油粘度可用动力粘度表示。动力粘度又称总粘度。在SI制中，动力粘度单位用帕［斯卡］秒（Pa·s）表示。即在1 N剪切力作用下，使相距1 m、面积各为1 m^2的两液层发生相对运动，速度为1 m/s，这时液体的粘度为1 Pa·s。

不同油田石油的粘度，甚至同一油田不同油层或同一油层不同构造部位的石油粘度变化很大，其影响因素是多方面的。一般说，与石油的化学组成、温度、压力及溶解气量等有关。低分子量的烷烃、环烷烃含量多，粘度就低；高分子化合物含量高，则石油粘度高。所以轻质石油粘度比重质石油粘度低，地层中石油粘度比处于地面条件下的低。石油粘度是很重要的物理参数，它的大小决定了石油流动能力的强弱，因而在油田开采和石油集输方面具有重要意义。

（4）凝固点：将液体石油冷却到失去流动性时的温度称凝固点。石油凝固点的高低取决于含蜡量及烷烃碳数高低；含蜡量高，则凝固点高。富含沥青的石油在温度降低时无明显凝固现象。凝固点高的石油容易使井底结蜡，给石油开采造成困难。各油田石油的凝固点变化范围较大，温度由-56℃~32℃，甚至更高。

（5）导电性：石油具有极高的电阻率，是一种非导体。石油的电阻率为10^9~10^{16} Ω·m。如岩石孔隙中存在石油，则其中所含矿化水就少，所以含油岩石的电阻率比仅含水的岩石电阻率高。

（6）溶解性：石油主要由各种烃类化合物组成，而烃类难溶于水，因此石油在纯水中的溶解度很低。以碳数相同的烃类化合物分子进行比较，芳烃溶解度最大，苯可达1780 mg/kg，环烷烃次之，环己烷达55.0 mg/kg。烷烃溶解度最小，正己烷仅9.8 mg/kg。除甲烷外，各族烃类在水中的溶解度，随分子量增大而减小。石油在水中的溶解度在温度、压力升高时会增大，当水中无机组分含量增加时，烃类的溶解度则降低。

石油易溶于有机溶剂，常用的有机溶剂如氯仿、苯、石油醚、四氯化碳、乙醇、丙酮等。利用这种特性可初步检验岩石中有无微量的石油存在。

（7）荧光性：石油在紫外光照射下产生荧光，这种特性称为石油的荧光性。石油发光现象取决于其化学结构。石油中的多环芳烃及非烃能引起发光，饱和烃则不发光。轻质油的荧光为浅蓝色，含胶质较多的石油呈绿色或黄色荧光，而含沥青较多的石油或沥青质则为褐色荧光。所以，发光颜色随石油或沥青质的性质而变。石油溶于有机溶剂发光颜色不受溶剂性质影响，而发光强度随石油或沥青物质的浓度而发生变化。

（8）石油的热值：每1000 g可燃矿产燃烧时所产生的热量称为热值。石油的热值可达（4186~4605）×10^4 J，它是一种优质燃料。

7.6.2.2　石油地质储量估算

计算石油地质储量的方法主要有容积法和物质平衡法。物质平衡法由于涉及的计算参数较多，有些参数矿场上不一定能测取，加上计算方法较容积法繁琐而很少采用。因此，容积法是矿场上常用的计算石油地质储量的方法（黎文清，1999）。

容积法是利用油气田的静态资料和参数来计算石油地质储量的，所以又称静态法。容积法计算石油地质储量的实质是确定石油在油层中所占的体积。

1）容积法计算石油地质储量的参数

容积法适用于不同勘探阶段，不同圈闭类型、储集类型和驱动方式的油藏。容积法计算石油地质储量需确定下列参数，即：含油面积、油层有效厚度、有效孔隙度、原始含油饱和度、地层原油体积系数和地面原油密度。

2）容积法石油地质储量计算公式

计算公式如下：

$$N = 100A \cdot h \cdot \phi (1 - S_{wi}) \rho_o / B_{oi} \tag{7-53}$$

式中：N 为石油地质储量（10^4 t）；A 为含油面积（km^2）；h 为平均有效厚度（m）；ϕ 为平均有效孔隙度（%）；S_{wi} 为平均油层原始含水饱和度（%）；ρ_o 为平均地面原油密度（t/m^3）；B_{oi} 为平均原始原油体积系数。

地层原油中溶解有气体，原始溶解气体的地质储量计算公式如下：

$$G_S = 10^{-4} N \cdot R_{Si} \tag{7-54}$$

式中：G_S 为溶解气的地质储量（10^8 m^3）；R_{Si} 为原始溶解气油比（m^3/t）。

当油田具有气顶时，气顶气的地质储量按天然气储量规范计算。

7.6.3 天然气矿产资源的某些特点与资源/储量估算

7.6.3.1 天然气矿产资源的某些特点

自然界一切天然因素形成的气体，都可称为天然气。在自然界中气体生成十分普遍，沉积物中有机质的生物化学分解及高温裂解、岩石的变质及岩浆活动、放射性元素蜕变及热核反应、宇宙及大气等作用都可生成天然气。在石油及天然气地质学中所讲的天然气，主要是指与油田和气田有关的可燃气，成分以气态烃为主，多与有机成因有关，但有时也可遇到以非烃为主的气藏。

1）天然气的化学组成

天然气的成分不是单一的，而是由多种气态物质组成的混合物。大多数油田气和气田气的主要组成成分是烃类气体，尤其甲烷通常占很大比例，一般在 80% ~90% 以上。此外，还有少量的乙烷、丙烷、丁烷、戊烷、己烷等。乙烷以上的烃类气体称为重烃。重烃在天然气中的含量变化较大，从小于百分之一至百分之几十。如四川川南气田的天然气中，重烃含量一般小于 1% ~4%，川中气田气中重烃含量一般在 10% 左右。

在石油勘探工作中，常根据甲烷同系物的含量将天然气分为干气和湿气。甲烷含量在气体成分中占 95% 以上，重烃气含量却很少，不超过 1% ~4% 者称为干气，它一般不与石油伴生，可单独形成纯气藏；凡气体成分中含重烃气较多者称为湿气，湿气常与石油伴生，且与凝析气藏有关。我国大庆、大港等油田所产天然气多属湿气，四川圣灯山、石油沟等气田产的气多属干气。因此，在油气勘探工作中发现天然气显示，鉴别其属于湿气还是干气，对油气勘探很重要。湿气有微弱的汽油味，燃烧时火焰呈黄色；通入水中，水面常出现彩色油膜。干气燃烧时火焰呈蓝色，通入水中无油膜出现。

天然气中的非烃气体，包括二氧化碳、氮、硫化氢、一氧化碳、氢、氧以及氦、氩、氖等气体。它们的含量一般不高，但在个别情况下也曾发现 CO_2，H_2S 及 N_2 气含量很高，甚至以它们为主要成分的气藏。如我国华北冀中拗陷赵兰庄构造下第三系孔店组和沙河街组四段所产天然气，含 H_2S 高达 92%，广东三水盆地沙头圩气田 CO_2 气体含量高达 99.53%，美国中部的本德隆起所产天然气氮含量达 89.9%。天然气中非烃气含量异常多的天然气的出现，一般认为是与特定的地质条件有关，如高含硫化氢天然气常同地层中富含硫酸盐有关，而含二氧化碳异常多的天然气常与火山喷发或火山活动有关，有些与烃类氧化有关。

2）天然气的物理性质

由于天然气是由多种气态组分以不同比例组成的混合物，因而其物理性质变化很大。通常天然气是无色的，具有汽油味或硫化氢味。天然气的物理性质包括相对密度、临界温度和压力、蒸气压力、溶解性、粘度和热值。

(1) 相对密度：相对密度是指在标准状况下，单位体积天然气的质量与同体积空气的质量之比值。天然气的相对密度一般为 0.6 ~ 0.7，也有大于 1 的，它随重烃含量增加而变大。

(2) 临界温度和压力：单组分气体都有一特定的温度，高于此温度时不管加多大压力都不能使该气体转化为液体，这个特定温度称为临界温度。在临界温度时，使气体液化所需的最低压力称为临界压力。天然气通常是烃类及非烃化合物的混合物，其临界温度及临界压力随化学组成的不同而变化。混合物的临界温度等于组成混合物的各成分的体积百分数分别乘其临界温度（绝对温度）乘积之和，同样可以计算出混合物的临界压力。

(3) 蒸气压力：将气体液化时所需施加的压力称为该气体的饱和蒸气压力。蒸气压力随温度升高而增大。在同一温度条件下，烃的分子量越小，其蒸气压力越大。在 20 ℃ 时，甲烷不能转化为液体，而乙烷的蒸气压力为 37.3 × 98066.5 Pa，高于此压力值时乙烷将全部转化为液体。戊烷所需施加的压力是 0.42 × 98066.5 Pa。所以，天然气中往往甲烷等轻质烃含量较多，正是由于其蒸气压力大得多，在通常状况下不能转化为液体。

(4) 溶解性：天然气溶于水和石油，它在油（或水）中的溶解能力用溶解系数表示。当温度一定时，每增加 1.01325 × 10^5 Pa 压力所溶解在单位体积石油中的天然气称为溶解系数，其单位为 m^3/(m^3 × 1.01325 × 10^5 Pa)。在一定条件下，气体在单位体积石油（或水）中的溶解量称为溶解度，单位为 m^3/m^3。天然气在水中的溶解度比石油在水中的溶解度大。碳数越少的烃类在水中的溶解度越大。在影响天然气溶解度的众多因素中，以压力、温度和水的矿化度最明显。当温度不变时，压力增大则天然气的溶解度也随之增大。天然气在水中溶解度随着水的矿化度（含盐量）增加而降低。在上述诸因素中，压力对气体溶解度影响最大。在地下深处（大于 1000 m），每升水中溶解的烃气可达几升；如果水体大，这种水溶气就具有商业价值。

气态烃在石油中的溶解度比在水中大得多。在标准状况下，甲烷在油中的溶解度约等于在水中的 9 倍。天然气组成中重质组分越多，天然气在油中的溶解度越大，一般压力增高，温度降低，同样能提高天然气的溶解度。当石油中溶有天然气时，可降低石油的密度、粘度及表面张力。

(5) 粘度：天然气的粘度与其化学组成及所处环境有关。天然气的粘度在 0 ℃ 时一般为 3.1 × 10^{-7} Pa·s，20 ℃ 时为 1.2 × 10^{-5} Pa·s。在低压（接近大气压）时，天然气粘度随温度的增高而增大。这是由于气体分子运动强度增加，使分子碰撞次数增加，而导致粘度增大。同样，若分子量增大，运动速度减慢，则粘度减小。在高压（大于 3.0975 MPa）时（如在地层条件下），天然气的粘度随压力增加而增加，随温度的升高而降低，随分子量增大而增加。这是由于在高压时气体密度加大，分子与分子间紧密靠近，这时气体的粘度具有类似于液体的性质。烃类气体比非烃类气体粘度小，因天然气中含有非烃气，使天然气粘度增加。

(6) 热值：每立方米天然气燃烧时所发出的热量称为热值。天然气热值变化很大，氢气可达 34000 × 4.19 kJ/m^3；甲烷的热值为 8870 × 4.19 kJ/m^3。天然气中湿气热值较高，可达 20000 × 4.19 kJ/m^3，比煤和石油的热值都高。

3) 天然气的分类

按天然气在地下的产状可分为油田气、气田气、凝析气、水溶气、煤层气及固态气体水合物等。

(1) 油田气：系指与石油共生的天然气，可溶于油内或在油气藏中呈游离气顶，也可单独形成气藏与油藏共处于同一油气田中。一般油田气除以甲烷为主外，还含有较重烃气，含量可达百分之几到百分之几十，属湿气。

(2) 气田气：系指不与油藏伴生的单一天然气聚集中的气体。气体成分以甲烷为主，其含量常达 95% 以上，重烃气含量极少，不超过 1% ~ 4%，属干气。

（3）凝析气：当地下温度、压力超过临界条件时，液态烃逆蒸发而形成的气体。称为凝析气。这种气体采出后，因压力、温度降低而逆凝结为轻质油，称为凝析油（为汽油至煤油馏分），密度为 $0.74 \sim 0.78 \, g/cm^3$。凝析气埋藏深度通常较大，多分布在地下 $3000 \sim 4000 \, m$ 或更深处。凝析气的成分中气体数量需超过液体数量，才能为液相反溶于气相创造条件，形成凝析气。

（4）水溶气：系指溶解于水中的气体，其储量很大，但含气率低，一般仅 $0.1 \sim 2 \, m^3$（气）$/m^3$（水），最高可达 $3 \sim 5 \, m^3/m^3$。水内溶解气包括低压水溶气和高压地热型水溶气，很难单独开采，但可以综合利用。例如日本在浅层采碘时回收水溶气。

（5）煤层气：系指煤层中的游离气和吸附气。其含量与煤的变质作用、煤层顶板造气性以及压力、温度有关，一般在 $0.1 \sim 20 \, m^3$（气）$/t$（煤）之间，主要成分是甲烷；此外，还伴生有氮气、二氧化碳气、氢气，有时含有重烃气。煤层气可以回收利用。

（6）固态气体水合物：系指在特定的压力和温度下，气体分子天然地被封闭在水分子的扩大晶格中，呈固态的结晶化合物，也称冰冻甲烷。

7.6.3.2 天然气（含煤层气等）地质储量估算

容积法是计算天然气（含煤层气等）地质储量的主要方法，它是利用天然气的静态资料和参数来计算天然气地质储量的，其实质是确定天然气在气层中所占的体积。容积法在矿场上计算天然气地质储量所需的参数和公式如下（黎文清，1999）。

1）容积法计算天然气地质储量的参数

容积法适用于不同勘探阶段，不同圈闭类型、储集类型的气藏。容积法计算天然气地质储量需确定下列参数，即：含气面积、气层有效厚度、有效孔隙度、原始含水饱和度、地面标准温度、原始地层压力、地层温度及原始气体偏差系数等。

2）容积法天然气地质储量计算公式

计算公式如下：

$$G = 0.01A \cdot h \cdot \phi (1 - S_{wi}) T_{sc} \cdot P_i / (P_{sc} \cdot T \cdot Z_i) \qquad (7-55)$$

式中：G 为天然气地质储量（$10^8 \, m^3$）；A 为含气面积（km^2）；h 为平均有效厚度（m）；ϕ 为平均有效孔隙度（%）；S_{wi} 为平均气层原始含水饱和度（%）；T_{sc} 为地面标准温度（K）；P_i 为原始地层压力（MPa）；P_{sc} 为地面标准压力（MPa）；T 为地层温度（℃，K）；Z_i 为原始气体偏差系数。

凝析气田的原始地质储量仍然由 $7-55$ 公式计算，不同的是，确定原始气体偏差系数 Z_i 时，应考虑采出的天然气和凝析气两者的摩尔组分。

凝析气藏中天然气和凝析油的原始地质储量分别为：

$$G_c = G \cdot f_g \qquad (7-56)$$

$$N_c = 10^{-4} G_c / GOR \qquad (7-57)$$

式中：G_c 为天然气原始地质储量（$10^8 \, m^3$）；N_c 为凝析油原始地质储量（$10^4 \, t$）；f_g 为天然气的摩尔分数；GOR 为凝析气井的生产气油比（m^3/t）。

利用容积法计算的天然气储量，在气田投入开发后，要用动态计算方法进行储量核实与验证。

8 矿床技术经济评价与矿业资产评估

矿床技术经济评价对于矿床地质勘查、矿山开发及资源的合理利用等有着十分重要的意义。国家有关部门发出通知，明确规定在提交矿床地质勘查报告的同时，必须提交矿床技术经济评价报告（或单独列章）同时报审，否则不予审批。

我国矿产资源勘查与开发与国际接轨，实行地质成果商品化，矿产资源有偿使用计价，并执行探矿权、采矿权制度等。国家对采矿企业征税，地勘企业申请银行贷款、筹借资金，签订有关合同、协议及矿权转让等，这些工作都必须依据矿床技术经济评价或矿业资产评估所提供的资料及结论。

8.1 矿床技术经济评价概述

1987 年，国家计委、国家经委与全国储委联合颁发了《矿产勘查各阶段矿床技术经济评价的暂行规定》，使我国矿床技术经济评价的原则及主要内容基本得到统一；地矿部也制订了相应评价阶段的实施细则，这一切都标志着我国矿床技术经济评价工作已走向规范化。近 20 年来，张应红等编写了诸如《矿床技术经济评价方法与参数》、李家驹编著了《实用矿床技术经济评价》等工具参考书，经广大地质及矿床技术经济评价工作者的努力，使矿床技术经济评价在我国得到了普及。2006 年 7 月国家发改委、建设部发布了《建设项目经济评价方法与参数（第三版）》。本节以张应红、李家驹等的编著为参考并结合《建设项目经济评价方法与参数（第三版）》的最新要求对矿床技术经济评价方法进行系统论述。

8.1.1 矿床技术经济评价的概念

矿床技术经济评价是在矿床地质评价的基础上，根据矿床的技术条件和经济条件，对不同阶段探明矿产资源储量在未来一定时期内进行工业开发的经济效益所作的预估。这一概念反映了矿床技术经济评价的实质，可概括为如下几层含义：

（1）矿床技术经济评价所评价的对象是已探明矿床的储量。矿产资源储量作为矿业生产的"中间产品"，亦即资源资产的"原始产品"，其经济效益体现在矿业生产的"最终产品"——矿产品中。因此，矿床技术经济评价着眼于资源储量未来工业开发中所预期获得的经济效益。

（2）矿床技术经济评价是在技术可行的基础上进行的一项经济效益的评价，因此，经济效益的评价必须具备矿床开采和矿石加工技术可行的条件。

（3）经济效益评价是以地质评价为基础，根据矿床工业开发的技术条件和经济条件而作出的，其结论必须符合地质上可能、技术上可行、经济上合理相统一的原则。

（4）矿床技术经济评价具有一定时效性，即矿床开发的预期经济效益，不仅受矿山经济寿命的制约，同时，评价结论也将因矿床工业开发的技术工艺、经济条件的发展而变化，必然具有一定时效性，因此，应根据变化了的情况对其进行重新评价。

8.1.2 矿床技术经济评价的意义

矿床技术经济评价对于矿床地质勘查、矿山开发与资源的合理利用及矿业权转让等有着十分重要的意义，概括起来主要体现在以下几个方面（张应红等，1991）：

（1）为择优勘查及建设提供科学依据：据统计，预、普查阶段发现的几千个矿点中，可以转入详查或勘探工作的不过十几个或几个（平均二百个矿点中仅有一个具有工业价值）。由此可见，地质勘查工作就是一个淘汰无工业价值的矿床，肯定有工业价值的矿床，不断筛选勘查项目的过程。为了搞好地质勘查和建设项目的取舍，除了进行地质资源评价以外，还应该进行矿床技术经济评价，对勘查项目规划排序，选择开采条件优越、经济社会效益好的矿床优先转入下一步勘查工作，或择优进行开发建设。

（2）避免盲目提高勘探程度：在不同的地质工作阶段及时地进行矿床技术经济评价，对每一阶段地质工作究竟应该做到什么程度进行明确，避免单纯追求勘探进尺（忽视进尺实际效用）和单纯追求储量（忽视了储量能否开发利用并获得经济效益），使资金的运用能获得最大经济效益。

（3）作为评价地质勘查工作经济效益的基础：反映地质勘查工作经济效益的指标，诸如探明资源储量的价值指标（矿床的潜在价值、总利润等）、勘查投资利润率、勘查投资产值率等，与矿床技术经济评价有着十分密切的联系。即不进行矿床技术经济评价，没有矿床未来开发利用经济价值的估算，就无法确定矿床地质勘查工作的经济效益。

（4）可促进矿产的综合勘查评价、综合开发与利用工作：一个矿床的经济价值不仅在于其探明的主元素含量的多少，有些矿床共生及伴生元素的价值往往超过主元素。因此，地质工作需要综合勘查、综合评价，在查明主元素的同时也应查明共生及伴生元素。通过评价，可以促进矿产的综合勘查工作，提高矿床的利用价值，并且可为矿床的开发利用提供综合利用的信息。

（5）为矿业权转让提供参考：矿业权转让时常常要考虑原矿床技术经济评价资料。

8.1.3 矿床技术经济评价的原则及应注意的问题

1）矿床技术经济评价的原则

矿床技术经济评价的基本原则是：遵循社会主义经济效益的准则，对欲评价的矿床通过顺向评价，逆向分析的方法，最大限度地提高地质勘查工作的经济、社会效益，并在技术可行，经济合理的基础上，最大限度地利用矿产资源，为工业部门提交经济效益高的矿产资源基地，满足国民经济建设对矿物原料的需求。

2）进行矿床技术经济评价时应考虑的问题

（1）以国家产业政策为前提和指导，考虑国家经济发展对各矿种的需求程度和供需方式，同时兼顾工业发达地区与边远地区工业建设的合理布局。

（2）以国家现有法律、法规为依据，从综合勘查、综合评价的原则出发，最大限度地综合利用矿产资源，全面评价矿床的工业利用价值。

（3）以国家现有或发布的技术规范和标准为依据，正确选择评价方法和评价标准，因为评价标准是衡量矿床开发经济效益好坏的尺度，必须从国家的角度统筹考虑。

（4）采、选、冶方案（方法与工艺）的确定，技术经济指标的选取，应符合现有的技术经济水平。

（5）微观评价和宏观评价的关系问题，在进行矿床技术经济评价时，原则上应同时考核矿山企业的财务经济效益和国民经济效益两个层次，当两者评价结论有矛盾时，应以国民经济效益评价结论为准。在实际运用中，对大型特大型矿床、稀缺矿产、国家重点规划项目或涉外项目，以及价格不合理的矿产品，在详查和勘探阶段都须遵循此原则。对一般评价对象，若企业经济效益评价结论能够满足阶段决策的需要，可以免做国民经济效益评价。

（6）矿床的工业开发价值，不仅取决于可能获取经济效益的资源条件内在因素，还受国家经济发展规划及国家资源战略等政策因素影响，同时也受环境、生态、就业、分配、国防、政府等社会因素的影响。因而评价中应遵循经济效益与社会效益相结合的原则，进行全面权衡，作出综合评价。

8.1.4　矿产勘查各阶段矿床技术经济评价的基本要求

2002 年，国家颁发的《固体矿产地质勘查规范总则（GB/T13908—2002）》，将矿产勘查工作分为预查、普查、详查和勘探 4 个阶段，矿产资源储量分类采用 EFG 三维编码，E，F，G 分别代表经济轴、可行性轴、地质轴，将可行性评价作为主要内容纳入矿产资源储量估算，并对矿床开发的经济意义，按国际上惯用的可行性评价方法进行不同深度的可行性评价（概略研究、预可行性研究与可行性研究）。可行性研究（见 3.5.6 节）与矿床技术经济评价在研究方法和具体要求方面不尽相同，但在许多方面是相似的。下面按勘查阶段进行矿床技术经济评价时，结合可行性评价在一起论述。

1）预查、普查阶段——概略技术经济评价（可行性概略研究）

预查、普查阶段进行的矿床技术经济评价称为概略技术经济评价（可行性概略研究），其目的是对矿床有无进一步工作价值作出评价，为可否转入详查工作提供依据，或对矿床开发经济意义作出概略评价。

因本阶段勘查工作程度较低，不确定因素较多，因此，概略技术经济评价应主要作如下一些工作。在收集我国资源需求与保证程度、矿产开发政策及长远规划等资料的基础上，分析该矿产开发利用的国民经济意义；在预查、普查工作成果基础上，分析矿床的成矿条件及资源前景；在矿区自然地理、社会环境、区域经济、交通运输、供电、供水等矿床开发技术条件和矿石可选性等方面的调查了解基础上，进行矿床未来开发建设、开发投资机会、是否进行详查进行可行性概略研究。

矿床经济利用价值的分析，采用估算的方法，对工业利用已成熟的易选矿产或已进行了初步可选性试验的矿床，可视地质工作程度的高低，对探明或推断的（333）和（334）？级资源量，有选择地进行潜在价值或总利润的估算。

2）详查阶段——初步技术经济评价（预可行性研究）

详查阶段进行的矿床技术经济评价称为初步技术经济评价（预可行性研究）。主要是对矿床有无工业价值作出评价，为可否转入勘探工作提供依据。

初步技术经济评价，在收集分析该矿产资源形势，国内外供需现状及发展，国家对该矿产的开发政策与中长期规划等资料的基础上，简要分析探明矿床储量的工业开发可利用性；根据与本阶段工作程度相适应的矿床开采及矿石选、冶试验资料，考虑未来矿床工业开发的内外部条件，类比现有同类矿山的生产情况；并参考矿床技术经济评价扩大指标，结合矿床具体条件选择评价参数，进行矿床未来工业开发的财务评价，必要时可增作国民经济评价。在评价中，对矿床开发的经济效果有明显影响的因素（如矿石品位、储量、产品价格、矿山投资、生产规模、生产成本等因素）进行敏感性分析，并应考虑该矿床工业开发的生态、环境等社会因素，对矿床未来开发价值进行初步的综合评价（及对矿床开发经济意义作出预可行性评价）。也就是说，为今后矿床可否进行勘探工作或矿床转为开发的经济效果提出评价和建议。

初步技术经济评价，其财务和国民经济评价均可根据具体条件，采用静态、动态的分析方法进行各项经济效益指标的计算。财务评价一般采用财务分析表和财务净现值表，主要评价指标有投资偿还期、财务净现值、投资利润率和投资收益率。如果地质工作程度较高和条件具备时，可以计算财务现金流量表，以考察财务内部收益率和投资回收期等指标。国民经济评价一般采用经济净现值表，对涉外产品可增加外汇流量和国际竞争能力表。主要评价指标有经济净现值、投资净效益率及国际竞争能力等指标。

在初步技术经济评价中，对于影响财务评价和国民经济评价指标的因素进行敏感性分析，从中找出敏感性因素，并确定其影响程度。敏感性分析一般考虑单因素变化时对投资收益率（财务评价中的敏感性分析）和投资净效益率（国民经济评价中的敏感性分析）的影响，可用列表或作图表示。

3）勘探阶段——详细技术经济评价（可行性研究）

勘探阶段进行详细矿床技术经济评价，是对矿床开发时拟建矿山投入产出的总效益作出详细评价，或矿床转为开发的经济效果提出评价和建议，主要是为矿产储量的资产管理和矿山建设可行性研究提供依据。

详细技术经济评价应在详细收集、分析矿产资源形势、市场条件、产品方向与前景，并根据矿山总体规划的具体要求以及未来矿山设计、建设与生产经营的具体条件（对已被工业部门选定，并已有筹建单位的矿山，此项分析可适当省略）的基础上，根据有关主管部门正式批准的工业指标所计算的储量，结合矿床具体条件，采用符合矿区实际情况的计算参数和指标，计算矿床未来工业开发的企业经济效益（财务评价），必要时可计算其国民经济效益（国民经济评价）。对矿床未来工业开发的经济效益有明显影响的因素应进行不确定性分析（敏感性分析和盈亏平衡分析）。

详细技术经济评价所使用的财务报表为财务现金流量表，主要评价指标为财务内部收益率、投资回收期和财务净现值。有时也可应用财务分析表，用以计算投资偿还期、投资利润率等指标。国民经济评价主要采用经济现金流量表及外汇流量和国际竞争能力等表格，主要评价指标为经济内部收益率、经济净现值和国际竞争能力等。

8.1.5 矿床技术经济评价的一般步骤

矿床技术经济评价涉及许多因素，需要大量基础材料。为分析整理好这些材料并写出评价报告，列出矿床技术经济评价的一般步骤。由于四个勘查阶段矿床技术经济评价的内容要求不同，评价的步骤也不尽相同，因此，在具体应用中，应根据各阶段评价的需要有所增减。

1）收集、整理基础资料

在矿床技术经济评价中，一定的资料和数据是必不可少的，并且资料和数据应力求全面、系统和可靠，这是关系评价结果正确与否的关键。评价时需要汇集和整理如下一些资料和数据：

（1）矿床勘查费用；

（2）矿床资源/储量；

（3）矿石质量：包括有用组分含量、有害杂质含量、矿物成分、矿石结构构造、矿物嵌布特征、粒度等，以及矿石选冶加工性能；

（4）矿床地质条件：矿体产状、品位变化、矿体赋存条件，水文地质条件和工程地质条件，矿体顶底板围岩及矿体的稳固程度、矿体受构造破坏程度等；

（5）矿区自然经济地理状况及内外部建设条件；

（6）社会政治因素：国家对该矿产的开发政策，国民经济发展规划及国际的贸易政策等；

（7）矿产资源形势；

（8）有关采矿、选矿试验等方面的研究成果，类似矿山的生产技术经济指标，国家对矿山建设、生产方面的规定及要求。

2）矿床技术经济评价基础资料分析

在全面收集有关资料的基础上进行系统分析，经去粗取精、去伪存真，把分析的结果纳入评价报告的相应内容中。对基础资料主要进行如下分析：

（1）矿产资源的形势分析；

（2）矿床地质资源条件及工作程度评述；

（3）矿山开发的内外部建设条件分析。

3）拟定采、选方案，确定技术经济指标

（1）拟定采、选方案：评述采矿、选矿试验研究成果，根据矿床地质条件，开采技术条件和选矿试验结果，通过对条件相似的现有矿山企业的类比或根据相应的矿山建设项目建议书，或矿山总体规划等的具体要求，确定未来矿山生产的产品方案，生产规模及采、选方案——矿山开采方式与采矿方法、选矿方法与工艺流程。

（2）类比和计算确定下列技术经济指标：①矿山企业的年生产能力（原矿或精矿）及服务年限；②矿床工业开发的基建投资、流动资金；③单位产品生产成本（原矿、精矿或金属）；④矿石损失率和贫化率；⑤有用组分加工（选矿和冶炼）回收率；⑥原矿或精矿品位；⑦根据产品质量确定产品价格。

4）矿床开发的盈利性分析与评价

（1）矿床开发的财务评价：财务评价是根据国家现行财税制度和现行价格，分析测算矿床开发的效益和费用，考察其获利能力，借款清偿能力等财务状况，以判别其在财务上的可行性。

（2）矿床开发的国民经济评价：国民经济评价是从国家整体角度考察矿床开发的效益和费用，用影子价格、影子工资、影子汇率和社会折现率，计算分析矿床开发给国民经济带来的净效益，评价其经济上的合理性。

（3）对矿山开发经济效果有明显影响的各因素作不确定性分析：在矿床技术经济评价中，所采用的技术经济指标主要来自两个方面：一是估算和计算指标，如投资、成本、产量、产值；二是按国家现行规定选取的，如产品及原材料价格、贷款利率等。这些指标在一定程度上受估算程度的影响，同时亦受时间条件的影响，如原材料及产品价格可能随时间发生变化等。上述因素均存在着不确定性，应分析这些因素对经济评价指标的影响，以预测矿床开发可能承担的风险。

5）综合评价与论述

以矿产资源形势、供需现状与发展、资源保证程度与利用程度以及矿床的作用与地位的分析为前提，以矿床开发的微观经济效果和宏观经济效果为主体，结合不确定因素的影响分析和环境、生态、资源保护以及政治、国防、地区发展等非数量化因素对社会影响的定性分析，全面衡量矿床工业开发的综合效果，对矿床作出阶段性评价。

6）对今后矿床勘查（或开发）工作的建议与问题探讨

在对矿床勘查或开发的经济技术评价和综合评价的基础上，计算分析矿床勘查或开发工作的经济效果，并对矿床转入下一阶段勘查或开发的可行性与合理性提出建议。

最后还要对评价中的有关问题，诸如所采用的各项基础资料、主要计算参数、评价计算方法等方面需要进一步论证和研究的问题进行探讨。

8.2　矿床技术经济评价方法

8.2.1　矿床技术经济评价方法分类

目前用于矿床技术经济评价的方法有多种，其分类方法也有几种。在实际应用中，矿床技术经济评价方法可按如下三种方式分类：

1）按矿床技术经济评价的阶段性进行分类

（1）概略技术经济评价：在预查或普查工作的基础上所进行的矿床技术经济评价；

（2）初步技术经济评价：在详查工作的基础上所进行的矿床技术经济评价；

（3）详细技术经济评价：在勘探工作的基础上所进行的矿床技术经济评价。

2）按评价是否考虑时间因素进行分类

（1）静态评价法（又叫不计时评价法）：静态评价法是在矿床的整个开发周期内不考虑时间因素对货币价值的影响，选择适合于评价矿床的参数，计算矿床全采期可能获得的经济效益的一种评价方法。由于评价时不考虑货币的时间因素，故又称不计时评价法。该法计算简便，多用于地质工作程度低，或条件简单的中小型矿床的评价。

（2）动态评价法（又叫计时评价法或贴现法）：动态评价法的实质就是按一定的贴现率，将矿床开发后各年获得的收益和费用折算到评价起点的现值，以此为基础评价矿床开发的经济价值和经济效益。

动态评价法考虑了时间因素对货币价值的影响，它可使不同时间的费用及其产生的经济效益具有可比性。

3）按评价考虑的角度不同进行分类

（1）财务评价（又叫微观经济评价）：根据国家现行财税制度和现行价格标准，分析测算矿床开发的效益和费用，考察其获利能力、借款清偿能力等财务状况，以判别其在财务上的可行性。

（2）国民经济评价（又叫宏观经济评价）：从国家整体角度考察矿床开发的效益和费用，用影子价格、影子工资、影子汇率和社会折现率，计算分析矿床开发给国民经济带来的净效益，评价其经济上的合理性。

本节拟采用第三种分类方法，介绍矿床技术经济评价内容、指标和要求。在实际应用中，矿床勘查各阶段应根据评价矿床的阶段要求及评价矿床的具体情况从中选取。

8.2.2 矿床开发的财务评价（微观经济评价）

8.2.2.1 矿床开发财务评价的概念及内容

该评价是按照国内现行市场价格和国家现行财税制度，从矿山企业的角度出发，分析测算矿床开发的效益和费用，预估矿床开发后在财务上的获利能力，以此为依据对矿床勘查工作及其产生的经济效果进行评价，用以判断矿床勘查、开发的可行性。

矿床开发财务评价的基本目标是矿床开发后的盈利能力，由此可导出考察财务上盈利能力的主要评价内容：

（1）矿床开发后的正常生产年份可能获得的盈利水平，即正常生产年份的企业利润及其占总投资的比率大小。用以考察矿山企业年度投资盈利能力；

（2）偿还贷款期限的长短，即矿山生产后，用每年获得的利润及其他资金，按规定清偿贷款本息所需的时间。这是衡量企业还款能力的重要指标；

（3）矿山企业整个寿命期内的盈利水平，即矿山整个寿命期内企业的财务收益。可以用静态方法计算，也可以用动态评价法，以利客观反映企业的实际财务收益情况；

（4）对于产品涉外的情况，尚需要进行外汇效果计算分析；

（5）客观因素变动对项目盈利能力的影响。即通过不确定性因素分析，检验不确定因素的变动对矿山经济效果指标的影响程度，考察未来矿山承受各种投资风险的能力。

8.2.2.2 矿床开发财务评价程序

矿床开发财务评价程序大致分为三个步骤：

第一步：市场调查、内外部建设条件及经济地理条件的了解，确定评价方案，测算投资、生产成本、销售收入等一系列财务基础数据并编制下列财务分析辅助报表：建设投资估算表、流动资金估算表、项目总投资使用计划与资金筹措表、营业收入营业税金及附加和增值税估算表、总成本费用估算表；对于采用生产要素法编制的总成本费用估算表，还应该编制下列基础报表：外购原材料费估算表、外购燃料和动力费估算表、固定资产折旧费估算表、无形资产和其他资产摊销估算表、工资及福利费估算表等。

第二步：根据预测数据，编制评价基本报表，如编制各类财务现金流量表、利润和利润分配表、财务计划现金流量表、资产负债表和借款还本付息表等。

第三步：通过基本报表，可计算出一系列财务评价指标，以便于进行矿床的获利能力分析、偿还能力分析和不确定性分析。

8.2.2.3　矿床开发财务评价方法与评价指标

矿床开发财务评价所使用的报表主要是：建设投资估算表、项目总投资使用计划与资金筹措表、营业收入营业税金及附加和增值税估算表、总成本费用估算表、项目投资现金流量表、资本金现金流量表、投资各方现金流量表、利润和利润分配表、财务计划现金流量表、资产负债表和借款还本付息表。评价指标主要为：投资偿还期、投资收益率、财务净现值、财务内部收益率、投资回收期及潜在价值、总利润等指标。

1）建设投资估算

建设投资估算是在给定的建设规模、产品方案和工程技术方案的基础上，估算项目建设所需的费用。

建设投资由工程费用（建筑工程费、设备购置费、安装工程费）、工程建设其他费和预备费（基本预备费和涨价预备费）组成。

按照费用归集形式，建设投资可按概算法或形成资产法分类。投资估算的内容和深度应满足项目前期研究各阶段的要求，并为融资决策提供基础。

（1）建设投资估算表：表格形式见表8-1。

表8-1　建设投资估算表（概算法）　　　　（单位：万元、万美元）

序号	工程或费用名称	建筑工程费	设备购置费	安装工程费	其他费用	合计	其中：外币	比例/%
1	工程费用							
1.1	………							
2	工程建设其他费用							
2.1	土地使用费							
2.2	支付矿权价款							
2.3	建设单位管理费							
2.4	勘查设计费							
2.5	研究实验费							
2.6	建设单位临时设施费							
2.7	工程建设监理费							
2.8	工程保险费							
2.9	施工机构迁移费							
2.10	引进技术和进口设备其他费用							
2.11	联合试运转费							
2.12	生产职工培训费							
2.13	办公及生活家具购置费							
2.14	………							
3	预备费							
3.1	基本预备费							
3.2	涨价预备费							
4	建设投资合计							
	比例/%							100.00%

（2）建设投资估算表中各项内容的确定：

建筑工程费：建筑工程费是指建造永久性建筑物和构筑物所需的费用，如场地平整、厂房、仓库设备基础、矿井开拓、露天剥离等。

设备及工器具购置费：设备购置费估算根据项目主要设备及价格、费用资料编制。工器具购置费一般按占设备费的一定比例计取。国内设备与进口设备应分开估算。

安装工程费：安装工程费通常按行业或专门机构发布的安装工程定额、取费标准和指标估算。

工程建设其他费用：工程建设其他费用按照各项科目的费率或者取费标准估算。应编制工程建设其他费用表。上表所例费用科目，仅供参考。项目的其他费用科目，应根据拟建项目实际发生的具体情况确定。

基本预备费：基本预备费是指在项目实施中可能发生难以预料的支出，需要事先预留的费用，又称工程建设不可预见费，主要指设计变更及施工中可能增加工程量的费用。基本预备费以建筑工程费、设备及工器具购置费、安装工程费及工程建设其他费用之和为计算基数，乘以基本预备费率计算，一般基本预备费率计算为 5% ~ 10%。

涨价预备费：涨价预备费是对建设工期较长的项目，由于在建设期可能发生材料、设备、人工等价格上涨引起投资增加，需要事先预留的费用。涨价预备费以建筑工程费、设备及工器具购置费、安装工程费之和为计算基数。计算公式为：

$$PC = \sum_{t=1}^{n} I_t \left[(1 + f)^t - 1 \right] \tag{8-1}$$

式中：PC 为涨价预备费；I_t 为第 t 年的建筑工程费、设备及工器具购置费、安装工程费之和；F 为建设期价格上涨指数；n 为建设期。

建设期价格上涨指数，政府部门有规定的按规定执行，没有规定的由研究人员预测。

（3）建设期利息估算：

建设期利息是指项目借款在建设期发生并计入固定资产的利息。为了简化计算，通常假定借款均在每年的年中支用，借款第一年按半息计算，其余各年按全年计息。计算公司为：

各年应计利息 = （年初借款本息累计 + 本年借款额/2）× 年利率

2）流动资金估算

流动资金是企业在进行生产和经营活动中用于购置原材料、辅助材料、支付职工工资及奖金、贮存产品和其他费用方面占用的货币资金。它本身不消耗，在整个生产过程中周转运用。

按行业或者前期研究阶段不同，流动资金估算可选用扩大指标估算法或分项详细估算法。在项目建议书阶段一般可采用扩大指标法，一般项目的流动资金宜采用分项详细估算法。

流动资金估算如果采用扩大指标法，有以下几种方式：

（1）按固定资产资金率计算

流动资金额 = 固定资产投资额 × 固定资产资金率

固定资产资金率，即流动资金占固定资产总额的百分比，矿山企业一般为 10% ~ 20%（如冶金、有色金属矿山为 15% ~ 20%，化工矿山为 10% ~ 15%）。

（2）按销售收入资金率计算

流动资金额 = 年销售收入总额 × 销售收入资金率

销售收入资金率，即流动资金平均占用额与产品销售收入之比值。销售收入资金率一般为 30% ~ 40%。

（3）按经营费用资金率计算

流动资金额 = 年经营费总额 × 经营费用资金率

经营费用资金率，即流动资金平均占用额与经营费用之比值。经营费用资金率一般为 45% ~ 60%。

（4）按总成本资金率计算

流动资金额 = 企业年总成本 × 总成本资金率

总成本资金率，即流动资金占用额与总成本之比值。总成本资金率一般为35% ~ 50%（表8 - 2）。

表8 - 2　矿山企业流动资金估算参考指标

矿　　　种	固定资产资金率/%	销售收入资金率/%	经营费用资金率/%	总成本资金率/%
黑色金属矿山			50 ~ 55	45 ~ 50
有色金属矿山	15 ~ 20	30 ~ 40	45 ~ 50	35 ~ 45
煤矿山		20 ~ 25		
化工原料矿山	10 ~ 15	30 ~ 40		40 ~ 50
非金属矿山			45 ~ 60	

所谓分项详细估算法，是利用流动资产与流动负债项目估算占用的流动资金。一般先对流动资产和流动负债主要构成要素进行分项估算。流动资产的构成要素一般包括存货、库存现金、应收账款和预付账款。流动负债的构成要素一般只考虑应付账款和预收账款，流动资金等于流动资产与流动负债的差值。分项详细估算法的流动资金估算表格式如表8 - 3。

表8 - 3　流动资金估算表　　　　　　　　　　（单位：万元）

序号	项　目	最低周转天数	周转次数	合计	建设期		生　产　经　营　期					
					1	2	3	4	5	6	7-N	N
1	流动资产											
1.1	应收账款											
1.2	存货											
1.2.1	原材料											
1.2.2	燃料											
1.2.3	在产品											
1.2.4	产成品											
1.3	现金											
1.4	预付账款											
2	流动负债											
2.1	应付账款											
2.2	预收账款											
3	流动资金（1-2）											
4	流动资金当期增加额											
5	流动资金借款额											
6	流动资金借款利息											
	付账款比例： 预收账款比例： 流动资金借款比例：											

3）项目总投资使用计划与资金筹措

在完成建设投资估算并制定分年投资计划的基础上可设定初步融资方案，计算出建设期利息和项目所需的流动资金后，就可以确定项目建设的总投资。总投资为建设投资、建设期利息、流动资金之和。在经济评价中要求将建设投资中的各分项分别形成固定资产原值、无形资产原值和其他资产原值。

完成编制项目总投资使用计划与资金筹措表格式如表8-4。

表8-4 项目总投资使用计划与资金筹措表 （单位：万元、万美元）

序号	项 目	合计	建设期		生 产 经 营 期					
			1	2	3	4	5	6	7-N	N
1	总投资									
1.1	建设投资									
	人民币									
	外币									
1.2	建设期利息									
	人民币									
	外币									
	债券									
1.3	流动资金									
2	资金筹措									
2.1	项目资本金									
	建设投资									
	流动资金									
2.1.1	中方投资									
	建设投资									
	流动资金									
2.1.2	外方投资									
	建设投资									
	流动资金									
2.2	债务资金									
2.2.1	长期借款									
	建设投资借款									
	人民币									
	外币									
	债券									
	建设期利息借款									
2.2.2	流动资金借款									
2.3	其他资金									

4）生产总成本估算

总成本指生产一种产品所需要的全部费用，即产品生产所需物质资料和劳动力的消耗。产品成本的高低，直接影响企业的盈利高低。

矿床技术经济评价中经常遇到销售成本、经营成本、生产总成本等名词，为便于理解，现按矿山产品生产的各项费用的用途、发生的环节与考察范围的大小，把矿山生产总成本与各项费用的关系表示如下：

$$生产总成本 = 销售成本 + 销售税金$$

$$销售成本 = 工厂成本 + 销售费$$
$$工厂成本 = 车间成本 + 企业管理费$$
$$车间成本 = 辅助材料费 + 燃料及动力费 + 工资及工资附加 + 车间经费$$
$$企业管理费 = 工厂折旧费 + 矿山维简费 + 维修费 + 流动资金借款利息$$
成本的估算方法：

（1）生产成本加期间费用估算法

$$总成本费用 = 生产成本 + 期间费用$$

式中：$$生产成本 = 直接材料费 + 直接燃料和动力费 + 直接工资 + 其他直接支出 + 制造费用$$
$$期间费用 = 管理费用 + 营业费用 + 财务费用$$

（2）生产要素估算法

总成本费用 = 外购原材料、燃料和动力费 + 工资和福利费 + 折旧费及井巷工程费 + 摊销费 + 修理费 + 财务费（利息支出）+ 其他费用

各个分项的表格请参考《建设项目经济评价方法与参数（第三版)》，其中折旧费及井巷工程费估算表格式如表 8-5。

表 8-5 固定资产折旧费及井巷工程费估算表　　　　（单位：万元）

序号	项　　目	合计	建设期		生产经营期					
			1	2	3	4	5	6	7-N	N
1	房屋、建筑物									
	原值									
	本年折旧费									
	净值									
2	机器设备									
	原值									
	本年折旧费									
	净值									
3	井巷工程									
	原值									
	本年井巷工程费									
	净值									
4	其他固定资产									
	原值									
	本年折旧费									
	净值									
5	合计									
	原值									
	本年井巷工程费									
	本年折旧费									
	净值									
	房屋、建筑物净残值率： 机器设备净残值率： 其他固定资产残值率：		折旧期限： 折旧期限： 折旧期限：								

采用生产要素法编制的总成本估算表格式如表8－6。

表8－6　总成本费用估算表　　　　　　　　（单位：万元）

序号	项　目	合计	建设期		生　产　经　营　期					
			1	2	3	4	5	6	7-N	N
1	外购原材料费									
2	外购燃料及动力费									
3	工资及福利费									
4	修理费									
5	计入经营成本的维简费和安全费用									
6	其他费用									
	其中：其他制造费用									
	其他管理费用									
	其他营业费用									
	其他项目									
7	经营成本（1＋2＋3＋4＋5＋6）									
8	井巷工程费									
9	不计入经营成本的维简费									
10	不计入经营成本的安全费用									
11	折旧费									
12	摊销费									
13	利息支出									
14	总成本费用合计（7＋8＋9＋10＋11＋12＋13）									
	其中：可变成本									
	固定成本									
	修理费计提比率： 其他制造费用计提比率： 其他管理费用计提比率： 其他营业费用计提比率：									

5）营业收入与税金估算

销售收入是销售量的货币表现，是衡量矿床开发的财务效益和经济效益的前提。产品的销售税金是衡量矿床开发对于国民收入贡献大小的重要内容。

矿床开发后的销售收入和销售税金的测算方法：

首先，明确产品的销售市场，根据产品的市场条件及产品质量情况，确定产品是内销、还是外销；其次，确定产品的销售价格，内销产品按国内价格计算，外销或替代进口的产品按国际到岸价格或离岸价格计算；最后，确定销售税金，在确定销售收入后，根据国家规定计算税金。

各种税金主要包括：营业税、增值税、资源税、资源补偿税、城市维护建设税、教育附加费、所得税等（表8－7）。

表8－7　营业收入、营业税金及附加和增值税估算表　　　　　　（单位：万元）

序号	项　目	合计	建设期		生　产　经　营　期					
			1	2	3	4	5	6	7-N	N
1	营业收入									

序号	项　　目	合计	建设期		生　产　经　营　期					
			1	2	3	4	5	6	7-N	N
1.1	产品1									
	单价（含税）									
	数量									
	销项税额									
	销项税率									
1.2	产品2									
	单价（含税）									
	数量									
	销项税额									
	销项税率									
2	其他营业收入									
3	营业税金及附加									
3.1	营业税									
3.2	资源税									
3.3	资源补偿税									
3.4	城市维护建设费									
3.5	教育附加费									
4	增值税									
	销项税额									
	进项税额									

6）编制财务分析报表和计算财务指标

项目财务评价的主要内容，是在编制财务报表的基础上进行盈利能力分析、偿债能力分析和抗风险能力分析。财务评价分析的基本报表有财务现金流量表、利润与利润分配表、资产负债表和借款还本付息表。

（1）财务现金流量表：主要为项目投资、项目资本金、财务计划三种现金流量表。

A. 项目投资现金流量表：用于计算项目财务内部收益率和财务净现值等评价指标。项目投资现金流量表格式见表8-8。

表8-8　项目投资现金流量表　　　　　　　　　　　　（单位：万元）

序号	项　　目	合计	建设期		生　产　经　营　期					
			1	2	3	4	5	6	7-N	N
1	现金流入									
1.1	营业收入									
1.2	补贴收入									
1.3	回收固定资产余值									
1.4	回收流动资金									
2	现金流出									
2.1	建设投资									

序号	项 目	合计	建设期		生 产 经 营 期					
			1	2	3	4	5	6	7-N	N
2.2	流动资金									
2.3	经营成本									
2.4	营业税金及附加									
2.5	增值税									
2.6	支付矿权价款									
2.7	维持运营投资									
2.8	安全生产投入									
3	所得税前净现金流量（1-2）									
3.1	累计所得税前净现金流量									
3.2	所得税前净现值									
3.3	所得税前累计净现值									
4	调整所得税									
5	所得税后净现金流量（3-5）									
5.1	累计所得税后净现金流量									
5.2	所得税后净现值									
5.3	所得税后累计净现值									
	计算指标：		所得税前		所得税后					
	项目投资财务内部收益率 项目投资财务净现值： 项目静态投资回收期： 项目动态投资回收期：									

注：表中现金流入和现金流出各项数据都取自与前面各估算表数据。

（a）财务净现值的计算：净现值是考虑时间因素的一种动态经济评价方法。该方法是以选定的基准收益率为贴现率，把建设期和生产期各年的现金流入和现金流出的代数和进行贴现，其累计和即为净现值。

$$净现金流量 = 现金流入 — 现金流出$$

贴现率和贴现系数　贴现率和贴现系数两者间的关系依以下表达式

$$\alpha_t = 1/(1 + \gamma_d)^t \tag{8-2}$$

式中：α_t 为贴现系数；γ_d 为部门或行业的基准贴现率（％）；t 为时间（a）。

贴现时间"t"，包括建设年份和生产年份，在净现值及其他动态法评价时，生产年份一般不超过 20 a。贴现基准年为建设年份的第 1 年。

● 净现值：以选定的基准收益率为贴现率，将各年的净现金流量折算到建设起点的现值之和。

净现值的表达式：

$$NPV = \sum_{t=0}^{n} (CI—CO)_t \cdot \alpha_t \tag{8-3}$$

式中：NPV 为净现值（万元）；CI 为第 t 年的现金流入量（万元）；CO 为第 t 年的现金流出量（万元）；$(CI—CO)$ 为第 t 年的净现金流量（万元）；n 为基建和生产年限之和；α_t 为贴现系数。

（b）财务内部收益率（$FIRR$）的计算：财务内部收益率系指能使项目计算期内净现金流量现值累计等于零时的折现率。

- 财务内部收益率：

$$FIRR = i_1 + (i_2 - i_1) \cdot \frac{|NPV_1|}{|NPV_1| + |NPV_2|} \tag{8-4}$$

式中：$FIRR$ 为财务内部收益率；i_1 为试算中较低的贴现率；i_2 为试算中较高的贴现率；NPV_1 为贴现率为 i_1 时的净现值（万元），（正值）；NPV_2 为贴现率为 i_2 时的净现值（万元），（负值）。

i_1 和 i_2 是通过试算找到的，i_1 对应的净现值 NPV_1 是试算中找到的较小正值，i_2 对应的净现值 NPV_2 是试算中找到的绝对值较小的负值，那么在 NPV_1 和 NPV_2 之间就一定存在一个 0 值，这个 0 值所对应的 i 值就是财务内部收益率 $FIRR$。这个财务净现值 0 值对应的内部收益率 $FIRR$ 是通过插值法求出来的，其几何方法为：用横轴代表收益率（i），纵轴代表净现值 NPV，则可把 i—NPV 关系用如下直角坐标表示（图 8-1）：

由图 8-1 可见，两个直角三角形为相似形，所以有：

$$\frac{FIRR - i_1}{i_2 - FIRR} = \frac{|NPV_1|}{|NPV_2|} \tag{8-5}$$

经变换得：

$$FIRR = \frac{|NPV_1| \cdot i_2 + |NPV_2| \cdot i_2}{|NPV_1| + |NPV_2|}$$

$$= i_1 + (i_2 - i_1) \cdot \frac{|NPV_1|}{|NPV_1| + |NPV_2|} \tag{8-6}$$

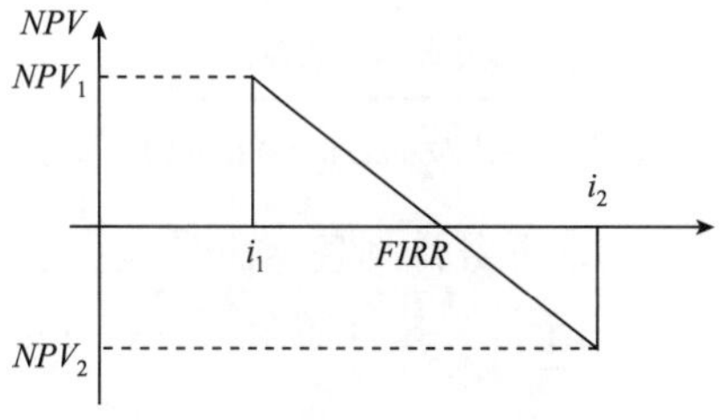

图 8-1　i—NPV 关系图

求出的财务内部收益率 $FIRR$ 应与部门或行业的基准收益率（i_c）比较，当 $FIRR \geq i_c$ 时，认为矿床未来开发的经济效果从财务评价上是可以接受的。

（c）投资回收期（P_t）的计算：是指项目的净收益回收项目投资所需要的时间，一般以年为单位。投资回收期宜从项目建设开始年算起。利用项目投资现金流量表计算 P_t 的公式如下：

$$P_t = [累计净现金流量现值开始出现正值的年份数 - 1]$$

$$+ \frac{上年累计净现值的绝对值}{当年净现值} \tag{8-7}$$

B. 项目资本金现金流量表：用于计算资本金财务内部收益率指标。项目资本金现金流量表格式见表 8-9。

表 8-9　项目资本金现金流量表　　　　　　　　（单位：万元）

序号	项　　目	合计	建设期		生　产　经　营　期					
			1	2	3	4	5	6	7-N	N
1	现金流入									
1.1	营业收入									
1.2	补贴收入									
1.3	回收固定资产余值									
1.4	回收流动资金									
2	现金流出									
2.1	项目资本金									
2.2	借款本金偿还									
2.3	借款利息支付									
2.4	经营成本									
2.5	营业税金及附加									
2.6	增值税									

序号	项　目	合计	建设期		生　产　经　营　期					
			1	2	3	4	5	6	7-N	N
2.7	所得税									
2.8	支付采矿权价款									
2.9	维持运营投资									
2.1	安全生产投入									
3	净现金流量（1−2）									
	计算指标（所得税后）： 资本金财务内部收益率： 资本金财务净现值： 资本金投资回收期：									

注：表中数据来源和财务指标的计算方法都与项目投资现金流量表相同。

C．财务计划现金流量表：反映项目计算期内各年的投资、融资及经营活动的现金流入和流出，用于计算累计盈余资金，分析项目的财务生存能力。财务计划现金流量表格式见表8−10。

表8−10　财务计划现金流量表　　　　　　　　　　（单位：万元）

序号	项　目	合计	建设期		生　产　经　营　期					
			1	2	3	4	5	6	7-N	N
1	经营活动净现金流量（1.1~1.2）									
1.1	现金流入									
1.1.1	营业收入									
1.1.2	补贴收入									
1.1.3	其他流入									
1.2	现金流出									
1.2.1	经营成本									
1.2.2	营业外净支出									
1.2.3	销售税金及附加									
1.2.4	增值税									
1.2.5	所得税									
1.2.6	其他流出									
2	投资活动净现金流量（2.1~2.2）									
2.1	现金流入									
2.2	现金流出									
2.2.1	建设投资									
2.2.2	支付采矿权价款									
2.2.3	维持运营投资									
2.2.4	安全生产投入									
2.2.5	流动资金									
2.2.6	其他流出									
3	筹资活动净现金流量（3.1~3.2）									
3.1	现金流入									

序号	项　目	合计	建设期		生　产　经　营　期					
			1	2	3	4	5	6	7-N	N
3.1.1	项目资本金投入									
3.1.2	建设投资借款（不含债券）									
3.1.3	流动资金借款									
3.1.4	债券									
3.1.5	短期借款									
3.1.6	其他流入									
3.2	现金流出									
3.2.1	各种利息支出									
3.2.2	偿还债务本金									
3.2.3	应付利润（股利分配）									
3.2.4	其他流出									
4	净现金流量（1+2+3）									
5	累计盈余资金									

D. 投资各方现金流量表：用于计算投资各方内部收益率。

（2）利润与利润分配表：用于计算投资利润率。该表反映计算期内各年的销售收入、总成本费用支出、利润总额情况及所得税后的利润的分配。利润与利润分配表格式见表 8-11。

表 8-11　利润与利润分配表　　　　　　　（单位：万元）

序号	项　目	合计	建设期		生　产　经　营　期					
			1	2	3	4	5	6	7-N	N
1	营业收入									
2	营业税金及附加									
3	增值税									
4	总成本费用									
5	补贴收入									
6	利润总额（1-2-3-4+5）									
7	弥补以前年度亏损									
8	应纳税所得额（6-7）									
9	所得税									
10	净利润（6-9）									
11	期初未分配利润									
12	可供分配的利润（10+11）									
13	提取法定盈余公积金									
14	可供投资者分配的利润（12-13）									
15	应付优先股股利									
16	提取任意盈余公积金									
17	应付普通股股利（14-15-16）									
18	各投资方利润分配									
19	未分配利润（14-15-16-18）									
20	息税前利润									
21	息税折旧摊销前利润									
	法定盈余公积金提取比率：	10.00%								

计算指标：总投资收益率（*ROI*）＝项目达到设计能力后正常年份的年息税前利润或运营期内年平均息税前利润（*EBIT*）与项目总投资（*TI*）的比率。

（3）资产负债表：用于综合反映项目计算期内各年年末资产、负债和所有者权益的增减变化及对应关系，计算资产负债率。资产负债表格式见表 8－12。

表 8－12　资产负债表

（单位：万元）

序号	项 目	建设期		生 产 经 营 期					
		1	2	3	4	5	6	7-N	N
1	资产								
1.1	流动资产总额								
1.1.1	货币资金								
1.1.2	应收账款								
1.1.3	预付账款								
1.1.4	存货								
1.1.5	其他								
1.2	在建工程								
1.3	固定资产净值								
1.4	无形及其他资产净值								
2	负债及所有者权益（2.4＋2.5）								
2.1	流动负债总额								
2.1.1	短期借款								
2.1.2	应付账款								
2.1.3	预收账款								
2.1.4	其他								
2.2	建设投资借款（含债券）								
2.3	流动资金借款								
2.4	负债小计（2.1＋2.2＋2.3）								
2.5	所有者权益								
2.5.1	资本金								
2.5.2	资本公积金								
2.5.3	累计盈余公积金								
2.5.4	累计未分配利润								
3	资产负债率								
4	流动比率								
5	速动比率								

（4）借款还本付息表：反映项目计算期内各年借款本金偿还和利息支付情况，用于计算偿债备付率和利息备付率。借款还本付息表格式见表 8－13。

表 8－13　借款还本付息表

（单位：万元）

序号	项 目	合计	建设期		生 产 经 营 期					
			1	2	3	4	5	6	7-N	N
1	人民币借款（单位：万元）									
1.1	年初本息余额									

续表

序号	项　目	合计	建设期		生　产　经　营　期					
			1	2	3	4	5	6	7-N	N
1.2	本年借款									
1.3	本年应计利息									
1.4	本年还本付息									
	其中：还本									
	付息									
1.5	年末本息余额									
2	外币借款（单位：万美元）									
2.1	年初本息余额									
2.2	本年借款									
2.3	本年应计利息									
2.4	本年还本付息									
	其中：还本									
	付息									
2.5	年末本息余额									
3	债券（单位：万元）									
3.1	年初本息余额									
3.2	本年发行债券									
3.3	本年应计利息									
3.4	本年还本付息									
	其中：还本									
	付息									
3.5	年末本息余额									
4	借款和债券合计（单位：万元）									
4.1	年初本息余额									
4.2	本年借款									
4.3	本年应计利息									
4.4	本年还本付息									
	其中：还本									
	付息									
4.5	年末本息余额									
5	还本资金来源（单位：万元）									
5.1	当年可用于还本的利润									
5.2	当年可用于还本的折旧和摊销									
5.3	以前年度结余可用于还本资金									
5.4	可用于还本的短期借款									
5.5	可用于还款的其他资金									
6	偿还本金后的余额									
7	利息备付率									
8	偿债备付率									
	人民币借款偿还期： 外币借款偿还期： 债券偿还期： 理论上最大还款能力（含建设期）	宽限期： 宽限期： 宽限期：								

以上计算项目均是考虑的建设投资有贷款的情况，当自筹资金或合股办矿时，无资本化利息，偿还贷款实际上就是逐年返本。

7）矿床的潜在价值计算

矿床的潜在价值也称自然价值，它是在可利用组分完全提取条件下（相当于在矿石采选加工各道工序中各种可利用组分的回收率均为100%）的总价值，其计算公式：

$$矿床潜在价值 = (333 + 334?)级储量 \times 产品价格$$

用公式表示为：

$$V_q = Q \times p \qquad\qquad (8-8)$$

式中：V_q 为矿床潜在价值；Q 为（333 + 334?）级储量；p 为产品价格。

8）矿床总利润的计算

矿床总利润是反映矿床可采储量经过工业开发（一般指采选后）可能获利的总水平，它通常用矿产提取价值扣除矿产品成本后的余额来表示。总利润是一项静态绝对效果评价指标。

总利润计算公式：

$$V_z = \frac{Q \cdot K \cdot \eta}{1-\rho}\left[\sum (\gamma \cdot p) - C \right] \qquad\qquad (8-9)$$

式中：V_z 为总利润（万元）；Q 为地质探明储量（333级以上，万吨）；K 为可采储量系数（%）；η 为采矿回收率（%）；ρ 为采矿贫化率（%）；γ 为精矿产率（%）；p 为精矿产品价格（元/t·精矿）；C 为单位矿石综合成本（元/吨矿）。

8.2.2.4 矿床财务评价主要参数的测算

矿床财务评价应收集和测算的基本数据主要是：投资、生产成本、销售收入、税金、计算期、价格、贷款利率、维简费、基准收益率等参数。这些参数参阅有关著作（张应红等，1991），这里就这些参数的测算方法作一简要介绍。

1）建设投资的估算

基建投资是指花费在工程建设上的全部活劳动和物化劳动的总和。其估算方法：

（1）采用"扩大指标法"或"类比同类型矿山投资指标法"：一般先估算出单位产量投资指标，进而算出总的基建投资；

（2）基建投资分项核算法：根据矿山主要投资环节逐项进行估算，各项的累计和即为基建投资。此方法可在地质工作程度较高矿床技术经济评价中采用（表8-14）；

表 8-14 有色金属矿山基建投资参考指标

开采方式	工 程 名 称	投资指标			占基建投资比例		
		大型	中型	小型	大型	中型	小型
露天开采	1. 采矿工程	13.51	16.04		22.52	22.13	
	2. 选矿工程	9.79	14.75		16.32	20.34	
	3. 公用系统	18.22	18.63		30.36	25.69	
	4. 生活福利及办公设施	4.40	5.61		7.33	7.74	
	5. 其他费用	14.09	17.4		23.49	24.0	
井下开采	1. 采矿工程	102.2	118.86	117.77	36.50	33.96	30.59
	2. 选矿工程	64.9	69.48	59.29	23.18	19.85	15.40
	3. 公用系统	32.4	57.93	73.69	11.57	16.55	19.14
	4. 生活福利及办公设施	16.83	22.89	47.16	6.01	6.54	12.25
	5. 其他费用	63.67	80.88	87.13	22.74	23.11	22.63

（据张应红等，1991）

（3）按生产规模指数法估算：

$$I_2 = I_1(A_2/A_1)^n \tag{8-10}$$

式中：I_2 为拟建矿山的投资额（万元）；I_1 为类似矿山的投资额（万元）；A_2 为拟建矿山的生产能力（10^4 t/a）；A_1 为类似矿山的生产能力（10^4 t/a）；n 为指数。

注：对于矿山企业 n 值可采用 0.6~0.8。

2）其他基本参数的确定

（1）计算期：矿床技术经济评价中计算期也称服务年限，一般来说矿山服务年限与生产规模关系密切，当储量一定时，生产规模大则服务年限短，反之则服务年限长。生产规模受技术经济等条件的影响，而服务年限受储量规模、生产规模的影响，同时还受矿山设备经济寿命的影响。一般服务年限为小型矿 10 a、中型矿 20 a、大型矿 30 a。

（2）价格：矿床技术经济评价中所用的价格一般为现行价格和影子价格。

（3）贷款利率：利率是资金时间价值的相对尺度，它是利息与本金的比值。贷款利率经常调整，变化较大，以评价当时的贷款利率为准计算。

（4）税率：根据我国有关税法规定，共有 11 个税种，大致可划分为三类：

第一类　直接进入产品成本的（3 种）：房产税、土地使用税、车船使用税。

第二类　直接从销售收入中提取的（5 种）：增值税、营业税、城市维护建设税和盐税等。矿山企业主要征收增值税。

第三类　从利润中扣除的（3 种）：资源税、所得税等。矿山企业主要交纳所得税。目前矿床评价中一般按 25% 的税率计算。

（5）维简费：维简费是维持矿山简单再生产资金的简称。据财政部、冶金部、有色金属总公司规定，矿山开采按原矿产量提取维简费进入成本。矿山企业维简费提取标准依矿种不同而异（表 8-15），如石灰石矿 2 元/t 矿，锰矿 9 元/t 矿。

表 8-15　矿山企业维简费提取标准参考指标

矿山类别	每吨原矿维简费（元）		矿山类别	每吨原矿维简费（元）
	地下矿山	露天矿山		
有色金属矿	9.0	8.2	铁矿	6.7
石棉矿	3.5	2.5	锰矿	9.0
石墨矿	3.5~5.0	4.5	煤矿、硫铁矿、硼矿、钒矿	7.0
石膏矿	2.0	1.5	磷矿、萤石矿、粘土矿	7.0
滑石矿	4.0	2.5	铬矿、菱镁矿、白云石、硅石	5.0
金刚石矿	8.0（原生）	1.0（砂矿）	瓷土矿、砂矿	3.5~4.0
			蓝石棉矿、云母矿、石灰石矿	1.0~2.0

（据张应红等，1991）

（6）基准收益率：是指某一行业或部门进行基本建设所应达到的最低的投资效果，或是部门的平均利润水平。各个不同行业都应根据具体条件制定不同的基准收益率，用以作为衡量经济效果的尺度。目前基准收益率数值如下。

黑色金属矿山	13%	有色金属矿山	13%
贵金属矿山	10%~15%	化学、非金属矿山	7%~10%
煤炭采选	13%		

（7）生产负荷率：是指生产能力发挥程度，也称生产能力利用率。一般应按项目投产期和投产后正常年份分别设定生产负荷。

8.2.3 矿床开发的国民经济评价（宏观经济评价）

8.2.3.1 矿床开发国民经济评价概述

1）矿床国民经济评价的概念

矿床的国民经济评价是从国家的角度出发，分析矿床勘探及其开发对实现国民经济发展战略目标的贡献，它是从国家、社会的角度，采用合理的价格与社会参数（如社会折现率、影子汇率、影子工资及部分货物的影子价格）来计算，分析和评价矿床开发的预期国民经济效益。

2）矿床国民经济评价适用条件

在实际运用中，对大型特大型矿床、稀缺矿产、国家重点规划的矿山项目，或矿产品为外贸货物以及矿产品价格明显不合理的矿床，可以作国民经济评价。对一般矿床的评价，如其微观评价的结论乐观可信，且能满足勘查阶段决策的需要，可以免作国民经济评价。

3）矿床国民经济评价的一般程序

矿床国民经济评价一般可按如下五个步骤来做：

（1）首先确定产出物和投入物的各种合理的经济价格；

（2）然后把矿床开发的各项投入物和产出物按经济价格进行调整，重新计算（相对财务评价）投资、成本、收入等参数；

（3）从整个国民经济的角度来划分与考察项目的效益和费用。财务评价时的费用可能成为国民经济评价的效益，如税金、工资等；

（4）按照国家统一规定的社会折现率及外汇率等，对矿床开发的"效益"及"费用"进行分析，计算国民经济评价的主要指标，进行评价；

（5）进行国民经济的综合评价，就是站在更广泛、更全面的立场上，从国家的整体利益出发，考虑到政治、经济、社会、环保、资源合理利用等因素，并使宏观效果与微观效果相结合，综合分析、评价矿床的经济社会效益。

8.2.3.2 矿床国民经济评价方法与评价指标

矿床国民经济评价使用的基本报表是项目投资经济费用效益流量表和国内投资经济费用效益流量表，评价指标为经济内部收益率、经济净现值、效益费用比以及国内投资经济内部收益率、经济净现值。辅助报表是影子价格换算系数设置表、经济费用效益分析投资费用估算调整表、经济费用效益分析经营费用估算调整表、项目直接效益估算调整表、项目间接费用估算表、项目间接效益估算表。

1）确定影子价格换算系数

先确定每个建设工程的建筑安装费、设备购置费和安装工程费的影子换算系数，然后确定工程建设其他费用每个子项的影子换算系数，最后确定营业收入和营业费用（原材料、辅助材料、外购燃料、动力、工资福利、修理费和其他费用）的影子换算系数。

2）调整经济费用效益分析投资费用估算

按照确定的影子价格换算系数调整计算投资费用，经济费用效益分析投资费用估算调整表格式见表8-16。

表8-16 经济费用效益分析投资费用估算调整表 （单位：万元、万美元）

序号	项　　目	财务分析			经济费用效益分析			经济费用效益分析比财务分析增减
		外币	人民币	合计	外币	人民币	合计	
1	建设投资							
1.1	建筑工程费							
1.2	设备购置费							

序号	项　目	财务分析			经济费用效益分析			经济费用效益分析比财务分析增减
		外币	人民币	合计	外币	人民币	合计	
1.3	安装工程费							
1.4	工程建设其他费用							
1.4.1	其中：土地费用							
1.4.2	专利及专有技术费							
1.5	基本预备费							
1.6	涨价预备费							
1.7	建设期利息							
2	流动资金							
	合计（1+2）							

3）调整项目直接效益估算

根据确定的产品销售价格和影子系数计算直接效益，完成项目直接效益估算调整表，项目直接效益估算调整表格式见表 8-17。

表 8-17　项目直接效益估算调整表　　　　　　　　　　（单位：万元）

序号	项　目	合计	建设期		生　产　经　营　期					
			1	2	3	4	5	6	7-N	N
1	营业直接效益									
1.1	产品 1									
	数量									
	财务价格									
	现金收入									
	影子价格									
	经济效益									
1.2	产品 2									
	数量									
	财务价格									
	现金收入									
	影子价格									
	经济效益									
2	其他直接效益									
	合计									

4）调整经济费用效益分析经营费用估算

根据确定的影子系数调整经营费用，如外购原材料、燃料、动力、工资福利、修理费等。完成经济费用效益分析经营费用估算调整表格式如表 8-18 所示。

表 8 - 18　经济费用效益分析经营费用估算调整表　　　　　（单位：万元）

序号	项目	合计	建设期		生 产 经 营 期					
			1	2	3	4	5	6	7-N	N
1	外购原材料									
1.1	材料备件1									
	数量									
	财务价格									
	财务成本									
	影子价格									
	经济费用									
2	外购燃料及动力									
2.1	外购燃料1									
	数量									
	财务价格									
	财务成本									
	影子价格									
	经济费用									
2.3	外购动力1									
	数量									
	财务价格									
	财务成本									
	影子价格									
	经济费用									
3	工资及福利费									
4	修理费									
5	其他费用									
	合计									

5）项目间接效益估算表和项目间接费用估算表

根据项目情况估算项目间接效益和间接费用，完成项目间接效益估算表和项目间接费用估算表。

6）编制项目投资经济费用效益流量表

根据前述已完成的估算表数据编制项目投资经济费用效益流量表（表8-19）。

表中社会折现率：是建设项目经济评价的通用参数，在国民经济评价中用作计算经济净现值的折现率（贴现率），它表征了社会对资金时间价值的估量。社会折现率定为8%

经济费用效益流量表中计算的主要指标：为经济内部收益率（*EIRR*）、经济净现值（*ENPV*）和经济效益费用比。

（1）经济内部收益率（*EIRR*）其表达式为：

$$\sum_{=0}^{n}(CI-CO)_t(1+EIRR)^{-t}=0 \tag{8-11}$$

式中：*CI*为现金流入量；*CO*为现金流出量；$(CI-CO)_t$为第*t*年的净现金流量；*n*为矿山计算年限。

一般来说，经济内部收益率大于或等于社会折现率的项目，应认为是可以接受的。

表8-19　项目投资经济费用效益流量表　　　　　　　（单位：万元）

序号	项 目	合计	建设期		生 产 经 营 期					
			1	2	3	4	5	6	7	15
1	效益流量									
1.1	项目直接效益									
1.2	资产余值回收									
1.3	项目间接效益									
2	费用流量									
2.1	建设投资									
2.2	维持运营投资									
2.3	流动资金									
2.4	经营费用									
2.5	项目间接费用									
3	净效益流量（1-2）									
	计算指标： 经济内部收益率 经济净现值（折现率＝） 效益费用比									

（2）经济净现值（ENPV）：是用社会折现率将项目计算期内各年的经济净收益折算到建设起点的现值之和。即年净收益与对应年份的社会折现系数之积，并将其逐年累加。按下式计算：

$$ENPV = \sum_{t=1}^{n} (B - C)_t (1 + i_s)^{-t} \qquad (8-12)$$

式中：B 为经济效益流量；C 为经济费用流量；$(B - C)_t$ 为第 t 年的经济净效益流量；i_s 为社会折现率；n 为项目计算期。

一般情况下，经济净现值大于或等于零的项目，应认为是从经济资源配置的角度可以考虑接受的。在方案选择中，应选经济净现值大的方案。

（3）经济效益费用比：是指项目在计算期内效益流量现值与费用流量现值之比。

8.2.4　矿床开发的不确定性分析

矿床矿床技术经济评价中的一些数据，大部分来自预测和估算，有一定程度的不确定性。为了分析不确定因素对经济指标的影响，需进行不确定性分析，以预测矿床开发可能承担的风险及在财务、经济上的可靠性。

不确定性分析一般包括盈亏平衡分析、敏感性分析和概率分析。在矿床技术经济评价中一般只进行敏感性分析和盈亏平衡分析。

8.2.4.1　敏感性分析

1）敏感性分析的概念

敏感性分析是通过研究对矿床经济评价起作用的各个不确定因素，当它们发生变化时对矿床勘探和开发的经济效益（或经济评价指标）的影响，从中找出敏感因素，确定这些因素在保证矿山达到基准收益的情况下，其允许变化的幅度，并分析在矿山生产后这些因素达到的可能性。

敏感性因素的变化幅度受多种因素的影响，在未来开发经营实际中究竟每一因素变化多少，在矿床技术经济评价阶段是无法准确估计的，但在以往的项目可行性研究和矿床技术经济评价中一般取波动±10%、±20%进行考察，并列表或画图进行分析。

2）敏感性分析的步骤

（1）确定敏感性分析指标：在经济评价中，凡反映经济效益的评价指标均可作为敏感性分析指标。如工业指标、生产规模、销售收入、销售成本、投资偿还期、投资收益率等。但并不要求对每一个评价指标都进行敏感性分析，选择一种或两种即可。

（2）选取不确定性因素：如储量、品位、价格、成本、产量、投资、选矿回收率等，均可选作不确定因素，参与分析。

（3）固定其他因素变动其中某个不确定性因素，逐个计算不确定因素对分析指标的影响范围和影响程度：这是敏感性分析方法中的关键一步，通过这一步计算才可能看出敏感因素及其影响程度。

（4）找出敏感性强的因素并提出对策：通过上一步的计算对比，找出影响分析指标的最敏感因素，从而提出控制关键敏感因素的对策和措施。

3）敏感性分析方法

下面以实例（李家驹，1988）说明敏感性分析的一般方法。

某矿山设计生产能力为 20×10^4 t/a，开采年限 15 a，预测产品平均售价 800 元/t，达设计年销售收入为 16000 万元，单位固定成本 450 元/t，达设计年总固定成本为 9000 万元。税金按销售收入 8% 计，达设计年税金为 1280 万元，则达设计年税后利润为 5720 万元。总投资 40000 万元，基建期 3 a，全部用贷款方式筹措（年利率 5%），投产后用税后利润逐年偿还。考虑贷款数额较大，利率较高偿还任务重，要求对投资偿还期进行敏感性分析，从中找出敏感性因素并加以控制，以保证按期偿还或提前偿还贷款。

上例进行敏感性分析的步骤和方法：

（1）确定敏感性分析指标：由题意及任务，已明确投资偿还期为敏感性分析指标。

（2）选取不确定性因素：因为规定投资贷款是从税后利润中偿还，而影响税后利润的因素主要有产品产量、销售价格、单位成本。因此将产品产量、销售价格、单位成本作为不确定性因素。

（3）按给出的上述参数用财务报表法计算方案的投资偿还期：为简化计算，此处将 40000 万元投资视为一次投入，三年基建完成投产后，当年达到设计要求。于是，投产后第一年 40000 万元的投资经复利计算，应还本息 46305 万元 $[= 40000 (1 + 0.05)^3]$，当年税后利润 5720 万元，偿还后，第一年尚欠 40585 万元，第二年尚欠 40585 $(1 + 0.05)$ $- 5720 = 36894.25$（万元）；……；仿此类推，计算结果得到投资偿还期为 8.93 年。

（4）对产品产量、价格、成本分别按 ±10%、±20% 变化计算不同投资偿还期：首先，计算产量 ±10%、±20% 的变化对投资偿还期的影响。此时视价格、成本不变，而将 20×10^4 t/a 产量分别按 ±10%、±20% 计算其销售收入、总成本、税金、税后利润，并在财务报表上逐年偿还贷款，最后推算出投资偿还期。

然后，计算价格 ±10%、±20% 的变化对投资偿还期的影响。此时，固定产量、成本不变，而将价格分别按 ±10%、±20% 计算其销售收入、总成本、税金及税后利润，同样在财务报表上逐年偿还贷款，最后推算出投资偿还期。如此类推，最后计算成本的 ±10%、±20% 的变化对投资偿还期的影响，推算出投资偿还期。计算结果列入表 8 - 20（详细计算过程从略），根据表 8 - 20 可画出敏感度分析曲线图（图 8 - 2）。

表 8 - 20　敏感性分析结果　　　　　　　　　　　　（单位：a）

序号	变动因素	+20%	+10%	0	-10%	-20%	平均 +1%	平均 -1%
1	产品产量	7.89	8.80	8.93	11.47	13.48	- 0.05	+ 0.23
2	产品价格	6.02	7.51	8.93	14.9	31.41	- 0.15	+ 1.12
3	产品成本	16.91	15.27	8.93	8.30	7.1	+ 0.40	- 0.09

（据李家驹，1988）

（5）敏感性分析：从敏感性分析图 8-2 可知，投资偿还期对产品价格因素最敏感，在其他因素不变的情况下，价格降低则投资偿还期迅速升高。当降低幅度超过 10%（投资偿还期为 14.9 a），即价格降至 720 元/t 以下时，投资偿还期将超过开采年限（15 a），这意味着整个开采年限的税后利润将全用来偿还贷款，而无利可图。当价格升高 10%，则投资偿还期可降至 7.51 a，价格升高 20%，则投资偿还期降至 6.02 a。后者意味着在 15 a 开采年限内，除 6 a 需用税后利润偿还清贷款外，其余 9 a 企业均可获得税后利润。这说明售价是个重要因素，也是个风险因素，必须加以控制。预测的售价 800 元/t，必须保证不随意降价。任何降价都将引起投资偿还期的延长，从而影响企业的利润。

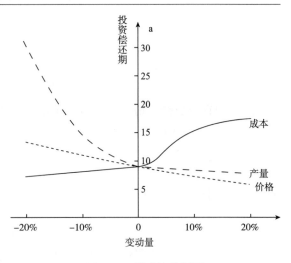

图 8-2 敏感性分析图

8.2.4.2 盈亏平衡点分析

1）盈亏平衡点分析的概念

我们知道企业的盈亏与产品的产量、销售价格和成本有关。如果一定的产量、价格和成本可保证企业盈利，那么降低产量、增加成本或降低价格到一定界限，就会引起企业亏损。所谓盈亏平衡点，就是盈利与亏损的分界点。处于平衡点上的收入，正好等于成本，此时企业不盈不亏。若产量、价格低于平衡点，则意味着企业就要亏损。同时产品成本高于平衡点，也意味着要亏损。所谓盈亏平衡点分析，就是找出盈亏平衡点，以了解企业获得盈利的产量要求、成本要求以及价格要求，这时也就了解了这三个因素的不确定性，为决策提供依据。

有关盈亏平衡点的计算公式如下：

销售收入 (Y) = 单位产品销售价格 (P) × 销售量 (X)

即
$$Y = P \cdot X \qquad (8-13)$$

生产成本 (S) = 可变成本 (V) × X + 固定成本 (F)

即
$$S = V \cdot X + F \qquad (8-14)$$

其中可变成本 V 可视为固定成本以外的可能支出，它与销售量（产量）X 成正比。当收支平衡时，即当处于盈利与亏损的分界点时，$Y = S$，即 $P \cdot X = V \cdot X + F$。

此时的销售量、单位产品销售价格和销售收入，分别就是盈亏平衡销售量、盈亏平衡销售价格和盈亏平衡销售收入，分别以 X_0，P_0，Y_0 表示。于是上式可写为：

$$Y_0 = P_0 \cdot X_0 \qquad (8-15)$$

和
$$P_0 \cdot X_0 = V \cdot X_0 + F$$

从而
$$X_0 = \frac{F}{P_0 - V} \qquad (8-16)$$

$$P_0 = V + \frac{F}{X_0} \qquad (8-17)$$

此外，根据已知的设计生产能力（当产品无积压时，可理解为产量、销售量或业务量）X 和盈亏平衡点产量 X_0，可求出不致亏本的最低生产能力的利用率 η 为：

$$\eta = \frac{X_0}{X} \times 100\% \qquad (8-18)$$

2）盈亏平衡点计算及分析

以前例提供的基本条件为例，已知设计矿山生产能力为 20×10^4 t/a，单位产品销售价格 P =

800 元/t，年固定成本 $F = 9000$ 万元，单位可变成本 $V = 164$ 元/t，试对矿山作盈亏平衡分析。

（1）求盈亏平衡产量（X_0）

$$X_0 = \frac{F}{P_0 - V} = \frac{9000}{800 - 164} = 14.15 \ (\times 10^4 \ t)$$

这说明在单位产品销售价格为 800 元/t 的情况下，矿山年生产 14.15×10^4 t 产品就可保本，若产量大于 14.15×10^4 t 就可盈利，而产量小于 14.15×10^4 t 则将亏损。这里的前提条件是销售价格为 800 元/t。因为依题意知，单位产品总成本为 $450 + 164 = 614$ 元/t，与价格之差（即利润）达 $800 - 614 = 186$ 元/t。由于这个利润，影响了盈亏平衡产量的下降。假如单位产品销售价格不是 800 元/t，而是 700 元/t，则：

$$X_0 = \frac{9000}{700 - 164} = 16.79 \ (\times 10^4 \ t)$$

就是说当价格降为 700 元/t 时，每年必须生产和销售 16.79×10^4 t 产品才不致亏本。

（2）求盈亏平衡销售价格（P_0）

$$P_0 = V + \frac{F}{X_0} = 164 + \frac{9000}{14.15} = 800 \ (元/t)$$

即如上述，生产 14.15×10^4 t 产品，销售价格必须保证为 800 元/t，否则也会亏损。

（3）求盈亏平衡销售额（Y_0）

$$Y_0 = P_0 \cdot X_0 = 800 \times 14.15 = 11320 \ (万元)$$

即销售额必须在 11320 万元以上，矿山才不致亏损，否则将出现亏损。

（4）求盈亏平衡生产能力利用率（η）

$$\eta = X_0/X \times 100\% = 14.15/20 \times 100\% = 70.75\%$$

即该矿山企业产量应不小于设计生产能力的 70.75%，否则将出现亏损。

8.3　矿业资产评估与矿业权转让

8.3.1　矿业资产评估

所谓资产评估，就是依据国家规定和有关资料，根据特定目的，按照法定程序，运用科学方法对资产某一时点的价值进行评定估价。

矿产资源资产（简称矿业资产）的价值有两种类型：矿产资源的补偿价格和矿产资源的地税本息化价格。影响该资产价格的因素包括自然因素和社会因素两大类。矿业资产价格的决定因素为矿产资源的使用价值、以货币为媒介的产权交易、地勘成果这种无形资产的价值。由于矿业资产的核心是资源储量，而资源储量是以最低工业品位圈定的有形实体，最低工业品位又受矿产品市场价格和开发工艺技术水平提高的变化而变化，因此，矿产资源资产是可变形资产。

矿业资产评估是依据我国矿产资源法，并依法界定其产权。评估的原则坚持资产评估的工作原则和经济原则。矿业资产评估方法有：底价法、收益现值法和市价法。

1）底价法

根据矿产资源的丰饶度，在已探明矿床的矿石最高地质品位、最低地质品位和平均地质品位已知的条件下，据以计算单位品位级差的收益增量及矿床平均品位的收益增量，进而计算出总储量的总收益，即矿产资源底价的方法，称底价法。在此基础上，再加上补偿价格，即为矿业资产评估的净价。公式为：

矿业资产底价 = 矿石单位品位的平均收益增量 × 矿石平均品位 × 矿床工业储量矿产

矿业资产补偿价 = （各补偿价格的构成要素 × 该要素计费标准）± 调整系数

$$矿业资产净价 = 矿业资产底价 + 矿业资产补偿价$$

2）收益现值法

矿产资源收益现值，是指对绝对收益和级差收益进行本金化计算出的一种形式上的价格，其着重点主要是对绝对收益和级差收益的评估，从而决定了其评估主要采用收益现值的评估方法。基本公式为：

$$矿业资产净价 = 年收益额 \div 适用本金化率$$

其中：年收益额 = 收益额 + 部门平均收益额

3）市价法

借助于市场上类似的参照物价格，来确定被评价对象价格的一种方法，称为市价法。此法在我国目前应用的条件尚不成熟。

此外，由于矿产资源资产化后，为具垄断性、地域性和特殊性的地勘成果资产，不能作为一般资产或其他生产资料来转让，而是按其所带来的价值来买卖。也就是说地勘成果资产应当以资产的收益现值转让，即对未来超额收益的分配。故地勘成果资产的评估应据其交易的时间、地点和方式的不同，分别采取不同的评估方法。例如：对于自创自用不发生产权交易的地勘成果资产，采用重置成本法；对于发生产权交易的地勘成果资产（即外购地勘成果），采用重置成本加利润法；对于以投资为目的的地勘成果或一次性转让的地勘成果资产，采用收益成本法。

8.3.2 矿业权价值评估

1）矿业权价值评估的概念

矿业权亦称矿权，包括探矿权和采矿权。《中华人民共和国矿产资源法》规定国家实行探矿权、采矿权有偿取得制度。国务院规定探矿权、采矿权转让价款都必须进行矿业权价值评估。

矿业权价值评估，是选择适当的方法根据评估对象实际情况及社会环境条件评估矿业权经济价值，用统一的货币值反映其价值量。根据国务院发布的《矿产资源开采登记管理办法》规定，探矿权所收费用分为探矿权使用费和探矿权价款两项。在国务院发布的《矿产资源开采登记管理办法》中，采矿权所收费用也分为采矿权使用费和采矿权价款两项。探矿权和采矿权使用费依占地面积按年度计收。矿业权价值评估实际是对探矿权、采矿权价款评估。国务院令中还规定探矿权、采矿权转让价值必须进行评估，矿业权价值评估是矿业权管理中不可缺少的一个工作环节。矿业权价值量为动态值，仅作为某一时期的探矿权、采矿权价款。前述法规中规定，国家出资勘查并已探明的矿产地探矿权和采矿权，申请矿业权人应向国家交纳矿业权价款。矿业权价款实际上是体现出资勘查者应得到的报酬，是维护勘查投资者的经济权益。

2）矿业权价值评估在矿业权市场运作中的作用

矿业权市场运作要遵守4个方面的法律法规及有关规范性文件：矿业法及相关法律法规；公司法与相关法律法规；证券法与证券交易所上市条例及相关法律法规和政策；会计核算方面的要求。矿业权评估在矿业权市场的全程运作中均起着重要作用，包括从矿业权的授予、转让、抵押直至市场等。主要包括以下7个方面：①矿业权授予时的矿业权评估；②矿业权依法转让谈判过程中的矿业权评估（此评估不是强制性的，但当矿业权中有国家权益时评估是必需的）。另外，当矿业权是在关联公司或母子公司之间进行转让时，为了保护其他股东利益，也必须进行评估；③以矿业权为抵押向银行或其他财务机构甚至私人投资者举债筹资时，一般也需进行评估；④矿业公司以矿业权为依托在股票交易所上市时，必须对矿业权价值进行评估；⑤矿业公司及勘查公司，他们之间发生重组、兼并、分设、收购等市场行为，必须进行评估；⑥政府为了加强对矿业权市场的宏观调控，需要对某些具有典型意义的矿业项目的矿业权进行评估，以便制定调整税率、费率、贴现率及其他经济政策；⑦为公司董事层决策服务的矿业权价值评估。

3）矿业权价值评估方法简介

（1）决定矿业权价值评估方法的基本因素：矿业权价值评估具有较大的主观性，由于评估是根据为数不多、也未必可靠的客观事实所进行的主观判断，因此，关于矿业权价值的评估方法，不同专家的意见也莫衷一是。在西方一些矿业大国的矿业权价值评估章程和指南中，一般规定评估方法的选择及报告内容的取舍，是由评估人自己决定的，他们的决定不受委托人或委托机构的影响。同时，这些章程中一般也未规定具体和详细的评估方法。实际上，评估方法本身也不是关键问题。但是章程中规定，评估人员必须说明他为什么选用其在评估时所采用的那种方法，要有充分的理由，并且建议采用一种以上的方法对比使用。若不同方法得出不同的结果，则需选定一个价值，并说明原因及为什么会得出不同的结果。选择何种矿业权价值评估方法，主要取决于以下5个方面的因素：①不同评估目的，其选择的评估方法可以是不同的；②矿业权类型或称为矿业项目成熟度（工作程度）不同，采用不同的价值评估方法；③根据数据的可靠性不同，可选择不同的评估方法；④矿业本身就是一个高风险的行业，对其中的风险因素分析和由此进行的灵敏度分析是决定评价方法的重要因素之一；⑤不同矿种及其不同的开采技术条件，其矿业权价值评估方法不同。

（2）探矿权评估方法：拟取得探矿权的地段，由于勘查工作程度低，地质、采矿等方面的信息少，只能采取一些主观、定性的评估方法。西方矿业大国股票交易所认可，及自律性行会组织推荐的方法主要有如下4种：

地质工程法：这种方法有3个基本要素：①基础购置成本，指单位矿权地面积的取得成本；②技术价值因子（选定4种主要地质特征，进而分为19个亚范畴，每一个亚范畴赋予一定分值。各具体矿业权均按其主特征对应4个亚范畴的分值，这些分值的连乘积即为总技术价值因子）；③其他价值因子（包括矿产品市场、矿业权市场、财务和股票市场等，根据评估时的实际情况，选择不同的数值其连乘积即为其他价值因子）。基础购置成本乘以面积再乘以总技术价值因子，即为矿业权的地质工程价值，或称为技术价值。然后再乘以矿产品市场、矿业权市场、财务和股票市场调整因子，求出的即为此矿业权的市场价值。

勘查费用倍数法（成本法）：有两个基本要素：①此矿业权项目已投入或已承诺的勘查支出，称为相关和有效勘查支出；②前景提高倍数（系数），即该矿业权项目的找矿前景。该值一般为0.5~3，最低可以是0，最高可以是5。相关有效勘查支出乘以前景提高倍数即为矿业权的价值。

可比销售法（或称房地产法）：根据类似的或附近的在最近发生的矿业权转让情况，确定拟评估的矿业权价值。这是一种简单的对比。

粗估法（近似法）：包括原位价值粗估法、贴现现金流净现值模型粗估法、以单位矿业权地域面积的价值为基础的粗估法等。

（3）采矿权评估方法：采矿权项目一般均基本完成了矿床的预可行性或可行性研究及技术经济评价，已求得工业储量，有相对可靠的工程、生产、市场、经营成本等方面的数据。美国、加拿大、澳大利亚等矿业大国主要是运用贴现现金流方法（或称现值贴现法）进行评估。具体方法可参阅财务、投资评价方面的教科书。计算的基本步骤为：

A. 建立财务模型，包括以下参数的确定：矿石储量、生产率、矿山服务年限、资本成本估计、经营成本估计、采矿贫化率、选矿回收率、产品收入、折旧和摊销、权利金、储贷资金的成本、税收；

B. 根据对矿产品价格的预测，计算采矿权所依附的矿山企业在服务年限内各年的现金流量；

C. 计算各年税收、折旧后，账面折耗前的净收入；

D. 计算各年固定资产和流动资金所得的社会平均收益；

E. 用第三项减去第四项；

F. 选择适当的贴现率对第五项贴现并逐年累加得出净现值。该净现值即为估算采矿权价值的基础。但具体价值的确定尚需考虑许多其他因素，包括在矿权地上矿山周围进一步发现矿产的潜力、筹资机构和资本结构、矿权地的购买合同条款、某矿权的购买或出售对于买主或卖主所具有的战略价值、现行市场条件等。

8.3.3 矿业权转让

国务院 1998 年颁布的第 242 号令《探矿权采矿权转让管理办法》中明确规定：探矿权人有权在划定的勘查作业区进行规定的勘查作业，有权优先取得勘查作业区内矿产资源的采矿权。探矿权人在完成规定的最低勘查投入后，经依法批准，可以将探矿权转让给他人。

矿业权的转让是指探矿权人或采矿权人作为民事主体的一方，将矿产资源探矿权或采矿权转移给作为民事主体另一方的新的矿产资源探矿权和采矿权受让人的行为。矿业权交易存在两级市场：①一级市场是将资源资产的所有权与使用权分离，它是由国家通过有偿出让方式实现分离的；②二级市场是资源资产使用权的转让，它是通过矿业权使用权人与受让人之间的有偿转让行为。矿业权的转让以平等、自愿、等价、有偿为原则。探矿权和采矿权转让包括出售、赠与、交换、出租、作价入股等基本形式。

矿业权人在拥有矿业权后，可能会自己进行勘查或开采，有的则不想由自己勘查或开采，而是将拥有的矿业权转让（或出租）给他人进行勘查或开采。在以下几种情况下，矿业权人有可能转让矿业权：

（1）探矿权人发现有经济价值的矿体后，由于自身开采技术、设备、人员等不具备勘探条件，因此可能会将探矿权转让给他人进行勘查，在转让过程中将勘查投入回收。

（2）一些大的矿业公司在勘查过程中发现了一些规模较小的矿体，如果由大的矿业公司进行开采，生产成本会很高，不值得开采。这时大的矿业公司有可能将发现的相对小规模的矿体的采矿权转让（或出租）给他人开采。一般来说，规模相对小的矿业公司愿意开采这类矿体。

（3）某些小的矿业公司发现了规模较大的矿体后，由于自身人力、财力、物力等不具备开采条件和能力，他们会将矿业权转让给大的矿业公司开采，或者与他人合作开采。

（4）有些探矿权人希望寻找合资伙伴，以此来分担勘查风险，从而建立股份公司，将矿业权转让给该公司。

（5）矿业权是一种资产，投资人用作担保进行筹资，当矿业权抵押实现时，抵押权人可以拍卖矿业权，最终发生矿业权转让。

（6）当企业破产时，法院拍卖产权，发生矿业权转让。此时，该企业的矿业权作为企业的部分资产由法院执行判决，进行再分配。

（7）当企业分立、合作，或与他人合资、合作经营时，企业可能会将矿权转让，作为企业资产入股或合资经营。

在目前的外商投资矿产勘查领域中，外方投资者和中方投资者合作勘查是最主要的形式。其中，中方大部分是以其探矿权作价为投入，外方大部分或全部以勘查资金投入。

探矿权人有收益和转让的权利。按照《探矿权采矿权转让管理办法》，探矿权人有优先取得勘查作业区内的矿产资源的采矿权。在完成法定义务后，可以将探矿权转让他人。探矿权人取得探矿权后，在支配这种财产权利的过程中，随着勘查工作的进行，勘查数据等地质资料的取得，探矿权可能会增值。同时，由于可以优先取得勘查作业区内的采矿权，探矿权人可以通过采矿获得勘查投入的回报。探矿权人在完成法定义务的情况下，可以通过转让等方式处置其探矿权，并通过探矿权的转让获取勘查投入乃至探矿权增值的回报。

为进一步完善探矿权和采矿权有偿取得制度，2003 年，国土资源部又颁发了《探矿权采矿权招标拍卖挂牌管理办法》。探矿权采矿权拍卖，是指主管部门发布拍卖公告，由竞买人在指定的时间、地点进行公开竞价，根据出价结果确定探矿权采矿权竞得人的活动。探矿权采矿权挂牌，是指主管部门发布挂牌公告，在挂牌公告规定的期限和场所接受竞买人的报价申请并更新挂牌价格，根据挂牌期限截止时的出价结果，确定探矿权采矿权竞得人的活动。

8.4 我国境内外勘查开发矿产资源状况及防范风险措施

8.4.1 我国境内外合作合资勘查开发矿产资源的相关政策

1）我国放开地质矿产勘查与开发市场的政策

为加强对矿产资源勘查与开发的宏观调控，促进矿业持续、健康发展，满足国民经济建设对矿产资源的需求，依据《中华人民共和国矿产资源法》及其实施细则等法律法规和国家有关方针政策，国土资源部会同国务院有关部门制定了《全国矿产资源规划》（以下简称《规划》）。2001年4月11日，国务院批准《全国矿产资源规划》，并授权国土资源部发布实施。《规划》按建立社会主义市场经济体制的要求改革地质勘查体制，国家组织开展公益性地质调查评价，为矿产资源规划和管理决策提供依据，为商业性矿产资源勘查提供基础信息服务，降低投资风险。通过政策引导和扶持，鼓励多渠道社会投资开展适应市场需要的商业性勘查，逐步形成以商业性勘查为主体、公益性调查评价与商业性勘查互相促进、良性循环的新局面。

清理和制定有关的矿业政策，改善矿业投资环境。依法保护探矿权人的合法权益，保障探矿权人发现经济矿床后依法取得采矿权；积极培育和规范以矿业权市场、资本市场为核心的矿业生产要素市场，发展和规范中介市场；研究制定有关优惠政策，鼓励企业建立资源耗竭补偿机制，对后续资源进行勘查；系统收集、整理过去50年分散在各部门、各地方的地质资料，抓紧组织地质资料的二次开发，建立全国矿产资源信息系统，实行统一管理；对依法可以解密的地质资料，及时向社会提供服务；对国家出资开展的公益性调查评价，及时向社会发布成果信息，引导和促进商业性矿产资源勘查。

国家已经和正在制定有关引资勘查开发矿产资源的政策和办法：制定和颁发了海洋和陆上开发石油天然气等矿产的两个条例；国家计委印发了关于外商在中国进行矿产资源勘查和开发方面的若干政策指南和产业导向的政策文本；国家鼓励国内企业出资进行矿产资源勘查开发政策指南等。

2）我国商业性矿产资源勘查的安排

国家鼓励利用多渠道社会资金开展以市场需求为导向、以经济效益为目标的商业性矿产资源勘查工作，重点鼓励勘查石油、天然气、煤层气、环保煤、地热、优质锰、铬、铜、金、银、铂族金属、镍、钴、钾盐等国内资源供给不足的重要矿产；鼓励在中西部地区、边远及少数民族地区等经济欠发达且具资源潜力的地区进行适应市场需要的矿产资源勘查；鼓励矿山企业在矿区（特别是资源耗竭矿区）及周边和深部开展矿产资源勘查，增加后备资源，减缓产量递减。

在地质勘查转制的过渡时期，国家采取积极的措施引导和支持社会投资开展商业性勘查工作。对以往由国家出资勘查形成的矿产地，国家委托原承担勘查施工任务的国有地质勘查单位经营该矿产地的探矿权，探矿权价款经依法评估、确认后，转为国家资本金。公益性调查评价工作发现有利的资源远景区后，及时组织探矿权招标，鼓励国内外投资者通过竞争性投标获取探矿权，进行商业性勘查。

3）国内外两种资源两个市场观念鼓励国人走向世界

我国矿产资源总量虽然丰富，但人均占有量很低，在今后相当长的一个时期内，我国经济建设对矿产资源的需求将继续处于高峰阶段。我国多数关系到国计民生的大宗矿产，如石油、富铁矿、铜矿、锰矿、铬铁矿、钾盐和工业用金刚石等资源不足或严重短缺，国外资源均较丰富；而我国不少资源丰富的优势矿产，如钨、钛、锑、稀土等矿产，国外却又不足或短缺。这就为充分利用国内外两种资源和两种市场提供了必要的前提和可行性。

发展国内外两种资源和两个市场，主要有两种方式：①进行矿产品进出口贸易；②境外合资合作勘查开发矿产资源。其目的主要是为了保证矿产品或其原材料满足我国经济建设需要和最大程度地发挥矿产资源的经济效益。

8.4.2　我国境内合作合资勘查开发矿产资源状况

在我国允许外商投资的矿产资源中，目前外商投资热情最高的开发项目是黄金、煤成气、海洋石油和金刚石，其次为铜、铅、锌等。外商来华洽谈、考察金矿项目已超过 30 个，但已实质性谈判的仅有数个，如加拿大埃尔拉多黄金公司（Eldoradogolg Corporation）在我国青海省大柴旦金矿的开发项目就是成功的一例。我国金属矿床对外合资合作开采还有一些限制，如限于特定范围和特定项目，对于金矿、金刚石、有色金属等矿产资源的开发不允许外商独资经营，硼镁石、天青石禁止外商开采等。

但引进外资对我国矿产资源进行勘查和开发，无疑对我国的经济发展有十分重要的意义。诸如可弥补国内建设资金的不足；有利于引进先进技术和吸收国外企业经营管理经验；有利于促进对外贸易和经济合作的发展；有利于社会主义市场经济的建立与完善；有利于创造更多的就业机会和增加国家的财税收入等。在国家财政支持地勘业经费困难、国拨地勘费不能大幅度增长的情况下，要保证地质找矿可持续发展，重视并加强引资勘查工作是一条重要的途径。

8.4.3　我国在境外合作合资勘查开发矿产资源状况

1978 年改革开放以来，我国在境外合资合作勘查开发矿产资源取得了一定的成绩，但其发展不平衡。石油天然气的对外合作领域作出了很多成绩，积累了不少的经验，其他矿产资源对外合作则相对较缓慢，近年来有较大发展。

1982 年 1 月 30 日，国务院发布《中华人民共和国对外合作开采海洋石油资源条例》，标志着我国对外合作勘查开发海洋石油资源进入法制轨道。从 1982 年至今，中国海洋石油总公司已和境外的 300 多家公司签订合同和协议，实际引资 51 亿多美元（其中勘查资金 29.7 亿美元，开发资金 21.3 亿美元）；已发现并控制的储量，石油 13×10^8 t，天然气 2079×10^8 m³；建成了年产 1000×10^4 t 的原油生产能力，17 个油气田已投产。1995 年海上原油产量为 870×10^4 t，1996 年已超过 1000×10^4 t 大关。

1996 年 7 月 30 日，全国资源委员会办公室召开了"研究到国外风险勘探开发矿产资源座谈会"，2009 年 4 月 25 日，《地质勘查导报》召开了"地矿业境内外并购及上市融资研讨会，"经研讨与座谈取得了以下共识：①到国外风险勘探开发矿产资源不仅是保障我国矿产资源的稳定供应，促进国民经济持续、健康发展的重要途径，而且是顺应世界矿业国际化趋势的必要选择，有利于提高我国企业在国际市场上的竞争能力和开放水平；②到国外风险勘探开发矿产资源既面临着机遇，又要迎接挑战；③到国外风险勘探开发矿产资源要有强有力的政策支持，制定优惠的资金扶持政策和特殊的产业政策；④到国外风险勘探开发矿产资源需要政府和企业共同努力。

在上述政策引导下，我国不少部门和地矿单位已走出国门，参与国际经济合作与竞争。比较成功的例子是原冶金部在澳大利亚、秘鲁开采铁矿，在南非合作开发铬铁矿，原有色金属总公司在蒙古开采铅锌矿，石油总公司在秘鲁开采老油田等。在国外勘查或开发矿产资源方面，黑龙江、江西、山东、陕西、山西、云南、内蒙古等省区的地勘单位都进行了一些尝试。据不完全统计，目前我国一些企业已在澳大利亚、巴西、俄罗斯、南非、加纳、尼日尔、巴布亚新几内亚、老挝、缅甸、蒙古、哈萨克斯坦、智利、秘鲁、印度尼西亚等许多国家从事矿产资源勘查与开发投资，部分企业已取得较好的经济效益。

石油天然气部门近期在境外勘查开发又签订了几个合同。如大庆油田、中国石化集团胜利油田东胜公司、中金海石油勘探有限公司与蒙古国签订的油田勘查开发合同；中石油与哈萨克斯坦签订的大规模开发里海乌津油田合同，计划"九五"期间从西伯利亚、土库曼两方引入天然气 $500 \times 10^8 \ m^3/a$。预计 21 世纪初境外可建成石油 $1000 \sim 2000 \times 10^4 \ t/a$ 的能力。石油天然气部门力争 2010 年全国形成 $1000 \times 10^8 \ m^3/a$ 的能力，其中境外天然气 $500 \times 10^8 \ m^3/a$。

8.4.4 进一步完善和加强我国在境外的合作合资矿产资源勘查开发

我国到境外进行风险勘探开发矿产资源，对我国经济发展和国家安全有重大意义。为贯彻党中央提出的"充分利用国内外两种资源、两个市场"的方针，从全球资源战略出发，坚持"补缺、补紧、补劣"的原则，积极扶持、全面规划、统筹安排、稳步实施；鼓励国内矿业企业参与国际竞争与合作，促进我国国民经济持续、稳定、健康发展。努力做到如下几点：

（1）积极扶持：建立国外矿产资源勘查基金，优先重点扶持到国外开展我国短缺急需矿产的风险勘查；实行优惠的税收和关税政策；参照国际通行作法，鼓励矿业企业积极进入国际融资市场，走市场融资的道路，通过发行股票筹资，分摊投资风险。

（2）全面规划：尽早组织力量开展信息分析、国别研究、项目优选等前期研究，实施长远性的人才战略及培训计划，着手制订规划，为国家宏观决策和布局提供依据。

（3）稳步实施：到国外风险勘探开发矿产资源是一个复杂的工程，各有关部门要紧密配合、协调行动、统一对外、规范运作。近期宜在南美、非洲和亚太周边等资源丰富的国家，有选择地把我国短缺急需的石油、富铁、富铜和钾盐等矿产的勘查开发作为起步和试点。要加速国有大中型企业改革，培育建设一支能适应到国外风险勘探开发的现代企业队伍。

为推进境外矿产风险勘查，国土资源部将采取如下措施：①建立动态的国外矿产资源信息系统，引导国外矿产风险勘查投资，跟踪国外矿业勘查投资活动，了解国际矿业投资动向；②计划进行南美铜金矿风险勘查；③计划进行中国-俄罗斯-蒙古相邻地区铜金矿风险勘查；④计划进行东南亚北部钾盐风险勘查等。

8.4.5 我国在境外进行矿产资源勘查开发的风险及减轻风险的措施

走出国门进行矿业风险勘查开发或矿业投资，既可能获得丰厚的回报，同时也存在着巨大的风险。地勘单位与矿业公司在选择到何处投资时，需要考虑许多因素。除地质、工程、金融及保证程度等因素外，公司更要着重于项目所在国的政治气候、环境问题诸多外部因素。经济风险包括矿产品价格，当地过度通货膨胀及货币兑换率波动。地质风险包括矿石品位、矿石储量规模和回收率。技术和建筑风险包括不能如期完工、增加成本、选矿厂不能正常运行及工程问题或错误。政治风险包括矿山被没收、矿业法改革和环境变化。

为了减轻风险，可采取如下一些方法和措施：

（1）经济风险方面：①可利用有限追索权或无限追索权融资、做矿产品和（或）货币的套期交易、最大限度地降低运营成本；②与东道国建立项目协议，例如矿山开发协议在法律不健全的国家运作时会有所帮助；③与东道国企业合伙经营。

（2）地质风险方面：可增加钻探工作量查证资源、改进计算机模拟、强大内部地质科学家基础、保持和充实类似矿床的数据库。

（3）技术和建筑风险方面：有强有力的内部工程和建筑专门技能、工程完工担保，强有力的内部冶金专门技能，采用有现代化水平的技术设备，利用世界第一流的顾问。

（4）政治和社会风险方面：寻求政治风险担保及寻求坚实后盾，其措施包括：①很多国家的政府机构及国际组织和机构为鼓励在海外投资而为其提供政治风险担保；②在项目筹资中，拉上国际或地区开发银行；③敦促及充分利用投资母国政府与投资对象国政府之间签署投资保护协议；④矿业公司还可以通过与开发援助机构，如加拿大国际开发机构或美国海外开发署联合来抵御风险。

（5）在环境问题方面：要高标准、严要求。矿业开发必然要对环境有所破坏，后期环境恢复费与矿业开发所得要做权衡，许多国家环境恢复治理费用高昂，各国的环保法律规定也有不同。因此，签订合同时，内容尽可能具体，如有可能，应就环境保护方面的责任达成预先界定的条款或某种备忘录等。

为了解和最终减轻这些风险，在立项时需进行必要的技术经济（风险）评价。典型的风险评价方法包括贴现现金流量（DCF）评价，DCF敏感性分析（假定方案分析）、蒙特卡罗分析等。评价内容包括：内部回报率、据调整风险后的贴现率为每个项目决定的净现值、非贴现偿还期、基建成本、运营成本和金属产量变化在内的敏感性分析，以及一些变量的概率分布为基础的蒙特卡罗分析。

9 矿产资源分布与矿产资源开发

矿产资源是指由地质作用形成的，赋存于地壳内部或地表具有利用价值的，呈固态、液态或气态的自然资源。它既包括在当前经济技术上可开发利用的物质，又包括在未来条件下具有潜在利用价值的物质。它们以元素或化合物的集合体形态产出，一般为有用的矿物岩石，即某种有用成分在这里比较集中，便于开发利用，因而人们称其为"矿"。在中国古代，"矿"被解释成"金玉未成器者"，即可以从中提炼出金属或雕琢出玉。这些矿产是在漫长的地质作用过程中形成的，对于人类而言属于不可再生的资源。由于开采技术条件的限制，目前对矿产资源的利用仅限于岩石圈表层的地壳浅部，主要在陆地上开采。

9.1 矿产资源类型划分与资源范围的扩展

9.1.1 矿产资源类型划分

按矿床中所含的可利用成分，并参照其用途，矿产资源常分为以下类型：

（1）金属类：金属类包括黑色金属、有色金属、贵金属、稀有金属、稀土金属和分散元素共 6 个亚类（金属矿床规模划分见附录 2）。

黑色金属亚类：能提炼铁、锰、铬、钒等钢铁工业所需原料矿产资源。

有色金属亚类：能提炼铜、铅、锌、镍、铝、锡、钴、钼、钨、铋、镁、锑、汞等金属的矿产资源。

贵金属亚类：能提取金、银、铂族等贵重金属的矿产资源。

稀有金属亚类：能提取锂、铍、铌、钽、锆、铪、钛、锶、铷、铯等金属的矿产资源。

稀土金属亚类：能提取镧系稀土元素加钇共 16 个元素的矿产资源。

分散元素亚类：能提取镓、铟、锗、铊、铼、镉、钪、硒、碲的矿产资源。

（2）非金属类：富含硫、磷、钾、碘、硼等元素，以及重晶石、石棉、萤石、石墨、金刚石、刚玉、玛瑙、石膏、长石、滑石、膨润土、高岭土、珍珠岩、硅灰石、蛭石、海泡石等矿产资源。非金属类范围广，进一步可划分为冶金辅助原料、化工原料、建材原料与特种其他非金属矿产资源 4 个亚类（非金属矿床规模划分见附录 2）。

（3）能源类：包括石油、天然气、煤、煤成气与煤层气、泥炭和油页岩等由地球历史上的有机物堆积转化而成的"化石燃料"，地热以及铀、钍等核能矿产资源。

（4）其他类：包括地下水、矿泉水、天然气水合物、二氧化碳气等。

9.1.2 我国矿产资源基本特点

我国幅员辽阔，地质构造条件复杂多样化，地壳活动频繁，从而形成了较为优越的地质成矿条件。我国是世界上少有的几个矿产品种较齐全，矿产资源较丰富的国家之一。到 1997 年底（据《中国矿产资源报告'98》），我国已发现矿产 171 种，其中探明有储量的 153 种（209 个亚矿种），包括能源矿产 7 种、金属矿产 54 种、非金属矿产 89 种、水气矿产 3 种。在已发现的全部矿种中，现阶段在国民经济中扮演重要角色的有 45 种：

能源矿产（4 种）：石油、天然气、煤、铀。

金属矿产（23 种）：铁、锰、铬、钒、铝、铜、铅、锌、镍、钨、锡、钼、锑、汞、钛、金、银、铂族、稀土、钽、铌、铍、锂。

非金属矿产（18 种）：磷、硫、钾盐、硼、芒硝、菱镁矿、萤石、石棉、滑石、重晶石、膨润土、高岭土、耐火粘土、石膏、珍珠岩、天然碱、金刚石、石墨。

根据对这 45 种主要矿产的资源形势分析和与世界资源的对比结果，我国矿产资源基本特征有以下几点。

1）矿产种类齐全总量大，但人均矿量严重不足

目前世界上已知的矿产我国均有发现，而在已探明储量的 153 种矿产中，有 20 多种矿产储量居世界前列，其中近 10 种可排为世界第一。按 1997 年保有储量计，我国稀土矿储量占世界总量 80%、锑占 52%、钨占 47%、煤占 46%、菱镁矿占 30%、重晶石占 24%、钒占 14%、萤石占 12%。按 45 种主要矿产探明储量的可比价值分析，我国约为世界总量的 12%，仅次于美国和原苏联，居世界第 3 位。但由于我国人口基数大，矿产储量人均占有值低，仅为世界人均占有量的 58%，居世界第 53 位。

通过对 45 种主要矿产的探明储量人均拥有量在世界上的地位分析，可将我国矿产资源分成以下 5 类：

（1）具有绝对优势的矿产（指探明储量居世界第 1，2 位，人均拥有量大于世界平均值）：稀土、钛、钽、钨、锡、钼、锑、钒、锂、石膏、膨润土、芒硝、重晶石、菱镁矿、石墨共 15 种。

（2）具有相对优势的矿产（指探明储量居世界第 2，3 位，但人均拥有量接近或低于世界平均值）：煤、铌、铍、汞、硫、萤石、滑石、磷、石棉共 9 种。

（3）具有潜在优势的矿产（即虽然探明储量居世界前列，而人均拥有量低于世界平均值）：锌、铝土矿、珍珠岩、高岭土、耐火粘土 5 种。

（4）相对短缺的矿产（探明储量居世界第 5~12 位，而人均拥有量低于世界平均值 1/2~1/8 的矿产）：铁、锰、镍、铅、铜、金、银、石油、铀、硼共 10 种。

（5）紧缺矿产（指我国探明储量在世界上的位置偏后，而人均拥有量低于世界平均值 1/20 的矿产）：金刚石、铂、铬、钾盐、天然气和天然碱共 6 种。

2）贫矿多富矿少、中小型矿多大型矿少、综合矿多单一矿少

我国大宗矿产品的品位普遍较低。就目前已探明的储量看，86% 的铁矿属贫铁矿，70% 的铜、磷、铝土矿和 50% 的锰矿也为贫矿。此外，铬铁矿、钛矿、铅矿、钼矿、砷矿、硫铁矿、银矿、铂族矿、铍矿、钽矿、锆矿、硼矿等 10 多种矿产的平均品位均低于国外同类矿种的平均品位。

我国虽有一批在世界上堪称第一的特大型矿床，如内蒙古白云鄂博稀土矿、新疆阿舍勒铜矿、湖南柿竹园钨-锡多金属矿、广西大厂锡矿、湖南锡矿山锑矿、辽宁海城菱镁矿和范家堡子滑石矿、内蒙古达拉特旗芒硝矿、贵州天柱县大河边重晶石矿等。但总体上仍以中小型矿偏多。在全国已探明有储量的矿产地中，70% 以上为小型矿床。

我国有一大批多组分综合性矿产。如攀枝花共（伴）生铁、钒、钛、铬矿，甘肃金川共（伴）生镍、铜、钴、铂族矿，湖南柿竹园共（伴）生锡、锑、铋、铅、锌矿，内蒙古白云鄂博共（伴）生铁、稀土、铌矿。这些综合性矿产，虽然增加了选冶难度，但如重视综合利用，则会大大提高矿产资源开发利用的经济效益。

3）资源分布广泛，但储量的地理分布极不均衡

已知的 20 多万个矿床（矿化点）散布于全国各地，但大部分矿产的探明储量具有区域性集中的特点，如铁矿 50% 的探明储量集中于鞍本、冀东和攀西地区；煤矿储量的 64% 集中在山西、内蒙古和陕西；铝矿近 90% 的储量集中在山西、贵州、河南、广西；磷矿储量的 77% 分布在云南、

贵州、四川、湖北、湖南。这种地理分布的不均衡性，对我国矿业布局和经济发达地区与不发达地区资源的合理配给问题有很大的影响。在相当长的时间内我国将维持"北煤南运"、"南磷北送"及"西矿东流"的局面。

9.1.3　矿产资源范围的扩展

蕴藏在地下的热，从理论上讲，拥有的能量超过化石燃料，通过水为媒介，可以不断取用，地下热能被划为可再生的资源一类，但目前开发出来的能量甚微。美国是开发地热最多的国家，每年利用的地热能也仅占全国能量消费的 0.0036%。

在各类矿产中，金属矿产品曾占有最重要的地位，所以中文的"矿"字早年本从"金"旁。铜和铁的使用，成为划分人类社会历史阶段的标志。随着科学技术的进步和人类需要的增加，现今作为能源的矿产量和产值，都已超过金属矿产品；非金属矿产品的生产也有很大的发展。许多过去认为没有多大价值的岩石，正愈来愈多地成为重要的资源。

海洋资源是未来世界各国竞相勘查与开发的一个战略资源储备基地，现代洋底金属矿产的发现，是 20 世纪地质科学和技术进步的重要体现。迄今已发现有五种重要矿产：含金属软泥、铁锰结核、富钴锰结壳、海洋甲烷水合物和海底多金属硫化物矿床。相对较重要的有富钴锰结壳和海洋甲烷水合物。

富钴锰结壳，是指一种产在大洋水下山体上的富锰、钴、镍、铜、铂、稀土等元素的"壳状"沉积物，厚度多为 2~5 cm。现有资料表明，富钴锰结壳主要分布在西太平洋、中太平洋及赤道太平洋的海山区，在东太平洋、大西洋及印度洋的局部海区仅有少量发现。尤其在夏威夷群岛周围地区每平方米含富钴结壳 16 kg，在水较深处含钴 0.4%，在浅的海山顶部含钴 1.2%，其结壳钴蕴藏量达 6×10^8 t。富钴锰结壳中钴的平均含量是一般锰结核的 2.5 倍，钴含量最高达 2.5%，是大陆著名含钴矿床（中非含铜硫化物矿床）含钴量的数倍至数十倍；其平均铂含量也是锰结核的十多倍，最高含量达 4.5 g/t。由于富钴锰结壳潜在的经济价值及广阔的综合利用前景，促使各国相继自 20 世纪 90 年代起把研究重点由锰结核移向富钴锰结壳（潘家华等，1995）。

海洋甲烷水合物——天然气水合物（natural gas hydrates），一种冰状固体物质，是由甲烷（或乙烷、二氧化碳等）和水分子在低温（0~10℃）、高压（50 个大气压以上）条件下形成的。人们称它为"可燃冰"，是一种新型高效能源。1 m^3 的"可燃冰"所释放的能量相当于 164 m^3 的天然气。而且其蕴藏量巨大，据测算，目前全球天然气水合物资源量（换算成甲烷气体）高达 2×10^{16} m^3，约是当前世界已探明的所有煤、天然气、石油总和的两倍，因此有"21 世纪能源"之称（戴自希等，2004）。

煤成气（coal generated gas）是与煤系有关的天然气，即含煤地层中的煤和分散有机质在煤化过程中生成的天然气，它与煤层气不同，后者指残留于煤层本身的天然气，即煤层瓦斯。煤成气已是世界天然气资源的重要组成部分。它与腐泥型源岩有关的石油类天然气不同，煤成气是既与腐泥型源岩有关，也与腐殖型煤系源岩有关的天然气，约占世界天然气总储量的 1/3 以上，故世界各国均把煤成气作为能源开发的重点之一。

煤层气（coalbed gas）是指以吸附状态为主储集在煤层微孔、微裂隙内的天然气，成分以甲烷为主，是一种潜力巨大的非常规天然气资源。煤层气概念引进我国是在 20 世纪 80 年代以后，我国煤层甲烷气资源量为 31×10^{12} m^3，接近我国大陆范围常规天然气资源量。目前我国煤层气勘探开发程度低，尚未进入工业性开发利用阶段。

矿产资源的范围在不断扩大，各种矿物或岩石只要能用于人类生产或生活，并具有经济价值，都可以称为矿产。例如，随着世界各国旅游事业的大力发展，人们对观赏石（奇石）的开发、交换和收藏形成热潮。一些国家正在将更多观赏性岩（视为矿产品）作为旅游业的一门新兴项目被开发利用，前景十分广阔且效益非常显著。

9.2 矿产资源的分布

9.2.1 世界矿产资源分布特点概述

矿床是有用物质高度浓集的结果，成矿区、带是矿床比较集中的区域，它们都是地球在漫长地质演化历史过程中的特定产物。全世界的矿产勘查已不断识别出全球性和区域性的重要成矿区带（戴自希等，2004），这些区带具有的巨大矿产勘查潜力，是 21 世纪乃至以后世纪人们的重要勘查目标。这些全球性的成矿带和成矿区是：环太平洋成矿带、特提斯-喜马拉雅成矿带和中亚-蒙古成矿带（3 大成矿带），它们均与造山构造活动带一致。还有 8 个稳定地块矿化集中区：北美地块、巴西地块、澳大利亚地块、南部非洲地块、西伯利亚地块、印度地块、塔里木-华北地块和扬子地块。

1）环太平洋成矿带

环太平洋成矿带是全球最重要的成矿带。可分为东带和西带。东带北起阿拉斯加，南至智利南部，由北向南矿化时代逐渐变新；西带包括亚洲太平洋沿岸直至大洋洲的新西兰，矿化时代沿太平洋边缘为新生代，向大陆延伸则为中生代。环太平洋成矿带其成矿作用主要与中、新生代以来的太平洋板块俯冲作用有关。大洋边缘的金属成矿体系与安山岩环的火山深成岩有关。最靠近大洋的位置为晚白垩世不连续的太平洋超基性岩带，富含镍、钴、铬，经风化形成菲律宾、印度尼西亚、新喀里多尼亚、古巴等地的风化红土型矿床。直接分布在安山岩环中的矿化有金、银、铜、铅、锌、汞、锑等金属矿床。向大陆方向上分布着一套与酸性岩有关的大陆边缘成矿体系。在东带和西带上形成了两边相互对应的体系，但金属矿产呈不均匀的对称。在东带，南、北美洲的斑岩型铜、钼矿床居绝对优势（图 9-1），其次为银-铜-多金属成矿带和钨、金、锡、汞、锑等矿产。在西带，菲律宾、印度尼西亚和巴布亚新几内亚等地亦先后发现了一些巨大的斑岩铜、金矿床，该带是以金、银、汞、锑、铜、铅、锌、钨、锡、铝为其特点。西带最有特征的钨-锡成矿体系断续延伸至新西兰岛，长达 19000 km。与它相对应的东带玻利维亚含锡-钨体系，长度仅 2000 余千米，但意义较为重要。发育在各巨大地台边缘的成矿体系，有许多大型层状矿床的形成，集中于地台与环太平洋成矿带交接地区的断裂带内。

2）特提斯-喜马拉雅成矿带

特提斯-喜马拉雅成矿带位于欧亚大陆与冈瓦纳大陆的交接部位，经历了新老特提斯洋的扩张

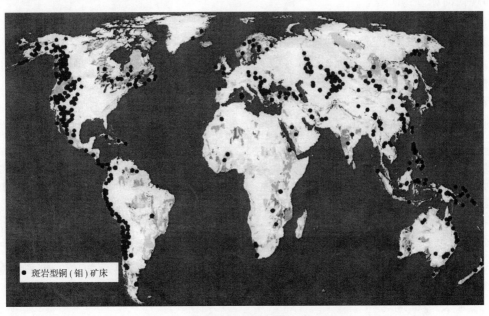

图 9-1 世界斑岩型铜钼矿床分布示意图

沉积和闭合隆起，两次大规模的板块俯冲碰撞，而后褶皱形成以中、新生代地质演化为主的地球上最年轻的造山褶皱带。成矿带可划分为地中海矿带、西亚矿带和喜马拉雅-三江矿带。地中海矿带位于特提斯-喜马拉雅成矿带西段，产出汞-锑-铜-钼-铅-锌-银-铬等矿产为主。矿化多与显生宙火山-岩浆活动有关，有黄铁矿型 $Cu-Pb-Zn$ 矿、热液型 $Hg-Sb$ 矿、斑岩型 $Cu-Mo$ 矿、矽卡岩型 $Pb-Zn-Ag$ 矿、陆相火山岩型金矿和阿尔卑斯蛇绿岩中的铬铁矿等。西亚矿带位于特提斯-喜马拉雅成矿带的中段，以产出 $Cu-Mo-Cr$ 等矿产为主。有中生代斑岩铜钼矿和阿尔卑斯蛇绿岩中的铬铁矿等。喜马拉雅-三江矿带位于特提斯-喜马拉雅成矿带的东段，以产出 $Cu-Mo-Pb-Zn-Au-Ag$ 等矿产为主，有中生代斑岩铜-钼矿（图9-1）、沉积-改造型铅-锌矿、海相火山岩型铜矿、微细浸染型金矿和构造蚀变岩型金矿等。

3）中亚-蒙古成矿带

中亚-蒙古成矿带分布在亚洲大陆中部，西起欧亚交界的乌拉尔山脉南端，经哈萨克斯坦、乌兹别克斯坦、吉尔吉斯斯坦、我国新疆塔里木以北地区，往东经蒙古国、我国甘肃北部、内蒙古及黑龙江北部地区，至俄罗斯贝加尔湖地区以南的俄罗斯南西伯利亚地区。大致在西伯利亚地块以南与卡拉库姆地块、塔里木地块和华北地块以北之间的广大褶皱区。自北向南由萨彦-额尔古纳萨拉伊尔（兴凯）造山系、天山-兴安华力西造山系和乌拉尔-南天山华力西造山系组成，还包括分布在造山系中的新西伯利亚陆块群和古中华陆块群。该成矿带东西长近4000km，南北宽600~1500km。

该成矿带主要为古生代、特别是晚古生代活动带。以发育黑色岩系矿床、块状硫化物矿床、斑岩铜钼矿床（图9-1）、陆相火山岩型金银矿床、与富碱侵入岩有关矿床、花岗伟晶岩型稀有金属矿床、与花岗岩类有关的锡矿、砂岩铜矿床、与超镁铁质-镁铁质岩石有关的铬铁矿床和低温热液汞-锑矿床等。

4）北美地块

以前寒武纪矿床最为重要，其次产出有古生代的矿床。以铜、镍、金、铀、铅、锌和铁等矿产为主。有沉积变质型铁矿、岩浆型铜镍硫化物矿、砾岩型和不整合面型铀矿、绿岩型金矿、块状硫化物铜-铅-锌矿以及密西西比河谷型铅-锌矿等。

5）巴西地块

以前寒武纪的矿床为主，也有新生代的矿床产出。以铁、锰、铜、铝、金、锡和铀等矿产为主。有沉积变质型铁矿、锰矿和金矿，砂页岩型铜矿，变质岩中铀矿，新生代红土型铝土矿、残积型金矿和现代河床砂锡矿等。

6）澳大利亚地块

以前寒武纪和古生代矿床为主，也有新生代红土型矿床和现代砂矿。产出铁、铝、铜、镍、金、铀、铅、锌和银等矿产。有沉积变质型铁矿、绿岩型金矿、铜-镍硫化物矿、不整合面型铀矿、钙结岩型铀矿、喷气沉积型铅-锌-银矿及红土型铝土矿床等。

7）南部非洲地块

以前寒武纪矿床为主。产出铜、镍、金、铂、铀、铅、锌、锰、铬等矿产。有元古宙砂页岩型铜矿、元古宙金-铀砾岩型矿床、层状杂岩型铬铁矿、沉积变质型锰矿、喷气沉积型铅-锌矿等。

8）西伯利亚地块

以前寒武纪和中生代矿床为主。产出有铜、镍、铂、金、银等矿产。有铜-镍硫化物型矿床、黑色岩系型金-铂矿等（如巨大的苏霍依洛克金-铂矿床）。

9）印度地块

以前寒武纪矿床为主，也有新生代的矿床。产有铁、锰、铝、铜、铅、锌、铬等矿产。有沉积变质型铁、锰矿、层状基性-超基性岩中的铬铁矿，热液铜矿，元古宙斑岩铜矿，绿岩型金矿，喷气沉积型铅-锌矿和新生代红土型铝土矿等。

10）塔里木-华北地块

以前寒武纪、古生代、中生代矿床为主，产出铁、钼、金、铝、铜、镍、铅、锌和稀土矿产等。有沉积变质型铁矿和铜矿、绿岩型金矿、构造蚀变岩型金矿、沉积型铝土矿、喷气沉积型铅-锌矿、岩浆型铜-镍矿、块状硫化物铜-多金属矿、斑岩型铝矿、热液型矿床、矽卡岩型矿床、与碱性侵入岩有关的铁-稀土-铌矿床等。

11）扬子地块

以前寒武纪、古生代、中生代矿床为主，产出铜、铅、锌、金、银、汞、锑、铁、钒、钛、钨、锡等矿产。有岩浆型钒-钛-磁铁矿矿床，火山-侵入岩型铁矿，斑岩型矿床，沉积变质型铜矿，块状硫化物铜-多金属矿床，矽卡岩型矿床，碳酸盐岩型铅-锌矿，微细浸染型金矿，构造蚀变岩型金矿、热液型汞-锑矿等。

除上述三大全球性的成矿区带和 8 个稳定地块的成矿集中区及南极潜在矿产资源外，还有北美阿巴拉契亚铅、锌、钨、铜、钼成矿带；澳大利亚东部边缘钨、锡、钼、铜、铅、锌成矿带；北欧斯堪的纳维亚-波罗的镍、铬、铜、铅、锌成矿区；中欧地块铜、铅、锌、银成矿区；中国秦祁昆金、铅、锌、银、铜、锑、锰、铬成矿带等。

9.2.2　世界矿产资源开发利用现状与展望

9.2.2.1　世界矿产资源现状

1）能源类矿产资源

（1）石油：据欧佩克的统计，截至 2006 年底，全球剩余石油探明储量为 1804.90×10^8 t，其中欧佩克剩余石油探明储量为 1236.20×10^8 t，占世界石油总储量的 68.5%（国土资源部信息中心，2007）。世界石油分布中东最多（1013×10^8 t），其次为北美、非洲、中南美、前苏联和东欧地区（图 9-2）。探明储量最高的 6 个国家依次为：沙特阿拉伯 355.93×10^8 t；加拿大 245.52×10^8 t；伊朗 186.69×10^8 t；伊拉克 157.55×10^8 t；科威特 135.63×10^8 t；阿联酋 133.99×10^8 t（图 9-3）。我国

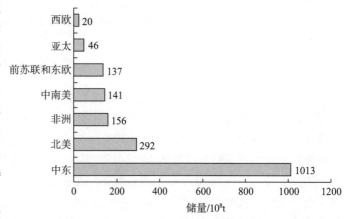

图 9-2　2006 年世界剩余石油探明储量地区分布

位居第 13 位。国际能源机构估计，世界石油总储量有 2.5×10^{12} 至 2.9×10^{12} 桶，预计到 2025 年，世界 60% 以上的石油供应将由沙特阿拉伯、加拿大、伊朗、伊拉克、科威特、俄罗斯、阿联酋和委内瑞拉 8 国提供。

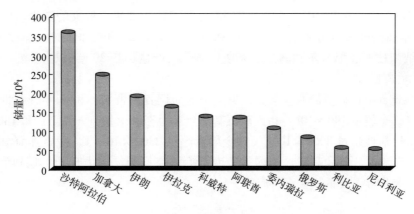

图 9-3　2006 年世界主要国家石油剩余探明可采储量

（2）天然气：2006 年世界天然气剩余探明可采储量为 175.08×10^{12} m^3，其中，欧佩克成员国的天然气剩余探明储量为 89.27×10^{12} m^3，占世界天然气总储量的 51.0%。俄罗斯天然气储量有 47.57×10^{12} m^3（占世界总储量的 27.2%）；伊朗有 27.58×10^{12} m^3（占 15.8%）、卡塔尔有 25.78×10^{12} m^3（占 14.7%）。这 3 个国家的天然气储量占了世界总储量的 56.6%。世界天然气剩余探明储量排名前 10 位的国家见图 9 - 4。按现有的开采水平，世界天然气证实储量可供开采 64 年，其中中东地区天然气的可采年限为 248 年；中国天然气储量为 2.27×10^{12} m^3（可采年限为 47 年）；西半球（包括北美和中南美）可采年限最低，不足 10 年（国土资源部信息中心，2007）。

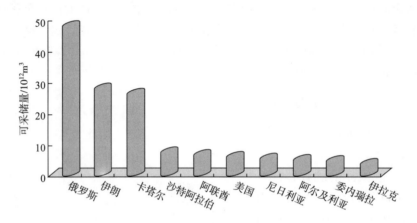

图 9 - 4　2006 年世界主要国家天然气剩余探明可采储量

（3）煤炭：截至 2005 年底，世界煤炭探明可采储量为 9090.64×10^8 t，其中无烟煤和烟煤为 4787.71×10^8 t，次烟煤和褐煤为 4302.93×10^8 t。按 2005 年的开采水平，世界现有煤探明可采储量可供开采 155 年。世界煤炭储量在 10×10^8 t 以上的国家共有 22 个，合计探明可采储量 8770.86×10^8 t，占世界煤炭探明可采储量总量的 96.5%；美国、中国、俄罗斯、印度、澳大利亚、南非、乌克兰、哈萨克斯坦、波兰、巴西 10 个国家煤炭探明可采储量都在百亿吨以上，其中美国、中国和俄罗斯属于煤炭资源大国，探明可采储量都在千亿吨以上，三国合计煤炭探明可采储量 5181.53×10^8 t，占世界煤炭探明可采储量总量的 57.0%（国土资源部信息中心，2007）。

（4）铀矿：据国际原子能机构《铀资源、生产与需求——2005 年版红皮书》，全世界 44 个国家和地区已探明的可靠资源量（截至 2005 年）为 788.76×10^4 t，其中储量较大的前 10 个国家为：澳大利亚（占全球总储量的 27.41%）、哈萨克斯坦（14.85%）、加拿大（12.39%）、尼日尔（6.77%）、南非（6.61%）、巴西（5.77%）、美国（5.63%）、纳米比亚（5.02%）、俄罗斯（4.07%）和乌兹别克斯坦（2.49%）。中国铀储量 10.18×10^4 t，占全球总储量的 1.29%，排名第 12 位（表 9 - 1）。全世界有 17 个国家开采铀矿，最大的铀生产国为加拿大和澳大利亚，2005 年铀矿开采量分别占到了全球铀开采总量的 28.0% 和 22.9%。其次为哈萨克斯坦、俄罗斯、纳米比亚、尼日尔和乌兹别克斯坦，矿山产量均在 2000 t 以上。

2）金属类矿产资源

（1）铁矿：世界上铁矿资源非常丰富，据美国地质调查局资料，2006 年查明世界铁矿石储量为 1600×10^8 t（铁金属量 790×10^8 t）；铁矿石基础储量为 3700×10^8 t（铁金属量 1800×10^8 t）。世界铁矿石资源总量估计超过 8000×10^8 t（铁金属量超过 2300×10^8 t）。世界排前 10 名的国家为：巴西、俄罗斯、乌克兰、澳大利亚、中国、印度、哈萨克斯坦、委内瑞拉、瑞典和美国（表 9 - 2）。这些国家也是世界主要的铁矿石供应国。

表 9 - 1 2005 年世界及主要国家铀储量

排名	国 别	成本范围			合计储量（10^4 t）	所占比例（%）
		小于 40 美元/kg	小于 80 美元/kg	小于 1300 美元/kg		
1	澳大利亚	70.10	71.40	74.70	216.20	27.41
2	哈萨克斯坦	27.88	37.83	51.39	117.10	14.85
3	加拿大	28.72	34.52	34.52	97.76	12.39
4	尼日尔	17.29	18.05	18.05	53.38	6.77
5	南非	8.86	17.71	25.56	52.13	6.61
6	巴西	13.99	15.77	15.77	45.53	5.77
7	美国	-	10.20	34.20	44.40	5.63
8	纳米比亚	6.22	15.13	18.26	39.61	5.02
9	俄罗斯	5.75	13.18	13.18	32.10	4.07
10	乌兹别克斯坦	5.97	5.97	7.69	19.64	2.49
11	乌克兰	2.80	5.85	6.67	15.32	1.94
12	中国	2.58	3.80	3.80	10.18	1.29
	其他	-	-	-	45.44	5.76
	世界总计	194.74	264.33	329.67	788.76	100.00

（据中国国家原子能机构等，2006）

表 9 - 2 2006 年世界及主要国家的铁矿石储量 （单位：10^8 t）

国 家	储 量				基础储量			
	矿石量	金属量	占比例（%）	排名	矿石量	金属量	占比例（%）	排名
巴西	230	160	20.25	1	610	410	22.78	1
俄罗斯	250	140	17.72	2	560	310	17.22	2
乌克兰	300	90	11.39	3	680	200	11.11	4
澳大利亚	150	89	11.27	4	400	250	13.89	3
中国	210	70	8.86	5	460	150	8.33	5
印度	66	42	5.32	6	98	62	3.44	7
哈萨克斯坦	83	33	4.18	7	190	74	4.11	6
委内瑞拉	40	24	3.04	8	60	36	2.00	10
瑞典	35	22	2.78	9	78	50	2.78	8
美国	69	21	2.66	10	150	46	2.56	9
其他国家	167	99	12.53	-	414	212	11.78	-
世界总计	1600	790	100.00		3700	1800	100.00	

（据国土资源部信息中心，2007）

（2）锰矿：2006 年世界查明陆地锰矿石储量和锰矿石基础储量分别为 4.4×10^8 t 和 52.0×10^8 t。锰矿资源分布最广的为南非、乌克兰、印度、澳大利亚、加蓬、中国、巴西和墨西哥等国家（表 9 - 3）。它们也是世界主要的锰矿石与锰合金生产国。需要指出的是，世界大洋底锰结核的资源非常丰富，据估计整个大洋的锰结核资源约有 3×10^{12} t，其中太平洋约有 1.7×10^{12} t。锰结核不仅含有锰，而且含有丰富的铜、钴、镍等有用元素。大洋底锰结核中锰、铜、钴、镍的储量是陆地上相应储量的几十到几千倍。

表 9 - 3　2006 年世界及主要国家的锰矿石储量　　　　　　　（单位：10^4 t）

国　家	储　量	基础储量	占比例（%）	排名	国　家	储　量	基础储量	占比例（%）	排名
南非	3200	400000	72.17	1	中国	4000	10000	2.51	6
乌克兰	14000	52000	11.81	2	巴西	2500	5100	1.36	7
印度	9300	16000	4.53	3	墨西哥	400	900	0.23	8
澳大利亚	7300	16000	4.17	4	其他国家	很少	很少	—	—
加蓬	2000	16000	3.22	5	世界总计	44000	520000	100.00	

（据国土资源部信息中心，2007）

（3）铬矿：2006 年世界查明铬铁矿储量为 8.1×10^8 t，基础储量为 18.0×10^8 t。估计世界铬铁矿资源量超过 120×10^8 t，可满足世界几百年的需求。世界上铬铁矿资源丰富的国家主要有哈萨克斯坦、南非、芬兰、印度、巴西、土耳其和阿尔巴尼亚等国（表 9 - 4），其中哈萨克斯坦和南非是世界上两个铬铁矿资源最丰富的国家，其铬铁矿储量约占世界铬铁矿总量的 90%。中国铬铁矿仅占世界铬铁矿总量的 0.1%。

表 9 - 4　2006 年世界及主要国家的铬铁矿储量　　　　　　　（单位：10^4 t）

国　家	储　量	基础储量	排名	国　家	储　量	基础储量	排名
哈萨克斯坦	29000	47000	1	阿尔巴尼亚	610	610	7
南非	16000	27000	2	伊朗	240	240	8
芬兰	4100	12000	3	美国	110	120	9
印度	2500	5700	4	其他国家	—	—	—
巴西	1400	2300	5				
土耳其	800	2000	6	世界总计	81000	180000	

（据国土资源部信息中心，2007）

（4）钒矿：2006 年世界钒的探明储量为 1300×10^4 t（金属钒），基础储量为 3800×10^4 t（金属钒）。世界钒资源总量超过 6300×10^4 t。世界钒资源主要分布于中国、南非、俄罗斯和美国等国。中国是主要的钒矿资源大国，攀枝花地区钒钛磁铁矿储量近 100×10^8 t，其中 V_2O_5 储量约 1570×10^4 t，占中国钒储量的 62%，占世界钒储量的 11%，是世界最大的钒资源集中区。

（5）铜矿：2006 年世界查明铜储量为 48000×10^4 t，基础储量为 94000×10^4 t。铜矿主要分布在环太平洋区域和中非地区，智利和美国是最主要的铜资源大国，其储量分别占世界总量的 26% 和 13%。世界上铜矿分布最广的 10 个国家依次为：智利、美国、秘鲁、波兰、印度尼西亚、墨西哥、中国、澳大利亚、俄罗斯和赞比亚（表 9 - 5）。

表 9 - 5　2006 年世界及主要国家的铜储量　　　　　　　（单位：10^4 t）

国　家	储　量	基础储量	排名	国　家	储　量	基础储量	排名
智利	15000	36000	1	中国	2600	6300	7
美国	3500	7000	2	澳大利亚	2400	4300	8
秘鲁	3000	6000	3	俄罗斯	2000	3000	9
波兰	3000	4800	4	赞比亚	1900	3500	10
印度尼西亚	3500	3800	5	其他国家	—	—	
墨西哥	3000	4000	6	世界总计	48000	94000	

（据国土资源部信息中心，2007）

（6）铅矿：2006年世界已控制的铅资源量约为 15×10^8 t，查明铅储量为 6700×10^4 t，基础储量为 14000×10^4 t。按2005年生产规模（365.17×10^4 t/a）计，现有铅储量和基础储量静态保证年限分别为18年和38年。铅资源丰富的10个国家依次为澳大利亚、中国、美国、加拿大、哈萨克斯坦、秘鲁、墨西哥、摩洛哥、瑞典和南非（表9-6）。

表9-6　2006年世界及主要国家的铅储量　（单位：10^4 t）

国　家	储量	基础储量	排名	国　家	储　量	基础储量	排名
澳大利亚	1500	2800	1	墨西哥	150	200	7
中国	1100	3600	2	摩洛哥	50	100	8
美国	810	2000	3	瑞典	50	100	9
加拿大	200	900	4	南非	40	70	10
哈萨克斯坦	500	700	5	其他国家	1900	3000	
秘鲁	350	400	6	世界总计	6700	14000	

（据国土资源部信息中心，2007）

（7）锌矿：2006年世界已查明的锌储量为 22000×10^4 t，基础储量为 46000×10^4 t。按2005年生产规模（999.37×10^4 t/a）计，现有锌储量和基础储量静态保证供应年限分别为22年和46年。锌资源主要分布的7个国家依次为中国、美国、澳大利亚、哈萨克斯坦、加拿大、秘鲁和墨西哥（表9-7）。

表9-7　2006年世界及主要国家的锌储量　（单位：10^4 t）

国　家	储　量	基础储量	排名	国　家	储　量	基础储量	排名
中国	3300	9200	1	秘鲁	1600	2000	6
美国	3000	9000	2	墨西哥	800	2500	7
澳大利亚	3300	8000	3	其他国家	5900	8700	
哈萨克斯坦	3000	3500	4				
加拿大	1100	3100	5	世界总计	22000	46000	

（据国土资源部信息中心，2007）

（8）铝土矿：2006年世界查明铝土矿储量为 250×10^8 t，基础储量为 320×10^8 t。世界铝土矿储量比较丰富的8个国家是：几内亚（74×10^8 t）、澳大利亚（58×10^8 t）、牙买加（20×10^8 t）、巴西（19×10^8 t）、印度（7.7×10^8 t）、中国（7×10^8 t）、圭亚那（7×10^8 t）和希腊（6×10^8 t），储量合计约占世界总储量的75%。

（9）镍矿：2006年世界查明镍矿储量为 6400×10^4 t，基础储量为 14000×10^4 t。世界镍矿资源比较丰富的10个国家为澳大利亚、俄罗斯、古巴、加拿大、巴西、新喀里多尼亚、南非、印度尼西亚、中国和菲律宾（表9-8）。

表9-8　2006年世界及主要国家的镍储量　（单位：10^4 t）

国　家	储量	基础储量	排名	国　家	储　量	基础储量	排名
澳大利亚	2400	2700	1	南非	370	1200	7
俄罗斯	660	920	2	印度尼西亚	320	1300	8
古巴	560	2300	3	中国	110	760	9
加拿大	490	1500	4	菲律宾	94	520	10
巴西	450	830	5	其他国家	520	1070	
新喀里多尼亚	440	1200	6	世界总计	6400	14000	

（据国土资源部信息中心，2007）

（10）钨矿：2006 年世界查明钨矿储量为 290×10^4 t，基础储量为 620×10^4 t。世界钨矿资源主要集中在中国、加拿大、俄罗斯、美国和玻利维亚，这五国合计占世界总储量的 87%（表 9 - 9）。

表 9 - 9　2006 年世界及主要国家的钨储量　　　　　　　　（单位：10^4 t）

国　家	储　量	基础储量	排名	国　家	储　量	基础储量	排名
中国	180.0	420.0	1	奥地利	1.0	1.5	6
加拿大	26.0	49.0	2	葡萄牙	0.26	0.75	7
俄罗斯	25.0	42.0	3	朝鲜	–	3.5	8
美国	14.0	20.0	4	其他国家	35.0	70.0	
玻利维亚	5.3	10.0	5	世界总计	290.0	620.0	

（据国土资源部信息中心，2007）

（11）锡矿：2006 年世界查明锡矿储量为 610×10^4 t，基础储量为 1100×10^4 t。世界锡矿资源比较丰富的国家主要有中国、马来西亚、印度尼西亚、秘鲁、巴西、玻利维亚和俄罗斯等（表 9 - 10）。锡矿资源中国最为丰富，约占世界锡矿资源总量的 28%。按 2005 年世界锡矿山产量（33.33×10^4 t/a）计，现有锡储量和基础储量静态保证年限分别为 18 年和 33 年。

表 9 - 10　2006 年世界及主要国家的锡储量　　　　　　　（单位：10^4 t）

国　家	储　量	基础储量	排名	国　家	储　量	基础储量	排名
中国	170	350	1	俄罗斯	30	35	7
马来西亚	100	120	2	泰国	17	20	8
印度尼西亚	80	90	3	澳大利亚	15	30	9
秘鲁	71	100	4	葡萄牙	7	8	10
巴西	54	250	5	其他国家	18	24	
玻利维亚	45	90	6	世界总计	610	1100	

（据国土资源部信息中心，2007）

（12）锑矿：2006 年世界查明锑矿储量为 170×10^4 t，基础储量为 390×10^4 t。世界锑矿资源集中分布在中国、俄罗斯、玻利维亚、美国、塔吉克斯坦和南非等国家（表 9 - 11）。

表 9 - 11　2006 年世界及主要国家的锑储量　　　　　　　（单位：10^4 t）

国　家	储　量	基础储量	排名	国　家	储　量	基础储量	排名
中国	79	240	1	塔吉克斯坦	5	15	6
俄罗斯	35	37	2	南非	4.4	20	7
玻利维亚	31	32	3	其他国家	15	33	
美国	–	9	4	世界总计	170	390	

（据国土资源部信息中心，2007）

（13）钴矿：2006 年世界查明钴矿储量为 700×10^4 t，基础储量为 1300×10^4 t。世界钴矿储量集中分布在刚果（金）（340×10^4 t）、澳大利亚（140×10^4 t）、古巴（100×10^4 t）、赞比亚（27×10^4 t）、俄罗斯（25×10^4 t）、新喀里多尼亚（23×10^4 t）、加拿大（12×10^4 t）和巴西（2.9×10^4 t）等国，它们的钴矿储量占世界钴矿总量的 95% 以上。

（14）钼矿：2006 年世界查明钼矿储量为 860×10^4 t，基础储量为 1900×10^4 t。世界钼矿储量主要分布在中国（330×10^4 t）、美国（270×10^4 t）、智利（110×10^4 t）、加拿大（45×10^4 t）、俄

罗斯（24×10^4 t）、亚美尼亚（20×10^4 t）、墨西哥（13.5×10^4 t）、哈萨克斯坦（13×10^4 t）和乌兹别克斯坦（6×10^4 t）等国家。

（15）镁矿：镁矿资源主要来自海水、卤水、白云岩、菱镁矿和水镁石等矿物。世界菱镁矿资源较稳定，2006 年世界查明的菱镁矿储量为 22×10^8 t，基础储量为 36×10^8 t。世界菱镁矿储量主要分布在俄罗斯（6.5×10^8 t）、朝鲜（4.5×10^8 t）、中国（3.8×10^8 t）、澳大利亚（1.0×10^8 t）、土耳其（0.65×10^8 t）、巴西（0.45×10^8 t）、斯洛伐克（0.45×10^8 t）和希腊（0.30×10^8 t）等国家。

（16）铋矿：2006 年世界查明铋矿储量为 32×10^4 t，基础储量为 68×10^4 t。世界铋矿储量主要分布在中国（居世界第一），探明储量占全球探明储量的 70% 以上，其次为澳大利亚、秘鲁、墨西哥、玻利维亚和美国等。

（17）汞矿：2006 年世界查明汞矿储量为 4.6×10^4 t，基础储量为 24×10^4 t。世界汞矿储量主要分布在西班牙、意大利、中国和吉尔吉斯斯坦等国家。

（18）铂族金属：2006 年世界查明铂族金属储量为 71000 t，基础储量为 80000 t。世界铂族金属储量集中分布在南非（63000 t），其次为俄罗斯（6200 t）、美国（900 t）和加拿大（310 t）等国。这 4 个国家无论是储量还是基础储量，都占全球的 95% 以上。中国铂族金属储量仅占世界总量的 0.03%。

（19）金矿：2006 年世界查明黄金储量为 42000 t，基础储量为 90000 t。世界黄金储量和基础储量的静态保证年限分别为 17 年和 36 年。世界黄金资源总量估计为 10×10^4 t，其中 15%～20% 为其他金属矿床中的共伴生资源。世界黄金资源（储量＋基础储量）集中分布在南非（42000 t），其次为澳大利亚（11000 t）、秘鲁（7600 t）、俄罗斯（6500 t）、美国（6400 t）、中国（5300 t）、加拿大（4800 t）和印度尼西亚（4600 t）等国。南非黄金储量约占世界黄金资源总量的一半。

（20）银矿：2006 年世界查明银储量为 27×10^4 t，基础储量为 57×10^4 t。世界银储量和基础储量的静态保证年限分别为 13 年和 28 年。世界银资源（储量＋基础储量）主要分布在波兰（191000 t）、中国（146000 t）、美国（105000 t）、墨西哥（77000 t）、秘鲁（73000 t）、澳大利亚（68000 t）和加拿大（51000 t）等国。全球约 2/3 的银资源为其他金属矿床中的共伴生资源。

（21）锂矿：2006 年世界查明锂储量为 410×10^4 t，基础储量为 1100×10^4 t。世界锂资源主要分布在智利（600×10^4 t）、中国（164×10^4 t）、巴西（110×10^4 t）、加拿大（54×10^4 t）、美国（44.8×10^4 t）、澳大利亚（42×10^4 t）和津巴布韦（5×10^4 t）等国家。

（22）钛矿：2006 年世界查明钛铁矿储量和基础储量分别为 6.1×10^8 t（TiO_2）和 12.0×10^8 t（TiO_2），钛铁矿储量主要集中分布于中国、南非、印度、澳大利亚、越南、挪威、美国、加拿大、莫桑比克、乌克兰和巴西等国。世界查明金红石（包括锐钛矿）储量和基础储量分别为 0.52×10^8 t（TiO_2）和 1.00×10^8 t（TiO_2），其储量主要集中分布于澳大利亚、南非、印度、塞拉利昂、巴西、乌克兰、美国和莫桑比克等国。

（23）稀土：2006 年世界查明稀土储量为 8800×10^4 t，基础储量为 15000×10^4 t。世界稀土（储量＋基础储量）中国占有绝对优势（11600×10^4 t），其次为独联体（4000×10^4 t）、美国（2700×10^4 t）、澳大利亚（1100×10^4 t）和印度（240×10^4 t）。

（24）镉矿：2006 年世界查明镉储量为 54×10^4 t，基础储量为 160×10^4 t。世界镉资源主要分布在澳大利亚（占全球探明储量的 18%），其次美国、中国、加拿大、墨西哥也有较大的储量。

3）非金属类矿产资源

非金属类矿产资源包括硫、磷、钾、碘、硼、重晶石、石棉、萤石、石墨、金刚石、刚玉、玛瑙、石膏、长石、滑石、膨润土、高岭土、珍珠岩、硅灰石、蛭石、海泡石等 20 多种矿产资源。下面据国土资源部信息中心编《2005～2006 世界矿产资源年评》，把世界主要非金属类矿产资源储量、基础储量及主要生产国情况汇总于表 9-12。

表 9－12　世界主要非金属类矿产资源分布

矿种名称	全球储量/kt	全球基础储量/kt	主 产 国
重晶石	200000	740000	中国、印度、美国、摩洛哥、泰国、土耳其、墨西哥
硅藻土	920000	>950000	美国、中国、捷克、秘鲁
萤石	23000	480000	南非、墨西哥、中国、蒙古、法国、意大利、西班牙
金刚石	580000 克拉	1300000 克拉	民主刚果、博茨瓦纳、澳大利亚、南非、俄罗斯
石墨	76000	290000	中国、捷克、墨西哥、马达加斯加、印度、巴西
珍珠岩	700000	77000000	美国、希腊、匈牙利
硫（S）产量	66000		美国、加拿大、中国、俄罗斯、日本
磷矿石	18000000	50000000	中国、摩洛哥、南非、美国、约旦、巴西、俄罗斯
钾盐（K$_2$O）	8300000	17000000	加拿大、俄罗斯、白俄罗斯、德国、巴西、美国
天然碱	24000000	40000000	美国、博茨瓦纳、墨西哥、土耳其
滑石、叶蜡石	500000	1087000	美国、巴西、中国、日本、韩国、印度
硼（B$_2$O$_3$）	170000	410000	土耳其、俄罗斯、美国、中国、秘鲁、阿根廷
石膏	>9700000		俄罗斯、伊朗、中国、巴西、美国、加拿大
石棉	200000	45000	俄罗斯、中国、哈萨克斯坦、加拿大、巴西
硅灰石	800000		中国、印度、美国、墨西哥、加拿大、芬兰
高岭土	22200000		美国、中国、英国、巴西、独联体、印度
膨润土	3900000		中国、美国、独联体、德国、土耳其、日本

（据国土资源部信息中心，2007）

总起来说，世界探明的石油能源与金属矿产资源储量不断增长，矿产资源潜力大，保证程度提高。除石油和天然气储量增长速度仍然保持较高水平外，铬、镍、稀有金属、金刚石、重晶石、石墨等增长显著，金、银、铂族金属增长也较明显，但大多数增长速度减慢。由于除西欧和北美以外，世界各地地质勘探程度仍较低，矿产资源潜力仍很大。又由于世界矿业生产发展缓慢，目前世界多数矿产资源的需求保证程度在提高。除煤、铁矿石、铅、萤石、菱镁矿等少数矿产外，世界主要矿产储量的静态保证年限都有不同程度提高，其中石油、铁、银、锡、汞、硫、重晶石、金刚石等矿产资源明显提高。

9.2.2.2　世界矿产资源利用与消费贸易现状

1）世界矿产资源利用现状

世界矿业开发资源种类齐全，产值最大的依次是原油、天然气、煤、铁矿石、金、铜、锌、锰、镍、金刚石。开发总的特点是：矿业开发速度显著减缓；开采和冶炼仍以发达国家为主，但重心正逐渐向发展中国家转移；产业结构调整向纵深发展，高附加值的产品得到进一步重视；矿产采、选、冶技术发展迅速，可开采利用的矿石品位不断降低，资源利用率进一步提高；非传统矿产资源研究、勘探、和开发得到进一步重视；世界废旧金属回收利用数量不断增多，在精煤、油、金属生产中所占比例在提高；国际矿业合作加强，矿产资源国际化愈加明显。与此同时，发达国家和跨国公司对世界矿业和矿产资源控制程度不断提高。

2）世界矿产资源消费与矿产品贸易现状

矿产品消费增长速度减缓，矿产耗用强度下降；世界矿产品消费主要集中在美国、日本、欧共体、亚太地区；随着高新技术的发展，矿产品应用领域不断扩大，但同时新材料市场竞争也日趋加剧。

世界矿产品贸易相对于生产消费，增长速度较显著，一般贸易量与产量之比在20%以上。其中石油、铁矿石、铬、镍、钨、钼、铝、铜、锡、锑、铂族金属、钾盐、金刚石、石墨等为35%。金属矿产品价格从1993年底开始明显回升，工业化国家对矿产品进口依赖程度进一步提高。在国际金属矿产品贸易中，金属交易所发挥了越来越大的影响，贸易量迅速增长。

3）世界矿产资源需求展望

未来的 2010～2020 年间，世界矿产资源需求量年均增长率将在 1.5%～2% 的水平，从总体上看，未来 20～30 年世界矿产生产和供应能满足世界经济发展要求。中东石油生产和出口在世界上的地位将进一步加强，拉丁美洲将是世界贵金属、铁合金、金刚石生产中心，西欧将朝着矿业咨询、国际中介和技术、设备、资金的输出方向发，亚太地区将成为世界最大的矿产消费市场，北美则将保持一定的增长速度，接近世界平均水平。争夺矿物原料的竞争依然激烈，但矿业在世界经济中作为基础产业的地位不会改变。

9.2.3 我国矿产资源分布特点

9.2.3.1 金属矿产资源

我国已探明储量的在国民经济中起重要作用的金属矿产资源包括：黑色金属矿产（铁、锰、铬、钒），有色金属矿产（铜、铝、铅、锌、镍、钴、锡、钨、钼、铋、锑、汞），贵金属矿产（金、银、铂族金属），稀土金属矿产（镧系 15 个稀土元素加钇），稀有金属矿产（锂、铍、铌、钽、锆、铪、钛），分散金属矿产（钪、锗、镓、铟、铊、铼、镉、硒、碲）。它们的分布特征概述如下（图 9-5）。

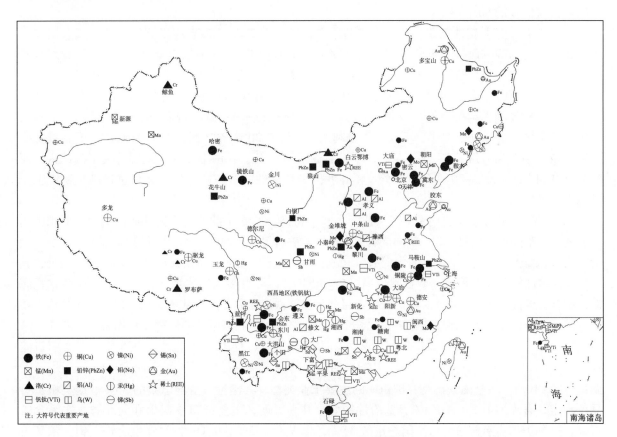

图 9-5 中国金属矿产资源分布示意图
（据中国地质矿产信息研究院，1993，有补充）

1）黑色金属矿产

黑色金属矿产包括铁、锰、铬和钒 4 种。

（1）铁矿：2006 年世界查明铁矿石储量为 1600×10^8 t，我国铁矿石储量为 210×10^8 t，居世界第 5 位。我国已发现铁矿产地 1900 余处，铁矿资源分布的基本特点是：

A. 分布广泛，但储量相对集中：铁矿分布于我国内地除天津市以外的其他省（区）、市，但储量相对集中在辽宁、四川、河北、山西、安徽、湖北、云南、山东、内蒙古和河南等10个省（区）。其占有全国总量的80%。这种分布特点有利于大中小矿山并举的开发方针和集中建设大型钢铁骨干企业。

B. 贫矿多富矿少，且以易选贫矿为主：我国可直接入炉的富铁矿石仅占全国总储量的2.6%。富矿中炼钢用矿石更少，不到0.4%，大部分为炼铁用矿石。全国铁矿石的平均品位仅35%。且贫铁矿石类型繁多，以磁铁矿、钒钛磁铁矿和赤铁矿为主，此外，还有菱铁矿、褐铁矿及混合矿等类型。占全国总储量50%以上的鞍山式磁铁贫矿成分单一易选；钒钛磁铁矿成分则较复杂，选冶难度较大，这类矿产约占总储量的15%；赤铁矿及其他红矿类工艺复杂，其利用问题尚未完全解决。

C. 共（伴）生组分多，综合利用价值大：我国大型铁矿几乎都具有丰富的共（伴）生元素，如含钒、钛的攀枝花铁矿；含稀土、铌的白云鄂博铁矿；含铜、钴、金的大冶铁矿；含锡的大顶山铁矿等。多组分矿石尽管选冶技术复杂，但伴生组分经济价值高，有些还高于主矿产，因此综合利用价值很大，能部分补偿贫铁矿的选矿成本。

D. 部分暂难利用矿区：按开发利用条件分析，全国有583处铁矿属暂难利用矿区，共有储量9.118×10^{10} t，占总保有储量的19.17%。因此，实际可利用铁矿区仅1314处（其中正在开发利用的818处，占有储量1.8224×10^{10} t，即占总保有储量的38.32%）。可利用储量3.844×10^{10} t，为全国总保有储量的80.83%。

（2）锰矿：锰是钢铁工业中的重要辅助原料，世界上90%的锰矿用于钢铁工业，其余用在轻工、化工、医药等方面。2006年世界查明锰储量为4.4×10^8 t，我国锰储量0.4×10^8 t。我国锰资源以贫锰矿为主，占总储量的94%。已发现锰矿产213处，累计全国锰矿平均品位仅22%，而国外多为40%~50%。从工业类型上看，碳酸锰矿占全国锰储量的65%左右。矿石品位低（平均21.14%），粒度细，结构复杂，并常含磷、硫等杂质；另一些含铁过高，选矿难度很大。并且，储量过于集中，矿床规模偏小，不利于开发利用。尽管有20个省（区）发现有锰矿，但储量主要见于广西、湖南和贵州三省（区），共占全国总储量的69%。我国至今尚未发现特大型锰矿床，而2.0×10^7 t以上的大型锰矿床仅有5处。锰在我国是较稀缺的资源，每年需大量进口满足钢铁工业迅速发展的需要。

（3）铬矿：铬铁矿主要用来生产铬铁合金和金属铬。2006年世界查明铬铁矿储量为8.1×10^8 t，主要分布在哈萨克斯坦和南非。我国探明保有铬铁矿矿石仅1.0×10^7 t多，其中39%集中在西藏，次为内蒙古、新疆、甘肃、北京、青海等省（市、区）。我国规模大、质量好的铬铁矿矿床有两处，其一位于西藏曲松罗布莎地区，矿石品位高（$Cr_2O_3$53%），可直接入炉冶炼。另一处为新疆萨尔托海矿，矿石选到优质耐火级铬矿。这两处也是目前我国铬铁矿的主要生产基地。除此以外，多数铬铁矿矿床矿石品位低规模小，难以进行工业化开发利用。铬铁矿是我国匮乏的矿种，每年需大量进口。

（4）钒矿：钒是一种钢铁添加剂，又可作为硫酸制造过程中的催化剂。2006年世界查明钒储量为1.3×10^7 t，我国钒储量为5.0×10^6 t，居世界首位。我国已发现钒矿产地110处，探明V_2O_5储量2.8×10^7 t。钒钛磁铁矿是我国钒矿的主要工业类型，其储量占全国总量的56%。这类钒矿石品位稳定，含$V_2O_5$0.2%~0.3%，选冶性能好，开采方便，主要分布在四川和河北省。次为含钒石煤，这种类型占有储量约占全国总量的34%，含$V_2O_5$0.5%~0.1%，常伴生有镍、钼、铀等组分，个别含银较高，主要分布在湖南、广西、浙江和湖北等省。另一种较重要的类型为含钒磁（赤）铁矿，约占有总储量的10%，主要分布在安徽、江苏两省，这种矿床以中小型规模为主，含$V_2O_5$0.1%~0.2%，是我国钒渣的重要产地。目前各类钒产品自给有余，资源优势十分明显。

2）有色金属矿产

有色金属矿产包括铜、铝、铅、锌、镍、钴、锡、钨、钼、铋、锑和汞12种。

（1）铜矿：铜是国民经济建设中一种重要的金属原料。在当前世界金属消费量中，铜仅次于铁和铝居第 3 位。2006 年世界查明铜储量为 4.8×10^8 t，主要分布在智利、美国、秘鲁和波兰等国。我国铜矿储量为 2.6×10^7 t，居世界第 7 位。我国铜矿预测资源总量上亿吨，现已探明矿产地 900 多处，其中工业储量约占 45%。

我国铜矿分布非常广泛，除天津以外的其他省（区）均有所见，但 80% 探明储量集中分布在五大地区。即长江中下游和赣东北地区（约占总储量 35%），西藏昌都地区（占 15%），川南-滇中地区（占 14%），甘肃金川-白银地区（占 8%），中条山地区（占 6%）。除西藏昌都外，其他四个地区都已经成为我国重要的铜工业基地（图 9-5）。

我国铜矿工业类型齐全，主要有五大类型（储量约占全国总量的 90% 以上）：

斑岩型铜矿（平均品位 0.53%）：江西德兴、山西铜矿峪、西藏玉龙等铜矿床。

矽卡岩型铜矿（平均品位 1%）：长江中下游区安徽铜陵、江西城门山等铜矿床。

层状型铜矿（平均品位 0.92%）：云南东川、易门和大姚、湖南车江、内蒙古霍各乞、山西篦子沟等铜矿床。

火山沉积型铜矿（平均品位 0.72%）：甘肃白银厂等铜矿床。

铜-镍硫化物型铜矿（平均品位 0.96%）：甘肃金川白家嘴子等铜矿床。

我国铜矿资源开发生产不能满足工业发展的需要。全国各类铜金属消费量在 $9.0 \times 10^5 \sim 1.0 \times 10^6$ t/a，但矿产铜自给率仅为 60% 左右，其余则为再生铜和进口粗铜。

（2）铝矿：铝是世界上第二大金属。铝的主要矿物原料是铝土矿。世界铝土矿资源十分丰富，2006 年查明储量为 2.5×10^{10} t，主要铝资源国有几内亚、澳大利亚、巴西和牙买加。我国铝土矿的资源特点是基数较大，前景较好，但已探明的储量中工业储量少，资源质量较差。我国已发现铝土矿产地 306 处，探明储量 2.0×10^9 t 多，其中工业储量占总储量的 32%，而已利用储量仅为总储量的 17.16%。其余 72.85% 可供规划利用，9.99% 则为暂难利用矿。我国铝土矿分布高度集中，主要分布在山西、贵州、河南和广西四省区，约占总储量的 90%。我国铝土矿自给有余。

国外铝土矿以现代红土风化型矿床为主，矿石矿物为三水铝石，具有埋藏浅、易开采、矿石质量好、铝硅比值高、易选冶的特点。我国已探明的铝土矿储量 98% 以上为古风化壳型，埋藏较深，仅 34% 的储量适于露天采掘；矿石矿物以一水硬铝石为主，占总储量的 99% 上，具有高铝、高硅、低铁、铝硅比值低、选冶难、能耗大的特点。但我国铝土矿资源主要集中在煤和水电等能源丰富的地区，这对兴建和开发高能耗的炼铝业十分有利。

（3）铅和锌：铅和锌是两种常用有色金属。自然界中，铅、锌为一对共生元素。2006 年世界铅金属储量为 0.67×10^8 t，锌金属储量 2.2×10^8 t，主要分市在美国、澳大利亚、独联体和中国。我国查明储量的铅矿产地 700 余处，保有铅金属储量 0.34×10^8 t，其中工业储量占 34%，可利用储量占 89%；锌矿产地 700 处，保有锌金属储量 0.90×10^8 t，其中工业储量占 40%，可利用储量占 90%。铅和锌能保证国家生产建设的需要。

我国铅锌资源的类型与分布特点：

A. 分布广泛，形成明显的资源集中区：主要有 28 个省（区）发现铅、锌矿，但储量主要集中在云南、广东、内蒙古、甘肃、青海、湖南、江西和四川。

B. 矿床规模以大中型为主，矿石品位中等，伴生组分多：在已发现的矿产地中，大中型矿床占有的铅和锌储量分别达 72% 和 88%，矿石中铅锌比为 1:2.4（国外为 1:1.2）。90% 的储量为原生硫化矿矿石，易选，但矿石铅锌品位多在 5%~10% 之间，大于 10% 品位的矿石仅占总储量的 15%，铅锌矿共伴生的有用元素高达 50 余种，主要嵌有金、银、铜、锡、镉、硫、萤石及分散元素。

C. 矿床类型多样：主要类型有层控型（占总储量 52%）、热液型（占总储量 25%）、火山岩型（占总储量 10%）和矽卡岩型（占总储量 8%）4 种。

（4）镍矿：2006 年世界查明镍资源储量为 6.4×10^7 t，主要分布在澳大利亚、俄罗斯、古巴、加拿大等国。我国已发现镍矿产地近百处，探明镍金属储量 1.1×10^6 t，正在开发和可供规划利用储量约占80%左右。镍矿的工业类型较简单，主要为铜镍硫化物型和红土氧化物型两种。我国这两种类型的镍矿储量分别占总储量的88%和12%。

在我国具有工业意义的是铜镍硫化物矿床，主要集中在甘肃省，占全国已探明储量的64%，可利用储量的92%分布在甘肃金川地区长约5 km的地段内。其次见于云南、新疆、吉林、四川、湖北、陕西、青海等省（区）。我国镍矿采选冶实际生产能力为：采矿2.36×10^6 t 矿石，选矿4.3×10^6 t 矿石，冶炼4.37×10^4 t 电解镍金属。我国镍矿资源自给不足，需部分进口解决。

（5）钴矿：钴主要用于制造超耐热合金和磁性合金。2006年世界查明的钴储量为70×10^6 t，钴资源量1.3×10^7 t，均为伴生矿。绝大部分赋存在含镍红土型矿床中，少量见于以基性岩和超基性岩为母岩的铜镍硫化矿中和含铜砂岩型矿床中。海底锰结核中含有丰富的钴，预计可成为未来世纪钴提取的重要原料之一。

我国具有工业意义的钴资源全部为伴生矿。全国已发现含钴矿床150处，探明钴储量数十万吨，其中工业储量约占16%。已利用63处，占总储量的53.4%，可规划利用的53处占总储量的28.9%，暂难利用的34处，占储量的17.7%。我国钴资源主要伴生在铜矿、镍矿和铁矿中，钴品位非常低，平均为0.019%。代表矿床甘肃金川白家嘴子铜镍矿，钴品位0.07%~0.2%，矿石可选性良好，在铜镍等主矿选矿过程中回收钴。根据主矿特征，伴生钴矿分为：含钴硫化铜镍矿（占全国总储量的39%）、含钴矽卡岩型铁铜矿床（占总储量的29%）、含钴火山岩型铁铜矿床（占总储量的15%）、含钴斑岩铜矿床（占总储量的8%）、红土硅酸钴镍矿床（占总储量的4%）5类。

（6）锡矿：锡广泛用于冶金、化工、机械、食品、国防等各个领域。我国是锡资源大国和生产大国。早在2000多年前就有了青铜器（铜锡合金）产品，锡都个旧的开发历史也已经延续了1000多年。2006年世界查明的锡储量为6.1×10^6 t，我国锡储量1.7×10^6 t，居世界首位。我国已探明锡矿产地近300处，其中工业储量占1/2以上，已利用和可规划利用储量占89.5%。此外，在华南和东南沿海及西北地区尚有上百万吨的远景资源。探明锡储量分布于全国15个省（区），其中广西、云南、湖南和广东的储量占全国储量的80%，而广西和云南的储量就占全国的60%，这两个省（区）的储量又高度集中在广西大厂和云南个旧（共占全国储量的40%），也是我国锡矿主要生产基地，产量分别占全国总产量的25%和60%。

锡矿床工业类型，按矿物成分划分为：锡石硫化物型（占总储量的66%）单一锡石型（占总储量的14%）、砂矿型（占总储量的16%）3大类。我国锡产量一直居世界前列，每年锡金属产量的1/3和锡精矿年产量的1/2出口。

（7）钨矿：2006年世界查明的钨储量为2.9×10^6 t。钨是我国的优势矿产之一，储量和产量均居世界首位（储量为1.8×10^6 t）。我国发现钨矿产地259处，其中已利用矿区171处，其保有储量占全国总保有储量的62.5%，可规划利用储量占28.2%。我国钨矿资源分布特点：

A. 分布广泛，储量十分集中：全国有22个省（区）发现钨资源，但探明储量的64%集中在江西、湖南和河南三省。湖南柿竹园、江西西华山和大吉山、福建行洛坑、广东锯板坑和广西大明山等属超大型和大型钨矿床。

B. 钨矿共（伴）生组分多：可达30多种，单一钨矿床仅占8%。与钨矿共（伴）生的组分主要有锡、钼、铋、铜、铅、锌、金、银、铁、硫、铌、钽、锂、铍、稀土，分散元素镓、铟、铊、铼以及非金属矿砷、萤石等。从矿石类型上看，白钨矿主要与有色金属和贵金属共（伴）生，黑钨矿则与重稀土、稀有和分散元素共（伴）生。

我国具有工业意义的钨矿床可分为：石英大脉型（占总储量25%）、石英细脉型（占总储量10%）、矽卡岩型（占总储量40%）、细脉浸染型（占总储量8%）4大类。此外我国尚有伟晶岩型、云英岩型、次火山岩角砾岩筒型和残坡积、冲积砂型钨矿床。钨矿的开发依资源格局集中在江西、湖南、广西、广东和福建五省（区）。目前全国钨精矿产量突破5×10^4 t/a。而国内消费量则长期在（2~3）×10^4 t/a 之间徘徊。

（8）钼矿：2006 年世界查明的钼储量为 8.6×10^6 t。我国是钼资源大国，生产也居世界前列。全国已探明钼矿产地 226 处，钼保有储量 3.30×10^6 t，其中已利用和可规划利用储量占全国总保有储量的 90.8%。我国钼矿探明储量主要分布在河南、吉林、陕西三省，共占全国总储量的 56.6%。陕西金堆城和黄家铺钼矿、河南栾川钼矿、辽宁杨家杖子和杨家沟钼矿、吉林大黑山和山东邢家山钼矿等属特大型钼矿。我国钼矿品位普遍偏低，钼品位大于 0.1% 的储量占总量的 42%。其中大于 0.2% 的仅有 3%。大型矿均以露采为主，易采选，且伴生组分多，经济价值高。

探明的矿床类型包括斑岩型、矽卡岩型、脉型、斑岩-矽卡岩型。上述矿床所占储量分别为 71%、24%、2% 和 2% 主要矿石类型有单钼型、铜钼型、钨钼型、钼铁型、钼铀型、钼汞型、钼多金属型、钼铜钨型和铝钒铀型 7 大类。其中单钼型约占 50%，其次为钼钨型和钼铜型。我国钼需求量自给有余，大部分产品出口。

（9）铋矿：铋矿资源主要见于中国、澳大利亚、秘鲁、墨西哥、玻利维亚和美国。我国铋矿资源在世界上占有绝对优势。中国有铋矿产地 70 多处，探明储量 5.0×10^5 t，其中工业储量占 50%，可利用储量占 94%。铋资源主要为伴生矿产。我国 70% 的铋储量伴生于钨矿中，主要分布于江西、福建、广东、广西、湖南等地。湖南柿竹园钨锡多金属矿床中伴生的铋储量占全国总量的 50% 以上。与铜铅锌伴生的铋储量占全国总量的 17%，见于湖南、甘肃、福建等地的铜、铅锌矿床中。此外，还有少量铋与铁、锡伴生。铋是主矿产冶治过程中的副产品，目前回收铋的有江西盘古山钨矿、湖南柿竹园多金属矿、广东棉土窝钨矿、江西大吉山和铁山垅、湖南汝城和新田岭等。我国铋年产量居世界第一，约占世界总产量的 30%，即 1000~1300 t。国内铋消费量略低于生产量。

（10）锑矿：2006 年世界查明的锑储量为 1.70×10^6 t。我国锑矿储量居世界之首，全国已探明锑矿区 100 多处，金属锑储量 0.79×10^6 t，其中工业储量占 50%，可利用储量约占 95%。我国锑储量的分布非常集中。全国 18 个大中型锑矿床集中了 90% 的探明储量和 98% 的工业储量。锑资源主要分布在湖南、广西、贵州、云南、甘肃。较著名的大型锑矿山有：湖南锡矿山和渣滓溪、贵州晴隆和半坡、云南木利和甘肃崖湾。

我国锑矿床的工业类型主要有：碳酸盐岩层控型（占总储量的 47%）、石英脉型（占总储量的 24%）、多金属型（占总储量的 20%）、火山岩型（占总储量的 9%）4 种。我国锑产量达 6.0×10^4 t/a 左右，占世界总产量的一半以上，国内消费量约为 1×10^4 t/a 左右。锑是我国出口的主要矿产品。

（11）汞矿：汞矿是我国开发历史悠久的矿产之一，主要用于制造水银和选取朱砂。由于汞是一种剧毒物质，容易造成环境污染，近年来世界范围内汞矿的产量和消费量均趋于下降，在很大程度上限制了汞资源的开发利用。2006 年世界查明汞储量为 28.6×10^4 t，我国保有储量 8.0×10^4 t，探明汞矿产地 103 处，主要集中在贵州、陕西和四川，三省合计储量占全国总储量的 76%；次为湖南、广东、青海等省。已发现的汞矿床分为层控型、断裂型和综合型，其储量分别占探明储量的 65%、13% 和 22%。汞矿石以单汞碳酸型为主（占储量的 81%）。这类矿石成分简单，矿石矿物为辰砂，选冶容易。

我国主要汞矿山有贵州万山、务川、丹寨、铜仁和湖南新晃。目前主要生产矿山为万山、铜仁和新晃。全国汞产量达 1000 t/a 左右，约一半供国内消费，其他出口。

3）贵金属矿产

贵金属矿产包括金、银、铂族金属（钌、铑、钯、锇、铱、铂）共 8 种。

（1）金矿：2006 年世界查明的黄金储量为 42000 t。我国黄金储量和基础储量合计 5300 t，居世界第 6 位。但由于我国金矿地质勘查工作程度较低，工业储量仅占总量的 30% 左右。我国探明的金矿储量按其赋存状态分岩金、砂金和伴生金三种类型，分别占有储量的 59%、13% 和 28%。全国除上海市以外，各省（区）均发现有金矿床。岩金储量集中在山东、河南、吉林、河北、黑龙江、陕西等省，约占岩金总量的 70%；砂金集中于黑龙江、陕西、四川和内蒙古四省（区），占砂金总量的75%；伴生金主要集中在江西、湖北、甘肃、黑龙江、安徽和青海六省，占伴生金总量的76%。

我国金矿以中小型矿床为主，大型矿床较少。发现金矿床（点）共计近6000个，真正形成规模的金矿约占1/6，总体上看，大中小型矿床的比例为6:12:82。金矿矿石品位以中等为主，中小型矿床品位变化较大，大型矿床多为中低品位。我国单一成分的金矿很少，几乎所有的岩金矿床都伴生有银和硫，其他常见的伴生元素有铜、铅、锌、钼、钨、锑、镍等。砂金矿的共（伴）生矿物主要有锆石、独居石、石榴子石和金红石等。而伴生金则多见于铜、铅锌、镍等矿床中，以及铁矿床和硫铁矿矿床中。我国形成胶东、小秦岭、黑龙江、鄂西-海南、河北、陕甘川交界三角区等6大黄金生产基地。我国黄金产量的89%来自岩金和砂金，其余多来自伴生金。

（2）银矿：2006年世界查明的银储量为270000 t，我国银储量为26000 t，居世界第5位。我国银矿按其品位及开发经济技术条件分独立银矿、共生银矿和伴生银矿三种。

独立银矿：占总储量的25.5%，Ag品位>150 g/t，独立开采。

共生银矿：占总储量的16.5%，Ag品位100~150 g/t，综合开采。

伴生银矿：占总储量的58.0%，Ag品位<100 g/t，综合回收。

我国银矿探明的储量不多，其中工业储量仅占20%，已利用和可规划利用储量约占探明储量的92%。银矿主要分布在东部地区，探明储量的70%集中在中南和华东两大地区。主要银资源省（区）有江西、湖北、广东、广西、河南、湖南、云南、甘肃和内蒙古等。我国银矿地质成矿条件良好，资源远景可观。在现有银矿集中区，正在进行勘查工作的有30余处，新发现产地12处，预测远景储量达10^4 t以上。目前，我国银产销大致持平并略有剩余。大部分银产量来自铅锌、铜等矿山企业综合回收的伴生银，独立银矿山建设仍处于兴起阶段。

（3）铂族金属：铂族金属包括铂、钯、锇、铱、钌、铑。2006年世界查明铂族金属储量为71000 t，我国储量很少，仅占世界总量的0.03%。我国探明的铂族金属储量以铂、钯为主，各元素所占储量比例为铂54.4%，钯39.5%，铑1%，铱1.9%，钌1.5%，锇1.7%。我国探明铂族金属储量集中分布在甘肃（占59%）、云南（25%）、四川（9%）三省。又相对集中于甘肃金川、云南金宝山和四川杨柳坪三个大型矿区。

我国铂族金属储量以共（伴）生矿为主，主要与铜镍硫化物矿伴生，次为铜铁矿伴生铂矿、钒钛磁铁矿伴生铂矿、铬铁矿伴生铂矿等。探明的铂矿品位非常低，平均仅0.769 g/t，其中铂为0.341 g/t，钯0.386 g/t，锇+铱0.041 g/t，钌+铑0.028 g/t。目前开发利用的主要是铜镍矿伴生铂，国内自产铂族金属只能满足年需求量的一半左右。

4）稀土金属矿产

我国素有"稀土王国"之誉。稀土资源具有数量大、品种全、质量好的特点。2006年世界查明稀土储量为$8.80×10^7$ t，我国为$2.70×10^7$ t，储量居世界第一。我国发现稀土矿床数百处，既有像白云鄂博这样的世界超大型稀土矿床，又有类型独特、富含重稀土的风化壳型稀土矿床。稀土遍布六大经济区，但储量绝对集中在内蒙古（占总量的96%）、贵州（1.5%）、湖北（1.3%）、江西（0.6%）、广东（0.4%）和湖南等省。北方以白云鄂博为代表的稀土矿，主要以氟碳铈矿、独居石为主，富含轻稀土。而南方江西、广东、湖南、福建、云南等省以中重稀土的富集闻名。

稀土矿有99%为共（伴）生矿，不同类型的稀土矿床共（伴）生矿物组合不同。主要类型有沉积变质-热液交代铌-稀土-铁矿床、含稀土氟碳酸盐热液脉状矿床、含铌-稀土正长岩-碳酸盐岩矿床、沉积变质铌-稀土-磷矿床、风化壳离子吸附型稀土矿床以及独居石、磷钇矿冲积砂矿和海滨砂矿。目前开采的主要稀土矿山有白云鄂博稀土矿、山东微山和四川冕宁氟碳铈矿、广东阳江和海南琼海的独居石、磷钇矿以及南岭地区的风化壳型稀土矿。稀土精矿的76%、轻稀土的90%来自白云鄂博。我国稀土总产量居世界第二位，约60%出口。

5）稀有金属矿产

稀有金属矿产包括锂、铍、铌、钽、锆、铪、钛共7种。

（1）锂、铍、铌、钽：锂、铍、铌、钽四种金属常以共生形式出现。2006 年世界查明锂储量为 4.10×10^6 t，我国为 0.54×10^6 t，储量仅次于智利居世界第二位。我国锂、铍、铌、钽资源分布如下。

A. 锂资源的分布：分布在青海、四川、湖北、新疆、江西、湖南、福建和江西几省（区），按赋存形态分矿石锂和卤水锂两种，其成分分别为氧化锂和氯化锂。矿石锂集中在四川（占矿石锂储量的 50%）、江西和新疆三省（区），代表性矿床为新疆可可托海锂矿、江西宜春铌钽矿、四川金川和马尔康稀有金属矿。

B. 铍资源的分布：分布于 15 个省（区），但储量集中在新疆、内蒙古、四川和云南，占总储量的 88%。铍矿石以绿柱石为主，品位低，多属难选矿石。

C. 铌钽资源的分布：分布于江西、广东、湖南、广西、福建等省（区）。铌矿除与钽矿共生外，在内蒙古、湖北等地的大型稀土矿床中也含有丰富的铌资源。

我国主要稀有金属矿工业类型有花岗岩型、伟晶岩型、盐湖卤水型、石英脉型、铌-稀土-铁矿型 5 种。锂、铍、铌、钽均为我国资源优势较明显的矿产，由于这些矿产过去一直用于军工产品原料，民用市场尚未完全打开，国内消费量较低，资源开发利用程度不高。目前主要生产矿山有江西宜春钽铌矿、新疆可可托海、四川金川和马尔康等。

（2）锆和铪：我国发现锆矿产地近百处，锆（ZrO_2）保有储量 3.73×10^6 t；锆英石保有储量 2.06×10^6 t。其中 98% 集中在内蒙古、海南、广东、云南和广西。我国锆矿床分岩矿和砂矿两种，分别占总储量的 70% 和 30%。岩矿储量几乎全部集中在扎鲁特 801 矿，该矿床为碱性花岗岩型矿床，含锆矿物为锆石，共生有铌、铍重稀土等多种有用组分。该矿床由于选冶困难目前暂不具有工业意义。

具有工业意义的锆矿床为广布在东南沿海的砂矿，锆石多作为钛铁矿、金红石、铌铁矿、独居石、磷钇矿的共（伴）生矿物，锆品位在 0.04% 与 7.09 kg/m^3 之间。目前开发利用的含锆矿床主要有：广东南山海独居石矿、甲子锆矿、海南沙笼钛矿、乌场钛矿、清澜钛矿和南港钛矿等，锆在主矿产的开采过程中回收。

铪赋存于锆石中。按含铪量 1% 计算，我国现有锆石储量中伴生铪资源总计达（5~8）$\times 10^4$ t。探明储量的铪产地有 4 处，共有铪 1800 t。为资源总量的 2.2%，均为锆石砂矿床，主要集中在广西北流锆石风化壳型砂矿和山东荣成石岛锆石海滨砂矿。

（3）钛矿：我国探明的钛资源按矿石类型和赋存状态分：钛铁矿岩矿、钛铁矿砂矿、金红石岩矿、金红石砂矿 4 种。

钛铁矿岩矿：保有储量 46522 t（TiO_2），分布于四川、河北、陕西、山西等省。

钛铁矿砂矿：保有储量 3811 t（矿物），分布于海南、云南、广东、广西、江西等省（区）。

金红石岩矿＋砂矿：保有储量 1007 t（矿物），分布于湖北、湖南、河南、山西、浙江、山东等省。

我国钛矿从工业矿物类型看以钛铁矿为主，储量分布相对集中，有许多大型和特大型矿床。钛铁矿岩矿中，TiO_2 储量大于 5.0×10^6 t 的有 20 多处，包括著名的攀枝花、太和、白马、红格等特大型钒钛磁铁矿。钛铁矿砂矿大型矿床 8 处，主要有海南文昌铺前、琼海沙老和南港、万宁长安和保安、陵水铜岭、三亚马岭等。金红石岩矿大型矿床有湖北大阜山和山西辗子沟。金红石砂矿中有河南柏树岗和湖南三郎堰。

我国钛矿品位普遍较低。岩矿中 TiO_2 平均品位为 8%，而国外一般大于 13%；砂矿以海南东部的滨海砂矿矿床规模大，易于采选，是我国钛铁矿砂的主要生产基地。此外，攀枝花铁矿也从磁选尾矿中回收钛铁矿。金红石生产则集中在湖北大阜山和广西、海南等地。我国金红石储量严重不足，生产高档钛白、电焊条的原料需依赖进口。

6）分散金属矿产

分散金属矿产包括钪、锗、镓、铟、铊、铼、镉、硒和碲 9 种。

分散金属的特点是地壳中含量少，多不形成独立的矿物和可供工业利用的独立矿床，几乎全部为伴生矿产且开发利用的时期较晚，用量也不大，多用于电子、光学等高科技领域，人们把分散金属视为未来时代的新材料。世界分散金属的资源量匮乏，而我国却相对拥有丰富的分散金属资源。

分散金属不能被单独开采，只能从主矿产冶炼过程中回收。钪来自广西和广东等地的钛矿，从钛白生产废水和氯化钛排放的氯化烟尘中回收氧化钪。锗矿的回收渠道是炼锌烟尘、燃煤和浮渣以及单晶锗加工过程中的废料。镓主要从低品位铝土矿烧结法生产氧化铝的循环母液和氧化铝拜耳液中提取。铟由锌浸出渣中回收。铊从铅锌冶炼过程中回收。铼产自辉钼矿的冶炼过程。镉的主要工业原料是锌精矿，从锌的冶炼烟尘和残渣中提取。硒和碲从铅、铜阳极泥中回收。目前，除硒以外，其他分散金属的消费均能自给，其中碲、锗、镉、铼产量的50%、铟产量的80%、镓产量的90%出口。

9.2.3.2　非金属矿产资源

非金属矿产是指除能源和金属矿产以外的一切工业矿物和岩石，是人类最早、用途很广、用量最大的一类矿产，已有150多种矿物和50多种岩石在各个方面被使用。如化工原料、冶金辅助原料、特种非金属矿产、建筑材料及其他非金属矿产资源等。我国已探明的菱镁矿、重晶石、石墨、萤石等非金属矿产资源储量是世界上最为丰富的。下面作简要介绍（图9-6）。

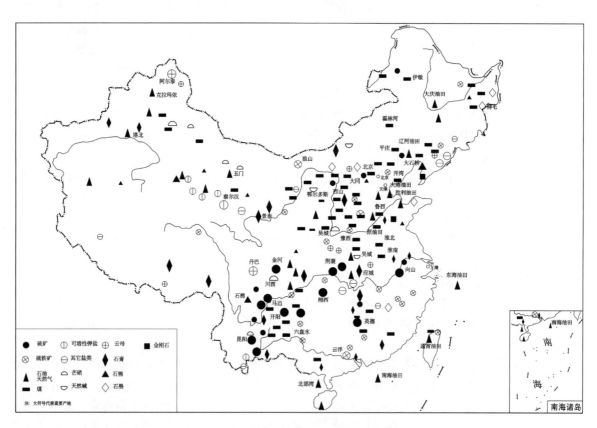

图9-6　中国非金属矿产资源分布示意图

（据中国地质矿产信息研究院，1993，有补充）

1）化工原料

（1）磷矿：中国磷矿资源比较丰富。全国26个省（区）有磷矿产出，以湖北、云南为多，分别占全国总储量的22%和21%，贵州、湖南次之。以上4省合计占全国总储量的71%。我国重要磷矿床有云南昆阳磷矿、贵州开阳磷矿、湖北王集磷矿、湖南浏阳磷矿、四川金河磷矿、江苏锦屏磷矿等。磷矿矿床类型以沉积磷块岩型为主，储量约占全国总保有储量的80%，内生磷灰石矿床和沉积变质型磷矿床次之，鸟粪型磷矿探明储量极少。成矿时代主要为震旦纪和早寒武世，前震旦纪、古生代也有磷矿产出。

（2）硫矿：主要为硫铁矿，其次为其他矿产中的伴生硫铁矿和自然硫。已探明储量的矿区 760 多处。硫铁矿以四川省最丰富。伴生硫储量则以江西（德兴铜矿和永平铜矿等）第一。自然硫主要产于山东泰安地区。广东云浮、内蒙古炭窑口、安徽新桥、山西阳泉、甘肃白银厂等均为重要的硫铁矿区。硫铁矿的矿床类型有沉积型、沉积变质型、火山岩型、矽卡岩型和热液型 5 种，以沉积型（占全国总储量 41%）和沉积变质型（占全国总储量 19%）为主。硫矿成矿时代主要为古生代，其次为前寒武纪和中生代，新生代也有大型自然硫矿床生成。

（3）盐矿：中国盐矿资源相当丰富，除海水中盐资源外，矿盐资源在全国 17 个省（区）都有产出，但以青海省为最多，占全国储量的 80%，四川（成都盆地、南充盆地等）、云南、湖北（应城盐矿）、江西（樟树盐矿、周田盐矿）等省次之。盐矿可分岩盐、现代湖盐和地下卤水盐 3 种类型，以现代湖盐为主，如柴达木盆地的现代盐湖。盐矿生成时代主要为中、新生代。

（4）钾盐：中国是钾盐矿产资源贫乏的国家，仅在 6 个省（区）有少量钾盐产出，探明储量的矿区有 28 处。我国钾盐主要产于青海察尔汗盐湖，其储量占全国总储量的 97%，云南勐野井也有钾盐产出。钾盐矿床类型以现代盐湖钾盐为主，中生代沉积型钾盐矿和含钾卤水不占重要地位。

（5）重晶石：贵州省重晶石保有储量占全国总储量的 34%；湖南、广西、甘肃、陕西等省（区）次之。以上 5 省（区）储量占全国总储量的 80%。重晶石矿床类型以沉积型为主（如贵州天柱、湖南贡溪、广西板必、湖北柳林等），占总储量的 60%。此外有火山-沉积型（如甘肃镜铁山）、热液型（广西象州县潘村）和残积型（广东水岭）。成矿时代以古生代为主，震旦纪及中-新生代也有重晶石矿生成。

2）冶金辅助原料

（1）菱镁矿：中国是世界上菱镁矿资源最为丰富的国家。探明储量的矿区有 27 处，分布于 9 个省（区），以辽宁菱镁矿储量最为丰富，占全国总探明储量的 85.6%，山东、西藏、新疆、甘肃次之。矿床类型以沉积变质-热液交代型为主，如辽宁海城、营口等菱镁矿产地、山东掖县菱镁矿产地等。中国菱镁矿主要生成于前震旦纪和震旦纪，少数矿床产于古生代和新生代。

（2）萤石：我国已探明萤石储量的矿区有 230 处，分布于全国 25 个省（区）。以湖南萤石最多，占全国总储量 38.9%，内蒙古、浙江次之，分别占 16.7% 和 16.6%。我国主要萤石矿区有浙江武义、湖南柿竹园、河北江安、江西德安、内蒙古苏莫查干敖包、贵州晴隆大厂等。矿床类型以热液充填型、沉积改造型为主。萤石矿主要生成于古生代和中生代，以中生代燕山期最为重要。

（3）耐火粘土：我国探明储量的矿区有 327 处，分布于全国各地，以山西耐火粘土矿最多，占全国总储量的 27.9%，其次为河南、河北、内蒙古、湖北、吉林等省（区）。矿床按成因可分沉积型（如山西太湖石、河北赵各庄、河南巩县、山东淄博耐火粘土矿等）和风化残余型（如广东飞天燕耐火粘土矿）两大类型，以沉积型为主，储量占 95% 以上。耐火粘土主要成矿期为古生代，中生代、新生代次之。

3）特种非金属矿产

（1）金刚石：中国金刚石矿资源比较贫乏。全国只有 4 个省产有金刚石，其中辽宁储量约占全国总储量的 52%；山东蒙阴金刚石矿田次之，占 44.5%。我国金刚石矿以原生矿为主，砂矿（湖南沅江流域、山东沂沭河流域等地）次之。金刚石矿成矿时代以古生代和中生代燕山期为主，第四纪砂矿亦具一定的工业意义。

（2）宝石资源：宝石、玉石、雕刻石统称为宝石矿产。我国宝石矿产资源较丰富，主要宝石矿产类型有新疆和田玉、辽宁岫玉、河南独山玉、福建寿山石、浙江青田石与昌化石、湖北绿松石、广东端砚石、安徽歙砚石、湖南菊花石等已有几百至千年历史的玉石、雕刻石矿产。近代还发现了一批桃花石、绿松石、玛瑙、琥珀产地及祁连玉、巴林石、蛇纹石质玉等新品种，发现了一批蓝宝石、红宝石、石榴宝石、橄榄绿宝石、海蓝宝石、碧玺、锆石等高中档宝石矿床。

4）建筑材料及其他非金属矿产资源

（1）石墨：中国石墨矿资源相当丰富，全国20个省（区）有石墨矿产出，其中黑龙江省最多，储量占全国总储量的64.1%，四川和山东石墨矿也较丰富。石墨矿床类型有区域变质型（黑龙江柳毛、内蒙古黄土窑、山东南墅、四川攀枝花扎壁等）、接触变质型（湖南鲁塘、广东连平等）和岩浆热液型（新疆奇台苏吉泉等）3种，以区域变质型为最重要，不仅矿床规模大、储量多，而且质量好。石墨矿成矿时代有太古宙、元古宙、古生代和中生代，以元古宙石墨矿最为重要。

（2）滑石：中国滑石矿资源比较丰富，全国15个省（区）有滑石矿产出，其中以江西滑石矿最多，占全国总储量的30%，辽宁、山东、青海、广西等省（区）次之。滑石矿矿床类型主要有碳酸盐岩型（辽宁海域、山东掖县等产地）和岩浆热液交代型（如江西于都、山东海阳等产地），以碳酸盐岩型最重要，占全国总储量的55%。成矿时代主要为前寒武纪，古生代、中生代次之。

（3）石棉：青海石棉矿最多，储量占全国总储量的64.3%，四川、陕西次之。主要石棉矿产地有青海茫崖、四川石棉和陕西宁强等。我国石棉矿床的成因类型主要有超基性岩型和碳酸盐岩型两类，前者规模大，储量占全国总储量的93%。石棉矿成矿时代有前寒武纪、古生代和中生代，以古生代最多。

（4）云母：中国云母矿资源丰富，新疆块云母最多，储量占全国总储量的64%，四川、内蒙古、青海、西藏等地也有较多的云母产出。主要云母矿区有新疆阿勒泰、四川丹巴、内蒙古土贯乌拉等。云母矿的矿床类型主要有花岗伟晶岩型、镁矽卡岩型和接触交代型3种，以花岗伟晶岩型最重要，其储量占全国总储量的95%以上。云母矿主要生成于太古宙、元古宙和古生代，中生代以后生成较少。

（5）石膏：山东石膏矿储量占全国总储量的65%；内蒙古、青海、湖南次之。主要石膏矿区有内蒙古鄂托克旗、湖北应城、吉林浑江、江苏南京、山东大汶口、广西钦州、山西太原、宁夏中卫等。石膏矿以沉积型矿床为主，储量占全国总储量的90%以上。石膏矿在各地质时代均有产出，以早白垩世和古近纪沉积型石膏矿最为重要。

（6）高岭土：中国高岭土矿资源丰富，在全国21个省（区）208个矿区探明有高岭土矿储量，广东、陕西储量分别占全国总储量的30.8%和26.7%，福建、广西、江西探明储量也较多，香港特别行政区亦有高岭土矿产地。我国主要高岭土矿区有广东茂名、福建龙岩、江西贵溪、江苏吴县和湖南醴陵等。高岭土矿床类型有风化壳型、热液蚀变型和沉积型3种，以风化壳型矿床最重要，如广东、福建的高岭土矿区。成矿时代主要为新生代和中生代后期，晚古生代也有矿床生成。

（7）膨润土：我国广西、新疆、内蒙古为主要产区，储量分别占全国总储量的26.1%、13.9%和8.5%。主要膨润土矿区有河北宣化、浙江余杭、河北隆化、辽宁黑山和建平、浙江临安、甘肃金昌、新疆布克塞尔。膨润土矿床类型可分沉积型、热液型和残积型3种，以沉积（含火山沉积）型最重要，储量占全国总储量的70%以上。成矿时代主要为中、新生代，晚古生代也有少量矿床生成。

9.2.3.3 能源类矿产资源

能源类矿产资源包括石油、天然气、煤炭、油页岩和铀矿。下面简要介绍。

（1）石油：中国石油虽有一定的资源量和储量，但远远不能满足国民经济发展的需要，中国已成为重要的石油输入国。据国土资源部油气中心会同中石油、中石化等单位共同完成的全国石油资源评价工作（国土资源部油气中心等，2008），中国陆地和近海115个盆地石油远景资源量 1086×10^8 t（陆地 934×10^8 t，近海 152×10^8 t）；石油地质资源量 765×10^8 t（陆地 658×10^8 t，近海 107×10^8 t）；石油可采资源量 212×10^8 t（陆地 183×10^8 t，近海 29×10^8 t）。我国石油资源主要分布在东部、西部和近海三个区，其远景、地质和可采资源量分别占全国的82%、79%和84%。我国石油资源主要分布的陆上盆地是松辽、渤海湾、塔里木、准噶尔和鄂尔多斯等盆地（图9-6），储量占全国陆上石油总储量的87%以上；海上石油以渤海为主，占全国海上石油储量的近一半。

我国含油气盆地主要为陆相沉积，储层物性以中低渗透为主（低渗透往往伴随着低产能与低丰度）。中国石油资源生成时代分布特点是时代愈新资源量愈大，如新生代石油资源量占一半以上，其次为中生代、晚古生代、早古生代及前寒武纪。

（2）天然气：据国土资源部油气中心等单位共同完成的全国天然气资源评价工作（国土资源部油气中心等，2008），天然气远景资源量 56×10^{12} m^3（陆地 43×10^{12} m^3，近海 13×10^{12} m^3）；天然气地质资源量 35×10^{12} m^3（陆地 27×10^{12} m^3，近海 8×10^{12} m^3）；天然气可采资源量 22×10^{12} m^3（陆地 17×10^{12} m^3，近海 5×10^{12} m^3）。我国天然气资源主要分布在中部、西部和近海三个区，其远景、地质和可采资源量分别占全国的83%、85%和87%。全国天然气资源主要分布的具体地区是鄂尔多斯、四川、塔里木、东海、莺歌海等地，其储量占全国总储量的60%以上。

天然气资源主要是油型气，其次为煤成气资源。生化气主要分布于柴达木盆地，其次为南方的一些小盆地。天然气资源生成时代主要是在古近纪、石炭纪和奥陶纪，其他各时代中的资源量大体呈均等的势态。

（3）煤炭：中国是煤炭资源大国，在全国33个省级行政区划中，除上海市、香港特别行政区外，都有不同质量和数量的煤炭资源赋存，全国63%的县级行政区划里都分布有煤炭资源。煤炭保有储量超过千亿吨的省份有：山西、内蒙古和陕西；超百亿吨的有：新疆、贵州、宁夏、安徽、云南、河南、山东、黑龙江、河北、甘肃。以上13个省（区）煤炭保有储量占全国总保有储量的96%（图9-6）。我国具有工业价值的煤炭资源主要赋存于晚古生代的早石炭世到新生代的古近纪。

（4）油页岩：油页岩又称油母页岩，我国油页岩的分布比较广泛，但勘探程度较低。据国土资源部油气中心会同中石油等单位共同完成的全国油页岩资源评价工作，我国油页岩主要分布在20个省、47个盆地，共有80个含矿区。全国油页岩资源量为 7199×10^8 t，技术可采资源量为 2432×10^8 t，全国页岩油资源量为 476×10^8 t，可回收资源量为 120×10^8 t。全国油页岩探明储量较多的省份是吉林、辽宁和广东，内蒙古、山东、山西、吉林和黑龙江等省也有较高的预测储量。油页岩的时代较新，从老至新依次为石炭纪、二叠纪、三叠纪、侏罗纪、白垩纪及古近纪。

（5）铀矿：据国际原子能机构（2006）估计，中国查明的铀储量为 10.18×10^4 t，世界排名第12位。我国铀矿主要有花岗岩型、火山岩型、砂岩型和碳硅泥岩型四大铀矿床类型，探明储量90%集中在华东南、华中、塔里木-华北地块北缘三大地区。主要铀资源省（区）有江西、浙江、湖南、广东、广西、四川、甘肃、新疆、陕西、内蒙古和辽宁等（图9-7）。

我国火山岩型和花岗岩型铀矿床的分布，总体上受大陆酸性岩浆强烈活动带控制。我国酸性岩浆活动发育于两种大地构造环境：①中生代以来的活动大陆边缘，我国东部的侏罗-白垩纪岩浆活动带，即环太平洋中新生代岩浆活动带的一部分。我国火山岩和花岗岩型铀矿床大多分布在这个带内，尤以华东南地区为最，如著名的相山矿田、衢州矿田等火山岩型铀矿床（田）和下庄矿田、长江矿田等花岗岩型铀矿床（田）都分布于此区域内。②中生代以前的古地槽与古地台接合部的地台边缘，如芨岭、中川、蓝田花岗岩型铀矿床分布于华北地台南缘古生代酸性岩浆活动带；华北地台北部边缘酸性岩浆活动区发育的火山岩型和花岗岩型铀矿床，有沽源、青龙及赛马、连山关等铀矿床。砂岩型铀矿床主要分布于塔里木-华北地块北部边缘槽、台两大构造单元接壤地带的中新生代盆地内，受隆起带边缘的次级断陷带或拗陷盆地控制。如北天山铀成矿带的伊犁矿田、十红滩矿床和南天山铀成矿带的巴什布拉克、阿克苏矿床；华北地块北部边缘的测老庙、苏崩、努和庭矿床。其次在华北地块中部凹陷鄂尔多斯盆地发育有东胜矿床较重要。滇西腾冲矿床规模小。

碳硅泥岩型铀矿床主要产于稳定地台边缘富铀地层发育区，如江南古陆边缘震旦-寒武系地层分布区产出的铲子坪、大江背、安化、郴县和黄材等铀矿床。其次在松潘-扬子地块北部边缘早古生代地槽区发育的铀矿床，如南秦岭铀成矿带产出的若尔盖、迭部、安康等铀矿床（表9-13）。

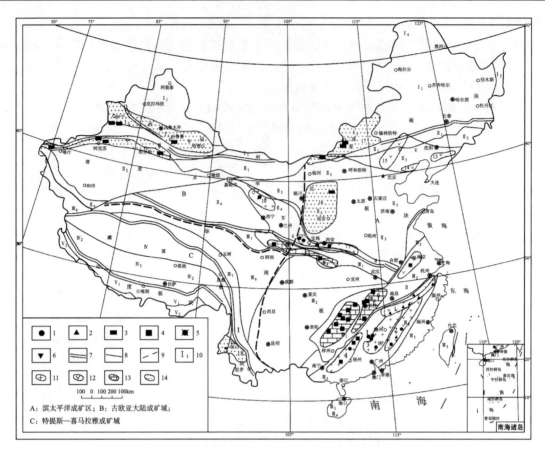

图 9-7 中国铀矿床类型及分布

（据核工业北京地质研究院，2005，有修改）

1—花岗岩型铀矿床；2—火山岩型铀矿床；3—砂岩型铀矿床；4—碳硅泥岩型铀矿床；5—碱交代岩型铀矿床；6—碱性岩浆矿床；7—板块边界线；8—成矿省分界线；9—成矿域分界线；10—成矿省代号：I—华南活动带铀成矿省；II—扬子地块东部铀成矿省；III—天山铀成矿省；IV—祁连—秦岭铀成矿省；V—华北地块北缘铀成矿省；11—花岗岩型铀矿床；12—火山岩型铀矿床；13—碳硅泥岩型铀矿床；14—砂岩型铀矿床

表 9-13 中国铀成矿省（带）及矿床类型划分表

成矿省	矿带	成矿单元名称	矿床类型		主要成矿时代	主要铀矿床（田）名称
			主要类型	次要类型		
华南活动带铀成矿省（I）	1	赣杭铀成矿带	火山岩型		燕山期	相山矿田、衢州矿田、戈阳矿田、蒋村矿床
	2	武夷山铀成矿带	火山岩型	花岗岩型	燕山期—喜马拉雅期	桃山矿田、草桃背矿床、白面山矿床
	3	诸广—贵东铀成矿带	花岗岩型	碳硅泥岩型	燕山期—喜马拉雅期	下庄矿田、长江矿田、百顺矿田、鹿井矿田
	4	郴州—钦州铀成矿带	花岗岩型	碳硅泥岩型	燕山期	郴县矿床、垄头矿床、香草矿床、平铺矿床
扬子陆块东南部铀成矿省（II）	5	雪峰山—九万大山铀成矿带	碳硅泥岩型	花岗岩型	燕山期—喜马拉雅期	铲子坪矿床、大江背矿床、麻池寨矿床、安化矿床
	6	幕阜山—衡山铀成矿带	碳硅泥岩型	花岗岩型	燕山期—喜马拉雅期	黄材矿床、新开塘矿床、衡阳盆地412矿床
	7	栖霞山—庐纵铀成矿带	火山岩型	碱交代型	燕山期	昆山矿床、大龙山矿床
天山铀成矿省（III）	8	北天山铀成矿带	砂岩型	煤岩型	燕山期—喜马拉雅期	伊犁矿田、十红滩矿床
	9	南天山铀成矿带	砂岩型	煤岩型	燕山期—喜马拉雅期	巴什布拉克矿床、阿克苏矿床

续表

成矿省	矿带	成矿单元名称	矿床类型		主要成矿时代	主要铀矿床（田）名称
			主要类型	次要类型		
祁连—秦岭铀成矿省（Ⅳ）	10	祁连—龙首山铀成矿带	碱交代型	花岗岩型	华力西期	红石泉矿床、芨岭矿床、革命沟矿床
	11	北秦岭铀成矿带	花岗岩型	花岗岩型	燕山期、加里东期	蓝田矿床、中川矿床、曹家庄矿床
	12	南秦岭铀成矿带	碳硅泥岩型		燕山期—喜马拉雅期	若尔盖矿田、迭部矿床、安康矿床
华北陆块北缘铀成矿省（Ⅱ）	13	弓长岭—八河川铀成矿带	花岗岩型		吕梁期、印支期	赛马矿床、连山关矿床
	14	青龙—兴城铀成矿带	火山岩型		燕山期	青龙矿床
	15	沽源—红山子铀成矿带	火山岩型		燕山期	沽源矿床
	16	鄂尔多斯盆地铀成矿区	砂岩型		燕山期—喜马拉雅期	东胜矿床
	17	二连—测老庙盆地铀成矿区	砂岩型		燕山期—喜马拉雅期	测老庙矿床、苏崩矿床、努和庭矿床
	18	滇西铀成矿区	砂岩型		喜马拉雅期	腾冲矿床

（据核工业北京地质研究院 2005，有补充）

9.2.4　我国矿产资源对国民经济的保证程度及前景

1）我国矿产资源对国民经济保证程度的分析

由前面的论述可看出，我国矿产资源的结构是不均衡的。如例在我国占优势的矿产中，有相当一部分是用量不多，市场上容量过剩的矿产品，如稀土、稀有和分散元素矿产等；而在我国短缺的一些矿产，如铜、富铁矿、铬、钴、铂族金属、钾盐等矿产，不少是需求量很大的支柱性矿产品。在我国已进行的第二轮矿产资源论证工作中，上述 45 个矿种至 2020 年对国民经济的保证程度得出如下的综合性结论：①可充分保证国内需求，并可大量出口的矿产有煤、钨、锡、钼、锑、稀土、芒硝、建材矿产、高岭土、石膏、滑石、硅藻土、硅灰石、萤石、菱镁矿、石墨。②可保证需求，但富余不多的矿产有铅、锌、钛、磷、钠盐、膨润土、重晶石、铌、钽。③可部分保证，但有一定缺口的矿产有锰、铝、镍、硼、铀、石棉、耐火粘土。④难以保证需求，缺口很大的矿产有石油、天然气、铁、铬、铜、钴、贵金属、硫、钾盐、金刚石。其中石油、天然气、铜、金、银有一定潜力，而铁、铬、钾盐、金刚石资源潜力不大。

在国务院 2008 年 12 月 22 日批复的《全国矿产资源规划（2008—2015 年）》中，明确了未来一段时期我国矿产资源勘查、开发利用与保护的主要目标和任务。预测到 2020 年我国 45 种主要矿产中，有 19 种矿产将出现不同程度短缺，其中 11 种为国民经济支柱性矿产，石油的对外依存度将上升到 60%，铁矿石为 40% 左右，铜和钾的对外依存度仍将保持在 70% 左右（曹清华，2009）。

2）缓解本国矿产资源不足的对策

由于矿产资源分布的不均匀性和各个国家矿产消费水平不同，因而不同国家矿产资源的保证程度各异。在当今世界经济逐步一体化及矿产资源进入国际大市场的时代，各个国家都有可能利用"两种资源两个市场"的情况，以缓解本国矿产资源的不足。我国正在有条件地利用外国矿产资源以弥补本国某些资源之短缺，但仍应主要立足于本国资源，即加强地质勘探工作，努力发现新矿床，特别是战略性、大宗支柱及紧缺性矿产资源的发现，不断提高这些资源的保证程度。

举例来说，我国规划到 2020 年建成 43 个核电站（总装机容量达 36GWe），按每年铀需求 1.6×10^4 t 计，到 2020 年铀需要 19.2×10^4 t。但我国铀资源较贫乏，按国际原子能机构《铀资源、生产与需求——2005 年版红皮书》估计，全球常规铀资源量为 1620×10^4 t，按现在消费能力可供

250 年。而我国现查明的铀储量仅为 10.18×10^4 t，远不能满足我国核能经济快速发展的需要。因此，国家在进一步科学规划，采用先进高效技术勘查国内铀矿资源的同时，着手国外合作勘查开发铀矿，提出"加强国内、加速海外、建立储备、科技增铀、保证供给"的战略思路与规划目标。现在我国中核集团中兴公司已与尼日尔、哈萨克斯坦、澳大利亚开展合作勘查开发铀矿，在与纳米比亚、约旦、阿尔及利亚等国进行商谈铀矿的合作开发。合作拟采取多种形式，包括参股、控股、购买矿产地及转让权益等。

3）积极探索发现和利用非传统矿产资源的新途径

石油、天然气、铁、铜、铀等都是不可再生矿产资源，这些资源总量毕竟是有限的。随着人类对矿产资源不断地采掘和利用，它们必将逐渐消耗殆尽。因此，在不断努力发现新矿床的同时，要积极探索发现和利用非传统矿产资源的新途径，以便传统矿产资源一旦枯竭或告急，可以有新类型资源加以接替。这是一个具有前瞻性但同时又是具有现实性的大问题。

9.3 矿产资源开发的原则与矿产资源开发前景展望

9.3.1 矿产资源开发在国民经济中的地位

矿产资源是人类生产资料和生活资料的基本源泉之一，是发展国民经济的重要物质基础，也是国民经济的基础产业。矿产资源开发利用是人类社会发展的前提和动力。从石器时代到铜器、铁器时代，从木柴的燃烧到煤、石油、天然气、原子能的利用，人类社会生产的每一次巨大进步，都伴随着矿产资源利用水平的巨大飞跃。

矿产资源开发与国民经济的各部门有着广泛的关联及波及效应。在我国95%的能源、80%以上的工业原材料和70%以上的农业生产资料都依赖矿产开发供给，如冶金、化工、建材、农业、电力、轻工、核工业等企业的主要原材料或燃料均来源于此。更重要的是，矿业开发对其下游产品有着明显的增值效应，这种效应一般呈倍数增长，其增长率少则几倍，多则数十倍，甚至上百倍。如1995年我国矿产开发业总产值为3386.39亿元，以矿产品为原料的全部轻工业和重工业产值为39077.56亿元，后者是前者的11.5倍。如果共生伴生矿产都能综合开发利用，那么它的辐射增值效应也必将在上述下游产业中充分体现出来，产生显著的经济效益和社会效益。由此可见，矿产资源开发及其综合利用在国民经济中占有举足轻重的地位。

9.3.2 矿产资源开发的概念与矿产资源开发基本原则

1）矿产资源开发的概念

矿产资源开发是指把矿床（包括固体矿产和液体矿产）的矿石矿物或流体开采出来，通过选、冶加工等一系列工序，将有用物质提炼或提纯成为一定形式产品的工艺过程。矿产资源开发一般都包括采矿、选矿、冶炼等工业生产过程，但不同的矿产资源开发有较大差异。如富铁矿石可直接进行高炉炼钢，而贫铁矿石就不能，必须通过重选或磁选，将贫矿石的品位提高后才能送进高炉炼钢。又如可地浸砂岩型铀矿，不必将矿石采出来冶炼，而是通过注液钻孔将溶浸剂注入可渗透地层，溶浸剂在矿层中渗透并溶解出矿体中的有用组分，然后被抽液孔抽出地表，经一定加工后获得需要的产品。

2）矿产资源开发的基本原则

我国矿产资源开发应遵循以下基本原则。

（1）矿产资源开发执行可持续发展原则：我国社会经济发展执行可持续发展战略，其核心是合理利用资源、保护环境，寻求社会、经济与自然协调的可持续发展。社会、经济的发展速度取决于资源的保证程度，而环境的破坏和污染，在很大程度上也与资源的过度开发和不合理利用有关。

因此,资源在可持续发展中处于中心地位。保护环境、发展绿色矿业正是保证人类社会可持续发展的重要措施。这一措施应贯穿矿业开发的全过程,甚至包括后矿业经济。

(2)矿产资源开发坚持综合利用原则:矿产综合利用主要是指在矿产开发过程中,对共生或伴生矿产进行综合勘探、开采和利用;对以矿产资源为原料、燃料的工业企业排放的废渣、废液、废气及生产过程中的水、气进行综合利用。矿产综合利用既是矿产开发的一项重要政策,也是合理开发资源、保护人类环境的一种有效手段。因此,矿产综合利用在国民经济发展中具有相当重要的意义。

(3)矿产资源开发应提高产品的科技含量:矿产资源开发的产品应有较高科技含量和附加值。现有相当部分企业的矿产资源开发与综合利用项目尚属低层次的原料生产及粗加工利用,不尽浪费了宝贵的矿产资源,还造成环境的严重污染。由于其产品档次较低,市场销路有限,经济效益不理想。因此,改变当前粗犷型的开发,提高采、选、冶技术与矿产综合利用回收率是非常重要的,通过综合利用矿产资源中的所有组分,即实现无废生产工艺,是当今以矿产资源为原料、燃料工业的发展方向。

9.3.3 矿产资源开发前景展望

1)矿产资源开发应大力发展无废生产工艺

可持续在世界范围内已对无废生产工艺引起极大重视。1984年联合国欧洲经济委员会在塔什干召开了无废工艺国际会议,专门研究了关于无废工艺方面的一系列问题。在此次会议上,讨论通过了关于无废工艺的定义:"无废工艺是一种生产产品的方法,用这种方法,在原料资源-生产-消费-二次原料资源循环中,原料和能源能得到最合理的综合利用,从而对环境的任何作用都不致破坏环境的正常功能。"综合利用原料资源是无废生产的首要目标,也是当前及未来解决资源短缺和环境污染问题的基本对策。

2)废物资源利用与发展废物资源的再资源化新技术

在现阶段,以矿产资源为原料、燃料的工业生产中还不能避免废物的产生;过去生产积聚的废物和产品消费后变成的废物也大量存在。因而如何使废物再资源化,并采用新技术提高其利用率就显得更为重要。如日本采用焙烧法从废物中回收汞,干式法回收镍和镉,立式法回收铅,合金法还原回收铬,蒸发干固热解法回收氧化物等技术,极大地提高了废物利用率。由于应用了再资源化新技术,工业发达国家再生金属产量有了提高。如法国再生金属总量占总产量的30%以上,美国占25%~30%,前苏联占20%。

我国废物利用与再资源化也有较大发展。2008年下半年,美国金融海啸引发全球经济危机,波及我国经济实体。在中央至地方拉动内需举措中,提出加大修建高速公路、快速铁路和地铁的投入,以及生产新型建材和各种节能减排新材料、新产品战略。这些规模宏大的项目需要大量建筑材料,使大量矿山废弃物和矿山尾矿得以利用。例如我国积存的上百亿吨矿山废弃物——尾矿、废石、煤矸石资源化开发,变废为宝,化害为利。最显著是遍布辽宁、河北、北京、内蒙古、山东、河南、山西、安徽等地的鞍山式-迁安式沉积变质铁矿尾矿,作为建筑用砂和高速公路路面材料推广应用。这类铁矿尾矿、废石含大量石英等耐磨矿物,试验证明是优质建筑用砂。又如辉长岩、斜长岩、花岗岩类岩石、玢岩、火山熔岩、玄武岩等矿山废石作为建材碎石料和优质铁路道砟推广应用。因其具有坚硬、不易碎、耐磨、抗风化、比重大、理化性能优越等特点,特别适宜作快速铁路道砟。首钢矿业公司年道砟产值即达千万元以上。还有许多铁、铜、金、钨、锡、钼、铅锌矿山尾矿以及侏罗纪煤田的煤矸石,是节能水泥的熟料原料乃至水泥混合材被推广应用。江西德兴铜矿尾矿作水泥原料,用量可达49%;辽宁阜新煤矿煤矸石中的凝灰质粉砂岩具水泥活性而被利用;浙江、安徽、江西、湖南、河北等地均用这类尾矿烧制水泥成功,已被国家科委和建设部列为科技推广成果(李章大,2008)。

3) 积极参与全球矿业企业的联合和兼并

我国矿业企业在全球矿业中的地位较低，在全球 10 大矿业公司（按市值排名为：①必和必拓 1093×10^8 美元市值、②英美集团 1082×10^8 美元市值、③力拓 764×10^8 美元市值、④淡水河谷 659×10^8 美元市值、⑤神华能源 438×10^8 美元市值、⑥斯特拉塔 420×10^8 美元市值、⑦诺斯克海德罗 372×10^8 美元市值、⑧诺里尔斯克 299×10^8 美元市值、⑨巴里克 255×10^8 美元市值、⑩美国铝业 253×10^8 美元市值）中，只有中国神华能源进入。目前全球矿业企业正进行大规模的联合重组和兼并，使得全球矿业产业的集中度进一步提高。特别是发达国家的跨国矿业公司凭借其雄厚的资金、先进的生产技术和管理经验，在新一轮的并购潮中，扩大了规模，增强了实力，对市场的控制力和影响力进一步扩大。如俄罗斯铝业公司在与西伯利亚乌拉尔公司、瑞士嘉能可国际公司合并后，年产氧化铝和电解铝分别为 1100×10^4 t 和 400×10^4 t，从而超过美国铝业成为世界第一大铝业公司。澳大利亚 BHP 公司和英国比利顿公司联合后的必和必拓公司，已成为世界上最大的跨国矿业公司，是全球第三大铜生产商、第三大铁矿石生产商、最大的煤炭出口商。经多年并购扩张后，必和必拓公司、英美集团、力拓公司、俄罗铝业公司、淡水河谷等矿业公司对铁矿、氧化铝、铝和海运煤市场的控制力均有明显增长。中国、印度等国家的矿业公司也试图通过并购方式，走向国际矿业市场和资源配置领域。例如，中国紫金矿业公司收购加拿大顶峰矿业公司（Pinnacle Mines Ltd）、英国瑞奇矿业公司（Ridge Mining Plc），中国金属矿业公司向国际资源市场又迈出了重要一步。

美国金融海啸引发的全球经济危机，西方国家许多全球有重要影响的大型银行倒闭，企业破产，工人失业，股市和矿产品价格狂跌等。但我国在此次全球经济危机中受到的冲击并不大，在此背景下，我国矿业企业应抓住机遇，进一步积极参与全球矿业企业的联合和兼并，争取在全球矿业与国际资源市场有较大的发展。例如，2009 年 2 月 17 日中国和俄罗斯能源谈判签署了在石油领域中的合作项目，中国将分别向俄罗斯石油公司和石油管道运输公司提供 150 亿美元和 100 亿美元的贷款，换取 20 年内从俄罗斯进口 3 亿吨原油。随后，2 月 19 日巴西国家石油公司同中国签订原油贸易大单，巴西每日至多向中国供应 16 万桶石油，中国向巴西提供 100 亿美元贷款帮助开发巴西南海岸新发现的深藏海底的石油储备。

4) 矿产资源经济与"矿业后"经济问题

矿产资源问题历来是与经济问题紧密联系在一起的，矿床定义本身就是以经济为基础的，即在现阶段经济技术条件下可以被开发利用的物质。因此，矿产资源问题对经济问题最敏感，矿与非矿的界线就在于经济上是否有利。

当前世界上一些主要自然资源大国都注意到矿产资源问题与经济问题的紧密联系，把国家所有自然资源纳入统一规划、管理和研究中，并把矿产资源的开发作为国家经济发展的支柱。矿产资源的开发推动了经济的发展，但也带来环境和社会的一些负面影响。随着人类对生存环境质量要求的日益提高，这种矿业问题也显现出经济效应。21 世纪将面临更多的"矿业后"经济问题。

比赛特 R. 在《社会影响评价及其未来》一文中谈到：美国中西部地区采掘业项目所处的条件，往往会导致"新兴城镇"的形成，这些社区的特征是出现一个经济迅速繁荣时期，而后继之为一个快速衰退或消条时代。他还指出："由于矿山的寿命是有限的（约 30 年），而且很可能不出现替代矿山，因此许多当地人在矿山关闭时将失去工作……在缺少替代经济的条件下，可以预料，会出现严重社会不良影响——潜在的大消条"。最近，Diefer U. 在《从锡矿危机走向旅游热点——热带岛（Phuket）向国际旅游点的转变》一文中，介绍了当今泰国的一个旅游热点在 20 世纪前半叶曾是向世界提供 10% ~20% 锡产量的产锡区，这个"矿山岛"现在变成了"旅游岛"，这种经济模式转型的矿区可以说是"矿业后"经济成功的一例。

我国的矿产资源经济在 21 世纪将面临如何适应社会主义市场经济这一历史性转变所带来的新问题，目前矿业在适应这一转变的改革中是严重滞后的。两种资源两个市场战略将给我国矿产资源勘查和开发带来新的繁荣，也是使我国矿产资源开发和矿业发展从根本上走出困境的必由之路。

10 矿产资源的开采

10.1 固体矿产资源露天开采

矿产资源种类繁多，包括金属、非金属和燃料矿产共 3 大类，涉及固态、液态和气态共有 100 多种。这些矿产资源特征各异，开采方式也多种多样。例如石油、地热等液态矿产资源的开采，须用专门的设备和管网系统，同时石油原油开发还涉及油水分离和脱硫等专用技术设备，地热开发涉及输液管道保温等。

通常意义上的矿产资源开采，是指固体金属与非金属矿床的开采，包括地表矿体露头及浅部矿体的露天开采和盲矿、深部矿体的地下开采。但矿体的规模大小，厚度和产状变化，以及开采的地形与水文地质等条件的不同，也使开采的方式有较大差异。例如厚层及巨厚层煤矿、铁矿等，由于矿体大，产状稳定，通常可采用大型机械化作业，并采用公路运输开拓或铁路运输开拓以提高采矿效率。

下面就固体矿产资源露天开采进行阐述。

10.1.1 露天开采概述

10.1.1.1 露天采矿基本概念与名词术语

1）露天采矿的概念

天然产出于地表或地下浅部的矿床，用一定的采、装、运设备，在敞露的空间从事开采作业称为露天采矿。为了采出矿石，需将矿体周围岩石及上覆岩土剥除，并通过露天沟道线路系统，把矿石和岩石（土）运至地表适当的地点。

根据露天矿开采所使用的工具或采掘运输设备的不同，可分为：

（1）人工开采：露天矿主要靠人工进行的开采。

（2）机械开采：这是常用的方法，穿孔工作使用潜孔钻或 150～250 mm 牙轮钻。采装工作使用机械铲（中小型露天矿多用 4 m³ 或 1 m³ 电铲），运输工作使用机车（小型露天矿有用窄轨电机车）或用提升机、汽车等，排土工作使用推土犁或推土机等。

（3）水力开采：有水力资源，而且适宜用水力开采的露天矿方可使用这种方法，如砂矿或土状矿床等。

（4）特殊开采：用挖泥船开采河、湖海底砂矿及化学采矿（地浸采矿）等。

本章主要阐述中小型矿采用机械方法开采的内容。

在机械开采中，根据岩石移运情况不同，将露天矿开采方法又分为：有运输开采法、无运输开采法（多用于缓倾斜煤田开采的条件下）或二者的混合开采法。由于金属露天矿的矿岩坚硬，均需穿孔爆破，而且多为倾斜或急倾斜矿床，采出矿岩均需全部装运至境界外排岩场，故只能使用有运输开采法。这也是我国露天矿广泛使用的开采法。

露天矿开采得以广泛应用是因为它比地下开采有着以下的突出优点：

（1）开采活动空间大，可采用大型机械设备，因而可大大提高开采强度。

（2）劳动生产率高，地下开采的劳动生产率仅为露天开采的 1/5~1/10。

（3）开采成本低，一般比地下开采低 200%~300%，因而有利于大规模开采低品位矿石，若用地下开采将使开采成本显著增加。

（4）矿石损失、贫化小，损失率不超过 3%~5%，废石混入率不超过 5%~10%，资源可以充分回收。而地下开采贫化率为 3%~20%，损失率则达 15%~25%。

（5）劳动条件好，工作比较安全。

（6）基建时间短、投资少、见效快，大中型露天矿 2~3 年可投产，小型露天矿几个月即可投产。而建成同样规模的地下矿山则至少要增加一倍时间。

但是，露天开采也存在一些问题。

（1）在生产工程中，穿爆、采装、汽车运输、装载以及排土时粉尘较大，排土场的有害成分流入江河湖泊和农田，这样不但直接影响农作物的生长，还会危及周围人们的身体健康。

（2）受气候条件影响大，如严寒、冰雪、暴雨和酷暑天气都需停止开采作业。

（3）虽然露天开采在经济上、安全生产条件上具有很大优越性，但它不能取代地下采矿。因为随着露天开采深度的增加，其运输难度亦增加，随之剥离量又不断扩大，当达到一定深度后，从经济、技术上讲，露天开采就变得不合理了，在这种情况下就要转为地下开采。然而，露天的优越性则是主要的，随着露天开采技术的装备水平的提高，毫无疑义，露天开采仍然是采矿工业的主要发展方向。

2）露天开采名词术语

用露天开采法开采矿床的矿山企业，称之为露天矿。

根据矿床的埋藏条件和地形条件的不同，露天矿分为山坡露天矿和凹陷露天矿。它们是以露天开采境界封闭圈划分的：封闭圈以上为山坡露天矿，封闭圈以下为凹陷露天矿。显然，这种划分标准是相对的，随具体条件不同而不同。这里"封闭圈"系指露天矿在某个水平能够闭合的开采台阶而言的。

正在开采的山坡露天矿和凹陷露天矿范围，通称为露天矿场。由一个露天矿场开采的矿床或其部分，称之为露天矿田。

露天开采时，通常是把矿岩划分成一定厚度的水平分层，自上而下逐层开采，并保持一定的超前关系，在开采过程中各工作水

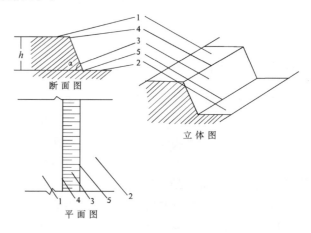

图 10-1 台阶构成要素示意图

1—台阶上部平盘；2—台阶下部平盘；3—台阶坡面；4—台阶坡顶线；5—台阶坡底线；α—台阶坡面角；h—台阶高度

平在空间上构成阶梯状，每个阶梯就是一个台阶或阶段（图 10-1）。台阶是露天矿场的基本构成要素之一，是独立进行采剥作业的单元体。在该分层上用专门的穿孔、采掘和运输设备进行开采。

台阶的上部平盘和下部平盘是相对的，一个台阶的上部平盘同时又是其上一个台阶的下部平盘。台阶的命名，通常是以开采该台阶的下部平盘的海拔标高表示，故常把台阶叫某水平。开采时，将工作台阶划分成若干个条带逐条顺次开采，每一条带叫做采掘带（图 10-2）。

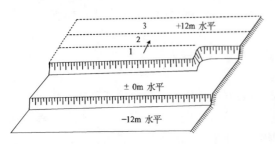

图 10-2 台阶的开采和采掘带

1，2，3—采掘带编号；箭头指示顺次开采方向；+12m 水平—台阶面海拔高程

若采掘带上已经作好开采准备，并已配备了运输线路及动力供应设施的，称之为工作线。若采掘带足够长时，可沿长度分为若干区段，该区段用独立的采掘设备进行开采，这些区段称之为采区。

在工作台阶上，采出的矿石或岩石，需要分别运往卸矿点和废石场。因此，必须开掘一些沟道，以便建立上述各点之间的联系。这些具有一定坡度的沟道称之为出入沟，又称为开拓堑沟。

此外，为了开辟新的工作台阶，以建立初始工作线而需要掘一些沟道，称之为开段沟。开段沟就是原始工作线，故其沟底通常是水平的。而且，当工作线一旦推进，开段沟即行消失。

露天矿场的要素包括（图10-3）：

（1）露天矿场边帮：露天矿场四周的表面，即矿场四周由所有台阶坡面、平盘（或平台）、和倾斜坑线组成的总体。位于矿体底盘方向的边帮称底帮，位于矿体顶板方向的称顶帮，位于露天矿场两端的边帮则称为端帮。露天矿场边帮按其上的台阶是否作业可分为：

露天矿场工作帮（DF）：即由工作台阶所组成，正进行开采的边帮或其一部分。

露天矿场非工作帮（AC及BF）：即由已结束采掘作业的非工作台阶组成的边帮或其一部分。

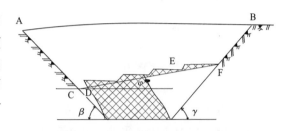

图10-3 露天矿场的构成要素

DF—露天矿场工作帮；AC及BF—露天矿场非工作帮；β和γ—露天矿场边帮的废止角；φ—工作帮坡面角

（2）工作平盘：即工作台阶上的平盘，其宽度应能设置穿爆、采掘、运输等设备，并保证它们正常作业。

（3）平台：即非工作台阶上的平盘，用于安设运输线路的称运输平台；阻挡片石下滑维持边帮稳定的为保安平台。

（4）露天矿场边帮的废止角（β和γ）：通过非工作帮最上一个台阶的坡顶线和最下一个台阶坡底线的假想平面与水平面的交角。

（5）工作帮坡面角（φ）：通过工作帮的最上和最下台阶坡底线的假想平面与水平面的交角。

（6）露天矿场最终境界：即露天矿场开采结束时，其上部最终边界线和下部最终边界线所限定的位置。

10.1.1.2 露天采矿基本过程及主要内容

露天采矿的生产工艺是否合理，是决定采矿获得最大经济效益的关键。一般在开发前，需要针对每一个矿床的具体条件来研究开发方案，以保证所选择的工艺系统发挥效能并取得最经济的开采效果。

露天采矿涉及采剥工作，一般经由以下一系列工艺环节来实现。

（1）矿岩松碎：矿岩的预先松碎工作，采用穿孔爆破来实现。

（2）矿岩采装：矿岩的采掘和装载，即采装环节，用机械或人力采装。

（3）矿岩运输：矿岩向不同卸载地点移运，即运输环节，用机械或人力运输。

（4）矿岩排卸：矿岩的排卸环节，即废石卸在排土场，有用矿石卸在破碎厂、选矿厂或矿料仓等。

为了经济有效地采掘出有用矿物，除了要考虑同属生产工艺范畴的剥离和采矿工作外，还须考虑开采境界、开采程序、开拓运输系统、总平面布置等问题。这些问题属于露天矿山工程范畴，它与生产工艺一起组成了露天采矿的主要内容。

10.1.2 露天开采境界

露天矿开采境界是指按技术上的可能性与经济上的合理性，对露天采矿场所确定的最终可能达到的采矿范围，即由上部和下部界线所限定的范围。

10.1.2.1 露天开采境界的组成及其影响因素

在矿床开采设计中，选择矿床开采方式时，由于矿床的埋藏条件不同，可能遇到以下几种情况：

（1）矿床用露天开采剥离量过大，经济上不合理，而只能全部采用地下开采。

（2）矿床上部宜用露天开采，下部将用或同时用地下开采。

（3）矿床全部宜用露天开采或部分宜用露天开采，而剩余部分目前不宜开采。

对于后两种情况，都需要确定露天开采的最终界限，即露天开采境界。

组成露天开采境界的几何要素有：露天矿场的底部周界、最终边坡角及开采深度。确定露天开采境界，就是要合理地确定这些要素。

露天开采境界的大小，决定着露天矿的可采储量和剥离岩量，并影响着露天矿开拓、采剥程序、生产能力以及矿床开采的总经济效果。因此，合理地确定露天开采境界，是露天开采设计的首要任务。

确定露天开采境界的影响因素很多，归纳起来有以下三个方面：

（1）自然因素：包括矿体埋藏条件和矿床勘探程度及储量等级；矿石和围岩性质及工程地质条件；矿区地形和水文地质条件。

（2）经济因素：包括矿石质量和价值、矿石和精矿成本及售价；基建投资和建设期；国家及地区发展经济的方针与政策。

（3）技术组织因素：主要是指露天开采与地下开采的技术水平和发展进步趋势，以及制约和促进其应用范围的技术组织条件。例如，附近有需要保护难以动迁的铁路干线、重要厂房、河流，以及设置排土场、选矿厂等对露天开采境界的限制。又如，开采矿石和围岩极不稳定、水文地质条件复杂、涌水量大，或有易燃危险的矿床，在安全和技术上均不宜用地下开采，则应适当地扩大露天开采境界。

以上各因素，对不同的地区、不同的矿床、不同的开采时期，所起的作用也是不同的。例如，地表厂房及构筑物，在一般条件下是次要因素，但是对于某些不能拆迁的重要构筑物来说，则起决定性作用。因此，在确定露天开采境界时，必须综合考虑各种因素，经过全面的分析比较后分清主次关系，正确地确定露天开采境界。

应该指出，所确定的露天开采境界并不是一成不变的。一个矿山的服务年限往往是十几年到几十年。随着科学技术的发展，露天开采经济效果的不断改善，原来设计的境界常常要扩大。因此，露天开采境界分为最终境界和分期境界，本章只讨论最终境界。

10.1.2.2 设计常用剥采比概念

现代露天开采不同于地下开采的主要特点之一，就是除了采出矿石外，还必须剥离大量岩石，剥离岩石与采出矿石两者之比值称为剥采比。因此，剥采比是与露天开采境界的确定联系在一起的，并成为评价其合理性的主要指标。剥采比的表示单位有：m^3/m^3、t/t、m^3/t，分别为体积、质量与体积质量剥采比。

在露天开采设计中，常用不同含义的剥采比，以反映不同的开采空间与时间的剥采关系，以及其在经济上的合理性。因此，要严格区分以下几种剥采比的概念。

1）平均剥采比（n_p）

是指露天开采境界内总的岩石量与总的矿石量之比（图 10 - 4a），即：

$$n_p = \frac{V_p}{A_p}$$

式中：n_p 为平均剥采比；V_p 为露天开采境界内总的岩石量；A_p 为露天开采境界内总的矿石量。

平均剥采比反映了露天开采境界内总的矿岩比例，标志着露天矿的总体经济效果。在设计中常作为参照指标，用来衡量设计的质量。

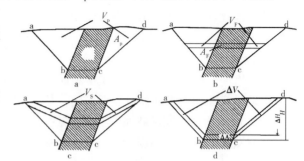

图 10 - 4　露天矿常用剥采比示意图

2）分层剥采比（n_F）

是指露天开采境界内某一水平分层的岩石量与矿石量之比（图 10 - 4b），即：

$$n_F = \frac{V_F}{A_F}$$

式中：n_F 为分层剥采比；V_F 为露天开采境界内水平分层的岩石量；A_F 为露天开采境界内水平分层矿石量。

尽管露天矿极少采用单一水平生产，但是分层剥采比能反映某一水平或几个相邻水平的开采条件。

3）生产剥采比（n_s）

是指露天矿投产后某一生产时期的剥离岩量与采出矿量之比（图 10 - 4c），即：

$$n_s = \frac{V_s}{A_s}$$

式中：n_s 为生产剥采比；V_s 为某一生产时期内所剥离的岩石量；A_s 为某一生产时期内所采的矿石量。

生产剥采比，在矿山生产与设计中经常应用。在矿山生产统计中，生产剥采比按年、季、月来计算。

4）境界剥采比（n_J）

是指在境界设计中，露天开采境界每增大单位深度（ΔH）时，所引起的岩石增量（ΔV）与矿石增量（ΔA）之比。如图 10 - 4d 所示，境界在不改变最终边坡角的条件下，由 $H - \Delta H$ 延深至 H 时，所增加的岩量与矿量之比，则称为深度为 H 时的境界剥采比，即：

$$n_J = \frac{\Delta V}{\Delta A}$$

式中：n_J 为境界剥采比；ΔV 为露天开采境界延深后所增加的岩量；ΔA 为露天开采境界延深后所增加的矿石量。

境界剥采比一般是随开采深度增加而增加，所以成为境界设计的一个重要参数。

5）经济合理剥采比（n_{JH}）

是指经济上允许的最大剥岩量与采矿量之比。它主要是根据经济因素确定的，是确定露天开采境界的主要依据。它不表示露天开采境界内某一具体空间或时间的岩石量与矿石量之比，没有具体的几何意义。

以上各种剥采比的计算，必须已知矿石最低工业品位、边界品位、可采厚度及夹石剔除厚度等技术经济指标。能满足要求的计入矿量，否则按岩石处理。此外，为了计算采出的原矿，尚需具有矿石损失与贫化方面的指标。这些指标选择得是否合理，不仅决定着露天开采境界内的矿岩量、剥采比的增减与变化，还决定着采出原矿的品位乃至矿石选矿、冶炼等加工过程的经济效果。所有这些，都对露天开采境界确定有着不可忽视的影响。

10.1.2.3　境界剥采比计算方法

境界剥采比是境界深度的函数，通常它是随境界的延伸而增大，正是因为境界剥采比的这种性质，使它成为境界确定的主要参数。为了保证计算的精度，应针对不同的矿体线性形状，采用不同的计算方法。

根据露天矿的端帮矿岩量（主要为岩石量）与矿岩总量的比值，把露天矿分为长露天矿与短露天矿。当此比值小于 0.15 ~ 0.20，即相当于矿体的长厚比大于 10 时为长露天矿，反之为短露天矿。

1) 长露天矿境界剥采比的计算

对于走向长的露天矿，用地质横断面图配合地质地形图，能充分反映其赋存特征，因而在设计中常用地质横断面图来计算境界剥采比，其中又分为面积比法和线段比法。

(1) 面积比法：在横断面图上确定某一境界深度 H 的境界剥采比方法如图 10-5 所示。首先，在深度 H 处作水平线。当露天底宽度小于矿体水平厚度时，按 $AE/ED = DF/FC$ 条件定出露天底的位置 BC。根据围岩稳定条件和开拓运输条件选择顶、底帮的最终边坡角 α 与 β，绘出深度为 H 的境界 ABCD。同样，作出深度为 $H - \Delta H$ 的境界 abcd。这样，在此横断面图上，境界由 $H - \Delta H$ 延深至 H 时的沿走向单位长度的矿岩体积增量，则为 ABCDdcba 的面积，其中矿石增量面积为 EBCFfcbe 的面积。用求积仪或几何法分别求出岩石增量与矿石增量的面积。于是，根据境界剥采比的定义，深度为 H 的境界剥采比，则由体积比换算为面积比（图 10-6），

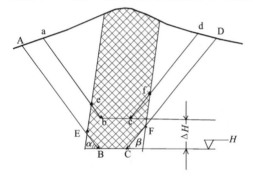

图 10-5　求 n_J 的面积比法

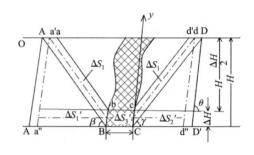

图 10-6　求 n_J 的线段比法原理

即：

$$n_J = \frac{\Delta V_1 + \Delta V_2}{\Delta A} = \frac{\Delta S_1 + \Delta S_2}{\Delta S_3}$$

(2) 线段比法：上述面积比法，需用求积仪求算面积，工作繁琐。为了简化计算，可用线段比法。线段比法原理如图 10-6 所示。在露天底宽和最终坡角不变的提前下，露天底沿 yC 轴方向，垂直延深微小增量 ΔH 至 H，延深角为 θ，所引起的矿岩增量面积为 $\Delta S = \Delta S_1 + \Delta S_2 + \Delta S_3$。为计算境界剥采比，则需计算上述面积增量。根据几何关系，由于作图的辅助线段 $a'a'' \parallel d'd'' \parallel yC$，

所以：$\Delta S_1 = \Delta S_1'$、$\Delta S_2 = \Delta S_2'$，因而，$\Delta S = \Delta S_1' + \Delta S_2' + \Delta S_3$，其中：

$$\Delta S_1' = Ba'' \cdot \Delta H$$

$$\Delta S_2' = Cd'' \cdot \Delta H$$

$$\Delta S_3 = m \cdot \Delta H = BC \cdot \Delta H$$

根据定义，境界剥采比为：

$$n_J = \frac{\Delta S_1 + \Delta S_2}{\Delta S_3} = \frac{\Delta Ba'' + \Delta Cd''}{BC}$$

当 $\Delta H \to 0$ 时，则上式为：

$$n_J = \frac{BA' + CD'}{BC}$$

上述说明，任一深度 H 的境界剥采比，可用该水平境界中岩石斜投影线段长度与矿石斜投影

线段长度的比值来计算，斜投影的基准线 yC 为露天底的延伸方向。

2）短露天矿境界剥采比计算

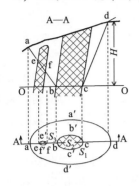

图 10 - 7 求 n_J 的平面图法

对于走向短的露天矿，好比是长宽度相差不多的柱状矿体，为更好地考虑端帮岩石的影响，往往用平面图来计算境界剥采比。基本方法是，境界剥采比用地表周界的垂直投影面积（S_1）与底平面面积（S_2）之比来计算。

以上是垂直投影平面图法确定境界剥采比的原理，其具体应用方法如图 10 - 7 所示。图中 A - A 横断面图上 abcd 为露天开采境界，顶帮边坡与分支矿体交于 ef。为了求出境界剥采比，首先在深度为 H 的分层平面图上，绘制露天矿底平面周界 bb'cc'，面积为 S_2，并将露天矿上部周界垂直投影到该平面上，得 aa'dd' 面积为 S_1。然后，再将边坡与分支矿体的交面 ef 也垂直投影下来，得 ee'ff'，面积为 S_3。最后，用求积仪分别求出 S_1，S_2，S_3 的面积，并用面积比法求出该深度的境界剥采比，即：

$$n_J = \frac{S_1 - S_2 - S_3}{S_2 + S_3} = \frac{S_1}{S_2 + S_3} - 1$$

3）倾斜、缓倾斜及水平矿床境界剥采比的计算

开采这类矿床，一般不需要剥离底帮岩石（图 10 - 8），其开采境界增大 ΔL 所引起的矿岩增量分别为 ΔA 与 ΔV，根据线段比原理，则境界剥采比为边坡切割岩石的线段长度与切割矿体的线段长度之比。

即：

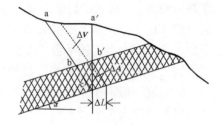

图 10 - 8 缓倾斜矿床 n_J 的计算法

$$n_J = \frac{\Delta V}{\Delta A} = \frac{ab}{bc}$$

对于近水平矿床，常用所谓钻孔剥采比作为境界剥采比的补充。它是指钻孔所揭露的岩层与矿层垂直厚度之比，又称柱状剥采比或地质剥采比（图 10 - 8）。

即：

$$n_J = \frac{a'b'}{b'c}$$

10. 1. 2. 4 露天开采境界的确定方法

确定露天开采境界的方法，根据矿床的赋存条件不同而异。下面，主要以倾斜和急倾斜矿为主，介绍设计中广泛应用的 $n_J \leqslant n_{JH}$ 原则确定境界的方法与步骤。

1）确定露天矿最小底宽与位置

露天矿的最小底宽，应满足采掘运输设备的底部正常运行与安全作业的要求，并保证矿山工程正常发展，便于及时开拓准备新水平。为此，露天矿的最小宛若宽，一般不应小于开段沟的底宽。

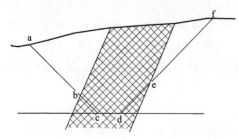

图 10 - 9 露天矿底位置确定

在确定时，若矿体水平厚度小于最小底宽，则露天底宽按最小底宽确定，若矿体水平厚度比最小底宽大得不多，则露天底宽按矿体厚度确定；若矿体水平厚度比最小底宽大得很多，则露天底宽按最小底宽确定，同时，按下列因素确定其位置。

（1）使境界内矿石储量最大，而剥离岩量最小。为此，底的位置应符合下列要求（图 10 - 9）：

$$n_J = ab/bc = fe/ed$$

（2）使圈入的矿石储量最可靠，通常把露天底的位置置天矿体中间，以避免地质作图误差所造成的影响。

（3）根据矿石质量分布，使采出矿石质量最高。

（4）根据矿岩的物理力学性质，调整露天底的位置，以利于穿爆矿岩和边坡稳定。

2）露天矿最终边坡角的选取

露天矿最终边坡角，对露天矿的生产安全与经济效果都有很影响。过小的边坡角，将增加剥岩量，使剥采比增大，因而从经济效果来考虑，希望边坡角尽可能大此。然而，过大的边坡角，将导致岩石塌落和滑坡事故的发生，严重地影响矿山正常生产。近年来，随着采深的增加，边坡稳定与边坡加固的研究就更显得十分重要。

因此，露天矿的最终边坡角，要同时满足安全稳定条件和开采技术条件的要求。所谓安全稳定条件，就是根据边坡岩体的性质，通过稳定性分析计算，使所确定的角度能保证边坡稳定。在境界设计阶段，一般是参照类似矿山的实践资料选取稳定边坡角 β，并用已有资料对其稳定性进行初步分析和简要计算。

关于开采技术条件，是指组成边坡的实际构成要素所决定的最终边坡角 β。露天矿最终边坡，是由最终台阶，即非工作台阶组成（图 10-10）。其水平部分最终平台，按作用不同分为：安全平台、清扫平台及运输平台。安全平台 a，是用来容纳从边坡上脱落的岩块和调节最终边坡角，以保证下部水平工作安全和边坡稳定，其宽度一般不小于 3~4 m，过窄常易破坏很难维持。为了保证用机械清除安全平台上积存的岩块，一般在最终边坡上每隔 2~3 个台阶，加宽一个安全平台作为清扫平台 b，其宽度要保证清扫设备正常工作，一般大于 6 m。至于水平运输平台 c 和倾斜运输平

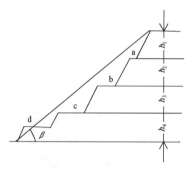

图 10-10　露天矿边坡组成要素

台 d，其位置由开拓运输系统的线路布设而定，宽度根据选用的运输设备规格和线路数目及有关安全规定等条件来确定。当运输平台与安全清扫平台重合时，其宽度要增加 1~2 m。

3）确定露天矿开采深度

（1）长露天矿开采深度的确定：露天矿走向长度较大时，首先是在各地质横断面图上，逐个地初步确定开采深度，然后再在纵断面图上调整露天底标高。

（2）短露天的开采深度的确定：短露天矿的长、宽近于相等，露天矿的开采深度受端帮岩量的影响很大，在确定开采深度时，通常是把整个露天矿场作为一个整体，用平面图法计算其不同开采深度的境界剥采比，按 n_{J1}、n_{J2}、n_{J3}……等，若计算得其中某一深度方案的 $n_J = n_{JH}$，则该深度即为所求的开采深度。

10.1.2.5　绘制露天矿开采终了平面图

露天矿开采终了平面图绘制方法是：

（1）将露天矿底部周界绘在透明纸上。

（2）将透明纸覆于地形图上，然后按照边坡组成要素，从底部周界开始，由里向外依次绘出各个台阶的坡底线（图 10-11）。显然，凹陷露天矿各个台阶的坡底线，在平面上是闭合的；而在地表周界最低标高以上的山坡露天的各台阶坡底线是不闭合的，应注意使其与相邻标高的地形等高线紧密连接。

（3）在图上布设线路，即定线。

（4）从底部周界开始，由里向外依次绘出各个台阶的坡面和平台，并在布设开拓坑线的连帮上，绘制与各台阶相连接的倾斜运输平台，以满足开拓运输的要求（图 10-12）。

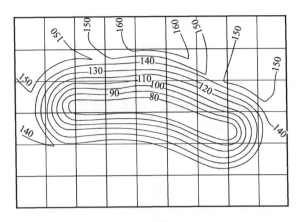

图 10 - 11 初步圈定的露天矿开采终了平面图

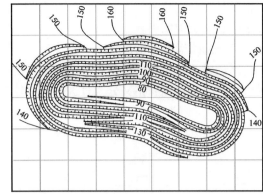

图 10 - 12 露天矿开采终了平面图

当开拓运输系统简单或设计经验丰富时，上述 2，3，4 步骤可以合并一次完成。即绘出露天矿底部周界后，根据选定的开拓运输系统及出入沟沟口位置，由里向外直接绘出各台阶的平台、坡面以及通往各水平的倾斜运输平台，一次绘出露天矿开采终了平面图。

10.1.3 露天矿开拓

10.1.3.1 露天矿开拓的概念及开拓方法分类

1）露天矿开拓的概念

露天矿开采时，必须将露天矿境界内采出的矿石运往受矿点（如选厂、受矿仓等），废石（土）运往排土场；人员、生产设备、材料运往生产作业地点；随着生产水平下降，要不断开辟新的工作水平。为了解决这些问题，首先必须建立运输通道。

露天矿开拓：就是开辟从地面到露天矿场各工作水平之间的运输通道，建立采矿场、受矿点、排土场及各工业场地之间的合理联系，构成完整的运输系统，为剥离和采矿工作创造有利条件。

露天矿开拓主要研究开拓运输方式、开拓坑线的位置及其布置形式，保证矿山的持续生产。

露天矿开拓是矿山生产建设中一个重要问题。开拓系统合理与否，直接影响到矿山基建工程量、基建投资、投产与达产时间、生产能力大小、生产成本，以及能否持续地保证矿山的正常生产。因此，认真研究开拓运输系统，对矿山建设具有重要意义。

2）露天矿开拓分类

目前，不论在国内还是在国外，对露天矿开拓的分类均未取得统一的意见。归纳起来，有五种开拓方法分类。

（1）按开拓沟（坑）道类型及其有无的分类：分为有沟开拓法、无沟开拓法、地下井巷开拓运输开拓法、斜坡提升开拓法、联合开拓法。

（2）按运输类型的分类：分为公路运输开拓法、铁路运输开拓法、平硐溜井开拓法、胶带运输开拓法、斜坡提升开拓法、联合开拓法。

（3）按沟（坑）道坡度陡缓为主，运输方式为辅进行分类：

缓沟开拓法（<6°）：下分铁路运输开拓、公路运输开拓等；

陡沟开拓法（18°~90°）：下分胶带运输开拓、斜坡提升开拓、溜井、竖井开拓等；

联合开拓法：上述两类开拓法组合。

（4）按开拓沟（坑）道类型和有无为主，以运输方式为辅进行分类。

（5）按运输方式为主，沟（坑）道某些特征为辅进行分类（下面详述）。

本课程采用按运输方式为主，沟（坑）道某些特征为辅开拓方法进行分类。这是因为露天矿开拓方式主要取决于运输方式，沟（坑）道系统与运输系统一般是一致的。此外，沟（坑）道的特征也是具有一定意义的。开拓方法命名以运输方式为主，辅以沟（坑）道的某些特征，这样开拓方法的意义更加明确。

10.1.3.2 公路运输开拓

公路运输开拓是现代化露天矿广泛应用的一种开拓方式，所采用的设备主要是汽车。按线路的布置形式，公路运输开拓又分为直进公路运输开拓、回返公路运输开拓、螺旋公路运输开拓。

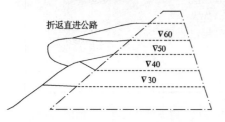

图 10-13 山坡露天矿直进式布线示意图

1）直进公路运输开拓

直进式公路布线，运输干线在空间上基本上呈直线形，汽车在干线行驶时不改变方向。

当山坡露天矿高差不大、地形较缓、开采是水平较少时，可采用直进公路运输开拓。图 10-13 是山坡露矿直进公路运输开拓示意图。运输干线一般布置在开采境界外山坡的一侧，工作面单侧进车。若运输干线布置在境界内，随着开采水平的下降，运输干线不断消失，下部新水平准备将会影响公路的运输。

2）回返公路运输开拓

回返公路运输开拓，运输干线由若干直线段和曲线所构成。汽车在干线上行驶时要改变运动方向（图 10-14）。

当露天矿开采相对高差较大，地形较陡，公路采用直进式布线有困难时，常采用回返公路运输开拓。

图 10-14 就是某山坡坡露天铁矿采用回返公路运输开拓方案。该矿地形较复杂，高差大，根据产量要求和排土场等条件，设计了两条回返公路干线，一条在矿体上盘开采境界以外，另一条在矿体下盘开采境界以外。公路限制坡度为 8%，回返平台最小曲率半径为 15 m。

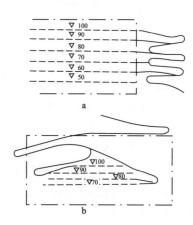

图 10-14 山坡露天矿回返式布线图
a—采矿场附近地形为单侧山坡时；
b—采矿场附近地形为孤立山峰时

山坡露天矿的采剥作业从采区最高台阶开始逐层向下进行。因此，开拓干线在基建时期就必须从地表修筑达到最高开采水平。开拓线路一般是沿自然地形在山坡上开掘单壁路堑。生产中，随着作业的进行台阶逐层下降，上部开拓线路逐渐废弃或消失。山坡露天矿公路布置受地形条件和工作面推进方向影响很大，它关系到基建剥岩量、建设期限、投资、矿石损失、贫化以及总平面布置的合理性。一般单侧山坡地形条件下，公路应尽量布置在采矿场端部开采境界外，又不远离境界，以保证干线位置固定和汽车运输距离短（图 10-14a）。当采场位于孤立山峰的条件下，则应将公路布置在开采工作面推进方向的对侧山坡（即非工作山坡）。这样，在多水平同时推进时，可以保证下部工作面推进不会切断上部各开采台阶工作面的运输支线与干线的联系（图 10-14b）。

3）螺旋公路运输开拓

螺旋公路运输开拓一般用来开拓深凹露天矿。公路线路从地表出入口开始，沿着采场四周最终边帮以帮螺旋线向深部延伸（图 10-15）。

露天矿公路运输开拓的出入沟，其沟口位置是采矿场和外部联系的咽喉要道，要根据地表地形、工程地质条件、公路工程量大小、受矿点和排土场的位置等因素进行选择，要保证运输安全、工路工程量和岩矿运输量小。

连接平台是运输干线通往采矿场各工作水平交叉处设置的减缓坡道，主要是改善运行条件，它可以是水平的，也可以采用不超过 3% 的缓坡，其长度一般不小于 30～50 m。

采用螺旋公路运输开拓，由于没有回返曲线段，扩帮工程量较小，而且螺旋线的弯道半径大，汽车运行条件好，不要经常改变运行速度，因而线路通过能力大。但回采工作必须采用扇形工作

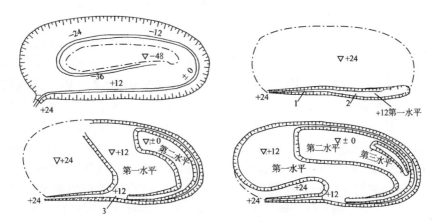

图 10-15 螺旋公路开拓矿山工程发展程序图
1—出入沟；2—开段沟；3—连接平台

线，其长度和推进方向要经常变化，且各开采水平相互影响，因而生产组织工作复杂。

当采场面积较小，且长、宽尺寸相差不大，同时开采的水平数较小以及采场四周边帮岩石比较稳固时，可采用螺旋公路运输开拓。

4）联合布线公路运输开拓

露天采场空间一般是变化的，公路往往不能采用单一的布线形式，而要采用两种或两种以上布线有组合，即联合布线。例如铜绿山铜铁矿 35 m 水平以下，上部用回返公路运输开拓，下部用螺旋公路运输开拓，以减少扩帮工作量。

10.1.3.3 铁路-公路运输开拓

铁路-公路运输联合开拓，可充分发挥汽车运输和铁路运输的各自优点。汽车-铁路运输多为采场深部使用汽车运输，采场上部使用铁路运输。

这种方法的优点是：

（1）采场深部使用汽车运输，生产工作灵活，加快了开沟速度，减少了新水平准备时间，加大了生产能力，提高了电铲效率，可改善矿石和岩石的分采效果。

（2）采场深部使用汽车运输，可避免铁路运输时增加的扩帮量。

（3）采场上部使用铁路运输，缩短了汽车运距，降低汽车运费，提高汽车的生产能力和技术经济效果。

铁路-公路运输开拓在大中型深凹露天矿得到了广泛应用。

10.1.3.4 胶带运输开拓

胶带运输开拓是利用胶带运输系统建立的矿岩运输通道，胶带运输机运输是一种连续运输方式，可实现露天矿生产连续化。其最大的特点是物料以连续的货物沿固定的线路移动，因而生产能力大、爬坡能力强、劳动条件好、能量消耗少且易于控制。其主要缺点是不宜运送坚硬大块矿石和粘性大的岩土。金属矿山采用胶带运输时，一般均需对矿岩预先破碎（图 10-16）。胶带运输机可以作为露天矿单一运输方式，也可以与汽车联合

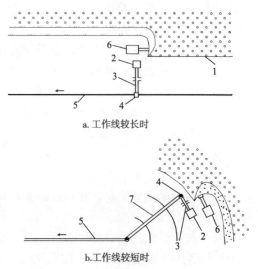

a. 工作线较长时

b. 工作线较短时

图 10-16 山坡露天矿回返式布线图
1—爆堆；2—移动式破碎机；3—带式输送机；
4—转载点；5—工作面带式输送机；6—前端
装载机；7—可回转带式输送机

形成半连续运输工艺。胶带运输开拓可直接布置在露天矿采场边坡上，也可布置在斜井中，根据开拓方式而定。

胶带运输机输送矿岩石，分为移动式（工作面、废石场用胶带运输）、半固定式（转载与集载胶带运输）和固定式（提升用、干线用、选废石用和贮矿场用）三种类型。

胶带运输机的主要部分是胶带，其成本为胶带运输机输送作业成本的 50%。运送软岩和煤炭时，胶带的寿命为 2~5a，当运送粒度为 400~700 mm 的坚硬岩块时，其寿命为 1~3a。为提高胶带寿命，运送矿岩的最大块度应小于 350~450 mm，货流中的细料应不少于 30%，以便于形成"垫层"。

胶带运输机运行速度的选择取决于岩石的物理力学性质、胶带宽度、装载点及卸载点设备，实际变化在 1~6 m/s 之内。提升带式输送机的胶带运行速度一般不超过 3.5~4 m/s。胶带运送机允许的提升与下放角 β，取决于岩石的物理力学性质，移动式胶带运送机的最大提升角可达 20°~22°。运送爆破后的岩块时，最大提升角可达 16°~18°，圆形物料（砾石等）为 13°~15°。物料下放时的最大倾斜角比允许提升角小 2°~3°。

10.1.3.5 斜坡提升开拓

斜坡提升开拓是在较陡的开拓通道中，用提升容器提升或下放矿岩的方法，建立采场工作面与地面的运输系统。斜坡提升开拓方式有：斜坡箕斗开拓、斜坡串车开拓、重力卷扬开拓三种。

1）斜坡箕斗开拓

斜坡箕斗开拓是以箕斗为提升容器的提升开拓方式。它实质是一种联合开拓方式，即采场工作面至斜坡道需修筑公路或铁道，将矿岩运至斜坡道转载。斜坡箕斗开拓时需设置转载站，转载站一般 2~4 个台阶水平设置一座。采场内矿岩用汽车或机车运至转载站，通过转载站的矿仓或漏斗装入箕斗中。

2）斜坡串车开拓

斜坡串车开拓一般是采用容积为 0.5~1.2 m³ 的翻斗式矿车组提升或下放矿岩。山坡露天矿采用斜坡串车开拓时，斜坡串车卷扬机道一般布置在采场以外。深凹露天矿斜坡串车卷扬机道布置的确定，主要考虑开采顺序和总运输功最小。卷扬机道坡度一般应小于 25°，最大达 30°。

3）重力卷扬开拓

重力卷扬开拓系利用重力作用下放重车、上带空车的斜坡提升方式。采场内一般采用人推车或自溜滑行。每台重力卷扬机只完成一个阶段的下放任务。

10.1.3.6 平硐溜井开拓

平硐溜井开拓是借助于开掘平硐和溜井（溜槽），以建立露天矿工作台阶与地表运输联系。本开拓方式，矿石或岩石靠自重沿溜井下放至平硐，再转运至卸载点。平硐溜井运输只是整个运输系统中的一个中间运输环节，露天采场内还需有其他运输方式联合使用，如汽车、机车等。

图 10-17 为兰尖铁矿平硐溜井开拓系统的一个典型例子。

1）溜井位置及其布置方式

确定溜井位置，应结合地形地质条件、工作面与溜井的运输联系、工作水平的开采顺序、新水平准备和平硐位置等因素综合考虑。

溜井位置确定原则是，在保证溜井稳定性的条件下，矿岩运至溜井（最终考虑到平硐）的总运输功最小，溜井工程小。

溜井布置相对于露天境界的关系，分为采场内部溜井和采场外部溜井；按卸载的集中程度，又可分集中卸载溜井和分散卸载溜井；按溜井与矿体走向相对位置，分沿走向布置溜井和混合布置溜井等。

2）平硐位置的确定

平硐位置应充分考虑溜井位置和矿床埋藏特点，使采场运输最短，并使平硐长度和硐口至卸载站或选厂这距最短为原则。

此外正应考虑以下几点：

（1）平硐口的标高应在洪水位以上，并在岩层稳定，无滑坡或雪崩之处。

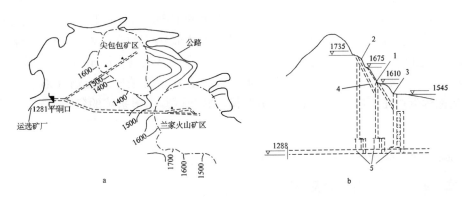

图 10-17 兰尖铁矿平硐溜井开拓系统图

a—兰家火山矿区和尖包包矿区平硐溜井布置图；b—兰家火山矿区多溜井剖面图

1, 2, 3—垂直溜井；4—斜溜井；5—放矿硐室

（2）当平硐布置在露天矿境界以内时，平硐口标高愈低，开拓矿量愈大，这能充分利用地形高差提高效益。

（3）如平硐位于露天矿境界之下时，平硐顶板距露天矿底的最小垂直距离一般不小于 15 m，以保证平硐的安全。

（4）当地形条件允许时，滑井上部可布置一段溜槽放矿，还可考虑采用溜槽、平硐开拓，即上部用溜槽，下部开掘一段贮矿及装矿用短溜井与平硐相连。

10.1.3.7 联合运输开拓

联合运输开拓是指从露天采场工作面装载点到货流卸载点（矿石或废石场）之间有两种以上的运输方式（图 10-18），每一种运输方式在技术上和经济上都是合理可行的。采用联合运输就必须设置转载站，以便把矿岩从一种运输工具转载到另一运输工具中。根据转载站的位置不同，可分为地面（图 10-18a）、边帮（图 10-18b），和坑底转载站（图 10-18c、d）。后两种情况下转载站是半固定的，随采矿工程的延伸而定期向下移动。

联合运输开拓系统可划分为三个环节：①是直接与采装作业联系的部分，就目前各种运输方式

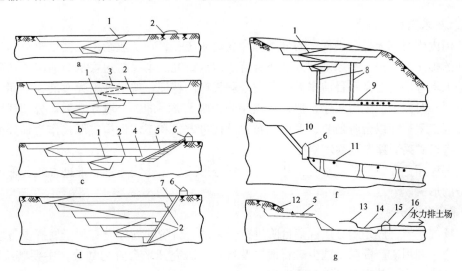

图 10-18 露天矿联合运输开拓系统的各种方式

a，b—汽车运输与铁路运输；c—汽车运输与胶带运输机运输；d—汽车运输与箕斗提升运输；e—汽车运输、溜井运输与铁路运输；f—汽车运输、溜槽运输与架空索道运输；g—胶带运输机运输与水力运输；1—汽车坑线；2—转载站（点）；3—铁路坑线；4—破碎装置；5—胶带运输机；6—转载（卸载）料仓；7—箕斗提升设备；8—溜井；9—平硐；10—溜槽；11—架空索道；12—轮斗挖掘机；13—水枪；14—水管；15—泥浆泵；16—泥浆管

而言，汽车应用最广，但其合理运距比较小，运距加大其生产能力急剧下降，成本迅速提高，因此须设立与汽车相衔接的转载站；②是自转载站到地表的这部分线路的运输，必须克服较大高程并保证线路所需的通过能力，适于这一运输环节的运输方式有铁路运输、汽车运输、胶带运输机运输、钢丝绳提升（箕斗、串车等）运输、架空索道运输等方式；③是地表运输（通往选矿厂或废石场），根据运输远近可在上述各种运输方式中选择。联合运输开拓系统的各种方式见图10-18e、f、g 等。

10.1.4　露天矿采剥程序

10.1.4.1　露天矿采剥程序的概念及分类

1）露天矿采剥程序的概念

露天矿场是一个空间形状复杂的几何体，是由三个复杂的空间面——地表面、矿场底面和矿场四周的边帮面所包围。每个具体露天矿场的形状、大小各不相同，其剥离量和采矿物质量可达数百万立方数，乃至数十亿立方米。如此巨大的工程量必须使生产设备按照一定的工艺程序去采掘才能完成。这种采掘步骤就称为露天矿采剥程序。

露天矿的采剥程序也可称为开采程序，前者是从采矿和剥离的角度，后者则从开拓和采矿的角度，反映完成露天矿场内剥离岩石和采出矿石整个过程。采剥程序是指在既定的开采境界内采剥工程在时间和空间上的发展变化方式，即包括采剥工程的初始位置、采掘工作面布置形式及构成要素、采剥工程在水平方向的扩展方式、采剥工程在垂直方向的降深方式以及工作帮的构成等方面的内容。所确定的采剥程序合理是否，直接影响到基建工程量、矿山建设速度、矿山生产能力及其能否均衡持续生产、生产剥采比及其发展变化、矿产资源的合理利用等，从而最终影响露天开采的技术经济效果。而且，采剥程序一经确定，就不能轻易地改变，因为改变采剥程序意味着重新开辟工作线，工作量很大，也需要大量投资。从这个角度来说，采剥程序、生产工艺和开拓系统所具有的特性都是较难改变的，可以统称为露天开采三大关键问题。因此，在露天矿设计中，充分研究和慎重地确定采剥程序是十分必要的。

合理的采剥程序应该使露天矿生产安全可靠、经济合理，并使矿石的产量、品种、质量满足计划需要。

2）露天矿采剥程序分类

目前，国内外对露天矿采剥程序的分类和命名尚未统一，在矿业杂志、文献资料和教科书中常有各种各样的提法，有关分类原则和方法还有待于深入研究。本教材建议从当前国内外矿山实际出发，并根据采剥程序的定义和目前露天矿所用采剥程序的特征，按采剥工程发展在空间上与开采境界的相对位置和时间上的先后顺序，把采剥程序分为四大类，即：全境界开采、分期开采、分区开采和分期分区工采。而以台阶划分、工作线布置及推进方式和工作帮构成形式作为细分类依据。

10.1.4.2　露天矿采剥程序及基本特征

反映采剥程序主要特征的要素有：开采台阶划分形式、工作线布置和推进方式、采场降深方式以及工作帮的形式。

1）开采台阶划分

露天矿场的矿岩一般是划分成许多台阶进行开采的。台阶的划分应有利于发挥设备效率，保证作业安全和合理利用矿产资源，减少矿石损失及贫化。研究开采台阶的划分，主要解决两个问题：首先要确定台阶形式，其次要确定台阶高度。

台阶可按水平面和倾斜面划分，分别称水平分层和倾斜分层。

台阶一般采取水平分层，即把采场划分为具有一定高度的水平台阶，以利于采装、运输设备作业，其工作平盘一般应是水平的。但有时根据运输和排水的需要可以设置较小纵坡和横坡。

对于缓倾斜单层或多层薄矿体的露天矿，若采取水平分层开采时，在划定的台阶高度内往往由两种以的矿岩组成（图 10 - 19a）。在这种情况下，要实现矿岩分采极其困难，甚至无法采出质量合格的产品。因此，采矿地段可以划分为若干个高度不相等的倾斜台阶进行开采（图 10 - 19b）。

倾斜台阶的倾角和高度应尽量与矿层的倾角和厚度相一致，即按矿岩的分层接触面划分台阶，以保证每一个倾斜台阶高度内的矿石或岩石单一化。同时设备的选择还要与所确定的台阶高度及倾角相适应。当矿层或岩层的厚度超过设备正常安全作业的高度时，应按设备安全作业要求确定倾斜台阶的高度，将矿层或岩层划分成两个或数个倾斜台阶。

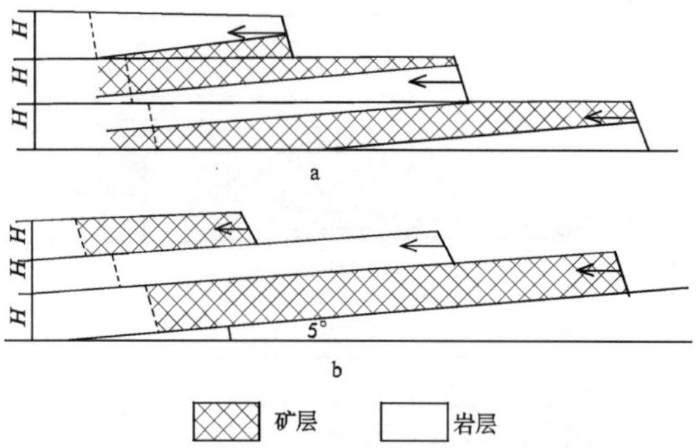

2）工作线布置及推进方式

工作线布置及推进方式表明采剥工程在水平方向的发展特征，它是采剥程序的基本要素之一。对同一采场，不同的工作线布置及推进方式，具备的采剥工作线长度及推进强度也不同，从而影响矿山生产能力及组织管理的难易程度。

露天开采是从掘沟开始的，而工作线布置及推进方式与开沟位置有着密切的联系。因此，设计露天矿首先就要选择合理的开沟位置。

露天矿的开沟位置及工作线布置方式多种多样，我国金属露天矿工作线布置形式最常见的有：沿露天矿走向布置和垂直走向布置。此外，还有斜交矿体布置、沿露天矿一侧边帮布置、L 型布置、U 型布置和环形布置等。

工作线沿走向布置，垂直走向一侧或双侧推进，亦称纵采（图 10 - 20）。这时工作线较长，适合于各种露天矿生产工艺系统，特别是采用铁路运输的露天矿一般均采用这种布置方式，如大孤山铁矿、东鞍山铁矿、歪头山铁矿等。

工作线垂直走向布置，沿走向一侧或双侧推进，亦称横采（图 10 - 21）。这时工作线较短，主要适应于汽车运输的生产工艺，也可用于胶带运输的露天矿。

图 10 - 19 缓倾斜薄矿体矿岩互层及倾斜台阶开采状况图

a—缓倾斜薄矿体矿岩互层水平台阶状况；b—缓倾斜薄矿体矿岩互层倾斜台阶开采状况；H—台阶高度

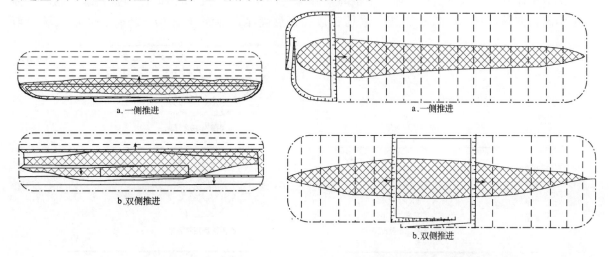

图 10 - 20 沿走向布置工作线垂直走向推进示意图　图 10 - 21 垂直走向布置工作线沿走向推进示意图

由于汽车运输机动灵活适应性强，因而可以根据实际需要，同时沿走向和垂直走向布置工作线，双向或三向推进，从而形成 L 型或 U 型工作线（图 10 - 22）。这种布置方式初始工作一般是以基坑形式建立的，它适于汽车-箕斗等联合运输生产工艺。

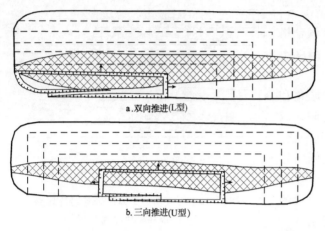

a.双向推进(L型)

b.三向推进(U型)

图 10－22　沿走向和垂直走向布置工作线两向、三向推进

当采用固定螺旋坑线开拓时，工作线往往沿露天矿一侧边帮布置，扇形推进（图10－23a），它适于汽车运输的短深形（近于圆形或椭圆形）凹陷露天矿。还有工作线布置成封闭圈状的，放射状扩展推进（图10－23b），其工作线长度是不断变化的，常用于采用漏斗采矿的小型露天矿。

3）采场降深方式

在露天矿采场开采达到最终水平之前，随着台阶工作线水平推进，采剥工程需要不断向下降深。表征采场降深方式的要素有：降深开始地点与采场的相对位置、降深方向和降深角。

对于山坡露天矿采场降深时（图10－24），开段沟沿山坡地形线布置，降深方向与山坡倾斜方向相一致，通常采用单壁堑沟以减少新水平的开拓准备工程量。此时，降深角随山坡角的变化而变化。

对于凹陷露天矿，据开段沟与采场的相对位置不同，主要有以下几种典型降深方式：

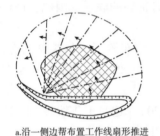

a.沿一侧边帮布置工作线扇形推进

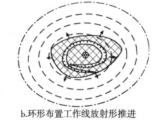

b.环形布置工作线放射形推进

图 10－23　推进方式示意图

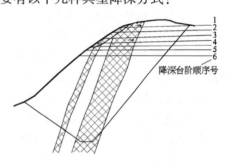

降深台阶顺序号

图 10－24　山坡露天矿采场降深示意图

①沿矿体底板（或下盘距矿体一定距离）降深（图10－25a）；②沿矿体顶板（或上盘距矿体一定距离）降深（图10－25b）；③沿采场底帮（下盘境界）降深（图10－25c）；④沿采场顶帮

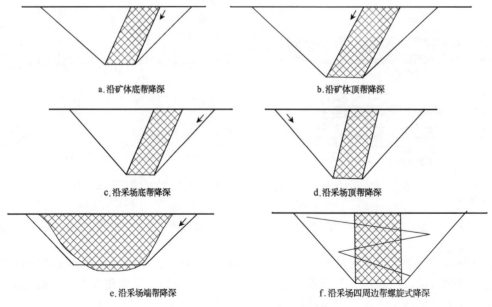

a.沿矿体底帮降深

b.沿矿体顶帮降深

c.沿采场底帮降深

d.沿采场顶帮降深

e.沿采场端帮降深

f.沿采场四周边帮螺旋式降深

图 10－25　典型降深方式示意图

（上盘境界）降深（图 10-25d）；⑤沿采场端帮（端帮境界）降深（图 10-25e）；⑥沿采场四周帮（境界周边）螺旋降深（图 10-25f）。

沿矿体顶、底板降深时，降深角一般与矿体倾角一致，由于降深位置紧靠矿体，或距矿体较近，可减少基建剥离工程量，见矿快、实现早达产，能较快地取得经济效益。这种方式主要特点是沿走向双侧布置工作线，垂直走向向双侧推进，开拓坑线随工作帮推进而努力，它适于开采深度较大，走向长的倾斜状矿体。

当矿体倾角较缓而与底帮最终边坡角一致（或接近）时，可采用沿采场底帮降深方式，此时开拓坑线固定，推进方向单一，系统较简单，且降深位置靠近矿体，有利于减少基建工程量。一般情况下，要尽可能避免沿顶帮的降深方式，因为此方式的降深位置距矿体较远，要加大基建剥离工程量，推迟投达产时间，经济效益不好。

10.1.5 露天矿开采工艺

下面主要介绍水平分层纵向采剥、水平分层横向采剥和分期分区开采三种方法。

10.1.5.1 全境界水平分层纵向采剥

1）采剥工艺特征

水平分层纵向采剥是全境界开采程序常用的一种采剥方式。它是把露天采场分成若干个水平分层，即沿水平划分台阶，并沿着矿体走向按采场全长掘进开段沟而形成纵向工作线，垂直走向单侧或双侧推进（图 10-26）。

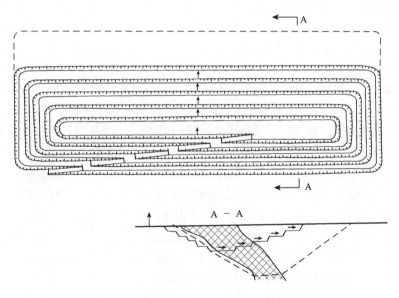

图 10-26　全境界水平分层纵向采剥示意图

这种采剥程序在工作帮上每个台阶都设有工作平台，其上布置有独立的采掘运输设备进行开采，并按水平分层依次延深，逐渐推进至露天开采最终境界。根据开沟位置和推进方向不同，可分为：沿上盘境界开沟，自上盘向下盘单侧推进；沿下盘境界开沟，自下盘向上盘单侧推进；沿上盘矿岩交界处中间开沟，向上、下盘双侧推进；沿下盘矿岩交界处中间开沟，向上、下盘双侧推进。

沿上、下盘矿岩交界处中间开沟，使采剥工程起始位置接近矿体，有利于减少初期基建工程量和降低初期生产剥采比；而且工作帮向两侧推进，使露天矿工作线加长，有利于布置更多采掘设备，加大开采强度。这两种降深方式共同的缺点是：对于凹陷露天矿，开拓坑道不得不布置在工作帮上而形成移动坑线，它必须随着工作帮推进而不断移动，这将给生产带来许多不利的影响。

沿上、下盘境界开沟可使开拓坑道固定，推进方向单一，系统比较简单，避免了移动坑线带来的不利因素。但对于急倾斜矿体的深宽露天矿来说，这两种开沟位置都会导致基建工程量过大，投产和达产时间过长等缺点，特别是沿上盘境界开沟方式为甚。

对于山坡露天矿，在矿体倾斜方向与山坡坡面方向一致的情况下，一般采用上盘向下盘推进，它具有开掘单壁沟工程量小，废石混入和矿石损失率低等优点。反之，在矿体倾角与山坡坡面相反的情况下，一般采用自下盘上盘推进。

目前国内深凹露天矿，为减少初期剥离量和早见矿，多数采用中间开沟，向上、下盘推进。但在条件复杂时，往往需要经过详细技术经济比较后才能确定。

2）采掘工作面参数

采掘工作面参数主要包括：台阶高度、工作平盘宽度、工作台阶坡面角、采掘带宽度和挖掘机工作线长度。这些参数确定得合理与否，不仅影响挖掘机的采装工作，而且也关系到整个矿山的经济效果。

（1）台阶高度：台阶高度是露天开采中最重要的技术参数，它不仅直接决定着生产主要工艺过程（穿孔、爆破、采装和运输）的设备效率和经济效益，而且对露天开采的一系列参数和指标，如工作帮坡面角、工作线水平推进速度、矿山工程下降强度、矿石的贫化率和损失率、生产剥采比等都有重要的影响。

台阶高度的大小受各方面因素所限制，合理的台阶高度应在保证安全生产前提下，根据下列因素确定：

被开采矿岩的埋藏条件和性质：这一因素主要从两方面，即台阶的稳定性和同一台阶上矿岩的均质性来考虑台阶的划分。合理的台阶高度首先应保证台阶的稳定性，以便矿山工程能安全进行。为便于穿爆和采掘，应尽量使每个台阶都由硬度变化不大的同质矿岩组成。采矿和剥岩台阶的上下盘标高尽可能与矿岩的接触线一致，以利于减少矿石损失贫化。特别是对于水平的层状矿体，应考虑矿层的厚度进行整层或分层开采。

钻孔爆破工作方法：首先，台阶高度应与钻孔设备的规格相一致，亦即台阶高度不能超过钻机的最大钻孔深度。

采掘设备的技术规格：一般来说，采掘工作方式及其使用的设备规格，往往是确定台阶高度的主要因素。在挖掘机掘松散和非坚硬岩石时，为保证铲装满斗，台阶高度应不小于挖掘机推压轴高度的2/3；为确保工作安全，台阶高度不宜超过挖掘机最大挖掘高度。挖掘坚硬矿岩爆堆时，爆堆高度应与挖掘机工作参数相适应，要求爆破后的爆堆高度也不大于最大挖掘高度。当用小型机械化（装岩机、电耙）或前装机装矿时，台阶高度主要考虑生产安全，一般都在10 m以下。

（2）工作平盘宽度：工作平盘宽度取决于工作面的采掘方法，所用采掘和运输设备的类型、规格、钻孔爆破参数、矿量储备定额等。一般来说，工作平盘宽度大些有利于采装作业，特别是用汽车运输时最为明显。但过宽的平盘宽度意味着超前剥离，这在经济上是不利的。

（3）工作台阶坡面角：工作台阶坡面角的大小与矿岩性质、穿孔爆破方式、推进方向、矿岩层理方向、节理发育程度有关，其中推进方向对工作台阶坡面角影响最大。对于均质岩石，矿岩硬度系数（f）在8～14以上的，工作台阶坡面角可取70°～75°，硬度系数在3～8的可取60°～70°，而硬度系数1～3的，只能取50°～60°。

10.1.5.2 全境界水平分层横向采剥

前述水平分层纵向采剥由于有很长的工作线，因此多应用于铁路运输的露天矿。应用汽车运输时，露天矿开采不必沿矿床走向按采场全长掘进开段沟，横向采剥方案较为适宜。

1）采剥工艺特点

水平分层横向采剥是垂直矿体走向掘进短的开段沟，从而形成横切矿体的采掘工作线。根据露天矿场的纵向尺寸和开采强度要求，采剥工作可从矿场的一端开始向另一端发展，亦可以从中间向两端发展（图10-27）。

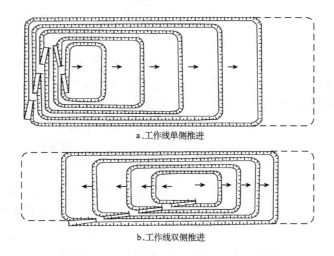

a.工作线单侧推进

b.工作线双侧推进

图 10－27　全境界水平分层横向采剥示意图

2）准备新水平方法

开采倾斜、急倾斜矿体时，随着采剥工程的发展，需要不断向下延深新水平。横向采剥的新水平准备方法有如下几种：

（1）固定坑线开拓无段沟准备新水平：无段沟准备新水平方法，就是出入沟到达开拓新水平

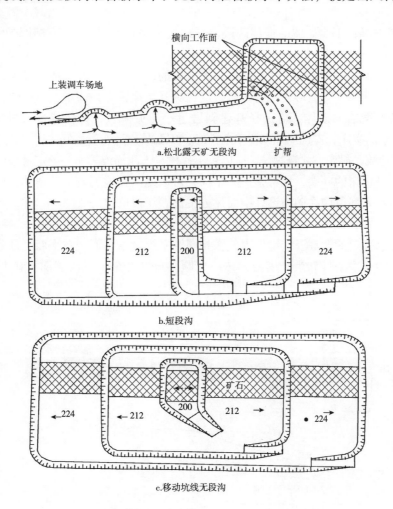

a.松北露天矿无段沟

b.短段沟

c.移动坑线无段沟

图 10－28　准备新水平方法示意图

的标高后，在沟端部向一帮或两帮进行扩帮，逐步扩成垂直矿体走向横切矿体的采剥工作线。松北露天矿横向采剥就是采用这种无段沟准备新水平方法的（图 10 - 28a）。

（2）短段沟准备新水平：短段沟与无段沟准备新水平方法没有本质区别。该方法是当完成运输公路出入沟后，就直接掘进横穿矿体走向的段沟，即称短段沟，然后以该沟为中心向四周扩帮，最终形成横切矿岩走向采剥工作线（图 10 - 28b）。

（3）移动坑线开拓无段沟准备新水平：当采场宽度大、剥岩量大时，为了减少基建剥岩量缩短基建时间，加速露天矿建设，可采用移动坑线开拓无段沟准备新水平的横向采剥法（图 10 - 28c）。

10.1.5.3　分期分区开采

对于某些大型露天矿，由于规模和储量大，一次建设基建投资过大，设备多，使开采年限长，影响矿山生产的经济效益。因此，多年来我国不少露天矿都考虑采用分期分区开采的方案。

1）分期开采

分期开采是指在已确定的合理开采境界内，人为地划定一个小的临时开采范围作为初期境界进行开采。它可以使矿山迅速投入生产，不断扩大规模，有计划有步骤地从小境界逐步转入大境界的开采。其目的是使露天矿早期剥岩量较小，而把大量的岩石推迟到以后再逐渐剥离，从而使之获得良好的技术经济效果。

（1）分期过度开采特点：根据矿体埋藏条件，按目前露天矿开采的技术标准，分期过度开采一般分 2~3 期开采，在第一期按小境界开采到一定深度后，便在小境界和二期境界内同时开采，进行扩帮过渡。

（2）首采区段选择：不少矿体的局部区段，开采技术条件和品位与整体比较更优越，考虑近期的经济效果和实际开采技术条件，可进行优先开采。

首采区段选择原则是：①地势平缓且直接出露地表的矿床，应选择矿体厚度大，质量好且运输条件方便的区段首先开采。②地形复杂的矿床，应选择开拓运输方式简单，投产快，达产早的区段优先开采。③对于有覆盖的矿体，应选择基建剥岩量小，见矿快，矿体厚度大的区段优先开采。④对于矿石品位复杂的矿床，应选择开采技术条件好，矿石品位高、质量好的区段优先开采。⑤对外部条件复杂，如有河流、村庄、建筑物等，应以暂不迁村、不改河流等作为确定首采区段的原则。

首采区段可以是矿床的一端，也可是矿床中部，可以是出露地表较高的顶部，也可以是沿侵蚀基准面开采。具体首采部位应在矿山设计中通过方案比较予以确定。

2）分区开采

分区开采是在已确定的合理开采境界内，在相同开采深度条件下，在平面上划分若干小的开采区，根据每个区域的开采条件和生产需要，按一定顺序分区开采，以改善露天矿开采的经济效果（图 10 - 29）。

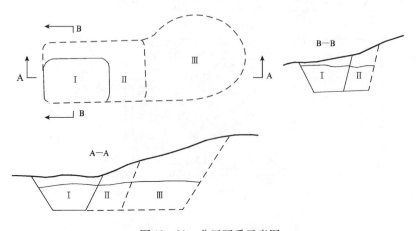

图 10 - 29　分区开采示意图

与分期开采方式相比，这种开采方式考虑问题的出发点和所要达到的目的是基本相同的，不同的是分期开采是在深度上划分采区，而分区开采是在平面上划分采区，因而它可以采用内部废石场，在邻近采区的采空区就近排弃废石。

采用分区开采的矿山，各区内部的开采程序，如降深方式、工作线布置及推进、工作帮形式等都需根据具体条件确定，此外还应注意解决好各区生产的正常衔接。

3）分期分区开采

分期分区开采指的是在总体上看是分期开采，但分期中又有分区；或总体上看是分区开采，但分区中又有分期或既有分期开采的特征又有分区开采的特征。由于我们所说的分期或分区都是以一定年限为基础的，所以分期分区开采的矿床一般都是开采范围和储量较大、开采年限较长的矿山，它所要研究和解决的问题和前面分期、分区开采是相同的。

10.2　固体矿产资源地下开采

10.2.1　固体矿产资源地下开采单元划分与开采顺序

10.2.1.1　固体矿产资源地下开采单元划分

为了有计划、有步骤地开采矿床，首先将矿床划分为一个一个的开采单元，固体矿床的产状一般介于缓倾斜到直立之间，其开采单元通常可划分为井田，井田划分为阶段，阶段再划分为矿块，矿块是最基本的开采单元。

（1）矿田与井田：划归一个矿山企业开采的矿床或其一部分，叫做矿田。划归一个矿井或坑口开采的矿田或其一部分叫井田。因此，矿田有时等于井田，有时包括几个井田。在金矿中，一般整个矿床划归一个井田来开采。

（2）阶段与矿块：在井田中，每隔一定垂直距离，掘进与矿体走向一致的阶段平巷，将矿体垂直方向划分成一个一个矿段，这就是阶段。阶段的范围，上下以两个阶段平巷为界，左右以矿体边界为界。矿块也叫采区，就是在阶段平巷中，沿矿体走向每隔一定距离掘进天井，将矿体划分成一个一个矿块。矿块上下以阶段平巷为界，左右以天井为界（图10-30）。

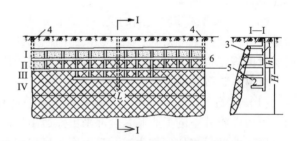

图10-30　阶段与矿块划分示意图

Ⅰ—采完阶段；Ⅱ—回采阶段；Ⅲ—采准阶段；Ⅳ—开拓阶段；H—矿体赋存深度；h—阶段高度；L—矿体走向长度；1—主井；2—石门；3—天井；4—副井；5—阶段平巷；6—矿块（采区）

10.2.1.2　矿床的开采顺序

（1）井田和阶段的开采顺序：当矿床划分为几个井田开采时，一般应优先开采矿石品位高、可选性好、基建工程少，运输、供水、供电等条件好的井田。井田开采顺序有两种，即下行式和上行式。下行式开采是由上而下逐个（或几个）阶段开采，上行式则相反。生产中一般多用下行式开采，因为下行式投资少，投产快，便于探矿，安全性好。

（2）矿块的回采顺序：阶段中矿块的回采顺序可分为前进式、后退式和混合式。

前进式开采，即从主井（主平硐）附近的矿块开始，向井田边界方向的矿块依次回采。这种回采顺序的优点是初期基建工程少，投产早，缺点是维护费用高，采掘相互干扰，影响生产。后退式开采，即阶段平巷掘进到井田边界后，从井田边界的矿块开始向主井（主平硐）方向后退，依次回采。这种回采顺序的优缺点与前进式相反。混合式开采，开始用前进式，等阶段平巷掘完后，改为后退式。这种回采顺序具有前进式和后退式两种回采顺序的优点，但生产管理较为复杂。在生产实践中，后退式用的较多。

（3）相邻矿体的回采顺序：金矿床多由两个或多个矿体组成，如相邻矿体距离较近，则应合理的确定它们的回采顺序，否则在工采过程中将相互影响，对生产安全和资源回收都不利。相邻矿体的开采顺序一般是先采位于上盘的矿体，后开采下盘的矿体。

不论采用上行式或下行式开采，都应贯彻贫富兼采，薄厚兼采，大小兼采，难易兼采的原则，最大限度地采出地下资源。

10.2.1.3　金属矿床开采步骤

矿床进行地下开采时，一般按开拓、采准和切割、回采三个步骤进行。这三个步骤反映了矿床开采的基本过程。

（1）开拓：矿床开拓就是从地面掘进一系列巷道通达矿体，使地面与矿体之间构成一个完整的运输、通风、排水、压气、供水等线路，以便在矿体中进行采准、切割和回采工作。这一工作称主开拓。为开拓矿床而掘进的巷道叫开拓巷道。开拓巷道用于运输矿石、废石、材料、设备及通风、排水、行人的。属于开拓巷道的有竖井、斜井、平硐、石门、井底车场、阶段平巷、主溜井和填充井等。

（2）采准和切割：在已完成开拓工作的矿体中掘进巷道，以便将矿体或阶段划分成独立的开采单元——矿块（或采区），在矿块形成回采时所必需的通风、出矿、人行、材料运输系统，并为回采工作形成自由面而开掘的巷道统称为采准切割巷道。包括掘进天井、漏斗和拉底等。

（3）回采：在已经做好采准和切割工作的矿块或矿壁中，进行大量采矿工作，称为回采。回采工作包括崩矿、矿石搬运和地压管理。如果将矿块划分为矿房和矿柱进行两步骤开采时，回采工作还应包括矿柱回采。

（4）矿床开采步骤之间的关系：在矿床开采初期，三个步骤是依次进行的。在生产时期，必须遵循开拓超前采准切割，采准切割超前回采的原则，并贯彻采掘并进，掘进先行的方针，确保三级矿量的规定指标，以保证矿山的持续、稳定、均衡生产。

10.2.1.4　矿石的损失与贫化

（1）矿石的损失率与贫化率：在矿床开采过程中，由于地质、开采技术及生产管理等各种原因，不可能将井下的工业储量全部采出并运出地面，从而产生矿石损失。开采过程中损失的工业储量与原工业储量之比，称为矿石损失率。采出矿石量与矿石工业储量之比，称矿石的回收率。

在矿床开采过程中，由于上下盘围岩及矿体中的夹石被崩落并混入采下的矿石中，以及高品位富矿及矿粉的丢失等原因，造成采出矿石品位降低，这种情况称为贫化。矿石贫化后，其品位下降的百分数叫贫化率或品位降低率。采出矿石废石量与矿石量之比，叫废石混入率。

（2）降低矿石损失与贫化的措施：矿石的大量损失，将直接引起工业储量减少，矿石成本升高，矿山服务年限缩短，资源浪费。矿石贫化，将增加运输及选矿成本。因此，开采时应尽可能地降低损失与贫化。矿石的损失和贫化指标，表示地下资源的利用状况，是评价矿床开采是否合理的两项重要指标。

为减少矿石的损失与贫化，要从地质、设计、管理等方面采取综合措施：①加强地质勘查工作，弄清矿床赋存规律及开采技术条件，给设计及生产部门提供确切的矿体产状、形态、品位及其变化规律等资源；②选择合理的采矿方法、结构参数及回采工艺；③加强生产探矿，对矿体进行二次圈定；④合理选择矿体开采顺序，及时回采矿柱，处理空场；⑤加强生产管理，建立有关规章制度，对矿石开采损失贫化进行经常性监测、管理和分析研究；⑥合理采用新技术、新工艺和新设备。

10.2.2　矿床开拓

矿床埋藏在地下数十米至数百米，为了开采矿床，必须从地面掘进一系列井巷通达矿体，以建立矿床开采时的运输、提升、通风、排水、供水、供电、充填等系统。这一工作称为矿床开拓。矿床开拓是矿山的主要基本建设工程，一旦开拓工程完成，矿山的生产规模等就已基本定型，很难进行大的改变。

按照开拓井巷所担负的任务，可分为主要开拓巷和辅助开拓巷两类。用于提升或运送矿石的开拓巷道，叫主要开拓巷道，如竖井、斜井、斜坡道和平硐四种。用于其他目的井巷，一般只起辅助作用，称辅助开拓井巷，如通风巷、溜矿井、石门、井底车厂等。

矿床开拓方法以主要开拓井巷命名，据此，矿床开拓方法可分为平硐开拓法、斜井开拓法、竖井开拓法、斜坡道开拓法和联合开拓法。

10.2.2.1 矿床主要开拓方法

1）平硐开拓法

用平硐（水平巷道）开拓矿床的方法称为平硐开拓法。开硐开拓法只能开拓地表侵蚀面以上部分的矿体（上山矿）。上山矿体赋存高度较大时，可以采用多个平硐开拓。平硐开拓法矿石的运输一般是利用主溜井，再经平硐运出地面。

平硐开拓法具有施工简单、速度快，无需开拓井底车场，以及不要提升、排水设备等优点，凡具备硐开拓条件的矿山一般都优先选用平硐开拓法。

平硐开拓法视平硐与矿体的相对位置关系有穿脉平硐开拓法和沿脉平硐开拓法（图10-31）。

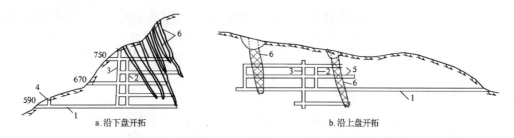

图 10-31　穿脉平硐开拓法示意图

1—主平硐；2—溜井；3—辅助竖井；4—入风井；5—阶段平巷；6—矿体

2）斜井开拓法

用斜井作为主要开拓巷道的开拓方法称斜井开拓法。它主要适用于倾角15°～45°的矿体，埋藏深度不大，表土不厚的中小型矿山。斜井开拓与竖井开拓相比具有施工简便，投产快等优点，但开采深度及生产能力受提升能力限制，不能太大。

按斜井与矿体的相对位置，可分为下盘斜井开拓法（图10-32a）、脉内斜井开拓法和侧翼斜井开拓法（图10-32b）三种。

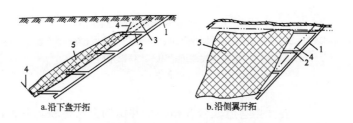

图 10-32　斜井开拓法示意图

1—斜井；2—石门；3—矿体侧翼辅助斜井；4—岩石移动界线；5—矿体

3）竖井开拓法

主要开拓巷道采用竖井的开拓方法称竖井开拓法。当矿体倾 >45°或 <15°，且埋藏较深时，常

用竖井开拓。由于竖井提升能力较大，故常用于大中型矿井。竖井开拓法在矿床开采中被广泛应用。根据竖井对矿体的相对位置不同，竖井开拓法分为下盘竖井开拓法（图 10-33a），上盘竖井开拓法（图 10-33b）和侧翼竖井开拓法（图 10-33c）。

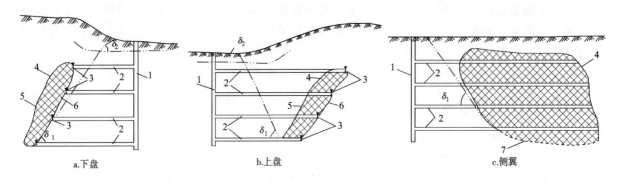

图 10-33　竖井开拓法示意图

1—竖井；2—石门；3—平巷；4—矿体；5—上盘；6—下盘；7—矿体推测界线；δ_1—岩石移动角；δ_2—表土移动角

　　下盘井开拓法在金属矿山中使用最多，主要原因是竖井保护条件比较好，不留保安矿柱等。它的缺点是石门长度随开采深度的增加而增加。当矿体埋藏深度较大，倾角大于 50°~75°，而且矿体下盘适合于布置竖井时，多采用这种开拓方法。侧翼竖井开拓法在金矿山中使用较多，原因是金矿床一般矿体走向长度不大，且多在山区，往往受地表地形限制，竖井只能布置在矿体走向一端。上盘竖井开拓法使用极少，主要原因是上部阶段的石门长，初期投资大等，只有在矿体倾角近于垂直，不能采用下盘或侧翼竖井开拓法时，才用上盘竖井开拓法。

　　4）斜坡道开拓法

　　斜坡道开拓法是用斜坡开拓矿床的方法。斜坡道开拓适用于埋藏较浅的矿体，或用竖井出矿的矿井，为提前出矿在浅部先用斜坡道开拓出矿，矿体开采到较深时用斜坡道出矿经济上不合理，空气污染严重，此时改由竖井出矿，斜坡道改作辅助开拓巷道。斜坡道线路布置有螺旋式（图 10-34a，b）和折返式（图 10-34c）两种。

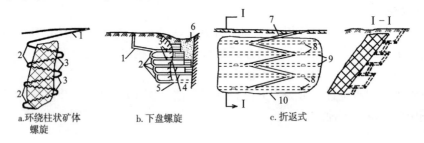

图 10-34　斜坡道开拓法示意图

1—斜坡道直线段；2—螺旋斜坡道；3—阶段石门；4—回采巷道；5—掘进中巷道；6—崩落覆岩；7—斜坡道；8—石门；9—阶段运输巷道；10—矿体沿走向投影

　　5）联合开拓法

　　采用两种或两种以上的主要开拓巷道联合开拓一个井田的方法称联合开拓法，联合开拓法根据井筒类型的不同可分为平硐与盲井联合开拓法（图 10-35a）、竖井与盲井联合开拓法（图 10-35b）及斜井与盲井联合开拓法三种。

　　6）选择主要开拓巷道类型时应考虑的主要因素

　　（1）地形条件：矿床埋藏则地表侵蚀基准面以上时，应尽可能选择平硐，平硐以下的矿体可用盲竖井或盲斜井开拓。

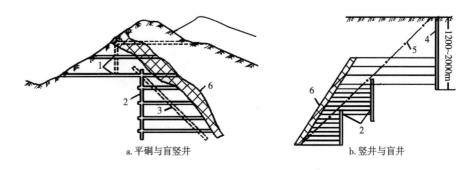

a. 平硐与盲竖井   b. 竖井与盲井

图 10-35 联合开拓示意图

1—主平硐；2—盲竖井；3—盲斜井；4—竖井；5—下盘岩石移动线；6—矿体

（2）矿井规模及开采深度：选用竖井或斜井，取决于选用的提升容器在矿床开采深度范围内能否满足矿井的生产能力，在选择主要开拓巷道类型时，应先进行提升能力计算和设备选型。

（3）矿体倾角：用竖井开拓缓矿体时，深部石门长度增大，而缓倾斜矿体用斜井开拓时，石门长度很短。

（4）围岩物理力学性质：井巷通过流沙层、含水层、破碎及不稳固岩层时，需要采限一些特殊掘进措施，在这方面竖井比斜井、斜坡道有利的多，因此应考虑采用竖井。

上述各因素是相互影响的，要进行综合考虑和技术经济比较来选定主要开拓井巷的类型。

10.2.2.2 主要开拓井巷位置的确定

主要开拓井巷是矿山出矿和建立地面与井下联系的重要通道，是矿井的咽喉。因此保证开拓井巷处于安全位置上，不受地下开采和地面各种不安全因素的威胁。主要开拓井巷位置一旦确定，它与地面生产系统和外部运输的联系以及地面和井下矿石的总运输工作量也就确定了。所以，主要井巷位置，不仅对矿井生产的安全，而且对矿山经济效益都是至关重要的。因此，确定主要开拓井巷的位置是矿山建设中的一个重要问题。

1）岩石移动及其对主要开拓井巷位置的影响

地下矿体被采出以后，便形成了采空区，破坏了原岩应力的平衡状态，使采空区上部和周围的岩石逐渐发生变形，移动乃至冒落，这一过程总称为岩石移动。岩石移动达到地表可表现为地表连续均匀下沉，不产生裂缝；也可表现为地表出现大裂缝，位移或者塌落（图 10-36）。

地表岩层移动范围可分为三带：

（1）塌落带：带内岩体崩落成大小不等的碎块；

（2）裂缝带：带内岩体基本连续，但被裂缝所切割；

（3）下沉带：岩体只产生塑性变形，保持连续而无裂缝。下沉带又分为危险下沉带和无危险下沉带。

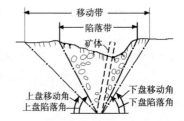

图 10-36 地表岩石移动与
陷落示意图

地表裂缝带和塌落带合称崩落带，危险下沉带圈定的地表范围称地表岩石移动带。崩落带用崩落角圈定。崩落角是采空区上方地表最外侧的裂缝位置和地下采空区边界的连线与水平线之间在采空区外侧的夹角。根据位置不同，崩落角分为上盘崩落角和下盘崩落角（图 10-36），一般下盘崩落角大于上盘崩落角。

移动带用移动角圈定。移动角是地表危险下沉带边界与地下采空区边界连线与水平线之间在采空外侧的夹角。

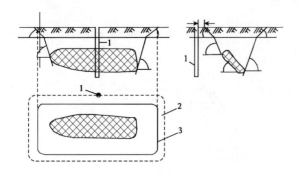

图 10-37　地表岩石移动带的圈定
1—井筒；2—保安带；3—岩石移动带

3）地下运输功对主要开拓井巷的影响

主要开拓井巷沿走向位置不同，所需运输功不同。运输功的含义是指运输矿石量和运输距离的乘积，其单位是吨公里。主要开拓井巷沿走向的位置还应考虑选在矿石的地下运输功和地面运输功最小的位置上。运输功最小的位置就是运输费用最低的位置。

矿山的地形、地质条件是复杂的，运输功最小的井筒位置往往不能满足地形和地质的要求，因此，只能作为开拓井巷位置选择的一个考虑因素。

4）地形地质条件对主要开拓井巷位置的影响

在地形、地质条件方面应特别注意以下几点：

（1）井（硐）口附近应有足够的工业场地，且地面工业场地运输和外部运输联系方便。

（2）井（硐）口位置应不受山崩、雪崩、垮山、滚石、泥石流及洪水等的威胁，要求井（硐）口标高高出历史最高洪水位 3 m。

（3）应该使井口工业场地尽量少占或不占农田。

（4）应尽量避免井筒穿过泥沙层、含水层、断层、溶洞、基岩层破碎地区。在井筒施工前，一般应在井位附近打 1~3 个检查孔，以确保井筒安全顺利地施工。

（5）选矿厂最理想的位置是设在 20°左右的山坡上，以利用山坡自然地形使各矿石加工工艺之间借自重运输，因此，有条件的矿山可把主井设在山坡上。

2）岩石移动带与保安矿柱的圈定

为了保护地表工业设施与井口安全，在采矿设计时，一般应根据矿体的勘探资料圈定出各个矿体的岩石移动带，并将各开拓井巷、地面建筑布置在这个移动带以外。地移带的圈定见图 10-37。

由于条件限制，地表工业设施、井口等必须建于移带内，则必须留保安矿柱，以保护地表工业设施与井口的安全。保安矿柱内的矿石一般成为永久矿石损失。有的矿山在生产末期对保安柱实行局部开采。保安矿柱圈定方法见图 10-38。

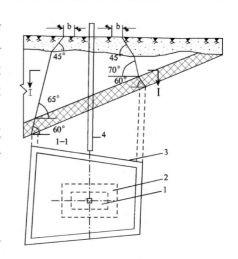

图 10-38　保安矿柱圈定方法
1—地表工业场地；2—保安带；3—保安矿柱；
4—井筒；b—安全距离

10.2.2.3　辅助开拓巷道

为了完成矿床开拓任务，井田不能仅有一个出矿主井，还必须有一个或几个副井巷道及其他一系列配套辅助开拓工程。辅助开拓巷道工程的主要作用有：①备用出口；②井下通风；③解决提升与水平运输的衔接；④满足人员上下、设备调配、废石排出、地下破碎装载、充填、机修等要求。

1）副井的设置及其位置

如主井为箕斗井，或虽为罐笼井但提升能力只能满足矿石生产要求时，为了解决人员、设备和材料的升降，必须设置副井。

副井可布置在主井附近，称为主副井集中式布置。为了防火，两井之间的距离不应小于 30 m，但也不宜过大。主副井之间相距较远的布置称为分散式布置。

2）风井的布置

每个矿井都必须有进风井和回（出）风井。副井及用罐笼提升的主井均可作入风井，也可作回风井。箕斗主井一般不得作进风井，但可作回风井。

按进风井和出风井的位置关系，风井布置有中央并列式与对角式（图 10 - 39）和侧翼对角式（图 10 - 40）三种。

3）溜井和充填井的布置

溜井的作用是将矿石从上部阶段利用自重溜放到下部阶段。溜井还可以起到集中装矿和储存矿石的作用。在采用平硐开拓时，常利用溜井，将上部各阶段的矿石集中溜放在主平硐出矿。

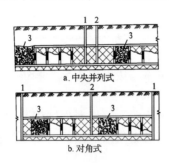

图 10 - 39 中央并列式与对角式布置图
1—副井；2—主井；3—已采完矿块

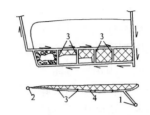

图 10 - 40 侧翼对角式布置图
1—主井；2—副井；3—天井；
4—沿脉平巷

（1）溜井：溜井位置的选择应考虑以下因素：

A. 应根据矿体赋存条件及开拓系统来选定，使矿石水平运距最短，避免返程运输；

B. 溜井应位于比较稳固的岩层内开掘，并且要避开溶洞、断层、破碎带等不稳固岩层；

C. 一般情况下，溜井应布置在矿体下盘围岩中，在溜井服务年限内避免岩移影响；

D. 直接向井筒箕斗装矿的溜井应紧靠井筒布置；矿石需经地下破碎的，溜井应紧靠地下破碎硐室。

（2）充填井：是自地表向井下溜放或运输充填料的井巷，是采用充填采矿法的矿井所必需的工程。充填井有以下几种：

A. 干料井：干充填料借自重力溜放到井下，多用于干式充填采矿法；

B. 管道井：采用水力充填和胶结充填的矿井，常在井筒中铺设充填管道；

C. 充填钻孔：在坚固的岩层中，可用大直径地质钻孔代替管道井。

充填井位置的选择主要考虑充填料的地表和地下运输。

10.2.3 地下采矿方法

地下采矿简称坑采，是指用地下坑道进行采矿的总称。一般适用于矿体埋藏较深，在经济上和技术上不适宜露天开采的矿床。

10.2.3.1 地下采矿主要生产工艺与采矿方法分类

1）地下采矿主要生产工艺

地下采出矿石通常是指矿床开拓后的回采，回采主要生产工艺有落矿、矿石搬运与地压管理。

落矿又称崩矿，是将矿石从矿体上分离下来，并破碎成适于运输的块度；搬运是将矿石从落矿地点（工作面）运到阶段运输水平，这一工艺包括放矿、二次破碎和装载；地压管理是为了采矿而控制或利用地压所采取的相应措施。通常，各种采矿方法包括这三项工艺。但因矿石性质、矿体条件、所用设备及采矿方法结构不同，这些工艺和所占比例并非完全相同。

回采工艺对矿床开采的效益影响很大。三项工艺的费用约占回采总费用的 75% ～90%，而回采费又占整个矿石成本的 35% ～50%；采场的劳动消耗约占全矿劳动消耗的 40% ～50%；矿石的损失率、贫化率亦与回采工艺直接相关。因此，为了确保回采工作的安全，提高劳动生产率和采矿强度。降低矿石的损失与贫化，必须正确选择回采工艺方法，并从设备和工艺改革上提高三项主要工艺的水平。

（1）落矿：目前广泛应用的落矿方法是凿岩爆破（可分为浅孔、中深孔、深孔及药室落矿）。评价落矿效果的主要指标是：凿岩工劳动生产率、实际落矿范围与设计范围的差距、矿石破碎质量。

凿岩工劳动生产率：凿岩工劳动生产率用凿岩工每班所凿炮孔的落矿量表示。

$$P = \lambda L$$

式中：P 为凿岩工劳动生产率，单位是 t/工班或 m³/工班；λ 为每米炮孔落矿量，m^3/m 或 t/m；L 为凿岩工每班凿炮孔米数，m/工班。

实际落矿范围与设计范围的差距：此差距对矿石回采率与废石混入率影响很大，这一指标可用实际验收炮孔深度、倾角和排面方位角与设计数据对比表示。

矿石的破碎质量：矿石的破碎质量主要用大块产出率表示。采用凿岩爆破方法落矿，不可避免要产生一定量的不合格的大块。矿石中不合格的大块矿石总重量占放出矿石重量的百分比称大块产出率。对大块要进行二次破碎。

（2）矿石搬运：搬运是指将矿石从落矿地点运送到阶段运输巷道装载处。矿石的搬运方法分为重力搬运、机械搬运、爆力搬运、人力搬运以及联合搬运。

重力搬运：重力搬运是借助于矿石自重的搬运方法，其效率高而成本低，重力搬运可以通过空场，也可以通过矿石溜井。它必须具备的条件是，矿体倾角大于矿石自然安息角。

爆力运输：采用房式采矿方法开采倾角小于自然安息角的矿体，矿石不能用重力搬运时，可借助于落矿时的爆力将矿石抛到放矿区。

机械搬运：机械搬运是矿石搬运中采用最广泛的方法。目前国内应用较多的机械搬运设备有：电耙设备；轨轮式电动或风动单斗装岩机；轮胎式风动装运机；铲斗容积为 0.75～3 m³ 的内燃铲运机和电动铲运机；振动放矿机械及运输机；电动自行车等。

（3）采场地压管理：采场地压管理的目的是防止开采工作空间的围岩失控发生大的移动和威胁人员工作安全。采场地压管理工作是影响矿山安全、矿石成本、矿石损失贫化和矿石生产能力的主要因素。

矿床开采工作形成采矿空间，破坏了原岩应力平衡，产生次生应力场，围岩中会出现局部应力集中升高、降低、拉压应力的转变、三向应力状态的转变，会产生裂隙张开、闭合，顶板下沉、冒落，底板隆起及侧面片帮等。上述这些现象统称为矿山地压现象，由于采矿引起的岩体内部应力变化称矿山地压。在地下开采中，为了安全和保持正常生产条件采取的一系列控制地压的综合措施，称矿山地压管理。

矿山地压管理可分为两个阶段：矿块回采阶段和大范围采空区形成后的阶段。前一阶段又称采场地压管理。

采场地压管理方法大致可分为以下几类：

A. 使采空区间具有较稳定的几何形状，使应力较平缓的集中过渡；

B. 用矿柱、充填体、支柱或联合方法支撑或辅助支撑开采空间；

C. 边采矿边崩落围岩，使开采空间某些部位的应力重新分布，降低工作空间围岩应力集中，减小工作空间的地压；

D. 使开采空间围岩达到自然崩落所需的尺寸，通过

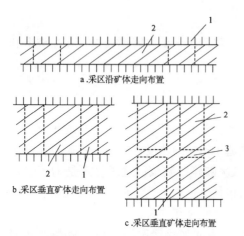

a. 采区沿矿体走向布置

b. 采区垂直矿体走向布置

c. 采区垂直矿体走向布置

图 10-41　采区布置示意图

1—横向矿柱；2—矿房；3—纵向矿柱

自然崩落释放应力，减小周围采场地压。

2）地下采矿方法概述与采矿方法分类

（1）地下采矿方法概述：采区或矿壁是开采矿床的基本单元，但在大多数采矿方法中，还要将采区或矿壁再划分为矿房和矿柱进行回采。

采区可以沿矿体走向布置，也可以垂直矿体走向布置（图10-41）。采区的长度方向与矿体走向一致，叫做采区沿矿体走向布置，此时采区的宽度等于矿体的厚度（图10-41a）。采区的长度方向与矿体的走向不一致（垂直），叫做采区垂直矿体走向布置，此时矿体的厚度是一个或一个以上采区的长度（图10-41b、c）

采矿方法就是采区的开采方法，包括采区的采准、切割和回采。

（2）地下采矿方法分类：由于金属矿床赋存条件的复杂性，矿岩性质的多变性以及其他因素等，故采矿方法种类繁多。为了便于认识各种采矿方法的特殊本质，了解各种采矿方法的适用条件及其发展趋势，研究和选择合理的采矿方法，因此，需要将繁多的采矿方法，择其共性加以归纳分类。本书介绍的是以矿体回采时地压管理方法为基础的分类，共分为三大类，即：

空场采矿法：包括留矿采矿法、全面采矿法、房柱采矿法、阶段矿房采矿法及分段矿房采矿法等。

充填采矿法：包括干式充填采矿法、水力充填采矿法及胶结充填采矿法等。

崩落采矿法：包括壁式崩落采矿法、分层崩落采矿法、分段崩落采矿法及阶段崩落采矿法等。

10.2.3.2 空场采矿法

在矿体中形成的采空区主要依靠围岩自身的稳固性和留下的矿柱（包括人工支柱）来支撑采空区的采矿方法称空场采矿法。这类采矿方法在国内外应用很广泛，一般适用矿石及围岩相当稳固，允许有较大暴露面的矿床。该方法用得最多的是留矿采矿法、全面采矿法、房柱采矿法及阶段房柱采矿法。

1）留矿采矿法

留矿采矿法简称留矿法。它的特点是在矿房中，用浅眼自下而上逐层回采，每次采下的矿石暂时只放出35%~40%，其余的存留于采空区中，作为继续作业的工作台和对围岩起支撑作用，待矿房的回采作业全部结束后，再将采下的矿石全部放出。

根据出矿方法的不同，留矿法又分为自溜放矿留矿法和振动出矿留矿法。

（1）自溜放矿留矿法：自溜放矿留矿法的典型方案如图10-42所示。

A. 采区构成要素：

阶段高度：在薄矿脉中，宜采用30~40m，最大的为50m；在中厚以上的矿体中，属于第Ⅲ或第Ⅳ类勘探类型的宜采用30~40m，属于Ⅰ—Ⅱ勘探类型的可以采用40~60m。

采区长度：主要取决于工作面的顶板上盘岩石所允许的暴露面积。从我国采用留矿法矿山的情况看，在阶段高度为40~50m时，采区长度一般为40~60m。如果围岩很稳定可采用80~120m。

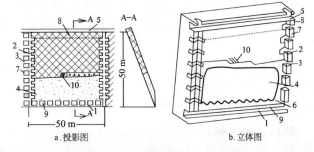

图10-42 自溜放矿留矿法示意图
1—阶段平巷；2—天井；3—联络道；4—采下矿石；5—回风平巷；
6—放矿漏斗；7—间柱；8—顶柱；9—底柱；10—炮眼

顶柱高度：在薄矿脉中，一般只留2~3m；在中厚以上矿体中，一般留3~4m至5~6m。留顶柱的目的，主要是保护运输平巷和对围岩起暂时的支护作用。

底柱高度：在薄矿脉中为4~6m，在中厚以上矿体中为6~10m。留底柱的目的是保护运输平巷，承托矿房中存留的矿石和对围岩起暂时的支护作用。

间柱宽度：在薄和极薄矿脉中，一般不留间柱，若需要留间柱，则在天井两侧各留 2 m；在中厚以上矿体中，一般留 8～12 m。

B. 采准切割工作：采准工作包括掘进阶段平巷、天井和联络通道。在薄和极薄矿脉中，为了便于探矿，阶段平巷和天井都是沿矿脉掘进；在中厚以上矿体中，在矿体内掘进。联络道一般沿天井每隔 4～5 m 掘进一条。它的主要作用是使天井与矿房联通，以便人员、设备、材料、风水管和新鲜风流进矿房。

切割工作包括掘进放矿漏斗与拉底。拉底高度一般为 2.2 m。在中厚以上矿体中，拉底宽度与矿房宽度相等。在薄和极薄矿脉中，为了顺利放矿，拉底宽度不应小于 1.2 m。

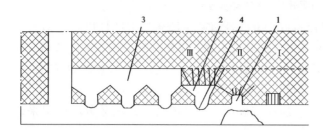

图 10-43　留底柱木漏斗口底部结构及切割方法
1—漏斗颈；2—漏斗；3—拉底空间；4—漏斗口

漏斗间距，在薄和极薄矿脉中，一般为 4～5 m，在中厚以上矿体中，每个漏斗担负的面积一般为 25～36 m²，最大不应超过 50 m²。漏斗负担面积过大，回采时平场工作量大，放矿效率显著降低。

图 10-43 为留底柱漏斗口底部结构及切割方法示意图。首先在设计的漏斗位置上用凿岩机向上打 2～3 面炮眼，掘好漏斗颈 1，并刷大成漏斗 2（图 10-43 I、II）。然后再向上打一面炮眼，待装好漏斗口 4 后再放炮，使崩下的矿石从漏斗车运出（图 10-43 III）。一般掘进 3～4 面炮即可掘好漏斗和完成拉底工作，形成拉底空间 3。

C. 回采工作：回采工艺包括：打眼、爆破、通风、局部放矿、撬顶及平场、二次破碎。顺序完成这些作业，叫做一个回采循环。回采循环一个接一个重复进行，当回采工作面达到设计顶柱边界时，停止回采，进行大量放矿。

打眼：一般打上向炮眼（图 10-43），炮眼深度 1.3～1.8 m，若太深会使大块增加，开采薄和极薄矿脉时，会使炮眼利用率降低，影响采幅控制，使贫化率增大。若矿石稳固性较差，也可以打与水平呈微倾斜的炮眼，其深度一般为 2～2.5 m。

爆破：一般采用铵油炸药，火雷管起爆。

通风：爆破后，需要经过一段时间的通风，将炮烟排除后，人员方能进入矿房作业，也需要不断进行通风。供给作业人员新鲜空气和排除作业中所产生的粉尘。新鲜风流是从阶段平巷沿天井上升，经联络道进入矿房，清洗工作面后，污风由另一侧的联络道，经回风天井上升到上部回风平巷排出。

局部放矿：矿石崩落后，其体积破碎而发生膨胀。如果每次崩落后不立即放出一部分，则回采空间被堵塞而不能继续进行作业。因此，每次崩矿以后应立即放出矿石的 35%～40%，这就叫局部放矿。其余的矿石暂时贮存于矿房中，作为继续上采的工作台和对围岩起支撑作用。

撬顶、平场和二次破碎：局部放矿后，将顶板和两帮已松动而未落下的矿石或岩石撬落，以保证后续工作安全的工作叫做撬顶。为了便于工人在留矿堆上进行凿岩爆破等作业，应将留矿堆表面进行整平叫做平场。崩场和撬顶时落下的大块矿石，应在平场时破碎，以免放矿时卡塞漏斗，叫做二次破碎。二次破碎可用人工锤击的方法，也可以用爆破的方法。

（2）振动出矿留矿法：在开采急倾斜薄和极薄矿脉中，广泛采用自溜放矿留矿法。这种采矿方法存在的问题是：常发生大块卡斗，因而二次破碎炸药消耗量和漏斗修理工作量大，放矿劳动条件差，工伤事故多。为了顺利放矿，要求采幅宽度较大，常因此而发生围岩片帮，造成矿石大量损失。为解决上述问题，原中南矿院、东风萤石公司、冯家山铜矿等单位试验了振动出矿留矿采矿法，取得了良好的技术经济效果，目前正在我国许多矿山推广使用。

振动出矿留矿法与自溜放矿留矿法的生产工艺基本相同，所不同的是前者采用了振动出矿机出矿，从而引起了采区某些结构的变化。

振动出矿机如图 10-44 所示。实践证明，振动出矿留矿法与自溜放矿法相比，有如下优点：①振动出矿留矿法放矿口的通过能力显著增加，因此卡斗次数减少，二次破碎的炸药消耗量降低，安全条件和劳动条件大大改善。②用振动出矿机取代木漏斗，底部结构中可以不用坑木。③放矿实现电控操作，劳动强度大大减轻，工效提高两倍以上。④振动改善了矿石的流动性，采幅宽度可以适当减小，漏斗间距增大，有利于降低矿石损失、贫化和切割工作量。

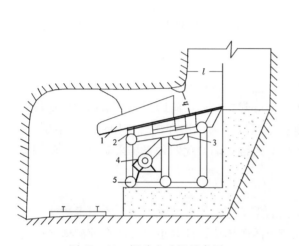

图 10-44　振动出矿机示意图

1—振动台面；2—弹性原件；3—惯性振动器；4—电动机及弹性电机座；5—机架；h—眉线高度；l—振动台面埋没深度

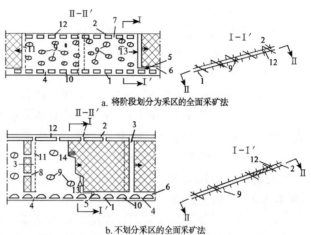

a. 将阶段划分为采区的全面采矿法

b. 不划分采区的全面采矿法

图 10-45　全面采矿法示意图

1—阶段平巷；2—通风平巷；3—切割天井；4—漏斗；5—电耙绞车；6—切割平巷；7，8—联络道；9—矿柱；10—底柱；11—间柱；12—顶柱；13—电耙；14—炮眼；→回采工作面推进方向

（3）评价：留矿法具有结构简单，管理方便，采准切割工作量小及生产技术容易掌握等优点，是开采矿石和围岩稳固的急倾斜薄矿和极薄矿脉极为有效的采矿方法。但要求矿石无氧化性、结块性和自燃性。其主要缺点是：矿房内留下约三分之二的矿石不能及时放出，积压了资金；矿房采完后，留有大量的空场需要处理等。

2）全面采矿法

全面采矿法的典型方案如图 10-45 所示。全面采矿法可以将阶段分为采区，也可以不划分为采区。回采工作多半是沿走向，在整个阶段和斜高上呈直线或梯状全面推进。随着回采工作的推进，将夹石或贫矿留下作矿柱支护采空区；有时也留下矿石作为不规则的矿柱。

（1）采区构成要素：由于矿石与围岩均稳固，采区沿走向长度可大于 50 m 或更大。采区长度越大，则一个阶段布置采区越少，因而切割天井的数目也减；但回采工作面数目减少，致使矿山生产能力受到限制，因此，采区长度应结合矿山年产量来确定，不能太大。阶段斜长一般为 40~60 m。

（2）采准切割工作：在靠下盘接触带掘进平巷 1、将井田划分为阶段。从阶段平巷每隔一定距离，沿下盘在矿体中掘进倾斜天井（切割天井）3，将阶段划分为采区，这个切割天井也就是采区回采时的起始自由面。沿阶段平项每隔 5~7 m 掘进漏斗 4，在距阶段平巷上侧约 3 m 处，从倾斜天井，在矿体中掘进切割平巷 6，为了采区的通风和行人，在顶柱 12 及间柱 11 中掘进联络道 7 和 8。

（3）回采工作：

打眼放炮：自切割天井开始，用带气腿子手持式凿岩机打眼，用电雷管或火雷管起爆。回采工作面形式呈直线形（图 10-45a）或梯形（图 10-45b），以阶段全高沿矿体走向推进。

采区通风：新鲜风流从阶段平巷经回采区段的漏斗口进入切割平巷，清洗工作面的污风，从联络道 7 进入回风平巷 2，再从回风口排至地表。

出矿： 出矿设备多采用电耙，采下矿石用电耙 13 扒至漏斗口，装入阶段平巷的矿车中，电耙绞车 5 一般安装在切割平巷内。

采区支护： 如果矿体的品位分配不均匀，一般将夹石或贫矿留下来不采，作为不规划矿柱；若遇顶板局部不稳固，则留下部分矿石作为矿柱进行支护。在一般情况下，由于矿岩稳固，无需留大量矿柱。

（4）评价：全面采矿法的优点是：采准切割工作量小、坑木消耗少、通风良好、在工作面可以手选矿石、采矿成本低。缺点是：留不规则矿柱使矿石搬运不太方便，因而劳动生产率和采区生产能力都不太高。

全面采矿法的适用条件是：矿体倾角应小于 20°～30°、厚度不大于 3～4 m、矿石围岩特别是顶板围岩应稳固、矿体中含有夹石或贫矿。

3）其他空场采矿法

除常用的留矿采矿法和全面采矿法外，还有房柱采矿法、阶段矿房采矿法也常采用。

房柱采矿法和全面采矿法一样，主要是开采水平和缓倾斜矿床。在阶段中，矿房和矿柱交替布置，所留的矿柱一般不进行回采。阶段矿房采矿法是将采区划分为矿房和矿柱，用深孔回采矿房，矿房采完形成敞空的空场，空场一般是在回采矿柱的同时进行处理。此两种空场采矿法的采矿基本原理与前面的房柱采矿法相似，因此不再详述。

10.2.3.3 充填采矿法

随着回采工作面的推进，逐步用充填料充填采空区的采矿方法叫充填采矿法。充填采矿法一般将采区划分成矿房和矿柱，先采矿房后采矿柱。但在较小的矿体中，往往也可以将全部矿体作矿房回采，无需划分矿房和矿柱。

充填采空区的目的，主要是利用所形成的充填体进行地压管理，以控制围岩的崩落和地表下沉，并为回采工作的正常进行和生产安全创造有利的条件。因此，这类采矿方法一般用于开采矿石稳定，而围岩稳定性差，及围岩或地表需要保护的稀有贵金属矿床或高品位矿床。近年来国内外应用此法的比重在增加。

根据所采用的充填料和充填运输方法的不同，充填采矿法分为：干式充填采矿法、水力充填采矿法和胶结充填采矿法。

1）干式充填采矿法

在矿房中，自下而上分层回采。随着回采工作的推进，用干充填料逐层充填采空区以维护上下盘围岩和造成继续上采的工作台。

干式充填采矿法的典型方案如图 10-46 所示。

（1）采准切割工作：采准切割工作包括掘进阶段平巷 1，人行通风天井 3，充填天井 4，矿石溜井 5 的下口 6，联络道 7 及拉底等。

为了便于探矿和出矿，阶段平巷一般靠近矿体的上盘或下盘沿矿脉掘进。一个采区至少有两个人行通风天井和一个充填天井。充填天井布置在矿房中央靠上盘，以便于充填料在矿房中铺撒；倾角应大于 60°，以便充填料顺利地溜下。每个矿房应设置两个溜矿井，倾角亦应大于 60°，下口与阶段平巷相通，并设有放矿闸门。自拉底水平底板开始，在人行通风天井中，每隔 4～6 m 掘进一条联络道。两个天井中的联络道，在垂直方向上应错开布置，以免充填时两个天井中的联络道同时被堵死。拉底高度 2.5 m。在拉底空间的底板上要浇灌一层厚为 0.3～0.5 m 的钢筋混凝土隔离层 16，作为下阶段回采的保护层。

（2）采区构成要素

①采区布置：在矿石与围岩比较稳固，矿体厚度小于 10～15 m 时，采区沿矿体走向布置；若厚度超过 10～15 m 时，则垂直矿体走向布置。

②阶段高度：与矿体倾角有关，一般为 30～60 m。

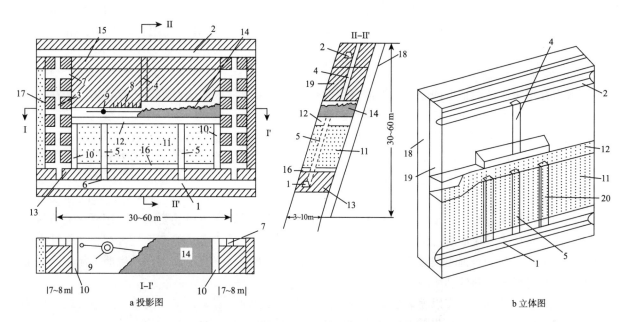

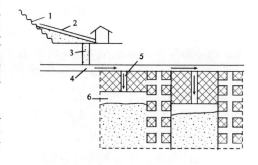

体，具有较高的抗压能力，是一种对支撑围岩和控制地压较为有效的方法，对中小型矿山，特别是地方办的小型矿山有使用价值。它的严重缺点是充填速度慢，成本高；充填体不致密，沉降系数大；充填作业劳动强度大等。

2）水力充填采矿法

水力充填采矿法包括上向分层、下向分层及壁式等水力充填采矿法。与干式充填采矿法在采区结构上并无多大差别，所不同的是充填材料和充填工艺，以及由此而产生的充填系数的变化。水力充填的实质是借助水砂混合的砂浆柱所形成的自然压力或用机械加压的方法，将砂浆沿管道输送到矿房内，矿浆中的水从矿房内渗出，充填料则沉积下来充填采空场。近年来，水力充填采矿法在我国金属矿山地下开采中，使用逐渐增多。

（1）水力充填料及其生产工艺流程：水力充填料与干式充填料不同。干式充填料除要求有一定强度和化学性质稳定外，没有其他要求。水力充填除达到干式充填料的要求外，还要求充填料不溶水，或遇水后不发生崩解；最大粒度有所限制，否则管道容易堵塞；能够迅速沉淀，容易被水带走的细料不能过多，否则不仅难于脱水，并且会使巷道、水沟、沉淀池和水仓发生严重淤积，增加清理工作并降低充填料的利用率。

水力充填料的选择，应以就地取材为原则，尽可能采用开采容易、加工简单、运输方便、性能良好和成本低廉的材料。它包括水砂充填料和尾砂充填料两大类。前者常用的有碎石、砂卵石、山砂、河砂和工业废渣等；后者主要是尾砂，它成本低廉，来源丰富，只需要少量水就可进行水力输送，而且对管道的磨损小。

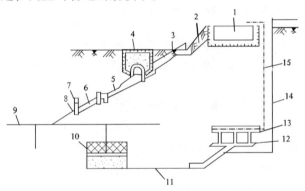

图 10－48　水砂充填生产工艺流程

1—地面水池；2—给水管道；3—人行道；4—砂仓；5—头道混合沟；
6—二道混合沟；7—喇叭沟；8—喇叭口；9—充填管道；10—充填
采区；11—废水管道；12—水仓及沉淀池；13—水泵硐室；
14—排泥管道；15—排水管道

为了提高充填能力，减小井下的排水量，同时又不不致造成输送时的困难，充填前，应将充填材料加工，使其符合水力充填的要求，然后和水混合成一定浓度的砂浆，再沿管道输送到需要充填的采区，充填料留在采空区内，水渗滤出去，沿巷道水沟流入沉淀池，澄清后，分别将清水和泥排至地表。清水还可以循环使用（图10－48）。

从充填体中渗滤出的充填水常常含有8%～10%的泥分，在进入水仓前需经沉淀处理，否则就会很快污积水仓和使水泵磨损。

（2）充填料的脱水：用水力充填必然有大量的水随充填料进入矿房。为了形成足够强度的充填体和保证回采工作的持续进行，必须把充填料所含的水排出矿房，此过程叫脱水。上向分层水力充填采矿法的脱水是利用构筑在充填料中的人行天井（图10－46b）兼作脱水天井。通过设在人行天井周围的过滤设施（纱窗、麻布、稻草帘等）将水从充填体中渗滤出来，经下部巷道的水沟流入澄清池和水仓。

（3）评价：水力充填采矿法具有充填体较密实，能比较有效地防止围岩移动和控制矿石压力；矿石回收率高而贫化率低；能防止内因火灾和地表沉陷等优点。它的缺点是：回采工艺复杂；采区生产能力和劳动生产率低；采矿成本高；需要大量的充填水，这些充填水从充填脱出后，又携带大量的污泥和细砂涌入巷道和水仓，增加了排水设施和水沟、水仓的清理工作。因此，只宜用来开采地表不允许陷落，矿石和围岩不稳固，品位高的矿床。

3）胶结充填采矿法

胶结充填采矿法是在水力充填采矿法的基础上，为了更好地解决矿柱回采问题和保护地表不沉陷而发展起来的。

胶结充填采矿法是将采区划分为矿房和矿柱，分两步回采。先采出部分矿石和用胶结充填料充填，使充填体具有高强度以形成人工矿柱；第二步再用干式或水力充填采矿法回采另一部分矿体。由于前一部分采后用胶结充填，为回采后一部分创造了有利条件，因此与其他采矿法的回采矿柱相比，它的矿石回收率较高，贫化率较低。

胶结充填料有混凝土和水泥尾砂两类。前者包括胶结材料、粗骨料、细骨料和水，胶结材料一般为水泥、粗骨料为粒径 5～50mm 的碎石，细骨料为粒径 0.15～5mm 的砂；后者胶结充填料包括尾砂、水泥和水。

胶结充填采矿法是近年发展起来的，它在防止岩层移动、地表沉陷、提高矿柱矿石回收率和降低贫化率，保证工作安全等方面优于水力充填采矿法。

充填采矿法在过去是一种低效率、劳动强度大、采矿成本高的采矿方法，使用不广泛。近年来，由于实现了充填工作机械化、自动化，采用高效率装运设备，利用成本低廉的尾砂作充填料等，使它固有的缺点得到改善或消除。

充填采矿法适于围岩中有含水层；矿床临近江、河、湖、海、大型水库、铁路干线及主要建筑地区；露天与地下同时开采需保护露天矿免遭陷落；矿体轮廓复杂、矿石和围岩不稳固，矿石品位很高的矿床或地压大的深部矿床等。

10.2.3.4 崩落采矿法

崩落采矿法与前面介绍的两类采矿方法不同，其特点是：随着矿石被采出，有计划地用崩落矿体上部的覆盖岩石和上下盘围岩来充填采空区，以控制采区地压和处理采空区。在这类采矿方法中，采区的回采，不再划分矿房与矿柱，而是沿矿体的走向，依一定的回采顺序，按采区连续回采。在采区的回采中，除用凿岩爆破方法崩矿以外，还可局部利用崩落围岩的压力和岩石本身的自重来崩落矿石。由于覆盖岩石和上下盘岩石的崩落将会引起地表沉陷，所以，只有地表允许陷落的地方，才允许采用这种采矿方法。

崩落采矿法，根据采区回采时的特点和采区结构的不同，可分为壁式崩落采矿法、分层崩落采矿法、分段崩落采矿法和阶段崩落采矿法。各采矿方法的具体采矿工艺不再详述。

10.2.3.5 矿柱回采与空区处理

前面介绍的两步骤回采的采矿法中，矿柱矿量一般要占采区储量的 20%～50%，除个别情况可作永久矿损失外，都应及时充分回收。否则会带来一系列不良后果：如遗留隐患，危及生产安全；损失地下资源；破坏正常的回采顺序；矿山产量降低，服务年限缩短等。

用空场法回采矿房后，除留大量矿柱需要回采外，在矿柱之间还有容积很大的空区。为了确保生产工作的安全，必须在矿柱回采之前，或与矿柱回采的同时，或在矿柱回采之后，对这些空区进行认真的处理。

1）矿柱回采

回采矿柱的方法，主要是前面介绍的空场法，充填法和崩落法，不过应根据矿柱的特殊条件，灵活运用，下面以阶段矿房法的矿柱回采为例说明矿柱回采的内容。

用阶段崩落法回采矿柱的方案是，采区垂直矿体布置，矿房用分段凿岩的阶段矿房法回采的，矿柱包括间柱、顶柱及底柱。

（1）采准切割工作：采准切割工作包括在间柱中掘进电耙横巷、漏斗、凿岩天井、凿岩硐室等；在顶柱中也掘进凿岩天井和凿岩硐室。

（2）回采工作：在间柱中打垂直扇形深孔，在顶柱中打水平深孔，在底柱中打扇形深孔。整个矿房或几个矿房矿柱一次分段爆破，起爆顺序是先爆间柱，后爆顶柱及底柱。电耙巷道的通风是，新鲜风流从下盘阶段平巷的回风天井排出。崩下的矿石从电耙横巷耙出后，经装车直接装入下盘阶段平巷的矿车中运出。

2）空区处理

空区处理的实质是，缓和岩体应力的集中程度，转移应力集中部位，或使应力达到新的相对平衡，以达到控制和管理全矿地压，保证矿山安全而持续的生产。空区处理的方法有：崩落围岩，充填空区和封闭空区。

（1）崩落围岩：就是崩落空区上部和周围的岩石来充填空区，以解除空区周围的应力集中，并形成缓冲层，以防止上部大量岩石突然崩落时，引起的空气冲击波对巷道、设备和人身的危害。

（2）充填空区：就是依靠充填体支撑围岩，使围岩保持稳定状态。

（3）封闭空区：就是把空区通向生产区域的通道密闭，以预防空区周围岩石突然冒落时发生的空气冲击波对生产区域的危害。主要用于边远的孤立空区。

10.3　石油开发采油工艺简介

石油开发是一项系统工程，它涉及油田开发方案的编制、油田开发方案实施动态监测、采油工艺与技术的选择及提高原油采收率技术研究等一系列问题。在石油开发过程中，采油工艺与技术方法是最核心的工作，主要有人工举升采油技术和注水工艺技术，下面作简要介绍（常子恒，2001）。

10.3.1　人工举升采油技术

油田开发的人工举升采油技术主要包括：有杆泵采油技术、潜油电泵采油技术、螺杆泵采油技术、气举采油技术和水平井采油技术等。下面作简要介绍有杆泵采油技术、潜油电泵采油技术。

10.3.1.1　有杆泵采油技术

在油田开发过程中，由于地层能量逐渐下降，到一定时期地层能量就不能使油井保持自喷；有些油田则因为原始地层能量低或油稠，一开始就不能自喷。这时，就必须借助机械的能量进行采油。有杆泵抽油是世界石油工业传统的机械采油方式，也是迄今在采油工艺中一直占主导地位的人工举升方式。在我国各油田的生产井中大约有80%是使用有杆泵抽油技术。全国各油田产液量的60%、产油量的75%是靠有杆泵抽油采出的。因此，该技术在我国石油开采中占有重要地位。

有杆泵抽油设备由三部分组成：一是地面驱动设备即抽油机，目前应用最为广泛的是游梁式抽油机；二是井下的抽油泵，它悬挂在油管或抽油杆的下端；三是抽油杆柱，它把地面设备的运动和动力传给井下抽油泵。除以上三个主要组成部分外，就有杆泵抽油系统而言，还应包括用于悬挂抽油泵并作为液体通道的油管柱、油套管环形空间以及井口装置等。

近20年来，有杆泵抽油设备与技术取得了长足的发展与进步。在美国，采用超高强度组合抽油杆柱的泵挂深度已达4420m；采用玻璃钢—钢复合抽油杆柱的最大泵挂深度已达5120m。

1）有杆泵抽油系统组成及工作原理

有杆泵采油是由以"三抽"设备（抽油机、抽油杆和抽油泵）为主的有杆抽油系统来实现的。图10-49为游梁式抽油装置工作原理示意图。用油管6把深井泵的泵筒2下到井内液面以下，在泵筒下部装有只能向上打开的吸入阀（固定阀）1。用直径16～25mm的抽油杆5把活塞3从油管内下入泵筒。活塞上装有只能向上打开的排出阀（游动阀）4。最上面与抽油杆相连接的称光杆，它穿过三通8和盘根盒9悬挂在驴头10上。借助于抽油机的曲柄连杆机构13和12的作用，把动力机14（电动机或内燃机）的旋转运动变为往复运动，用抽油杆柱来带动深井泵的活塞进行抽油。

2）抽油机

抽油机是有杆泵抽油系统的地面动力输入装置，可分为游梁式抽油机和无游梁式抽油机两大类。

游梁式抽油机是有杆抽油设备系统的地面装置。它由动力机、减速器、机架和四连杆机构等部分组成。减速器将动力机的高速旋转运动变为曲柄轴的低速旋转运动。曲柄轴的旋转运动由四连杆机构变为悬绳器的往复运动。悬绳器下面接抽油杆柱，抽油杆柱带动抽油泵柱塞在泵筒内做上下往复直线运动，从而将油井内的油举升到地面。

游梁式抽油机的基本特点是结构简单，制造容易，维修方便，特别是它可以长期在油田全天候运转，使用可靠，是目前应用最广泛的抽油机。

10.3.1.2 潜油电泵采油技术

各国对原油的需求量逐年增长和油田进入高含水期，为提高采油速度，近年来潜油电泵井数增长很快，技术发展也很迅速。从结构设计到新材料、新工艺的应用开发，使得电潜泵使用范围不断扩大，不仅用于垂直井，同时在高温井、含砂井、斜井、水平井、海上采油中广泛应用。

电动潜油离心泵装置的组成包括：井下部分、地面部分和联系井下、地面的中间部分共三部分，如图 10-50 所示。

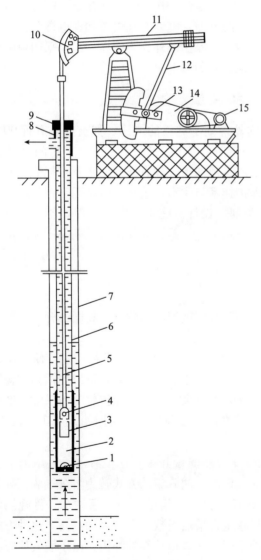

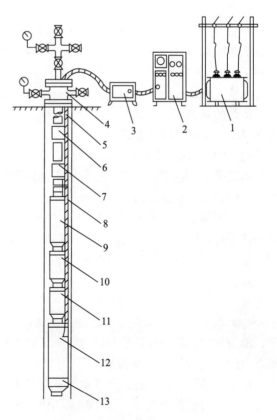

图 10-49 抽油装置示意图

1—吸入阀；2—泵筒；3—活塞；4—排出阀；
5—抽油杆；6—油管；7—套管；8—三通；
9—盘根盒；10—驴头；11—游梁；12—连杆；
13—曲柄；14—减速箱；15—电机

图 10-50 电泵装置示意图

1—变压器；2—控制屏；3—接线盒；4—井口；
5—动力电缆；6—测压阀；7—单流阀；8—小
扁电缆；9—多极离心泵；10—油气分离器；
11—保护器；12—电机；13—测试装置

井下部分是电泵的主要机组，它由多级离心泵、保护器和潜油电动机三个部件组成，起着抽油的主要作用。一般布置是多级离心泵在上面，保护器在中间，潜油电动机在下面。三者的轴用花键联结，三者的外壳用法兰连接。对于 $4\frac{1}{2}$ in（114 mm）套管柱的油井、排量大于 140 m^3/d 和压头大于 900 m 时，可利用 $5\frac{1}{2}$ in（140 mm）套管柱油井中所采用的电泵，但是采用相反布置的方案。有些潜油电动机下部还装有井底压力探测器，测定井底压力和液面升降情况，将信号传送给地面控制仪表。

地面部分由自动控制台、自耦变压器及辅助设备（电缆滚筒、导向轮、井口支座和挂垫等）组成。自动控制台用手动或自动开关来控制电泵工作，同时保护潜油电机，防止电机-电缆系统短路和电机过载。自耦变压器将电网电压提高到保证电机工作所需的计算电压（考虑到电网中的电压降）。辅助设备包括电泵运输、安装及操作用的辅助工具和设备。中间部分由特殊结构的电缆和油管组成，将电流从地面部分传送到井下，采用特殊结构的电缆。电缆有圆电缆和扁电缆两种。在油井中，圆电缆和油管外表面固定在一起，而扁电缆则和泵、保护器外壳固定在一起。采用扁电缆可使机组外部尺寸减小。利用钢带将电缆固定在油管、泵和保护器上。

10.3.2 注水采油工艺技术

注水作为油藏稳压、增产的重要方法之一，在国内外得到了广泛的应用。如前苏联有近90%的原油产量是通过注水取得的；美国注水开发的油田达 9000 个以上，产量约占其总产量的 40% 以上。伴随着注水开发工艺技术的运用、深入和发展，如何实现油田合理有效的注水及选择恰当的注水时机与注水方式，并在注水过程中选择合适的油层保护技术与注水工艺技术等课题正在不断的研究和完善中。40 多年来，国内外各油田逐步形成了由科研、设计、施工、生产管理等各个环节互相支持、互相依托的，能够适应油田开发需要的完整的注水工艺体系，为油田较长期稳产和高产奠定了良好的基础。

10.3.2.1 注水时机的选择

1）不同时间注水油田开发的特点

不同类型的油田，在开发过程的不同阶段注水，对油田开发过程的影响大不相同，开发效果也有较大的差异，从注水时间上大致可分为以下三种类型。

（1）早期注水：特点是在地层压力还没有降到饱和压力以下之前就及时进行注水，使地层压力始终保持在饱和压力以上。由于地层压力高，油层内不脱气，原油性质较好，可以使油井有较高的产能，有利于保持较长的自喷开采期，并且由于生产压差调整余地大，可保持较高的采油速度和实现较长的稳产期。但油田投产初期注水工程投资较大，投资回收期较长。对原始地层压力较高，而饱和压力较低的油田采用早期注水方式是经济合理的。

（2）晚期注水：晚期注水的特点是油田开发初期依靠天然能量开采，在没有能量补给的情况下，地层压力将逐渐降到饱和压力以下，原油中的溶解气析出，油藏驱动方式转为溶解气驱，导致地下原油粘度增加，采油指数下降，产油量下降，油气比上升。在溶解气驱之后注水，称晚期注水，注水后地层压力回升，但一般只是在低水平上保持稳定，采油指数不会有大的提高。这种方式油田产量不可能保持稳产，自喷开采期也较短，对原油粘度和含蜡量较高的油田，由于脱气使原油渗流条件更加恶化。但这种方式初期生产投资少，原油成本低。对原油性质较好，面积不大且天然能量比较充足的中、小油田可以考虑采用。

（3）中期注水：这种方式介于上述两种方式之间，即投产初期依靠天然能量开采，当地层压力下降到低于饱和压力后，在油气比上升至最大值之前注水。此法初期投资少，经济效益好，也可能保持较长稳产期，并不影响最终采收率。对于地饱压差较大，天然能量较充足的油田，是比较适用的。

2) 影响注水时机选择的几个因素

(1) 油田天然能量的大小：油田天然能量是指油层的弹性能量、溶解气能量、气顶能量、边水、重力以及底水能量等，这些能量都可以作为驱油动力。总的原则是在满足油田开发要求的前提下，尽量利用天然能量，尽可能减少人工能量的补充。

(2) 油田的大小和对油田产量的要求：不同油田由于自然条件和所处位置的不同，对油田开发的方针和对产量的要求也不同。对小油田，由于储量少，产量不高，一般要求高速开采，不一定追求稳产期长，因此也就没有必要强调早期注水。大油田投入开发后，要求产油量逐步稳定上升，在油田达到最高产量后，还要尽可能地保持较长时间的稳产，不允许油田产量出现较大的波动，因此一般要求进行早期注水。

(3) 油田的开采特点和开采方式：自喷开采要求注水时间相对早一些，压力保持的水平相对高一些。有的油田原油粘度高，油层非均质性严重，自喷很困难，只能采用机械采油方式，地层压力没有必要保持在原始地层压力附近，不一定采用早期注水开发。

10.3.2.2 油田注水方式的选择

1) 注水方式

注水方式就是指注水井在油藏中所处的部位和注水井与生产井之间的排列关系。目前国内外油田应用的注水方式，归纳起来主要有：边缘注水、切割注水、面积注水和点状注水四种。

(1) 边缘注水：采用边缘注水方式的条件为油田面积不大，构造比较完整，油层稳定，边部和内部连通性好，油层的流动系数较高，特别是处于构造边缘的注水井要有较好的吸水能力，能保证压力有效传播，使油田内部受到良好的注水效果。

边缘注水根据油水过渡带的油层情况又分为以下三种，即缘外注水；缘上注水；边内注水。

(2) 边内切割注水方式：它是利用注水井排将油藏切割成为较小单元，每一个切割区可以看成是一个独立的开发单元，分区进行开发和调整。边内切割注水方式的采用条件是，油层大面积分布，注水井排上可以形成比较完整的切割水线，保证一个切割区内布置的生产井与注水井有较好的连通性，油层具有一定的流动系数，保证在切割区内，注水效果能比较好地传递到生产井排，以便确保达到所要求的采油速度。

(3) 面积注水方式：它是将注水井按一定几何形状和一定的密度均匀地布置在整个开发区上，根据油井和注水井相互位置及构成的井网形状不同，可分三点法、四点法、五点法、七点法、九点法、歪七点面积注水和正对式与交错式排状注水（图10-51）。

2) 面积注水方式采用的条件

(1) 油层分布不规则，多呈透镜状分布，切割式注水不能控制多数油层，注入水不能逐排地影响生产井。

(2) 油层的渗透性差，流动系数低，用切割式注水由于注水推进的阻力大，有效水驱影响的面积小，采油速度低。

(3) 油田面积大，构造不够完整，断层分布复杂。

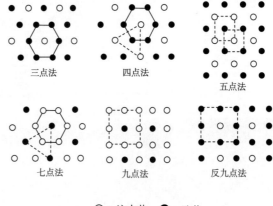

三点法　四点法　五点法
七点法　九点法　反九点法

○—注水井　●—油井

图 10-51　面积注水示意图

(4) 适应于油田后期的强化开采，以提高采收率。

(5) 油田开发要求达到较高的采油速度时应考虑采用面积注水。

3）注水开发效果分析

20 世纪 60 年代大庆油田投入开发初期，在认真调查研究国内外油田开发经验的基础上，结合本油田的地质特点，采用了早期内部注水，保持油层压力的开发方式。

（1）采用早期内部注水开发的必要性：①边水不活跃；②地饱压差小，弹性能量小；③原油原始气油比不高，溶解气驱开采采收率低，产量下降快；④油田面积大，边外注水不能使油田有效地投入开发；⑤早期内部注水保持油层压力的开发方式有利于油田的稳产和提高最终采收率。

（2）采用早期内部注水、保持油层压力开发的效果：①油层能量充足，产量高，生产主动；②油井保持了较长的自喷开采期；③有利于充分发挥工艺措施的作用，改善中低渗透油层的开发效果；④原油性质没有明显变化，为今后进一步改善开发效果创造了有利条件。

大庆油田采用早期注水保持压力的开发方式获得了良好的效果，为国内外同类油田提供了有益的经验。然而对一个具体油田来说，选择何种开发方式和补充能量的时机，仍须具体研究。

11 选矿方法及其工艺技术

选矿方法依据矿石的物理特性不同而有不同的方法，主要有：手选法、重选法、浮选法、磁选法和电选法等。金矿石及含金矿石（载金硫化物等）主要采用重选法和浮选法，铜、铅、锌等有色金属硫化物及非极性石墨、硫和滑石等矿物常用浮选法，铁、镍、锰、铬、钛及钨锡等矿石常用磁选法。电选法主要用于精矿作业，即电选的原料一般是经重选或其他选矿方法选出的粗精矿，采用电选分离共生重矿物并提高精矿品位。

选矿方法是依据矿石的物理特性确定的，因此，须对矿石性质进行研究后方能确定适宜的选矿方法。下面在阐述矿石物质组成研究方法、矿石结构构造与可选性的关系以及根据矿石性质拟订选矿方法示例的基础上，着重对最常用的重选法、浮选法、磁选法这三种方法进行论述。

11.1 根据矿石性质确定选矿方法

11.1.1 矿石性质研究的内容

矿产资源开发须进行选冶试验，选矿试验方案包括所欲采用的选矿方法、选矿流程和选矿设备等。

选矿试验方案，是指试验中准备采用的选矿方案，包括所欲采用的选矿方法、选矿流程和选矿设备等。为了正确地拟订选矿试验方案，首先必须对矿石性质进行充分的了解，同时还必须综合考虑政治、经济、技术诸方面的因素。

矿石性质研究内容极其广泛，所用方法多种多样，并在不断发展中。考虑到这方面的工作大多是由各种专业人员承担，并不要求选矿人员自己去做，因而，在这里只着重讨论 3 个问题，即：

（1）初步了解矿石可选性研究所涉及的矿石性质研究的内容、方法和程序。

（2）如何根据试验任务提出对于矿石性质研究工作的要求。

（3）通过一些常见的矿产试验方案实例，说明如何分析矿石性质的研究结果，并据此选择选矿方案。

矿石性质研究的内容取决于各具体矿石的性质和选矿研究工作的深度，一般大致包括以下几个方面：

（1）化学组成的研究，内容是研究矿石中所含化学元素的种类、含量及相互结合情况。

（2）矿物组成的研究，内容是研究矿石中所含的各种矿物的种类和含量，有用元素和有害元素的赋存状态。

（3）矿石结构构造的研究，有用矿物的嵌布粒度及其共生关系的研究。

（4）选矿产物单体解离度及其连生体特性的研究。

（5）粒度组成和比表面测定的研究。

（6）矿石及其组成矿物的物理、化学、物理化学性质以及其他性质的研究。其内容较广泛，主要有密度、磁性、电性、形状、颜色、光泽、发光性、放射性、硬度、脆性、湿度、氧化程度、吸附能力、溶解度、酸碱度、泥化程度、摩擦角、堆积角、可磨度、润湿性、晶体构造等。

不仅原矿试样通常需要按上述内容进行研究，而且也要对选矿产品的性质进行考察，只不过前者一般在试验研究工作开始前就要进行，而后者是在试验过程中根据需要逐步去做。二者的研究方法也大致相同，但原矿试样的研究内容要求比较全面、详尽，而选矿产品的考察通常仅根据需要选做某些项目。

一般矿石性质的研究工作是从矿床采样开始。在矿床采样过程中，除了采取研究所需的代表性试样外，还需同时收集地质勘探的有关矿石和矿床特性等方面的资料。由于选矿试验研究工作是在地质部门已有研究工作的基础上进行的，因而在研究前对该矿床矿石的性质已有一个全面而定性的了解，再次研究的主要目的应该是：

（1）核对本次所采试样同过去研究试样的差别，获得准确的定量资料。

（2）补充地质部门未做或做得不够，但对选矿试验又非常重要的一些项目，如矿物嵌布粒度测定，考查某一有益或有害成分的赋存形态等。

矿石性质研究须按一定程序进行，但不是一成不变的。如某些特殊的矿石需采取一些特殊的程序，对于放射性矿石，就首先要进行放射性测量，然后具体查明哪些矿物有放射性，最后才进行分选取样并进行化学组成及矿物鉴定工作。对于简单的矿石，根据已有的经验和一般的显微镜鉴定工作即可指导选矿试验。

11.1.2 矿石物质组成研究方法

一般把研究矿石的化学组成和矿物组成的工作称为矿石的物质组成研究。其研究方法通常分为元素分析方法和矿物分析方法两大类。在实际工作中经常借助于粒度分析（筛析、水析）、重选（摇床、溜槽、淘砂盘、重液分离、离心分离等）、浮选、电磁分离、静电分离、手选等方法预先将物料分类，然后进行分析研究。近年来不断有人提出各种新的分离方法和设备如：电磁重液法、超声波分离法等，以解决一些过去难以分离的矿物试样的分离问题。

1）元素分析

元素分析的目的是为了研究矿石的化学组成，尽快查明矿石中所含元素的种类、含量等。通过研究分清哪些是主要的和哪些是次要的，哪些是有益的而哪些是有害的等。至于这些元素呈什么状态，通常需靠其他方法配合解决。

元素分析通常采用光谱分析、化学分析等方法。有关的分析技术有专门的书籍可参考，此处仅介绍其基本原理和用途。

（1）光谱分析：光谱分析能迅速而全面地查明矿石中所含元素的种类及其大致含量范围，不至于遗漏某些稀有、稀散和微量元素。因而选矿试验常用此法对原矿或产品进行普查，查明了含有哪一些元素之后，再去进行定量的化学分析。这对于选冶过程考虑综合回收及正确评价矿石质量是非常重要的。

光谱分析的特点是灵敏度高，测定迅速，所需用的试样量少（几毫克到几十毫克），但精确定量时操作比较复杂，一般只进行定性及半定量测量。

有些元素，如卤素和 S，Ra，Ac，Po 等，光谱法不能测定；有些元素如 B，As，Hg，Sb，K，Na 等，光谱操作较特殊，有时也不做光谱分析，而直接用化学分析方法测定。

（2）化学全分析和化学多元素分析：化学分析方法能准确地定量分析矿石中各种元素的含量，据此决定哪几种元素在选矿工艺中必须考虑回收，哪几种元素为有害杂质需将其分离。因此化学分析是了解选别对象的一项很重要的工作。

化学全分析：是为了了解矿石中所含全部物质成分的含量，凡经光谱分析查出的元素，除痕迹外，其他所有元素都作为化学全分析的项，分析之总和应接近100%。

化学多元素分析：是对矿石中所含多个重要和较重要的元素的定量化学分析，不仅包括有益和有害元素，还包括造渣元素。如单一铁矿石可分析全铁，可溶铁，氧化亚铁，S，P，Mn，SiO_2，

Al_2O_3，CaO，MgO 等。

　　金、银等贵金属需要用类似火法冶金的方法进行分析，所以专门称之为试金分析，实际上也可看做是化学分析的一个内容，其结果一般合并列入原矿的化学全分析或多元素分析表内。

　　化学全分析要花费大量的人力和物力，通常仅对性质不明的新矿床，才需要对原矿进行一次化学全分析。单元试验的产品，只对主要元素进行化学分析。试验最终产品（主要指精矿或需要进一步研究的中矿和尾矿），根据需要一般要做多元素分析。

　　2）矿物分析

　　光谱分析和化学分析只能查明矿石中所含元素的种类和含量。矿物分析则可进一步查明矿石中各种元素呈何种矿物存在，以及各种矿物的含量、嵌布粒度特性和相互间的共生关系。其研究方法通常为物相分析和岩矿鉴定等。

　　（1）物相分析：物相分析的原理是，矿石中的各种矿物在各种溶剂中的溶解度和溶解速度不同，采用不同浓度的各种溶剂在不同条件下处理所分析的矿样，即可使矿石中各种矿物分离，从而可测出试样中某种元素呈何种矿物存在和含量多少。

　　一般可对如下元素进行物相分析：铜、铅、锌、锰、铁、钨、锡、锑、钴、镍、钛、铝、砷、汞、硅、硫、磷、钼、锗、铟、铍、铀和镉等。

　　与岩矿鉴定相比较，物相分析操作较快，定量准确，但不能将所有矿物一一区分，更重要的是无法测定这些矿物在矿石中的空间分布以及嵌布、嵌镶关系，因而在矿石物质组成研究工作中只是一个辅助的方法，不可能代替岩矿鉴定。

　　由于矿石性质复杂，有的元素物相分析方法还不够成熟或处在继续研究和发展中。因此，必须综合分析物相分析、岩矿鉴定或其他分析方法所得资料，才能得出正确的结论。例如某铁矿石中矿物组成比较复杂，除含有磁铁矿、赤铁矿外，还含有菱铁矿、褐铁矿、硅酸铁或硫化铁，由于各种铁矿物对各种溶剂的溶解度相近，分离很不理想，结果有时偏低或偏高（如菱铁矿往往偏高，硅酸铁有时偏低）。在这种情况下，就必须综合分析元素分析、物相分析、岩矿鉴定、磁性分析等资料，才能最终判定铁矿物的存在形态，并据此拟订正确合理的试验方案。

　　（2）岩矿鉴定：岩矿鉴定可以确切地知道有益和有害元素存在于什么矿物之中；查清矿石中矿物的种类、含量、嵌布粒度特性和嵌镶关系；测定选矿产品中有用矿物单体解离度。

　　测定方法包括肉眼和显微镜鉴定等常用方法和其他特殊方法。肉眼鉴定矿物时，有些特征不显著的或细小的矿物是极难鉴定的，对于它们只有用显微镜鉴定才可靠。常用的显微镜有实体显微镜（双目显微镜）、偏光显微镜和反光显微镜等。

　　实体显微镜只有放大作用，是肉眼观察的简单延续，用于放大物体形象，观察物体的表面特征。观察时，先把矿石碎屑在玻璃板上摊为一个薄层，然后直接进行观察，并根据矿物的形态、颜色、光泽和解理等特征来鉴别矿物。这种显微镜的分辨能力较低，但观察范围大，能看到矿物的立体形象，可初步观察矿物的种类、粒度和矿物颗粒间的相互关系，估计矿物的含量。

　　偏光显微镜除具有放大作用外，还在显微镜上装有两个偏光零件——起偏镜（下偏光镜）和分析镜（上偏光镜），加上可以旋转的载物台，就可以用来观察矿物的偏光性质。这种显微镜只能用来观察透明矿物。

　　反光显微镜的构造和偏光显微镜一样，都具有偏光零件，所不同的是在显微镜筒上装有垂直照明器。这种显微镜适用于观察不透明矿物。研究时要求把矿石的观察表面磨制成光洁的平面，即把矿石制成适用于显微镜观察的光片。大部分有用矿物属于不透明矿物，主要运用这种显微镜进行鉴定。鉴定表上没有的矿物，或单凭显微镜还难于鉴定的矿物等，则要用其他一些特殊方法研究。

　　在显微镜下测定矿石中矿物含量的方法主要有面积法、直线法和计点法三种，即具体测定统计待测矿物所占面积（格子）、线长、点子数的百分率，工作量都比较大。选矿试验中若对精确度要求不高，也可采用估计法，即直接估计每个视野中各矿物的相对含量百分比，此时最好采用十字丝或网格目镜，以便易于按格估计。经过多次对比观察积累经验后，估计法亦可得到相当准确的结果。

应用上述各种方法都是首先得出待测矿物的体积百分数，乘以各矿物的密度即可算出该样品的矿物含量百分数。

3）矿石物质组成研究的某些特殊方法

对于矿石中元素赋存状态比较简单的情况，一般采用光谱分析、化学分析、物相分析、偏光显微镜、反光显微镜等常用方法即可。对于矿石中元素赋存状态比较复杂的情况，需进行深入的查定工作，采用某些特殊的或新的方法，如热分析、X射线衍射分析，电子显微镜、扫描电镜、极谱、电渗析、激光显微光谱、离子探针、电子探针、红外光谱、拉曼光谱、电子顺磁共振谱、核磁共振波谱、穆斯鲍尔谱等。这些方法在专业书籍中介绍。

11.1.3　有用和有害元素赋存状态与可选性的关系

矿石中有用和有害元素的赋存状态是拟订选矿试验方案的重要依据。因此，研究有用和有害元素的赋存状态是矿石物质组成特性研究中必不可少的一个组成部分，也是一项细致而又复杂的工作。

有用和有害元素在矿石中的赋存状态可分为如下3种主要形式：①独立矿物；②类质同象；③吸附形式。

1）独立矿物形式

指有用和有害元素组成独立矿物存在于矿石中，包括以下几种情况：

（1）自然元素矿物：同种元素自相结合成的矿物称为单质矿物。常见单质矿物如自然金、自然银、自然铜、自然铋等。

（2）化合物形式矿物：由两种或两种以上元素互相结合而成的矿物，呈化合物形式存在于矿石中。这是金属元素赋存的主要形式，是选矿的主要对象。如铁和氧组成磁铁矿和赤铁矿；铅和硫组成方铅矿；铜、铁、硫组成黄铜矿等。同一元素可以以一种矿物形式存在，也可以不同矿物形式存在。这种形式存在的矿物，有时呈微小珠滴或叶片状的细小包裹体赋存于另一种成分的矿物中，如闪锌矿中的黄铜矿，磁铁矿中的钛铁矿，磁黄铁矿中的镍黄铁矿等。元素以这种方式赋存时，对选矿工艺有直接影响，如某铜锌矿石中，部分黄铜矿呈细小珠滴状包裹体存在于闪锌矿中，要使这部分铜单体分离，就需要提高磨矿细度，但这又易造成过粉碎。当黄铜矿包裹体的粒度小于$2\mu m$时，目前还无法选别，从而使铜的回收率降低。

（3）细分散状胶体矿物：胶体是一种高度细分散的物质，带有相同的电荷，所以能以悬浮状态存在于胶体溶液中。由于自然界的胶体溶液中总是同时存在有多种胶体物质，因此当胶体溶液产生沉淀时，在一种主要胶体物质中，总伴随有其他胶体物质，某些有益和有害组分也会随之混入，形成像褐铁矿、硬锰矿等的胶体矿物。一部分铁、锰、磷等的矿石就是由胶体沉淀而富集的。由于胶体带有电荷，沉淀时往往伴有吸附现象。这种状态存在的有用成分一般不易选别回收；以这种状态混进的有害成分，一般也不易用机械方法排除。但是，同一是相对的，差异才是绝对的，由于沉淀时物质分布不均匀，这样就造成矿石中相对贫或富的差别，给用机械选矿方法分选提供了一定的有利条件。

2）类质同象形式

化学成分不同但互相类似而结晶构造相同的物质结晶过程中，构造单位（原子、离子、分子）可以互相替换，而不破坏其结晶构造的现象，叫类质同象。如钨锰铁矿，其中锰和铁离子可以互相替换，而不破坏其结晶构造，所以Fe^{2+}和Mn^{2+}就是以类质同象的形式存在于矿石中。在晶体中，质点间互相替换的程度是不同的，有时可以无限地替换，例如钨铁矿（$FeWO_4$）中的Fe^{2+}可被Mn^{2+}顶替，若替换一部分则成（Fe，Mn）WO_4；如继续顶替，Mn^{2+}超过Fe^{2+}时，则成（Mn，Fe）WO_4；直到完全顶替，成为钨锰矿（$MnWO_4$）。

其成分变化可以示意如下：

钨铁矿　　　　　　　　　钨锰铁矿　　　　　　　　钨锰矿

$$FeWO_4 \longrightarrow (Fe, Mn) WO_4 \longrightarrow (Mn, Fe) WO_4 \longrightarrow MnWO_4$$

这种可以无限制替换的类质同象称为完全类质同象。有些矿物，晶体中一种质点被一种质点替换，只能在一定范围内进行，例如闪锌矿中的 Zn^{2+} 可被 Fe^{2+} 顶替，但一般不超过 20%，这种有限制替换的类质同象，称为不完全类质同象。

3）吸附形式

某些元素以离子状态被另一些带异性电荷的物质所吸附，而存在于矿石或风化壳中，如有用元素以这种形式存在，则用一般的物相分析和岩矿鉴定方法查定是无能为力的。因此，当一般的岩矿鉴定查不到有用元素的赋存状态时，就应送去作 X 射线分析或差热分析，或送电子探针等专门分析，才能确定元素是呈类质同象还是呈吸附状态。例如我国某花岗岩风化壳，过去曾作过化学分析，发现稀土元素的品位高于工业要求，但通过物相分析和岩矿鉴定等，都未找到独立或类质同象的矿物，因而未找到分离方法。以后经专门分析，深入查定，终于发现这些元素呈离子形式被高岭石、白云母等矿物吸附。

元素的赋存状态不同，处理方法及其难易程度也都不一样。矿石中的元素呈独立矿物存在时，一般用机械选矿方法回收。除此之外，按目前选矿技术水平都存在不同程度的困难。如铁元素呈磁铁矿独立矿物存在，采用磁选法易于回收，然而呈类质同象存在于硅酸铁中的铁，通常机械选矿方法是无法回收的，只能用直接还原等冶金方法回收。

11.1.4　矿石结构、构造与可选性的关系

矿石的结构、构造是说明矿物在矿石中的几何形态和结合关系。即结构是指某矿物在矿石中的结晶程度、矿物颗粒的形状、大小和相互结合关系；而构造是指矿物集合体的形状、大小和相互结合关系。前者多借助显微镜观察，后者一般是利用宏观标本肉眼观察。

矿石的结构、构造所反映的虽是矿石中矿物的外形特征，但却与它们的生成条件密切相关，因而对于研究矿床成因具有重要意义。在一般的地质报告中都会对矿石的结构、构造特点给以详细的描述。

矿石的结构、构造特点，对于矿石的可选性同样具有重要意义，而其中最重要的则是有用矿物颗粒形状、大小和相互结合的关系，因为它们直接决定着破碎、磨碎时有用矿物单体解离的难易程度以及连生体的特性。

11.1.4.1　矿石结构及与可选性的关系

矿石的结构是指矿石中矿物颗粒的形态、大小及空间分布上所显示的特征。构成矿石结构的主要因素为：矿物的粒度、晶粒形态（结晶程度）及嵌镶方式等。

1）矿物颗粒的粒度

矿物粒度大小的分类原则及划分的类型还很不统一，但是在选矿工艺上，为了说明有用矿物粒度大小与破碎、磨碎和选别方法的重要关系，常采用粗粒嵌布、细粒嵌布、微粒和次显微粒嵌布等概念，至于怎样叫粗，怎样叫细，这完全是一个相对的概念，它与采用的选矿方法、选矿设备、矿物种类等有着密切关系。一般可大致划分如下：

（1）粗粒嵌布：矿物颗粒的尺寸为 20~2mm，亦可用肉眼看出或测定。这类矿石可用重介质选矿、跳汰或干式磁选法来选别。

（2）中粒嵌布：矿物颗粒的尺寸为 2~0.2mm，可在放大镜的帮助下用肉眼观察或测量。这类矿石可用摇床、磁选、电选、重介质选矿，表层浮选等方法选别。

（3）细粒嵌布：矿物颗粒尺寸为 0.2~0.02mm，需要在放大镜或显微镜下才能辨认，并且只有

在显微镜下才能测定其尺寸。这类矿石可用摇床、溜槽、浮选、湿式磁选、电选等。矿石性质复杂时，需借助于化学的方法处理。

（4）微粒嵌布：矿物颗粒尺寸为 $20 \sim 2\mu m$，只能在显微镜下观测。这类矿石可用浮选、水冶等方法处理。

（5）次显微（亚微观）嵌布：矿物颗粒尺寸为 $2 \sim 0.2\mu m$，需采用特殊方法（如电子显微镜）观测。这类矿石可用水冶方法处理。

（6）胶体分散：矿物颗粒尺寸在 $0.2\mu m$ 以下。需采用特殊方法（如电子显微镜）观测。这类矿石一般可用水冶或火法冶金处理。

有用矿物嵌布粒度大小不均的，可称为粗细不等粒嵌布，细微粒不等粒嵌布等。

2）矿物嵌布粒度特性

矿物嵌布粒度特性，是指矿石中矿物颗粒的粒度分布特性。实践中可能遇到的矿石嵌布粒度特性大致可分为以下四种类型：

（1）有用矿物颗粒具有大致相近的粒度：称为等粒嵌布矿石（如图11-1中曲线1），该类型矿石最简单，选别前可将矿石一直磨细到有用矿物颗粒基本完全解离为止，然后进行选别，其选别方法和难易程度则主要取决于矿物颗粒粒度的大小。

（2）粗粒占优势的矿石：即以粗粒为主的不等粒嵌布矿石，如图11-1中曲线2，一般应采用阶段破碎磨碎、阶段选别流程。

（3）细粒占优势的矿石：即以细粒为主的不等粒嵌布矿石，如图11-1中曲线3，一般须通过技术经济比较之后，才能决定是否需要采用阶段破碎磨碎、阶段选别流程。

（4）矿物颗粒平均分布在各个粒级中：即所谓极不等粒嵌布矿石，如图11-1中曲线4，这种矿石最难选，常需采用多段破碎磨碎、多段选别的流程。

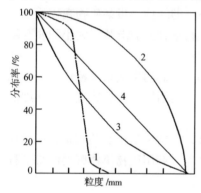

图 11-1　矿物嵌布粒度特性曲线

由上述可见，矿石中有用矿物颗粒的粒度和粒度分布特性，决定着选矿方法和选矿流程的选择，以及可能达到的选别指标。因而，在矿石可选性研究工作中，矿石嵌布特性的研究通常具有极重要的意义。

3）晶粒形态和嵌镶特性

（1）晶粒形态：根据矿物颗粒结晶的完整程度，可分为以下3种：①自形晶：晶粒的晶形完整；②半自形晶：晶粒的部分晶面残缺；③他形晶：晶粒的晶形全不完整。

矿物颗粒结晶完整或较好，将有利于破碎、磨矿和选别。反之，矿物没有什么完整晶形或晶面，对选矿不利。

（2）晶粒镶嵌：矿物晶粒与晶粒的接触关系称为镶嵌，如果晶粒与晶粒接触的边缘平坦光滑，则有利于选矿。反之，如为锯齿状的不规则形状则不利于选矿。

4）常见矿石结构类型及与可选性的关系

（1）自形晶粒状结构：矿物结晶颗粒具有完好的结晶外形。一般是晶出较早的和结晶生长力较强的矿物晶粒，如铬铁矿、磁铁矿、黄铁矿和毒砂等。

（2）半自形晶粒状结构：由两种或两种以上的矿物晶粒组成，其中一种晶粒是各种不同自形程度的结晶颗粒，较后形成的颗粒则往往是他形晶粒，并溶蚀先前形成的矿物颗粒。如较先形成的各种不同程度自形结晶的黄铁矿颗粒与后形成的他形结晶的方铅矿、方解石所构成的半自形晶粒状结构。

（3）他形晶粒状结构：是由一种或数种呈他形结晶颗粒的矿物集合体组成。晶粒不具晶面，常位于自形晶粒的空隙间，其外形决定于空隙形状。

（4）斑状结构：斑状结构的特点是某些矿物在较细粒的基质中呈巨大的斑晶，这些斑晶具有一定程度的自形，而被溶蚀的现象不甚显著，如某多金属矿石中有黄铁矿斑晶在闪锌矿基质中构成斑状结构。

（5）包含结构：是指矿石成分中有一部分巨大的晶粒，其中包含有大量细小晶体，并且这些细小晶体是毫无规律的。

（6）交代溶蚀及交代残余结构：先结晶的矿物被后生成的矿物溶蚀交代则形成交代溶蚀结构，若交代以后，在一种矿物的集合体中还残留有不规则状、破布状或岛屿状的先生成的矿物颗粒，则为残余结构。

（7）乳浊状结构：指一种矿物的细小颗粒呈珠滴状分布在另一种矿物中。如某方铅矿滴状小点在闪锌矿中形成乳浊状。

（8）格状结构：主矿物内几个不同结晶方向分布着另一种矿物的晶体，呈现格子状。

（9）结状结构：系一种矿物较粗大的他形晶颗粒被另一较细粒的他形晶矿物集合体所包围。

（10）交织结构和放射状结构：片状矿物或柱状矿物颗粒交错地嵌镶在一起，构成交织结构。如果片状或柱状矿物成放射状嵌镶时，则称为放射状结构。

（11）海绵晶铁结构：金属矿物的他形晶细粒集合体胶结硅酸盐矿物的粗大自形晶体，形成一种特殊的结构形状，称为海绵晶铁结构。

（12）柔皱结构：是具有柔性和延展性矿物所特具的结构。特征是具有各种塑性变形而成的弯曲柔皱花纹。如方铅矿的解理交角常剥落形成三角形的陷穴，陷穴的连线发生弯曲，形成柔皱。又如辉钼矿（可塑性矿物）受力后产生形变，也可形成柔皱状。

（13）压碎结构：为脆硬矿物所特有。例如黄铁矿、毒砂、锡石、铬铁矿等常有。在矿石中非常普遍，在受压的矿物中呈现裂缝和尖角的碎片。

矿物的各种结构类型对选矿工艺会产生不同的影响，如呈交代溶蚀状、残余状、结状等交代结构的矿石，选矿要彻底分离它们是比较困难的。而压碎状一般有利于磨矿及单体解离。格状等固溶体分离结构，由于接触边界平滑，也比较容易分离，但对于细小乳滴状的矿物颗粒，要分离出来就非常困难。其他如粒状（自形晶、半自形晶、他形晶）、交织状、海绵晶铁状等结构，除矿物成分复杂、结晶颗粒小者外，一般比较容易选别。

11.1.4.2 矿石构造及与可选性的关系

矿石的构造是指矿物集合体的形状、大小和相互结合关系，矿石的构造形态及其相对可选性，可大致划分如下：

（1）块状构造：有用矿物集合体在矿石中占80%左右，呈无空洞的致密状，矿物排列无方向性者，即为块状构造。其颗粒有粗大、细小、隐晶质等几种。若为隐晶质者称为致密块状构造。

此种矿石如不含有伴生的有价成分或有害杂质（或含量甚低），即可不经选别，直接送冶炼或化学处理。反之，则需经选矿处理。选别此种矿石的磨矿细度及可得到的选别指标取决于矿石中有用矿物的嵌布粒度特性。

（2）浸染状构造：有用矿物颗粒或其细小脉状集合体，相互不结合地、孤立地、疏散地分布在脉石矿物构成的基质中。

这类矿石总的来说是有利于选别的，所需磨矿细度及可能得到的选别指标取决于矿石中有用矿物的嵌布粒度特性，同时还取决于有用矿物分布的均匀程度，以及其中有否其他矿物包裹体，脉石矿物中是否有用矿物包裹体，包裹体的粒度大小等。

（3）条带状构造：有用矿物颗粒或矿物集合体，在一个方向上延伸，以条带相间出现。当有用矿物条带不含有其他矿物（纯净的条带），脉石矿物条带也较纯净时，矿石易于选别。条带不纯净的情况下，其选矿工艺特征与浸染状构造矿石相类似。

（4）角砾状构造：指一种或多种矿物集合体不规则地胶结。如果有用矿物成破碎角砾被脉石矿物所胶结，则在粗磨的情况下即可得到粗精矿和废弃尾矿，粗精矿再磨再选。如果脉石矿物为破碎角砾，有用矿物为胶结物，则在粗磨的情况下可得到一部分合格精矿，残留在富尾矿中的有用矿物需再磨再选方能回收。

（5）鲕状构造：根据鲕粒和胶结物的性质可大致分为：①鲕粒为一种有用矿物组成，胶结物为脉石矿物，此时磨矿粒度取决于鲕粒的粒度，精矿质量也决定于鲕粒中有用成分的含量；②鲕粒为多种矿物（有用矿物和脉石矿物）组成的同心环带状构造。若鲕粒核心大部分为一种有用矿物组成，另一部分鲕核为脉石矿物所组成，胶结物为脉石矿物，此时可在较粗的磨矿细度下（相当于鲕粒的粒度），得到粗精矿和最终尾矿。欲再进一步提高粗精矿的质量，常需要磨到鲕粒环带的大小，此时磨矿粒度极细，造成矿石泥化，使回收率急剧下降。因此，复杂的鲕状构造矿石采用机械选矿的方法一般难以得到高质量的精矿。与鲕状构造的矿石选矿工艺特征相近的有豆状构造、肾状构造以及结核状构造。这些构造类型的矿石如果胶结物为疏松的脉石矿物，通常采用洗矿、筛分的方法得到较粗粒的精矿。

（6）脉状及网脉状构造：一种矿物集合体的裂隙内，有另一组矿物集合体穿插成脉状及网脉状。如果有用矿物在脉石中成为网脉，则此种矿石在粗磨后即可选出部分合格精矿，而将富尾矿再磨再选；如果脉石在有用矿物中成为网脉，则应选出废弃尾矿，将低品位精矿再磨再选。

（7）多孔状及蜂窝状构造：指在风化作用下，矿石中一些易溶矿物或成分被带走，在矿石中形成孔穴，则多为孔状。如果矿石在风化过程中，溶解了一部分物质，剩下的不易溶或难溶的成分形成了墙壁或隔板似的骨架，称为蜂窝状。这两种矿石都容易破碎，但如果孔洞中充填、结晶有其他矿物时，则对选矿产生不利影响。

（8）似层状构造：矿物中各种矿物成分呈平行层理方向嵌布，层间接触界线较为整齐。一般铁、锰、铝的氧化物和氢氧化物具有这种构造。其选别的难易决定于层内有用矿物颗粒本身的结构关系。

（9）胶状构造：胶状构造是在胶体溶液的矿物沉淀时形成的。是一种复杂的集合体，是由弯曲而平行的条带和浑圆的带状矿瘤所组成。这种构造裂隙较多。胶状构造可以由一种矿物形成，或者由一些成层交错的矿物带所形成。如果有用矿物的胶体沉淀和脉石矿物的胶体沉淀彼此孤立地不是同时进行，则有可能选别。如二者同时沉淀，形成胶体混合物，而且有用矿物含量不高时，则难于用机械方法进行选分。

由上述可见，矿石结构和构造及其可选性，对矿石的选矿试验是非常重要的。在选矿试验前，一定要对所选矿石先进行较全面的矿石结构和构造方面的研究，以便根据具体情况进行矿石的选矿试验。

11.2 重选法

早在公元前四千年，重力选矿方法已用于从河沙或砾石中回收金粒。近十几年来，由于高效重选设备的应用，提高了重选回收率，加之社会对环境保护的要求，重选回收黄金发展较快。

重力选矿的主要优点是：①工艺简单，投资少；②不使用药剂，选矿成本低，在某些情况下，用重选预先选别，重选精矿再用浮选或氰化处理可大大节省费用；③很少使用药剂，对环境的污染小；④适合回收粗粒金。

11.2.1 重选的基本概念

1）重选的概念与重选介质的运动方式

（1）重选的概念：重选法（亦称重力选矿法）是在重力、离心力、介质阻力、机械阻力的联合作用下，使粒度不同、形状不同、密度不同的矿粒产生不同的速度或运动方向，从而分离出不同产品的选矿过程。

重选过程必须在介质中进行。重选的介质有水、空气、重液和重悬浮液，通常是以水作为重选介质。重选法包括跳汰选矿、摇床选矿、溜槽选矿、重介质选矿、螺旋选矿和离心选矿等。重选法和其他选矿方法一样，矿粒的分离是在运动过程中逐步完成的。要达到目的，必须设法使性质不同的矿粒，在重选设备中表现不同的运动状态，即运动的方向、速度、加速度和运动轨迹不同，这就需要掌握矿粒在介质中，特别是矿粒群在介质中运动规律。流体力学是研究重力选矿的理论基础。

（2）介质的运动形式：重选过程中介质运动形式有：①垂直运动：如跳汰机选矿中的介质运动。又分为连续上升流、间断上升流和上下交变流，其运动曲线见图 11-2；②斜面流动：如溜槽选矿中的介质运动；③回转流动：如离心选矿机中的介质运动。

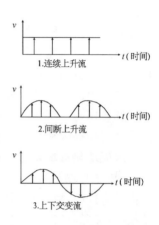

（3）矿粒的运动形式：矿粒在选矿介质中的运动形式可与介质相同，也可以不同。其运动形式有：①垂直降落；②斜面运动；③回转运动；④析离运动：在机械摇动和振动作用下，小矿粒通过大矿粒的间隙沉到底层的运动；⑤钻隙运动：在下降介质的作用下，使小矿粒通过大矿粒的间隙沉降到底层的运动，也叫做吸入作用。

矿粒在密度和粒度上有差异，重选法就能使之分开。重选效果的好坏，不仅取决于矿粒的密度和粒度，还与介质的密度有关。因此，重选分离也有难易程度的区别。下面的公式可以近似地评定按密度分选的难易程度。

图 11-2　重选介质运动曲线

$$e = \frac{\rho_{矿} - \rho_{介}}{\rho_{脉} - \rho_{介}}$$

式中：$\rho_{矿}$ 为有用矿物的密度；$\rho_{脉}$ 为脉石矿物的密度；$\rho_{介}$ 为介质密度；e 为重力可选性指数。

e 值越大，也就是两种矿物密度（$\rho_{脉}$、$\rho_{矿}$）相差越大；介质的密度（$\rho_{介}$）越高，重选的分离效果越好。按 e 值的大小，可把矿粒按密度分选的难易程度分成五个等级（表 11-1）。

表 11-1　按矿物密度分选矿粒的难易程度

$(\rho_{矿} - \rho_{介}) / (\rho_{脉} - \rho_{介})$ 比值	>2.5	2.5 ~ 1.75	1.75 ~ 1.5	1.5 ~ 1.25	<1.25
分选难易度	极容易	容易	中等	困难	极困难

在现代技术条件下，重选（不包括离心选矿）对粒度很细的矿粒回收依然是困难的。矿粒的粒度越小，在介质中运动的速度较慢，分选越困难。重选法分离的粒度下限与矿粒的密度有关，矿粒的密度越小，可分离回收的粒度下限越大。

目前，重力选矿的粒度下限为 20 ~ 10μm。

2）重选介质流中矿粒运动基本状况

（1）连续上升水流：在重选过程中，连续上升水流依据水流速度不同可发挥两种作用，即分级作用和分层作用。所谓分级作用就是上升水流速度较大，能把粒度小和密度小的矿粒冲走，而粒度大和密度大的矿粒则能克服上升水流的阻力沉降下来，使矿粒群得到分级。所谓分层作用，就是把上升水流控制在临界速度（即能实现矿粒正常分层的上升水流速度。超过临界速度，正常分层将遭到破坏，临界速度没有计算公式，由实验室确定）内，不致把矿粒冲走，矿粒就会发生明显分层现象。正常的分层结果是密度小、粒度小的矿粒在上层；密度大、粒度大的矿粒在下层。这种正常的分层现象在重选的各种方法中都有所表现，是改善重选效果的一个重要因素。所以在重选操作中，应该控制好上升水流速度，不要破坏正常的分层现象。

（2）间断上升和上下交变的介质流：在这种介质流中，矿粒随介质不断进行上下交替的运动，在每一冲程中，密度和粒度不同的矿粒上下移动的距离也不相同。大密度矿粒在上升水流中比小密度矿粒上升的速度慢，而在下降水流中则比小密度矿粒沉降速度快。经过多次上下交变运动，大密度的矿粒集中在下层而小密度矿粒则集中在上层。跳汰选矿就是利用这种介质流进行矿物分选的。

（3）倾斜介质流：斜面水流是无压流动，靠其重力在流动方向分力的作用下流动。矿粒在斜面水流中进行分选的过程，可分为两大类：一是摇床选矿法，另一是溜槽选矿法。

摇床选矿：矿粒在床面上受机械摇动和倾斜水流的冲击，密度和粒度不同的矿粒运动方向不同并沉降到床面的不同区间，使矿粒作为不同产品（精矿、中矿、尾矿）排出。

溜槽选矿：粒度大和密度大的矿粒较快地沉降到距给料点近的地方，成为精矿或重砂；密度小和粒度小的矿粒则沉降到距给料点远的地方，作为尾矿排出。

必须指出，每种重力选矿法都不是一种介质流起作用，而是几种介质流和某种机械作用互相配合完成选矿作业。例如，在跳汰选矿过程中，上下交变介质流起矿粒分选作用，水平介质流起尾矿排出作用。在摇床和溜槽选矿过程中，主要的介质流固然为近似水平流和倾斜流，但在挡板间形成的上升水流却起着重要的矿粒分选作用。

3）重选原理与影响因素

在重力选矿过程中，颗粒的运动是各式各样的，但主要运动形式是在重力作用下，垂直沉降密度及粒度不同的矿粒，根据它们的沉降速度不同而达到分离。矿粒在介质流中沉降，必然会受到阻力，这种阻力有两种：一种是介质作用于矿粒上的阻力，叫介质阻力；另一种是矿粒与周围其他矿粒之间，或物体与四壁之间互相摩擦、碰击所产生的阻力，叫机械阻力。如果矿粒在介质中沉降，只受介质阻力而完全不受机械阻力的作用，称为自由沉降。如果既受介质阻力，又受机械阻力作用，则称为干涉沉降。理想的自由沉降是不存在的。在重选过程中，总是大量矿粒在选矿设备的有限空间内沉降，即干涉沉降。

矿粒在介质中沉降，是决定重选效果的主要因素。除此，还有几种因素也影响重力选矿的分选效果。

（1）析离分层作用：在摇动或振动矿粒群时，由于矿粒自身的重力作用，细粒，特别是大密度的细粒，将通过周围矿粒间的缝隙而钻入下层，这种现象叫做析离分层作用。析离分层在各类重选法中，能起到改善选别效果的作用，尤其适用于摇床选矿。

（2）离心力的作用：重选过程除在重力场中进行外，某些分选过程亦可在离心力场中进行。矿粒在离心场中的运动规律与在重力场中相似。但离心力的强度却比重力大几十倍，甚至几百倍。因此利用离心力的作用可以大大强化分选过程。离心选矿机用来回收微细物料，已在工业上得到应用。此外，利用离心力可以改善水力分级的分级效果。

11. 2. 2　重选分级设备及螺旋分级机分级原理简介

重选设备类型很多，常用的主要设备有跳汰机、摇床、溜槽，其次有螺旋选矿机、圆锥选矿机等。

各种重选设备都对其所处理的物料有一定的粒度范围要求，超过或低于这个粒度范围，将使选别效果遭到破坏。因此，物料在入选前，必须进行分级。

1）分级设备种类

分级是将粒度范围很宽的粒群分为若干个窄级别粒群的过程。

（1）大于2 mm物料的分级：大于2 mm的物料，多采用筛分的方法进行分级。如砂金矿的矿砂在进入溜槽选矿之前，要用固定格或振动筛分，把大于15~20 mm的砾石筛出。在采金船上则用转筒筛把大于10~20 mm的砾石筛出。脉金矿的磨矿产品，如需用跳汰机选别时，可用振动筛进行分级，使小于 3~5 mm 的矿粒进入跳汰机，而大于 3~5 mm 的矿粒则返回磨矿机再磨。

重选过程中，常用的筛分设备有固定格筛、振动筛、转筒筛和弧形筛等。

（2）小于 2 mm 物料的分级：小于 2 mm 的物料分级，一般都采用水力分级，水力分级在选矿中的主要用途有：①重选前的准备作业，如摇床前的水力分级，其工作的好坏，直接影响摇床的选别指标。②磨矿时的辅助作业，如磨矿前的预先分级，磨矿后的检查分级和控制分级，以利于提高磨矿机生率和减少有用矿物的粉碎量。③含粘土质矿物的脱泥，以利于矿物的有效选别。④在某些情况下作为选别作业，如高岭土的洗选。⑤选别产品的浓缩脱水，以提高产品浓度，利于进一步选别。⑥在实验室中作为检查细粒矿物（-0.074 mm）粒度组成的主要方法（即水析法）。

（3）常用水力分级机种类：常用的水力分级机，按其构造特点可分为 4 类：

槽形分级机：包括机械搅拌式、筛板式等，主要用于重选摇床前的分级；

圆形分级机：包括圆锥分级机（又称浓泥斗或分泥斗）、浓密机等，一般用于脱泥兼起浓缩作用；

机械分级机：包括螺旋分级机、耙式分级机、浮槽分级机、水力分离机等，主要用于闭路磨矿，还用作脱水、脱泥；

离心分级机：包括水力旋流器、卧式离心机等，主要用于分级和脱泥。

2）螺旋分级机分级原理简介

螺旋分级机的结构及组成如图 11-3 所示。

机体 1 是一个倾斜的半圆形槽子；螺旋 2 可以是一个或两个，其作用是通过螺旋的旋转（3~20 转/分）搅拌矿浆及将沉砂沿槽底运向斜槽上方；空心轴 3 用放射状的辐条连接螺旋叶，它的两端置于轴承内；螺旋的转动机构 4 由马达皮带轮、减速箱、伞齿轮等组成，通过空心轴带动螺旋旋转；下端轴承的提升装置 5，可以用手柄，也可以用马达，提升螺旋用的传动装置有马达、伞齿轮等。

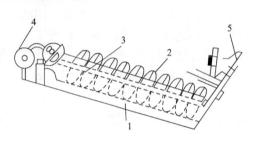

图 11-3　螺旋分级机示意图
1—机体；2—螺旋；3—空心轴；
4—转动机构；5—提升装置

螺旋分级机机体的上端敞开，下端封闭，槽底是平的或半圆形的。由于槽子下端封闭形成矿浆池，矿粒的分级就是在矿浆池表面一层很薄的水平矿浆流中进行，小于分离粒度的颗粒由溢流排出，而大于分离粒度的颗粒则靠螺旋使其由斜槽上端排出。

螺旋分级机因构造上的不同，分为半浸入式及浸入式。其中半浸入式又分为高堰式和低堰式。

（1）低堰式螺旋分级机：低堰式螺旋分级机的溢流堰位于螺旋下端轴承之下。这种分级机的分级面积非常小且螺旋的运动对分级面影响较大，溢流产率低，一般不适于作分级用，多用于洗矿。

（2）高堰式螺旋分级机：高堰式螺旋分级机的溢流堰高于螺旋下端的轴承，但低于溢流端螺旋叶片的上缘。适用于分离粒度大于 0.15 mm 的物料。

（3）浸入式（或称沉没式）螺旋分级机：浸入式（或称沉没式）螺旋分级机的溢流端的螺旋，完全沉没在矿浆液面以下。分级面较大，且螺旋的搅动对分级影响小，因之分级面比较平稳，溢流的粒度较细，溢流的生产率较高。

螺旋分级机具有构造简单、工作可靠、处理量大、分级区平稳，分级效率高、操作方便、停车时不需全部清除沉砂（只将螺旋提高即可）。螺旋分级机还有安装角度大、易于与磨矿机过程闭路、返砂脱水效果好、返砂含水率较低等优点。现在螺旋分级机在选厂中被广泛用作磨矿闭路中的预先分级和检查分级，还常用作原矿的洗矿脱泥和棒磨前的脱水作业。其分级效率约 60%。

影响螺旋分级机工作的因素有：给矿性质（包括矿石密度、粒度和含泥量）、矿浆浓度、槽子倾角、槽子规格（长×宽×高）、螺旋转速以及加入矿浆中药剂等。但最主要的是根据给矿性质的变化，通过调解矿浆浓度来达到控制分级机溢流粒度的目的。一般来说，浓度小时，溢流粒度变细；浓度大时，溢流粒度变粗。分级机在矿浆最适宜的浓度下（即临界浓度）保持一定的分离粒度，可得到最大的生产能力。在生产中，各厂矿都规定有相应于本单位给矿性质的临界浓度，并每隔 15 ~ 30 min 测定分级机溢流浓度一次，如发现浓度过大或过小，可通过增加或减少补加水进行调解。

11.2.3 跳汰机结构及选矿原理

1）跳汰选矿概述

跳汰是重选的主要方法之一。跳汰机结构简单、单位面积处理量大、操作维护方便，对密度差较大的矿石（尤其是粗粒矿石），选别技术经济指标比其他重选方法高。

跳汰机不但可以选别粗粒矿石，也可以选细粒矿石，选矿的粒度范围一般为 - 2.0 ~ + 0.2 mm。跳汰机可以作为粗选作业，也可以作为精选作业，而且可用来分选废弃尾矿，以提高选厂处理量及节省设备。

跳汰机在金的选矿过程中得到广泛应用。当处理金粒嵌布不均匀的脉金矿时，将球磨机排矿给入跳汰机，以便及早捕收粗粒金。用溜槽选别砂金矿时，溜槽的重砂精矿也可用跳汰机精选。在现代化大型采金船上，跳汰机已成为主要的选金设备，可直接从矿砂中回收单体金。

跳汰选矿时，常先将矿石分成数级，然后分别跳汰。有一些易选的冲积矿砂，原矿经脱泥后，可以不须分成数级而直接宽级别跳汰。

跳汰机的种类有隔膜式、活塞式、空气鼓动式等。跳汰机中的介质可以作不同形式的垂直运动，目前应用最广的是水介质作上下交变运动的隔膜跳汰机。

跳汰机按产生上下交变介质流方法，分为动筛式和定筛式。定筛式是将筛网固定，用另外的机构鼓动介质，使介质通过筛网作上升下降交变运动。这是现在跳汰介质的主要鼓动形式。

2）定筛隔膜跳汰机的结构及选矿原理

定筛隔膜跳汰机的结构如图 11 - 4 所示。该跳汰机主要由下列部件组成：机体，隔膜，筛板，传动机构，筛上排矿装置，筛下补加水管，精矿排出口。

跳汰筛网上面用密度较大的矿石或钢球铺成床石层，在曲柄传动机构的带动下作往复鼓动，水箱中的水便透过筛网产生上下交变的水流，床层上面的矿石在水流交变运动作用下，按密度分层，密度大的矿粒在下层成为重产物，

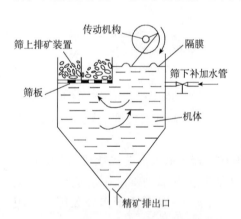

图 11 - 4　隔膜跳汰机示意图

密度小的矿粒在上层成为轻产物。为了减少下降水流对细而轻的矿粒的吸入作用，以便提高精矿质量，在跳汰机中通过水管补加筛下上升水。分好层的大粒重矿物由筛上排矿装置排出，或小于筛孔的细粒重矿物由精矿排矿口排出，位于上层的轻颗粒，在横向水流和连续给矿的推动下，移动至跳汰机尾矿部排出。

在我国的重力选矿中，常用的跳汰机有：上动型隔膜跳汰机，下动型圆锥隔膜跳汰机，侧动型（即梯形）跳汰机，各种跳汰机的结构及工艺不再详述。

11.2.4 摇床选矿原理与操作

1）摇床选矿概述

摇床是利用斜面水流和机械摇动作用相结合的一种重选设备。摇床由床面、机架和摇动机构三

大部件组成，床面近似梯形，在横向上略向尾矿侧倾斜，床面上钉有来复条，在给矿侧还装有给矿槽和给水槽，床面由摇动机构带动，沿纵向作不对称的往复运动（图 11-5）。矿浆给到摇床后，在床面上受横向水流和纵向往复摇动作用。矿粒按密度和粒度分层，并沿床面的不同方向移动。不同性质的矿粒在床面上呈扇形分带，分别从粗矿端和尾矿侧的不同地带排出，最后被分成精矿、中矿和尾矿。

摇床是一种效率较高的细微粒物分选设备，是目前应用最广的主要重选设备之一，砂金矿用溜槽或跳汰机粗选所得的粗精矿多用摇床进行精选，其作业回收率可达 98% 以上。处理脉金矿石，摇床可作为粗选设备选出一部分含金粗矿；也可用为扫选设备选别混汞和浮选尾矿，能获得部分低品位含金粗矿。摇床的有效回收粒度范围为 2~0.04 mm。

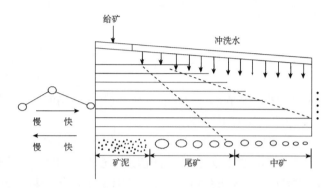

图 11-5 摇床工作原理图

与其他细粒选别设备比较，摇床具有下列主要优点：①富矿比高，一次作用的富矿比可达 50~100 倍，有时还可高达 300 倍；②在摇床上一次作业可以分选出最终精矿和废弃尾矿，并能同时回收几个产品；③选别效率比其他细粒重选设备（如矿泥溜槽等）高；④操作方便，矿粒在床面上分带明显，便于观察和调节分选过程。

摇床的缺点是处理能力低，所需台数多，占地面积较大。为克服这一缺点，我国某些矿山已采用多层摇床来处理钨、锡和金矿石，并取得了较好的成果。

2）摇床选矿作用原理

矿粒在摇床上受重力、摩擦力、水流的冲洗力和传动机构的摇动作用力的联合作用，使不同性质的矿粒自床面的不同区间排出。摇床的分选过程发生在一个具有宽阔表面的倾斜床面上，床面在横向上微微倾斜，倾角不大于 10°，纵向自给矿端向上倾斜，倾角 1°~2°。摇床上的分选作用可分为：

（1）条沟内（来复条内）的分选作用：

矿粒在条沟内上下分层：摇床上的冲洗水横向流下，在沟内产生涡流，矿泥被冲走，矿粒在条沟内沉降而分层。大密度、大粒度的矿粒在下层，小密度、小粒度的矿粒在上层，由于析离作用使大密度的小颗粒沉到最下层。为了避免摇床中大密度的小颗粒和小密度的大颗粒相互混杂，影响分选效果，物料在选别前需要进行水力分级。

矿粒在条沟内的纵向运动：摇床床面在偏心连杆的带动下作差动运动，矿粒在条沟内沿纵向的单向向前运动，这种运动主要起精选作用。由于从给矿端向排矿端来复条越来越低，在横向水流作用下，来复条表面的轻颗粒被逐渐冲走，重颗粒沿纵向运动。因此，摇床越长其精选作用越强。

矿粒在条沟内的横向运动：摇床上的来复条从给矿口沿横向越来越高，被横向水冲下来的轻矿粒受下一根来复条的阻挡，又具有纵向前进的趋势，则增加了分选的可能性，延长了分选时间，降低了尾矿品位。因此，摇床越宽其扫选作用越强。

（2）无来复条床面上的选分作用：在无来复条的床面上，水层很薄，矿粒大多为单层分布。在横向水流的作用下，使小密度的大颗粒横向速度大，大密度的小颗粒横向速度小，则在此区产生分带现象。

若以 v_1 表示矿粒的纵向移动速度，v_2 表示矿粒的横向移动速度，以 β 表示合成速度 v 与摇床纵向所成的夹角（偏离角），则：

$$\text{tg}\,\beta = \frac{v_2}{v_1}$$

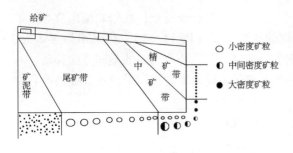

图 11-6　床面上各种矿粒分布示意图

矿粒横向移动速度越大，则偏离角越大，矿粒将向尾矿侧运动；矿粒纵向移动速度愈大，则偏离角愈小，矿粒将向精矿端运动。密度不同、粒度不同的矿粒在床面上运动的合速度不同，偏离角也不同，因此能在床面上分离。矿粒在床面上的分带情况见图 11-6。

矿泥由于沉降速度小，将随水从无矿区排出。给矿中，粗粒的大密度矿粒容易和细粒的小密度矿粒混在中矿带中。若给矿分级得好，可以大大减少大密度矿粒和小密度矿粒的混杂现象。因此，摇床选别前的脱泥和分级作业，可以提高摇床选别效率。

摇床选矿有下列特点：

A. 摇床选矿法不仅可以作为一个独立的选矿方法，而且还往往与跳汰或其他选矿法联合应用。

B. 摇床选矿法是按矿物密度不同来分选的，但矿粒的粒度和形状亦影响分选的精确性。为了提高摇床的选别指标和生产率，在选别前需将物料分级，各粒级单独进行选别。

C. 当入选物料内的有用矿物与脉石矿物达到足够的解离时，可以一次得到最终精矿和最终尾矿。

D. 矿粒在摇床床面上有两个方向运动，一是在水流作用下的横向运动，二是往复不对称由给矿端向精矿端的纵向运动。矿粒最终运动速度为上述两方向运动速度的向量和。

E. 当传动机构使床面作变加速运动时，不同密度的矿粒对床面做相对移动的时刻是不同的。同样，不同密度的矿粒在开始移动时的速度也是不相同的。为了使不同密度的矿粒由床面的给矿端向精矿端移动，传动机构必须作不对称的往复变加速运动。

F. 床面上的水层不仅有沿倾斜方向的流动，而且在往复运动的作用下，垂直其流动方向还作往复的摇摆运动。水流的这种运动对于矿粒沿摇动方向移动亦发生影响。

G. 床面上的来复条，不仅使摇床的生率加大，同时使分层的矿粒在摇动下产生析离。

H. 不同密度和不同粒度的矿粒在摇床上进行分选时，其分离情况并不决定于矿粒在床面上运动速度的大小，而是决定于矿粒运动速度与摇动方向所成之夹角 β（偏离角）。

I. 摇床在选分过程中的析离起重要作用，因此，物料在选别前最好进行水力分级。

3）摇床的操作技术

摇床分为单层摇床和多层（2~6层）摇床，对选别矿石的粒度不同，可分为粗矿砂（大于 0.2 mm）摇床，细矿砂（0.2~0.074 mm）摇床和矿泥（0.074~0.037 mm）摇床。同一结构的摇床，只要改变床面上来复条的型式和操作条件，就可以从矿砂摇床变为矿泥摇床。

生产中摇床的操作主要有：控制床面的分区和控制各操作因素。

（1）床面分区及其控制：床面可分为无砂区、初选区、复选区和精选区。

无砂区（矿泥带）：无砂区的作用只是脱泥和脱水，但是此的大小和清浊，可以反映给矿和操作条件是否正常。如给矿含泥高，则无砂区浑浊；给矿粒度粗或冲程大、横向坡度小则无砂区宽。粗砂摇床的无砂区宽约 0.9~1.4 m。

初选区（尾矿带）：此区由于来复条较高，矿层较厚，矿砂在此区主要按密度分层，上层小密度矿粒被横向水流从此区冲出。为保证良好分层，要求矿流平稳、不产生急流或拉沟现象、矿层不过厚过薄、能被水透过。用调节给矿浓度和给矿槽砂孔大小来控制。

复选区（中矿带）：此区来复条高度逐渐降低，直到尖灭。此区排出中矿，主要靠调节洗涤水和横向坡度来控制。

精选区（精矿带）：此区已经没有来复条，矿粒在这里受到精选。要求各种密度矿物分带明显，精选区与复选区形成一条稳定而明显的界限。此区也是靠调节洗涤水和横向坡度来控制。

（2）操作因素的控制：摇床操作控制的因素主要有：给矿浓度、给矿粒度、给矿量、横向坡度和补加水、冲程和冲次、纵向坡度。

给矿浓度：正常的给矿浓度应为 15% ~ 30%。给矿粒度粗、含泥少，浓度可高，反之，浓度要低。浓度过小，则粗选区出现拉沟现象，浓度过大则出现砂堆，矿砂将来复条完全覆盖。此时应调节给矿水量。

给矿粒度：摇床的最大给矿粒一般不超过 2 mm，有效回收下限为 0.04 mm。给矿须经过预先分级，若给矿粗中夹细，细粒不易在粗砂床中回收，尾矿品位偏高；若给矿细中夹粗，则粗粒在矿泥摇床中容易混到精矿中，降低精矿质量。给矿粒度是否适当，可通过观察床面上精矿带和次精矿带的分布及淘洗检查尾矿来判断。

给矿量：允许的给矿量与矿石可选性和给矿粒度有关。矿石越难选粒度要求越细，给矿量应越低。一般情况下给矿量不宜过大，过大时尾矿品位升高，回收率降低。若给矿量突然增大，往往发生铺床现象，破坏分选过程。此时必须移动精矿截取板，加大补加水及横向坡度，直到铺床现象消失后，再恢复正常操作条件。操作时，用观察初选区和无矿区来判断给矿量，若初先区矿层厚，看不见来复条，无矿区过窄，就是给矿量过大。

横向坡度和补加水：横向坡度和补加水是操作时最常调节的因素，它们两者有密切的关系。当给矿粗、浓度大、给矿量大时，应采用较大的横向坡度（一般在 1° ~ 4° 范围内调节），补加用水量一般为 2 ~ 3t/t 干矿。操作时，观察矿浆流速和精矿分带，若水流分布均匀、不拉沟、不起砂堆、精矿带窄而薄、分带明显，这时坡度和水量是合适的。若矿浆流速大，精矿带窄而厚，这是坡度过大造成的。水量过大，精矿带变窄，部分精矿跑入中矿；水量过小，部分床面露出，无水膜。

冲程和冲次：两者是相互联系的。冲程冲次增大，矿粒的纵向移动速度和松散度增大；冲程冲次过大，使轻、重矿粒同往前移动，精矿混杂，尾矿难以排出，反之，尾矿量大。

适宜的冲程与冲次，必须能促使床层松散和析离分层，并保证重产物能以足够的速度不断地从精矿端排出。冲程与冲次的确定，取决于给矿粒度的大小，选别粗粒要用大冲程小冲次，选别细粒要用小冲程大冲次。

摇床的处理能力与床面的运动速度有关，床面运动速度与冲程和冲次的乘积成反比。因此，在调节冲程与冲次时，必须保证摇床具有一定处理能力的运动速度。一般摇床的冲程和冲次由试验确定。

纵向坡度：矿砂摇床具有一定的纵向坡度（精矿端升高 0.5° ~ 1°），它可以加强矿砂的精选作用，调节矿带位置，便于排出尾矿。矿泥摇床因矿粒与床面摩擦系数大，移动慢，故一般无纵向坡度或用负值（即精矿端降低），纵向坡度在安装时确定，一般不调节。

此外，摇床操作中很重要的一环是加强与分级作业的联系，往往分级操作好坏决定摇床的选别优劣，要求分配到各摇床的矿量负荷均匀，浓度稳定，粒度合乎要求。

11.2.5 溜槽选矿原理与操作

溜槽主要利用斜面水流进行选矿，是重力选矿的一种主要方法。选矿时，矿浆给入倾斜的长槽中，在水流冲力、摩擦力和重力的作用下，矿粒按密度分层：大密度矿粒沉降于槽底的挡板格条间，或被滞留于粗糙覆面上；小密度矿粒则随水流自溜槽末端排出。当槽底大密度矿粒沉积达一定高度时应停止给矿，把它清理出来，因此溜槽选矿为间歇作业。

矿粒在溜槽中的运动状况非常复杂，矿粒密度是决定溜槽选矿的主要因素，粒度和形状的差异影响按密度分选的效果。

1）矿粒在溜槽中的运动形式

（1）矿粒向槽底的沉降：水流在槽中紊流运动，产生垂直于槽底的涡流和水跃，这种上升水流使粒度、密度不同的矿粒呈现不同的运动状态，密度大、粒度大的矿粒先沉降到床层的底部，依次造成按密度粒度分层。所以，在溜槽选矿操作中，应设法激起更多的涡流，以提高选别效果。

　　（2）矿粒沿槽底的运动：矿粒自水流上层沉至底部后，在水流的冲力下，可能沿槽底移动，其移动形式可以是滑动，也可是滚动。矿粒沿斜面底移动速度大小，决定于水流对矿粒的冲力、矿粒重力沿运动方向的分力及其斜面间的摩擦力等因素。一般来说，矿粒密度大、粒度小、溜槽倾角缓、槽底面粗糙，矿粒沿槽底移动的速度小。对粒度不同、密度不同的矿粒，在倾斜水流的作用下，由于移动速度不同而得到分离。

　　（3）析离作用：矿粒沉降到槽底后，在水流的推动下将继续沿槽底向前运动。矿粒在运动过程中，上层的细矿粒（特别是大密度的细矿粒），受重力作用将穿过大颗粒间的缝隙转入下层。矿粒之间的间隙在运动时较静止时更大，所以析离分层作用就更明显。这种析离作用使大密度的细粒不被水冲走，有利于提高回收率。但由于析离作用，小密度的矿粒也转入下层，使精矿品位下降，涡流可冲走小密度的细粒，提高分选效果。

　　溜槽是一种最简单的重力分选设备，但它的精选作用相对较差，只有在有用矿物和脉石矿物密度差较大或有用矿物密度较大（>6.6）时，分选效果才较好。所以，溜槽选矿常用于处理贵金属和稀有金属，一般作为粗选或扫选。溜槽的选矿比较高，且不需消耗动力，因此，可处理原矿品位较低的矿石。但清理溜槽沉砂须消耗大量劳动力和时间，效率较低，近来有被跳汰机和螺旋选矿机取代的趋势。

　　溜槽可回收 0.05 mm 以上的重矿粒，选别金、铂时回收率可达 60% ~ 90%。

　　溜槽是我国砂金选矿的主要设备。目前，各地的砂金选矿的粗选设备几乎都是粗粒溜槽。我国某些脉金矿用矿泥溜槽做扫选设备，处理经磨矿后混汞或浮选尾矿，对金的回收也起很大作用。

　　2）溜槽类型

　　溜槽类型主要有粗粒溜槽和矿泥溜槽，下面分别介绍。

　　（1）粗粒溜槽：粗粒溜槽主要用于矿砂，进入粗粒溜槽的物料粒度可达 100 ~ 200 mm 或更粗，物料的粒度下限为 1 ~ 0.1 mm。粗粒溜槽是一个窄而长的槽子，常用木板，钢材和其他建筑材料制造，其长度一般为 3 ~ 10 m，有的可达数十米，宽大约 0.4 ~ 2 m，槽体倾角一般为 6° ~ 8°。粗粒溜槽底面常铺设挡板，又称挡板溜槽。

　　常用的粗粒溜槽都是间歇选别的，所以溜槽选别过程是由选别作业和清洗作业组成。

　　在选别密度很大的有用矿物（砂金，砂铂）时，在不使大密度矿粒冲走的条件下，尽量加大速度，这可以使入选物料粒度范围加宽，甚至可以不分级。在选别密度较小的有用矿物时，为了不把有用矿物冲走，需采用较小流速，这样大粒度的废石也不能冲走，因此用溜槽选别密度不很大的有用矿物时，需要预先分级。

　　溜槽床面上铺设的挡板，对选别过程有重要影响，挡板的种类和排列方式不仅影响捕收重矿物效率，而且也影响溜槽的操作条件和指标（如流速、清洗次数、精矿产率等）。适宜的挡板形式须根据所处理的砂矿性质自行确定。挡板设计的一般要求是挡板高度不能大于水流深度（两者之比小于1，一般为 0.4 ~ 0.6），挡板必需造成粗糙底面，即使水流速度较小时也能造成适当强度的涡流；选别粗粒金时，挡板间距要小，布置要均匀，以便造成更大的涡流；挡板间距不可过密，必须留有足够的重砂沉积容积；在选择挡板时，要考虑挡板的拆卸和安装。

　　常用的挡板有直条挡板、横条挡板、木块挡板、石块挡板、钢轨挡板等。

　　（2）矿泥溜槽：矿泥溜槽适于处理经磨矿或者粒度较细的物料。给矿粒度通常不超过 1 mm，这种溜槽没有挡板，只在床面上铺设软覆面，因此又称软覆面溜槽。

　　软覆面起滞留大密度矿料的作用。处理粗物料，水流层厚度为 10 ~ 5 mm 时，采用较粗的长绒物（绒长5 mm）或带纹格的橡胶板。处理细物料，水流层厚度 5 mm 以下时，选用较细的短绒织物。

　　矿泥溜槽根据构造不同，又可分为固定式溜槽、自动式溜槽等多种，国内黄金矿山只使用固定式一种。固定软覆面溜槽亦属间隙作业。矿泥溜槽设备效率较低，清理沉淀物体力劳动强度大是其缺点。

3）溜槽的操作

影响溜槽操作的主要因素有给矿粒度、给矿浓度、矿浆流速、水层厚度和溜槽倾角。

（1）给矿粒度：给矿粒度视矿砂中有用矿物最大粒度而定。砂金矿中大部分金粒不超过 10 mm，所以我国各砂金矿用溜槽时，都把矿砂中 10~20 mm 以上的砾石筛分出去，不给入溜槽。一般有用矿物粒度粗可采用短一些的溜槽，提高给矿浓度、水流速度和水层厚度。

（2）给矿浓度：为了保证物料在分选过程中具有足够的松散，溜槽给矿浓度不应太高，给矿的最小液固比，通常随给矿粒度的增大和挡板高度的增高而增高；随槽内水流速度的增大而减少。适宜的给矿浓度，一般由经验来确定。

（3）矿浆流速：矿浆流速对选别效果影响很大。流速过小，不能保证床层足够松散，重矿物所受的水力精选作用不足，脉石将大量混入重砂层内；流速过大，易使片状金、微粒金得不到充分的沉降机会就被水流冲走，造成损失。根据生产经验，当给矿液固比小、金粒较大、挡板较高时，可采用较大的矿浆流速。如溜槽长度已具备了捕收各种金粒的条件时，则矿浆流速大比流速小更为有利。

（4）溜槽倾角：溜槽倾角决定矿浆流过速度，倾角的大小与给矿内粘土及砾石含量、给矿浓度、溜槽的类型有关。给矿浓度小、粒度细，溜槽的倾角小；给矿中砾石的含量多，应采用较大的倾角，挡板溜槽倾角介于 3°~15° 之间（选别砂金时可在 5°~8° 之间调节），软覆面溜槽倾角在 5°~20° 之内调节。

4）溜槽规格的确定

溜槽的规格主要取决于选别所需的沉降面积，其次与所处理的原矿性质和安装地点有关。为确保溜槽内适宜的矿浆流速和水层深度，其宽度不宜过大，通常为 500~600 mm。当宽度确定后，即可按沉降面积的要求决定溜槽长度。应当指出，根据实践经验，用溜槽选别砂金时，溜槽的前 3 m 之内所捕收的金占金总回收率的 95%，可见，溜槽过长是没有意义的。然而某些片状金、微粒金不易沉降，为回收这部分金，溜槽长度比计算值要大一些。因此，用溜槽选别砂金时，其长度不应仅满足计算要求的数据，而应按照金粒的形状特征灵活确定。一般陆地上的大型溜槽长度为 15 m 左右。

各种重选设备的入选粒度范围如表 11-2 所示。

表 11-2 重选设备的入选粒度范围

设备分类	设备名称	入选粒度范围（mm）	设备分类	设备名称	入选粒度范围（mm）
跳汰机	隔膜跳汰机	25~2.5	分级机	云锡式分级箱	-1.0
	梯形跳汰机	18~0.074		机械搅拌式分级机	3~0.074
摇床	矿砂摇床	3~0.074		分泥斗	-2.0
	矿泥摇床	0.074~0.037		水力分离机	-2.0
溜槽	粗粒溜槽	10~1		倾斜板浓缩箱	-2.0
	矿泥溜槽	0.074~0		高堰式螺旋分级机	>0.15
	皮带溜槽	-0.074		沉浸式螺旋分级机	1.5~0.005
	扇形溜槽	3~0.038		水力旋流器	
	圆锥选矿机	3~0.15		风力分级	1.5~0.005
	螺旋选矿机	2~0.074	重介质选矿	深槽式圆锥型重悬浮液选矿机	-30+10
	螺旋溜槽	0.2~0		浅槽式鼓型重悬浮液分选机	-40+12
	离心选矿机	0.074~0.01		重介质振动溜槽	-25+6
洗矿机	水力洗矿筛	-300		重介质旋流器	-20+3
	圆筒洗矿机	-100			
	槽式洗矿机	-50			

11.3 浮选法

浮选法是矿产资源开发中的一种主要选矿方法。浮选是根据矿物表面物理化学性质上的差异，将磨碎的矿石原料中一种或一组矿物，在搅拌矿浆中有选择地富集在两相界面并被刮出获得产品的过程。现在工业上普遍应用的浮选实质是泡沫浮选法，它的特点是：把矿石加水磨细制成矿浆，搅拌过程中矿粒粘附于气泡而浮至矿浆上部形成泡沫，刮出的泡沫产物通常称为精矿。另一部分不浮的脉石矿粒，不与气泡粘附而留在矿浆中，此非泡沫产物通常称为尾矿。

在处理有色金属硫化物和含金硫化物等矿石时，浮选法被广泛采用，特别是品位较低的细粒分散、浸染状铅锌矿、多金属硫化物、铜的硫化物等。多数情况下，浮选用于处理可浮性很高的含金硫化物矿石效果最为显著。因为在浮选过程中可以将金最大限度地富集在硫化物精矿中，选矿成本较低。浮选法还用来处理含多种有用金属矿物的含金矿石，例如金-锑、金-铅-硫、金-铜-硫以及金-银-铜-铅-硫矿石等。对于那些不能直接用混汞法或氰化法处理的矿石，或者用混汞法不能达到金的完全回收的矿石，也需要采用浮选加其他方法的联合流程进行处理，如混汞-浮选法、浮选精矿氰化法、重选-浮选法等。

但对粗粒嵌布的矿石，即当金粒大于 0.2 mm 时，浮选法就难于处理。对不含硫化物的含金矿石，以及氧化程度很高的含金矿石，采用浮选法也有一定困难。由于浮选法需把矿石磨细（一般小于 0.3 mm），并使用浮选药剂，其泡沫产品还要经过浓缩、过滤、干燥等工序处理，所以与重选法相比有投资大、细磨成本较高等缺点。

11.3.1 浮选的基本概念

浮游选矿原理研究的中心问题是矿物的可浮性，它是以矿物的物理化学性质为基础，讨论相界面现象与矿物可浮选性的关系。有了这些基础知识作为指导后，就能对浮选过程进行分析，掌握各种矿物间分离的条件，确定适宜的工艺流程，以便获得较高的浮选产品数量和质量指标。

1）矿物的可浮性与润湿性特征

在浮选过程中，分散在矿浆中的矿物有的能够有选择性性地附着在气泡上，如自然金、黄铁矿、黄铜矿、方铅矿等颗粒，很容易同气泡附着，并且一起浮到矿浆表面；而另一些矿物，如长石、石英、方解石等脉石矿物颗粒，却难于和气泡附着，不能浮游。为什么出现这样截然不同的现象呢？其根本原因是矿物的可浮性不同。矿物在水中的这种天然易浮或难浮的性质，叫做矿物的天然可浮性。在含金石英脉中，自然金矿物是天然可浮性好的矿物，而脉石矿物则是天然可浮性差的矿物。

为什么矿物不一样，可浮性也不一样呢？其主要原因是矿物表面对水的润湿性不同所造成的。所谓润湿性即是指矿物表面对水的亲和能力，也可称为对水的亲、疏性。不同矿物表面所表现的这种对水的亲、疏不同的性质，是利用浮选法将各种不同矿物分离的基本理论依据。

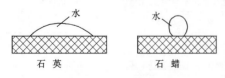

图 11-7 石英、石蜡被水润湿情形

如在光滑洁净石英表面放一滴水（图 11-7），水滴在石英表面上很快扩展开，这说明石英能被水所润湿，是亲水的。又如在光滑洁净的石蜡表面上放一滴水，水滴在石蜡表面不扩展仍然成球形，这说明石蜡不能被水所润湿，是疏水的。

通过对不同矿物的可浮性以及润湿性的研究我们还发现，矿物的润湿性和天然可浮性，即矿粒在水中浮与不浮并不受其密度大小的支配。比如辉钼矿是一种天然可浮性好的矿物，密度 4.75，比水的密度大得多，但当把大块辉钼磨细后，随着其颗粒的变小而表面积增加，尽管其密度较大仍然是可以漂浮于水面的。

各种矿物，因其化学组成、内部结构及表面性质的不同，它们的天然可浮性也就不同。常见矿物的可浮性分类如表 11-3 所示。

表 11-3 常见矿物可浮性分类

类　别	主要矿物	可浮性	
		天然	可调节的程度
有色金属硫化物	铜、铅、锌、镍、锑、铁、钴、铋、砷的硫化物及自然金、银、铜等	较好	用黄药、黑药、硫氨脂等药剂后可浮
有色金属氧化矿物	铜、铅、锌的碳酸盐和硫酸盐：白铅矿、铅矾、菱锌矿、孔雀石、菱钴石、锑华、铋华	差	硫化质，用黄药可浮，也可用羧酸类药剂后可浮
非极性矿物	石墨、硫、滑石、辉钼矿、石蜡	好	易浮
极性矿物	其晶格中包含有钙、镁的阳离子，磷灰石、萤石、方解石、白钨矿、重晶石、石膏、白云石等	差	用油酸后可浮
可溶性盐类	食盐、钾盐、硼砂	差	在饱和溶液内显固态的条件下，加浮药剂可浮
氧化物、硅酸盐及铝硅酸盐类	石英、刚玉、金红石、赤铁矿、磁铁矿、褐铁矿、锡石、正长石、白云石	差	在较低酸碱度下，用胺类药剂可浮

从表可以看出，具天然可浮性的非极性矿物很少，大多数有用矿物的天然可浮性都较差。按好至差的顺序是石蜡、硫、辉钼矿、自然铜、黄铁矿、金刚石、石英、云母。

综上所述，非极性矿物具较强的疏水性，天然可浮性好，极性矿物润湿性好，表现亲水性天然可浮性差。

2) 矿物表现润湿性与可浮性的关系

浮选过程是在矿浆中进行的，它是由矿粒、水及气泡即固相、液相及气相所组成，浮选中的"相"指的是固体、液体及气体物质三态。相与相之间存在着界面，浮选是在界面上进行的。在浮选过程中，当液体在固体表面湿着后，就形成由固体、液体、气体三相包围的一条环形接触线，又叫三相润湿周边。以三相润湿周边上的 A 点（图 11-8）为顶点，以固水交界线为一边，以气水交界线为另一边，经过水相的夹角 θ 叫接触角。

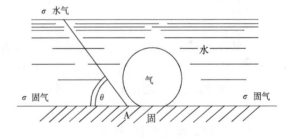

图 11-8　浸入水中矿物表面所形成的接触角

接触角的形成过程遵守热力学第二定律：在恒温条件下，气泡附着在矿物表面上后，从接触角开始排水并向四周扩展，润湿周边逐渐扩大，这个过程一直进行到三相界面自由能 $\sigma_{固水}$、$\sigma_{水气}$、$\sigma_{固气}$ 达到平衡时为止。

由物理化学可知，界面自由能是，增加单位界面面积所消耗的能量，其单位是：

$$\frac{10^{-7}焦（J）}{厘米^2} = \frac{10^{-5}牛（N）\cdot 厘米}{厘米 \times 厘米} = \frac{10^{-5}N}{厘米} \qquad (1J = 1N \cdot m)$$

因此，又可将它们看成是作用在单位长度上的力（即表面张力），可理解为在固水、水气、固气三个界面上分别存在的三个力，用同样的符号：$\sigma_{固水}$、$\sigma_{水气}$、$\sigma_{固气}$ 表示。

三个力的作用达到平衡时，在 X 轴投影方向，可列出力的平衡方程式：

$$\sigma_{固气} = \sigma_{固水} + \sigma_{水气} \cdot \cos\theta$$

即：

$$\cos\theta = \frac{\sigma_{固气} - \sigma_{固水}}{\sigma_{水气}}$$

接触角的大小取决于水对矿物、空气对矿物亲和力大小的比较（$\sigma_{固气} - \sigma_{固水}$），接触角越大，其润湿性越差，疏水性越强，可浮性越好。反之亦然。几种常见矿物平衡接触角是：辉钼矿 60°、方铅矿 47°、闪锌矿 46°、黄铁矿 30°、方解石 20°、石英 10° ~ 4°、云母 0°。

常见矿物天然可浮性顺序见表 11 - 4。

表 11 - 4　常见矿物天然可浮性顺序表

可浮性	举例	结晶构造	可浮性	举例	结晶构造
大	1、萘、石蜡 2、碘、硫	分子晶格	小	5、自然金 6、方铅矿、黄铁矿 7、萤石 8、方解石 9、云母 10、长石、石英	金属晶格 半金属晶格 单纯离子晶格 复杂离子晶格 层状离子晶格 其他晶格
中	3、石墨 4、辉钼矿	片状晶格、新裂面以分子键为主			

在浮选过程中回收率与浮选时间的关系称为浮选速度，研究浮选速度的规律对浮选实践有很重要的意义。提高浮选速度、缩短浮选时间可以减少设备投资，降低选矿成本；降低脉石的浮选速度可提高过程的选择性。

11.3.2　浮选药剂

矿物表面的浮选性质是可以通过药剂的作用改变的。在浮选过程中可通过添加各种浮选药剂，利用药物与矿物表面的作用或改变浮选矿浆的性质，调节矿物表面的润湿性。如把一些不可浮的或不易浮的矿物转变为易浮，也可以将一些易浮的矿物转变为难浮。同时还有一些药剂可以加强空气在矿浆中弥散程度，增加泡沫的稳定性，消除矿浆中危害浮选的离子，以保证浮选过程的顺利进行。

在浮选过程中使用的浮选药剂，应具备较好的选择性。理想的情况是：某种药剂仅对某种矿物有特效，这样就能提高矿物分离的效果。为此，药剂的选择性是衡量其功效、性能的重要因素。

通常浮选药剂都比较昂贵，需用量大，并具有一定的毒性。因此，实际应用时，除考虑应取得最佳分离指标外，还应考虑防止污染及工作操作的环境等因素。一种适用的浮选药剂，应具有：选择性优良、效能高、容易获得、无毒、价格低、用量少、便于使用、性能单一、成分稳定和不易变质等优点。

浮选药剂依其作用性质的不同，一般可分为三大类：捕收剂、起泡剂、调整剂。其中调整剂又可分为抑制剂、活化剂和 pH 调整剂。

1）捕收剂

捕收剂是一种与矿物表面发生作用的有机药剂，它能在有用矿物表面上生成疏水薄膜，提高矿物的疏水性，有利于矿物颗粒与气泡附着而起捕收作用。捕收剂是一种异极性物质，它的一端为极性基，另一端为非极性基。当药剂与矿粒表面作用时，极性基吸附在矿物表面上，而非极性基朝外，从而减弱了水分子对矿物表面的亲和力，提高了矿物表面的疏水性。例如：捕收剂黄药在矿浆中，当矿粒（方铅矿）表面附着有黄药再与气泡接触时，矿粒表面

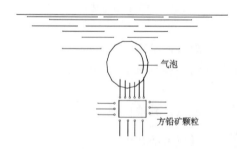

图 11 - 9　气泡-矿粒聚合体形成示意图

黄药的非极性基插入气泡，并随着气泡上浮到矿浆的表面（图 11 - 9）。

根据药剂在矿物表面作用的极性基不同，捕收剂可分为：阴离子型（硫代化合物类、烃基酸类）、阳离子型（胺类）、两性型、非离子型（脂类，多硫化物）和非极性型（油类）。

硫代化合物类捕收剂，主要用黄药、黑药、硫醇等，常用于浮选自然金属、有色金属硫化物和硫化后的氧化矿。烃基酸类捕收剂有油酸、氧化石蜡皂等，常用于浮选氧化矿、碱土金属矿、硅酸盐矿等。胺类捕收剂主要用于浮选石英和铝硅酸盐矿石。油类捕收剂包括煤油、变压器油、太阳

油、用来浮选具有自然疏水性的矿物，如辉钼矿、石墨、自然硫等，也可以作为辅助捕收剂浮选自然金。选金厂常用的捕收剂有黄药、黑药、胺黑药等。下面对黄药和黑药进行简要介绍。

（1）黄药：黄药是浮选含金硫化物最常用的捕收剂，化学成分为烃基二硫代碳酸盐（ROCSSMe），其中 R 为 $C_nH_{2n}+1$ 类烃基，Me 为金属钠或钾。它是一种淡黄色粉末状物，具有刺激性臭味，有一定的毒性，溶于水，易氧化。使用黄药捕收剂时，必须调整矿浆的 pH 值在 7 以上，即在碱性矿浆中使用。如在酸性矿浆中使用，必须适当增大用量。浮选实践亦证明：长链烃的高级黄药的捕收能力比低级黄药捕收能力强。

一般在处理含金硫化矿时，用量在 $10 \sim 150 g/t$。具体用量取决于浮选矿石性质，矿浆浓度等。其用量随金属品位的提高而增加，随矿石氧化程度的提高而增加。提高矿浆浓度可以减少黄药用量。

（2）黑药：黑药化学名称为烃基二硫代磷酸盐。通式为 $(RO)_2PSSH$。常用黑药的烃基为甲酚、二甲酚以及各种醇类。

甲酚黑药由甲酚和五硫化二磷在加热情况下反应生成，为黑褐色油状液体。密度 $1.19 \sim 1.21 g/cm^3$，有刺激臭味。

黑药除具有捕收性能外，还具有起泡能力，含游离甲酚愈多，起泡能力愈强。丁基胺黑药是一种阴离子捕收剂，为白色固体，无臭，有起泡性。对含金石英脉矿石选别效果很好。由于它具有捕收和起泡两种性能，所以在一些选金厂中可代替 $2^\#$ 油与黄药一并使用。

此外，烃基酸类捕收剂可以用来选别氧化金铜矿石，非极性的碳氢油，如煤油、变压器油、太阳油，在选金时可作辅助捕收剂用。

2）起泡剂

浮选时泡沫是空气在液体中分散后的许多气泡的集合体。浮选泡沫对气泡的数量、大小及强度有一定的要求。一是要有一定的强度，能在浮选过程中保持稳定，二是气泡尺寸大小适当。一般气泡的大小尺寸以 $0.2 \sim 1 mm$ 为好。在浮选过程中泡沫是矿粒上浮的媒介。气泡过大，气液界面积减小，附着矿粒少，浮选效果低。气泡过小，则由于上浮力小而携带矿粒上浮速度慢，同样浮选效果不好。

起泡剂的作用，是使空气在矿浆中分散成微小的气泡并形成较稳定的泡沫。起泡剂的作用原理在于它能降低水与空气界面的表面张力。起泡剂分子在矿浆中以一定的方向吸附在气液界面上。由于起泡剂定向排列在气泡表面，会形成一层水化膜，能防止气泡兼并。另一方面，由于起泡剂分子具有定向吸附作用，使气液界面表面产生张力，泡壁间水层不易减薄，气泡不易破裂，加强泡沫稳定。

选金厂常用的起泡剂有 $2^\#$ 油、松油、樟油、重吡啶、甲酚酸等。

$2^\#$ 油是最常用的浮选起泡剂，起泡性能和浮选效果好。$2^\#$ 油为淡黄色油状液体，有刺激性，具有较强的起泡性能。在选别含金矿石时，其用量一般为 $20 \sim 100 g/t$。

樟油可代替松节油使用，选择性能好，多用于获取高质量精矿及优先浮选作业。甲酚酸、重吡啶都是炼焦工业副产品，是常用的起泡剂，亦用于选金。

3）调整剂

调整剂是浮选工艺中一类重要的浮选剂。在浮选中，添加捕收剂和起泡剂后，通常可使性质相近的矿物同时浮游。但是浮选工艺却要求分离出两种或多种产品，使这类产品中富集有一种或一组有用矿物。为达此目的，单用捕收剂和起泡剂难以成功地达到，还需要一些调整矿物可浮性、矿浆性质的药剂，对调整过程起选择性的作用。

按调整剂不同的功用，可分为抑制剂、活化剂、介质 pH 调整剂。

（1）抑制剂：能够从矿物表面或溶液中除去活性离子，在矿物表面吸附形成亲水薄膜或在矿物表面形成亲水胶粒而产生抑制作用。

选金厂常用的抑制剂有：石灰、氰化物、硫化钠、重铬酸盐。对脉石的抑制剂有：水玻璃、淀粉等。

石灰对黄铁矿有较强的抑制作用。氰化物是黄铁矿以及硫化铜、闪锌矿等用的抑制剂。同时对金也有抑制作用。但因氰化物能溶解金银等贵重金属，因此在浮选金银矿物时，一般不采用氰化物作抑制剂，以避免金的损失。

（2）活化剂：可改变矿物表面的化学组成，形成能促使捕收剂附着的薄膜，提高矿物的浮游能力。同时活化剂还可除去矿物表面的抑制性薄膜，恢复矿物原来的浮游活力。

金选厂中常用活化剂有硫化钠、硝酸铝、硫酸铜等。有的活化剂也有抑制性能。比如硫化钠即可活化含金氧化矿，同时也可抑制金和硫化矿物。因此在浮选工艺中，对活化剂要进行合理选择和添加。

（3）介质 pH 调整剂：主要用来调整矿浆 pH 值和调整其他药剂作用活度，消除有害离子的影响，调整矿浆的分散与团聚。

矿浆的酸碱度可直接影响矿物的可浮性。常用的矿物调整剂是石灰、碳酸钠、苛性钠、硫酸等。

矿浆中常含有许多有害离子，为消除其影响常使用硫化钠、碱苏打等，使其生成难溶化合物沉淀。

矿物细泥可破坏整个浮选过程的选择性，使精矿质量降低；另一方面矿泥会大量吸附在有用矿物表面，形成矿泥薄膜，罩盖在矿粒表面上，阻止药剂与矿粒表面接触，降低了矿物的可浮性，影响回收率。为消除矿泥的影响，可添加分散剂，如水玻璃、碳酸钠、硫酸钠等增强矿泥表面亲水性，加大细泥相互的团聚能力，从而减小其对有用矿物颗粒的影响，改善作业条件，提高细粒级别选别回收率。

各种浮选药剂的作用都不是绝对的，比如硫化钠可作有色金属硫化物的抑制剂，又可作有色金属氧化矿物的活化剂。脂肪酸类捕收剂也具有起泡性能。因此，浮选药剂的分类不是绝对的。浮选药剂的详细分类如表 11-5 所示。

表 11-5　常用浮选药剂分类表

类	系列	品种	典型代表
捕收剂	阴离子型	硫代化合物 羟基酸及皂	黄药、黑药等； 油酸、硫酸酯等
	阳离子型	胺类衍生物	混合胺等
	非离子型	硫代化合物	乙黄腈酯等
	烃油类	非极性油	煤油、焦油等
起泡剂	表面活性物	醇类	松醇油、樟脑油等
		醚类	丁醚油等
		醚醇类	醚醇油等
		酯类	酯油等
	非表面活性物	酮醇类	（双丙）酮醇油
调整剂	pH 调整剂	酸、碱	硫酸、石灰、硫酸钠等
	活化剂	某些金属阳离子，无机酸、碱，某些有机物	Cu^{2+}、Ca^{2+}、盐酸、草酸等
	抑制剂	某些无机物和有机物	石灰、氰化物、重铬酸盐、淀粉等
絮凝剂	天然絮凝剂、合成絮凝剂		石青粉、腐殖酸等； 聚丙烯酰胺等
其他	脱药剂，如活性炭、硫化钠等；消泡剂，如高级烃等		

11.3.3 浮选设备及选矿基本原理

1）浮选机选矿概述

浮选机是直接完成浮选过程的设备。浮选时，矿浆经过调和后送入浮选机，在其中进行充气和搅拌，并使表面已受捕收剂作用的矿粒向气泡附着，形成矿化泡沫层，用刮板刮出，即得泡沫产品。

如果在浮选前矿浆准备得好，并选择和确定了最适当的工艺条件，那么，浮选指标高低就决定于浮选机的选择和调节。

浮选机应具备工作连续、可靠、电耗少、耐磨、构造简单、价格便宜等优点。此外对浮选机还有如下几项特殊要求：

（1）充气作用：必须保证矿浆中吸入足够的空气，并使空气充分弥散成大小合适的气泡，均匀地分布在浮选槽内。

（2）搅拌作用：浮选机必须保证矿浆受到强烈的搅拌，以使矿粒悬浮，促使矿粒与气泡接触，同时有助于某些难溶的药剂在槽中均匀分散。

（3）循环作用：为增加空气与矿粒的接触机会，浮选机应能使矿浆循环，多次通过充气机构。

（4）调节矿浆水平：按工艺要求调节矿浆水平面，控制流量及泡沫层厚度。

（5）连续工作：浮选机必须保证连续地接受矿浆，选出精矿，及时排出尾矿。

浮选机按其充气和搅拌矿浆方式不同分为机械搅拌式、压气式和混合式。

2）机械搅拌型浮选机及选矿原理

当前我国浮选厂广泛应用的是 XJK 型浮选机，其技术性能见表 11-6，其构造见图 11-10。

表 11-6 国产 XJK 浮选机技术性能

型号及规格	生产能力（m^3/min）	叶轮			叶轮电机		刮板电机（转/min）	刮板用电机型号	刮板电机功率（kW）	单槽重量（kg）
		直径（mm）	转速（转/min）	周速（m/s）	型号	功率（kW）				
XJK-0.13	0.05~0.06	200	600	6.3						
XJK-0.23	0.12~0.28	250	500	6.5	J-31-6	0.6				
XJK-0.35	0.18~0.4	300	440	7.4	J_0-41-4	1.7	17.5	J-31-4	0.6	430
XJK-0.63	0.3~0.9	350	400	7.4	J_0-51-6	2.8	16	J-41-6	1.0	864
XJK-1.1	0.6~1.6	500	330	8.2	J_0-52-6	4.5	16	J-41-6	1.0	1200
XJK-2.8	1.5~3.5	640	280	8.8	J_0-63-6	10	16	J-41-6	1.0	1137
XJK-5.8	3~7	700	240	9.4	J_0-73-6	20	17	J_0-42-6	1.7	4015

XJK 型浮选机由槽体、叶轮、盖板和传动装置四部分组成。国产一般使用由两个槽组成一个机组，第一槽是吸入矿浆用，叫做吸入槽；第二槽为直流槽，与第一槽之间的隔板是直接连通的。工作时，叶轮是由电机经三角皮带带动旋转，于是在盖板与叶轮间形成负压，空气由导管经进气管吸入。矿浆和气二者混合，借叶轮转动的离心力，经盖板上的导向叶片被抛入槽中，使矿浆中的空气形成气泡，矿粒向气泡附着被带至矿浆表面，形成泡沫层，由刮板刮出即为

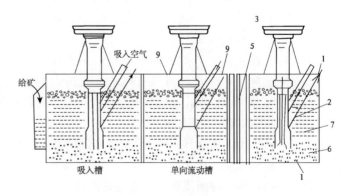

图 11-10 XJK 型浮选机构造图
1—叶轮；2—主轴；3—皮带轮；4—导管；5—矿液面调节闸门；
6—盖板；7—过气管；8—排矿闸门；9—螺旋杆

泡沫产品，尾矿排至下一槽。

浮选机的工作效率与下列因素有关：充气量、搅拌强度、循环矿浆量、电能消耗等。其中特别重要的是充气量。叶轮和盖板之间的间隙大小，对于浮选机的吸气量和电耗影响很大，一般要求间隙在 $6 \sim 10\,mm$。

为了控制吸气量的多少，在管体下部开有较大的循环孔，在盖板上也开设有许多小孔来改善矿浆的内循环。经循环孔进入的矿浆，使矿浆和空气的混合体密度加大，离心力相应增加，从而加大了流体速度，在叶轮盖板间形成较大负压，获得了较大吸气量。调整转速也可获得较大吸气量，但加大转速则矿浆面不稳定，且电能消耗过高，不经济。

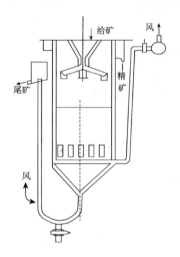

图 11 - 11　浮选柱结构图

3）浮选柱及选矿原理

浮选柱是一种无搅拌机构的空气压入式浮选机。它的外形是一个柱体，断面形状有圆形，方形或上方下圆形等。其结构如图 11 - 11。

浮选柱的工作过程是：矿浆送入给矿器后，由下端托盘上均匀洒出，再沿中空柱的整个断面缓慢地向下流动；压缩空气由柱体下部经气泡发生器向柱内充气，一般压强在 $0.6 \sim 1.5\,kg/cm^2$，空气形成大量气泡均匀地分布在整个断面上上升；上升的气泡与矿粒相撞，与捕收剂作用后，呈疏水性的矿粒就粘附于气泡表面而继续上升，在柱体上部形成泡沫层益出，亲水性脉石矿粒从柱尾矿管排出。

浮选柱较适用选别单一的易选矿石。一般粗选柱高 $5 \sim 7\,m$；扫选柱高 $4 \sim 6\,m$，精选柱 $4 \sim 5\,m$。

浮选柱具有选择性好，结构简单，无传动部件，制造容易，占地面积小等优点。但它对较粗的颗粒和难选的颗粒选分效果差，且管道易堵，高碱度矿浆充气管易结垢，选别指标还不够稳定等缺点，使用还不广泛。

11.3.4　浮选流程及影响浮选工艺的因素

1）浮选槽的配置与浮选流程

由于矿石中有用成分品位低，浮选过程中要得到合格精矿，往往不是经过一次选分，而是经过几个分选工序逐步分离和富集才最后完成的（图 11 - 12）。

（1）浮选槽的配置：选厂习惯上把原矿加工过程中的每一个工序叫做作业。由图 11 - 12 可见，浮选作业中浮选槽的配置包括粗选、精选和扫选。经细磨后的原矿进入浮选第一个作业叫做粗选作业，其所得泡沫产品叫粗精矿；将粗精矿再次选别的工序叫做精选作业，其所得的最终产品叫最终精矿；将粗选尾矿再次选别的作业叫扫选作业，其所得产品叫做扫选作业精矿（或称中矿）。最终排出的废弃物叫尾矿。

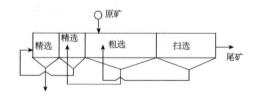

图 11 - 12　浮选槽的配置示意图

（2）浮选流程：像这种由浮选作业联结起来的，表示矿浆在加工过程中流经的路程叫做浮选流程。浮选流程的表示方法有机械联系图和线式流程图两种。一般人们习惯上将线式流程图所表示的流程的主体结构称作原则流程图，它包括流程的段数、循环（又叫回路）以及矿物浮选的顺序。

在自然界中，各种矿石内部的物质组成不尽相同，且各种物质的组成结构、粒度也是千差万别。因此，用浮选法分离不同物质组成和不同结构矿石中所含的有用矿物时，所用的工艺流程是不同的。

下面从流程内部结构出发,介绍几种典型的浮选流程以及它们的适用范围(图 11 – 13)。图中所列均为单产品流程,若选分多种产品时,则全部工艺流程即是表中所列流程的合理组合。

2)影响浮选工艺的因素

影响浮选工艺的因素很多,归纳起来可分为两大类:①不可调因素,如原矿的矿物组成和含量、矿物的嵌布特性、矿石的氧化和泥化程度等;②可调节因素,如磨矿细度、矿浆浓度、浮选时间、药剂制度、矿浆温度、浮选流程、浮选设备类型等。各种可调因素的最佳条件选择,通常是经过对原矿性质的研究,以及实验室和半工业性试验来确定的。

(1)磨矿细度:浮选分离的前提是要使各种有用矿物从矿石中呈单体解离出来。所以磨矿细度对选分指标有着决定的意义。

粗粒和细泥都会带来不利的影响,磨矿细度粗了(大于 0.1 mm),其单体解离不充分,则选分不完善;磨矿过细(小于 0.01 mm),虽可达到单体分离,但易产生矿泥,难以分选,还需增加磨矿费用。

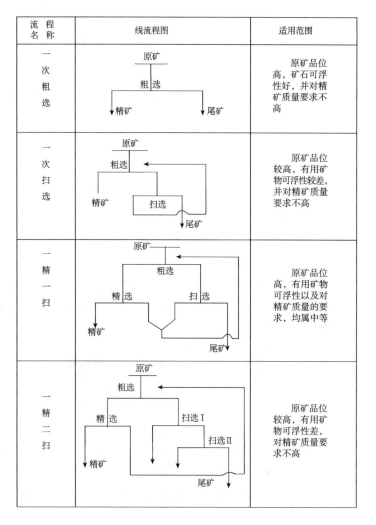

图 11 – 13 几种典型的浮选流程图

流程名称	线流程图	适用范围
一次粗选	原矿 → 粗选 → 精矿 / 尾矿	原矿品位高,矿石可浮性好,并对精矿质量要求不高
一次扫选	原矿 → 粗选 → 精矿 / 扫选 → 尾矿	原矿品位较高,有用矿物可浮性较差,并对精矿质量要求不高
一精一扫	原矿 → 粗选 → 精选/扫选 → 精矿 / 尾矿	原矿品位高,有用矿物可浮性以及对精矿质量的要求,均属中等
一精二扫	原矿 → 粗选 → 精选/扫选 I/扫选 II → 精矿 / 尾矿	原矿品位较高,有用矿物可浮性差,对精矿质量要求不高

因此浮选工艺对磨矿细度有三个方面的要求:①要求有用矿物与脉石矿物单体充分分离,满足进行分选的最大粒度;②要求细度是浮选最适宜的粒度范围,一般有色金属硫化矿的浮选,给矿粒度最大不超过 0.2~0.3 mm;③避免过粉碎或产生泥化现象。

(2)矿浆浓度:浮选作业的矿浆浓度对于药剂、水、电的消耗、精矿品位、回收率、浮选时间以及浮选机生产率都有影响,是检查和调节工艺过程的重要因素。矿浆浓度的变化会引起:①浮选机充气量的变化;②在加药量不变的条件下,矿浆浓度大是有利的;③矿浆浓度大,相对延长了矿浆在浮选机中的停留时间,有利提高回收率,提高浮选机生产率;④适当提高浓度,可使细粒矿物可浮性提高,有利于提高回收率;⑤矿浆较稀时泡沫精矿品位高,矿浆变浓后,精矿品位则随之降低。铜、铅、锌、钼等的硫化物浮选的矿浆浓度,粗选浓度调节范围为 20%~48%,精选浓度相对较低,浓度调节范围为 10%~30%。

(3)矿浆酸碱度(pH 值):矿浆的酸碱度(pH 值),即影响矿物表面的浮选性质,也影响各种浮选药剂的作用,它对矿物浮选起着显著的作用。其主要影响有:①影响矿物表面可浮性;②影响药剂解离度;③影响捕收剂的作用;④影响起泡剂的作用效果;⑤影响矿物表面的氧化速度;⑥用石灰作调整剂可清除部分金属离子的影响。铜、铅、锌、钼等硫化物常用矿物的浮选 pH 值调节范围为 7~12。

(4)药剂制度:浮选药剂是调节矿物可浮性的主要因素。因此在浮选过程中采用合理的药剂用量、添加方式、添加地点，对提高浮选工艺指标具有重要意义。合理的药剂配方及添加量，是通过实验室或半工业性试验确定的。早期试验资料只是浮选工艺流程的参考参数，在生产实践当中，药剂制度应随矿石性质的变化作相应改变。

（5）充气和搅拌：浮选设备的充气和搅拌，对浮选的技术经济指标有很大影响。控制泡沫量是浮选操作中的一个主要手段，而泡沫量的多少取决于浮选机的充气量及起泡剂等因素。矿浆的搅拌，是为了保证矿粒的悬浮及均匀分散，促使空气弥散及均匀分布，也可增加矿粒与气泡的碰撞几率，从而提高浮选效果。

（6）浮选时间：浮选时间是指达到一定回收率和精矿品位所需的加工或流经时间。它一般按照矿物的可浮性及对精矿质量的要求而定。一般说随着浮选时间的延长，有用矿物的回收率提高，但精矿品位下降。

（7）水的质量：浮选用水不应含有大量悬浮微粒，也不应含有大量能与矿石或浮选药剂反应的可溶性物质。一些可溶性盐溶解后产生的离子或化合物，在浮选中对某些矿物会产生活化或抑制作用，如 Ca^{2+}、Mg^{2+} 离子对非硫化物有活化作用，铜离子对闪锌矿、黄铁矿有活化作用。

（8）矿浆温度：浮选过程同其物理化学过程一样，随着温度的升高，其化学反应的速度会加快。通常温度升高，抑制或活化剂的作用随之加强、加快。如在捕收剂中，温度对油酸作用影响大，对黄药作用影响小。

3）浮选工艺操作和事故处理

浮选的工艺操作是浮选实践的重要组成部分。好的操作方法，不仅能使浮选过程稳定，并且能获得良好的工艺指标。

浮选岗位操作应当在熟悉原矿性质的基础上，根据浮选过程的各种现象，判断浮选过程质量的好坏，并应用有关浮选工艺的基本知识，及时调整有关因素，达到预期的各项技术经济指标。

一般的浮选操作原则是：①根据产品的数量和要求进行操作；②根据原矿性质的变化进行操作，只要及时发现和掌握原矿性质的变化，采取措施，调整有关因素，使之适应这种变化，尽量减少数量质量的波动；③保持浮选工艺过程的相对稳定，因为只有工业过程的稳定才能保证工艺指标的稳定。

在浮选操作过程中的异常现象是很多的，产生原因也很复杂，常常并不完全是由一个因素所致。

11.4 磁选法

磁选法是用来分选铁、锰、镍、铬、钛以及钨锡等有色和稀有金属矿石的常用方法。随着工业和科学技术的发展，磁选的应用日趋广泛，不仅应用于陶瓷工业、玻璃工业原料的制备以及冶金产品的处理等，而且还扩大到污水净化、烟尘及废气净化等方面。

11.4.1 磁选的概念与磁性矿物分类

磁选是根据各种矿物磁性的差异分离矿物的一种选矿方法。因此，要确定所研究的矿石能否采用磁选，首先必须研究矿石的磁性，即事先对矿石进行磁性分析，然后再做预先试验和正式试验，以确定磁选操作条件和流程结构。

磁选试验的目的在于确定在磁场中分离矿物时最适宜的入选粒度、自不同粒级中分出精矿和废弃尾矿的可能性、中间产品的处理方法等，磁选前须进行物料的准备（筛分和分级、除尘和脱泥、磁化焙烧、表面药剂处理等），并确定磁选设备、磁选条件和流程等。

为确定矿物磁性强弱，须测定各种矿物的比磁化系数。矿石的磁性分析主要包括矿物的比磁化系数的测定与矿石中磁性矿物含量测定两部分。

各种矿物比磁化系数的测定，在磁选可选性研究工作中有很重要的意义。测定有用矿物与脉石矿物的比磁化系数后，可以初步估计它们的分选效果。矿物按其磁性的强弱可分为三类：

（1）强磁性矿物：这种矿物的比磁化系数大于 $35 \times 10^{-6} \mathrm{m}^3/\mathrm{kg}$。属于这类矿物的主要有磁铁矿、钛磁铁矿、磁赤铁矿、磁黄铁矿等。此类矿物属易选矿物，可用约 0.15 T 的弱磁场磁选机分选。

（2）弱磁性矿物：这种矿物的比磁化系数为 $7.5 \sim 0.1 \times 10^{-6} \mathrm{m}^3/\mathrm{kg}$。属于这类的矿物最多，如各种弱磁性铁矿物（赤铁矿、褐铁矿、菱铁矿、铬铁矿等），各种锰矿物（水锰矿、硬锰矿、菱锰矿等），大多数含铁和含锰矿物（黑钨矿、钛铁矿、独居石、铌铁矿、钽铁矿、锰铌矿等）以及部分造岩矿物（绿泥石、石榴子石、黑云母、橄榄石、辉石等）。这些矿物有的较易选，有的较难选，因而所需磁场变化范围较宽，约 $0.5 \sim 2.0 \mathrm{T}$。

（3）非磁性矿物：这类矿物的比磁化系数小于 $0.1 \times 10^{-6} \mathrm{m}^3/\mathrm{kg}$。现有磁选设备不能有效地进行回收。属于这类矿物较多，如白钨矿、锡石和自然金等金属矿物；煤、石墨、金刚石和高岭土等非金属矿物；石英、长石和方解石等脉石矿物。此类矿物磁性很弱，随着磁选技术的发展，也可用磁选法回收。

11.4.2 磁性矿物含量的分析

矿石磁性分析的目的在于确定矿石中磁性矿物的磁性大小及其含量。通常在进行矿产评价、矿石可选性研究及检验磁选厂的产品和磁选机的工作情况时，都要做磁性分析。

实验室常用磁选管、手动磁力分析仪、自动磁力分析仪、湿式强磁力分析仪和交直流电磁分选仪等分析矿石中磁性矿物含量，以确定磁选可选性指标，对矿床进行工业评价，检查磁选过程和磁选机的工作情况。

对磁性分析仪器的要求是：矿物按磁性分离的精确度高；可调范围比较宽；处理少量物料时损失不大于 2%。

1）磁选管对强磁性矿物的磁性分析

磁选管适于对细粒级强磁性矿物的磁性分析，其构造如图 11-14 所示。在"C"字形铁心上绕有线圈，通以直流电，电流强度可用变阻器调节，最高磁场强度可达 $160 \sim 240 \mathrm{kA/m}$。玻璃管（直径稍大于磁极的间隙，一般为 $\phi 40 \sim 100 \mathrm{mm}$）用支架支承在磁极中间，并与水平成 45°角。通过适当的传动装置，用电动机带动支架上的圆环（套在玻璃管的外面）使玻璃管作往复地上下移动和转动。有的无传动装置，则用手作上下移动和转动。

试验时，取适量（对 $\phi 40 \mathrm{mm}$ 左右磁选管以在管内壁上吸 $2 \sim 3 \mathrm{g}$ 磁性产物为宜，对于 $\phi 100 \mathrm{mm}$ 左右磁选管一般为 $7 \sim 8 \mathrm{g}$）有代表性的细磨试样，装入小烧杯中进行调浆，使其充分分散。

图 11-14 磁选管外形图
1—铁心；2—线圈；3—玻璃管；4—给水管

然后将水引入玻璃管内，并调节玻璃管上下端橡皮管的夹子，使玻璃管内水的流量保持稳定，水面高于磁极 30 mm 左右。接通直流电源，并调节到预先规定的安培数，开始给矿。先将烧杯中的矿泥部分徐徐地由玻璃管的上端冲洗到管内，待矿泥部分给完后再给沉于杯底之矿砂。磁性矿粒在磁力的作用下，被吸引在极间的管内壁上，而非磁性矿粒则随冲洗水从玻璃管下端排出。然后继续将玻璃管作往复的上下移动和转动，使物料受到更好的清洗，当脉石颗粒和矿泥被清洗干净后（管内水清晰、不混浊时为止），停止给水，放出管中的水，更换接矿器，切断直流电源，洗出磁性产品。一份磁析样品一次做不完时，可分几次做，做完后，精矿和尾矿分别合在一起脱水、烘干、称重、取样、送化学分析，求出磁性部分在原试样中的百分含量并评定磁选分离效果。

对组成比较简单的矿石，如单一磁铁矿石，磁选管的磁性分析结果便可满足矿床工业评价的需要。

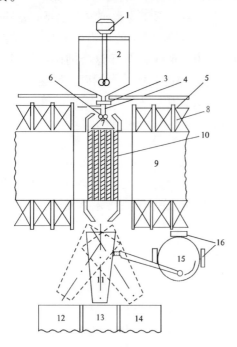

图 11 - 15　湿式强磁选机构造示意图
1—搅拌机；2—搅拌桶；3—给矿阀；4—三通阀；5—冷却水套；6—扁嘴运动拉杆；7—铜扁嘴；8—励磁线圈；9—铁心；10—分选箱；11—承矿漏斗；12，13，14—精，中，尾矿接矿桶；15—偏心轮；16—微动开关

2）湿式强磁选机对弱磁性矿物的磁性分析

湿式强磁选机适于对细粒级弱磁性矿物的磁性分析，该磁选机是吸收国外琼斯和埃里兹型磁选机的某些特点，并结合小型试验的需要而研制的选矿试验设备，其构造如图 11 - 15 所示。

（1）设备规格和结构：磁场强度调节范围为 0.15 ~ 2.3T，最大处理能力 10 kg/h。主要由铁心、励磁线圈、分选箱、给矿、冲矿、接矿装置等几部分组成。

铁心：采用方框磁路，磁极头之间的间距为 42 mm。

励磁线圈：用纱包扁铜线绕制而成。共有 8 个线包，在磁极头附近双侧配置，最大允许工作电流为 20A，在各线圈间设置夹层铜质冷却水套。

分选箱：由五块纯铁制成的齿板和两块铝质挡板组成，齿尖角 100°。紧靠磁极头的两块齿板为单面，其余为双面齿板。所有齿板由带沟槽的铝挡板固定，两齿板的齿尖距 1.5 mm，齿谷距 6.25 mm。为适应选别不同类型矿石的需要，设有备用分选箱。

给矿、冲矿及接矿装置：在分选箱上部有一搅拌桶，搅拌桶（或漏斗）底部有由电磁铁控制的给矿阀，阀门下端安装一长 35 mm，宽 2 mm 的铜扁嘴，扁嘴由平衡电动机带动作往复运动。矿浆从搅拌桶经给矿阀和扁嘴均匀地进入分选箱内。

中矿清洗和精矿冲洗水，分别由 19 mm 和 25 mm 电磁阀控制，经给矿阀与扁嘴之间的三通管，由扁嘴进入分选箱。

从分选箱中的排矿，经漏斗排入接矿箱。漏斗由可逆电动机和偏心连杆机构带动作摆动运动。当操作台给定时间接通电动机电源后，漏斗开始摆动，当摆至某一接矿箱上部时，偏心轮上触点断开微动开关，电源切断，摆斗在此位置自动停止；排矿完毕后，又启动，再停止在另一接矿箱上，依次循环，实现产品的分别接取。

（2）操作：整个操作过程包括给矿、分选、清洗、排矿以及转换排矿漏斗位置等，均由数字计时器按预先给定的程序自动控制。最后将磁性产品、非磁性产品烘干、称重、分别送化验。

11.4.3　磁选设备及选矿原理与操作

磁选机的型号较多，如转环型强磁选机、电磁盘式强磁选机、罐形高梯度磁选机和磁流体静力分选机等，实践中需根据预先试验的结果和有关实际资料来选择。例如，强磁性矿物可用弱磁场磁选机，弱磁性矿物需用强磁场磁选机，粗粒的可进行干式磁选，细粒的需进行湿式磁选等。

磁选机选定后，可先用小部分试样进行探索性试验，在试验过程中，根据分离情况来调节各种影响因素，如给矿粒度、给矿速度、磁场强度及其他工艺条件，顺次地进行试验直到得出满意的选别结果为止。最后用大量的试样用前面所找到的最适宜条件进行检查试验。检查试验的结果可作为最终的磁选指标。

1）强磁性矿石的磁选

主要根据矿物的嵌布粒度选择相应的磁选机，粗粒的采用干选离心筒式磁选机及磁滑轮；细粒的采用磁力脱水槽和湿式筒式磁选机。

（1）干式磁选试验：一般在下列情况下需进行矿块干式磁选试验或干磨干选试验。

矿块干式磁选试验：目的是剔除在采矿时混入矿石中的围岩和夹石，它通常是磁选厂的预选作业。

矿块干式磁选试验通常都是在工业型设备中进行，常用的是 $\phi600 \sim 630$ mm 的磁滑轮。一般操作：①不同磁场强度试验，可参照类似选厂生产技术条件；②不同粒度试验，对贫磁铁矿进行选别时，通常筛分成 $75 \sim 12$ mm 和 $12 \sim 0$ mm 两级，如果 $75 \sim 12$ mm 级效果不好，则分析其原因，若是由于粒级范围太宽，则应进一步分级；③水分试验，当粒度为 $75 \sim 12$ mm 级时，矿石中含水量对选别指标影响不大，但选别 $12 \sim 0$ mm 级时，特别是矿泥量较大时，水分影响是显著的；④处理量试验需矿量大时在现场进行工业试验。

干磨干选试验：在缺水和寒冷地区，以及其他条件适宜的地方，可考虑建立干选磁选厂，为此需进行干式磁选试验。试验时要选择选别流程、设备参数和操作条件、确定可能达到的选别指标。

目前干式弱磁选主要采用筒形干式磁选机，生产上通常采用无介质磨矿机干磨。试验要求确定适宜的磨矿粒度、设备参数和操作因素、磁选机滚筒与磁轮的转速和可能达到的综合指标。

（2）湿式磁选试验：试验的目的是为了确定合理的选别流程，包括分选段数及每一选别段所用设备。分选段数是根据矿物的嵌布粒度及对精矿的质量要求而定。目前多数磁选厂的精矿品位高于 62% Fe，如有特殊要求则精矿品位需按要求而定。

磁力脱水槽试验：试验一般采用 $\phi350$ mm 磁力脱水槽。

磁力脱水槽是一种构造简单而效果较好的设备。在磁力作用下细粒磁铁矿形成磁团絮，经上升水流的影响，磁性矿粒会与细粒脉石分离，达到富集作用。

影响磁力脱水槽的主要工艺因素有：上升水流、磁场强度及给矿速度。在条件允许的情况下应进行上升水压大小试验。一般可在尽可能高的磁场强度下进行试验，寻找最佳上升水流量、给矿速度及给矿浓度。上升水流量最大限度应能使较细的磁铁矿粒回收。

湿式鼓式磁选机试验：一般进行以下条件试验：

磨矿细度： 磨矿细度是最重要的工艺参数，而且会涉及磁选流程的结构。它主要根据矿物的嵌布粒度特征而定。

磁场强度： 磁场强度主要是根据矿物的磁性而定，选别强磁性矿物一般为 0.080.2T。磁场强度一般是指磁选机筒面平均磁场强度。

补加水量： 补加水量也是影响磁选的主要工艺参数，主要根据磁铁矿的嵌布特征和原矿含泥量大小而定。

找到最佳综合工艺参数条件后，应该进行三个平行试验，其中有两个试验结果很接近，才能说明最佳综合工艺参数条件是稳定可靠的。

2）弱磁性矿石的磁选

目前，分选有色金属矿石的干式强磁场盘式磁选机或辊式强磁选机均不适于分选粒度细的矿。1965 年以来，研究处理细粒弱磁性矿石的湿式强磁选机方面有很大的发展，如琼斯湿式强磁选机、高梯度湿式强磁选机、双立环湿式强磁选机等被使用。

试验内容：根据矿石性质的不同确定适宜的设备结构参数和操作条件，如磁场强度、介质型式、磁选机转数、给矿量、给矿浓度、给矿粒度、精矿区与尾矿区的充水量和水压等。

下面以转环型湿式强磁选机（Shp－1 型湿式强磁选机）为例介绍细粒弱磁性矿石磁选试验

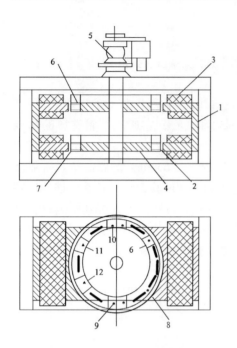

图 11-16 Shp-1 型强磁选机示意图
1—磁轭；2—分选箱；3—励磁线圈；4—转盘；
5—传动机构；6—给矿；7—排矿；8—中矿冲洗区；
9—精矿冲洗区；10—精矿；11—中矿；12—尾矿

技术。

（1）设备构造：强磁选机设备构造如图 11-16 所示，整个磁选机的机体由一钢制的框架组成，在框架上装有两个"U"字形磁轭，在磁轭的水平部位上安装四组励磁线圈，最大励磁电流为 1500A，磁场强度可达 1.7T。线圈的外部有密封保护壳（风筒），用风机进行冷却。在两个"U"字形磁轭之间，装有上、下两个转盘，转盘直径为 1000 mm，转盘起铁心作用，与磁轭构成矩形磁路，转盘和分选箱（17 个，规格为 80 × 130 mm，每箱齿板为单面 2 块、双面 7 块）。由安装于顶部的马达通过皮带、行星摆线针轮减速装置和中心传动轴带动，在"U"字形磁极间旋转。由于其分选环（转速为 3~5r/min）直接固定于转盘周边，与磁极之间减少了一道空气隙，因而有利于减少空气磁阻，提高磁场强度。

此台磁选机的磁极头（两对磁极、每盘一对）比较宽，齿板介质的高度较高，保证了足够的分选时间，有利于提高分选指标；由于极头较宽，在保证足够分选时间的前提下，转盘可采用较大的转速。同时有 4 个给矿点，高浓度给矿，这些因素使磁选机具有较大的处理能力（处理量 10~15t/h）。此外，采用齿板作为聚磁介质，在磁场中性区用高压水冲洗精矿。在生产中严格控制给矿粒度上限（入选矿石粒度为 -1 mm）和强磁性矿物含量，防止分选间隙堵塞。

（2）试验内容：试验前为了防止分选间隙堵塞，必须事先排除强磁性物质、木屑和杂物等。强磁性物质采用弱磁场磁选机分离，木屑和杂物可采用筛分等方法排除。给矿粒度必须严格控制在 -1 mm。

Shp-1 型强磁选机可调节的设备参数有激磁电流、转速等。需要考查的操作因素有给矿粒度、给矿浓度、给矿量、各个产品冲洗水量等。

给矿粒度：给矿粒度直接影响湿式强磁选机的选别效果。一般对细泥的回收情况不大好，因而可考虑磁选前脱泥，粒度下限通常为 20~10 μm。为了确定磁选给矿粒度（或磨矿粒度）、可选粒度下限、磁选前脱泥的必要性等，需对磁选机的给矿、精矿、尾矿等取样进行粒度分析和化学分析。给矿粒度的确定应当是在满足选分指标的条件下尽可能粗磨，这既节省磨矿费用，同时也减少了细泥部分的损失。

给矿浓度：给矿浓度一般变动在 20%~50% 之间。提高给矿浓度可增加磁选机的处理量和精矿回收率，但需注意保证精矿质量。

给矿量：给矿量视给料性质、磁选机类型和大小而定，Shp-1 型湿式强磁选机给矿流量变动在 1~3L/s 之间，在保证精矿质量的前提下，以得到较高的回收率，同时满足处理量的要求为宜。

激磁电流：通过改变激磁电流的大小灵活地调整磁选机的磁场强度，一般变动在 900~1500A 之间（磁场强度变化范围为 1.25~1.5 T）。

转速：一般变动在 3~5 r/min 之间。转速的升高有利于提高精矿回收率。

冲洗水量：精矿冲洗水量以冲洗干净全部磁性产品为宜。中矿冲洗水一般变动在 0~800 mL/s 之间，中矿冲洗水量过大，会将一些磁性产品冲下；冲洗水量过小，将会使磁性产物中夹杂非磁性产物冲不下去，使精矿品位降低，因此必须找到适宜的中矿冲洗水量。

（3）试验程序：将已准备好的矿样按一定浓度装入调浆桶，调整磁选机所需激磁电流、磁场区充水量和精矿区充水量。磁场区充洗水由恒压水箱供给压力水。调整好磁选机试验的参数后即可进行试验，按接矿槽不同位置和次序接取不同产品，据不同产品的分析品位划分精矿和尾矿。

11.5 电选法

11.5.1 电选试验的目的、要求和程序

电选试验的要求取决于试验任务。对于矿床可选性评价，只要求确定采用电选的可能性，获得初步指标；对于待建矿山，电选试验应提供电选的工艺流程和大致条件，获得比较确切和满意的指标；对于已投产或待生产选矿厂，则要求进行详细的条件试验和工艺流程试验以获得确切的最佳指标，并确定电选机的类型。

电选试验不同于浮选、重选和磁选试验的地方是：①由于电选的对象大多是其他选矿方法处理获得的粗精矿，而可选性评价时一般难以获得足够数量的粗精矿试样供试验用，因而对试验的要求不能过高；②电选试验的实验室试验指标，在大多数情况下与工业生产指标相同，因而通常在做完实验室试验以后，不一定要再做半工业或工业试验，就可据以进行设计或生产。

电选试验的程序则与其他选矿方法类似，通常包括以下几步：

（1）预先试验：按照同类型矿物电选的经验，进行初步探索，观察初步的分选效果，作为下步条件试验的依据，故亦称探索性试验；

（2）条件试验：按照一定的试验方法，系统地考察主要工艺参数对电选指标的影响，找出最佳工艺条件，获得最优选矿指标；

（3）检查试验：按照已确定的工艺条件，进行校核试验，核实所选定的条件和所获得的指标，试样量一般比条件试验中单次试验要多，试验持续时间相应的也要长些；

（4）工艺流程试验：在条件试验的基础上，通过试验确定流程结构，包括精选和扫选次数，以及中矿的处理方法等。

11.5.2 电选试样的准备

如前所述，电选试样大多为其他选矿方法处理后得出的粗精矿，不管是脉矿或砂矿，大都已单体解离，或者只有极少的连生体。

电选入选粒度一般为 1mm 以下，个别也有达到 2~3mm 者。大于 1mm 的粗精矿，须破碎或磨碎到 1mm 以下，然后筛分成不同粒级，分别送选矿试验。

（1）分样：条件试验时每份试样重量为 0.5~1 kg，流程试验时需增加到每份 2~3 kg。分样时应特别注意到重矿物可能因离析作用而沉积在底层，因此，混匀时应尽可能防止离析，铲样时则必须设法从上到下都取到。

（2）筛分：试料的筛分分级对电选来说是比较重要的问题。电选本身要求粒度愈均匀愈好，即粒度范围愈窄愈好。但这与生产有很大的矛盾，只能根据电选工艺要求结合生产实际综合考虑。若通过试验证明较宽粒级选别指标仅仅稍低于较窄粒级的指标，则仍宜采用宽粒级而避免用筛分，因为细粒级物料的筛分总是带来很多问题，不但灰尘大，筛分效率低，尤其筛网磨损大。但这不能硬性规定，应根据具体情况而不同。一般稀有金属矿要求严格些，这有助于提高选矿指标；对一般有色或其他金属矿，则不一定很严，即可分级宽些。

稀有金属矿通常划为：−500 +250、−250 +150、−150 +106、−106 +75 以及 −75μm 等粒级；

有色金属矿及其他矿可划为：−500 +150、−150 +106、−106 +75、−75μm 等粒级，也有

分为 -100 $+250$、-250 $+106$、-106 $+75$、$-75\mu m$ 者。

必须说明的是，电选本身有分级（筛分）作用，为了避免筛分的麻烦，也可利用电选先粗略地进行分级和选别，从前面作为导体排出来的是粗粒级，从后面作为非导体排出来的是细粒级，然后再按此粒级分选。

（3）酸处理：电选试料有时也采用盐酸处理以去掉铁质的影响。由于原料中含有铁矿石和在磨矿分级以及砂泵运输中产生大量的铁屑，特别是在水介质中进行选矿，这些铁质又很容易氧化并粘附在矿物表面上，这就使得电选分离效果不好。本来属于非导体矿物，由于铁质粘附污染矿物表面而成为导体矿物；另外由于铁质的粘附而常使矿物互相粘附成粒团。这样就使选矿指标受到严重影响，达不到应有的效果。特别在稀有金属矿物中常常采用粗盐酸处理以去掉铁质。此外酸洗法还可以降低精矿中含磷量。

采用酸处理方法，常常是先将试料用少量的水润湿，再加入少量的工业粗硫酸，用量为原料重量的 3% ~5%，使之发热并进行搅拌，然后再加入占试料重 8% ~10% 左右粗盐酸，进行强烈的搅拌，大约 15 ~20 min，随后加入清水迅速冲洗，这样多次加水冲洗，一般冲洗 3 ~4 次，澄清倒出冲洗水溶液，再烘干分样，作为电选之试料，如铁质很多，用酸量可酌量增加。

11.5.3 电选机

现在实验室型电选机大多数为电晕电场和复合电场两种，个别也有静电场者。从结构形式说，大多为鼓式。

电选机（图 11-17）由高压直流电源和主机两部分组成。将常用单相交流电升压然后半波或全波整流成高压直流正电或负电以供给主机。现在国内实验室使用的电选机的电压有 20 ~60kV，大多数为 20 ~40kV，输出为负电。

主机由转鼓、电极、毛刷、给矿斗、接矿斗以及调节格板（或分矿板）等几部分构成。转鼓直径有 150 ~40 mm 不等。转鼓宽度有 150 ~400 mm 不等，有内加热或外加热及无

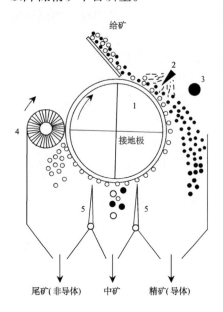

图 11-17 电选机示意图
1—转鼓；2—电晕极；3—偏极（静电极）；
4—毛刷；5—分矿调节格板

加热等几种。鼓内加热或外加热能更好地分选。内加热采用电阻丝，外加热有采用红外灯者，常使鼓的表面保持在 80℃ 以下。电选机处理量取决于转鼓直径及宽度，由每小时几千克至几十千克不等。

电板结构有各种型式：有单根电晕丝、多根电晕丝的电晕电场；有静电场（偏极）与电晕电场相结合的复合电极；还有尖削形的复合电极（又名卡普科电极）。目前国外卡普科电极比较普遍（图 11-18 所示），其特点是将静电极与电晕极相结合，选矿效果较好。

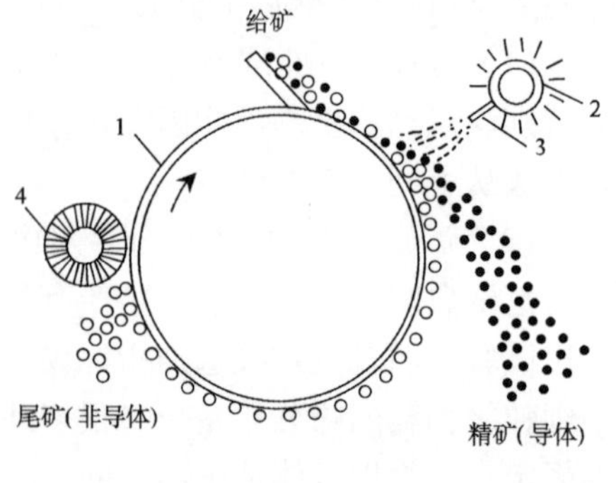

操作中必须重视的是安全问题。从高压直流电源输出端就必须注意严密连接，防止漏电。输出至主机电极更要防止漏电至机架，机架与地线连接要紧密，机架与地线连接之电阻不要大于 4Ω，最大为 6Ω。要经常检查，防止松动，否则产生危险。

给矿尽可能成均匀薄层，太厚影响选矿效果，粗粒级矿层厚度一般 $2 \sim 3 d_{max}$（d_{max} 指给矿中最大粒度），细粒级则常为 $1 \sim 1.5$ mm 厚，厚度太小会影响处理量。

图 11-18 尖削形复合电极示意图
1—转鼓；2—静电极；3—尖削刀片；4—毛刷

分矿格板位置的调节对选矿指标也有一定影响。如要求精矿品位高,可将分矿板往外调、使精矿产率减少;如往里调,则精矿产率增加,从而品位降低。同理,通过调节尾矿产率大小也可提高或降低尾矿品位。

在单矿物产品的选矿(精选工艺)中,常常要用到多种选矿方法进行联合分选。精选工艺通常是将粗精矿用摇床进一步丢弃尾矿,然后再用磁选、浮选、电选及重选法分别得到单矿物产品。图 11-19 即是用磁选、浮选、电选及重选法选分海滨砂矿中独居石、磷钇矿、钛铁矿、锆英石等产品的精选原则流程图。

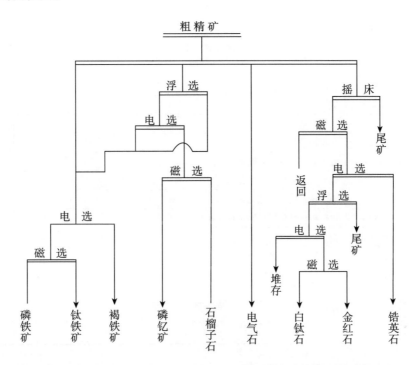

图 11-19 独居石、磷钇矿、钛铁矿、锆英石等产品的精选原则流程图

11.6 其他选矿方法简介

在矿物的选矿方法中,除了上述重选、浮选、磁选和电选四种主要选矿方法外,还有手选法、摩擦选矿法、光电选矿法、化学选矿法和放射性辐射选矿法等。

手选法是根据矿石矿物的特殊颜色、光泽等特征来人工选矿的方法。

摩擦选矿法是利用矿物摩擦系数的不同和弹性的差异来进行分选,选别过程一般在斜面上进行,不同摩擦系数和弹性的矿物与斜面碰撞时,产生不同的反跳,沿斜面有不同的运动速度而形成不同的运动轨迹,最终彼此分离。

光电选矿法是基于矿物之间的光电性质(颜色、反射率、受激发光和透明度等)的区别,利用光电效应,采用机械分拣矿物的选矿方法。

化学选矿法是利用矿物化学性质的差异,采用化学处理(如焙烧、浸出、萃取、沉淀等)或化学处理与物理选矿相结合的方法,使有用组分得到富集或提纯,最终产出化学精矿或产品的选矿方法。化学选矿法按浸出剂的不同,可分为水溶液浸出和非水溶液浸出,前者是水和各种无机化学试剂的水溶液作浸出试剂(如水浸、酸浸、碱浸、盐浸、细菌浸),后者是以有机溶剂作浸出试剂(表 11-7)。化学选矿法也称湿法冶金法。

放射性隔射选矿法是根据铀矿石具有不同的放射性显明度来确定的,也就是单个矿块或试样的放射性测量的活度强度。而放射性选矿就是根据铀矿石的 γ 射线强度，用机械方法把矿块分选为精矿和尾矿的。影响放射性选矿的主要工艺因素：①矿石显明度，即铀在矿块间分布的不均匀程度，越不均匀，显明度越高，放选效果越好。②矿石粒度，目前放射性选矿只适用于处理粒度为 $-250+50\,mm$ 的粗矿块。③放射性平衡，即铀-镭放射性平衡（$U/Ra = 3.4 \times 10^{-7}$）铀的金属量与 γ 射线强度成正比关系，放射性平衡破坏严重者不能进行放射性选矿。

表 11-7 化学选矿浸出方法及常用试剂

浸出方法		常用试剂	处 理 方 法	备 注
水溶液浸出	酸浸	硫酸	铀、铜、钴、镍、锌、磷等氧化物	含酸性脉石矿石
		盐酸	磷、铋等氧化物，钨精矿脱铜、磷、铋，高岭土脱铁等	含酸性脉石矿石
		硝酸	辉钼矿、银矿物等	
		王水	金、银、铂、钯等	
		氢氟酸	铌钽矿物、石英、长石等	
		亚硫酸	二氧化锰、锰结核等	
	碱浸	碳酸钠	次生铀矿物等	含碱性脉石矿石
		苛性钠	方铅矿、闪锌矿、钨矿石等	
		氨溶液	铜、钴、镍单质及氧化物	
		硫化钠	砷、锑、锡、汞硫化矿物	
	盐浸	氯化钠	白铅矿、氧化铅矿物及稀土矿物	
		高铁盐	铜、铅、铋等硫化物	
		氰化物	金、银等贵金属	
	细菌浸	菌种+硫酸+硫酸高铁	铜、金、铀等硫化物	
	水浸	水	胆矾矿、焙砂	
非水溶液浸出				

11.7 矿石选矿试验方案示例

11.7.1 铁矿石选矿试验方案示例

拟定试验方案的步骤是：①分析该矿石性质研究资料，根据矿石性质和同类矿产的生产实践经验及其研究成果，初步拟定可供选择的方案；②根据国家有关的方针政策，结合当地的具体条件以及委托一方的要求，全面考虑，确定主攻方案。

1）矿石性质研究资料的分析

（1）光谱分析和化学多元素分析：该试样的光谱分析结果见表 11-8，化学多元素分析试验方案结果见表 11-9。

表 11-8 某地表赤铁矿光谱分析结果表

元 素	Fe	Al	Si	Ca	Mg	Ti	Cu	Cr
大致含量（%）	>1	>1	>1	>1	0.5	0.1	0.005	-
元 素	Mn	Zn	Pb	Co	V	Ag	Ni	Sn
大致含量（%）	0.02	<0.002	<0.001	<0.001	0.01~0.03	0.00005	0.005~0.001	-

（据许时等，1992）

表 11 - 9　某地表赤铁矿化学元素分析结果表

项　　目	TFe	SFe	FeO	SiO_2	Al_2O_3	CaO	MgO	S	P	As	灼减
含量（%）	27.40	26.27	3.25	48.67	5.39	0.68	0.76	0.25	0.15	–	3.10

（据许时等，1992）

由光谱分析和化学多元素分析结果看出：矿石中主要回收元素是铁，伴生元素含量均未达到综合回收标准，主要有害杂质硫、磷含量都不高，仅二氧化硅含量很高，故仅需考虑除去有害杂质硅。

化学多元素分析表中 TFe、SFe、FeO、SiO_2、Al_2O_3、CaO、MgO 等项是铁矿石必须分析的重要项目，下面分别介绍各项的含义及其目的：

A. TFe 全铁（指金属矿物和非金属矿物中总的含铁量）：该矿全铁含量仅 27.40%，属贫铁矿石。

B. SFe 可溶铁（指化学分析时能用酸溶的含铁量）：用 TFe 减去 SFe 等于酸不溶铁，常将其看做是硅酸铁的含铁量，并用以代表"不可选铁"量。该矿"不可选铁"含量很低，因而在拟定方案时，无需考虑这部分铁的回收问题；选矿指标不好的原因主要不是由于"不可选铁"造成。

事实上，将酸不溶铁看做硅酸铁的含铁量，这种概念还不够确切，原因是铁矿石中经常是几种铁矿物共生，各种铁矿物溶于酸中的情况比较复杂，硅酸铁矿物有的溶于酸，有的也不溶于酸，因而具体应用时必须根据具体情况考虑。

C. FeO 氧化亚铁：一般用（亚铁比或氧化度）和 FeO/TFe 的比值（铁矿石的磁性率）表示磁铁矿石的氧化程度。它们是地质部门划分铁矿床类型的一个重要指标，也是选矿试验拟订方案时判断铁矿石可选性的一项重要依据。

根据 TFe/FeO 和 FeO/TFe 比值大小可将铁矿石划分为如下几种类型：

（FeO/TFe）×100（%）≥37% TFe/FeO ＜2.7　　　　原生磁铁矿（青矿）易磁选

（FeO/TFe）×100（%）＝29～37% TFe/FeO＝2.7～3.5　　混合矿石 磁选与其他方法

（FeO/TFe）×100（%）＜29% TFe/FeO＞3.5　　　　氧化矿石（红矿）磁选困难

本实例亚铁比 TFe/FeO＝8.43，属氧化矿类型，因而较难选。

实践证明，采用上述比值划分矿石类型的方法，仅适用于铁的工业矿物是磁铁矿或具有不同程度氧化作用的磁铁矿床，矿物成分比较简单。对于矿物成分复杂，含有多种铁矿物的磁铁矿床，矿石类型的划分应结合矿床的具体特点并根据试验资料确定。

D. CaO，MgO，SiO_2，Al_2O_3 等：是铁矿石中主要脉石成分。一般用比值（CaO + MgO）/（SiO_2 + Al_2O_3）表示铁矿石和铁精矿的酸碱性，它直接决定着今后冶炼炉料的配比。

据（CaO + MgO）/（SiO_2 + Al_2O_3）比值大小可将铁矿石划分为如下几类：

比值＜0.5　　　　为酸性矿石　　　　冶炼时需配碱性熔剂（石灰石）；

比值＝0.5～0.8　　为半自熔性矿石　　冶炼时需配部分碱性熔剂或与碱性矿石搭配使用；

比值＝0.8～1.2　　为自熔性矿石　　　冶炼时可不配熔剂；

比值＞1.2　　　　为碱性矿石　　　　冶炼时需配酸性熔剂（硅石）或与酸性矿石搭配使用。

本矿样由于 SiO_2 含量很高，故比值＜0.5，为酸性矿石，冶炼时需配大量的碱性熔剂。因此，我们选矿的任务就是要尽可能地降低硅的含量，减少熔剂的消耗。

综合上述分析资料可知，本试样属于硅高而硫磷等有害杂质含量低的贫铁矿石，其亚铁比为8.43，属氧化矿类型。由于 SiO_2 含量高，为酸性矿石，冶炼时需配大量的熔剂。

（2）岩矿鉴定：该试样的岩矿鉴定结果介绍如下：

矿物组成：该试样所含铁矿物的相对含量分别为：赤铁矿 69%；磁铁矿 14%；褐铁矿 17%。

由此可知铁矿物主要呈赤铁矿存在，其次是磁铁矿和褐铁矿。磁铁矿采用弱磁选易选别。主要要解决赤铁矿和褐铁矿的选矿问题。

脉石矿物以石英为主，绢云母、绿泥石、黑云母、白云母、黄铁矿等次之，并含有一定数量的铁泥质杂质等。含铁脉石矿物以绿泥石为主，黑云母次之，另含少量黄铁矿。

铁矿物的嵌布粒度特性： 在显微镜下用直线法测定结果见表 11-10。

表 11-10　铁矿物的嵌布粒度特性

粒级（μm）	-2000 +200	-200 +20	-20 +2	按 12μm 计	
				+12	-12
含量（%）	4	69	27	80	20

（据许时等，1992）

测定结果表明，该矿石属细粒、微粒嵌布类型，在选别前需细磨。但是，磁铁矿、赤铁矿、褐铁矿等嵌布粒度并不完全一样，其中磁铁矿相对较粗，且较均匀，大部分在 -200 +20μm 范围内；赤铁矿最细，以 -20 +2μm 粒级居多，大部分不超过 50μm，极少数达 100μm；褐铁矿介于二者之间。由于主要选别对象是赤铁矿，嵌布又细，故较难选。

该矿石中的磁铁矿、赤铁矿、褐铁矿之间的嵌镶关系有利于弱磁选。从矿相报告得知：磁铁矿大部分呈磁铁矿-赤铁矿连晶体，约占铁矿物总量中的 50% 左右。又因地表风化作用，致使部分磁铁矿次生氧化成褐铁矿，并部分呈磁铁矿-褐铁矿连晶产出。磁-赤和磁-褐连晶体具有较强的磁性（比磁铁矿磁性弱，但比赤铁矿和褐铁矿磁性强）。铁矿石的这种嵌镶关系对弱磁选是非常有利的因素，但必须控制磨矿细度，防止磁-赤和磁-褐连晶破坏。

岩矿鉴定结果表明：根据试样中磁铁矿含量为 14% 和磁铁矿-赤铁矿连晶体约占铁矿物总量50% 左右的特点，选矿流程中应该具有弱磁选作业。由于主要含铁矿物为赤铁矿，故不可能采用单一磁选流程，必须与其他方法联合。

此外，由于地表风化作用比较严重，致使含泥较多，必需增加脱泥作业。

2）试验方案的选择

综合上述矿石性质研究结果，本试样属高硅、低硫低磷的细微粒嵌布贫赤铁矿类型的单一铁矿石。选别此类矿石可供选择的方案主要有：

（1）直接反浮选，包括阳离子捕收剂反浮选和阴离子捕收剂反浮选；

（2）选择性絮凝-阴离子捕收剂反浮选；

（3）用弱磁选回收强磁性氧化铁矿物，然后用重选法回收弱磁性氧化铁矿物；

（4）弱磁选—正浮选，或正浮选—弱磁选；

（5）弱磁选—强磁选—强磁选精矿重选；

（6）弱磁选—强磁选—强磁选精矿反浮选；

（7）焙烧磁选；

（8）直接还原法。

以上各法中，焙烧磁选法指标最稳定；国内已有成熟的生产经验可供参考，但成本较高，特别是燃料消耗量太，而本矿区燃料资源缺乏，因而没有考虑。正浮选方案流程简单，但由于本矿样中赤铁矿嵌布粒度太细，效果不好。强磁选的主要缺点是难以获得合格精矿，因而最后选定的主攻方案只有3 个，即①选择性絮凝-反浮选；②弱磁-重选（离心机）；③弱磁-强磁-强磁精矿重选（离心机）。

最初试验结果表明，3 个方案中以选择性絮凝-反浮选方案指标最高，精矿品位超过 60%，但所需解决的技术问题也最多，矿石需细磨至 -38μm；大量废水需净化；药剂来源要解决，并且成本较高。弱磁-重选方案成本最低，但指标不好，特别是精矿质量低（平均不超过 55%），离心机生产能力低，占地面积大。采用弱磁-强磁-离心机方案的好处是，可利用强磁选丢弃一部分尾矿，减少需送离心机处理的矿量，但不能解决精矿质量不高的问题。最后将各方案取长补短，综合成弱磁-强磁-离心机，加上选择性絮凝脱泥的方案，获得了较好的指标，基本上满足了设计部门的要求，但尚须进一步解决工业细磨、矿泥沉降和回水利用等一系列技术问题。同絮凝反浮选方案相比，药剂费用可大大减少，因而生产成本较低。

11.7.2　铜氧化矿选矿试验方案示例

　　1) 矿石性质研究资料的分析

　　该矿包括松散状含铜黄铁矿石和浸染状高岭土含铜矿石两类，总的属高硫低铜矿石。矿石氧化率高，风化严重，含可溶性盐类多，属难选矿石。

　　(1) 化学分析和物相分析结果: 从化学分析结果 (表11-11) 可知，此矿石中具有回收价值的元素有铜和硫，金、银可能富集于铜精矿中，不必单独回收；所含稀散元素品位不高，赋存状态未查清，故暂未考虑回收。CaO，MgO，Al_2O_3，SiO_2 等是组成脉石矿物的主要成分。

表 11-11　某氧化铜矿化学多元素分析结果表

项　目	Cu	S	Fe	Co	Ni	Mn	Pb	Zn	Ge	Ga
含量（%）	0.574	31.22	31.05	0.0024	0.00105	0.087	0.109	0.168	0.0016	0.0019
项　目	Se	Bi	Cd	Ti	CaO	MgO	Al_2O_3	SiO_2	Au	Ag
含量（%）	0.0027	0.025	微	0.119	5.59	3.91	2.55	10.41	7.5×10^{-5}	2.98×10^{-3}

（据许时等，1992）

　　从物相分析结果 (表11-12和表11-13) 可知，氧化矿中的铜主要为氧化铜，占总铜的60%以上，其矿物种类尚未查清。硫化铜主要为次生硫化铜，占总铜30%以上。铁主要呈黄铁矿存在。

表 11-12　铜物相分析结果表

硫 化 铜				氧 化 铜						总 计	
原 生		次 生		水溶铜		酸溶铜		结合铜		硫化铜	氧化铜
含量（%）	占全铜（%）	含量（%）	占全铜（%）	含量（%）	占全铜（%）	含量（%）	占全铜（%）	含量（%）	占全铜（%）	占全铜（%）	占全铜（%）
0.04	6.94	0.174	30.21	0.188	32.64	0.117	20.31	0.057	9.90	37.15	62.85

注: 试样粒度2~0mm。　　　　　　　　　　　　　　　　　　　　　　　　　（据许时等，1992）

表 11-13　铁物相分析结果表

Fe_3O_4/Fe		Fe_2O_3/Fe		FeS_2/Fe		Fe_nS_{n+1}/Fe		总 Fe	
含量（%）	占总 Fe（%）	含量（%）	占总 Fe（%）	含量（%）	占总 Fe（%）	含量（%）	占总 Fe（%）	含量（%）	占总 Fe（%）
微	-	3.12	10.24	27.36	89.76	微	-	30.48	100.00

（据许时等，1992）

　　因此主要选别对象为氧化铜矿和黄铁矿，其次为次生硫化铜矿。

　　(2) 岩矿鉴定结果: 从岩矿鉴定结果可进一步了解，此氧化铜矿石处于硫化矿床的氧化带，矿石和脉石均大部分风化呈粉末松散状，这将对选矿不利。

　　该矿包括两种类型的矿石，现将鉴定结果分述如下:

　　黄铁矿型矿石: 矿石呈他形、半自形、粒状结构，块状及松散状构造。金属矿物以黄铁矿为主，次为铜矿物。在铜矿物中，又以氧化铜为主，其矿物组成尚不清楚，次为次生硫化铜 (辉铜矿) 并有微量的黝铜矿及铜蓝，铜矿物嵌布粒度极细，在0.005~0.01mm之间，少数为0.1mm左右。黄铁矿的粒度较粗，在0.01~0.2mm之间。脉石矿物主要为方解石，次为石英和白云石。

浸染型矿石：矿石呈细脉浸染状结构，金属矿物主要为黄铁矿，其嵌布粒度在 $0.01 \sim 0.1$ mm 之间，个别为 2 mm，次为铜矿物。铜矿物中主要是氧化铜，次为黄铜矿、斑铜矿和铜蓝，铜矿物之嵌布粒度多在 $0.01 \sim 0.08$ mm 之间，少数为 $0.003 \sim 0.005$ mm，脉石矿物主要为高岭土，次为方解石和石英。

从上述结果可知，黄铁矿单体解离将比铜矿物好些。由于风化严重，可浮性都不好。

（3）水溶铜和可溶性盐类测定结果：由于矿石氧化和风化严重，为查明铜矿物在介质中的可溶性和矿浆中的离子组成，进行了铜和可溶性盐类的测定。

可溶性盐类的测定：将原矿样干磨至 $-75\mu m$，用蒸馏水在液:固 = 3:1 的条件下，搅拌 1h，然后过滤，分析滤液，分析结果见表 11-14。

表 11-14　某氧化铜矿石可溶性盐类测定结果表

项　目	Cu^{2+}	Fe^{2+}	Fe^{3+}	Ca^{2+}	Mg^{2+}	Al^{3+}	HCO_3^-
含量（mg/L）	微	0.08	0.06	266.82	11.40	无	40.35
项　目	SiO_3^{2-}	SO_4^{2-}	Mn^{2+}	Pb^{2+}	Zn^{2+}	pH	
含量（mg/L）	3.78	1115.0	9.6	无	1.0	>7	

（据许时等，1992）

从表 11-14 看出，可溶性盐类多，主要呈硫酸盐形式存在。

原矿不同粒度下水溶铜测定：从水溶铜（表 11-15）和可溶性盐类测定来看，该铜矿在水中的溶解随粒度而变，在粗粒时，极易溶于水或稀酸。

表 11-15　某氧化铜矿不同粒度下水溶铜测定结果表

粒　度	$-75\mu m$, 100%	$-75\mu m$, 50%	2~0（mm）	5~0（mm）	10~0（mm）	15~0（mm）
水溶性铜占总铜（%）	微	微	35.79	37.20	42.05	36.66
水溶性pH	>7	5.4	4.4	4.0	3.5~4.0	3.5~4.0

注：液:固 = 1.5:1，浸出时间 5 min（用自来水浸出），浸出后分析滤液　　　　（据许时等，1992）

从矿石性质研究结果（包括水溶铜和可溶性盐类测定）看出，此氧化铜矿为一高硫低铜矿石，氧化率高达 60%，风化严重，可溶性盐类多，属于难选矿石。

2）试验方案选择

根据矿石性质研究结果，该矿石属于难选矿石，对于此类难选矿石可供选择的主要方案有：①浮选，包括优先浮选和混合浮选；②浸出-沉淀-浮选；③浸出-浮选（浸渣浮选），下面分别介绍有关试验情况。

（1）单一浮选方案：所研究的矿石主要选别对象为氧化铜矿、次生铜矿和黄铁矿。根据国内外已有经验，一般简单氧化铜矿经硫化后有可能用黄药进行浮选。本试样采用优先浮选和混合浮选进行探索，证明采用单一浮选方案不能得到满意结果，其主要原因是矿石在粗粒情况下，大部分氧化铜可为水溶解，用单一浮选法，这部分铜损失于矿浆中；其次是由于铜矿物嵌布粒度极细，矿石严重风化，含泥和可溶性盐类多，药耗大，选择性差等。根据该矿石的特点，有可能采用选冶联合流程处理。

（2）浸出-沉淀-浮选：当矿石含泥量较高，氧化铜矿和硫化铜矿兼有的情况下，一般采用浸出-沉淀-浮选法（即 L. P. F 法）。但在本试样浸出试验中，发现该矿石在粗粒情况下，大部分氧化铜矿可为水或稀酸溶解，细磨后反而不溶。其原因是该矿石中含有大量石灰岩和其他碱性脉石，这些脉石磨细后不仅对浸出不利，而且导致已溶解的铜又重新沉淀，致使浸出和浮选均难进行；另一方面，由于原矿中黄铁矿含量高，若在浸出矿浆中直接沉淀浮选，铜硫分离比较困难，因而应采用渣液分别处理的方法比较适宜。

（3）浸出-浮选（浸渣浮选）：此方案包括酸浸-浮选和水浸-浮选，采用这一方案比较适合该种复杂难选矿石。试验证明，由于原矿中含有大量石灰石，浸出粒度不能采用浮选粒度，应利用其风化的性质，采用粗粒浸出。浸出过程可用水浸出，也可用 0.3~1.0% 的稀酸溶液，虽然两者浸出率差别较大，但最终指标却很接近。

浸出后渣液分别处理，浸液中的铜可用一般方法提取，如铁粉置换，硫化钠沉淀等方法，也可用萃取剂萃取，使其提浓，直接电解，生产电铜。试验中采用脂肪酸萃取，取得了良好的效果。

从已做过的流程和方法看，浸出-浮选联合流程是处理此矿的有效方法。水浸-浮选和酸浸-浮选法均能获得较为满意的指标。

所推荐的处理方案浸出粒度粗，浸出时间短，无须用酸。这在今后的洗矿中浸出过程将自动进行，有利于生产，但还需通过生产实践进一步验证。

11.7.3　有色金属硫化矿选矿试验方案

有色金属硫化矿绝大部分用浮选法处理，但若有用矿物密度较大，嵌布较粗，也可考虑采用重浮联合流程。因而选矿试验时首先要根据矿物的密度（密度）和嵌布粒度，必要时通过重液分离试验来判断采用重选的可能性，然后根据矿物组成和有关物理化学性质选择浮选流程和药方。

1）硫化铜矿石

未经氧化（或氧化率很低）的硫化铜矿石的选矿试验，基本上采用浮选方案。

在硫化铜矿石中，除了硫化铜矿物和脉石以外，多少都含有硫化铁矿物（黄铁矿、磁黄铁矿、砷黄铁矿等），硫化铜矿物同脉石的分离是比较容易的，与硫化铁矿物的分离较难，因而硫化铜矿石浮选的主要矛盾是铜硫分离。

矿石中硫化铁矿物含量很高时，应采用优先浮选流程；反之，应优先考虑铜硫混合浮选后再分离的流程，但也不排斥优先浮选流程。

铜硫分离的基本药方是用石灰抑制硫化铁矿物，必要时可添加少量氰化物。硫化铁矿物的活化可用碳酸钠、二氧化碳气体、硫酸等，同时需添加少量硫酸铜。近年来开始研究采用热水浮选法分离铜硫，有可能少加或不加石灰等抑制剂，并改善铜硫分离效果。

矿石中含磁铁矿时，可用磁选法回收。矿石中含钴时，钴通常存在于黄铁矿中，黄铁矿精矿即钴硫精矿，可用冶金方法回收。矿石中含有少量钼时，可先选出铜钼混合精矿，再进行分离。

铜镍矿也是多数采用混合浮选流程，混合精矿可先冶炼成镍冰铜后再用浮选法分离，也可直接用浮选分离。

2）硫化铜锌矿石

硫化铜锌矿石主要用浮选法处理。

硫化铜锌矿石中通常多少含有硫化铁矿物。浮选的主要任务是解决铜、锌、硫分离，特别是铜锌分离的问题。

浮选流程需通过试验对比，但可根据矿石物质组成初步判断。硫化物含量高时应先考虑优先浮选流程或铜锌混合浮选后再浮硫的部分混合浮选流程；反之，则可考虑用全浮选流程，或优先浮铜后锌硫混合浮选。铜矿物和锌矿物彼此共生的粒度比同黄铁矿共生的粒度细时，可采用铜锌部分混合浮选流程；反之，不如先浮铜再混合浮选锌硫。

铜锌分离的基本药方通常是用氰化物或亚硫酸盐（包括 $NaSO_3$，$Na_2S_2O_3$，$NaHSO_3$，H_2SO_4，SO_2 气体等）抑锌浮铜，多数要与硫酸锌混合使用。还可考虑试用以下三个方案：

（1）用硫化钠加硫酸锌抑锌浮铜；

（2）在石灰介质中用赤血盐抑铜浮锌；

（3）在石灰介质中加温矿浆（60℃）抑铜浮锌。

由于铜锌矿物常常致密共生，闪锌矿易被铜离子活化，特别是经过氧化的复杂硫化矿石，由于可溶性铜盐的生成，活化了闪锌矿，铜锌分离变得十分困难，一般方法尚难分离，可考虑采用添加可溶性淀粉和硫酸铜浮锌抑铜的方法，能得到较好指标。

锌硫分离的传统药方是用石灰抑硫浮锌，在有条件的地区，也可试用矿浆加温的方法代替石灰（或二者混用）抑制黄铁矿。也可用 SO_2 加蒸气加温法浮硫抑锌。

3）硫化铜铅锌矿石

硫化铜铅锌矿石的选矿主要也是用浮选。试验时应优先考虑以下两个流程方案：

（1）部分混合浮选流程，即先混合浮选铜、铅，再依次或混合浮选锌和硫化物；

（2）混合浮选流程，即将全部硫化物一次浮出，然后再行分离。

铜铅分离是铜铅锌矿石浮选时的主要问题，其方案可以是抑铅浮铜，也可以是抑铜浮铅，究竟哪一方案较好，要通过具体的试验确定。一般原则是：当矿石中铅的含量比铜高许多时，应抑铅浮铜；反之，当铜含量接近或多于铅时，应抑铜浮铅。

常用铜铅分离方法如下：

（1）重铬酸盐法：即用重铬酸盐抑制方铅矿而浮选铜矿物。

（2）氰化法：即用氰化物抑制铜矿物而浮选铅矿物。

（3）铁氰化物法：当矿石中次生铜矿物含量很高时，上述两个方法的效果都不够好，此时若矿石中铜含量较高，则可用铁氰化物（黄血盐和赤血盐）来抑制次生铜矿物浮选铅矿物；若铅的含量比铜高许多，就应试验以下两个方案。

（4）亚硫酸法（二氧化硫法）：即用二氧化硫气体或亚硫酸处理混合精矿，使铅矿物被抑制而铜矿物受到活化。为了加强抑制，可再添加重铬酸钾或连二亚硫酸锌，或淀粉等，也可将矿浆加温（加温浮选法），最后都必须用石灰将矿浆 pH 调整到 5~7，然后进行铜矿的浮选。

（5）亚硫酸钠-硫酸铁法：即用亚硫酸钠和硫酸铁作混合抑制剂，并用硫酸酸化矿浆，在 pH = 6~7 的条件下搅拌，抑制方铅矿而浮选铜矿物。

（6）Ca（ClO）法抑铜浮铅：铜铅混合精矿分离困难的主要原因之一，是由于混合精矿中含有过剩的药剂（捕收剂和起泡剂）的缘故。在混合精矿分离前除去矿浆中过剩的药剂和从矿物表面上除去捕收剂薄膜，可以大大的改善混合精矿铜铅的分离效果。

12　湿法冶金方法及其工艺技术

金属矿床通常是由各种内外动力地质作用下形成的可供人类开发利用的矿物聚集体，金、铜、铀矿床是金属矿床中的重要类型。金、铜、铀最大的特点是易溶解于一定的化学溶浸剂中，即通常的湿法冶金方法可对其矿石进行有效的浸出并回收这些金属。金、铜、铀矿湿法冶金方法开发在矿产资源开发利用中有一定的代表性，本章主要以金、铜、铀为例较系统地阐述矿产开发的几种主要湿法冶金方法。岩金矿床与外生砂金矿不同，它是由各种热液作用或变质作用等成矿作用形成的金矿床。岩金矿床的选冶开发主要包括混汞法和氰化法（渗滤浸出法、搅拌浸出法、炭浆法、堆浸法和地浸法等），砂金矿床的开发主要有水力开采法和采金船开采法。铜和铀矿床的开发主要介绍堆浸和地浸这两种湿法冶金方法。

12.1　混汞法

混汞法是利用液态汞作为媒介从金矿中提取黄金的方法，它是一种古老而廉价的提金方法，在国内外黄金事业的发展中曾发挥过巨大的作用。混汞法最适宜处理含泥量较少，自然金粒度相对较大（直径0.03~0.2 mm）且金表面又少受污染的含金矿石。对易混汞的矿石，金的回收率可达75%，一般矿石为30%~50%，难混汞矿石在20%左右。

目前混汞法在提金工艺中很少单独使用，通常作为浮选或氰化前的辅助作业，尤其是混汞加浮选应用最为普遍。混汞作业安排在浮选或氰化前的磨矿分级循环内，可以较好地提前捕集矿浆中的单体游离金，有利提高金的总回收率。如河南某金矿选厂，采用混汞加浮选工艺流程，汞板设置在球磨机排矿端与分级机的连接处，磨矿粒度-200目占65%以上即使自然金单体解离，原矿金品位 4×10^{-6} 左右，混汞金回收率达65%左右，再浮选后金的总回收率达90%以上。

12.1.1　混汞原理及工艺

汞即水银，在常温下为一种银白色的液体，表面洁净的自然金颗粒若与汞接触，就会被汞包围并与之结合成"汞膏"。矿石中金银的提取，就是利用这种特殊的结合性，让含有金的矿浆通过与汞接触，使金与汞成为"汞膏"，使之与废石分离。固体的汞膏呈合金状态，其比例为 $AuHg_2$ ~ Au_3Hg。

金在自然界矿石中多呈游离状自然金状态（可呈微细粒），含金矿石经粉碎粒度达到 -200 目占65%以上时，大部分金即能达到单体分离，它在水中不易构成稳定的三相接触角，而能优先被汞所浸润并进一步被汞所吞入，且优先被水浸湿的颗粒也同样能被汞所吞入，这就是混汞法能够从矿石中提金的基本原理。

根据混汞方式的不同，在生产中可分为内混汞和外混汞两类，前者是把汞加在磨矿机内或其他容器内，在矿石磨细过程中使汞与粉碎后的金充分接触进行混汞；后者是在磨矿机外或其他容器外设置汞板，磨细后的矿浆在平稳流过汞板时进行混汞。

混汞板是外混汞常用设备，按其构造分为平面固定混汞板、阶梯式固定混汞板、振动混汞板等多种形式，目前国内应用最多的是平面固定混汞板，汞板材料多采用镀银铜板。安装时常以流槽形式铺设在磨矿分级循环中进行混汞，其流程见图 12 - 1。

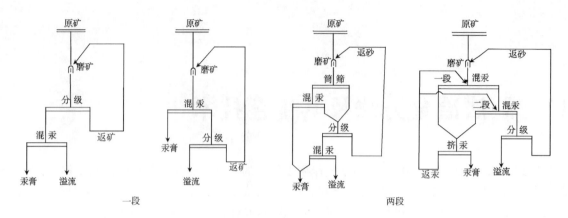

图 12 - 1　混汞流程图

黄金矿山利用汞板获得的含金汞膏须经洗涤、压滤、蒸馏才能得到海绵金，海绵金经过加入熔剂在坩埚中熔炼等处理，最后才能得到金品位较高的可以销售的合质金，其流程参见图 12 - 2。

12.1.2　混汞法的操作

我国各黄金矿山多使用混汞板混汞捕金作为浮选或氰化前的辅助作业。在球磨机排矿端及分级机出口处连接混汞板，从矿浆中回收单体游离金的具体操作方法和注意事项如下。

1）汞板制作

采用镀银紫铜板作为汞板的底材料，它能使汞涂上而不易脱落，且吸收金的效率高。汞板制作过程包括铜板电镀银和电镀银铜板上涂汞两个步骤。

图 12 - 2　汞膏炼金流程图

（1）铜板电镀银：将 1.5 mm 厚一定面积的干净铜板（用稀硫酸清洗）放入事先配制好的银氰化钠电镀溶液中，将银片（20～30 cm²）接上电源正极，铜板接上电源负极，电镀槽用塑料槽，电压为 6V，电流密度 0.1～0.34A/cm²，电镀电解液含银浓度 50～60 g/L，氰根浓度 70 g/L，通电后铜板电镀 8～12 h，切断电源，取出电镀好的铜板在稀硫酸中洗净。

（2）电镀银铜板涂汞：在干净的电镀银铜板上洒上汞珠，然后用胶皮或绒布用力往铜板上擦拭，使汞较均匀地附着于铜板上，多次加汞和擦拭，使汞在铜板上均匀分布并整面形成光亮的银白镜色，通常每平方米汞板需汞 160～170 g。

汞板上涂汞应适当，汞量太少会使汞板太硬而使捕金能力降低，洒汞过多会使汞板太软而造成汞流失，最好用手指按下去能出现指纹为度。

2）汞板面积选择

汞板的面积视选厂的生产能力而定，通常混汞板单位面积生产率，以每昼夜处理 1 t 原矿需 0.1～0.2m² 为宜。在汞板面积不变时，适当增加汞板宽度有利，汞板长度根据金粒大小和原矿金品位而定，金粒小品位高汞板宜长，金粒大品位低汞板长度可小。按入选金品位高低，矿浆流速控制在 0.90～1.15m/s 范围，原矿金品位（4～8）×10⁻⁶，汞板长 7～10 m，长∶宽 = 1.8～2.0∶1；当原矿金品位 < 4×10⁻⁶ 时，汞板 5～7 m，长∶宽 = 1.2～1.4∶1 为宜。

3）汞板坡度选择

在通常情况下，汞板坡度大，流速快，混汞时间太短，金粒易流失；反之，坡度过小，汞板上矿砂堆积，金粒不能与汞接触会失去混汞作用。汞板坡度一般在 8°～12°范围之间，对矿石中含废石较小者，坡度可小，对含重金属硫化矿较多的坡度宜大。总之，应根据多方面因素确定坡度，以保持矿浆均匀分布，不快不慢顺流而下为原则。

4）汞板给料矿浆浓细度控制

混汞作业中对矿浆浓度原则上应保持低水平，单一混汞流程矿浆浓度以 10% ~ 25% 为宜，联合流程由于要照顾下一步浮选或其他选别作业，浓度可以稍高一些。从磨矿细度看，最适宜于混汞选别的金粒度是 0.03 ~ 0.2 mm，直径 < 0.03 mm 的微细金粒易随矿浆流失，不易与汞接触形成汞膏。

5）汞板上汞的添加

在混汞作业中，要适时给汞板上添加汞。加汞时，上端汞板捕金能力强，可以多加，尾端须少加。夏天气温高，汞流动性大，要勤加、少加，冬天可略减少次数。通常情况是 30min 左右补加一次汞。处理 1 t 原矿耗汞量在 3 ~ 5 g，原矿品位高时多加，反之少加。

6）汞膏的刮取和挤汞

混汞板经过一定作业时间集聚一层含金汞膏后，要定时刮取下来进一步处理。根据原矿品位高低，一般为 8 ~ 48 h 刮取一次，其操作过程是：

（1）在汞板上停止给料，用清水洗掉汞板表面覆盖的矿砂。

（2）洒上少量新汞，润湿和软化较硬的汞膏，用胶皮或毛刷使汞膏疏松，以利于刮取。

（3）用胶皮刮平稳地刮取汞板上的疏松汞膏，切勿使用硬物刮汞，以免损伤汞板。任何一次刮汞都难以全部刮净，最后在剩有薄薄一层汞膏的汞板上涂以新的汞，继续进行捕金作业。

（4）用较致密的白布将从汞板上刮下来的汞膏包起来投入挤汞机，多余的汞挤出来后，剩下的固体汞金即可作为冶炼金的原料。

12.1.3 汞金的冶炼

汞金的冶炼流程参见图 12 - 2。经过挤汞以后的汞金一般含金可达 20% 以上；第二步通过蒸汞就能得到含金 40% 左右的海绵金；海绵金投入石墨坩埚，加入硼砂、石英砂、碳酸钠等，经过加热至 1350℃ 熔炼，即可得到含金 70% 以上的合质金。

一般来说合质金都可直接销售给银行，但如果产品含银过多，必然使含金量降低而造成销售困难。对"低金高银"合质金的进一步处理，即通常所说的金银分离，可按以下的操作方法进行：

（1）将合质金置入坩埚中加热至熔融状态，然后慢慢倾倒至盛有冷水的容器中，使其碎成细小的薄片。

（2）收集碎片放入烧杯中，加入 1:1 HNO_3 将碎片中的银溶解，得到硝酸银溶液。

（3）将不溶沉淀物取出洗净后，加入熔剂在坩埚中重新加热熔炼，即得到高品位成品金。

（4）在过滤后的硝酸银溶液中加入 [Cl^-]，使之生成难溶的氯化银沉淀，再将沉淀物洗涤后加入锌粉置换，对置换沉淀后的银再熔炼，即可得到高品位的成品银。

对于银的溶解也可用浓硫酸，使其生成硫酸银，加水稀释后放入铁片置换得成品银。

12.1.4 混汞的安全操作与环境保护

在混汞法提金作业中，要严防汞中毒对人体和环境的危害。汞在普通室温下有蒸发性，在 37.8℃ 时蒸发加速。汞中毒常是由吸入了金属汞蒸气，或汞盐进入人体而引起的。急性汞中毒的症状是头昏、心跳紊乱、手指颤抖，大量吐唾沫、牙床疼痛等。人吸入汞浓度 1.2 ~ 8.5 mg/m³ 可引起急性汞中毒，因此国家规定，空气中汞含量不允许超过 0.01 ~ 0.02 mg/m³，工业废水中汞及其化合物最高允许浓度为 0.05 mg/L。但对一些企业调查发现，混汞车间空气含汞超标一般达 3 ~ 6 倍，汞板上端和附近超标达 10 ~ 20 倍，尾矿排放水也有不同程度超标。为了保护环境和混汞作业人员的身体健康，必须建立相关环保措施和混汞安全操作规则。

1）混汞提金环境保护措施

（1）合理建造或改造厂房，采用吸汞少的建筑材料，墙壁、顶底板涂上较光滑的漆层。

（2）对空气污染区采用密闭负压抽风与局部（汞板之上）扇风机抽风系统，并及时补充新鲜空气。

（3）加强生产管理，及时清理和回收流散的汞。

（4）使尾矿在尾矿坝内有较长时间沉淀，避免排放污水超标。

（5）对操作人员加强安全教育，定期对有关人员进行健康检查，并对混汞作业人员实行定期轮换制度。

2）混汞板安全操作规则

（1）混汞人员必须了解汞的性质、汞对人体和环境的危害及防止中毒的办法，否则不准接触有关混汞操作。

（2）现场建立通风良好的挤汞库及储汞的库房，必须有专人或兼职人员管理，非工作人员严禁入内。

（3）在运送和添加汞作业时操作人员要带皮手套，要严禁跑、冒、滴、漏事故的发生。

（4）对盛汞器具及汞膏包布等用具必须放在挤汞室内的专用箱柜保管，严禁乱抛乱放。

（5）在蒸汞过程中要保持密封良好，严禁蒸汽外溢。

（6）工作结束后要仔细清理现场，地板上不许有零碎汞滴，用汞要做好记录。

（7）严禁把汞放在高温和阳光直射的地方，以防止汞受热蒸发危害环境。

（8）保持混汞车间通风良好，空气新鲜，车间空气含汞最高浓度不得超过 $0.01\,mg/m^3$。

12.2　渗滤氰化法与炭浆法

金矿氰化法是一种现代化的从金银矿石中提取金的湿法冶金技术方法，目前世界上有一半以上的金是用这种方法生产的。金矿氰化法主要有：渗滤氰化法、搅拌氰化法、炭浆法（或树脂矿浆法）、堆浸法和地浸法等，各种方法对金矿石的要求及工艺技术方法不同，但都是用碱性氰化物溶液对矿石的金进行溶解浸出，提金原理是一致的。金的溶解可用下面的反应方程式表示：

$$4Au + 8NaCN + O^2 + 2H_2O = 4NaAu（CN）_2 + 4NaOH$$

氰化物在水溶液中易发生水解反应生成 HCN：

$$CN^- + H_2O = HCN + OH^-$$

由于 HCN 易于挥发污染周围环境（氢氰酸为剧毒气体），同时也造成氰化物的浪费，因此在实际生产中必须加入石灰或 NaOH 使溶液保持碱性（pH = 10 ~ 11）。从前面金的溶解方程式可看出，金溶解过程必须有氧的参与，研究还表明，保持浸矿溶液中游离氰化物与氧的含量同步增加并使它的摩尔比等于 6 为最佳，因此在氰化浸出过程中，适当通入空气是有利于金浸出的。

12.2.1　渗滤氰化法

渗滤氰化法又称槽浸或池浸，它适于处理较富的金矿砂、疏松多孔的物料及含金烧渣等。渗滤氰化法的优点是工艺简单、投资少、省电、生产成本低、易操作，特别适用于小型金矿开发；其缺点是作业时间长、设备占地面积大、生产能力和金的回收率较低。

1）渗滤氰化槽（池）结构

渗滤氰化槽结构如图 12 - 3 所示。槽底为平的或微斜的，槽体呈圆柱状、长方形状或正方形状，槽的直径大小可根据槽的容积和高度来决定，约为 5 ~ 12 m。槽的高度取决于矿砂的渗滤能力，如果矿砂的渗滤能力小，则采用 1.5 m 高度；如果容易渗滤，则可增加到 4 m，通常为 2 ~ 2.5 m。槽的容积根据矿砂处理量来决定，一般为 75 ~ 150 t，有的可达 800 t，甚至更多。我国的小型渗滤氰化厂多采用长方形水泥槽，其容积较小，通常可处理 15 ~ 30 t 矿砂。

槽子底部的滤底（或称假底），为方木条组成的格板，其上铺有滤布，能防止矿砂渗漏并使含

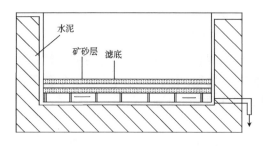

图 12-3 渗滤氰化浸出槽结构

金溶液顺利通过。矿砂装满槽子后，氰化溶液通过矿砂，由位于槽底和滤底之间的槽壁处管道流出，流出的含金贵液送入置换沉淀装置，以使金沉淀析出，将沉淀后的脱金贫液送入贫液池，补加适当数量的氰化物后供处理下一批新矿砂用。经氰化处理后的尾矿砂用水洗涤，用漂白粉消毒后，由工作门（一般设在槽底中心）卸出。

2）渗滤氰化的操作

（1）装矿砂：要求矿砂装得均匀，在粒度和疏松程度上达到一致，以保证渗滤性能良好，装料时可将一定数量的保护碱（CaO）一起装入渗滤槽中。矿砂的装入方法有干法与水力法两种。

干法装矿适用于含水分 20% 以下的矿砂。装料时可以用人工或机械，人工装料是用小矿车将矿砂倒入槽内，然后用人工把它耙平，这种装料法矿砂层疏散且均匀，但很费人工；机械装料是将矿砂用皮带运输机运送到渗滤浸出槽的中央，矿砂经流槽卸到快速转动的圆盘上，圆盘表面带有放射形的突出肋条，矿砂随着圆盘转动所产生的离心力作用而被抛出，并分布在槽内形成疏散且充气良好的料层，机械装料不均匀，而且矿砂易发生析离现象。干法装料的优点是在装料层中存有很多空气，有利于提高金的浸出率，但因湿磨的矿砂必须预先脱水才能氰化，因而使作业复杂化。

水力装料法多应用于全年生产的大型厂矿中。先将矿砂稀释，并用砂泵扬送或沿流槽自流到渗滤浸出槽内，矿砂在槽内沉淀后，多余的水和矿泥一起由环形溢流沟排出，当槽内装满矿砂时，停止装料并使槽内的水渗过滤底流出。水力装料法的缺点是矿砂中充气不足，金的浸出速度偏低，而且槽内的水分增加。

（2）浸出方式选择：用氰化物浸出矿砂，氰化溶液的流动方向有两种：一种是氰化溶液受重力作用由上向下的通过矿砂层，另一种是氰化溶液受压力作用由下而上的通过矿砂层。因第一种方法简单，不需要动力而应用较多，但此法的缺点是被氰化物溶液带下来的矿泥很快在滤底上淤积，降低了渗滤速度。一般渗滤速度保持在 50~70 mm/h 为好，最低不能小于 20 mm/h。当装料中含有较多的矿泥时，滤布的孔隙逐渐将被矿泥和 $CaCO_3$ 沉淀所堵塞，使渗滤速度下降。为使滤布保护良好状态，生产中要定期用水喷洗滤布，停留在滤布孔隙中的钙质物需要稀盐酸洗涤。

（3）浸出过程：根据氰化溶液的加入或放出方式，可分为间歇法和连续法两种。采用间歇法时，首先是将加入渗滤浸出槽内进行浸出的第一批较浓的含金溶液放出去，然后矿砂在没有氰化溶液浸渍的情况下静置 6~12 h，使之为吸入的空气所饱和，随后把中等浓度的氰化溶液加入槽内，并在槽内停留 6~12 h，此后再放出第二批含金溶液，让矿砂再静止几小时使其再一次为空气所饱和，最后把稀氰化溶液加入槽内进行第三次浸出，并放出第三批含金溶液后用水洗涤槽内氰化尾矿。每批氰化溶液浸出矿砂的时间约 6~12 h。采用连续法则要连续不断地将氰化溶液注入槽内，并连续不断地将渗过装料层的含金溶液放出，氰化溶液在槽内的水平面应经常略高于矿砂面。

间歇渗滤氰化因矿砂间歇地被空气所饱和，溶液含氧量大，金回收率较高（与连续渗滤法比约提高 25%）。用石灰作保护碱时，是将石灰均匀地随同矿砂一道加入槽内，用苛性钠时，则是把它溶解于氰化溶液内。渗滤氰化的作业时间取决于矿砂的性质、渗滤速度、装料和卸料的机械化程度以及氰化溶液的数量等。生产实践表明，一次渗滤氰化循环通常需要 4~8 h，当分级不好或含有矿泥的矿砂时，有时长达 10d（甚至 14d）。

（4）氰化尾矿的卸出：渗滤氰化尾矿的卸出可用干法或水力法进行。干法卸矿有两种形式：当渗滤浸出槽底有工作门时，可在其上方用管子打一道口，使氰化尾矿沿此耙落在工作门下方的小车上卸出；若无工作门，用人工将氰化尾矿装在小车上送至尾矿场。

水力法卸尾矿是用高压水流将尾矿排入尾矿沟，再用水稀释使之自流或用泵送入尾矿场。水力卸矿方便，成本低，但耗水量大（3~6m³/t 矿，水压为 1.5~3.0 kg/cm²），并需要有适于尾矿径流的地形。

3）提高浸出率的技术措施

渗滤氰化的浸出率效果决定于矿石性质、金粒大小、磨矿细度、渗滤速度、作业时间、氰化物浓度及氰化尾矿洗涤程度等因素。池浸的金浸出率可达 85% ~90%，若矿石磨得不细，分级不合理，金浸出率将降低到 70% ~60%。为了提高氰化浸出率，可采取如下措施：

（1）浸出前分级，按粒度分别进行氰化。

（2）氰化前预先用水洗去游离酸和可溶性盐类，用碱中和矿砂中的酸，或用稀硫酸洗除铜的氧化物和碳酸盐。

（3）对矿砂层和氰化溶液充气，以提高金的溶解速度。

12.2.2　搅拌氰化法

搅拌氰化法适合处理粒度较细，即小于 0.3 mm 的物料。该法优点是：浸出速度快，处理能力大，机械化作业，金提取率高。这种常规氰化法是氰化提金工艺中应用较多的一种方法，按其处理的物料不同可分为：直接处理金矿石的全泥氰化法、处理金精矿的精矿氰化法。

1）搅拌氰化法的工艺流程

（1）浸出原料的准备：对一般的非硫化物含金矿石，通常磨细至 -200 目占 60% ~70%，在磨矿作业中添加氰化物，采取边磨边浸以提高浸出效率。对硫化物含金的矿石，多采取浮选富集或从浮选精矿中分选出部分含金硫化物精矿（如含金铜精矿），再磨细至 -325 目占 90% ~95%，以缩短浸出时间，提高浸出效率。对含砷或磁黄铁矿较高的矿石，则采取浮选精矿焙烧脱硫或脱砷，再对焙烧矿石进行氰化浸出。对含碳质矿物高的矿石，加氯氧化后再浸出。

（2）搅拌氧化浸出：矿浆浓度为 35% ~50%，pH 值在 10 ~10.5 之间（以防氰化物的分解），氰化物的浓度保持在 0.06% 左右，在充氧条件下搅拌浸出 24 h 以上，以使 95% 以上的金被溶解而生成金氰配合物。

（3）洗涤与液固分离：为使氰化浸出液与浸渣获得充分分离，一般采用 3 ~5 段浓密、过滤或者两者混合的洗涤流程，这是氰化浸出的关键作业，往往由于泥多难选或分离不彻底，造成回收率下降。

（4）浸出液的澄清与脱氧：为了保证高置换率和高品位金泥，主要采用澄清过滤机使浸出液中的悬浮物由 $(70 ~100) \times 10^{-6}$ 降到 $(5 ~7) \times 10^{-6}$，并用真空法脱氧，使溶液中氧量降到 1×10^{-6} 以下。

（5）置换沉淀金：用金属置换氰化溶液中的金氰配合物，生成置换金属的氰配合物，以使金沉淀析出。为了获得更有效的置换反应，在溶液中保持 0.005% 左右的铅盐，并把溶液中含氧量降到最低程度，以防止锌表面的氧化和置换出金发生逆向的氰化反应。沉淀金泥中的残留金属采用酸洗除去，以保持金银合量在 30% 以上高品位的金泥。

（6）熔炼铸锭：金泥与熔剂一般按 1∶0.8 ~1 的配比，在 1000 ~1100℃的炉温进行 3 h 左右的熔炼、除渣，获得金银合量为 95% 以上的金锭。熔剂的大体配比为：硼砂 30% ~40% 左右，硝石 25%，石英砂 15% ~20%，萤石 5% ~10%，及苏打、氧化锰等。

2）搅拌氰化法的主要操作过程

（1）氰化浸出：可分为连续浸出和间歇浸出两种。连续浸出法具有生产能力大、机械化程度高、厂房占地面积小等优点。因此，大多数选金厂都采用连续搅拌氰化法，只有在对难溶金矿石实行阶段浸出时以及每段浸出需用新的氰化溶液的情况下，才采用间歇搅拌氰化法。

连续搅拌氰化是将矿浆依次流入串联的几个搅拌浸出槽中，矿浆的流动可以是自流或用泵扬送。间歇搅拌氰化是将矿浆装入几个平行工作的搅拌浸出槽中，当浸出过程结束时，将矿浆排入贮存槽以供过滤之用，而后将另一批新矿浆装入搅拌浸出槽中继续浸出。搅拌浸出槽可分为：机械搅拌浸出槽、空气搅拌浸出槽以及空气和机械联合搅拌浸出槽。

（2）含金贵液的分离：浸出结束需将含金贵液分离出来，一般采用逆流洗涤、过滤洗涤以及两者联合洗涤流程。逆流洗涤又称倾析法洗涤，是将浸出后的矿浆通过浓缩机进行固液分离，浓缩产品再用脱金溶液或水洗涤并再一次进行固液分离，直至溶液中含金降至微量为止。过滤洗涤是通过过滤机从氰化矿浆中分离出含金溶液，一般采用圆筒或圆盘真空过滤机进行两段过滤洗涤，为提高过滤机的处理能力和过滤效率，可在过滤前增设浓缩机，并加入一定数量的凝聚剂，使浓缩产品浓度达55%以上，该方法可从滤饼中洗出98%的含金溶液。

（3）金的提取：从氰化矿浆中提取金，可采用金属置换、碳吸附、离子交换树脂吸附以及电解沉淀4种方法，目前常规氰化法中应用较广的是金属置换法。金属置换沉淀之前，为清除含金溶液中的矿泥和难沉淀的悬浮物，金溶液必须澄清。目前常用的澄清设备是框式过滤机、压滤机、砂滤池或沉淀池。砂滤池和沉淀池由于设备简单，不需要动力，多用于中小型氰化厂。

用金属锌置换溶液中的金可用下列反应式表示：

$$2Au(CN)_2^- + Zn^{2+} \rightarrow 2Au\downarrow + Zn(CN)_4^{2-}$$

该反应需要在含有足够的氰化物和碱的溶液中进行，否则含金溶液中的溶解氧会使锌氧化成 $Zn(OH)_2$ 而沉淀。因此，进入置换沉淀箱之前的含金溶液的氰化物浓度一般要控制在0.05% ~ 0.08%，并用脱气塔脱氧。另外，铅对置换沉淀金有促进作用，生产中将锌屑浸泡于10%的醋酸铅溶液中，2~3 min后再使用或将醋酸铅加入含金溶液中。

12.2.3 氰化炭浆法

1）氰化炭浆法一般流程

炭浆法又称全泥氰化-炭浆法，是在常规搅拌氰化法的基础上，改用活性炭处理含金矿浆的新工艺。炭浆法工艺中搅拌浸出和逆流炭吸附是两个分开的作业过程，即先浸后吸。如果把它们合为一个作业过程，即边浸边吸，浸出和吸附在同一个搅拌槽中进行，该工艺就称为炭浸法（图12-4）。

炭浆法的工艺流程主要有：浸出原料的准备、搅拌浸出与逆炭浆吸附、载金炭的解析、电解、熔炼铸锭、氰化废矿浆处置6个作业，以及活性炭再生使用的辅助作业。

炭浆法工艺的特点是浸出吸附与载金炭解析两个作业取代了常规氰化法浸出、洗涤与固液分离、澄清与锌置换作业，缩短了流程。由于炭浆法吸附载金炭与浸渣（氰化矿浆）的分离能在简单的机械筛分设备上进行，可冲洗也易分离，排除了泥质矿物的干扰，因而对各类矿石都有广泛适应性。

炭浆法一般用4~5段氰化浸出和紧随其后的4~5段炭浆吸附组成，由于全泥氰化过程中氰化物对金的浸出速度很快，实际生产表明纯氰化浸出的段数可大为减少甚至取消，金的氰化浸出与炭吸附同时在一起进行（即炭浸法），该方法具有设备少、投资小、工厂占地面积小和节能等优点，但浸出时间短，

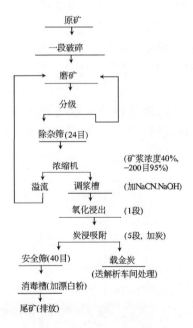

图 12-4 某炭浆厂提金流程图

适用于易浸、品位较低的金矿石。下面列出某炭浆厂炭浆法浸出、吸附工艺流程图（图12-4、图12-5），该工艺用一段氰化浸出和5段炭浸吸附取代了原工艺用4段氰化浸出加5段炭吸附工艺，金的浸出与回收效果相同。

2）炭浆法的操作

（1）氰化浸出与炭吸附：炭浆法中的氰化浸出作业与常规搅拌氰化浸出相同，一般都在搅拌浸出槽中采用连续氰化法浸出。浸出过程所需的氰化物可在搅拌槽添加，也可在磨矿过程中添加。用

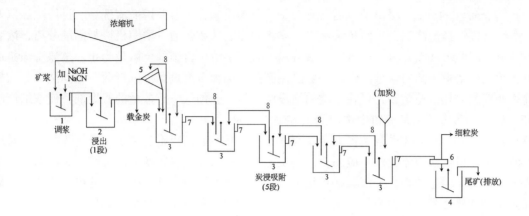

图 12-5 某炭浆厂炭浆法浸出、吸附工艺流程图

1—调浆槽；2—氰化浸出槽；3—炭浸吸附槽；4—消毒槽；5—提炭筛（30 目）；
6—安全筛（40 目）；7—段间筛（24 目）；8—空气提升器

活性炭吸附氰化浸出矿浆中的金是在搅拌槽中进行，采用空气搅拌或机械搅拌。这种吸附搅拌槽常串联使用，助于重力作用，矿浆由上一段流入下一段，最后通过泵排出。活性炭在每一段吸附搅拌槽中，一般每升矿浆加炭 40 g 左右。在吸附搅拌槽中配有段间筛（或称桥式筛），以防止活性炭随同矿浆流动，活性炭粒度为 -6~16 网目，段间筛一般为 24 目。另外，在吸附搅拌槽中还装有空气提升器，周期地提升炭和矿浆作逆流动，即氰化矿浆由第一段吸附槽向下一段流动，而炭则由最后一段吸附槽向前一段串动。新鲜炭加到最后一个吸附段，饱和的载金炭由第一个吸附段分离出来，然后加以处理回收金银。炭的吸附段数（即吸附搅拌槽的个数）和槽的尺寸由供矿矿浆的品位、处理能力和最终排出的尾矿品位等因素来决定，吸附段数越多，炭的吸附时间越长，则炭的载金量就越大，浸出矿浆中金被吸附得越充分。在生产实践中，一般采用 4~5 段吸附，吸附时间约 6~8 h，金吸附率达 99%，炭的载金量为 3~15 kg/t 炭。炭在每个槽中循环停留的时间，利用每个槽上的空气提升器的提升周期加以控制。

在炭浆法工艺中，多处采用筛子的目的是：预先筛去矿浆中的木块及粗粒矿粒（常用弧形筛）；在第一段吸附槽前置振动筛或弧形筛来分离载金炭和矿浆；在最后一段吸附槽后设置安全筛（筛孔为 40 目）回收粉状炭。

（2）载金炭的解析-电解：载金炭解析是将吸附在活性炭表面的金溶解到溶液中，然后将解析后的炭再活化以便重新使用的过程。解析的含金贵液的含量高的可达 600 g/m³，贵液经过滤后进入电解槽进行电解（图 12-6），电解中用不锈钢板作阳极，钢丝棉作阴极，槽电压控制在 3 V 左右，电流 20~30A，电流密度为 20A/m² 左右，电解液流速 0.8~1.4L/min，电解 15~30min，一次电解后贫液含金 <5mg/L，一次电解率在 97%~99%。

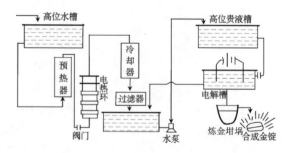

图 12-6 载金炭解析-电解流程

载金炭的解析有 3 种方法：

扎德拉法：解析使用 1.0% NaOH + 0.1~0.2% NaCN 的热溶液，温度 93℃，解析时间 48~72 h。

低氰化钠溶液加醇类解析法：在含 1% NaOH + 0.1% NaCN 的解析液中加 10%~20% 甲醇或乙醇，温度 85℃，解析时间可缩短为 5~6h。

高温加压法：用 0.4% NaOH 溶液在 150~200℃ 温度和 0.35~0.63MPa 压力下解析，时间可缩短至数十分钟。

解析炭的活化有酸再生和热再生两种：酸再生即是用热稀盐酸溶液进行浸泡洗涤，以除去吸附在炭上的贱金属、碳酸盐杂质；热再生是在小型外部电加热回转窑中进行，在650℃的高温区停留20～30min后取出进行水萃处理。

（3）电积金的处理及熔炼铸锭：沉淀在阴极钢丝棉上的金通常是取下阴极将钢丝棉连金一起放入搪瓷桶中，用清水洗去粘附在钢丝棉上的氰化物和碱液至中性，然后加入溶度5%的盐酸溶液加热处理，使钢丝棉上的金脱离下来后，用清水将金粉洗净，放入瓷盘中烘干，然后配入适量硼砂、碳酸钠、玻璃粉及萤石、硝石进行熔炼铸锭（表12-1）。

表12-1 含锌金泥熔炼时熔剂的配比（重量比）

组　成	含石英少的金泥	含石英少含锌高的金泥	含石英多的金泥
金　泥	100	100	100
碳酸钠	4	15	35
硼砂	50	50	35
石英砂（玻璃粉）	3	15	
萤石			2

金泥的熔炼多采用小型转炉或反射炉，酸洗后的金泥先与熔剂混合，然后在1200～1350℃的温度下熔炼，杂质经造渣后由炉内排出，排出的熔融体在特制的铸模中铸成金银合金。用此火法炼金炼出的金银合金纯度不高，金品位一般为85%～95%，金的冶炼回收率为96%～98%。因此，用火法炼金法炼出的金银合金还需进一步进行金的精炼提纯。

金的精炼多采用电解精炼法，其方法是以粗金作阳极，纯金属薄片作阴极（始极片），金电解精炼的主要技术条件是：阳极纯度为94%，阴极纯度为99.99%，电解液的主要成分为 $AuCl + HCl$，阴极面积电流为500～700A/m^2，槽电压为0.4～0.8V，直流电耗为300～400kW·h/t。所得到的电解金用50%硝酸煮沸3～4h，再在氨水中浸泡3～4h，这种电解金的含金量高达99.96%～99.99%。采用电解精炼法金的冶炼回收率达99%。

3）炭浆厂环境保护

炭浆厂在磨矿过程中产生的水多为循环使用（包括吸附后的尾矿浆澄清氰化废水），因此外排极少；必须排放的尾矿浆废水用漂白粉消毒达到国家环保部门要求的标准后就地排放。其他生产、生活用水量小，一般就地直接排放。

炭浸尾矿废水的处理是将吸附后的废矿浆水用砂泵扬到污水处理槽进行漂白粉消毒处理，该方法的原理是，漂白粉（$CaClO_2$）在 pH = 9.5 以上溶液中易水解为具有强烈氧化作用的次氯酸根（ClO^-），从而氧化分解氰化物达到消除氰化物的毒性，反应过程是：

第一步，漂白粉水解反应生成次氯酸根：

$$2CaClO_2 + 2H_2O \rightarrow 2HClO + Ca(OH)_2 + CaCl_2$$

$$HClO^- \rightarrow H + + ClO^- \text{（次氯酸根）}$$

第二步，局部氧化阶段，次氯酸根氧化氰根：

$$ClO^- + CN^- + H_2O \rightarrow CNCl + OH^-$$

$$CNCl + 2OH^- \rightarrow CNO^- + Cl^- + H_2O$$

（此过程中的中间产物 CNCl 为易挥发物，因此必须保持溶液的较高碱性 pH = 10 以防止其挥发）

第三步，完全氧化阶段，继续加少量漂白粉彻底消除毒性（尽管氰酸根 CNO^- 的毒性仅为氰根 CN^- 的1‰）：

$$2CNO^- + 3ClO^- \rightarrow CO_2 \uparrow + N_2 \uparrow + 3Cl^- + CO_3^{2-}$$

（此反应 pH 值应控制在 8 ± 为最有效，完全氧化只需30min）

理论上 1 kg 次氯酸钙（漂白粉）大约能氧化同等重量的游离氰根，但工业漂白粉的有效氯为 35%，故每克氰化物需 10.4 g 漂白粉，考虑到过剩系数（1.5），实际用量每克氰化物须加 15.6 g 漂白粉。在实际除 CN^- 消毒处理过程中，第一次处理在溶液 pH = 10 的情况下向废液（CN^- 浓度 0.03%）中加入适量漂白粉（按 10 kg/t 矿计）搅拌 1.5 h；第二次处理是在第一次基础上先加入适量碳酸氢钠以降低 pH 值，使 pH = 8 ±（如果 pH 值已降至 7.5 ~ 8.5 时，此步骤可省去），再按每吨矿加入 1 kg 漂白粉继续搅拌 0.5 h，搅拌后取样测定废液 NaCN 浓度，经检测废液中 NaCN 浓度达 0.5 mg/1，pH = 7 ± 时方可排放（用砂泵把废矿浆打入炭浸厂附近的尾矿池集中堆放）。

12.2.4 氰化-树脂法主要工艺技术

1）氰化-树脂法提金技术的优越性

氰化浸出-树脂吸附提金技术在前苏联已有 30 多年历史，目前俄罗斯等独联体国家和东欧国家仍普遍使用。与美国、西欧的氰化钠浸出加活性炭吸附提金技术相比，树脂法提金有更大的优越性。

例如，我国新疆阿希金矿 1995 年引进哈萨克斯坦树脂吸附提金技术（称树脂矿浆法，穆龙套金矿就是用此工艺），在相同的条件下与活性炭提金技术相比，金的选冶回收率比炭吸附法高 3.36%，减少浸、吸时间 40%，树脂消耗量仅 25 g/t 矿，是活性炭的 1/3 倍，树脂吸附、解析、电解金泥含金高（达 60% 以上），是炭吸附电解金泥品位的 2.5 倍。

氰化浸出-树脂吸附提金技术，在搅拌氰化浸出方法上与氰化浸出-活性炭吸附法相似，只是在搅拌氰化浸出过程中，从矿浆中吸附金的材料不同，一种是活性炭而另一种是交换树脂。下面主要阐述从氰化矿浆中吸附金的树脂法金解析操作技术。

2）从树脂上解析金的操作技术

从氰化矿浆中吸附金银的树脂主要为混合型阴离子交换树脂 AM－2Б，载金饱和树脂除吸附金银外还吸附了相当数量的贱金属，因此，采用分步淋洗法使金银与这些贱金属分离，金银解析后再进一步处理使交换树脂恢复吸附能力。

具体操作过程为：

（1）用清水洗去载金树脂表面的矿浆，用 4% ~ 5% NaCN 溶液作解吸剂除去树脂中吸附的铁、铜等氰配合物；

（2）清水洗除树脂上的氰化物溶液，再用 0.5% ~ 3% H_2SO_4 溶液作解吸剂除去锌和钴等氰配合物；

（3）用 2.5% ~ 3% H_2SO_4 加 8% ~ 9% SCN_2H_4（硫脲）混合液作解吸剂（温度 50 ~ 60℃）解析金银，清水洗除树脂上残存的硫脲溶液；

（4）碱处理转型（用 3% ~ 4% NaOH 处理），再用清水洗除树脂上的碱液，即获得可重新用于吸附的树脂。

用硫脲解析得到的富金溶液可直接送电解，其熔炼和铸锭方法与活性炭吸附法的熔炼和铸锭方法相同。

12.3 堆浸法

堆浸法是指将破碎的矿石筑堆，用按一定配方配制的浸出剂从堆上喷淋（或滴淋）矿堆，浸出剂在矿堆的渗透过程中与矿石中的有用成分接触并发生溶解反应，形成含有用组分的溶液从矿堆底部排出和送到车间加工处理后获得合格产品的水冶流程。

堆浸法现已发展成为工业上处理低品位矿石及废石等物料，提取金银（及铀、铜）等多种金属的既简单又经济的一种有效方法，特别是在 1967 年美国推出"制粒堆浸"技术，解决了含泥量多的矿石或细粒矿石不宜进行直接堆浸的问题，拓宽了堆浸技术的使用范围。金矿石的堆浸技术的发展还进一步推动了堆浸在铀、铜等金属提取中的应用。

堆浸提金（铀、铜）工艺包括堆浸矿石准备、堆浸场底垫铺设、筑堆、布液、集液、金属回收、氰化废水处置7个作业。在进行堆浸矿山建设之前，必须对矿石进行系统的实验室提金工艺试验，包括搅拌全泥氰化（或滚瓶法）试验和小型至中型柱浸试验，取得相关参数（主要是全泥氰化浸出率和不同粒度矿石金浸出率、不同NaCN浓度条件下浸出率、各种浸出试剂消耗量和浸出时间等）进行技术经济评价，在综合各种资料基础上（包括自然地理、气候和外部环境）设计出最佳方案，在此基础上方可开展正式堆浸矿山建设。

12.3.1　堆浸试验研究简介

堆浸提金工艺试验主要是指滚瓶氰化试验、全泥搅拌氰化试验、柱浸试验和半工业试验等。滚瓶和全泥搅拌氰化试验是堆浸提金工艺中最初部的探索性浸出试验，只用很少量的试样，即可通过该试验了解矿石的金浸出率，初步了解金浸出所需要的时间及浸出剂的消耗情况等，为下一步柱浸试验是否有必要进行提供依据。

1）滚瓶氰化试验

滚瓶氰化试验的目的是测出在最佳条件下金矿石氰化浸出的数据，称为基准线数据。试验方法是将矿石磨碎（1 cm以下），取200～500 g矿样装在若干个1 L的瓶中，再加入氰化钠溶液（NaCN浓度0.1%左右），以淹没矿样为量，用石灰或NaOH调pH到10.5～11。再将瓶子盖严，然后放置在滚筒或摇摆器上进行浸出。每瓶预先选定不同的浸出时间。浸出后液渣分离并分析浸出液和渣的金含量，计算浸出率，这便可得出所试验矿石的最佳浸出时间和最佳浸出率，也叫基准线数。这是判断将该矿石进行堆浸时所能获得的浸出速度和浸出率的最大值的有效方法。

2）全泥搅拌氰化试验

在没有条件做滚瓶试验时可做搅拌氰化试验。搅拌氰化试验是取有代表性的试样1 kg，磨矿至0.074 mm含量占65%，液固比为2:1，氰化钠用量为1 kg/t矿，用石灰调节矿浆pH值为10.5～11.0，再用搅拌容器浸出24 h，并计算浸出结果。

经验表明，低品位含金矿石经过上述预浸试验，浸渣金品位能降到0.2 g/t以下时，该矿石属易堆浸矿石。接着可以进行柱浸系统试验。如果经上述方法获得的浸渣超过0.2 g/t，该矿石属难堆浸矿石或不能堆浸矿石。对难堆浸矿石尚需进行柱浸试验，以便从经济效益上判定该矿石是否可以用于堆浸生产。通过上述预浸试验的浸出率不超过50%～60%的矿石可以称为不能堆浸矿石，后面的柱浸试验也就没有必要进行了。

有时搅拌氰化预浸试验的浸出效果很好，但是氧化钙和氰化钠的药剂耗量很高，从而大大增加了堆浸生产成本，这种矿石也不太适宜堆浸。

3）柱浸试验

实验室内的柱浸试验根据所用渗滤柱大小可以分为小型柱浸试验和较大型柱浸试验，浸出试验其基本目的是确定：①金浸出率与矿石粒度、浸出时间等因素的关系；②矿石的酸碱性、组分对金浸出的影响，浸出剂及其他化学试剂的用量；③矿堆的渗透性能，室内的柱浸试验虽不能完全确定矿堆的渗透性能，但可获得一些渗透性能方面的数据；④可回收的金银比。柱浸试验是选择金、银回收工艺和最佳操作条件的基本依据，包括矿石粒度、试剂浓度，布液强度、堆高和金、银的浸出率等参数的确定。

柱浸试验所用浸出柱的直径应该比矿石的粒径大6倍以上，以使柱的壁效应（即溶液沿柱壁流下而不是以渗滤方式流过柱内矿石层）最小。浸出柱的高度至少应该为其直径大小的5倍以上，以使浸出液流能在柱内充分分布。推荐选用接近实际矿堆高度的柱高，如果柱的高径比小，就有可能增加结垢的危险性。

小型柱浸可使用直径 100 ~ 300 mm，高 2 ~ 5m 的耐热有机玻璃柱或钢柱。矿样量 20 ~ 50 kg，矿石粒度 3 ~ 50 mm。试验时间需 60d 左右。较大型的柱浸可使用直径 600 ~ 1000 mm，高 4 ~ 6m 的浸出柱，进行吨级试验。

常规柱浸试验方法（步骤）如下：

（1）装柱：将已配好的不同粒度的试样充分混匀后分别装入柱内，料层顶部铺一片玻璃纤维制成的布液片。浸液滴在布液片上，使其均匀地分布在粒层表面。装柱时，常常把试验的几个不同粒级（如 50 ~ 0 mm、30 ~ 0 mm 和 15 ~ 0 mm）同时装柱，考虑到每个粒级还要进行氰化物浓度及用量试验，因此，同一粒级至少要装 3 个柱。同时完成全部试验任务不得少于 9 个柱。装柱时要小心谨慎，防止物料把筛板砸坏。

（2）碱预处理：由于矿石中含可溶性金属离子和其他杂质会大量消耗氰化物。为了消除有害杂质的影响和减少氰化物用量，在堆浸前必须用碱对矿石进行预处理。

碱预处理的方法是用氧化钙制成的碱液装满浸柱浸泡 4 ~ 8 h，在浸泡期间要经常检查碱液的 pH 值，使其始终保持在 10 ~ 11 之间。碱液 pH 值不够时，需将碱液全部放出，补加 CaO 后再装满浸柱。也可采用碱液循环淋洗的办法进行碱预处理。

（3）喷淋浸出：将配制的不同氰化物浓度的浸出剂分别装入高位槽。每种粒级都进行不同浓度的浸出剂试验，每个柱使用的浸出剂量相当于柱内的矿石量。调节螺旋止水夹进行喷淋，并从此时起计算整个喷淋时间。流入低位槽的浸出剂用泵打入高位槽，这样反复循环多次。

（4）取样测试：定期取溶液样测定其氰化物浓度、碱度及含金量。浸出液返回使用前要补加石灰和氰化物，使其保持原定的浓度；记录含金量，直至含金量不再明显增加为止，认为浸出基本达到终点。

（5）淋洗矿渣：用清水淋洗矿渣 3 ~ 4 次，每次用水量为矿石饱和溶水量的 3 ~ 4 倍。记录总用水量和含金量。

（6）卸渣测金：把洗后的矿渣全部卸出，经干燥后取样分析渣中含金量，必要时要进行粒级分析。矿石粒度差别不大时，浸出率反映不明显；粒度差别太大，又会超出常规碎矿设备所能达到的限度，因此，试验粒度通常在 50 ~ 100 mm 间选定，并且至少要选定 3 个粒级，如 50 ~ 0 mm、30 ~ 0 mm 和 10 ~ 0 mm。

4）堆浸半工业试验

堆浸的半工业试验可在野外矿堆或室内大型柱中进行。每批用矿量为数十吨至数千吨。其目的是考察所选定的工艺流程和设备，准确得到各项工艺参数和工程指标，包括原材料和动力消耗，以及操作人员的配置等，根据这些资料对工艺流程及工程建设进行技术经济分析，为正式堆浸场建设和投产运行提供可靠依据。

使用大型柱进行中试，其优点是经济，由于柱浸需用的矿石量较少，所需的辅助设备和材料也相应减少。另外，柱浸时试验易控制，取渣容易，设备可重复使用，数据一般很可靠。但缺点是得不到诸如堆局部堵塞及矿堆稳定性等方面的情况。而用矿堆进行半工业试验时，由于用矿量大，可获得更接近实际生产运行的数据，可模拟工业操作，更易了解矿堆稳定性、溶液的堵塞和沟流以及细物料迁移的情况，其缺点是费用较高，包括大量矿石、底垫、贮液池及供液系统的费用等。如果能用第一个生产堆进行试验，可最大限度地节省试验费用。

12.3.2 堆浸矿石的准备

堆浸矿石的准备包括矿石的破碎和粉矿制粒两方面。

1）矿石的破碎

供堆浸的矿石可以是直接从采矿场采出的未经破碎的大块原矿石，也可以是经破碎后粒度较小的原矿。由于大块原矿因浸出周期长，金属回收率低而较少采用，大多数堆浸厂都用经破碎后的原矿。根据矿石性质和技术条件要求不同，可采用一段破碎或二段、甚至三段破碎：当矿石氧化程度高且疏松多孔、渗透性良好，多破碎会产生较多细粉矿时可采用一段破碎；当矿石渗透性较差，要求粒度较细（-30mm以下）时可采用二段破碎；当矿石坚硬，渗透性差，且要求缩短浸出周期，矿石要求更细（-15mm以下）时则采用三段破碎。破碎设备根据不同要求选用各种相应型号的颚式破碎机和圆锥破碎机。

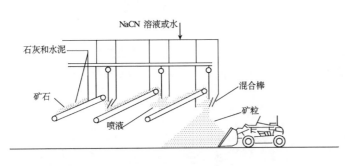

图 12-7 阶梯式皮带运输装置制粒示意图

2）制粒

当堆浸的原料含细泥或粘土质过多（>30%）时将会严重影响堆浸的渗透性，导致浸出周期延长，金的浸出率下降，严重时还会造成矿堆堵塞，浸矿液不能均匀地通过整个矿堆，甚至从矿堆的表面流走，使堆浸作业无法进行。为了克服上述弊病，须对这些原料予以制粒。制粒就是在破碎到一定粒度的矿石中加入少量的粘结剂（一般为水泥）、水和石灰等，通过制粒机使矿石粘接为较粗的、硬度大的矿粒（又称团粒）。经制粒后的物料其渗透率一般可提高10~100倍，浸出时间减少1/3，金属的浸出率可提高10%~30%，也减少了试剂的耗量，因此效果非常显著。制粒设备的选择取决于矿石中粘土和粉矿的含量、矿石粒度分布等因素。制粒机的类型很多，主要有圆筒制粒机、圆盘制粒机、阶梯式皮带运输装置（图12-7）、简单的皮带运输制粒机等。不论选用哪种类型的制粒机，都必须能够提供所需要的团粒强度。

12.3.3 堆浸场底垫铺设与筑堆

1）底垫铺设

底垫是堆浸场设施中一个重要的组成部分，其功能是保证溶液不渗漏，使浸出液顺利排出并经排液沟流入贮液池。底垫铺设要求如下：

（1）底垫的材料：需具有很低的渗透系数，一般要求其渗透系数小于 5×10^{-7} cm/s。常用的底垫材料有粘土、沥青、混凝土和高密度聚乙烯薄膜（板）（HDPE 或 PVC）。

（2）底垫结构：堆浸场一般底垫都采用双层结构，上层底垫作为工作层以确保浸出液的回收，下层底垫称之为后备层，以防止溶液泄漏及污染环境。

（3）底垫铺设注意事项：铺设底垫时应避开雨季或干旱季节，严防底垫失水干裂；在铺合成材料时（如 PVC），地基要平滑无尖锐物，以防刺破底垫层；在平整的地基和粘土层上铺好合成材料后，在其上再铺一层卵石和砂作保护层，以防底垫被筑堆机械轧破；铺设合成材料底垫应从低端开始逐步向上作业，不要形成皱纹；PVC 底垫的焊接在现场进行，焊缝应均匀，排列方向与矿堆可能移动的路径相垂直。

2）堆浸筑堆

筑堆的目的是使堆放在底垫上面的矿石堆具有良好且均匀的渗透性和结构上的稳定性，保证在浸出时浸出剂能以要求的布液强度均匀渗透并通过整个矿堆，同时也不会发生矿堆的边坡坍塌或局部冲垮现象。

（1）矿堆的高度与规模：矿堆的高度是影响矿堆渗透性和金属浸出率的重要因素。虽然矿堆高会使堆浸场地利用率高（当粒度较大，含粘土较少，含杂质较少的矿石筑堆的高度对金的浸出率影响不大时），因而可有效地扩大堆浸规模和降低生产成本，但矿堆太高使矿堆渗透性差，浸出周期长；也可能造成矿堆中的供氧不足而影响金的浸出（特别是含粘土和含杂质较多的矿石，堆太高会使溶液在矿堆中停留时间增长，当溶液向下流动时与杂质起作用消耗氰化液中的氧和氰化物，由于缺乏足够的氧和氰化物而影响金的浸出）；对筑堆的技术要求亦高；同时矿堆坡度大，淋浸不到的边坡三角体也大，未被浸出的矿石多而使金回收率降低。

根据矿石粘土含量的多少，堆高一般控制在 3～10m 之间，对于原矿堆浸因矿石粒度大，堆高可达 40 多 m。一般矿堆高度与矿石性质有关，我国大多数堆浸矿山的矿堆高度 5～15m。矿堆大小规模受矿石特性、堆高及堆浸场地等因素的制约，为了增大矿石处理量、降低成本和提高效益，矿堆规模尽可能大，国外有 100×10^4t 以上的矿堆，我国少数为 30×10^4t 级的矿堆（云南广南金矿和新疆萨尔布拉克金矿等），多数为数千吨到数万吨。

（2）矿堆的结构：矿堆的形状可为梯形、圆形和不规则形等，无论何种形状的矿堆一般都包含底垫、保护层、排液管、喷淋管（或滴液管）、集液沟、贮液池、矿堆周围防洪沟及保护平台（图 12-8）。

（3）筑堆设备与筑堆的操作：筑堆的设备根据堆浸厂的规模和环境条件而定，大型堆浸厂可用自卸汽车、装载机及皮带运输机作运矿设备，用推土机作为矿堆的平整设备；对于小型堆浸厂则可用小型拖拉机、人力胶轮车作运矿设备，用推土机或人力平整。

筑堆方法有分层筑堆法和皮带运输机筑堆法。分层筑堆法是使用上述运矿工具将矿石输送到堆浸台的一角并形成一条可以通车的坡道，运矿车不断从坡道将矿石运至矿堆的前端卸下矿石，然后用推土机或人力将矿

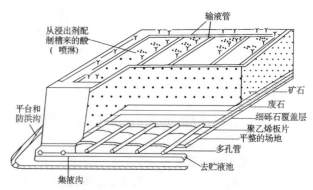

图 12-8　矿堆结构示意图

石推向四周，矿堆不断向前方和左右方向伸展直至铺满整个堆浸台，形成第一层（其高度一般为 1.5～2m）。堆完第一层后又从原点开始加高行车坡道，如法堆筑第二层直至矿堆高度符合设计要求为止。要求每筑完一层必须用机械或人力将被运输车压实的表面挖松再堆第二层，堆完最后一层之后还必须将矿堆表面挖松才可以进行喷淋浸出。

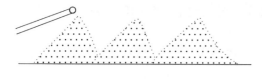

图 12-9　筑堆过程中的偏析

皮带运输筑堆法是用皮带运输机将矿石输送到堆浸台，形成相连的若干个小堆，其高度超过设计要求的矿堆高度后，再用推土机将小矿堆推平，形成设计要求的矿堆。此方法方便且节省动力，适宜于粒度大小相差较小的矿石（含细粉矿时易产生如图 12-9 所示的偏析），特别是制粒矿（团矿）的筑堆。

12.3.4　堆浸布液与浸出操作

堆浸布液总的要求是保证浸出所要求的喷淋强度及浸出剂均匀地喷淋全矿堆，为此，需要一个完好的布液系统及采用合适的布液方式和设备。

（1）布液系统：布液系统由配液池、泵、输液管、贮液槽以及矿堆上的分支管和布液器等组成（图 12-10）。

（2）布液方式和设备：堆浸布液方式有喷淋式、滴灌式和池灌式。喷淋式通过均匀分布在支管上的小孔或喷淋器将溶液喷洒在矿堆上，喷淋器现多采用既能摇摆又能旋转的塞尼格喷淋器，按 10×10m 正方形网布置喷头系统，喷淋强度在

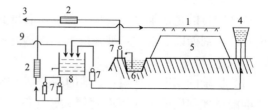

图 12-10　堆浸布液系统

1—喷淋器；2—流量计；3—浸出液去吸附系统；4—贮液槽；
5—矿堆；6—富液池；7—泵；8—配液池；9—反回尾液

$8 \sim 10 \, L/h \cdot m^2$ 之间；滴灌式布液系统就是在矿堆表面铺设主给液管，从主管每隔一定距离分出支管（与主管垂直）并沿支管每隔一定距离布置滴头，滴头有微管式、管式和孔口式，随意控制滴灌强度在 $2 \sim 24 \, L/h \cdot m^2$ 范围之间；池灌式布液系统是在矿堆顶部表面筑堤堰围成若干浅池或沟，将浸出剂打入使其慢慢渗漏，该法受矿石渗透性限制，易产生沟流而较少使用。

上述三种布液系统以滴灌式适应范围大，特别在气候寒冷、蒸发强烈或风速大且气候多变地区，可把滴灌系统埋在矿堆表面以下 $0.3 \sim 1 \, m$ 深处进行正常的堆浸。

（3）布液浸出操作：首先用清水进行喷淋洗矿，检查喷淋系统及将矿石中的水溶性杂质除去；配制碱液（用石灰或 NaOH 调 $pH = 10 \sim 11$）喷淋矿堆，以中和矿石中酸性成分，使从矿堆底部流出的溶液达 $pH = 9.5$ 以上；用石灰或 NaOH 配制 NaCN 浓度为 $0.5\% \sim 1.0\%$、$pH = 10 \sim 11$ 的浸出液喷淋矿堆，采用喷 2 停 1（喷 2 h 再停 1 h）反复间歇喷淋；每天定时取样分析浸出液金含量、NaCN 浓度及 pH 值，浸出液含金达 $1 \sim 3 \, g/L$（浸出后期达 $0.5 \, g/L$ 以上）的贵液及时用泵输送到吸附系统进行处理；堆浸结束用碱性水喷洗矿堆数次（洗液含金量在 $0.3 \, g/L$ 以上须送炭吸附工序），再用清水配制漂白粉水喷洗矿堆至排出液中氰化物含量符合排放标准为止。

（4）卸堆测金：经洗涤消毒后的矿堆在卸堆过程中按一定网点取样，测定尾矿金品位以便计算金浸出率。矿堆可用推土机推出平台或运至堆渣场存放，卸堆时留下 $0.3 \sim 0.4 \, m$ 厚的一层底矿渣以便再筑堆时免受筑堆机械损坏底垫。

12.3.5 集液与溶液的化学控制

（1）集液：集液通过集液系统进行，集液系统由堆底排液管、集液沟、集液总渠和富液池组成，浸出液自矿堆底排出经集液沟、渠进入富液池后，经澄清、净化，视浸出液中金含量高低，送炭吸附工序或转入配液池重新配制所需浓度的浸出剂。

（2）溶液的化学控制：堆浸过程中需控制循环液的化学成分，使其基本参数控制在最佳范围，如循环溶液的碱度（pH 值）、NaCN 浓度、溶氧量、浸出液中金含量，随时补加有关试剂使溶液浓度达到设计的要求，通过贵液、吸附后尾液和活性炭（或树脂）吸附 Au 量及总液量计算矿堆金的浸出量、浸出率及活性炭（或树脂）吸附率等。

基本参数可以通过加入化学试剂或改变操作条件实现控制。

12.3.6 防结垢与水平衡

1）防结垢

水和矿石中都含有钙，加之堆浸水不像常规浸出那样可以进行搅拌，这就容易生成碳酸钙或硫酸钙（称为结垢）。结垢的部位可以是贮液池的池底和池壁、输液管、喷淋器、泵以及矿石表面。结垢将妨碍浸出，阻碍溶液的流动，影响设备正常运转，严重时甚至迫使生产中断。因此防结垢是堆浸作业中的一项重要工作，可以采取以下措施减少或抑制沉淀结垢现象：

（1）控制碱度和固体溶解量：例如金矿石氰化堆浸工业上用石灰控制溶液的碱度，补充水可先将石灰软化后再加入循环液中，以减少固体溶解量。

（2）添加化学阻垢剂：在堆浸作业中可通过在某些部位添加阻垢剂来抑制结垢现象，常用的阻垢剂为多磷酸盐（如六偏磷酸钠、聚四磷酸钠）。图 12-11 为金矿堆浸阻垢剂的加入点示意图。阻垢剂的加入量视水的硬度、溶液的酸碱度和矿石性质而定，通常用量范围为 $(10 \sim 40) \times 10^{-6}$。

2）水平衡

在设计堆浸装置和操作方法时，要认真考虑对地表水的控制，杜绝或减少溶液因暴雨和从矿堆底垫溢出造成损失；应降低喷淋损失和堆表面的蒸发量；做好工艺循环和自然水循环，以使水平衡。

（1）雨水：需考虑两种雨水径流过程。第一种是短期的，如持续几分钟或数小时的暴雨；第二

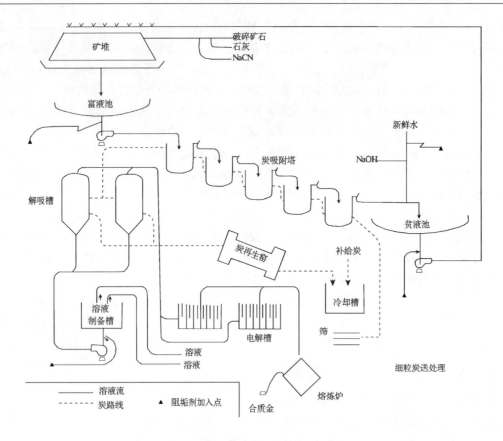

图 12 - 11　堆浸过程中阻垢剂加入点示意图

种是长期的（数月）雨季或旱季。雨水径流可能是冲毁贮液池和集液沟而造成溶液外流；雨水也可使堆浸中液量增加。降雨是随机的，难以预知出现的情况，因此在设计堆浸装置时应考虑到极端的情况，例如贮液池的大小必须适合于贮存体系中由于极端的降雨及清洗矿堆等所引起的液量波动。

（2）蒸发：指发生在矿堆表面、贮液池、集液沟等的水蒸发损失与布液时的喷淋损失。喷淋损失来自两方面：被风吹走和蒸发。喷淋损失主要取决于液滴大小、温度、湿度和风速。为减少喷淋损失，可使用大液滴喷淋设备和在风速大时不进行喷淋作业等。

（3）堆浸水平衡：堆浸过程水循环包括工艺溶液循环和自然水循环。前者指堆浸中可确定其属性的稳定的流体，包括加入的试剂溶液、补充水、洗堆水以及从系统中放出来的部分溶液。自然水循环指降雨、融雪及蒸发水，自然循环水应叠加在工艺流体上。堆浸操作过程的水循环如图 12 - 12 所示。

金矿石氰化堆浸用水量约为 $50 \sim 80 \text{L/t}$ 矿，溶液的蒸发损失率为 $15\% \sim 30\%$。操作过程中应补加损失部分的水，以保持水平衡。

12.3.7　铜、金和铀矿石的细菌浸出简介

细菌浸出法，是 1947 年以后才迅速发展起来的，现已普遍用于铜、金和铀矿石的浸出。此法是用一种叫氧化铁硫杆菌的细菌，在酸性介质中，将 $FeSO_4$ 迅速氧化成 Fe_3SO_4，而 Fe_3SO_4 是硫化铜、金和铀矿石良好的氧化剂。

以铜矿石为例，经含有 Fe_3SO_4 的浸矿液浸出后，其中的铜便以 $CuSO_4$ 的形式转入溶液中。$CuSO_4$ 中的铜，可以用铁置换出来，成为海绵铜，也可采用溶剂萃取 – 电积法或离子交换法提取。

用这种方法浸出铜矿石时，比较容易浸出的矿物有：辉铜矿、黑铜矿、自然铜，斑铜矿、蓝铜矿、孔雀石、硅孔雀石和赤铜矿；较难浸出的是黄铜矿、铜蓝；目前还不能用细菌浸出的有硫砷铜矿、水胆矾和氯铜矿等。

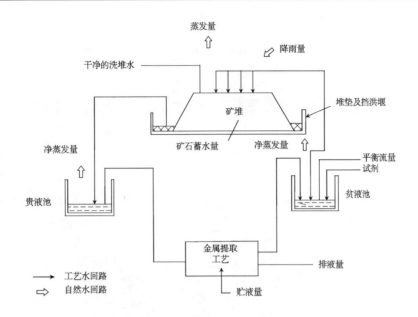

图 12 – 12　堆浸操作过程的水循环示意图

12.3.8　金属回收

我国多数矿山堆浸法提金采用的是氰化浸出加活性炭吸附工艺，但也有少数金矿山采用氰化浸出加有机合成树脂吸附（又称树脂提金法）工艺。活性炭吸附与载金炭解析、电解及电积金的熔炼、铸锭方法在前面一节（炭浆法）已有介绍，这里只扼要提及堆浸的活性炭吸附提金。

从低品位金银矿石堆浸的浸出液中回收金、银，常采用活性炭吸附—电积法，其优点是对浸出液不必澄清过滤和真空脱气，其浓度低于 0.0016 g/L 金亦可吸附。该方法的基本操作规程在前面炭浆法一节"活性炭吸附 – 电解沉淀法"中已有阐述，包括活性炭吸附、载金炭解吸、贵液电积及活性炭再生共四步，其原则流程如图 12 – 6。

从铀矿石堆浸的浸出液中回收铀，虽然从理论上讲可以使用沉淀法或萃取法，但实际上由于浸出液中铀浓度低（ <1g/L ）等原因，主要采用离子交换法（离子交换 – 沉淀联合工艺），其基本工序有离子交换、沉淀、过滤、干燥，最终获得一种铀化学浓缩物（黄饼）产品。从铀浸出液中沉淀铀主要有碱中和法和过氧化氢法，反应式为：

$$2UO_2^{2+} + 2Na^+ + 6OH^- = Na_2U_2O_7\downarrow + 3H_2O$$

$$UO_2^{2+} + H_2O_2 + 2H_2O = UO_4 \cdot 2H_2O\downarrow + 2H^+$$

黄饼是一种重铀酸盐（ $Na_2U_2O_7$ ）、碱性氧化物、水合氧化物或碱性硫酸盐的混合物，其中 U_3O_8 含量约为 80% ~85% 。离子交换法提取铀的主要设备有：离子交换塔、淋洗塔、沉淀槽及板框压滤机等（王海峰，1998）。

12.4　地浸法

12.4.1　地浸的概念及其优越性

地浸是将按一定配方配制的溶浸液，通过注液钻孔注入天然埋藏条件下的可渗透岩层（疏松沉积岩或破碎结晶岩），溶浸液在矿石孔隙或裂隙内的渗透过程中与有用成分接触并进行溶解反应，生成含有用组分溶液，经向负压方向渗流被抽液钻孔抽至地表和输送到车间加工处理后获得合格产品的水冶流程（图 12 - 13）。

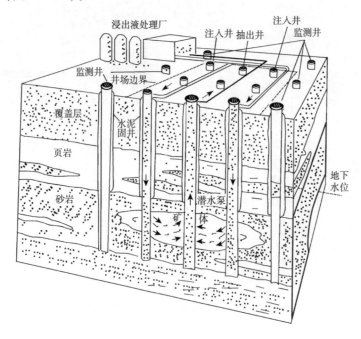

图 12 - 13　地浸工艺原理示意图

地浸采矿法与常规采冶方法相比，其优点是没有井巷和剥离等开拓工程，也没有凿岩爆破、矿石运输和破磨、水冶尾渣运输、尾矿坝建设等工序，所以基建投资节省 1/3 ~ 2/3，建设时间缩短一半多，生产成本降低 1/3 ~ 1/2；环境保护好，基本上不破坏农田和山林，不污染环境；从根本上改善生产人员的劳动和卫生保健条件，并使采矿作业实现自动化；能充分利用矿产资源，对某些贫矿、埋藏很深的矿、零星分散的小矿体和水文地质、工程地质条件复杂的矿体，用常规方法开采不经济、甚至在技术上不可能时，应用原地浸出开采却能产生意想不到的效果。

12.4.2　国内外地浸采矿现状及研究的主要内容

以地浸采铀为代表的地浸采矿技术的开发和应用，被誉为采矿史上的一次重大技术革命，目前采用地浸法生产工艺从地下提取的金属有铀、铜、金、银、锰、钼、铝、镁、钙、钒、铊、硒、铼、钇及稀土等约 20 余种，在地浸采铀过程中，这些有价元素均可综合利用作为副产品回收。

美国的地浸采矿技术在世界上处于领先地位。他们于 1957 年提出原地浸出采矿原理，并于 20 世纪 60 年代初从 U_3O_8 浓度约 10×10^{-6} 的坑水中回收铀，给研究地浸采铀很大启发，随后在谢利盆地以一组钻孔做了半工业试验获得成功。1963 年开始小规模生产，到 70 年代后期迅速发展，1980 年已发展到地浸工程 23 个，目前地浸采铀已为美国铀工业主要生产手段。

前苏联地浸采铀研究始于 70 年代早期，主要为酸法浸出（与美国的碱法浸出不同），一般铀的浸出率 70% ~ 75%，条件好的矿山达 80% ~ 85%。其他国家如加拿大、澳大利亚、法国、德国、捷克、斯洛伐克、保加利亚、蒙古、罗马尼亚、葡萄牙、印度、埃及、赞比亚、土耳其和巴基斯坦等许多国家都在开展地浸采矿工作。

地浸采矿技术在国外属于保密的高新技术，目前我国已掌握了许多关键技术，例如地浸钻孔结构、溶浸液的配制与使用、溶浸范围控制、浸出液地表工艺处理及参数计算等项技术。1990 年以来，我国核工业系统多次派员到俄罗斯、乌兹别克和哈萨克斯坦等地浸采铀先进的矿山学习考察，聘请他们的专家在新疆、内蒙古等地砂岩型铀矿床进行地浸采铀试验与试生产，近年新疆伊宁 512 矿床应用地浸采铀取得较好经济效益，新疆吐哈盆地、内蒙古二连盆地、测老庙盆地地浸采铀还在试验中。原地硬岩破碎采矿方面，在陕西蓝田花岗岩型铀矿床中采用井下原地破碎浸取铀获得成功。

地浸采矿是一项多学科结合的系统工程，它研究的主要内容包括地浸生产工艺流程研究、地浸矿床地质－水文地质条件评价研究、实验室与野外地质工艺试验研究、溶浸液的配制和使用方法研究、地浸钻孔的布置形式与钻孔工艺技术研究、溶浸范围控制技术研究、从浸出液（产品溶液）中回收有用金属研究和地下水恢复与环境保护研究共 8 个方面。

12.4.3　地浸采矿主要工艺技术

12.4.3.1　溶浸液的配制与使用方法

目前原地浸出法在回收金、铀、铜、钼和稀土等元素中得到不同规模的应用。溶浸液是由天然水（最好是地下水）、矿井水或浸出液的尾液与溶浸剂和氧化剂按一定比例配制而成。浸出金、铀和铜可以使用酸性或碱性试剂。酸性试剂有硫脲和硫酸等；碱性试剂有氰化钠、氰化钾、碳酸钠、碳酸氢钠、碳酸铵和碳酸氢铵等。浸出铝和稀土使用的试剂为次氯酸钠和碳酸铵等。下面以金、铀为例简介溶浸液的配制及使用方法。

1）浸出金矿石的溶浸液配方和使用方法

溶浸液是由天然水、矿坑水或浸出液的尾液与溶浸剂和氧化剂按一定比例配制而成的浸矿溶液。浸出金可以用碱性（$NaCN + NaOH$）也可用酸性（$SC(NH_2)_2 + H_2SO_4$）试剂，关键取决于矿石的酸碱性质。对于氧化程度高金矿石可直接浸出，对于半氧化或还原型矿石，须加入氧化剂对矿石进行氧化才能提高金浸出率。

浸出金矿石的溶浸试剂和配方如下：

（1）氰化钠或氰化钾碱性溶液浸出金矿石：用氰化钠或氰化钾碱性溶液浸出金矿石时，其反应式如下：

$$2Au + 4NaCN + 1/2O_2 + H_2O = 2NaAu(CN)_3 + 2NaOH$$

从上式可看出，氰法浸出金矿石的过程必须有氧参加。一般的氰化法提金（如堆浸、氰化厂）通过注入氧或空气的办法来提供氧化剂，而在地浸采矿时，可以通过在溶液中添加过氧化氢、次氯酸钾（$KClO$）或次氯酸钠（$NaClO$）等来实现。

氰化浸出过程必须在碱性介质中进行，因为溶液中的游离酸会使氰化物分解出氰化氢气体而使氰离子浓度降低：

$$NaCN + H_2SO_4 \rightarrow NaHSO_4 + HCN \uparrow$$

因此，除上述氧化剂外，在氰化物的浸矿溶液中还必须加一种降低氰酸盐分解的保护碱。一般氰化提金可以加廉价的石灰作保护碱，但在地下溶浸采矿时，显然采用含钙高的石灰是不合适的，应该用不会使溶液中钙含量增加的苛性碱（氢氧化钾或氢氧化钠）为宜。

（2）硫脲酸性溶液浸出金矿石：硫脲 $CS(NH_2)_2$ 在酸性介质中能有效地从含金的矿石中浸出金银：

$$Au + 2SC(NH_2)_2 + Fe^{3+} = Au[SC(NH_2)_2]^{2+} + Fe^{2+}$$

$$Ag + 3SC(NH_2)_2 + Fe^{3+} = Ag[SC(NH_2)]^{3+} + Fe^{2+}$$

从上式可看出，硫脲浸出金矿石的过程必须有氧化剂参加，最理想的氧化剂是高价铁（常用硫酸铁）。影响硫脲浸金速率的主要因素是硫脲浓度、氧化剂含量和酸度，三者又互相联系。硫脲浓度与氧化剂含量之间的比值约为 10:1。

（3）溶浸剂与脉石的反应特点与不良影响

氰法浸出时溶浸剂与脉石的反应：一般金矿石除含金、银外，常含有铜、铁等元素的矿物。地下溶浸采矿时，氰化物不仅与金、银反应，也与某些铜矿物相互作用，形成可溶络合盐。自然界中孔雀石、辉铜矿、斑铜矿及自然铜易于溶解于氰化溶液中，黄铜矿和硅孔雀石与氰化物反应较缓慢。矿石中含铜矿物高会使氰化物耗量增大，甚至高到认为回收金是不合适的程度。但在稀的氰化物溶液中铜矿物的溶解速度大大低于金的溶解速度，因此在含铜的金矿石的氰法浸出时宜使用高度稀释的氰化物溶浸液。

铁矿物不直接与氰化物相互作用，但铁的氰化物、氢氧化亚铁、铁的硫酸盐和碱式硫酸盐能与氰离子结合形成铁氰 – 亚铁氰化钠 $Na_4Fe(CN)_3Fe(CN)_2$ 和其他化合物形式而消耗氰离子（CN^-）。此外，铁的硫化物在地下溶浸采矿过程中因氧化而消耗氧，使氰化浸金速度因溶解氧的降低而受到影响。为确保溶浸采矿顺利进行，必须使游离 CN^- 离子浓度与 O_2 的浓度之比为 $5 \sim 6$。

用化学方法计算比值，$1 g$ 金需要的 $0.4 g$ 氰化钠，而实际地下溶浸采金氰化钠耗量高于 20 至近 100 倍。这主要是由于氰化物与脉石矿物相互作用，被空气中 CO_2 分解形成铵盐和硝酸盐化合物，以及工艺技术等原因造成的。

硫脲法浸出时溶浸剂与脉石的反应：使用硫脲溶浸液地下浸出金矿时，由于硫脲溶浸液中也存在硫酸，因此完全可能存在用硫酸溶浸其他矿石（铀矿、铜矿石）时所观察到的那种堵塞效应。因此该方法不宜处理碱性矿物与碳酸盐矿物含量高的金矿石。

浸出金矿石的溶浸液配方（表 12 – 2）：

表 12 – 2　浸出金矿石的溶浸液配方

配 方 种 类	溶浸剂和氧化剂	溶 浸 液 浓 度（%）
浸出金 1（氰化法）	NaCN KCN/NaOH/O_2	$0.02 \sim 0.25/0.03 \sim 0.05/0.03 \sim 0.05$
浸出金 2（硫脲法）	CS$(NH_2)_2$/H_2SO_4/$Fe_2(SO_4)_3$	$0.5 \sim 2.0/1.0 \sim 3.0/0.3 \sim 0.4$

2）浸出铀矿石的溶浸液配方和使用方法

（1）酸法浸出铀矿石的溶浸剂和氧化剂：硫酸浸出是目前浸出铀应用最广的方法。在浸出含 6 价铀的矿石时，产品溶液中形成硫酸铀酰：

$$UO_3 + H_2SO_4 = UO_2SO_4 + H_2O$$

当硫酸试剂过量时，产品液中形成下列配合物离子：

$$UO_2SO_4 + SO_4^{2-} = [UO_2(SO_4)_2]^{2-}$$

$$[UO_2(SO_4)_2]^{2-} + SO_4^{2-} = [UO_2(SO_4)_3]^{4-}$$

溶液中络合离子的比例是由介质的 pH 值、硫酸根离子和铀浓度来确定的。

矿石中若含 4 价铀，如果没有氧化剂，铀是难以浸出的，因为 4 价铀在稀硫酸溶液中的溶解速度大大低于 6 价铀的溶解速度。氧气、过氧化氢和 3 价铁可以作为 4 价铀的氧化剂。由于矿石中经常含有 Fe^{3+} 或 Fe^{2+} 形成的铁，在硫酸溶浸剂渗滤含矿层时，2 价铁的氧化物易溶于稀硫酸溶液：

$$FeO + H_2SO_4 = FeSO_4 + H_2O$$

当 pH >3 时，大气中的氧可使 2 价铁的硫酸盐被氧化成 3 价铁的硫酸盐：

$$2FeSO_4 + 1/2O_2 + H_2SO_4 = Fe_2(SO_4)_3 + H_2O$$

当介质的氧化 – 还原电位为 $350 \sim 400 mV$ 时（$20℃$），$Fe^{3+}:Fe^{2+} = 1:4$，此时 4 价铀的氧化过程已经开始，随着电位的增高，氧化速度急剧加快，当氧化还原电位为 $550mv$ 时，氧化速度达到最高值，当 $Fe^{3+}:Fe^{2+} \geqslant 1$ 时，4 价铀已达到全部氧化为 6 价铀。

（2）碱法浸出铀矿石的溶浸剂和氧化剂：碱金属和铵的碳酸盐和碳酸氨盐、碱土金属的碳酸氢盐和碳酸可作为碱法地下浸出铀矿石的溶浸剂。用碳酸盐、碳酸氢盐易于浸出 6 价铀（次生矿物），但原生铀矿物（4 价铀矿物）极难浸出。在许多情况下，如使用氧化剂，则原生矿中的铀几乎都能被浸出。碱性条件下，可用过氧化氢、氧（含大气氧）等可作为氧化剂。用大气氧时铀的氧化过程比较慢，但可用催化剂或用提高氧的分压的方法来加速氧化。

用碳酸盐-碳酸氢盐浸出铀，或采用铵盐，主要反应过程如下：

$$UO_2 + 1/2O_2 = UO_3$$

$$UO_3 + 2NH_4HCO_3 = (NH_4)_2[UO_2(CO_3)_2] + H_2O$$

或
$$UO_3 + 2NH_4HCO_3 + (NH_4)_2CO_3 = (NH_4)_4[UO_2(CO_3)_3] + H_2O$$

在某些情况下地浸过程中铵盐的使用优于碱金属盐的使用，因为钠（或钾）的粘土由于产生阳离子交换而膨胀，常会增加溶滤过程中矿石孔隙堵塞有碍浸出的正常进行。

（3）溶浸剂与脉石的反应特点与不良影响

酸法浸出时溶浸剂与脉石的反应： 从 6 价铀氧化物中提取 1 kg 铀，消耗硫酸是 0.4 kg，但实际上溶浸开采铀时，提取 1 kg 铀需要几十千克硫酸。这是因为硫酸在溶浸液循环区既与矿石本身也与围岩脉石矿物发生反应的结果。岩石中的碳酸盐，某些粘土矿物和有机质是主要耗酸矿物。硫酸同不含矿的造岩矿物反应的不利影响，不仅仅限于硫酸的无益消耗，而且由于这些反应造成溶浸液富含各种常量组分，在一定条件下可导致气体和固体产物从浸出液中暂时或永久的析出，造成含矿层的渗透性减低（称为堵塞）和溶浸剂与矿石矿物的接触条件变差。

如稀硫酸溶液浸出矿石和围岩时，脉石矿物碳酸钙和碳酸镁与稀硫酸溶液发生以下的反应：

$$CaCO_3 + H_2SO_4 \rightarrow CaSO_4 + H_2O + CO_2 \uparrow$$

$$MgCO_3 + H_2SO_4 \rightarrow MgSO_4 + H_2O + CO_2 \uparrow$$

上述反应产生的气体（二氧化碳 CO_2）是造成气体堵塞的原因。生成物硫酸镁为易溶矿物进入产品液中，硫酸钙（石膏）的溶解度约为 2 g/L，当地层中碳酸钙含量 <2% 时，一般不会超过可溶极限；但地层中碳酸钙含量高时（$CaCO_3 > 3\%$），则会大量消耗硫酸并产生石膏的永久性沉淀而造成化学堵塞。

碱法浸出时溶浸剂与脉石的反应： 碳酸钙和碳酸镁与碱溶液不相互作用，硅石、铝土矿、赤铁矿很难被碱溶液分解，因此这些成分一般在产品液中浓度很低。硫化物（黄铁矿、黄铜矿等）在有氧的情况下，会与碱互相作用，反应为：

$$2FeS_2 + 8Na_2CO_3 + 7/2O_2 + 7H_2O \rightarrow 2Fe(OH)_3 + 4Na_2SO_4 + 8NaHCO_3$$

硫酸盐（石膏和硫酸镁等）易与碱金属碳酸盐相互作用：

$$CaSO_4 + Na_2CO_3 \rightarrow CaCO_3 + Na_2SO_4$$

$$MgSO_4 + NaCO_3 \rightarrow MgCO_3 + Na_2SO_4$$

因此，当硫化物和硫酸盐（石膏、硫酸镁）含量超过 2~4% 时，碱浸是不经济的。

（4）浸出铀矿石的溶浸液配方与使用方法：

浸出铀矿石的溶浸液配方： 浸出铀矿石的溶浸液配方主要有 4 种，列表描述如下（表 12 - 3）。

表 12 - 3 浸出铀矿石的溶浸液配方

配方种类	溶浸剂和氧化剂	溶浸液浓度（%）
1	$H_2SO_4/O_2/30\% H_2O_2$	0.5 ~ 2/0.03 ~ 0.05/0.05 ~ 0.1
2	H_2SO_4/Fe^{3+}	0.5 ~ 2.0/0.03
3	$Na_2CO_3 + NaHCO_3/O_2/30\% H_2O_2$	0.5 ~ 1.5/0.03 ~ 0.05/0.05 ~ 0.1
4	$(NH_4)_2CO_3 + NH_4CO_3/O_2/30\% H_2O_2$	0.5 ~ 1.5/0.03 ~ 0.05/0.05 ~ 0.1

使用方法： 当使用 H_2SO_4 溶液为溶浸剂从地下浸出含碳酸钙的矿石时，初期只能用低浓度的 H_2SO_4 溶液（0.1% ±）将矿层酸化，浸出矿石中的钙离子。当抽出液的 pH 值降到 3~4 时，才能使溶液中的 H_2SO_4 含量提高到正常浸出的浓度。如此小心地使用 H_2SO_4 溶液，是为了避免有大量的 H_2SO_4 与碳酸盐钙作用，产生过量的石膏和 CO_2 气体。溶液中石膏含量超过饱和度会沉淀而堵塞矿层；过多的 CO_2 气体会充填含矿层空隙而造成临时性气体堵塞。

初期使用高浓度 H_2SO_4 溶液，在注液钻孔附近的矿层中容易造成溶浸液中含大量铁和铝等杂质，此溶浸液向抽液钻孔运移的过程中，酸度要降低，这些杂质可能沉淀而造成矿层的堵塞。

使用氧（O_2）作氧化剂时，如注入量过少不能满足氧化矿物的需求；如注入量超过一定压力下的溶解度，会造成气堵。因此，使用氧作氧化剂时，应保持适当的注氧量和注液压力。

总之，只有溶浸液的正确配方而无合理的使用方法，原地浸出也是不能顺利进行的。

12.4.3.2 原地浸出钻孔工艺技术

注液钻孔、抽液钻孔、监测钻孔和控制钻孔统统称为地浸钻孔，其中注液孔和抽液孔又称为地浸工艺孔或生产井，监测钻孔和控制钻孔又称为辅助钻孔。地浸钻孔不仅起着矿床开拓和采准作用，而且负担圈定采区、控制溶浸液流动及监控产品溶液数量和质量等工作的部分任务。

（1）地浸工艺钻孔结构：地浸钻孔结构系指钻孔深度和直径、套管直径和下入深度、孔壁和管壁之间的固井填料、单柱或双柱、溶液提升装置类型、过滤器类型、沉淀池（管）等，图12-14为美国地浸矿山（Highland矿）抽液钻孔的结构。

钻孔深度取决于矿层埋深，并与钻孔的开孔直径、钻头换径次数、套管柱与开采柱材料的选择有密切关系。一般浅孔（埋<200 m）采用PVC塑料硬管作套管和过滤管，中、深孔（深>200 m）用高强度塑料管或

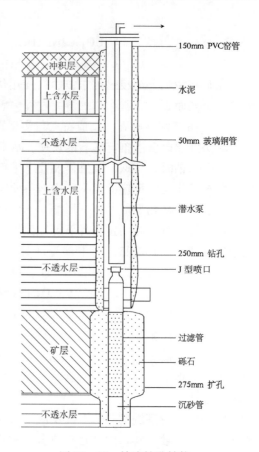

图12-14 抽液钻孔结构

不锈钢管作套管和过滤管。钻孔直径取决于矿层埋深、矿石渗透性和抽液设备等条件，浅孔常用大直径（直径350～400 mm），中、深孔用小直径（直径150～200 mm）。

（2）地浸钻孔施工技术：地浸钻孔在施工中的重要技术有：扩孔、过滤器加工与安装、溶浸液在孔内不同部位的定量分配、水泥封孔、人工隔塞、高压水射流打眼以及快速洗孔等，钻孔工程质量的好坏除钻孔结构的设计是否合理外，能否掌握和运用好上述施工技术是关键。

（3）地浸工艺孔的布置：地浸钻孔布置是指各钻孔之间的距离以及它们在平面上的分布形式。地浸钻孔的布置与矿体埋藏深度、矿体形态、矿体大小和渗透性等条件有关。通常情况下渗透性好的大矿体，在地浸生产中广泛采用行列式或交错行列式钻孔布置形式（图12-15），其注液孔与抽液孔数量相等；对于小型不规则矿体或渗透性较差的矿体，工艺钻孔常呈网格状形式布置（有四点型、五点型、七点型及九点型）；对于埋藏浅、矿层厚度小、渗透系数小及易结垢堵塞的矿体的开采，常采用注液孔多于抽液孔1倍的形式布置，且注液孔的注液量较小，此种布置的缺点是注液孔数量的增加使打钻工程费增加。

12.4.3.3 溶浸范围控制技术

注入矿层内的溶浸液，一要不流失和能抽出地表；二要能圈定溶浸范围；三要能与计划开采范围的所有矿石接触，尽可能消除溶浸死角。这些技术和方法统称为溶浸范围控制技术。

（1）控制溶浸液不流失技术方法：使注入矿层中的溶浸液不流失的一条重要原则是，抽液孔与注液孔同时工作时，抽液量要大于注液量。当抽流量大于注液量时，抽液孔不仅能抽出注入矿层中的全部溶浸液，而且还抽出矿层中的部分地下水，造成地浸作业区液面比作业区外部的液面低，使注入的溶浸液不可能向地浸作业区外部渗透。在生产中，一般抽液量比注液量多3%～8%较合适，它既不会大量稀释有用成分，又不会使溶浸液流失。

（2）圈定溶浸面积的方法：根据注液孔、抽液孔和观测孔的液位资料，先确定地浸区边缘部

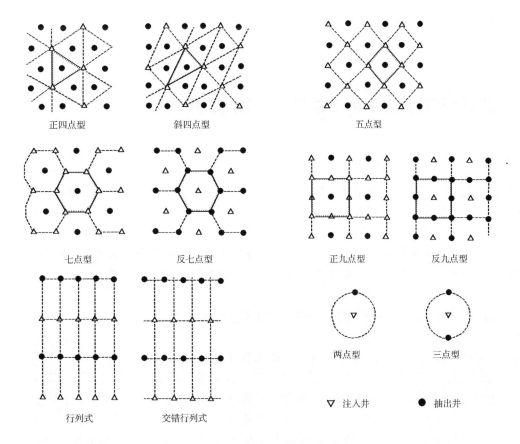

正四点型　　　斜四点型　　　五点型

七点型　　　反七点型　　　正九点型　　　反九点型

行列式　　　交错行列式

两点型　　　三点型

▽ 注入井　　　● 抽出井

图 12 - 15　地浸工艺孔的布置形式

位的低液点与高液压点，然后把这些点连成等液位线，据此可确定溶浸面积的边界（如地表盆地边缘的分水岭）。知道了溶浸面积便可计算地浸工艺参数和技术经济指标。

（3）避免"溶浸死角"的方法：避免"溶浸死角"的方法是，经过一段时间（约 2 个月左右）生产后，将抽液孔与注液孔互换，这样可改变溶浸液在矿层中的渗透方向和分布范围，从而使所有矿体都与溶浸液接触。但此方法要求抽液孔与注液孔具有抽、注双重功能。

12. 4. 3. 4　地浸矿层水质复原与环境保护

（1）矿层水质复原：如果采用硫脲 + 硫酸作地浸采矿的溶浸剂时，残留在地下矿层中的 H_2SO_4 较容易消除，一般只需抽洗几个月时间即可使矿层水质（包括 pH 值、矿化度、水化学成分与水化学类型等）复原。如果采用氰化物 + 氢氧化钠作地浸采矿溶浸剂时，由于 CN^- 离子为剧毒试剂，使用中特别注意不得使溶浸剂流出溶浸控制范围。用氰化物 + 氢氧化钠地浸采矿溶浸剂一般在人烟稀少的荒漠地区使用，地浸结束后一般抽洗几个月时间亦可使矿层水质（包括 pH 值、矿化度、水化学成分与水化学类型等）复原。

（2）地表三废的处理：地浸场和地浸产品液处理加工厂的废液主要来自过滤机、沉淀池的贫液、溢流液和各种洗涤水，虽废液量不多但废液中含多种有害物质。通常采用蒸发、化学沉淀或吸附后深埋，也可通过深孔注入深部地层来处理。固体废料（化学试剂残渣、废树脂、废材料和污染了的泥沙等）深埋时注意废料坑作好防渗漏处理。有害气体来自敞开的贮液池，产品干燥和包装等，处理时注意密闭，或外引大气稀释、吸附过滤等。

13　矿产资源勘查与开发的管理

矿产资源勘查与开发的管理是指在矿产资源勘查与开发的过程中，为使生态环境得到保护、资源得到合理利用、国家及矿业权人各方合法权益得到保障以及使矿产资源的勘查与开发能有序和高效地进行而制定的一系列政策、法律法规和管理办法。

矿产资源勘查与开发的管理的法律法规和管理办法主要包括矿产资源法及其实施细则、矿业权与矿产资源所有权及其相互关系、矿业权法律制度、矿业权的申请、转让与注销等。

13.1　矿产资源法及其实施细则概述

我国的矿产资源法律法规，可分为行政法规和技术性规范两部分。矿产资源行政法规主要由《中华人民共和国矿产资源法》（以下简称"矿法"）和与该法配套的行政法规《中华人民共和国矿产资源法实施细则》、《矿产资源勘查区块登记管理办法》、《矿产资源开采登记管理办法》、《探矿权采矿权转让管理办法》、《矿产资源补偿费征收管理规定》、《矿产资源监督管理办法》、《土地复垦规定》等管理规定组成。配套的行政法规主要是通过细化"矿法"的基本法律制度和法律原则，提高依法办事的规范性和可操作性。

矿产资源技术性规范是从技术角度规定了不同矿种在各个勘查阶段的勘查要求。目前施行的地质矿产勘查规范主要有《固体矿产地质勘查规范总则》（GB/T13908—2002）、《固体矿产资源/储量分类》（GB/T17766—1999）、《固体矿产勘查/矿山闭坑地质报告编写规范》（DZ/T0033—2002）、《铁、锰、铬矿地质勘查规范》（DZ/T0200—2002）、《铀矿地质勘查规范》（DZ/T0199—2002）等不同矿种地质勘查规范20余部，是我们衡量地质勘查工作质量的依据。

13.1.1　中华人民共和国矿产资源法

《中华人民共和国矿产资源法》于1986年3月19日第六届全国人民代表大会常务委员会第十五次会议通过，自1986年10月1日起施行。经10年实际运行后，根据1996年8月29日第八届全国人民代表大会常务委员会第二十一次会议《关于修改（中华人民共和国矿产资源法）的决定》重新修订，1996年8月29日中华人民共和国主席令第74号公布，修改后的《中华人民共和国矿产资源法》自1997年1月1日起施行。

《中华人民共和国矿产资源法》共分7章53条，概述如下：

第一章（第1条至第11条）为总则。规定了矿产资源属于国家所有，由国务院行使国家对矿产资源的所有权。地表或者地下的矿产资源的国家所有权，不因其所依附的土地的所有权或者使用权的不同而改变。勘查、开采矿产资源，必须依法分别申请、经批准取得探矿权、采矿权，并办理登记。同时规定了探矿权、采矿权有偿取得的制度。开采矿产资源，必须按照国家有关规定缴纳资源税和资源补偿费。探矿权、采矿权转让必须满足以下条件：

（1）探矿权人有权在划定的勘查作业区内进行规定的勘查作业，有权优先取得勘查作业区内矿产资源的采矿权。探矿权人在完成规定的最低勘查投入后，经依法批准，可以将探矿权转让他人。

（2）已取得采矿权的矿山企业，因企业合并、分立，与他人合资、合作经营，或者因企业资产出售以及有其他变更企业资产产权的情形而需要变更采矿权主体的，经依法批准可以将采矿权转让他人采矿。

第二章（第 12 条至第 22 条）为矿产资源勘查的登记和开采的审批。规定了国家对矿产资源勘查实行统一的区块登记管理制度。设立矿山企业、必须符合国家规定的资质条件，并依照法律和国家有关规定，由审批机关对其矿区范围、矿山设计或者开采方案、生产技术条件、安全措施和环境保护措施等进行审查，审查合格的方予批准。

同时规定，国家规划矿区和对国民经济具有重要价值的矿区内的矿产资源；可供开采的矿产储量规模在大型以上的矿产资源；国家规定实行保护性开采的特定矿种；领海及中国管辖的其他海域的矿产资源；由国务院地质矿产主管部门审批、颁发采矿许可证。未经国务院授权的有关主管部门同意，不得在港口、机场、国防工程设施圈定地区以内；重要工业区、大型水利工程设施、城镇市政工程设施附近一定距离以内；铁路、重要公路两侧一定距离以内；重要河流、堤坝两侧一定距离以内；国家划定的自然保护区、重要风景区，国家重点保护的不能移动的历史文物和名胜古迹所在地等地区开采矿产资源。第 19 条还明确规定，禁止任何单位和个人进入他人依法设立的国有矿山企业和其他矿山企业矿区范围内采矿。

矿产的储量规模为中型的，由省、自治区、直辖市人民政府地质矿产主管部门审批和颁发采矿许可证。

第三章（第 23 条至第 28 条）为矿产资源的勘查。规定矿产资源普查在完成主要矿种普查任务的同时，应当对工作区内包括共生或者伴生矿产的成矿地质条件和矿床工业远景作出初步综合评价。

第四章（第 29 条至第 34 条）为矿产资源的开采。规定开采矿产资源，必须遵守有关环境保护的法律规定，防止污染环境。开采矿产资源，应当节约用地。耕地、草原、林地因采矿受到破坏的，矿山企业应当因地制宜地采取复垦利用、植树种草或者其他利用措施。第 34 条还规定，国务院规定由指定的单位统一收购的矿产品，任何其他单位或者个人不得收购；开采者不得向非指定单位销售。

第五章（第 35 条至第 38 条）为集体矿山企业和个体采矿。规定国家对集体矿山企业和个体采矿实行积极扶持、合理规划、正确引导、加强管理的方针，鼓励集体矿山企业开采国家指定范围内的矿产资源，允许个人采挖零星分散资源和只能用作普通建筑材料的砂、石、粘土以及为生活自用采挖少量矿产。矿产储量规模适宜由矿山企业开采的矿产资源、国家规定实行保护性开采的特定矿种和国家规定禁止个人开采的其他矿产资源，个人不得开采。

第六章（第 39 条至第 49 条）为法律责任。规定了无证开采，擅自进入国家规划矿区、对国民经济具有重要价值的矿区范围采矿的，擅自开采国家规定实行保护性开采的特定矿种的，单位和个人进入他人依法设立的国有矿山企业和其他矿山企业矿区范围内采矿的，超越批准的矿区范围采矿的，盗窃、抢夺矿山企业和勘查单位的矿产品和其他财物的，破坏采矿、勘查设施的，扰乱矿区和勘查作业区的生产秩序、工作秩序的，买卖、出租或者以其他形式转让矿产资源的，将探矿权、采矿权倒卖牟利的，擅自销售国家统一收购的矿产品的，采取破坏性的开采方法开采矿产资源等情况的予以行政处罚。

第七章（第 50 条至第 53 条）为附则。规定了外商投资勘查、开采矿产资源，法律、行政法规另有规定的，从其规定。规定了本法的实施时间。

13.1.2 中华人民共和国矿产资源法实施细则

《中华人民共和国矿产资源法实施细则》1994 年 3 月 26 日国务院令第 152 号公布，共 7 章 46 条。在实施细则中，对《中华人民共和国矿产资源法》的规定作了详细的划分和准确的解释。进一步明确：

1）矿产资源

是指由地质作用形成的，具有利用价值的，呈固态、液态、气态的自然资源。在所附《矿产资源分类细目》中，详细列出能源矿产 11 种，金属矿产 59 种，非金属矿产 150 种，水气矿产 6 种。

2）矿产资源勘查

探矿权：是指在依法取得的勘查许可证规定的范围内，勘查矿产资源的权利。取得勘查许可证的单位或者个人称为探矿权人。

探矿权人享有下列权利：

（1）按照勘查许可证规定的区域、期限、工作对象进行勘查；

（2）在勘查作业区及相邻区域架设供电、供水、通讯管线，但是不得影响或者损害原有的供电、供水设施和通讯管线；

（3）在勘查作业区及相邻区域通行；

（4）根据工程需要临时使用土地；

（5）优先取得勘查作业区内新发现矿种的探矿权；

（6）优先取得勘查作业区内矿产资源的采矿权；

（7）自行销售勘查中按照批准的工程设计施工回收的矿产品，但是国务院规定由指定单位统一收购的矿产品除外。

探矿权人应当履行下列义务：

（1）在规定的期限内开始施工，并在勘查许可证规定的期限内完成勘查工作；

（2）向勘查登记管理机关报告开工等情况；

（3）按照探矿工程设计施工，不得擅自进行采矿活动；

（4）在查明主要矿种的同时，对共生、伴生矿产资源进行综合勘查、综合评价；

（5）编写矿产资源勘查报告，提交有关部门审批；

（6）按照国务院有关规定汇交矿产资源勘查成果档案资料；

（7）遵守有关法律、法规关于劳动安全、土地复垦和环境保护的规定；

（8）勘查作业完毕，及时封、填探矿作业遗留的井、硐或者采取其他措施，消除安全隐患。

探矿权人可以对符合国家边探边采规定要求的复杂类型矿床进行开采，但是，应当向原颁发勘查许可证的机关、矿产储量审批机构和勘查项目主管部门提交论证材料，经审核同意后，按照国务院关于采矿登记管理法规的规定，办理采矿登记。

3）矿产资源开采

单位或者个人开采矿产资源前，应当委托持有相应矿山设计证书的单位进行可行性研究和设计。开采零星分散矿产资源和用作建筑材料的砂、石、粘土的，可以不进行可行性研究和设计，但是应当有开采方案和环境保护措施。矿山设计必须依据设计任务书，采用合理的开采顺序、开采方法和选矿工艺。矿山设计必须按照国家有关规定审批；未经批准，不得施工。

采矿权：是指在依法取得的采矿许可证规定的范围内，开采矿产资源和获得所开采的矿产品的权利。取得采矿许可证的单位或者个人称为采矿权人。

采矿权人享有下列权利：

（1）按照采矿许可证规定的开采范围和期限从事开采活动；

（2）自行销售矿产品，但是国务院规定由指定的单位统一收购的矿产品除外；

（3）在矿区范围内建设采矿所需的生产和生活设施；

（4）根据生产建设的需要依法取得土地使用权；

（5）法律、法规规定的其他权利。

采矿权人行使前款所列权利时，法律、法规规定应当经过批准或者履行其他手续的，依照有关法律、法规的规定办理。

采矿权人应当履行下列义务：

（1）在批准的期限内进行矿山建设或者开采；

（2）有效保护、合理开采、综合利用矿产资源；

（3）依法缴纳资源税和矿产资源补偿费；

（4）遵守国家有关劳动安全、水土保持、土地复垦和环境保护的法律、法规；

（5）接受地质矿产主管部门和有关主管部门的监督管理，按照规定填报矿产储量表和矿产资源开发利用情况统计报告。

采矿权人在采矿许可证有效期满或者在有效期内，停办矿山而矿产资源尚未采完的，必须采取措施将资源保持在能够继续开采的状态，并事先完成下列工作：

（1）编制矿山开采现状报告及实测图件；

（2）按照有关规定报销所消耗的储量；

（3）按照原设计实际完成相应的有关劳动安全、水土保持、土地复垦和环境保护工作，或者缴清土地复垦和环境保护的有关费用。

4）开办国有矿山企业的条件

开办国有矿山企业，除应当具备有关法律、法规规定的条件外，并应当具备下列条件：

（1）有供矿山建设使用的矿产勘查报告；

（2）有矿山建设项目的可行性研究报告（含资源利用方案和矿山环境影响报告）；

（3）有确定的矿区范围和开采范围；

（4）有矿山设计；

（5）有相应的生产技术条件。

5）集体所有制矿山企业可以开采的矿产资源

（1）不适于国家建设大、中型矿山的矿床及矿点；

（2）经国有矿山企业同意，并经其上级主管部门批准，在其矿区范围内划出的边缘零星矿产；

（3）矿山闭坑后，经原矿山企业主管部门确认可以安全开采并不会引起严重环境后果的残留矿体；

（4）国家规划可以由集体所有制矿山企业开采的其他矿产资源。

集体所有制矿山企业开采前款第（2）项所列矿产资源时，必须与国有矿山企业签订合理开发利用矿产资源和矿山安全协议，不得浪费和破坏矿产资源，并不得影响国有矿山企业的生产安全。

申请开办集体所有制矿山企业或者私营矿山企业，除应当具备有关法律、法规规定的条件外，并应当具备下列条件：

（1）有供矿山建设使用的与开采规模相适应的矿产勘查资料；

（2）有经过批准的无争议的开采范围；

（3）有与所建矿山规模相适应的资金、设备和技术人员；

（4）有与所建矿山规模相适应的，符合国家产业政策和技术规范的可行性研究报告、矿山设计或者开采方案；

（5）矿长具有矿山生产、安全管理和环境保护的基本知识。

6）个体采矿者可以采挖的矿产资源

（1）零星分散的小矿体或者矿点；

（2）只能用作普通建筑材料的砂、石、粘土。

申请个体采矿应当具备下列条件：

（1）有经过批准的无争议的开采范围；

（2）有与采矿规模相适应的资金、设备和技术人员；

（3）有相应的矿产勘查资料和经批准的开采方案；

（4）有必要的安全生产条件和环境保护措施。

7）国家规定的实行保护性开采的特定矿种、规划矿区和具有重要价值的矿区

（1）国家规定实行保护性开采的特定矿种：是指国务院根据国民经济建设和高科技发展的需要，以及资源稀缺、贵重程度确定的，由国务院有关主管部门按照国家计划批准开采的矿种。

（2）国家规划矿区：是指国家根据建设规划和矿产资源规划，为建设大、中型矿山划定的矿产资源分布区域。

（3）对国民经济具有重要价值的矿区：是指国家根据国民经济发展需要划定的，尚未列入国家建设规划的，储量大、质量好、具有开发前景的矿产资源保护区域。

国家设立国家规划矿区、对国民经济具有重要价值的矿区时，对应当撤出的原采矿权人，国家按照有关规定给予合理补偿。

13.1.3   矿产资源监督管理暂行办法与土地复垦规定

13.1.3.1   矿产资源监督管理暂行办法

1987 年 4 月 29 日国务院发布《矿产资源监督管理暂行办法》，是根据《中华人民共和国矿产资源法》的有关规定，为加强对矿山企业的矿产资源开发利用和保护工作的监督管理而制定。全文共 28 条。

（1）第 3、第 4、第 5 条规定了国务院地质矿产主管部门，省、自治区、直辖市人民政府地质矿产主管部门以及国务院和各省、自治区、直辖市人民政府的有关主管部门对矿产资源监督管理负有的职责。

（2）第 6 条至第 22 条，规定了矿山企业在矿产资源开发利用与保护工作中的主要职责。包括矿山企业开发利用矿产资源应当加强开采管理，选择合理的采矿方法和选矿方法，推广先进工艺技术，提高矿产资源利用水平；在基建施工至矿山关闭的生产全过程中，都应当加强矿产资源的保护工作；矿山开采设计要求的回采率、采矿贫化率和选矿回收率，应当列为考核矿山企业的重要年度计划指标等。

（3）第 23 至 26 条，规定了违反矿产资源监督管理暂行办法的行政处罚。

本办法主要适用于国有矿山企业。对乡镇集体矿山企业和个体采矿的矿产资源开发利用与保护工作的监督管理办法，按本办法第 26 条规定，由省、自治区、直辖市人民政府参照本办法制定。

13.1.3.2   土地复垦规定

1988 年 10 月 21 日国务院第 22 次常务会议通过实施《土地复垦规定》，1988 年 11 月 8 日中华人民共和国国务院令第 19 号发布，自 1989 年 1 月 1 日起施行。本办法是《土地管理法》的实施配套法规，共有 26 条，归纳如下。

（1）第 1 至 5 条，定义土地复垦是指对在生产建设过程中，因挖损、塌陷、压占等造成破坏的土地，采取整治措施，使其恢复到可供利用状态的活动。这里的生产建设是指开采矿产资源、烧制砖瓦、燃煤发电等生产活动，造成土地破坏的企业和个人。土地复垦，实行"谁破坏、谁复垦"的原则。

（2）第 6 至 9 条，土地复垦管理部门的分工和职责，即各级人民政府土地管理部门负责管理、监督检查本行政区域的土地复垦工作；各级计划管理部门负责土地复垦的综合协调工作；各有关行业管理部门负责本行业土地复垦规划的制定与实施。

（3）第 10 至 17 条，土地复垦的要求、注意事项、及土地复垦费与土地损失补偿复的规定。规定垦后的土地达到复垦标准，并经土地管理部门会同有关行业管理部门验收合格后，方可交付使用。复垦标准由土地管理部门会同有关行业管理部门确定。

（4）第18至19条，土地复垦后的使用、土地使用权变更、使用费减免优惠政策等。国家鼓励生产建设单位优先使用复垦后的土地，规定复垦后的土地用于农、林、牧、渔业生产的，依照国家有关规定减免农业税；用于基本建设的，依照国家有关规定给予优惠。

（5）第20至23条，为法律责任，本规定对不履行或者不按照规定要求履行土地复垦义务的企业和个人，由土地管理部门责令限期改正；逾期不改正的，由土地管理部门根据情节，处以每亩每年200元至1000元的罚款。对逾期不改正的企业和个人，在其提出新的生产建设用地申请时，土地管理部门可以不予受理。

（6）第24至26条，省级以下政府部门根据本规定，结合当地实际情况制定实施办法，规定了本规定的实施时间。

据有关部门初步统计，目前全国各类生产建设造成的破坏土地已达2亿多亩，约占国土面积的1.4%。随着经济的不断发展，我国今后每年因生产建设而破坏土地预计近百万亩。大量土地被破坏后，造成了土地资源的巨大浪费，影响了经济社会的发展。

实践证明，搞好土地复垦是充分合理利用土地，促进土地资源持续利用的需要；是增加耕地面积，缓解矿区人地矛盾，促进矿区社会经济发展的需要；是改善矿区生态环境和改善矿区工农关系的需要；同时也是建立现代企业制度的需要。企业把土地复垦当作生产全过程的必要环节，重视对土地生产要素的投入，有利于社会主义市场经济和现代企业制度的建设。目前，我国土地复垦率不足10%，与国外土地复垦先进国家土地复垦率50%以上相比还有较大差距，因此我国土地复垦任务十分艰巨。

13.1.3　矿产资源补偿费征收管理规定

1994年2月27日国务院令第150号发布《矿产资源补偿费征收管理规定》，自1994年4月1日起施行。1997年7月3日国务院令第222号修改。本管理规定共22条。

（1）本管理规定第2条规定，凡在中华人民共和国领域和其他管辖海域开采矿产资源，应当依照本规定缴纳矿产资源补偿费；法律、行政法规另有规定的，从其规定。

（2）第3条、第4条规定，采矿权人对矿产品自行加工的，按照国家规定价格计算销售收入；国家没有规定价格的，按照征收时矿产品的当地市场平均价格计算销售收入。采矿权人向境外销售矿产品的，按照国际市场销售价格计算销售收入。矿产资源补偿费由采矿权人缴纳。矿产资源补偿费以矿产品销售时使用的货币结算，采矿权人对矿产品自行加工的，以其销售最终产品时使用的货币结算。

（3）第5条规定了矿产资源补偿费的计算方法按照下列方式计算：

征收矿产资源补偿费金额＝矿产品销售收入×补偿费费率×开采回采率系数

开采回采率系数＝核定开采回采率/实际开采回采率

核定开采回采率，以按照国家有关规定经批准的矿山设计为准；按照国家有关规定，只要求有开采方案，不要求有矿山设计的矿山企业，其开采回采率由县级以上地方人民政府负责地质矿产管理工作的部门会同同级有关部门核定。

（4）第6条、第7条规定，矿产资源补偿费依照本规定附录所规定的费率征收。矿产资源补偿费费率的调整，由国务院财政部门、国务院地质矿产主管部门、国务院计划主管部门共同确定，报国务院批准施行。矿产资源补偿费由地质矿产主管部门会同财政部门征收。

（5）第8条规定了采矿权人缴纳矿产资源补偿费的时间。采矿权人应当于每年的7月31日前缴纳上半年的矿产资源补偿费；于下一年度1月31日前缴纳上一年度下半年的矿产资源补偿费。采矿权人在中止或者终止采矿活动时，应当结缴矿产资源补偿费。

（6）第9条规定了采矿权人在缴纳矿产资源补偿费时，应当同时提交已采出的矿产品的矿种、产量、销售数量、销售价格和实际开采回采率等资料。

（7）第 10 条至第 13 条规定了矿产资源补偿费的分成比例、使用、免交及减缴办法，规定：

征收的矿产资源补偿费，中央与省、直辖市矿产资源补偿费的分成比例为 5∶5；中央与自治区矿产资源补偿费的分成比例为 4∶6。

矿产资源补偿费纳入国家预算，实行专项管理，主要用于矿产资源勘查。

矿权人从废石（矸石）中回收矿产品的，按照国家有关规定经批准开采已关闭矿山的非保安残留矿体的，经省级人民政府地质矿产主管部门会同同级财政部门批准，可以免缴矿产资源补偿费。

采矿权人从尾矿中回收矿产品的，开采未达到工业品位或者未计算储量的低品位矿产资源的，依法开采水体下、建筑物下、交通要道下的矿产资源的，由于执行国家定价而形成政策性亏损的，经省级人民政府地质矿产主管部门会同同级财政部门批准，可以减缴矿产资源补偿费。还规定采矿权人减缴的矿产资源补偿费超过应当缴纳的矿产资源补偿费 50% 的，须经省级人民政府批准；批准减缴矿产资源补偿费的，应当报国务院地质矿产主管部门和国务院财政部门备案。

（8）第 14 条至第 18 条规定了采矿权人不履行本规定的行政处罚。在规定期限内未足额缴纳矿产资源补偿费的，由征收机关责令限期缴纳，并从滞纳之日起按日加收滞纳补偿费 2‰ 的滞纳金。采矿权人未按照前款规定缴纳矿产资源补偿费和滞纳金的，由征收机关处以应当缴纳的矿产资源补偿费 3 倍以下的罚款；情节严重的，由采矿许可证颁发机关吊销其采矿许可证。

矿产资源补偿费费率（按矿种）规定如下：

（1）费率（0.5%）：湖盐、岩盐、天然卤水。

（2）费率（1%）：石油、天然气、煤炭、煤成气、石煤、油砂。

（3）费率（2%）：天然沥青、油页岩、铁、锰、铬、钒、钛、铜、铅、锌、铝土矿、镍、钴、钨、锡、铋、钼、汞、锑、镁、石墨、磷、自然硫、硫铁矿、钾盐、硼、水晶、刚玉、蓝晶石、矽线石、红柱石、硅灰石、钠硝石、滑石、石棉、蓝石棉、云母、长石、石榴子石、叶蜡石、透辉石、透闪石、蛭石、沸石、明矾石、芒硝、金刚石、石膏、硬石膏、重晶石、毒重石、天然碱、方解石、冰石、菱镁矿、萤石、黄玉、电气石、玛瑙、颜料矿物（赭石、颜料黄土）、石灰岩、泥灰岩、白垩、含钾岩石、白云岩、石英岩、砂岩、天然石英砂、脉石英、粉石英、天然油石、含钾砂页岩、硅藻土、页岩、高岭土、陶瓷士、耐火粘土、凹凸棒石粘土、海泡石粘土、伊利石粘土、累托石粘土、膨润土、铁矾土、其他粘土、橄榄岩、蛇纹岩、玄武岩、辉绿岩、安山岩、闪长岩、花岗岩、麦饭石、珍珠岩、黑曜岩、松脂岩、浮石、粗面岩、霞石正长岩、凝灰岩、火山灰、火山渣、大理岩、板岩、片麻岩、角闪岩、泥炭、镁盐、碘、溴、砷。

（4）费率（3%）：铀、钍、地热、铌、钽、铍、锂、锆、锶、铷、铯、镧、铈、镨、钕、钐、铕、钇、钆、铽、镝、钬、铒、铥、镱、镥、钪、锗、镓、铟、铊、铪、铼、镉、硒、碲、二氧化碳气、硫化氢气、氦气、氡气。

（5）费率（4%）：金、银、铂、钯、钌、锇、铱、铑、离子型稀土、宝石、玉石、宝石级金刚石、矿泉水。

（6）地下水 费率及征收管理办法由国务院另行规定。

13.1.4 矿产资源勘查区块登记、开采登记与探矿权采矿权转让管理办法

13.1.4.1 矿产资源勘查区块登记管理办法

《矿产资源勘查区块登记管理办法》1998 年 2 月 12 日中华人民共和国国务院令第 240 号公布，并自发布之日起施行。本办法作为《中华人民共和国矿产资源法》的主要配套行政法规之一，是我国地质矿产法律体系极为重要的组成部分。本办法对我国探矿权法律制度做出了较全面、完善的阐释和补充。从健全配套和增强可操作性的角度，具体规定了以下几个方面的主要法律制度：

（1）区块登记管理制度；

（2）勘查作业区范围最大面积限制制度；

（3）探矿权有偿取得制度；

（4）勘查出资人制度；

（5）探矿权排他制度；

（6）最低勘查投入制度；

（7）探矿权价款制度；

（8）探矿权保留制度；

（9）石油、天然气勘查特别制度等。

《矿产资源勘查登记管理办法》全文共 42 条，可归纳为以下五部分：

（1）第一部分（第 1 至第 4 条）总则部分，规定了立法宗旨、立法依据、适用范围、勘查区块划分及管理机关；

（2）第二部分（第 5 条至第 16 条）为探矿权的取得，主要规定了探矿权申请、审批、有偿取得程序及探矿权使用费、探矿权价款；

（3）第三部分（第 17 条至第 25 条）为探矿权的管理，主要规定了最低勘查投入、探矿权的延续保留、探矿权的变更及注销、探矿权的监督检查；

（4）第四部分（第 26 条至第 34 条）为法律责任，主要规定了对违反本办法有关规定实施的处罚；

（5）第五部分（第 35 条至第 42 条）为附则，主要规定了许可证的印制、登记手续费、外商投资勘查矿产资源的法律适用、地质调查工作的管理、本行政法规发生效力的时间；

本办法末尾部分为附录，规定了国务院地质矿产主管部门审批发证的矿种目录。

13.1.4.2　矿产资源开采登记管理办法

《矿产资源开采登记管理办法》1998 年 2 月 12 日中华人民共和国国务院令第 241 号公布，并自发布之日起施行。本办法是根据 1996 年修改后的《中华人民共和国矿产资源法》所确定的基本原则制定而成。《矿产资源开采登记管理办法》全文共 34 条，可归纳为以下六部分：

（1）第一部分（第 1 条与第 2 条）规定了立法依据和本办法的适用范围；

（2）第二部分（第 3 条至第 8 条）是本办法的核心部分，规定了采矿权的审批管辖、申请程序、审批程序、应提交的资料及采矿许可证有效期等；

（3）第三部分（第 9 条至第 13 条）规定了采矿权有偿取得的原则、方式、采矿权使用费缴纳的标准、采矿权价款的确认方法及采矿权使用费、采矿权价款的减免等；

（4）第四部分（第 14 条至第 16 条）规定了对采矿权人合理开发利用矿产资源、保护环境的监督检查、采矿许可证变更登记、注销登记等管理的有关制度；

（5）第五部分（第 17 条至第 25 条）规定了违反本办法应当承担的法律责任；

（6）第六部分（第 26 条至第 33 条）对采矿申请登记表、采矿许可证的印制、手续费的收取、采矿许可证的换证以及中外合作开采矿产资源的登记等作了规定，并对矿区范围、开采方式等容易在操作中引起混乱的问题作了说明。

13.1.4.3　探矿权采矿权转让管理办法

《探矿权采矿权转让管理办法》1998 年 2 月 12 日中华人民共和国国务院令第 242 号公布，并自发布之日起施行。本办法作为《中华人民共和国矿产资源法》的主要配套行政法规之一，是我国地质矿产法律体系极其重要的组成部分。随着我国经济体制改革的深化，我国矿业领域出现投资渠道和投资主体多元化，面对经济体制改革的大潮，1986 年出台的矿产资源法的某些条款已不适应新形势的需要。为此，1996 年 8 月 29 日，第八届全国人民代表大会第 21 次会议审议通过了《全国人民代表大会常务委员会关于修改〈中华人民共和国矿产资源法〉的决定》。该决定从促进矿业发展的角度出发，改变了现行的探矿权、采矿权管理体制。"决定"修改的核心内容之一就是建立探矿权、采矿权有偿取得和经批准依法转让制度。这一修改肯定了探矿权、采矿权的财产属性，适应了建立社会主义市场经济体制的要求，有利于矿产资源勘查、开采投资多元化局面的形成和发展，有利于运用法律手段管理矿业权市场，促进我国矿业发展。

《探矿权采矿权转让管理办法》具体规定了探矿权、采矿权转让的范围、转让的条件、转让的程序、转让的审批以及违反本办法转让探矿权、采矿权应承担的法律责任等内容。本办法共18条，可归纳为以下四部分：

（1）第一部分（第1条至第4条）是总则部分，规定了立法目的、立法依据、适用范围、转让审批管理机关及其审批权限；

（2）第二部分（第5条至第13条）是转让的实体性规定，规定了探矿权采矿权转让的条件、程序、提交的资料、探矿权采矿权评估、评估机构的认定及评估结果的确认等内容；

（3）第三部分（第14条至第16条）为法律责任部分，规定了违反本办法有关规定实施的处罚；

（4）第四部分（第17条至第18条）为附则，规定了探矿权、采矿权转让申请书格式的制定、本法的实施时间。

13.2　矿业权与矿产资源所有权概念及矿业权价值

13.2.1　矿业权与矿产资源所有权的概念及相互关系

1）矿业权的概念

矿业权是指非土地所有权人或非矿产资源所有权人经政府许可登记，在特定的区块或矿区勘探或开采矿产资源并获得地质资料或矿物及其他伴生矿的权利。有的学者认为，矿业权是指矿产资源探采人依法在已登记的特定矿区或工作区内勘探、开采一定的矿产资源，取得矿产品，排除他人干涉的权利。《矿业权评估指南》（2004年修订版）一书将矿业权限定为探矿权和采矿权，并将探矿权、采矿权定义如下：

（1）探矿权：是指在依法取得的勘查许可证规定的范围内，勘查矿产资源的权利。

（2）采矿权：是指在依法取得的采矿许可证规定的范围内，开采矿产资源和获得所开采的矿产品的权利。

2）矿业权的法律特征

1996年颁布的《中华人民共和国矿产资源法》确定了矿业权的财产属性，体现在权力对特定物——矿产资源的直接支配性、排他性和保护的绝对性上。

（1）矿业权是矿产资源所有权派生出来的一种物权。根据物权理论，矿业权属于物权中的他物权，即从矿产资源所有权派生出来的矿产资源的使用权。矿产资源所有权人将矿产资源使用权让与他人，允许他人使用。

（2）矿业权的主体是矿业权人，客体是被权利所限定的矿产资源。

（3）矿业权的权能内容仅指对矿产资源的占有、使用、收益的权利。

（4）矿业权具有排他性和主体惟一性，任何单位或个人都不得妨碍矿业权人行使合法权利。

（5）矿业权的取得和转移必须履行严格的法律、行政程序，遵循以登记为要件的不动产变动原则。

3）矿产资源所有权的概念

矿产资源所有权的概念可以用以下几条予以概括：

（1）矿产资源所有权：是指作为所有者的国家依法对矿产资源享有占有、使用、收益和处分的权利。

（2）矿产资源的国家主权性质：国家对其所有领土范围和管辖海域范围内的矿产资源都享有主权权利，矿产资源是国家主权的客体之一。国家主权高于民事权，除了国家，任何其他主体均不得对矿产资源享有主权权利。中央政府代表国家所有者，由国务院行使国家对矿产资源的所有权。地表或地下的矿产资源的国家所有权，不因其所依附的土地的所有权或者使用权的不同而改变。

（3）矿产资源的法律特征：国家是矿产资源所有权的惟一主体，客体矿产资源为禁止流通物。

（4）矿产资源所有权的内容：对矿产资源所有权的占有、使用、收益和处分等各项权能构成矿产资源所有权的内容。矿产资源所有者的代表是国务院，即国务院代表国家对矿产资源行使占有、使用、收益和处分的权利。

A）占有：是指国家的矿产资源神圣不可侵犯，使用矿产资源必须经国家批准。

B）使用：是指国家可以依法设立矿业权，保护和合理利用矿产资源。

C）受益：是指国家作为所有权人依法获得相应收益。

D）处分：是指国家依法决定矿业权的设立和终止。

矿产资源所有权和矿业权共同构成矿产资源财产权的内容。

4）矿业权与矿产资源所有权的关系

（1）矿产资源的所有权和使用权相分离。矿业权属于矿产资源的使用权。

（2）它们同为物权，矿产资源所有权属于自物权，矿业权是他物权。

（3）矿业权是在矿产资源所有权之下所设定的用益物权，派生于矿产资源所有权。

（4）它们的权利客体同为矿产资源。

5）矿业权与矿产资源所有权的区别

（1）权利主体不同。矿业权的主体是自然人、法人和其他经济组织；矿产资源所有权的主体是国家。

（2）权利的可流转性不同。矿业权依法可以转让，为限制流通物；而法律规定矿产资源所有权不允许流转，为禁止流通物。

（3）权利取得的方式不同。矿业权可以通过申请、审批登记和其他经批准的竞争方式有偿取得；而矿产资源所有权是由宪法规定的。

（4）权利灭失原因不同。矿业权因行为和事实，如民事法律行为、行政行为和权利期限届满而灭失；而矿产资源所有权只因事实，包括自然灭失和人工利用灭失。

13.2.2 矿业权价值的概念及影响因素

1）矿业权价值的概念

矿业权价值是指矿业权人依法使用矿业权，勘查或开采矿产资源所获得的或支付的货币量。与矿业权价值有关的概念有矿业权价格和矿业权价款。

（1）矿业权价格：是矿业权价值的货币表现，是在矿业权市场中买卖矿业权的交易额。一般而言，应由交易双方议定。

（2）矿业权价款：包括探矿权价款和采矿权价款。矿业权价款是国家将其出资勘查并已探明的矿产地的矿业权出让给他人，或者矿业权人将国家出资勘查形成的矿业权转让给他人，按国家规定向受让人收取的款项。

2）矿业权价值的构成类型

矿业权在经济学范畴内可称为资产。同一资产对应于不同的经济行为或资产的不同使用目的，可以表现为不同的价值类型。资产的价值类型可以有多种划分方式。

（1）第一种分类

市场（实现）价值：是在市场交易中形成的价值。

评估（市场）价值：是评估师通过假设市场条件、依据社会平均生产力水平估算形成的价值，是一种预期价值。

（2）第二种分类

使用价值：通过直接使用资产获取的资产利益。

交易价值：通过转让资产获取的资产利益。

（3）第三种分类

主要有清算价值、征用价值、公平市场价值、现行用途市场价值、投资价值、效用价值等。

资产价值有类型的不同，不同的价值类型其价值构成或价值估算途径和所依据的经济参数的来源也不同。因此，"价值"一词的使用应该是加修饰词的，从而避免使评估师对评估结果的表达和评估结果使用者的理解出现歧义。

矿业权作为资产的一种，在价值评估中也与其他资产有相同或相通之处，其价值类型与评估的目的、矿业权的用途和评估所依据的资料等有对应性。

3）影响矿业权价值的因素

影响矿业权价值的因素主要有：资源本身的稀缺程度和可替代程度、矿产品的供求状况、矿床自然丰度和地理位置、科技进步、资本化率和社会平均利润率等几个方面。一般来说，资源本身稀缺、资源可替代程度低、矿产品的需求大于供给、矿床自然丰度低、地理位置偏僻、探采选工艺难度较大、社会平均利润率低的资源的矿业权的价值要高，反之价值要低。

13.3 矿业权的法律制度

13.3.1 矿产资源区块登记与审批权限制度

13.3.1.1 区块登记与勘查作业区范围最大面积限制制度

国家对矿产资源勘查实行统一的区块登记管理制度。区块是按经纬度的一定间隔划成的范围。矿产资源勘查工作区范围以经纬度差 $1' \times 1'$ 划分的区块为基本单位区块。每个勘查项目允许登记的最大范围为：

（1）矿泉水为 10 个基本单位区块，约合 $20.8 \sim 32.4 km^2$；

（2）金属矿产、非金属矿产、放射性矿产为 40 个基本单位区块，约合 $83 \sim 129 km^2$；

（3）地热、煤、水气矿产为 200 个基本单位区块，约合 $416 \sim 648 km^2$；

（4）石油、天然气矿产为 2500 个基本单位区块，约合 $5200 \sim 8100 km^2$。

每个基本单位区块按照经纬度差 $30'' \times 30''$ 划分为 4 个区块，称为 1/4 区块；每个 1/4 区块再按照经纬度差 $15'' \times 15''$ 划分为 4 个区块，称为小区块。

在不同纬度上区块的面积是不同的。在我国最北段和最南端基本单位区块面积分别约为 $2.08 km^2$ 和 $3.24 km^2$，1/4 区块分别约为 $0.52 km^2$ 和 $0.81 km^2$，小区块分别约为 $0.13 km^2$ 和 $0.2 km^2$。探矿权申请人申请勘查区块时，一般不得大于上述规定的最大范围。

13.3.1.2 探矿权的审批权限

1）国务院地质矿产主管部门负责审批登记发证的项目

（1）跨省、自治区、直辖市的矿产资源；

（2）领海及中国管辖的其他海域的矿产资源；

（3）外商投资勘查的矿产资源。

2）省级地质矿产主管部门的管辖权限

（1）除跨省、自治区、直辖市的矿产资源，领海及中国管辖的其他海域的矿产资源以外的矿产资源；

（2）国务院地质矿产主管部门授权省级地质矿产主管部门负责审批登记的矿产资源勘查项目。

3）石油、天然气勘查特别制度

勘查石油、天然气矿产的，经国务院指定的机关审查同意后，由国务院地质矿产主管部门登记，颁发勘查许可证。

13.3.1.3　采矿权的审批权限

1）国务院地质矿产主管部门负责审批登记颁发采矿许可证的项目

（1）国家规划矿区和对国民经济具有重要价值的矿区内的矿产资源；

（2）领海及中国管辖的其他海域的矿产资源；

（3）外商投资开采的矿产资源；

（4）《矿产资源开采登记管理办法》附录所列的矿产资源；

（5）开采石油、天然气矿产的，经国务院指定的机关审查同意后，由国务院地质矿产主管部门登记，颁发采矿许可证。

2）省级地质矿产主管部门审批登记颁发采矿许可证的项目

（1）除国家规划矿区和对国民经济具有重要价值的矿区内的矿产资源；领海及中国管辖的其他海域的矿产资源以外的，矿产储量规模中型以上的矿产资源；

（2）国务院地质矿产主管部门授权省级地质矿产主管部门审批登记的矿产资源。

3）县级以上地质矿产管理部门审批登记颁发采矿许可证的权限

除国家规划矿区和对国民经济具有重要价值的矿区内的矿产资源、领海及中国管辖的其他海域的矿产资源、外商投资开采的矿产资源以外，其他的矿产资源，按照省级人民代表大会常务委员会制定的管理办法，审批登记颁发采矿许可证。

4）矿区范围跨县级以上行政区域的采矿许可证审批登记颁发办法

矿区范围跨县级以上行政区域的，由所涉及行政区域的共同上一级登记管理机关审批登记，颁发采矿许可证。

13.3.2　矿业权排他性与矿业权价款制度

13.3.2.1　矿业权排他性与矿业权有偿取得制度

1）探矿权排他制度

禁止任何单位和个人进入他人依法取得探矿权的勘查作业区内进行勘查或者采矿活动。探矿权人与采矿权人对勘查作业区范围和矿区范围发生争议的，由当事人协商解决；协商不成的，由发证的登记管理机关中级别高的登记管理机关裁决。

2）采矿权排他制度

任何单位和个人未领取采矿许可证擅自采矿的，擅自进入他人依法取得采矿权的勘查作业区内进行采矿的，擅自进入国家规划矿区和对国民经济具有重要价值的矿区范围采矿的，擅自开采国家规定实行保护性开采的特定矿种的，超越批准的矿区范围采矿的，由登记管理机关依照有关法律、行政法规的规定予以处罚。

3）勘查出资人制度

探矿（或采矿）出资人为探矿（或采矿）权申请人，但是由国家出资勘查的，国家委托探矿（或采矿）的单位为探矿（或采矿）权申请人。

4）探矿权、采矿权有偿取得制度

探矿权、采矿权可以通过招标投标的方式有偿取得。登记管理机关确定招标区块或矿区范围，发布招标公告，提出投标要求和截止日期。但是，对境外招标的区块由国务院地质矿产主管部门确定。招标投标过程中，由登记管理机关组织评标，采取择优原则确定中标人。中标人缴纳探矿权使用费、探矿权价款（或采矿权使用费、采矿权价款）后，办理登记手续，领取勘查许可证（或采矿许可证），成为探矿权人（或采矿权人），并履行标书中承诺的义务。

13.3.2.2　矿业权使用费、价款制度与探矿权使用费及价款的减免条件

探矿权、采矿权有偿取得的费用，主要指探（采）矿权使用费和价款。

1）探（采）矿权使用费

（1）探矿权使用费：以勘查年度计算，逐年缴纳。探矿权使用费缴纳标准为：

第一个勘查年度至第三个勘查年度，每平方千米每年缴纳 100 元；

从第四个勘查年度起，每平方千米每年增加 100 元，但是最高不得超过每平方千米每年 500 元。

（2）采矿权使用费：按照矿区范围的面积逐年缴纳，标准为每平方千米每年 1000 元。

2）探（采）矿权价款

（1）探矿权价款：申请国家出资勘查并已经探明矿产地的区块的探矿权的，探矿权申请人除按规定缴纳探矿权使用费外，还应当缴纳经评估确认的国家出资勘查形成的探矿权价款。探矿权价款按照国家有关规定，可以一次缴纳，也可以分期缴纳。

（2）采矿权价款：申请国家出资勘查并已经探明矿产地的采矿权的，采矿权申请人除按规定缴纳采矿权使用费外，还应当缴纳经评估确认的国家出资勘查形成的采矿权价款。采矿权价款按照国家有关规定，可以一次缴纳，也可以分期缴纳。

国家出资勘查形成的探矿权、采矿权价款，由国务院地质矿产主管部门会同国务院国有资产管理部门认定的评估机构进行评估，评估结果由国务院地质矿产主管部门确认。

探矿权使用费和国家出资勘查形成的探矿权价款，采矿权使用费和国家出资勘查形成的采矿权价款，由登记管理机关收取，全部纳入国家预算管理。

3）探矿权使用费和探矿权价款的减免条件

（1）国家鼓励勘查的矿种；

（2）国家鼓励勘查的区域；

（3）国务院地质矿产主管部门会同国务院财政部门规定的其他情形。

上述矿种和区域，由探矿权人提出申请，经登记管理机关按照国务院地质矿产主管部门会同国务院财政部门制定的探矿权使用费和探矿权价款的减免办法审查批准，可以减缴、免缴探矿权使用费和探矿权价款。

4）采矿权使用费和采矿权价款的减免条件

（1）开采边远贫困地区的矿产资源的；

（2）开采国家紧缺的矿种的；

（3）因自然灾害等不可抗力的原因，造成矿业企业严重亏损或者停产的；

（4）国务院地质矿产主管部门和国务院财政部门规定的其他情形。

上述情形及矿种和区域的矿产资源，由采矿权人提出申请，经省级以上人民政府登记管理机关按照国务院地质矿产主管部门会同国务院财政部门制定的采矿权使用费和采矿权价款的减免办法审查批准，可以减缴、免缴采矿权使用费和采矿权价款。

13.3.3　最低勘查投入与探矿权保留制度

1）最低勘查投入制度

探矿权人应当自领取勘查许可证之日起，按照下列规定完成最低勘查投入：

（1）第一个勘查年度，每平方千米 2000 元；

（2）第二个勘查年度，每平方千米 5000 元；

（3）从第三个勘查年度起，每勘查年度每平方千米 10000 元。

探矿权人当年度的勘查投入高于最低勘查投入标准的，高于的部分可以计入下一个勘查年度的勘查投入。因自然灾害等不可抗力的因素致使勘查工作不能正常进行的，探矿权人应当自恢复正常

勘查工作之日起 30 日内，向登记管理机关提交申请核减相应的最低勘查投入的报告；登记管理机关应当自收到报告之日起 30 日内予以批复。

探矿权人应当自领取勘查许可证之日起 6 个月内开始施工，在开始勘查工作时，应当向勘查项目所在地的县级地质矿产管理部门报告，并向登记管理机关报告开工情况。

探矿权人在勘查许可证有效期内进行勘查时，发现符合国家边探边采规定要求的复杂类型矿床的，可以申请开采，经登记管理机关批准，办理采矿登记手续。

探矿权人在勘查石油、天然气等流体矿产期间，需要试采的，应当向登记管理机关提交试采申请，经批准后可以试采 1 年。需要延长试采时间的，必须办理登记手续。

2）探矿权保留制度

探矿权人在勘查许可证有效期内探明可供开采的矿体后，经登记管理机关批准，可以停止相应区块的最低勘查投入，并可以在勘查许可证有效期届满的 30 日前，申请保留探矿权。但是，国家为了公共利益或者因技术条件暂时难以利用等情况，需要延期开采的除外。

保留探矿权的期限，最长不得超过 2 年；需要延长保留期的，可以申请延长 2 次，每次不得超过 2 年。保留探矿权的范围为可供开采的矿体范围。在停止最低勘查投入期间或者探矿权保留期间，探矿权人应当依照规定，缴纳探矿权使用费。探矿权保留期届满，勘查许可证应当予以注销。

13.4　矿业权的申请、转让与注销

13.4.1　矿业权的申请

13.4.1.1　探矿权的申请

1）探矿权申请人应提交的资料

探矿权申请人申请探矿权时，应当向登记管理机关提交下列资料：

（1）申请登记书和申请的区块范围图；

（2）勘查单位的资格证书复印件；

（3）勘查工作计划、勘查合同或者委托勘查的证明文件；

（4）勘查实施方案及附件；

（5）勘查项目资金来源证明；

（6）国务院地质矿产主管部门规定提交的其他资料。

2）石油、天然气滚动勘探开发的申请

申请石油、天然气滚动勘探开发的，应当向登记管理机关提交下列资料，经批准办理登记手续，领取滚动勘探开发的采矿许可证。

（1）申请登记书和滚动勘探开发矿区范围图；

（2）国务院计划主管部门批准的项目建议书；

（3）需要进行滚动勘探开发的论证材料；

（4）经国务院矿产储量审批机构批准进行石油、天然气滚动勘探开发的储量报告；

（5）滚动勘探开发利用方案。

申请勘查石油、天然气的，还应当提交国务院批准设立石油公司或者同意进行石油、天然气勘查的批准文件，以及勘查单位法人资格证明。

13.4.1.2　采矿权的申请

1）采矿权申请人应提交的资料

采矿权申请人在提出采矿权申请前，应当根据经批准的地质勘查储量报告，向登记管理机关申请划定矿区范围。需要申请立项，设立矿山企业的，应当根据划定的矿区范围，按照国家规定办理有关手续。采矿权申请人申请办理采矿许可证时，应当向登记管理机关提交下列资料：

  （1）申请登记书和矿区范围图；

  （2）采矿权申请人资质条件的证明；

  （3）矿产资源开发利用方案；

  （4）依法设立矿山企业的批准文件；

  （5）开采矿产资源的环境影响评价报告；

  （6）国务院地质矿产主管部门规定提交的其他资料。

  2）开采重要矿产资源和特定矿种的申请

  申请开采国家规划矿区或者对国民经济具有重要价值的矿区内的矿产资源，及国家实行保护性开采的特定矿种的，除应提交前述资料外，还应当提交国务院有关主管部门的批准文件。

  3）开采石油、天然气的申请

  申请开采石油、天然气的，除应提交前述资料外，还应当提交国务院批准设立石油公司或者同意进行石油、天然气开采的批准文件，以及采矿企业法人资格证明。

  4）中外合作开采矿产资源的申请

  中外合作开采矿产资源的，中方合作者应当在签订合同前，将合作的矿区范围、开采矿种、开发利用方案等资料报原发证机关复核并签署意见。在签订合同后，向原发证机关备案。

13.4.1.3　矿业权申请的受理时限

  1）探矿权申请的受理时限

  登记管理机关应当自收到申请之日起40日内，按照申请在先的原则作出准予登记或者不予登记的决定，并通知探矿权申请人。对申请勘查石油、天然气的，登记管理机关还应当在收到申请后及时予以公告或者提供查询。

  需要探矿权申请人修改或者补充资料的，登记管理机关应当通知探矿权申请人限期修改或者补充。准予登记的，探矿权申请人应当自收到通知之日起30日内，依照规定缴纳探矿权使用费、缴纳国家出资勘查形成的探矿权价款，办理登记手续，领取勘查许可证，成为探矿权人。不予登记的，登记管理机关应当向探矿权申请人说明理由。

  2）采矿权申请的受理时限

  登记管理机关应当自收到申请之日起40日内，作出准予登记或者不予登记的决定，并通知采矿权申请人。

  需要采矿权申请人修改或者补充资料的，登记管理机关应当通知采矿权申请人限期修改或者补充。准予登记的，采矿权申请人应当自收到通知之日起30日内，依照规定缴纳采矿权使用费和缴纳国家出资勘查形成的采矿权价款，办理登记手续，领取采矿许可证，成为采矿权人。不予登记的，管理机关应当向采矿权申请人说明理由。

13.4.1.4　矿业权证的时效及延续

  1）探矿权证的时效及延续

  矿产勘查许可证有效期最长为3年，石油、天然气勘查许可证有效期最长为7年。需要延长勘查工作时间的，探矿权人应当在勘查许可证有效期届满的30日前，到登记管理机关办理延续登记手续，每次延续时间不得超过2年。探矿权人逾期不办理延续登记手续的，勘查许可证自行废止。

  石油、天然气滚动勘探开发的采矿许可证有效期最长为15年，但是，探明储量的区块，应当申请办理采矿许可证。

  登记管理机关应当自颁发勘查许可证之日起10日内，将登记发证项目的名称、探矿权人、区块范围和勘查许可证期限等事项，通知勘查项目所在地的县级地质矿产管理部门。

  2）采矿权证的时效及延续

  采矿许可证有效期，按照矿山建设规模确定：大型以上的，采矿许可证有效期最长为30年；

中型的，采矿许可证有效期最长为 20 年；小型的，采矿许可证有效期最长为 10 年。采矿许可证有效期满，需要继续采矿的，采矿权人应当在采矿许可证有效期届满的 30 日前，到登记管理机关办理延续登记手续。采矿权人逾期不办理延续登记手续的，采矿许可证自行废止。

13.4.1.5　矿业权的变更

1）探矿权的变更

当探矿权人需要扩大或者缩小勘查区块范围的，改变勘查工作对象的，经依法批准转让探矿权的，探矿权人改变名称或者地址等需要变更探矿权的，探矿权人应当在勘查许可证有效期内，向登记管理机关申请变更登记。探矿权延续登记和变更登记，其勘查年度、探矿权使用费和最低勘查投入费连续计算。

2）采矿权的变更

当采矿权人需要变更矿区范围的，变更主要开采矿种的，变更开采方式的，变更矿山企业名称的，经依法批准转让采矿权的，采矿权人应当在采矿许可证有效期内，向登记管理机关申请变更登记。

13.4.1.6　违反规定的处罚

1）违反《矿产资源勘查区块登记管理办法》的处罚

县级以上地质矿产管理部门按照国务院地质矿产主管部门规定的权限，有权对以下行为作出处罚：

（1）未取得勘查许可证擅自进行勘查工作的，超越批准的勘查区块范围进行勘查工作的。责令停止违法行为，予以警告，可以并处 10 万元以下的罚款。

（2）未经批准，擅自进行滚动勘探开发、边探边采或者试采的。责令停止违法行为，予以警告，没收违法所得，可以并处 10 万元以下的罚款。

（3）擅自印制或者伪造、冒用勘查许可证的，没收违法所得，可以并处 10 万元以下的罚款；构成犯罪的，依法追究刑事责任。

（4）不按照本办法的规定备案，报告有关情况，拒绝接受监督检查或者弄虚作假的；未完成最低勘查投入的；已经领取勘查许可证的勘查项目，满 6 个月未开始施工，或者施工后无故停止勘查工作满 6 个月的。责令限期改正，逾期不改正的，处 5 万元以下的罚款；情节严重的，原发证机关可以吊销勘查许可证。

（5）不办理勘查许可证变更登记或者注销登记手续的，由登记管理机关责令限期改正，逾期不改正的，由原发证机关吊销勘查许可证。

（6）不按期缴纳本办法规定应当缴纳的费用的，由登记管理机关责令限期缴纳，并从滞纳之日起每日加收千分之二的滞纳金；逾期仍不缴纳的，由原发证机关吊销勘查许可证。

（7）违反本办法规定勘查石油、天然气矿产的，由国务院地质矿产主管部门按照本办法的有关规定给予行政处罚。

（8）探矿权人被吊销勘查许可证的，自勘查许可证被吊销之日起 6 个月内，不得再申请探矿权。

（9）登记管理机关工作人员徇私舞弊、滥用职权、玩忽职守，构成犯罪的，依法追究刑事责任；尚不构成犯罪的，依法给予行政处分。

2）违反《矿产资源开采登记管理办法》的处罚

县级以上地质矿产管理部门按照国务院地质矿产主管部门规定的权限，有权对以下行为作出处罚：

（1）任何单位和个人未领取采矿许可证擅自采矿的，擅自进入国家规划矿区和对国民经济具有重要价值的矿区范围采矿的，擅自开采国家规定实行保护性开采的特定矿种的，超越批准的矿区范围采矿的，由登记管理机关依照有关法律、行政法规的规定予以处罚。

（2）不按规定提交年度报告、拒绝接受监督检查或者弄虚作假的，责令停止违法行为，予以警告，可以并处 5 万元以下的罚款；情节严重的，由原发证机关吊销采矿许可证。

（3）破坏或者擅自移动矿区范围界桩或者地面标志的，责令限期恢复；违法行为情节严重的，处 3 万元以下的罚款。

（4）擅自印制或者伪造、冒用采矿许可证的，没收违法所得，可以并处 10 万元以下的罚款；构成犯罪的，依法追究刑事责任。

（5）不按期缴纳本办法规定应当缴纳的费用的，由登记管理机关责令限期缴纳，并从滞纳之日起每日加收千分之二的滞纳金；逾期仍不缴纳的，由原发证机关吊销采矿许可证。

（6）不办理采矿许可证变更登记或者注销登记手续的，由登记管理机关责令限期改正；逾期不改正的，由原发证机关吊销采矿许可证。

（7）违反本办法规定开采石油、天然气矿产的，由国务院地质矿产主管部门按照本办法的有关规定给予行政处罚。

（8）采矿权人被吊销采矿许可证的，自采矿许可证被吊销之日起 2 年内不得再申请采矿权。

（9）登记管理机关工作人员徇私舞弊、滥用职权、玩忽职守，构成犯罪的，依法追究刑事责任；尚不构成犯罪的，依法给予行政处分。

13.4.2　矿业权的转让

13.4.2.1　矿业权转让规定与审批权限

1）矿业权转让规定

（1）探矿权人有权在划定的勘查作业区内进行规定的勘查作业，有权优先取得勘查作业区内矿产资源的采矿权。

（2）探矿权人在完成规定的最低勘查投入后，经依法批准，可以将探矿权转让他人。

（3）已经取得采矿权的矿山企业，因企业合并、分立，与他人合资、合作经营，或者因企业资产出售以及有其他变更企业资产产权的情形，需要变更采矿权主体的，经依法批准，可以将采矿权转让他人采矿。

2）矿业权转让的审批权限

（1）国务院地质矿产主管部门负责由其审批发证的探矿权、采矿权转让的审批。

（2）省级地质矿产主管部门负责除国务院地质矿产主管部门负责审批发证的探矿权、采矿权转让审批以外的探矿权、采矿权转让的审批。

13.4.2.2　矿业权转让应具备的条件和应提交的材料

1）转让探矿权应当具备下列条件

（1）自颁发勘查许可证之日起满 2 年，或者在勘查作业区内发现可供进一步勘查或者开采的矿产资源；

（2）完成规定的最低勘查投入；

（3）探矿权属无争议；

（4）按照国家有关规定已经缴纳探矿权使用费、探矿权价款；

（5）国务院地质矿产主管部门规定的其他条件。

2）转让采矿权应当具备下列条件

（1）矿山企业投入采矿生产满 1 年；

（2）采矿权属无争议；

（3）按照国家有关规定已经缴纳采矿权使用费、采矿权价款、矿产资源补偿费和资源税；

（4）国务院地质矿产主管部门规定的其他条件。

国有矿山企业在申请转让采矿权前，应当征得矿山企业主管部门的同意。

3）国家出资矿业权的转让条件

转让国家出资勘查所形成的探矿权、采矿权的，必须进行评估。探矿权、采矿权转让的评估工作，由国务院地质矿产主管部门会同国务院国有资产管理部门认定的评估机构进行，评估结果由国务院地质矿产主管部门确认。

4）矿业权受让人条件

探矿权或者采矿权转让的受让人，应当符合《矿产资源勘查区块登记管理办法》或者《矿产资源开采登记管理办法》规定的有关探矿权申请人或者采矿权申请人的条件。

5）转让矿业权应提交的材料

探矿权人或者采矿权人在申请转让探矿权或者采矿权时，应当向审批管理机关提交下列资料：

（1）转让申请书；

（2）转让人与受让人签订的转让合同；

（3）受让人资质条件的证明文件；

（4）转让人具备本办法第五条或者第六条规定的转让条件的证明；

（5）矿产资源勘查或者开采情况的报告；

（6）审批管理机关要求提交的其他有关资料。

国有矿山企业转让采矿权时，还应当提交有关主管部门同意转让采矿权的批准文件。

13.4.2.3 矿业权转让的审批时限与许可证有效期限的计算方法

1）矿业权转让的审批时限

申请转让探矿权、采矿权的，审批管理机关应当自收到转让申请之日起40日内，作出准予转让或者不准转让的决定，并通知转让人和受让人。准予转让的，转让人和受让人应当自收到批准转让通知之日起60日内，到原发证机关办理变更登记手续；受让人按照国家规定缴纳有关费用后，领取勘查许可证或者采矿许可证，成为探矿权人或者采矿权人。批准转让的，转让合同自批准之日起生效。不准转让的，审批管理机关应当说明理由。

2）勘查许可证、采矿许可证有效期限的计算方法

探矿权、采矿权转让后，勘查许可证、采矿许可证的有效期限，为原勘查许可证、采矿许可证的有效期减去已经进行勘查、采矿的年限的剩余期限。

13.4.2.4 违反《探矿权采矿权转让管理办法》的处罚规定

（1）未经审批管理机关批准，擅自转让探矿权、采矿权的，由登记管理机关责令改正，没收违法所得，处10万元以下的罚款；情节严重的，由原发证机关吊销勘查许可证、采矿许可证。

（2）以承包等方式擅自将采矿权转给他人进行采矿的，由县级以上地质矿产管理部门按照国务院地质矿产主管部门规定的权限，责令改正，没收违法所得，处10万元以下的罚款；情节严重的，由原发证机关吊销采矿许可证。

（3）审批管理机关工作人员徇私舞弊、滥用职权、玩忽职守，构成犯罪的，依法追究刑事责任；尚不构成犯罪的，依法给予行政处分。

13.4.3 矿业权的注销

1）探矿权的注销

当出现勘查许可证有效期届满，不办理延续登记或者不申请保留探矿权的，已申请采矿权的，因故需要撤销勘查项目的情况时，探矿权人应当在勘查许可证有效期内，向登记管理机关递交勘查项目完成报告或者勘查项目终止报告，报送资金投入情况报表和有关证明文件，由登记管理机关核定其实际勘查投入后，办理勘查许可证注销登记手续。勘查许可证自注销之日起90日内，原探矿权人不得再申请已经注销的区块范围内的探矿权。登记管理机关需要调查勘查投入、勘查工作进展情况，探矿权人应当如实报告并提供有关资料。对探矿权人要求保密的申请登记资料、勘查工作成

果资料和财务报表，登记管理机关应当予以保密。

2）采矿权的注销

采矿权人在采矿许可证有效期内或者有效期届满，停办、关闭矿山的，应当自决定停办或者关闭矿山之日起 30 日内，向原发证机关申请办理采矿许可证注销登记手续。

主要参考文献

《采矿手册》编委会.1991.采矿手册.北京：冶金工业出版社

曹新志、刘增洁.1998.我国利用国内外两种矿产两个市场的现状与问题.国外地质科技，（1）：52

曹清华.2009.矿产勘查开发挑战与机遇并存.中国国土资源报.2009.2.19

常子恒主编.2001.石油勘探开发技术，北京：石油工业出版社

陈毓川、李庭栋、彭齐鸣编著.1999.矿产资源与可持续发展.北京：中国科学技术出版社

陈毓川主编.1999.中国主要成矿区带矿产资源远景评价.北京：地震出版社

陈毓川.1999.当代矿产资源勘查评价的理论与方法.北京：地震出版社

陈毓川等著.2007.中国成矿体系与区域成矿评价.北京：地质出版社

程裕淇、向绀熙.1996.再论最大限度地合理开发和利用矿产资源，中国地质，（3）：9

陈战杰.2009."走出去"要注意防范风险.中国国土资源报.2009.4.29

戴自希、王家枢.2004.矿产勘查百年.北京：地震出版社

杜乐天等.1982.花岗岩型铀矿论文集.北京：原子能出版社

国家质量技术监督局.1999.《固体矿产资源/储量分类》（GB/T17766－1999）.北京：中国标准出版社

国土资源部信息中心.2007.2005～2006世界矿产资源年评.北京：地质出版社

国土资源部矿产资源储量司.2000.矿产资源储量计算方法汇编.北京：地质出版社

国土资源部矿产资源储量司.2003.固体矿产地质勘查规范的新变革.北京：地质出版社

国土资源部油气中心、中国石油、中国石化等.2008.石油、天然气、煤层气、油页岩、油砂资源评价成果.中国国土资源报.2008.8.18

《当代中国》丛书编辑委员会.1990.当代中国的地质事业.北京：中国社会科学出版社

侯德义.1984.找矿勘探地质学.北京：地质出版社

郝太平编著.2008.固体矿产探采选概论.北京：中国大地出版社

金永铎.1996.矿产综合利用现状及发展方向.中国地质，（3）：28

《浸矿技术》编委会.1994.浸矿技术.北京：原子能出版社

《矿产工业要求参考手册》编辑委员会编.1987.矿产工业要求参考手册（修订本）.北京：地质出版社

《矿产资源综合利用手册》编辑委员会编.2000.矿产资源综合利用手册.北京：科学技术出版社

《矿业权评估指南》修订小组.2004.矿业权评估指南.北京：中国大地出版社

黎文清主编.1999.油气田开发地质基础.北京：石油工业出版社

李宝祥主编.1992.金属矿床露天开采.北京：冶金工业出版社

李斌、吴晶晶.2005.我国海洋矿产地是战略性资源接替区.国土资源新闻网.2005年9月27日

李德成主编.1988.采矿概论.北京：冶金工业出版社

李家驹.1988.实用矿床技术经济评价.桂林：广西师范大学出版社

李乐书.1998.略论矿业权价值评估.中国地质，（9）：14～16

李守义、叶松青.2003.矿产勘查学（第二版）.北京：地质出版社

李万亨.2000.矿业权评估概论.北京：地质出版社

李晓峰.2009.法律视角下的境外矿业项目收购.中国国土资源报.2009.4.29

李尚远等编著.1997.铀、金、铜矿石堆浸原理与实践.北京：原子能出版社

李章大.2008.服务拉动内需.可资源化开发尾矿废石.中国国土资源报.2008.12.11

林国琪、赵洪亮主编.1993.堆浸法提金工艺与设计.沈阳：东北大学出版社

刘石年.1993.成矿预测学.长沙：中南工业大学出版社

刘燕君.1991.遥感找矿的原理和方法.北京：冶金工业出版社

卢作祥、范永香、刘辅臣.1989.成矿规律与成矿预测学.武汉：中国地质大学出版社

罗梅．2003．黄金选冶与首饰加工．北京：中国科学文化出版社

罗梅．1999．加速发展地浸与堆浸技术开发我国的矿产资源．铀矿地质．15（4）：193～197

毛彬．天然气水合物开发的利与弊．中国海洋报．第1274期

孟祥化．1978．沉积建造及其共生矿床分析．北京：地质出版社

潘家华、刘淑琴．1995．大洋固体矿产富钴锰结壳研究进展．见：当代地质科学技术进展．武汉：中国地质大学出版社，16～23

彭齐鸣．2009．地质勘查业：机遇与挑战并存．中国国土资源报．2009.4.29

裴荣富等．1997．金属成矿省演化与特大型矿床．矿物岩石地球化学通讯，（3）：163～168

芮宗瑶、黄崇轲、齐国明、徐珏、张洪涛．1984．中国斑岩铜（钼）矿床．北京：地质出版社

斯米尔诺夫 B. И. 矿床地质学翻译组译．1985．矿床地质学．北京：地质出版社

苏现波、陈江峰、孙俊民、程昭斌等．2001．煤层气地质学与勘探开发．北京：科学出版社

涂光炽．1989．关于超大型矿床寻找和理论研究．矿床地质，16（2）：169～170

王海峰主编．1998．原地浸出采铀技术与实践．北京：原子能出版社

王海峰、谭亚辉、杜远斌、苏学斌．2002．原地浸出采铀井场工艺．北京：冶金工业出版社

王绍伟、刘树臣等．2006．21世纪初期国外矿产勘查形势与发现．北京：地质出版社

尚福山．2009．海外矿产开发宜取方式种种．中国国土资源报．2009.4.29

肖克炎、张晓华、王四龙等．1999．GIS矿产资源评价的几种模型．见：当代矿产资源评价的理论与方法．北京：地震出版社

徐增亮、隆盛银主编．1990．铀矿找矿勘探地质学．北京：原子能出版社

阳正熙编．2005．矿产资源勘查学．北京：科学技术出版社

曾绍金．1996．贯彻《矿产资源法》推进勘查成果有偿使用．中国地质，（3）：13～15

翟裕生等．1997．大型构造与超大型矿床．北京：地质出版社

翟裕生等．1999．区域成矿学．北京：地质出版社

张金带．2000．铀矿储量与储量计算中几个问题探讨．铀矿地质，v16. n3，171～179

张明朴主编．1994．氰化炭浆法提金生产技术．北京：冶金工业出版社

张钦礼、王新民、刘保卫．2007．矿产资源评估学．长沙：中南大学出版社

张万林．1987．铀矿地质简明教程．北京：原子能出版社

张应红、齐亚彬、许史兴、王文等．1991．矿床技术经济评价方法与参数．北京：地震出版社

赵鹏大、李万亨等．1988．矿床勘查与评价．北京：地质出版社

赵鹏大等．2003．非传统矿产资源概论．北京：地质出版社

赵鹏大主编．2006．矿产勘查理论与方法．武汉：中国地质大学出版社

赵希刚、田发旺、李继安．2001．可地浸砂岩型铀矿储量计算中物探参数研究．西北铀矿地质，v27，n1，17～24

中国地质矿产信息研究院．1993．中国矿产．北京：中国建材工业出版社

中华人民共和国地质矿产行业标准．固体矿产勘查/矿山闭坑地质报告编写规范（DZ/T 0033－2002）．北京：地质出版社

中华人民共和国地质矿产行业标准．固体矿产勘查报告格式规定（DZ/T 0131－1994）．北京：地质出版社

中华人民共和国地质矿产行业标准．铁、锰、铬矿地质勘查规范（DZ/T 0200－2002）．北京：地质出版社

中华人民共和国地质矿产行业标准．铜、铅、锌、银、镍、钼矿地质勘查规范（DZ/T 0214－2002）．北京：地质出版社

中华人民共和国地质矿产行业标准．钨、锡、汞、锑矿产地质勘查规范（DZ/T 0201－2002）．北京：地质出版社

中华人民共和国地质矿产行业标准．铀矿地质勘查规范（DZ/T 0199－2002）．北京：地质出版社

中华人民共和国地质矿产行业标准．岩金矿地质勘查规范（DZ/T 0205－2002）．北京：地质出版社

中华人民共和国国务院令（第240号）（1998年2月12日）发布《矿产资源勘查区块登记管理办法》

中华人民共和国国务院令（第241号）（1998年2月12日）发布《矿产资源开采登记管理办法》

中华人民共和国国务院令（第242号）（1998年2月12日）发布《探矿权采矿权转让管理办法》

中华人民共和国国务院1987年4月29日发布《矿产资源监督管理办法》

中华人民共和国国务院令（第150号）（1994年2月27日）发布《矿产资源补偿费征收管理规定》

中华人民共和国主席令（第74号）（1996年8月29日）发布《中华人民共和国矿产资源法》

中华人民共和国国家标准．2002．固体矿产地质勘查规范总则（GB/T 13908－2002），北京：中国标准出版社

中华人民共和国核行业标准.2002.地浸砂岩型铀矿地质勘查规范（EJ/T 1157－2002）.北京：国防科学技术工业委员会（发布）

中华人民共和国核行业标准.2006.地浸砂岩型铀矿资源/储量估算指南（EJ/T 1214－2006）.北京：国防科学技术工业委员会（发布）

中华人民共和国国土资源部.2007.2007中国国土资源统计年鉴.北京：地质出版社

中国人民武警部队黄金指挥部编著.1989.砂金矿勘查工作手册.北京：原子能出版社

仲伟志、曾绍金.2001.矿业权评估指南.北京：中国大地出版社

周玉琦、易荣龙、舒文培、何治亮等.2004.中国石油与天然气资源.武汉：中国地质大学出版社

朱训.2003.找矿哲学教程.北京：中国大地出版社.175～213

朱裕生、肖克炎等.1997.成矿预测方法.北京：地质出版社

［美］弗·索金斯著，曹开春、谢振忠译.1987.金属矿床与板块构造.北京：地质出版社

A. N. 卡勃罗科夫等著，刘俊生等译，铀矿床地球化学探矿方法.1973.北京：原子能出版社

Annels A E. 1991. Mineral deposit evaluation. London：Chapman and Hall：96～158

Bell P D et al. 2004. Geology of the gold deposits of the Yanacocha district, N, Peru. The AusIMM Bull., N. 4, 69～70

Morse D E et al. 2000. Mineral and materials in the 20th century－A review, U. S. Geological Survey Minerals Yearbook－2000

Ericsson M et al. 2005. A note on minerals-based sustainable development：One viable alternative. Minerals and Energy, V. 20, N. 1, 29～39

Penney S R et al. 2004. The global distribution of zinc mineralization. An analysis based on a new zinc deposits database. Applied Earth Science（Trans. IMM, Sect. B）, V. 113, N. 3, 171～182

Singer D A et al. 2005. Porphyry copper deposit density. Economic Geology, V. 100, N. 3, 491～514

Wilburn D R. 2006. Exploration review. Mining Engineering, V. 58, N. 5, 37～47

Yang Z P. 1999. Resource assessment of urarium deposits in the world. ［M］

附录1

矿产地质勘查报告编写提纲

（据我国《固体矿勘查/矿山闭坑地质报告编写规范》DZ/T0033—2002）

（一）矿产地质勘查报告编写准则和要求

1　矿产地质勘查报告的性质和用途

矿产地质勘查报告是综合描述矿产资源/储量的空间分布、质量、数量，论述其控制程度和可靠程度，并评价其经济意义的说明文字和图表资料，是对勘查对象调查研究的成果总结。地质勘查报告可作为矿山建设设计或对矿区进一步勘查的依据，也可作为以矿产勘查开发项目公开发行股票及其他方式筹资或融资时，以及探矿权或采矿权转让时有关资源储量评审认定的依据。

2　矿产地质勘查报告编写基本准则

2.1　矿产勘查分为预查、普查、详查、勘探四个阶段，每一勘查阶段工作结束，应编写相应的地质勘查报告。勘查投资人确定各阶段连续工作，不编写中间报告的，应在该勘查项目结束时以全部勘查资料编写报告。勘查期间所放弃的勘查区块，应以放弃区块内已取得的资料为基础编写该放弃区块的报告。因项目中途撤销而停止地质勘查工作的，应在已取得资料的基础上编写地质勘查报告。

2.2　地质勘查报告必须客观、真实、准确地反映勘查工作所取得的各项资料和成果。其编写的基础是：地质勘查工作符合矿产地质勘查规范总则，有关矿种地质勘查规范及其他有关规范的技术要求；已取全、取准第一性资料，并经过了综合研究。

2.3　地质勘查工作与项目可行性评价应紧密结合，地质勘查报告中应包括地质勘查和可行性评价工作。可行性评价分为概略研究、预可行性研究、可行性研究三个阶段。评价程度为概略研究的，由勘查单位直接编入报告；评价程度为预可行性研究或可行性研究的，应在勘查报告中引述该项目预可行性研究报告或可行性研究报告的主要结论。

2.4　地质勘查报告的内容要有针对性、实用性和科学性，原始数据资料准确无误，研究分析简明扼要，结论依据可靠。要力求做到图表化、数据化。资源/储量的估算应采用计算机技术，提倡针对勘查工作的实际和适用条件，采用成熟的并经审定的新估算方法。提倡采用计算机技术编写报告。

2.5　地质勘查工作应按照有关地质勘查规范对各勘查阶段的要求（或勘查合同的约定）部署工作，并取得相应阶段的各项勘查数据资料。本标准所附矿产地质勘查报告编写提纲适用于勘探阶段，在勘查程度达不到勘探阶段的情况下使用该编写提纲时，可根据实际需要对所列项目进行增减、取舍，但所取得的勘查数据资料及有关文件必须全部进入报告，不应遗漏。

3　矿产地质勘查报告编写要求

3.1　地质勘查野外工作结束前，应按照有关规范和勘查设计的要求，由勘查投资人或勘查单位上级主管部门组织，对勘查工作区的工作程度和第一性资料的质量进行野外检查验收。检查验收中发现的重大问题，应责成勘查单位在报告编写前解决。未经野外验收，不应进行报告编写。

3.2　在地质勘查报告编写前，报告编写技术负责人应结合矿种特点、勘查工作区实际情况以及勘查投资人的具体要求（供矿山建设设计的报告还应听取矿山设计单位意见），以（DZ/T0033－2002）标准附录 A 为基础进行增减、取舍，拟定切合实际的报告编写提纲，送勘查投资人批准。批准后的报告提纲在使用中如须作重大变动，应将变动后的提纲送勘查投资人审核同意。

3.3　报告编写技术负责人根据批准的报告编写提纲组织编写工作，应制定出工作计划，并在执行过程中随时检查，发现问题及时解决，保证报告编写按时完成。报告编写中，应定期进行质量检查，对需研究的各类问题，应及时组织讨论，统一认识，将结果准确客观地反映在报告中，但属于学术上的不同观点不需在报告中论述。

3.4　地质勘查报告应由报告正文、附图、附表、附件组成。矿业权人为保守商业秘密或适应政府的地质资料汇交管理的需要，可酌情将正文内容合理分册编写，每册单独装订。

3.5　地质勘查报告名称统一为××省（市、自治区）××县（市、旗或矿田、煤田）××矿区（矿段、井田）××矿（指矿种名称）××（勘查阶段名称）报告。报告附图的图式、图例、比例尺等按照有关技术标准执行。

3.6　勘查工作中形成的原始资料，由报告编写技术负责人组织，按照有关技术标准的要求立卷归档。地质勘查报告按照政府有关矿产资源储量评审认定的规定，经初审后送交评审认定。并由报告编写技术负责人按照评审中提出的修改意见组织对报告的修改。评审认定后复制的报告，按照政府有关地质资料汇交的规定进行汇交。

3.7　地质勘查报告经评审认定后，应将评审认定文件作为附件附于报告中。

（二）矿产地质勘查报告编写提纲

1　绪论

1.1　勘查目的和任务

简述勘查目的和投资人、矿山设计单位对勘查工作的具体要求。

1.2　勘查工作区位置、交通

说明勘查工作区的区块编号、勘查范围和拐点经纬度、矿区位于所在县级城市的方位、直距、矿区边界和面积，经过矿区或邻近的（现有的或拟建的）铁路、公路、水路等重要交通线以及矿区距最近的车站、码头、机场的里程（直距、运距）。

1.3　勘查工作区自然地理、经济状况

概述矿区地形地貌主要特征、类型、绝对高度和相对高度，主要河流的最低侵蚀基准面、丰（枯）水期流量及最高洪水位等。根据有代表性的气象资料，说明矿区的气候特征、气温变化、降雨量、暴雨强度、蒸发量、相对湿度、风力、风向、雷电情况、雨季和冰冻期、冻土层深度等。说明区内的地震烈度，概述滑坡、泥石流等地质灾害情况。

简述区内经济概况，包括燃料、电力、供水水源、建筑材料、工业、农业、牧业、人口等。应说明供水水源地、电网名称、矿区距水源地、电网距离及供水、供电满足程度。

1.4　以往工作评述

简述矿床的发现，从发现至本次勘查所进行的地质、物探、化探等各项工作，按时间先后简述其工作情况、投入主要工作量、取得的主要地质成果等，并对其成果质量和勘查、研究程度进行评述。如属已开采的勘查矿区，应阐明矿山生产建设的规模、生产概况、累计采出矿量及已消耗的资源/储量。

1.5 本次工作情况

说明工作的起讫年月、简要经过、完成的各项实物工作量（插表）、投入资金总额、取得的主要地质成果、矿床类型及简要地质特征、总计资源/储量、首采区范围、开发前景。按不同的类型列出资源/储量表，并列出其平均品位（按国家规定应保密的矿种不必列本表）。

2 区域地质

以1:5万比例尺的区域地质调查资料（1:5万比例尺未做地区，可用1:20万比例尺区调资料）为基础，简明扼要地说明矿床在区域构造中的位置，区域内对矿田（床）成因有影响的主要地层及岩浆岩种类、特征及分布、主要构造的特征及分布。

3 矿区（床）地质

详细说明矿区（床）所在范围内，对成矿作用有影响和对矿体有破坏作用的地层、构造、岩浆活动、变质作用、围岩蚀变；赋矿层位及矿化等特征。

4 矿体（层）地质

4.1 矿体（层）特征

综合叙述矿体（层）的总数目、总厚度、含矿率、空间分布范围、分布规律及相互关系等。分别说明主要工业矿体（层）的赋矿岩石、空间位置、形态、产状、长度、宽度（延深）、厚度、沿走向和倾向的变化规律、连接对比的依据和可靠程度、成矿后断层对矿体连接的影响。矿体（层）多时，小矿体特征可列插表说明。

4.2 矿石质量

按矿石性质分带（氧化带、混合带、原生带），分别说明矿石的结构、构造、矿物成分、有用矿物的含量、有用矿物的粒度、晶粒形态、嵌布方式、结晶世代、矿物生成顺序和共生关系；说明矿石的化学成分，主要有用组分和伴生有用、有益、有害组分的含量、赋存状态和变化规律等。对于以物理机械性能为主要评价指标的矿产，则应对其物理机械性能进行详细沦述。

4.3 矿石类型和品级

阐述矿体氧化带、混合带、原生带的分布范围。说明矿石的自然类型、工业类型、工业品级种类以及划分的原则和依据。对选冶性能有明显差异的各类矿石，应详细说明其所占比例和空间分布规律。

4.4 矿体（层）围岩和夹石

说明主要矿体（层）上下盘围岩的种类，近矿围岩的矿物成分、有用、有益和有害组分的大致含量、蚀变情况及其与矿体（层）的接触关系；说明矿体（层）内夹石（层）的岩性种类、分布规律、数量、有用、有益和有害组分的大致含量、夹石（层）对矿体完整性的影响程度。

4.5 矿床成因及找矿标志

简述矿床成因、成矿控制因素、矿化富集规律和找矿标志，指出矿区远景及找矿方向。

4.6 矿区（床）内共（伴）生矿产综合评价

对于在勘查主矿体的同时综合勘查的共生矿产、伴生矿产，应进行综合评价，说明其综合勘查的程度、规模、分布规律、矿石质量特征等。

5 矿石加工技术性能

5.1 采样种类、方法及其代表性

说明各种类型矿石加工试验样品的采样目的、要求（包括投资人、矿山设计单位对试验种类和数量的要求）、采样种类、采样方法、采样的工程种类及编号、样点的数目，并从矿石类型、样品空间分布、品位等方面评述样品的代表性。

5.2　试验种类、方法及结果

说明各种类型矿石加工技术试验种类，采用的加工、选矿方法及试验流程，并叙述所取得的各项试验成果。

5.3　矿石工业利用性能评价

根据矿石加工技术试验结果，做出矿石可选（冶）性能和工业利用性能的评价，说明矿石中有用组分回收利用和有害杂质处理的可能性，提出共（伴）生组分综合利用的途径。

对于矿石类型简单、或属于已开发矿床的深部（或走向）延伸部分矿体的勘查，矿石类型和已开发部分一致或相似，不需进行选冶试验，仅与邻近同类型生产矿山进行矿石类型、结构构造、物质成分等实际资料进行对比的，应对其矿石可选（冶）性、综合回收利用情况进行说明。

6　矿床开采技术条件

6.1　水文地质

6.1.1　简述矿区所处水文地质单元的位置；矿区地形地貌、水文气象特征；地下水的补给、径流、排泄条件，矿床最低侵蚀基准面和矿井最低排泄面标高。

6.1.2　论述矿床开采疏干排水影响范围内各含（隔）水层的岩性、厚度、分布、岩溶裂隙发育程度；主要充（含）水层的富水性、导水性、水头高度、水质、水量、水温、补给条件及其与相邻含水层和地表水体的水力联系程度；构造破碎带、风化裂隙带及岩溶的发育程度、分布、含（导）水性及其对矿床充水的影响；地表水、老窿水对矿床充水的影响程度。

6.1.3　预测矿坑涌水量。确定矿床的充水因素及其水文地质边界，建立水文地质模型，选择合理的计算方法及水文地质参数，计算矿坑第一开拓水平的正常和最大涌水量，估算矿坑最低开拓水平的涌水量，并对水量可靠性进行评述，推荐作为矿山开采设计的矿坑涌水量。

6.1.4　矿区供水水源评价。对矿坑水的排供结合与综合利用的可能性及矿区内可作为供水水源的地表水、地下水、地热水、矿泉水的水质、水量进行初步评价。如矿区内不存在可作为供水的水源地，则应指出供水方向，并提出进一步工作的意见。对盐类矿床上、下可能存在的卤水资源也应进行评价。

6.2　工程地质

6.2.1　论述矿体（层）围岩的岩性特征、结构类型、风化蚀变程度、物理力学性质及各种软弱夹层的岩性、厚度、分布及其物理力学和水理性质；统计各类岩石的 RQD 值（岩石质量指标），评述岩体的质量；论述矿床范围内，特别是对矿床开采、工业场地布置有影响的断裂（破碎带）的规模、性质及分布、充填物的性质和胶结程度，坑内开采的矿床应论述矿体及其近矿围岩的节理的规模、产状、充填物的性质、节理密度、各类结构面（层面、节理裂隙面、断裂面、软弱层面）的组合关系，评述岩体的稳定性；论述风化带深度和岩溶发育带的发育深度，矿区内各类不良自然现象及工程地质问题，提出防治意见。

6.2.2　结合矿床（可能）的开拓方案，对矿体及其顶底板岩石的稳固性、露天采场边坡的稳定性以及矿床的工程地质条件做出综合评价，预测可能出现的主要工程地质问题，提出防治意见。

6.3　环境地质

6.3.1　阐明矿区及其附近地震活动历史、地震烈度、地形地貌条件及新构造特征，对矿区的稳定性做出评价；评述矿区目前存在的崩塌、滑坡、泥石流等地质灾害和环境污染问题。

6.3.2　依据各种自然地质作用和采矿活动对地质环境可能造成的破坏和影响程度，评述矿区地质环境质量。

6.3.3　对矿床开采中可能引起的区域地下水位下降、山体开裂、滑坡、泥石流、地表沉降和塌陷、地表水及地下水的污染、放射性及其他有害物质的污染等环境地质问题进行预测评价，提出防治意见。

6.3.4　煤矿应叙述井内瓦斯、煤尘和煤的自燃等方面的基本测试结果，结合井田地质条件和井田内邻近生产矿井的有关资料，分析其变化规律，评述其对未来矿井的建设、生产可能产生的影响。

6.3.5　深埋矿床和地温异常矿床，应叙述井田、矿床的地温状况，恒温带深度、温度、地温梯度及变化；高温区的分布范围与分级、地温背景、热源。

6.3.6　放射性本底值较高的矿床，应对放射性背景值及其变化规律进行论述，划出对人体有危害的高背景值区。

7　勘查工作及其质量评述

7.1　勘查方法及工程布置

说明勘查类型、勘查手段、方法的选择、勘查工程布置原则、工程间距的确定及依据。对矿体（层）的厚度、矿石品位、矿产资源/储量等进行数值和变化系数的计算，或进行地质统计学方法的分析，说明使用的勘查工程间距对矿体（层）的控制程度，以及所采用的工程间距的合理性。

7.2　勘查工程质量评述

说明钻孔结构、岩矿心直径及其合理性；钻孔孔斜和方位角测定所采用的仪器及测量方法和质量评述；孔深校正、岩矿心采取的质量评述；钻孔封孔方法、封孔质量检查及评述；孔口立桩标记及钻探班报表质量、岩矿心管理工作评述；简易水文观测及其质量评述；水文地质孔的止水、抽水试验质量评述；地下水动态长期观测工作质量评述。

说明槽、井、坑探工程规格、质量，评述其取得的地质效果。对质量存在问题，但又参与资源/储量估算的工程，应逐一进行质量评述。

7.3　地形测量，地质勘查工程测量及其质量评述

简述控制测量的等级和实测精度；采用的平面坐标和高程系统；地形测量的成图方法及质量。简述地质勘查工程的测量方法及质量。

7.4　地质填图工作及其质量评述

说明矿区地质图和地质剖面的测制方法及其精度。

7.5　物探、化探工作及其质量评述

简述地面物探、化探的工作方法、工作量、资料处理和地质解释方法、主要成果并做出质量评述。

说明测井的工作方法、工作量、地质解释方法、主要成果并做出质量评述。

7.6　采样、化验和岩矿鉴定工作及其质量评述

说明光谱分析、全分析、基本分析、组合分析、物相分析等样品的采集方法、规格及其确定的依据；采样工作质量及样品的代表性；采样工作的检查结果。样品加工及 K 值（缩分系数）选择的依据。

各种化验分析内检、外检情况及质量评述。岩矿鉴定工作质量评述。自然重砂、人工重砂、单矿物、同位素年龄及稳定同位素（包括硫、铅、锶等）组成样、精矿样品等的加工、分析、鉴定工作质量的评述。

水样、岩矿物理力学性质测试样的采样、测试及其质量评述。

8　资源/储量估算

8.1　资源/储量估算的工业指标

说明有关工业指标的文件、文号，引述工业指标的内容。

8.2　资源/储量估算方法的选择及其依据

从矿体的形态、产状及勘查工程的布置方式等方面论述所选择的资源/储量估算方法的合理性及其依据，并阐述该方法的主要计算公式。

8.3　资源/储量估算参数的确定

论述参与资源/储量估算的面积、体积质量（体重）、单工程平均品位、块段平均品位、矿床平均品位、特高品位、矿体平均厚度等参数的测定、计算和处理方法。

8.4　矿体（层）圈定的原则

说明根据矿床地质特征、成矿控制因素及矿化规律等所确定的矿体圈定和连接、内外推的原则。

8.5　资源/储量的分类

根据矿体的勘查控制程度、地质可靠程度、可行性评价结果，对勘查工作所获得的资源/储量进行分类，说明各类型资源/储量的具体划分条件及其在地质空间的分布。

8.6　资源/储量估算结果

说明各种类型资源/储量估算结果、总资源/储量，各类型资源/储量所占矿床总资源/储量的比例。资源/储量估算结果可用附（插）表说明。

8.7　资源/储量估算的可靠性

抽取一定数量的块段用其他方法进行验算，根据验算结果来评述资源/储量估算的可靠程度。

8.8　共（伴）生矿产的资源/储量估算方法及结果

分别说明各种共（伴）生矿产的取样方法、基本分析或组合样数目，块段平均品位、矿床平均品位的计算方法、资源/储量估算方法及结果。资源/储量估算结果可用插表说明。

8.9　资源/储量估算中需要说明的问题

9　矿床开发经济意义概略研究

9.1　论述国内、外资源状况，市场供求、市场价格及产品竞争能力。

9.2　概述矿床的资源储量、矿石加工技术性能及矿床开采技术条件。

9.3　概述供水、供电、交通运输、原料及燃料供应、建筑材料来源及其他外部条件的概况。

9.4　简要说明未来矿山生产规模、服务年限及产品方案。

9.5　简要说明预计的开采方式、开拓方式、采矿方法、选矿方法、选矿流程等。

9.6　论述评价方法的选择及技术经济指标（类似企业的经验指标或扩大指标）的选取。

9.7　经济效益计算（附有关表格）及敏感性分析。

9.8　简要说明企业经济效益和社会效益、环境保护问题。

9.9　对建设项目进行综合评价，确定矿床开发有无投资机会、是否需要进一步勘查、是否制定长远规划或工程建设规划。

10　结　论

10.1　对矿床勘查控制程度、地质报告资料的完备程度及其质量等做出概括的、结论性的评述。

10.2　总结矿床成矿基本规律，做出远景评价。

10.3　评价开采技术条件和地质环境问题。

10.4　指出矿床开采的经济效果。

10.5　总结地质工中的主要经验教训及存在问题。

10.6　提出对今后生产地质勘查和矿山开采的建议。

注：结论之后附照片图版，照片图版也可单独成册。

附录 2

矿区矿产资源储量规模划分标准

序号	矿种名称	单位	规 模		
			大型	中型	小型
1	煤				
	（煤田）	原煤（10^8 t）	≥50	10～50	<10
	（矿区）	原煤（10^8 t）	≥5	2～5	<2
	（井田）	原煤（10^8 t）	≥1	0.5～1	<0.5
2	油页岩	矿石（10^8 t）	≥20	2～20	<2
3	石油	原油（10^8 t）	≥10000	1000～10000	<1000
4	天然气	气量（10^8 m^3）	≥300	50～300	<50
5	铀				
	（地浸砂岩型）	金属（t）	≥10000	3000～10000	<3000
	（其他类型）	金属（t）	≥3000	1000～3000	<1000
6	地热	电（热）能（兆瓦）	≥50	10～50	<10
7	铁				
	（贫矿）	矿石（10^8 t）	≥1	0.1～1	<0.1
	（富矿）	矿石（10^8 t）	≥0.5	0.05～0.5	<0.05
8	锰	矿石（10^4 t）	≥2000	200～2000	<200
9	铬铁矿	矿石（10^4 t）	≥500	100～500	<100
10	钒	V$_2$O$_5$（10^4 t）	≥100	10～100	<10
11	钛				
	（金红石原生矿）	TiO$_2$（10^4 t）	≥20	5～20	<5
	（金红石砂矿）	矿物（10^4 t）	≥10	2～10	<2
	（钛铁矿原生矿）	TiO$_2$（10^4 t）	≥500	50～500	<50
	（钛铁矿砂矿）	矿物（10^4 t）	≥100	20～100	<20
12	铜	金属（10^4 t）	≥50	10～50	<10
13	铅	金属（10^4 t）	≥50	10～50	<10
14	锌	金属（10^4 t）	≥50	10～50	<10
15	铝土矿	矿石（10^4 t）	≥2000	500～2000	<500
16	镍	金属（10^4 t）	≥10	2～10	<2
17	钴	金属（10^4 t）	≥2	0.2～2	<0.2
18	钨	WO$_3$（10^4 t）	≥5	1～5	<1
19	锡	金属（10^4 t）	≥4	0.5～4	<0.5
20	铋	金属（10^4 t）	≥5	1～5	<1
21	钼	金属（10^4 t）	≥10	1～10	<1
22	汞	金属（t）	≥2000	500～2000	<500
23	锑	金属（10^4 t）	≥10	1～10	<1
24	镁				
	（冶镁白云岩）（冶镁菱镁矿）	矿石（10^4 t）	≥5000	1000～5000	<1000
25	铂族	金属（t）	≥10	2～10	<2
26	金				
	（岩金）	金属（t）	≥20	5～20	<5
	（砂金）	金属（t）	≥8	2～8	<2
27	银	金属（t）	≥1000	200～1000	<200

序号	矿种名称		单位	规　模		
				大型	中型	小型
28	铌					
		(原生矿)	Nb_2O_5 (10^4t)	≥10	1~10	<1
		(砂矿)	矿物 (t)	≥2000	500~2000	<500
29	钽					
		(原生矿)	Ta_2O_5 (t)	≥1000	500~1000	<500
		(砂矿)	矿物 (t)	≥500	100~500	<100
30	铍		BeO (t)	≥10000	2000~10000	<2000
31	锂					
		(矿物锂矿)	Li_2O (10^4t)	≥10	1~10	<1
		(盐湖锂矿)	LiCl (10^4t)	≥50	10~50	<10
32	锆 (锆英石)		矿物 (10^4t)	≥20	5~20	<5
33	锶 (天青石)		$SrSO_4$ (10^4t)	≥20	5~20	<5
34	铷 (盐湖中的铷另计)		Rb_2O (t)	≥2000	500~2000	<500
35	铯		Cs_2O (t)	≥2000	500~2000	<500
36	稀土					
		(砂矿)	独居石 (t)	≥10000	1000~10000	<1000
			磷钇矿 (t)	≥5000	500~5000	<500
		(原生矿)	TR_2O_3 (10^4t)	≥50	5~50	<5
		(风化壳矿床)	(铈族氧化物) (10^4t)	≥10	1~10	<1
			(钇族氧化物) (10^4t)	≥5	0.5~5	<0.5
37	钪		Sc (t)	≥10	2~10	<2
38	锗		Ge (t)	≥200	50~200	<50
39	镓		Ga (t)	≥2000	400~2000	<400
40	铟		In (t)	≥500	100~500	<100
41	铊		Tl (t)	≥500	100~500	<100
42	铪		Hf (t)	≥500	100~500	<100
43	铼		Re (t)	≥50	5~50	<5
44	镉		Cd (t)	≥3000	500~3000	<500
45	硒		Se (t)	≥500	100~500	<100
46	碲		Te (t)	≥500	100~500	<100
47	金刚石					
		(原生矿)	矿物 (10^4克拉)	≥100	20~100	<20
		(砂矿)	矿物 (10^4克拉)	≥50	10~50	<10
48	石墨					
		(晶质)	矿物 (10^4t)	≥100	20~100	<20
		(隐晶质)	矿石 (10^4t)	≥1000	100~1000	<100
49	磷矿		矿石 (10^4t)	≥5000	500~5000	<500
50	自然硫		S (10^4t)	≥500	100~500	<100
51	硫铁矿		矿石 (10^4t)	≥3000	200~3000	<200
52	钾盐					
		(固态)	KCl (10^4t)	≥1000	100~1000	<100
		(液态)	KCl (10^4t)	≥5000	500~5000	<500
53	硼 (内生硼矿)		B_2O_3 (10^4t)	≥50	10~50	<10
54	水晶					
		(压电水晶)	矿物 (t)	≥2	0.2~2	<0.2
		(熔炼水晶)	矿物 (t)	≥100	10~100	<10
		(光学水晶)	矿物 (t)	≥0.5	0.05~0.5	<0.05
		(工艺水晶)	矿物 (t)	≥0.5	0.05~0.5	<0.05
55	刚玉		矿物 (10^4t)	≥1	0.1~1	<0.1
56	蓝晶石		矿物 (10^4t)	≥200	50~200	<50
57	硅灰石		矿物 (10^4t)	≥100	20~100	<20
58	钠硝石		$NaNO_3$ (10^4t)	≥500	100~500	<100
59	滑石		矿石 (10^4t)	≥500	100~500	<100

续表

序号	矿种名称	单 位	规 模		
			大型	中型	小型
60	石棉				
	（超基性岩型）	矿物（10^4t）	≥500	50～500	<50
	（镁质碳酸盐型）	矿物（10^4t）	≥50	10～50	<10
61	蓝石棉	矿物（t）	≥1000	100～1000	<100
62	云母	工业原料云母（t）	≥1000	200～1000	<200
63	钾长石	矿物（10^4t）	≥100	10～100	<10
64	石榴子石	矿物（10^4t）	≥500	50～500	<50
65	叶腊石	矿石（10^4t）	≥200	50～200	<50
66	蛭石	矿石（10^4t）	≥100	20～100	<20
67	沸石	矿石（10^4t）	≥5000	500～5000	<500
68	明矾石	矿物（10^4t）	≥1000	200～1000	<200
69	芒硝	Na_2SO_4（10^4t）	≥1000	100～1000	<100
	（钙芒硝）	Na_2SO_4（10^4t）	≥10000	1000～10000	<1000
70	石膏	矿石（10^4t）	≥3000	1000～3000	<1000
71	重晶石	矿石（10^4t）	≥1000	200～1000	<200
72	毒重石	矿石（10^4t）	≥1000	200～1000	<200
73	天然碱	$Na_2CO_3+NaHCO_3$（10^4t）	≥1000	200～1000	<200
74	冰洲石	矿物（t）	≥1	0.1～1	<0.1
75	菱镁矿	矿石（10^8t）	≥0.5	0.1～0.5	<0.1
76	萤石				
	（普通萤石）	CaF_2（10^4t）	≥100	20～100	<20
	（光学萤石）	矿物（t）	≥1	0.1～1	<0.1
77	石灰岩				
	（电石用灰岩）（制碱用灰岩）（化肥用灰岩）（熔剂用灰岩）	矿石（10^8t）	≥0.5	0.1～0.5	<0.1
	（玻璃用灰岩）（制灰用灰岩）	矿石（10^8t）	≥0.1	0.02～0.1	<0.02
	（水泥用灰岩，包括白垩）	矿石（10^8t）	≥0.8	0.15～0.8	<0.15
78	泥灰岩	矿石（10^8t）	≥0.5	0.1～0.5	<0.1
79	含钾岩石（包括含钾砂页岩）	矿石（10^8t）	≥1	0.2～1	<0.2
80	白云岩				
	（冶金用）（化肥用）（玻璃用）	矿石（10^8t）	≥0.5	0.1～0.5	<0.1
81	硅质原料（包括石英岩、砂岩、天然石英砂、脉石英、粉石英）				
	（冶金用）（水泥配料用）（水泥标准砂）	矿石（10^4t）	≥2000	200～2000	<200
	（玻璃用）	矿石（10^4t）	≥1000	200～1000	<200
	（铸型用）	矿石（10^4t）	≥1000	100～1000	<100
	（砖瓦用）	矿石（10^4m^3）	≥2000	500～2000	<500
	（建筑用）	矿石（10^4m^3）	≥5000	1000～5000	<1000
	（化肥用）	矿石（10^4t）	≥10000	2000～10000	<2000
	（陶瓷用）	矿石（10^4t）	≥100	20～100	<20
82	天然油石	矿石（10^4t）	≥100	10～100	<10
83	硅藻土	矿石（10^4t）	≥1000	200～1000	<200
84	页岩				
	（砖瓦用）	矿石（10^4m^3）	≥2000	200～2000	<200
	（水泥配料用）	矿石（10^4t）	≥5000	500～5000	<500
85	高岭土（包括陶瓷土）	矿石（10^4t）	≥500	100～500	<100
86	耐火粘土	矿石（10^4t）	≥1000	200～1000	<200

序号	矿种名称	单 位	规 模		
			大型	中型	小型
87	凹凸棒石	矿石（10^4t）	≥500	100～500	<100
88	海泡石粘土 （包括伊利石粘土，累托石粘土）	矿石（10^4t）	≥500	100～500	<100
89	膨润土	矿石（10^4t）	≥5000	500～5000	<500
90	铁矾土	矿石（10^4t）	≥1000	200～1000	<200
91	其他粘土				
	（铸型用粘土）	矿石（10^4t）	≥1000	200～1000	<200
	（砖瓦用粘土）	矿石（10^4t）	≥2000	500～2000	<500
	（水泥配料用粘土、红土、黄土、泥岩）	矿石（10^4t）	≥2000	500～2000	<500
	（保温材料用粘土）	矿石（10^4t）	≥200	50～200	<50
92	橄榄岩（化肥用）	矿石（10^8t）	≥1	0.1～1	<0.1
93	蛇纹岩				
	（化肥用）	矿石（10^8t）	≥1	0.1～1	<0.1
	（熔剂用）	矿石（10^8t）	≥0.5	0.1～0.5	<0.1
94	玄武岩（铸石用）	矿石（10^4t）	≥1000	200～1000	<200
95	辉绿岩				
	（铸石用）	矿石（10^4t）	≥1000	200～1000	<200
	（水泥用）	矿石（10^4t）	≥2000	200～2000	<200
96	水泥混合材（安山玢岩、闪长玢岩）	矿石（10^4t）	≥2000	200～2000	<200
97	建筑用石材	矿石（10^4m^3）	≥5000	1000～5000	<1000
98	饰面用石材	矿石（10^4m^3）	≥1000	200～1000	<200
99	珍珠岩（包括黑曜岩、松脂岩）	矿石（10^4t）	≥2000	500～2000	<500
100	浮石	矿石（10^4t）	≥300	50～300	<50
101	粗面岩（水泥用）（铸石用）	矿石（10^4t）	≥1000	200～1000	<200
102	凝灰岩				
	（玻璃用）	矿石（10^4t）	≥1000	200～1000	<200
	（水泥用）	矿石（10^4t）	≥2000	200～2000	<200
103	大理岩				
	（水泥用）	矿石（10^4t）	≥2000	200～2000	<200
	（玻璃用）	矿石（10^4t）	≥5000	1000～5000	<1000
104	板岩（水泥配料用）	矿石（10^4t）	≥2000	200～2000	<200
105	泥炭	矿石（10^4t）	≥1000	100～1000	<100
106	矿盐（包括地下卤水）	NaCl（10^8t）	≥10	1～10	<1
107	镁盐	$MgCl_2/MgSO_4$（10^4t）	≥5000	1000～5000	<1000
108	碘	碘（t）	≥5000	500～5000	<500
109	溴	溴（t）	≥50000	5000～50000	<5000
110	砷	砷（10^4t）	≥5	0.5～5	<0.5
111	地下水	允许开采量（m^3/d）	≥100000	10000～100000	<10000
112	矿泉水	允许开采量（m^3/d）	≥5000	500～5000	<500
113	二氧化碳气	气量（10^8m^3）	≥300	50～300	<50

注：本表据国土资源部关于印发《矿产资源储量规模划分标准》的通知（国土资发［2000］133 号）

说 明：

1. 确定矿产资源储量规模依据的单元：（1）石油：油田；天然气、二氧化碳气：气田；（2）地热：地热田；（3）固体矿产（煤除外）：矿床；（4）地下水、矿泉水：水源地。

2. 确定矿产资源储量规模依据的矿产资源储量：（1）石油、天然气、二氧化碳气：地质储量；（2）地热：电（热）能；（3）固体矿产：基础储量＋资源量（仅限 331、332、333），相当于《固体矿产地质勘探规范总则》（GB13908—92）中的 A＋B＋C＋D＋E 级（表内）储量；（4）地下水、矿泉水：允许开采量。

3. 存在共生矿产的矿区，矿产资源储量规模以矿产资源储量规模最大的矿种确定。

4. 中型及小型规模不含其上限数字。

附录3

部分矿产一般工业指标

1 金（Au）

边界品位（g/t）	1 ~ 2
最低工业品位（g/t）	3 ~ 5
最小可采厚度（m）	> 0.5 ~ 1.5
夹石剔除厚度（m）	> 2.0 ~ 4.0

2 银（Ag）

		备注
边界品位（g/t）	40 ~ 50	伴生银：> 20.0g/t
最低工业品位（g/t）	100 ~ 120	
最小可采厚度（m）	0.6 ~ 1.0	
夹石剔除厚度（m）	2.0 ~ 4.0	

3 铜（Cu）

项 目	硫化矿石		氧化矿石	有害组分（伴生元素及杂质含量）
	坑采	露采		
边界品位（%）	0.2 ~ 0.3	0.2	0.5	As < 0.3%；Zn < 6.0%；MgO < 5.0%；F < 0.1%
最低工业品位（%）	0.4 ~ 0.5	0.4	0.7	
最小可采厚度（m）	1.0 ~ 2.0	2.0 ~ 4.0	> 1.0	
夹石剔除厚度（m）	2.0 ~ 4.0	4.0 ~ 8.0	> 2.0	

4 铅（Pb）

项 目	硫化矿石	混合矿石	氧化矿石
边界品位（%）	0.3 ~ 0.5	0.5 ~ 0.7	0.5 ~ 1.0
最低工业品位（%）	0.7 ~ 1.0	1.0 ~ 1.5	1.5 ~ 2.0
最小可采厚度（m）	> 1.0 ~ 2.0	> 1.0 ~ 2.0	> 1.0 ~ 2.0
夹石剔除厚度（m）	> 2.0 ~ 4.0	> 2.0 ~ 4.0	> 2.0 ~ 4.0

5 锌（Zn）

项 目	硫化矿石	混合矿石	氧化矿石
边界品位（%）	0.5 ~ 1.0	0.8 ~ 1.5	1.5 ~ 2.0
最低工业品位（%）	1.0 ~ 2.0	2.0 ~ 3.0	3.0 ~ 6.0
最小可采厚度（m）	> 1.0 ~ 2.0	> 1.0 ~ 2.0	> 1.0 ~ 2.0
夹石剔除厚度（m）	> 2.0 ~ 4.0	> 2.0 ~ 4.0	> 2.0 ~ 4.0

6 铀（U）

项 目	硬岩铀矿床	项 目	地浸砂岩铀矿床
边界品位（10^{-6}）	300	平米铀量（kg/m²）	1
最低工业品位（10^{-6}）	500	最低工业品位（10^{-6}）	100
最小可采厚度（m）	0.7	赋矿透水层单层厚度（m）	< 20（允许夹石厚度 < 7 m）
夹石剔除厚度（m）	0.7	矿层渗透系数（m/d）	0.3 ~ 10
		地下水位埋深（m）	< 50（矿层埋藏深度 < 700m）

7 钼（Mo）

项 目	硫化矿石	
	露采	坑采
边界品位（$w(\mathrm{Mo})$/%）	0.03	0.03 ~ 0.05
最低工业品位（$w(\mathrm{Mo})$/%）	0.06	0.06 ~ 0.08
最小可采厚度（m）	> 2 ~ 4	> 1 ~ 2
夹石剔除厚度（m）	> 4 ~ 8	> 2 ~ 3

8 钨（W）

项 目	层控型	矽卡岩型	石英脉型	石英细脉带型	石英细脉浸染型
边界品位（$w(\mathrm{WO_3})$/%）	0.1	0.08 ~ 0.1	0.08 ~ 0.1	0.1	0.1
工业品位（$w(\mathrm{WO_3})$/%）	0.15 ~ 0.2	0.15 ~ 0.2	0.12 ~ 0.15	0.16 ~ 0.2	0.15 ~ 0.20
最小可采厚度（m）	0.8 ~ 2	1 ~ 2	1 ~ 2	1 ~ 2	1 ~ 2
夹石剔除厚度（m）	2 ~ 3	3	3	3	2 ~ 5

9 钛（Ti）

项 目	原生矿	砂矿（金红石）	砂矿（钛铁矿）
边界品位（$w(\mathrm{TiO_2})$/%）	1.0	≥ 1 kg/m³	≥ 10 kg/m³
最低工业品位（$w(\mathrm{TiO_2})$/%）	1.5	≥ 2 kg/m³	≥ 15 kg/m³
最小可采厚度（m）		0.5 ~ 1.6	
夹石剔除厚度（m）		0.5 ~ 1.0	

10　钴（Co）

项　目	原　生　矿	钴　土　矿	钴土矿物（含矿率）
边界品位（%）	0.02~0.03	0.3	1.0 kg/m³
最低工业品位（%）	0.03~0.06	0.5	3.0~5.0 kg/m³
最小可采厚度（m）	>1.0	>0.3~1.0	—
夹石剔除厚度（m）	>1.0~2.0	—	—

11　铋（Bi）

项　目	铋矿床
边界品位（%）	0.2
最低工业品位（%）	0.4~0.5
最小可采厚度（m）	>0.8
夹石剔除厚度（m）	>0.5

12　锡（Sn）

项　目	锡矿床	砂锡矿
边界品位（%）	0.1~0.2	0.02
最低工业品位（%）	0.2~0.4	0.04
最小可采厚度（m）	0.8~1	0.5
夹石剔除厚度（m）	2	2

13　钒（V）

项　目	单独矿床	伴生矿床
最低工业品位（$w(V_2O_5)$/%）	0.5~0.7	0.1~0.5
最小可采厚度（m）	>0.7	—
夹石剔除厚度（m）	>0.7	—

14　铬（Cr）

项　目	原生富矿	原生贫矿	砂　矿
边界品位（$w(Cr_2O_3)$/%）	≥25	5~8	≥1.5
最低工业品位（$w(Cr_2O_3)$/%）	≥32	≥8~10	≥3
最小可采厚度（m）	0.3~0.5	1.0	—
夹石剔除厚度（m）	0.5	0.5~1.0	—

15　锑（Sb）

项　目	锑矿床
边界品位（%）	>0.7
最低工业品位（%）	1.5
最小可采厚度（m）	1
夹石剔除厚度（m）	2

16　汞（Hg）

项　目	汞矿床
边界品位（%）	0.02~0.04
最低工业品位（%）	0.08~0.1
最小可采厚度（m）	≥0.8~1.2
夹石剔除厚度（m）	≥2.0~4.0
辰砂矿物	100 g/m³

17　镍（Ni）

项　目	硫化镍矿				氧化镍和硅酸镍矿
	原生矿石		氧化矿石		
	坑采	露天开采	坑采	露天开采	
边界品位（%）	0.2~0.3	0.2~0.3	0.7	0.9	0.5
最低工业品位（%）	0.3~0.5	0.3~0.5	1	1	1
最小可采厚度（m）	1	2	1	2	1
夹石剔除厚度（m）	≥2	≥3	≥2	≥3	1~2

18　铁（TFe）

项　目		边界品位（%）	工业品位（%）	其他要求（伴生元素及杂质含量）
平炉富矿	磁铁矿、赤铁矿	50.0	>56.0	SiO_2 <12.0%；S 0.15%；P 0.15%；（Cu、Pb、Zn、Sn、As）0.04%
	褐铁矿	45.0	>50.0	
高炉富矿	磁铁矿	45.0	>50.0	SiO_2 ≤18.0%；S 0.30%；P 0.25%；（Cu 0.2%、Pb 0.1%、Zn 0.1~0.2%、Sn 0.08%、As 0.07%）
	赤铁矿	40.0~45.0	>48.0	
	褐铁矿	35.0~40.0	>45.0	SiO_2 ≤16.0%；S 0.20%；P 0.20%；（Cu 0.2%、Pb 0.1%、Zn 0.1~0.2%、Sn 0.08%、As 0.07%）
	菱铁矿	30.0~35.0	>35.0	
	自熔性矿		>35.0	（SiO_2 ≤14.0%）

注：最小可采厚度2~4m（露天）；1~2m（坑内）：夹石剔除厚度1~2m（露天）；1m（坑内）

19 冶金锰矿（Mn）

自然类型	工业类型	品级	Mn（%）边界品位	Mn（%）单工程平均品位	Mn+Fe（%）	Mn/Fe	SiO₂（%）	每1% Mn允许含P量（%）
氧化锰矿	富锰矿石	I	30	40		≥6	≤15	≤0.004
		II	25	35		≥4	≤25	≤0.005
		III	18	30		≥3	≤35	≤0.006
	贫矿石		10	18				
	铁锰矿石	I	20	25	≥50		≤25	≤0.2（磷总量）
		II	15	20	≥40		≤25	≤0.2（磷总量）
		III	10	15	≥30		≤35	≤0.2（磷总量）
碳酸锰矿	富锰矿石		15	25		≥3.0	≤25	≤0.005
	贫锰矿石		10	15				
	铁锰矿石		10	15	≥25		≤35	≤0.2（磷总量）
	含锰矿石		8	12	碱性矿石			

20 铂（Pt）

超基性岩含铜镍铂矿床（原生铂矿）		项目	沉积物中砂铂矿	胶结的砂岩中铂矿
（伴生 Pt 含量）边界品位（g/t）	0.3~0.5	边界品位（g/m³）	0.03	0.1~0.5
（伴生 Pt 含量）工业品位（g/t）	≥0.5	工业品位（g/m³）	≥0.1	1~2
伴生铂矿床（只要能回收，有多少计算多少）				
最小可采厚度（m）	1~2	最小可采厚度（m）	0.5~1	0.5~1
夹石剔除厚度（m）	2	夹石剔除厚度（m）	1	1

21 铌、钽（Nb、Ta）

矿床类型	边界品位（%）(Ta+Nb)₂O₅	边界品位（%）Ta₂O₅	最低工业品位（%）(Ta+Nb)₂O₅	最低工业品位（%）Ta₂O₅	最小可采厚度（m）	夹石剔除厚度（m）
花岗伟晶岩类矿床	0.012~0.015	0.007~0.008	0.022~0.026	0.012~0.014	0.8~1.5	2
碱性长石花岗岩矿床	0.015~0.018	0.008~0.01	0.024~0.028	0.012~0.015	1.5~2.0	4
风化壳矿床	0.008~0.010	80~100 g/m³	0.016~0.020	250~280 g/m³	0.5~1.0	—
原生铌矿床	0.05~0.06	—	0.08~0.12	—	5	5
砂矿床	0.004~0.006	40 g/m³	0.01~0.012	250 g/m³	0.5	2

22 镁（Mg）（白云岩矿床）

项目	单独矿床	其他要求	
最低工业品位（w(MgO)/%）	19.0	SiO₂	<3.0%
最小可采厚度（m）	>2.0	Na₂O+K₂O	<0.3%
夹石剔除厚度（m）	>1~2	剥离比	<1.0 m

23 铍（Be）

矿床类型	边界品位（%）机选（BeO）	边界品位（%）手选绿柱石	最低工业品位（%）机选（BeO）	最低工业品位（%）手选绿柱石	最小可采厚度（m）	夹石剔除厚度（m）
气成-热液矿床	0.04~0.06	0.05~0.10	0.08~0.12	0.2~0.7	0.8~1.5	≥2
花岗伟晶岩矿床	0.04~0.06	0.05~0.10	0.08~0.12	0.2~0.7	0.8~1.5	≥2
碱性长石花岗岩矿床	0.05~0.07	—	0.10~0.14	—	1~1.5	≥4
残坡积类砂矿床	—	0.6 kg/m³	—	2~2.5 kg/m³	—	—

24　锆（Zr）

矿床类型	边界品位		最低工业品位		最小可采厚度（m）	夹石剔除厚度（m）
	ZrO$_2$（%）	锆英石（kg/m^3）	ZrO$_2$（%）	锆英石（kg/m^3）		
海滨矿床	0.04~0.06	1~1.5	0.16~0.24	4~6	0.5	—
风化壳矿床	0.3	—	0.8	—	0.8~1.5	—
内生矿床	3.0	—	8.0	—	0.8~1.5	≥2

25　铝（Al）（一水铝土沉积型矿床）

项　目		露　采	坑　采
边界品位（%）	Al$_2$O$_3$/SiO$_2$	1.8~2.6	1.8~2.6
	Al$_2$O$_3$	≥40	≥40
最低工业品位（%）	Al$_2$O$_3$/SiO$_2$	≥3.5	≥3.8
	Al$_2$O$_3$	≥50	≥55
最小可采厚度（m）		0.5~0.8	0.8~1.0
夹石剔除厚度（m）		0.5~0.8	0.8~1.0

26　硼（B）

项　目	硼镁石（B$_2$O$_3$）	盐湖硼矿	
		固体硼矿层（B$_2$O$_3$）	含硼卤水或晶间卤水
边界品位（%）	3	1.5	边界品位（mg/L）　400
最低工业品位（%）	5	2	最低工业品位（mg/L）　1000
最小可采厚度（m）	1	0.3	
夹石剔除厚度（m）	1	0.6	

27　钾（K）

项　目	KCl（固体）	KCl（卤水）
边界品位（%）	3	0.5
最低工业品位（%）	6	1
最小可采厚度（m）	0.5	—
夹石剔除厚度（m）	0.5	—

28　磷（P）

项　目	磷灰石及磷灰岩矿床	磷块岩矿床
边界品位（P$_2$O$_5$）（%）	5~6	8~12
最低工业品位（P$_2$O$_5$）（%）	8~11	12~15
最小可采厚度（m）	0.7~2	0.7~2
夹石剔除厚度（m）	1~2	1~2

29　硫（S）

项　目	含S量（%）
矿石品级	Ⅰ级>35；Ⅱ级25~35；Ⅲ级15~25
边界品位	≥8
最低工业品位	≥12
最小可采厚度（m）	0.7~2
夹石剔除厚度（m）	1~2

30　硫铁矿（FeS）

项　目	含S量（%）
边界品位	8
最低工业品位	14
最小可采厚度（m）	0.7~2.0
夹石剔除厚度（m）	1~2

31　石墨（C）

项　目	晶质石墨原生矿	晶质石墨风化矿	隐晶质石墨矿
边界品位（固定碳）（%）	2.5~3.5	2~3	≥55
最低工业品位（固定碳）（%）	3~8	2.5~3.5	≥65
最小可采厚度（m）	2~4	2~4	0.7~1.4
夹石剔除厚度（m）	1~4	1~4	1~3

32　锂（Li）

项　目	粗晶锂辉石*（手选）	细晶锂辉石	盐湖锂矿	
边界品位（Li₂O）（%）	10～15（kg/t）	0.5	边界品位（LiCl）（mg/L）	150
最低工业品位（Li₂O）（%）	4.5（手选后）	0.7	边界品位（LiCl）（mg/L）	200～300
最小可采厚度（m）	1	1	现代盐湖卤水和晶间卤水中的氯化锂（LiCl）	
夹石剔除厚度（m）	1	1		

* 粗晶锂辉石系指单晶大于 5cm 者（产于伟晶岩中）

33　溴（Br）

项　目	海水	地下水	卤水	石油废水	伴生卤水
工业价值（g/m³）	50	200	300	50	20～50

34　碘（I）

项　目	地下水*
工业价值（g/m³）	29

* 包括各种盐类矿床的卤水和石油井废水等

35　铯（Cs₂O）

项　目	铯榴石（伟晶岩中）	盐湖铯矿
手选精矿工业品位（kg/m³）	0.5～1（矿物）	（Cs₂O）（%）
不能手选矿石（Cs₂O）（%）	0.02～0.03	0.01

注：可采厚度 1m

36　铷（Rb₂O）

项　目	含铷锂辉石矿	盐湖铷矿
（Rb₂O）（%）	0.01～0.05	0.03

37　锶（SrSO₄）

项　目	天青石	项　目	天青石
边界品位（矿物）（%）	40	边界品位（SrSO₄）（%）	≥15
工界品位（矿物）（%）	60	工业品位（SrSO₄）（%）	≥25

注：可采厚度 ≥1m，夹石剔除厚度 ≥1m

38　钍（Th）

项　目	独居石矿床	矿物中含钍	方钍石矿床
工业品位（矿物）（g/m³）	100～300		
工业品位（ThO₂）（%）		4	0.1

39　砷（As）

项　目	雄黄雌黄矿石	毒砂矿石	多金属矿床	备　注
贫矿（As）（%）	3～4	5～7	0.2～0.3	伴生铊（Tl）单位工程品位 0.002%、块段品
富矿（As）（%）	11～15			位 0.005% 可圈矿体计算储量

注：可采厚度 1m，夹石剔除厚度 1m

40　稀土［轻稀土（LREE）和重稀土（HREE）］

项　目	原生矿床		项　目	砂矿床或风化矿床	
	氟碳铈矿石	磷钇矿石		独居石	磷钇矿
边界品位（TR₂O₃）（%）	0.5	0.03	边界品位（矿物）（g/m³）	100～200	30
工业品位（TR₂O₃）（%）	1	0.05～0.1	工业品位（矿物）（g/m³）	300～500	50～70
最小可采厚度（m）	1～2	1～2	最小可采厚度（m）	1	0.5～1
夹石剔除厚度（m）	2	2	夹石剔除厚度（m）	1～2	2
风化壳淋积型稀土矿床	边界品位（TR₂O₃）＞0.08%；工业品位（TR₂O₃）≥0.1%				

41 萤石（CaF_2）

<table>
<tr><td rowspan="2">项　目</td><td colspan="2">炼钢熔剂用</td><td rowspan="2">化工造氢氟酸等</td><td rowspan="2">玻璃用</td><td rowspan="2">陶瓷用</td><td rowspan="2">铸石用</td></tr>
<tr><td>富矿石</td><td>贫矿石</td></tr>
<tr><td colspan="2">边界品位（CaF_2）（%）</td><td>≥55</td><td>10～20</td><td></td><td></td><td></td><td></td></tr>
<tr><td colspan="2">工业品位（CaF_2）（%）</td><td>≥60</td><td>20～30</td><td>>93～98</td><td>≥80</td><td>>95～96</td><td>≥85</td></tr>
<tr><td rowspan="4">其他组分</td><td>SiO_2（%）</td><td colspan="2">≤20</td><td>0.8～1.5</td><td></td><td>2.5～3.0</td><td></td></tr>
<tr><td>$CaCO_3$（%）</td><td colspan="2"></td><td>1～1.5</td><td></td><td>1.0</td><td></td></tr>
<tr><td>Fe_2O_3（%）</td><td colspan="2"></td><td></td><td>0.2</td><td>0.12</td><td></td></tr>
<tr><td>S（%）</td><td colspan="2">≤1.5</td><td>S、Pb、Zn 少量</td><td></td><td>S、Pb、Zn 少量</td><td></td></tr>
</table>

注：可采厚度 0.7～1m，夹石剔除厚度富矿：（0.3～0.5m）；贫矿（1～2m）

42 石榴子石

项　目	四川茂汶石榴子石砂矿床	吉林通化光华石榴子石原生矿床
边界品位（g/m^3）	4000	
工业品位（g/m）	6000	矿物含量 >14%
可采厚度（m）	0.5	

43 蓝晶石类矿物

原　矿	边界品位（%）	工业品位（%）	可采厚度（m）	夹石剔除厚度（m）	蓝晶石类矿物精矿要求化学成分：Al_2O_3≥55；SiO_2<42；TiO_2<1.5；Fe_2O_3<1.5；（$K_2O + Na_2O$）<1%
蓝晶石	≥5	≥10	≥1～2	≥1～2	
矽线石	≥10	≥15	≥1～2	≥1～2	

注：可采厚度≥1～2m，夹石剔除厚度≥1～2m

44 金刚石（工业用）

<table>
<tr><td rowspan="2">项　目</td><td rowspan="2">砂矿床</td><td colspan="2">岩脉型</td><td colspan="2">岩管型</td></tr>
<tr><td>低标准</td><td>高标准</td><td>低标准</td><td>高标准</td></tr>
<tr><td>边界品位（mg/m^3）</td><td>1.5</td><td>20</td><td>40</td><td>10</td><td>20</td></tr>
<tr><td>工业品位（mg/m^3）</td><td>2</td><td>30</td><td>60</td><td>15</td><td>30</td></tr>
<tr><td>最小回收颗粒直径（mm）</td><td>0.2</td><td>0.2</td><td>0.2</td><td>0.2</td><td>0.2</td></tr>
<tr><td>坑道进尺米毫克值*（mg/m）</td><td></td><td>20</td><td>40</td><td></td><td></td></tr>
</table>

注：可采厚度 0.2～0.6m。　* 当含金刚石岩脉厚度小于 0.06m 且品位较高时，可采用坑道进尺米毫米值计算储量（坑道断面为高 1.8m、宽 2.0m，在 1m 长度内所含金刚石重量）

45 钾长石（K［$AlSi_3O_8$］）、斜长石（Na［$AlSi_3O_8$］—Ca［$Al_2Si_2O_8$］）

项　目	制钾肥用	无线电陶瓷	日用陶瓷	研磨材料	玻璃用	制钾肥含钾岩石*
K_2O（%）	>9	12.5～16.5	>11～15	>10		>9
Na_2O（%）	<3	（Na_2O<3）	K/Na>2:1	<4		<1
$MgO + CaO$（%）	<2	CaO<0.5	<1			
MgO（%）		<0.5				<2
SiO_2（%）		63～66		>60	<70	<70
Al_2O_3（%）		18～22		>18	>18	15±
Fe_2O_3（%）		<0.1	<1	<1.5	<0.2	
TiO_2（%）		微量				

注：可采厚度 2m，夹石剔除厚度 1m（含钾岩石为 2m）

　* 包括含钾砂岩和页岩（含 K_2SO_4、K_2CO_3 等成分折成 K_2O）

46 云母（$KAl_2[AlSi_3O_{10}][OH]_2$）（工业原料云母分类）

分 类	特类	1 类	2 类	3 类	4 类
具有的最大有效面积* （cm^3）	≥65	≥40	≥20	≥10	≥4
最大轮廓面积（cm^3）	≥420	<420	<240	<120	<60
另一面有效面积（cm^2）	≥4	≥4	≥4	≥4	≥4

* 有效面积是指按云母内所能划出的最大内接矩形计算，相邻边长 1:1～1:3

工业原料云母的矿石品位要求

品位分级	边界品位	工业品位
按含矿率计算（kg/m^3）	1	4

注：可采厚度 1m（不足 1m 时，以米含矿率计算），夹石剔除厚度 0.5m

47 石棉（$H_4Mg_3Si_2O_9$）按工业用途分类

项 目	纺织用				建筑材料用			
	AA 特级	Ⅰ	Ⅱ	Ⅲ	Ⅳ	Ⅴ	Ⅵ	Ⅶ
筛 号* （目数）	（手选）	2.5	3	5	7	10	32	60
筛孔直径（mm）		8	6.3	4	2.8	1.6	0.5	0.25
纤维平均长度（mm）	>18	16	13	9	5.5	2.5	1	0.7

* 筛号筛孔直径为泰勒筛制

石棉（$H_4Mg_3Si_2O_9$）矿石品位要求（蛇纹石石棉）

品位分级	边界含棉率（%）	工业含棉率（%）
AA 特级—Ⅶ级	>0.4	>1
其中 AA—Ⅴ级 >总含棉率 25% 时	0.3	0.5
其中 AA—Ⅶ级 >总含棉率 25% 时	0.2	0.4

注：可采厚度 1～2m，夹石剔除厚度 1～2m

48 蓝石棉（$NaFe[SiO_3]_2FeSiO_3$）按纤维长度的分级

纤维分级	纤维长度				品 位（g/m^3）
	Ⅰ级品	Ⅱ级品	Ⅲ级品	Ⅳ级品	Ⅰ～Ⅲ级：边界：30
分选方式	手选	手选+筛选	筛选	筛选	工业：150
筛号* （目数）		3	7	24	Ⅰ～Ⅳ级：边界：350
纤维平均长度（mm）	≥20	5.5～20	2.5～5.5	0.7～2.5	工业：1800

* 筛号筛孔直径为泰勒筛制

49 石膏（$CaSO_4 \cdot 2H_2O$）   硬石膏（$CaSO_4$）

品位分级	边界品位	工业品位		品 级	工业品位
		一级品	二级品		
$CaSO_4 \cdot 2H_2O$ 含量（%）	45	>85	>65	$CaSO_4$ 含量（%）	>65

注：可采厚度 1m，夹石剔除厚度 0.5～1m

石膏（硬石膏）不同用途的质量要求

矿物	水泥缓凝剂，农用	建筑制品	模型	医用，食品	硫酸	油漆填料
石膏	≥55	≥75	≥85	≥95	≥85	
硬石膏	≥55				≥85	≥97

50　滑石（$Mg_3[Si_4O_{10}][OH]_2$）

品级		SiO_2	MgO	Fe_2O_3	CaO
品位要求	边界品位（%）	≥27	≥26	≤3	不限
	工业品位（%）	≥30	≥27	≤2	不限
矿石品级	特级品级	≥60	≥31	≤0.5	≤1.5
	Ⅰ级品	≥55	≥30	≤1	≤2.5
	Ⅱ级品	≥48	≥29	≤1.5	≤3.5
	Ⅲ级品	≥36	≥27	≤2	不限

注：可采厚度0.6~1m（Ⅰ级品以上可采用0.6m），夹石剔除厚度1m

51　硅灰石（$CaSiO_3$）

项　目	矿石可手选*矿床		矿石需机选矿床	
	含矿系数（%）		硅灰石矿物含量（%）	
	露采	坑采	露采	坑采
边界品位（%）	≥20~30	≥25~35	≥40	≥40
工业品位（%）	≥25~35	≥30~40	≥45	≥50

* 手选矿石块度要求直径≥4cm

52　高岭土（$Al_4[Si_4O_{10}][OH]_8$）

项　目	电瓷	无线电陶瓷			建设卫生陶瓷及日用陶瓷					瓷土
					较纯高岭土			砂质高岭土		
		Ⅰ	Ⅱ	Ⅲ	Ⅰ	Ⅱ	Ⅲ	Ⅰ	Ⅱ	
SiO_2（%）	<55	40~48	40~48	48~52						
Al_2O_3（%）	>33	34~42	34~42	30~34	>30	>30	>30	20~30	20~30	>13
Fe_2O_3（%）	<1	<0.5	<1	<1.2	<1	1~2	2~3	<1	1~2	<1
TiO_2（%）	<1	微量	微量	微量						
K_2O+Na_2O（%）		<0.4	<0.6							
CaO（%）	<1	<0.5	<0.5	<1						
MgO（%）		<0.5	<0.5	<1						
烧失量（%）		11~17	11~20	<20						
塑性指数	<15	20	15	15	>10	>10	>10	>7	>7	<7
块度（mm）		15~150	15~150	15~150						
1300℃烧结后	白色	均匀白色	均匀白色	白色带黄						
耐火度（℃）	>1700									

注：可采厚度1m，夹石剔除厚度0.5~1m

53　明矾石（$KAl_3[SO_4]_2[OH]_6$）

项　目	边界品位	工业品位	矿石品级		
			Ⅰ	Ⅱ	Ⅲ
纯明矾石含量*（%）	≥20	≥30	≥50	40~50	30~40
硫酐SO_3（%）	≥7.72	≥11.58	≥19.30	15.44~19.30	11.58~15.44

注：可采厚度2m，夹石剔除厚度1m

* 当矿石作为制钾肥或炼铝时，应分析K_2O或Al_2O_3含量

54 重晶石（BaSO₄）和毒重石（BaCO₃）

项 目	重晶石（BaSO₄）	毒重石（BaCO₃）
边界品位（%）	30	30
工业品位（%）	50	50

注：可采厚度≥1m；夹石剔除厚度≥1m，露天开采

重晶石（BaSO₄）和毒重石（BaCO₃）用途及品位要求

品 级	化工用重晶石（精矿）			钻孔泥浆用	橡胶造纸用	化工用毒重石	
	Ⅰ	Ⅱ	Ⅲ				
$BaSO_4$（%）	95	90	85	>95	>98	$BaCO_3$（%）	>36
SiO_2（%）	<1.5	<2.5	<2.5				
Fe_2O_3（%）	<0.5	<1.5	<1.5		微量	R_2O_3（%）	<1.5
Al_2O_3（%）	<1.0	<2.0	<2.0				
CaO（%）					<0.36	CaO（%）	<7
水溶盐（%）	<0.3	<1.0	<1.0	<1.0	不含 Mn、Cu、Pb	水不溶残渣（%）	<56

55 盐（NaCl）（池盐、岩盐、天然卤水）

项 目	氯化钠（NaCl）含量（%）					可采厚度（m）
	边界品位	工业品位	Ⅰ级	Ⅱ级	Ⅲ级	
盐湖固体盐	≥30	≥50	≥86	71~85	50~70	0.3
岩 盐	≥10~15	≥20~30	≥86	61~85	30~60	0.3
天然卤水		≥5~10				

56 天然碱（Na₂CO₃·NaHCO₃·2H₂O）

项 目	Na₂CO₃·NaHCO₃·2H₂O
边界品位（%）	20
工业品位（%）	25
有害组分（%）	Na_2SO_4<12；NaCl<3；Ca<1；Mg<1；水不溶物块段平均<12

注：可采厚度 0.5~1m，露天开采

57 钠硝石（NaNO₃）

项 目	NaNO₃
边界品位（%）	0.5
工业品位（%）	1.0

注：可采厚度 0.5~1m，露天开采

58 芒硝（NaSO₄·10H₂O）

项 目	边界品位	Ⅰ级（干基）	Ⅱ级	Ⅲ级	玻璃用芒硝配料
$NaSO_4$（%）	60	>90	>80	>70	>94
NaCl（%）		1	4	20	<1.2
$CaSO_4$（%）		1	3	5	<1.5
$MgSO_4$（%）		1	2	2	
Fe_2O_3（%）		0.05	1	1	<0.2
水不溶物（%）		1	10	20	<3

注：可采厚度 0.5m，露天开采

59　硅石（SiO_2）（含石英岩、脉石英、石英砂岩）

项　目		化学成分（%）					耐火度（℃）
		SiO_2	Al_2O_3	Fe_2O_3	CaO	P_2O_5	
硅砖用	特级	≥98	≤0.5	≤0.5	≤0.5		1750
	Ⅰ级	≥97.5	≤1.0	≤1.0	≤0.5		1730
	Ⅱ级	≥96	≤1.5	≤1.5	≤1.0		1710
硅铁用	Ⅰ级	≥97.5	≤1.0		≤0.3	≤0.02	
	Ⅱ级	≥96	≤1.5		≤1.0	≤0.03	
熔剂用		≥90~95	≤2~5	≤1~3	≤3		
硅铝用		≥98.5	≤0.5				
结晶硅用		≥98~99	≤0.5	≤0.5	≤0.5	≤0.03	
石英玻璃用		≥99.95	极微	极微	极微	极微	

注：可采厚度2m，夹石剔除厚度1~2m，露天开采，剥离比1:3~5

石英砂岩、石英砂（SiO_2）

项　目	玻璃用			无线电陶瓷用		水泥用	
	Ⅰ级	Ⅱ级	Ⅲ级	Ⅰ级	Ⅱ级	Ⅰ级	Ⅱ级
SiO_2（%）	>99	>98	>96	>99.5	>98.5	70~90	
Al_2O_3（%）	<0.5	<1	<2	<0.2	<1		
Fe_2O_3（%）	<0.05	<0.1	<0.2	<0.01	<0.05		
TiO_2（%）	<0.05						
Cr_2O_3（%）	<0.001						
K_2O+Na_2O（%）				<0.1	<0.2	<1	<2~3.5

注：可采厚度2m，夹石剔除厚度1.5m，露天开采，边坡角40°~65°，剥离系数不大于0.25

60　石灰岩（$CaCO_3$）

项　目	冶金用				制水泥用	化工用	
	Ⅰ级	Ⅱ级	Ⅲ级	白云岩化灰岩		制碱用	制电石用
CaO（%）	≥52	≥50	≥49	35~44	>45	$CaCO_3$≥85	≥54
MgO（%）	≤3.5	≤3.5	≤3.5	6~10	<3~3.5	$MgCO_3$≤4.0	≤1.0
$SiO_2+Al_2O_3$（%）	≤2.0	≤3.0	≤3.5	≤5	SiO_2<3.0	SiO_2<3.0	SiO_2≤1.0
$Al_2O_3+Fe_2O_3$（%）						≤1.0	≤1.0
P_2O_5（%）	≤0.02	≤0.04	≤0.06				P≤0.06
SO_3（%）	≤0.25	≤0.25	≤0.35		<3.0		S≤0.1
K_2O+Na_2O（%）					<1.0		
酸不溶物（%）							<3.0

注：可采厚度2m，夹石剔除厚度1~2m，露天开采，剥离比1:1~3

石灰岩（$CaCO_3$）的工业应用

项　目		CaO	MgO	SiO_2	Fe_2O_3	SO_3
玻璃用灰岩	Ⅰ级（%）	>54			<0.15	
	Ⅱ级（%）	>47			<0.2	
制高铝水泥用灰岩（%）		>53.0	<1.0	<1.5	<1.5	
制铝氧用石灰岩（%）		≥52	≤1.5	≤2.0		
陶瓷用石灰岩（%）		$CaCO_3$>96	$MgCO_3$<1	<2.0	<0.25	<0.1
制糖用石灰岩（%）		$CaCO_3$>95		<2.0		

61 白云岩（MgO）

项　目	熔剂耐火材料用			
	特级	Ⅰ级	Ⅱ级	Ⅲ级
MgO（%）	≥19	≥19	≥19	≥19
酸不溶物（含 SiO_2）（%）	≤4	≤7	≤10	≤12
含 SiO_2（%）	≤2	≤4	≤6	≤7

注：可采厚度2m，夹石剔除厚度1~2m，露天开采，剥离比1:1~3

白云岩（MgO）的工业应用

项　目	玻璃配料用	
	Ⅰ级	Ⅱ级
MgO（%）	>20	>19
Fe_2O_3（%）	<0.1	<0.2

白云岩（MgO）的工业应用（续）

项　目	陶瓷用白云岩	辉绿岩铸石用白云岩	制钙镁磷肥用白云岩
MgO（%）	>79	>18	20
CaO（%）		>30	30
Fe_2O_3（%）	<0.3		杂质 SiO_2、Fe_2O_3、Al_2O_3 少

62 粘土岩

项　目	高铝粘土				硬质粘土				软质粘土		
	Ⅰ级	Ⅱ级	Ⅲ级	Ⅳ级	Ⅰ级	Ⅱ级	Ⅲ级	Ⅳ级	Ⅰ级	Ⅱ级	Ⅲ级
Al_2O_3（%）	70~75	60~70	55~60	45~55	44~50	42~50	36~42	30~36	>30	26~30	22~36
Fe_2O_3（%）	<2.5	<2.5	<2.5	<2.0	<1.2	<2.0	<2.5	<3.0	<2.0	<2.5	<3.5
CaO（%）	<0.6	<0.6	<0.6	<0.6							
耐火度（℃）	1770	1770	1770	1770	1750	1730	1670	1630	1650	1610	1580
烧失量（%）					<15	<15	<15	<15	<15	<15	<15

注：可采厚度0.5~1m，夹石剔除厚度0.3~0.5m

粘土岩的工业应用

用　途	化学成分（%）						烧失量（%）	可塑性指数
	Al_2O_3	SiO_2	MgO+CaO	SO_3	Fe_2O_3	K_2O+Na_2O		
烧制砖瓦用粘土	10~25	50~70	0~25		3~15		15±	≥7
烧制水泥用粘土	Al/Fe>1.5	60~75	MgO<2	<1		<2	粗砂和砾石<8%	

63 高铝矿物原料（红柱石、矽线石、蓝晶石、蓝线石）

用　途	化学成分（%）			
	Al_2O_3	Fe_2O_3	K_2O+Na_2O	SiO_2
高级耐火材料	>50	<1~2	<1~1.5	
技术陶瓷原料	>55	<0.5~0.75		
硅铝合金原料	>58	<1.5	<0.5	<37

注：原矿一般都达不到要求，需经选矿才能利用

64 大理岩

建筑装饰材料		电绝缘材料	
规　格	长×宽×高（m）	静力抗折强度（kg/m²）	>80
小切块	0.6×0.6×0.3	吸水率（%）	<0.25
中切块	0.96×0.65×0.3	干燥时电场击穿强度（50Hz）（kV/mm）	>2
大切块	1.15×0.85×0.3	吸湿后体积电阻系数（直流500V）（Ω/mm）	>10^{10}

65　叶蜡石（$Al_2[Si_4O_{10}][OH]_2$）

用　途	化 学 成 分（%）					烧失量（%）	耐火度（℃）
	Al_2O_3	Fe_2O_3	CaO	SiO_2	TiO_2		
耐火材料用	>24	<3	<1			<15	>1670
陶瓷材料用	>18	<0.8		<75	<0.7		
橡胶填充材料用	<1~1.5		叶蜡石含量>80~85			<8.0	水分<0.5

注：可采厚度1m，夹石剔除厚度1m，适于露天开采

66　蛭　石

项　目	物 理 性 能				按磷片大小和体积膨胀倍数分级			
	质量（t/m^3）	膨胀率（倍）	烧失量（%）	热导率（W/m^2K）	Ⅰ级	Ⅱ级	Ⅲ级	Ⅳ级
工业要求	0.06~0.2	2~25	<10	0.045~0.06				
磷片大小					>15mm	4~15mm	2~4mm	<2mm
膨胀倍数					20~25倍	5~8倍	2~3倍	

67　白　垩

项　目	化 学 成 分（%）									
	$CaCO_3$	Fe_2O_3	SiO_2	Al_2O_3	MgO	Na_2SO_4	Mn	H_2O	碱度	烧失量
陶瓷配料用	>96	<0.25	<2							<0.1
橡胶工业用	90~95	<0.3~1		Mn<0.004~0.04；H_2O<0.1~0.4；碱度<0.01~1.0						
油灰涂料用	>95			（Fe_2O_3+FeO+Al_2O_3）<0.8；酸不溶物<3.5						
颜料充填用	>91	<0.05	<0.5	<0.3	<2	<1	<0.25			

68　膨润土、漂白土

矿　床	化 学 成 分（%）					物 理 性 能			
	Al_2O_3	SiO_2	Fe_2O_3	CaO+MgO	K_2O+Na_2O	膨胀（倍）	脱色率（%）	湿压强度（kg/cm^2）	胶体率（%）
辽宁膨润土矿	12~20	60~75	≤3.5	≤6	≤3	≥8	≥90	≤0.3~0.5	≥40
浙江膨润土矿	12~22	60~68	<5	<5					≥50

注：可采厚度1m，夹石剔除厚度1m，适于露天开采

69　矽藻土

项　目		化 学 成 分（%）						物 理 性 能
		SiO_2	Fe_2O_3	Al_2O_3	CaO	烧失量	有机物	堆密度
触媒（硫酸工业）用（%）		>65	<4			<10		<0.6（g/cm^3）
陶瓷工业配料用（%）		>85	<1					
建筑材料用（%）	Ⅰ级品	>75		<10	<4		<4	
	Ⅱ级品	>65		<15	<5		<5	

注：可采厚度0.5m，夹石剔除厚度0.2m，适于露天开采，剥采比15∶1（按体积计算）

70　花岗岩（耐酸石材）

项　目	化 学 成 分（%）						物 理 性 能		
	SiO_2	Al_2O_3	K_2O+Na_2O	Fe_2O_3	CaO	MgO	耐酸度（%）	熔点（℃）	膨胀系数
工业要求	70~75	13~15	>8（Na_2O<3）	<0.5	<0.8	<0.4	97.5~98.5	1610	$8×10^{-6}$

71 蛇纹岩、橄榄岩

		烧制钙镁磷肥		耐火材料		建筑材料
	项　目	蛇纹岩	橄榄岩	项　目	橄榄岩	
Mg	边界品位（%）	25	32	MgO（%）	>40	色彩鲜艳、致密、均匀且未风化的岩石，可制复面细工石材，各种器具等
	工业品位（%）	32	40	CaO（%）	<0.8	
	CaO（%）	3~5	<3~5	R_2O_3（%）	<10	
				MgO/SiO_2	>1.1	

72 辉绿岩（铸石原料*）

项　目	化 学 成 分（%）							
	SiO_2	$Al_2O_3+TiO_2$	Fe_2O_3	CaO	MgO	K_2O+Na_2O	Cr_2O_3	SO_3
辉绿岩	45~51	15~20（$TiO_2=5\pm$）	12~17	9~11	4~7	<3		
附加原料 角闪石	46~49	6~12	8~12	5~12	18~25			0.13~0.2
附加原料 白云石				>30	>18			
附加原料 铬铁矿	<10						10~20	
附加原料 萤石	CaF_2>85							

＊铸石原料主要为辉绿岩，也可用玄武岩、安山岩。附加原料有角闪石、白云石、萤石等，其作用为调整铸石化学成分

73 膨胀珍珠岩原料（珍珠岩、松脂岩和黑曜岩）

品级	膨胀系数（k_0）	主 要 特 征		
		显微镜下特征	Fe_2O_3+FeO（%）	折光率（n）
I	>15	玻璃基质透明，无色或略带浅色调，无去玻化作用或轻微，不含或少含雏晶、微晶或斑晶	一般<1.0	一般<1.0
II	10~15	玻璃基质色浅，去玻化作用不严重，雏晶、微晶或斑晶含量不等，含少量杂质，有流纹和珍珠两种构造	一般>1.0	一般>1.5
III	7~10	玻璃基质色深，去玻化作用严重，具角砾状构造或流纹构造		

注：珍珠岩、松脂岩和黑曜岩都属酸性玻璃质火山熔岩，在高温（1300℃）条件下，体积迅速膨胀数倍至30多倍，利用此特征可烧制膨胀珍珠岩。要求主要化学成分 SiO_2 70%±，H_2O 1~6，Fe_2O_3+FeO（全铁）<1 为优质，>1 为中、劣质

据《矿产工业要求参考手册》（修订本）地质出版社（1987）、《矿产资源综合利用手册》科学技术出版社（2000）整理。

附录4

试验筛筛孔尺寸（泰勒筛制）现行标准

筛 号（目数）	筛孔尺寸		筛 号（目数）	筛孔尺寸		筛 号（目数）	筛孔尺寸	
	英 寸	mm		英 寸	mm		英 寸	mm
2.5	0.312	8.00	14	0.046	1.18	80	0.0069	0.180
3	0.263	6.70	16	0.039	1.00	100	0.0058	0.150
3.5	0.221	5.60	20	0.0328	0.85	115	0.0049	0.125
4	0.185	4.75	24	0.027	0.710	150	0.0041	0.106
5	0.156	4.00	28	0.0232	0.600	170	0.0035	0.090
6	0.131 –	3.35	32	0.0195	0.500	200	0.0029	0.075
7	0.110	2.80	35	0.0164	0.425	250	0.0024	0.063
8	0.093	2.36	42	0.0138	0.355	270	0.0021	0.053
9	0.078	2.00	48	0.0116	0.300	325	0.0017	0.045
10	0.065	1.70	60	0.0097	0.250	400	0.0015	0.038
12	0.055	1.40	65	0.0082	0.212			

附录5

部分矿石、岩石、矿物密度参考值

矿石、岩石、矿物名称	密度（g/cm³）	矿石、岩石、矿物名称	密度（g/cm³）
磁铁矿矿石	4.0~4.5	镁铁质侵入岩和喷出岩	2.8~3.0
赤铁矿矿石	4.0~4.3	酸性侵入岩和喷出岩	2.6~2.7
半块状铜-镍硫化物	3.3~3.6	白云岩	2.8
黄铁矿为主成分的块状硫化物	4.0~4.5	石灰岩	2.6
无硫化物含金石英脉	2.6	杂砂岩	2.7
重晶石	4.0	砂岩	2.6
萤石	3.1	页岩	2.8
方铅矿	7.5	砂砾	1.7
闪锌矿	4.0	尾砂	1.5~1.6
黄铜矿	4.2	石煤	1.3~1.5
黄铁矿	5.0	褐煤	1.2
辉锑矿	4.6	石膏	2.3
辉钼矿	5.0	滑石	2.8
黑钨矿	7.2	蛇纹石	2.5
硬锰矿	4.7	石榴子石	3.5~4.2
蓝铜矿	3.7	孔雀石	4.0~4.5
锡石	6.9	水晶	2.65
铝土矿	1.4	云母	2.7~3.5

注：引自韦尔默（1997）等，有补充